“火神山”应急防疫医院建设现场

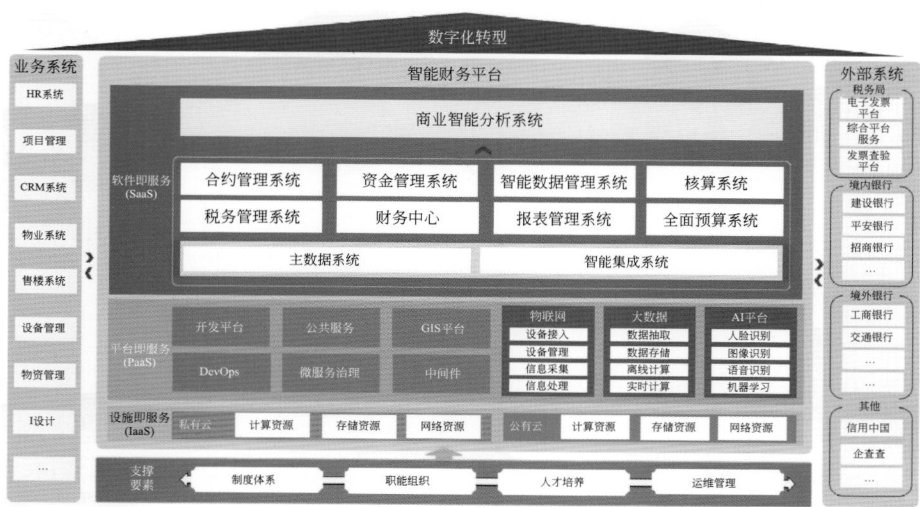

基于“1+N”模式的建筑企业智能财务平台架构

天津周大福超高层项目

建筑钢结构数字化制造关键装备、技术及工程应用

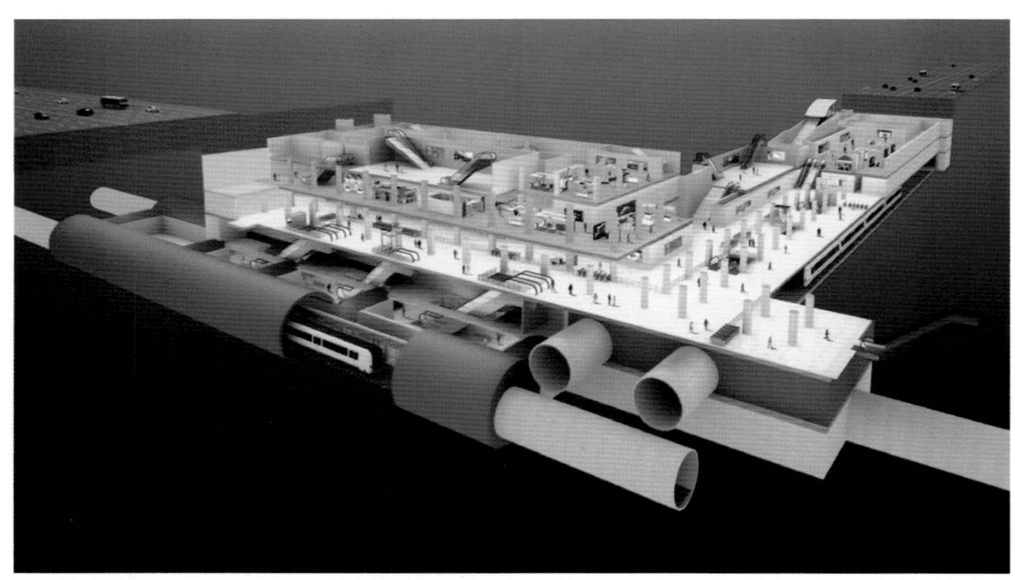

江苏徐州地铁 1 号线彭城广场站

城市轨道交通系统机电工程关键技术

海峡文化艺术中心歌剧院

巴基斯坦 PKM 高速公路项目

海洋环境下大型互通钢箱梁吊装及顶推施工技术

海底深层水泥搅拌桩施工关键技术研究与应用

关谷大道改造项目

扣家大桥桥梁顶升技术

模块化箱式集成房屋标准化、定型化及信息化关键技术

干海子特大桥工程

吉隆坡标志塔工程

可周转附着件应用于外挂塔机

南京江北市民中心工程

普陀山观音圣坛多曲面双层斜交空间网格清水混凝土结构施工

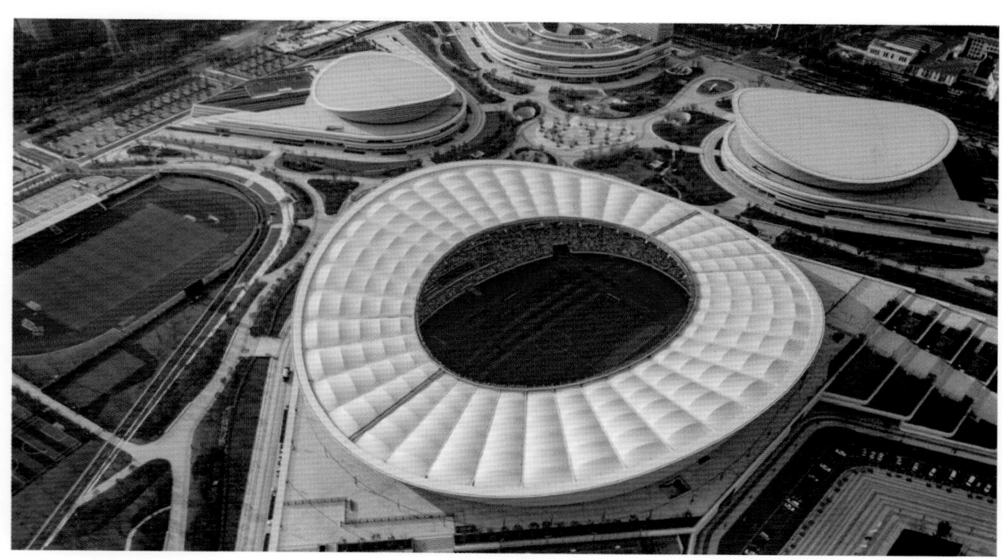

苏州奥体中心工程

云南玉溪聂耳公园项目

汉文化博览园关键建造技术

“无管网化排水＋延时调蓄排水”内涝防治技术

基于 3D 可视化的智慧堆场管理系统

HRB500-40 全灌浆套筒型式检验

中建集团科学技术奖获奖成果集錦

2020 年度

中国建筑集团有限公司　编

中国建筑工业出版社

图书在版编目（CIP）数据

中建集团科学技术奖获奖成果集锦. 2020年度 / 中国建筑集团有限公司编. — 北京 ：中国建筑工业出版社，2021.2

ISBN 978-7-112-26041-6

Ⅰ. ①中… Ⅱ. ①中… Ⅲ. ①建筑工程-科技成果-汇编-中国- 2020 Ⅳ. ①TU-19

中国版本图书馆CIP数据核字（2021）第058648号

本书为中国建筑集团2020年度科学技术成果的集中展示，是科技最新成果的饕餮盛宴。中建的非凡实力、中建人智慧的碰撞跃然纸上，中建的高超技艺、科技之美在图文中流淌。本书涵盖了“新冠”肺炎应急医院、天津周大福金融中心等热点项目。主要内容包括：“新冠”肺炎应急医院快速建造关键技术；基于“1＋N”模式的建筑企业智能财务平台建设研究与应用；现代木结构关键技术研究与工程应用；天津周大福金融中心关键建造技术；复杂环境下多工法组合地铁车站施工关键技术及应用；建筑钢结构数字化制造关键装备、技术及工程应用；城市大跨小净距蜂窝状隧道群施工关键技术等。

本书供建筑企业借鉴参考，并可供建设工程施工人员、管理人员使用。

责任编辑：郭　栋
责任校对：李美娜

中建集团科学技术奖获奖成果集锦
2020年度
中国建筑集团有限公司　编

*

中国建筑工业出版社出版、发行（北京海淀三里河路9号）
各地新华书店、建筑书店经销
北京鸿文瀚海文化传媒有限公司制版
天津翔远印刷有限公司印刷

*

开本：880毫米×1230毫米　1/16　印张：22½　插页：4　字数：711千字
2021年12月第一版　2021年12月第一次印刷
定价：**98.00**元
ISBN 978-7-112-26041-6
（37124）

中建集团科学技术奖获奖成果集锦（2020年度）
编辑委员会名单

目　录

国家奖

一等奖

二等奖

三等奖

国家奖

现代空间结构体系创新、关键技术与工程应用

获奖类型及等级：国家科技进步一等奖

完 成 单 位：浙江大学、中国建筑西南设计研究院有限公司、上海交通大学、浙江东南网架股份有限公司、悉地国际设计顾问（深圳）有限公司、中国建筑第八工程局有限公司、北京新智唯弓式建筑有限公司、中国铁路设计集团有限公司

完 成 人：罗尧治、董石麟、冯 远、周 岱、赵 阳、许 贤、邓 华、周观根、陈务军、高 颖、张晓勇、向新岸、刘志伟、关富玲、董 城

现代空间结构是大跨度、大空间和大面积建筑与工程结构的主要形式，具有形式多样、轻质高效、造型美观、工业化程度高等特点与优势，在国家基础设施与城市建设领域有重大需求。但是已有空间结构技术不能适应快速发展的工程需求，存在结构形式单调、设计理论欠缺、工艺工法落后等瓶颈问题。项目组历时30年，产学研联合攻关，通过结构体系创新驱动、理论和设计方法研究、大量模型试验验证、软件研发和工程实践，取得了系统性、引领性成果，极大地推动了我国从空间结构大国向强国迈进。主要创新有：

1. 研发了系列新型空间结构形式，引领了现代空间结构体系创新发展

科学地提出了基于基本组成单元的空间结构分类方法，指引了现代空间结构体系创新的方向：发明了多种代表性刚性空间结构形式，发展了索桁与索穹顶为代表的柔性空间结构形式，拓展了弦支、张弦等刚柔性空间结构形式，引领了我国空间结构体系创新在不同时期的发展。

2. 建立了现代空间结构分析理论，形成了系统的现代空间结构设计方法

系统地创建了索杆张力结构的形态协同设计理论、整体预应力计算理论和成形最优控制方法，构建了网格结构的精细化分析理论和自由曲面造型设计方法，提出了膜结构的材料双轴强度模型、流固强耦合分析及失效行为模拟方法，建立了可动结构分析的广义逆理论，发展了现代空间结构的基础理论和设计方法。

3. 研发了先进制造工艺与施工工法，推动了现代空间结构建造技术发展

研发了张力空间结构施工张拉的多阶段、多目标优化控制技术，研制了复杂、大型、异形构件的加工制作工艺和装备，提出了超大、超高、超长空间网格结构高效施工方法，攻克了“中国天眼”（FAST）反射面背架、601工程的高精度加工安装的关键技术，推动了现代空间结构建造技术的创新发展。

4. 研发了试验装备、专业软件与技术标准，形成了现代空间结构工程应用体系

研制了国内外首创的空间结构节点球形全方位自动加载装置与立方体多维加载装置，持续发展并进一步推广空间结构设计与分析软件MST，主编了国内第一部网架结构技术标准，创办了我国本领域唯一的《空间结构》科技期刊，有力地推动我国空间结构的技术进步与产业发展。

项目获省部级科技进步奖一等奖5项、中国钢结构协会科学技术奖特等奖1项、詹天佑土木工程大奖11项、全国设计金奖和建筑结构优秀设计一等奖10项，发明专利76项，国家及省级工法21项，出版专著11本，发表论文800余篇，主参编技术标准22部。评价委员会认为，项目成果总体达到国际领先水平。

成果应用于机场、高铁、体育、会展、能源、水利、航天等领域及国家大科学工程，包括G20峰会杭州奥体博览城、首都国际机场、国家大剧院、国家网球中心、上海世博会世博轴、重庆江北国际机场、广州会展中心、天津西站、中微子大科学装置、柬埔寨国家体育场、马里国家会议大厦等上千项国内外大型工程；近3年新增产值224.8亿元，新增利润11.5亿元，社会经济效益巨大。

中国城镇建筑遗产多尺度保护理论、关键技术及应用

获奖类型及等级： 国家科技进步一等奖

完 成 单 位： 东南大学、中国建筑设计研究院有限公司、中国城市规划设计研究院、故宫博物院、中国科学院遥感与数字地球研究所、中国建筑第八工程局有限公司、浙江大学

完 成 人： 王建国、崔 愷、赵中枢、朱光亚、陈 薇、淳 庆、周 乾、傅大放、陈富龙、丁志强、董 卫、穆保岗、张云升、张 晖、李新建

城镇建筑遗产主要指以城市-街区-建筑为完整载体的人类物质文化遗产，具有多尺度连续、本体复杂广泛和环境多样的特性，如何进行整体和科学保护是全球共同面临的重大挑战和技术难题。该项目突破世界各国以往多采用的文物保护与规划建设分离，以及常规的分区分类分级的保护模式，经过三十年合作攻关，建立了一套较为整体系统、拥有自主知识产权、基于城市-街区-建筑遗产多尺度连续性的城镇建筑遗产保护理论和技术体系，取得了以下创新成果：

1.揭示了城镇建筑遗产多尺度保护的内在机理。发现了历史城市、历史街区和建筑遗产保护多尺度连续和载体层级递归的整体推演特征和规律；阐释了中国历史城市和历史街区形态层叠型的建构机理和结构自生长现象；揭示了历史街区民居建筑联体共生结构原理和建筑遗产性能退化机理，奠定了快速城镇化进程中建筑遗产多尺度保护的理论基础。

2.建立了城镇建筑遗产整体保护的理论模型。运用多因子交互算法建立了历史城市和街区空间迭代模型，通过数字技术方法确定了历史城市和街区整体最优的天际线、视线廊道和街区高度、密度、强度控制的边界阈值；建立“街区-建筑”动态价值和结构性能评估模型，解决了街区内建筑遗产重点保护对象和保护处置方式的科学决策难题。

3.突破了城镇建筑遗产的多尺度保护关键技术瓶颈。建立了历史地图数字叠层分析技术，实现了历史城市、历史街区和建筑遗产之间的历史信息精准传递；基于历史街区风貌和建筑遗产安全的双重约束，研发了性能化保护规划、联体共生结构加固、水环境原位修复、适应性消防市政等技术，攻克了历史街区及建筑遗产整体保护和性能提升双重获益增效的技术难题。

4.创建了新旧共生的历史城市与本土建筑设计方法。首次建立了历史城市中景观动态观览和互动模拟的城市设计方法，解决了城市尺度下新旧建筑（群）共生的难题；提出了将本土历史文化和场地环境代码融入现代建筑语汇的本土建筑设计方法，开辟了一条优秀传统文化传承基础上的建筑设计创新之路。

项目系统创建了城镇建筑遗产多尺度保护理论和方法，主编了首部历史文化名城保护规划国家标准，获国家授权发明专利 28 项，编制标准图集及工法 12 项，出版《建筑遗产保护学》等专著 54 部，发表论文 517 篇（SCI/EI 收录 98 篇）。成果获教育部科学技术进步一等奖和华夏建设科学技术一等奖。专家组鉴定认为项目整体达到国际先进水平，其中历史城市空间形态多因子交互算法和决策模型、“街区-建筑”价值和权重量化评估模型等技术达到国际领先水平。

项目成果已应用于北京老城-中轴线-故宫建筑、南京历史文化名城-老城南-金陵大报恩寺等国内重大遗产保护，以及缅甸妙乌古城-宫城片区等一带一路沿线遗产保护，支撑了 2 项世界文化遗产的成功申报，并应用于全国 16 个历史文化名城、43 个世遗和国保单位、78 个历史街区以及 11 个遗址保护建筑项目，实现了中国城镇建筑遗产保护的重大跨越，取得了显著社会效益、经济效益和环境效益。

建筑热环境理论及其绿色营造关键技术

获奖类型及等级： 国家科技进步二等奖

完 成 单 位： 重庆大学、中国建筑设计研究院有限公司、北京城建设计发展集团股份有限公司、中国建筑西南设计研究院有限公司、青岛海尔空调电子有限公司、广东美的制冷设备有限公司、华中师范大学

完 成 人： 李百战、潘云钢、戎向阳、李国庆、姚润明、王 莉、李 楠、刘 猛、席战利、杨 旭

一、研究背景

我国是世界能源消耗和碳排放大国。中国政府承诺，2030 年碳排放达到最高峰值，2020 年控制能源消费总量 50 亿吨标煤。我国的建筑能耗已占全社会总能耗的 22%，且能耗占比还在不断增加，因此，控制建筑能耗已成为实现国家节能减排战略的重要环节。

我国既有建筑面积已达 640 亿平方米，且每年新增建筑面积约 15 亿平方米，大约占全世界新增建筑面积的 40%，建筑面积总量巨大；而人们对建筑热环境的满意率却不到 60%。随着我国经济的发展和人民生活水平的提高，全面提升建筑热环境质量已成为我国高质量发展的必然需求，从而必将产生更大的建筑能耗。以往我国建筑热环境营造基本照搬欧美传统理论、标准和相应技术，其特点是热环境营造能耗高，碳排放量大，如果继续沿用这样的发展模式，必将导致能耗超过控制限额，影响我国能源安全和环境安全。因此，建筑热环境的绿色营造成了实现节能减排和提升满意率的必然选择。

建筑热环境要实现绿色营造，将面临营造理论的科学性、舒适需求和节能减排矛盾、技术体系和产品适应性的三大挑战。需要解决热舒适科学度量、热风险安全阈值、绿色营造多参数耦合、舒适与节能协同等科学问题。

二、主要技术内容

项目组在国家自然科学基金重点项目“建筑热环境动态调节与控制的理论与方法（50838009）”、国家自然科学基金国际合作重点项目“基于气候响应和建筑耦合的低碳城市供暖供冷方法和机理（51561135002）”、国家十一五科技支持课题“建筑室内热湿环境控制与改善关键技术研究（2006BAJ02A09）”、国家十二五科技支撑课题“夏热冬冷地区建筑节能关键技术集成与示范（2011BAJ03B13）”等持续资助下，历经 25 年的持续研究，创建了动态环境人体热舒适新理论与科学度量方法，建立了基于人体热舒适的建筑环境营造节能技术体系，研发了空调系统高效运营调控技术及其装备，构建了室内热环境绿色营造的技术标准体系，从而形成了一整套建筑热环境绿色营造体系，推动建筑热环境营造实现舒适、节能的双控目标。

成果获发明专利 38 项，软件著作权 5 项，出版著作 10 部、发表高水平论文 200 余篇；成果编写的著作由 Springer 出版，全球发行，被国内外多所高校用作研究生教材。成果专章写入国际行业权威撰写的专著《Human Thermal Environment》和“十二五”本科国家规划教材《建筑环境学》。

主编国家、行业标准 5 部，包括该领域我国第一部具有自主知识产权的国家标准《民用建筑室内热湿环境评价标准》GB 50785，参编标准 39 部，另外被 10 部国家行业标准直接引用。标准涵盖设计、检测、评价和运维等整个工程建设环节。

三、创新点

创新点 1：创建了动态环境人体热舒适新理论与科学度量方法。

（1）发现了人体对环境热舒适的适应性和调节性，创立了人体热舒适自适应 aPMV 理论（图 1），揭示了人体对建筑热环境的自适应调节机理，提出自适应系数，建立适应性热舒适模型，克服了传统 PMV 理论不能准确预测动态环境下人体热舒适的难题。

（2）创建了客观度量建筑环境人体热舒适的生理指标体系。通过长期自然环境人体生理实验，确定了神经传导速度等表征人体舒适受环境影响敏感的生理指标，解决人体热舒适的客观度量问题，实现了人体热舒适由主观评价到科学量化的根本转变。

（3）构建了随环境温度变化的人体生理指标动态响应全图，确定了热环境舒适温度区间和安全保障阈值。突破了热环境分级从定性到定量的技术瓶颈。

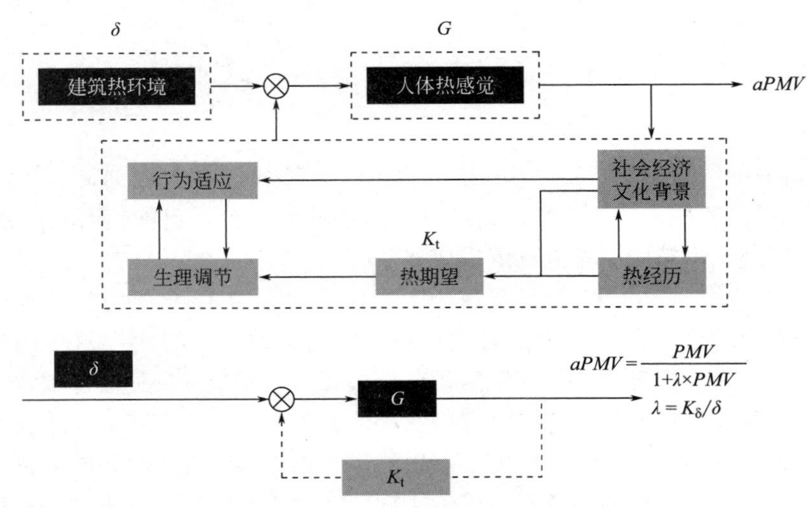

图 1　人体热舒适自适应 aPMV 理论

创新点 2：建立了基于人体热舒适的建筑环境营造节能技术体系

（1）明确了建筑不同功能区域人体热舒适需求差异，提出兼顾舒适和节能的大型公共建筑空间热环境分区、分级工程设计新方法（图 2）。

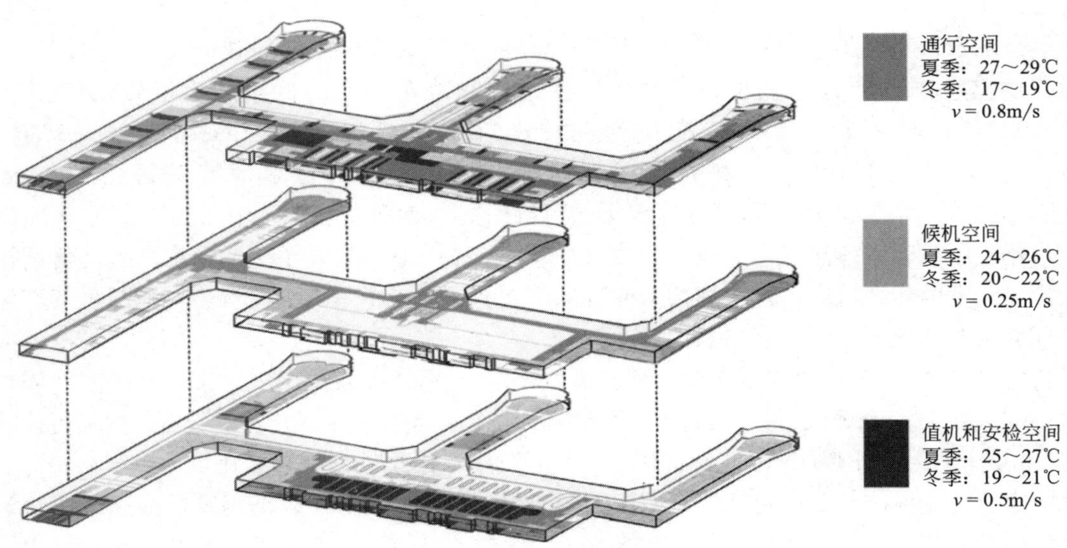

图 2　机场航站楼热环境分区分级设计方法

(2) 建立了建筑热环境节能营造多参数耦合模型，创建了温湿度与风速综合补偿的工程设计线算图。提出了热环境由综合多参数评价替代分离单参数评价的方法，实现了多参数补偿由线性到非线性的转变。

(3) 发明了地铁隧道-站台有序活塞风调控等技术，利用通风降温代替空调制冷改善站台热环境，拓展了自然冷源使用范围，延长了免费"供冷"时间。

创新点 3：研发了空调系统高效运营调控技术与舒适节能空调装备

(1) 发明了基于人员行为和气候协调的空调系统运维调控技术（图 3），实现了供暖空调按需供给，显著提高控制系统响应速度；

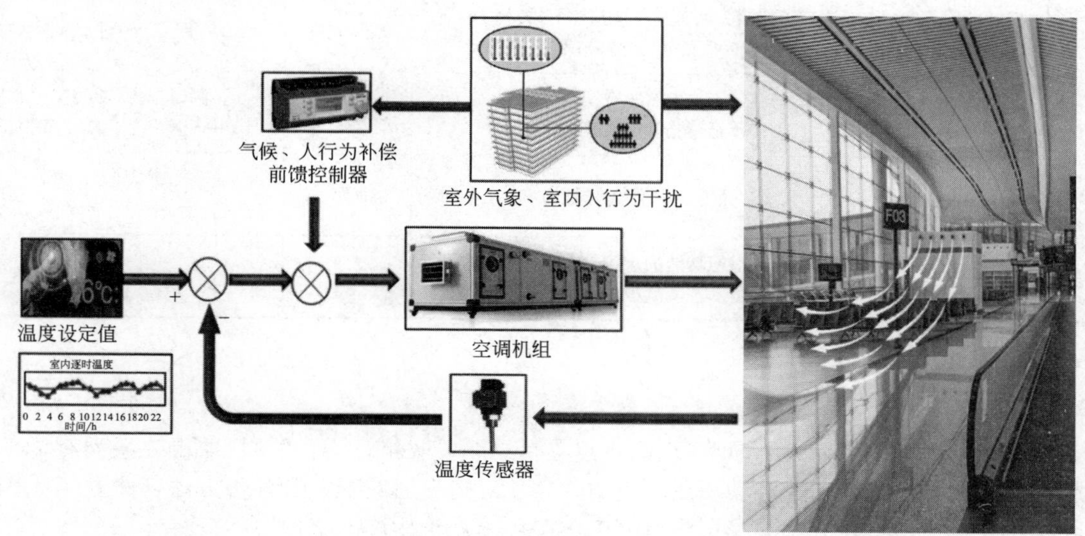

图 3　人员行为与气候协调的空调系统运行调控技术

(2) 研发了智慧送风、舒适节能型系列空调产品，解决了夏季空调容易产生冷吹风感、冬季空调热气流上升的难题；

(3) 发明了水源热泵节能优化控制技术并研发了相应装备，解决了可再生能源高效、集约利用的难题，提升了水源热泵的运行效率，降低了空调系统的整体能耗。

四、同类研究与技术比较

本项目在基础理论、工程设计方法和关键技术、产品装置性能、标准体系、工程应用等方面进行了创新性研究，多项理论及技术成果达到了国际领先地位。

创新	国际	本项目	水平	技术对比评价依据
理论	基于主观评价的热舒适 PMV-PPD 理论	动态环境人体热舒适(aPMV)理论	国际领先	国际 ASHRAE 标准、ISO 标准、CIBSE 指南 2013 国家基金重点项目验收意见
	无客观度量指标，仅有主观评价	热舒适客观度量指标及热环境动态响应全图，SCV 响应区间为 28～57m/s	国际领先	2014 年教育部成果鉴定意见 2013 国家基金重点项目验收意见
	建筑环境热安全阈值不明确	建筑热安全风险阈值，发现了温度敏感蛋 TRPV1(V3)、TRPM8 表达量	国际领先	国家标准 GB 50157—2013 2015 年重庆市科委成果鉴定意见
	过渡季节采用人工环境参数设计	非人工冷热源环境热舒适评价方法(图示法、计算法)	国际领先	国家标准 GB/T 50785—2012 2014 年教育部成果鉴定意见

续表

创新	国际	本项目	水平	技术对比评价依据
工程设计方法和技术	设计参数单一	湿度与温度耦合补偿工程线算图，多参数补偿耦合技术，满足舒适，减少能耗	国际领先	2014 年教育部成果鉴定意见 2015 年重庆市科委成果鉴定意见
	有风速图，但不适用于长时间暴露	温度与风速耦合补偿工程线算图	国际先进	2014 年教育部成果鉴定意见 2015 年重庆市科委成果鉴定意见
	全空间供暖空调无差别营造	分区、分级的工程技术方法，减少空调系统运行时间	国际先进	全国民用建筑工程设计技术措施 （ISBN 7-80177-171-0）
装备与系统	反馈控制为主响应时间 10～15min	基于建筑人行为气候响应型智能环控系统，响应时间缩短 80%，精度提升 60%	国际先进	2015 年重庆市科委成果鉴定意见
	空调吹风不适感指数 *DR* 为 14%	仿自然风空调吹风不适感指数低 *DR*≤3.48%	国际领先	测试报告、产品鉴定意见 中轻联科字[2015]第 039 号
	夏季 ΔT>8℃，冬季 ΔT>16℃	智慧送风温差降低 20%	国际领先	产品鉴定意见 中轻联科字[2017]第 094 号
	基于人工设定参数的控制策略	具备自学习功能的水源热泵节能优化控制技术及低品位能源应用系统	国际先进	2015 年重庆市科委成果鉴定意见

五、第三方评价

国家自然科学基金委员会 2013 年组织的重点项目结题验收组认为："项目取得一系列有创新意义和应用前景的研究成果。提出了建筑动态热环境的人体热舒适自适应理论和评价方法，建立了我国建筑室内热湿环境评价体系，填补了我国民用建筑室内热湿环境评价标准的空白"。

教育部 2014 年组织的成果鉴定委员会认为："成果创造性地应用并发展了室内环境科学技术，为我国健康舒适室内环境营造问题提供了评价、设计、营造方法与技术支撑，并对世界标准的制定修改做出了贡献；成果整体上达到了国际领先水平"。

重庆市科学技术委员会 2015 年组织的成果鉴定委员会认为："成果提出了综合室内热环境与建筑能耗的建筑性能耦合设计方法。成果为建筑室内热环境的评价、工程设计、标准制定以及室内热环境的健康舒适性能的提高提供了重要的技术支撑，成果达到国际领先水平"。

国际标准委员会（ISO/TC 159-SC5）主席公开出版专著《Human Thermal Environment》（ISBN 978-1-4665-9600-9）整章引用了项目成果，并指出：The innovative methods that build upon recent research，are being considered for implementation at the international level。

鉴于项目成果的先进性，相关成果被美国 ASHRAE 55 标准引用，并应邀参加了美国标准及英国技术指南的编制，牵头编制国际 ISO 标准。

成果先后获重庆市、教育部等省部级科技进步一等奖 3 项，获联合国全球人居环境规划设计奖、世界可再生能源联盟"建筑节能"引领奖等国际行业奖 3 项。

六、应用推广

项目成果在全国 30 余项不同地区的大型及特大型工程和多个城市地铁车站进行了示范应用，建筑类型涵盖体育场馆、机场、轨道交通、大型商业建筑、居住建筑及城市综合体。示范结果表明，成果的应用显著提高了建筑室内人体热舒适、降低了热环境营造能耗，实现了舒适节能的热环境绿色营造目标，多项工程获得了全国优秀工程设计奖；研发的舒适节能型供暖空调装备，很好地支撑了热环境绿色营造目标的实现，整个项目成果具有广阔的推广前景。

（1）示范工程"国家体育场（鸟巢）"，2008 年夏季奥运会采用非空调优化通风降温技术，代替中央空调系统，在最大限度满足室内热湿环境的质量条件的同时，又显著降低建筑全年能耗，该工程

2008 年获全国优秀工程勘察设计奖金奖（图 4）。

图 4　国家体育场（鸟巢）

（2）示范工程"重庆江北国际机场航站楼"，采用分区分级营造、多参数耦合调控等技术，实现节能 20%以上，该工程获 2019 年度中国勘察设计协会全国建筑环境与能源应用设计专项一等奖和 2018-2019 年度中国建设工程鲁班奖（图 5）。

图 5　重庆江北国际机场 T3 航站楼

（3）轨道交通地铁车站示范工程采用有序活塞风调控技术，有效地改善了站台热环境；人体热安全风险阈值首次应用于地铁隧道-车站设计。

（4）成果为《国务院办公厅关于严格执行公共建筑空调温度标准的通知》（国办发［2007］42 号）和《民用建筑节能管理条例》等国家政策的制定提供了科学理论支撑；受住建部来函表扬："项目组为制定《国务院办公厅关于严格执行公共建筑空调温度标准的通知》提供了科学支撑"，"项目组完成了大量系统性、创造性的工作，为国务院《民用建筑节能管理条例》的早日出台做出突出贡献"。

（5）成果应用于汶川地震安置和灾后重建等重大民生工程，获联合国全球人居环境规划设计奖，并获得科技部来函表扬："成果应用于汶川地震灾民过渡安置房热安全和灾后重建，项目组开展实地调研，提供现场技术支撑……为国务院抗震救灾总指挥部决策提供了积极、有益的参考"。

（6）成果拓展应用于我国自主研发的 C919 大飞机座舱热环境营造，支撑了国家大飞机适航技术标准的制订。

七、经济社会效益

成果推动了产业链、创新链的双向融合，项目组开发的以 TA、FA、OP、MAB 系列和 RFTS-

AD36MX、RFTSAD40MX、RFTSAD56MX 系列为代表的舒适节能型空调设备，实现了家用空调器舒适性技术新突破，并建立了多条生产线，实现了产品产业化生产，产品销售覆盖全国；其中 OP、MAB、RFTSAD 等系列产品出口到欧盟、俄罗斯、日本、澳大利亚、沙特等 100 多个国家和地区。近三年累计销量超过 40 万套，其中国外销量 26.37 万套，新增产值 35.7 亿元，新增利润 4.7 亿元。

研究构建的集理论、技术、装备、标准为一体的建筑热环境绿色营造体系，为建筑室内热环境营造实现节能舒适目标提供了科学和技术的支撑。同时节能舒适技术的新突破也加快了我国空调制造业的产业结构升级，提升了空调制造企业的科技水平和核心竞争力，以及中国制造的国际影响力，促进了行业科技发展。

项目团队建成国家级低碳绿色建筑（科技部）国际联合研究中心、教育部国际联合实验室等国际化科教平台和 4 个低碳绿色建筑国家级科研基地，同时与剑桥大学等世界顶尖高校合作在国外设立了分支机构，加强技术创新国际合作，推动了学科发展；科教融合实践促进了建筑与建筑环境领域的创新人才培养，其教学成果荣获 2018 年国家教学成果奖二等奖。

核心成果被国际标准所采用，同时受邀参加发达国家的标准及技术指南编制，牵头编制国际 ISO 标准，将成果应用到世界主要国家和地区，提升了我国在该领域的国际影响力和话语权。

项目通过理论创新、技术突破、产品研发和工程应用，构建了建筑热环境绿色营造体系，实现了“改善人居环境，减低建筑能耗”的研究目标，将有力地助推我国在 2030 年实现碳排放达峰和控制能源消费总量。

城镇污水处理厂智能监控和优化运行关键技术及应用

获奖类型及等级： 国家科技进步二等奖

完 成 单 位： 中国科学技术大学、西安建筑科技大学、安徽国祯环保节能科技股份有限公司、光大水务（深圳）有限公司、广州市市政工程设计研究总院有限公司、中国市政工程西北设计研究院有限公司、中国市政工程西南设计研究总院有限公司

完 成 人： 俞汉青、李志华、盛国平、侯红勋、王冠平、王广华、史春海、张 静、赵忠富、石 伟

城镇污水处理厂属于多输入、多输出、长时滞的动态开放系统，涉及复杂的生化/物化反应及物质/能量的转化和传递，具有能耗高、出水水质波动大、难以监控和运行复杂等突出问题。本项目经过15年的基础研究、技术研发和工程应用，发展了基于微生物活性在线测定的污水厂监控新方法，突破了微生物活性实时监测、微生物多维呼吸图谱、智能优化控制等核心技术与装备，构建了集优化设计、实时监测、智能控制与智慧运行为一体的城镇污水处理技术体系，将污水处理由经验依赖的粗放运营提升为数据驱动的智慧化运营，显著提高了污水处理厂的运行效率、经济性和稳定性。主要创新成果如下：

1. 建立了复杂环境下精准监测污水处理过程的新方法，突破了微生物代谢活性实时监测关键技术，保障了污水厂的稳定运行

通过对污水处理微生物代谢产物和光谱指纹特征的化学计量学解析，创建了精准测定微生物活性的光谱方法，建立了微生物代谢产物光谱指纹谱库，克服了传统方法无法实时测定微生物活性的障碍；发明了碳/氮/磷的光/电在线测定技术，与微生物活性监测结合，实现了污水处理好氧/厌氧/缺氧全过程的实时监测，结合动态仿真技术实现了运行风险的准确预警，解决了污水厂动态监测难题，提升了污水厂运行稳定性。

2. 发展了活性污泥微生物多维呼吸图谱新技术，开发了普适性强的智能控制核心技术与设备，实现了污水厂的智慧化运行

通过对污水处理中底物代谢和产物生成的精确解析，破解了厌氧/缺氧/好氧条件下微生物呼吸活性的变化规律，研发了定量判定微生物状态的多维呼吸图谱新技术，解决了无法定量判定污水厂状态的难题；针对能/药耗密集单元，自主研发了看水狗、节能曝气、精确加药等关键工艺控制设备，实现了污水厂的动态智能曝气和药剂精准投加，解决了污水厂运行的主要技术问题，显著提升了污水处理的经济性和可靠性。

3. 建立了污水厂优化设计和智能运行的系列工艺包，构建了污水处理厂智慧化运营模式，推动了污水处理产业升级

在实时监测与智能控制污水处理基础上，实现了以最小能耗/药耗和最优水质为目标的处理工艺优化，针对氧化沟、AAO等污水处理工艺进行了设计和运行优化，研发了多级多段AAO（MAAO）等系列污水处理工艺包；构建了集精准设计、实时监测、智能控制与优化运行为一体的城镇污水智慧化处理技术体系，在工艺优化和装备开发等方面推动了产业升级，引领了污水处理行业发展。

复杂受力钢-混凝土组合结构基础理论及高性能结构体系关键技术

获奖类型及等级： 国家科技进步二等奖

完 成 单 位： 清华大学、中国建筑设计研究院有限公司、北京航空航天大学、深圳华森建筑与工程设计顾问有限公司、中建工程研究院有限公司、北京建工集团有限责任公司、北京建工四建工程建设有限公司

完 成 人： 樊健生、聂 鑫、范 重、杨 悦、张良平、许立言、张莉莉、丁 然、刘宇飞、陶慕轩

近30年来，钢-混凝土组合结构因其显著技术经济优势得到迅速发展，在科研和工程应用等方面已取得丰硕成果。进入21世纪以来，我国基础设施建设规模和难度不断增长，工程结构大型化和复杂化发展需求日益凸显，特别是面临更加严苛的性能指标要求、更加综合的功能品质要求以及更加多样的社会环境要求等一系列新挑战。但传统组合结构及相关分析理论、设计方法和成套建造技术仍滞后于工程发展需求，主要存在三大关键技术难题：

（1）缺少微观层面的基础理论及精准计算模型——难以准确描述不同材料及其组合界面在复杂加载历程下的强非线性行为及工作机理；

（2）缺少细观层面的高效构件形式和精细设计方法——针对复合受力条件亟需发展可满足安全可靠、构造简单、施工便捷等要求的高性能组合构件及其精细化设计方法；

（3）缺少宏观层面的成套建造技术——面向大型复杂组合结构的高性能体系及其配套设计施工技术尚不完善。

针对上述三大难题，项目组历时16年，以国家重大工程建设需求为牵引，以基础理论研究为支撑，以关键技术研发为核心，以高性能结构体系为目标，以标志性工程产、学、研、用一体化示范为落脚点，取得三项代表性创新成果：揭示了考虑材料及界面多维强非线性历程的受力机理并建立精准的计算模型，解决了精准模拟组合结构材料及界面多维受力下微观复杂力学行为的难题；研发了多种适用于空间复杂受力条件的新型高性能组合构件并提出精细设计方法，实现了兼顾安全性与经济性等多目标的高性能组合构件设计；发展了面向大型复杂工程的高性能组合结构新体系及其设计施工方法，在材料、界面、构件、体系等层面实现基础理论、设计方法、施工技术的系列突破。

项目成果发表学术论文116篇，授权发明专利12项、软件著作权1项，被8部标准规程采纳，获中国钢结构协会科学技术奖特等奖1项、华夏建设科学技术奖一等奖1项、詹天佑奖等工程奖14项。成果直接应用于深圳京基100大厦、广州东塔、武汉中心、北京奥运塔、银川绿地中心、岳阳洞庭湖大桥、重庆永川长江大桥等30余项大型复杂建筑与桥梁工程，经济社会效益显著，推广应用前景广阔。

一等奖

"新冠"肺炎应急医院快速建造关键技术

完成单位： 中建三局集团有限公司、中建科工集团有限公司、中国建筑股份有限公司、中国建筑西南设计研究院有限公司、中建科技集团有限公司、中建工程产业技术研究院有限公司

完 成 人： 张　琨、李　琦、徐　坤、王　辉、张远平、郭海山、黄　刚、周鹏华、王　伟、夏志伟、张庆昱、吴红涛、徐　聪、侯玉杰、孙金桥、孙喜亮、邓伟华、万大勇、许　通、孙克平、余地华、李金生、王　川、余　龙、张平平、丁伟祥、戴小松、刘业炳、程剑、朱海军

一、立项背景

目前国内外各国均未设置专门的传染病应急医院，而是依靠综合医院或者专科医院的传染病区来应对一般性的传染病，一旦遇到类似"非典""新冠"大规模爆发呼吸道传染病，将很难应对。当传染病大规模爆发、大面积传染导致医院的医疗资源不能满足需求时，传染病应急医院快速建造显得尤为重要。纵观国内外传染病应急医院快速建造的建设史，发现国外尚无类似案例；而在国内，著名的就是2003年为应对"非典"（SARS）疫情，北京临时建设了小汤山医院。

与小汤山医院相比，火神山应急医院、雷神山应急医院、深圳市第三人民医院二期工程应急医院设计标准更高、技术难度更大、工期更紧、参建单位更多、资源组织更难、防疫任务更紧等特点和难点，这种高标准临时应急传染病医院快速建造在国内尚属首次。综合火神山应急医院、雷神山应急医院、深圳市第三人民医院二期工程应急医院的建设情况看，模块化施工是传染病应急医院快速建造首选的技术路线，然而当前国内外就传染病应急医院模块化建造研究还不成熟，尚没有成熟案例，因此对传染病应急医院的建设研究将会越来越多。若要有效提升应对大规模爆发的呼吸道传染病的传染病应急医院的建造能力，实现其在传染病应急医院的建设中大规模应用，还存在如下问题需要解决：

（1）常规的设计模式不能满足传染病应急医院快速建造的需求；

（2）常规条件下的施工管理模式及施工方法无法满足快速建造的需求；

（3）"新冠"肺炎应急医院防扩散要求高，常规技术无法满足需求；

（4）传统的信息化技术难以满足应急医院运营需求。

课题从以上问题出发，结合参研各方已有技术成果，开展课题研究并进行总结推广。

二、详细科学技术内容

1."新冠"肺炎应急医院设计关键技术

创新成果一：应急医院模块化设计关键技术

创新采用模块化拼装设计技术，病房楼采用集装箱进行模块化设计、装配化拼装，强弱电设施高度集成化，将标准化"即插即用式"模块运至现场，达到快速建造的效果。见图1。

创新成果二：应急医院洁污分区，卫生通过创新设计技术

在"三区两通道"的基础上，将半污染区细分为潜在污染区与半污染区，两者之间增设缓冲间；创新卫生通过设计，改变传染病医院二次更衣原路进出的惯例，单独设置医护人员离开病房单元的卫生通过室，解决了呼吸类传染病应急医院院内感染的难题。见图2。

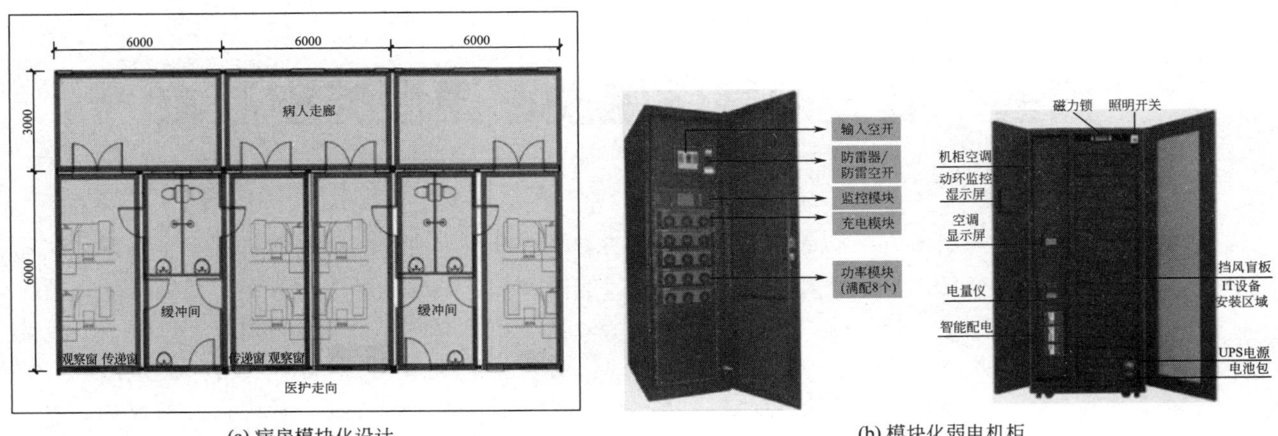

(a) 病房模块化设计　　(b) 模块化弱电机柜

图 1　应急医院模块化设计关键技术

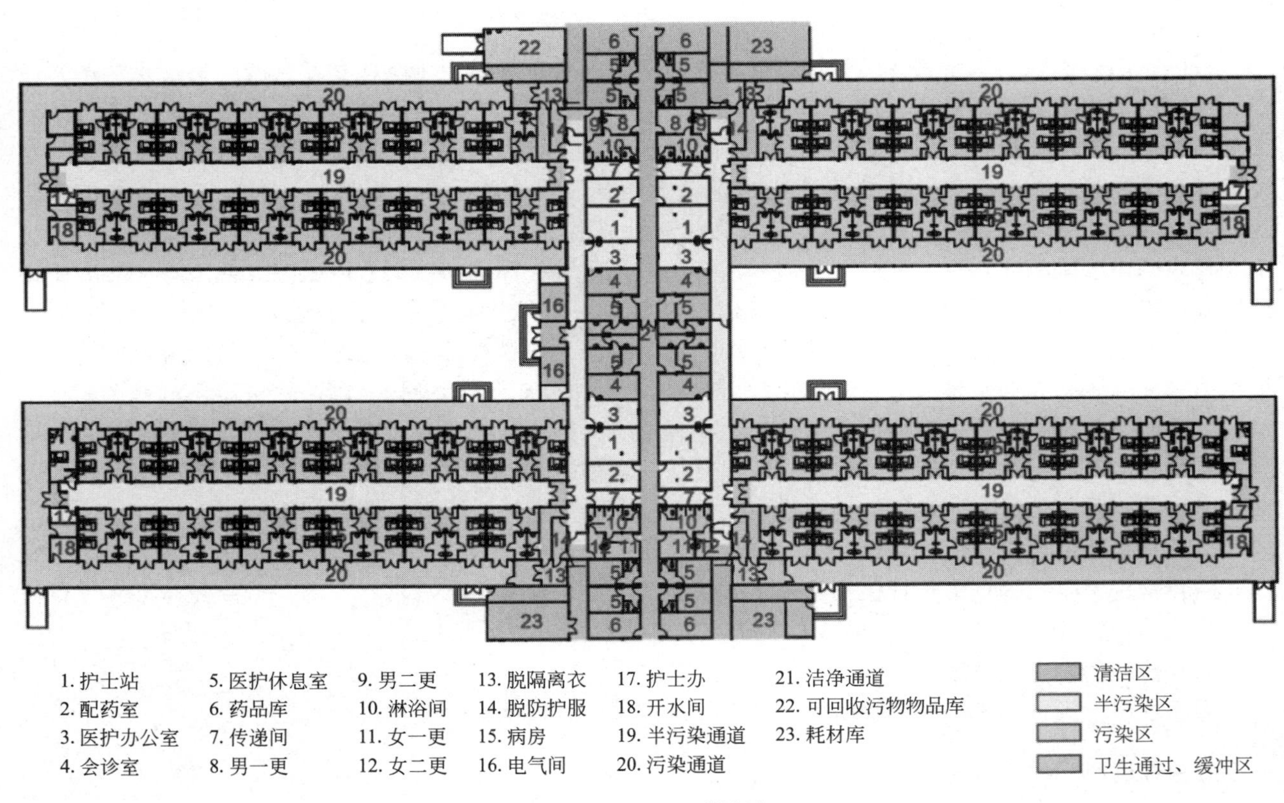

图 2　三区两通道设计

创新成果三：应急医院现代医疗功能设计技术

创新采用高精度实时负压控制系统设计、组合结构防护系统设计、爪式真空泵真空机组设计等一系列应急医院关键医疗功能设计，实时监控调整空调系统，保证压差梯度合理，满足了电离防辐射系统快速建造要求，提升了医用气体运行稳定性，保障了应急医院的医疗功能需求。见图 3。

2. 基于并行工程理念的“新冠”肺炎应急医院建造管理技术

创新成果一：应急医院并行设计技术

运用并行工程理念，打破先设计、后施工的传统模式，创新针对已有装配式材料进行方案设计，开展模块化分区布局设计，并对各建筑单元进行高度集成，实现了 24 小时内快速出图。

(a) 液氧真空罐

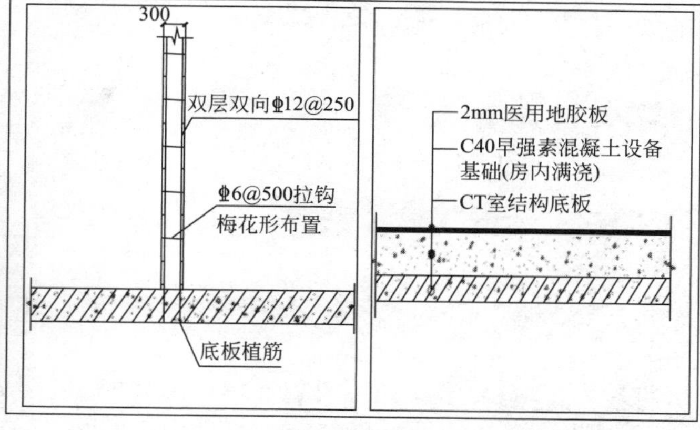

(b) 电离辐射用房施工做法图

图 3　应急医院现代医疗功能设计技术

创新成果二：应急医院并行管理与过程控制技术

借鉴并行工程管理思路，建立并行团队，在建设过程中业主、设计、施工、采购、供应商、服务、维保等各协作单位同时参与、高效决策、快速协调冲突，同时明确接口划分，检查接口一致性，最大限度地穿插平行施工，实现了应急工程总体统筹、高效运行。

创新成果三：应急医院并行制造技术

创新在应急医院建设中运用并行制造技术，将主体构件、机电构件、医疗设备分模块划分为"产品"，在场外工厂流水线加工生产，场内整体安装，极大地提高了应急工程建设效率。见图 4。

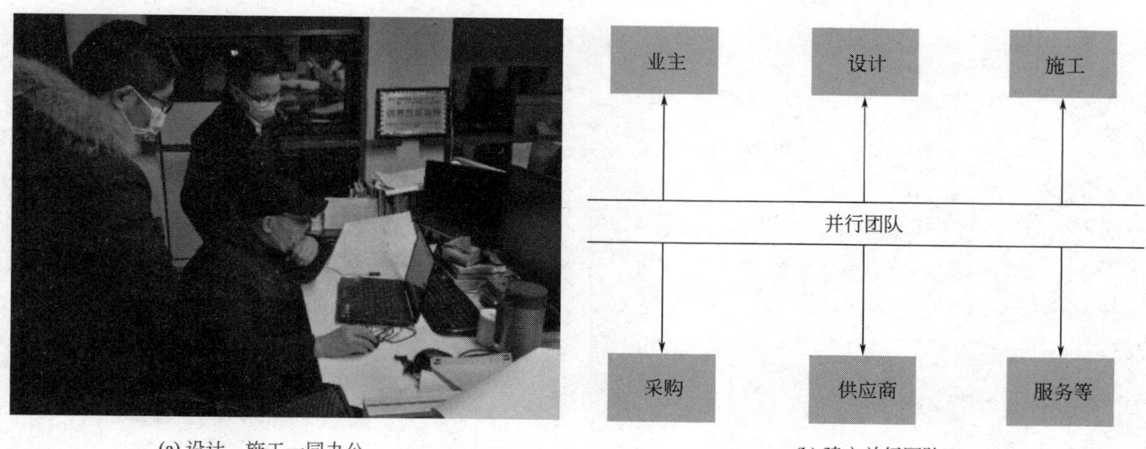

(a) 设计、施工一同办公

(b) 建立并行团队

图 4　应急医院并行制造技术

3."新冠"肺炎应急医院快速建造关键技术

创新成果一：应急医院组织架构及工作机制关键技术

创新采用"政府＋总承包＋工区"三层级矩阵式组织架构，建立"工区＋职能＋专业"三维度交叉管理模式，分专业、分阶段设立"12 小时制"及"24 小时制"动态倒班机制，按组织架构层级设立分级会议、信息分级沟通，提高组织效率。

创新成果二：分阶段逆向设计技术

创新应用分阶段逆向设计方法，基于现有热轧型钢材料，先进行深化设计确定上部荷载，再进行基础设计，过程中插入材料采购；并运用 EPC 项目管理思维，充分结合现场的场地条件、施工部署、市场资源情况优化设计，真正实现了设计、施工、采购一体化。见图 5。

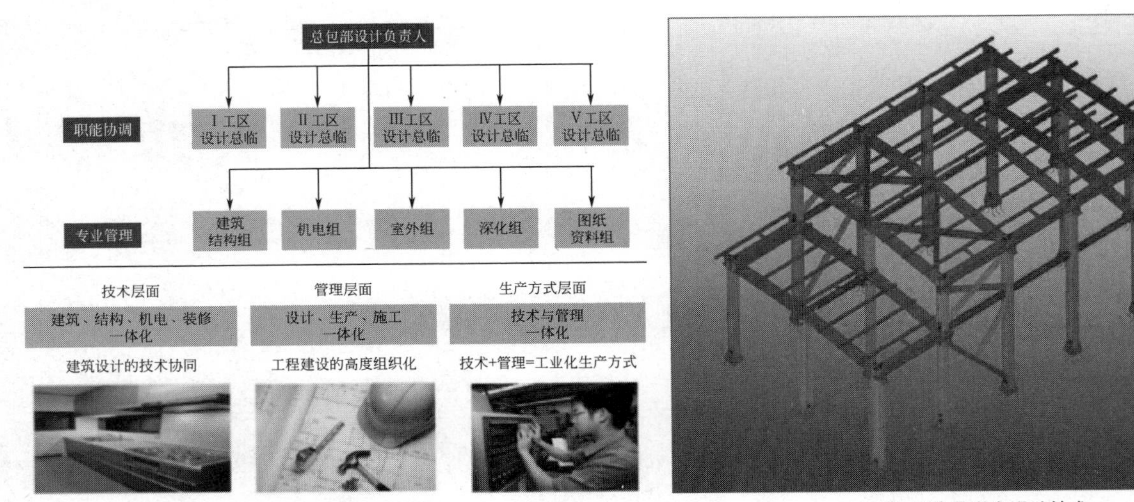

(a) 一体化管理模式　　(b) 分阶段逆向设计技术

图 5　分阶段逆向设计技术

创新成果三：现代物流优化技术

创新应用快速建造的交通及仓储管理技术，采取分区管制、高效转换、场外仓储的方式，有效解决了项目交通管控难题，保证了现场内外运输通畅。

创新成果四：模块化施工关键技术

创新应用一套模块化装配施工技术，包括采用钢-混组合式基础、集装箱结构模块化施工、BIM 集成设计技术、人字形钢管桁架屋面、多材质相连风管等组合技术，最大化实现基础、主体同步穿插，实现主体、配套设施、机电系统模块化快速建造，在极限工期内完成了应急医院建设。见图 6。

(a) 交通分区技术

(b) 筏形基础+方钢基础

图 6　模块化施工关键技术

创新成果五：快速验收技术

创新采用“独立成区，分区调试验收，验收参与方提前介入”等验收手段，革新验收内容、优化验收流程，开创了应急医院验收新体系，达到了快速验收、快速交付的效果。

4.“新冠”肺炎应急医院防扩散关键技术

创新成果一：干式脱酸医疗废弃物无害化技术

采用高效医疗废物无害化焚烧处理系统，针对医疗、生活污染废弃物处理无害化率接近 100%，实现高减容比的同时，满足烟气达标排放标准要求。

创新点二：“两布一膜”整体防渗技术和“活性炭吸附＋紫外光降解”“MBBR 工艺”污水处理技术
创新性运用“两布一膜”作为应急医院基底防渗层，设置塑料模块雨水调蓄池调节场内雨水流量，运用“活性炭吸附＋紫外光降解”以及流化床和接触氧化工艺相结合的“MBBR 工艺”，对污水处理系统产生的废气进行除臭消毒，总结了应急医院雨、污水全收集全处理的工艺流程，有效杜绝了“新冠”病毒通过雨水、污水扩散。

创新成果三：模块化单元密封及气压控制病房防扩散技术

采用气压控制及防扩散技术，用四道密闭措施使房间漏风量小于 5%，在此基础上，进行分区域，逐级对通风系统进行调试，通过以新风为主，排风为辅的调试控制，满足负压梯度之间的值不小于 5Pa，最终实现气流合理的组织及过滤排放。见图 7。

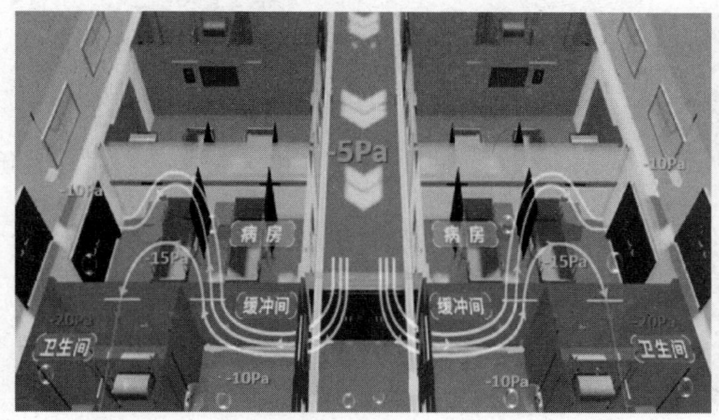

(a) 压力梯度设计

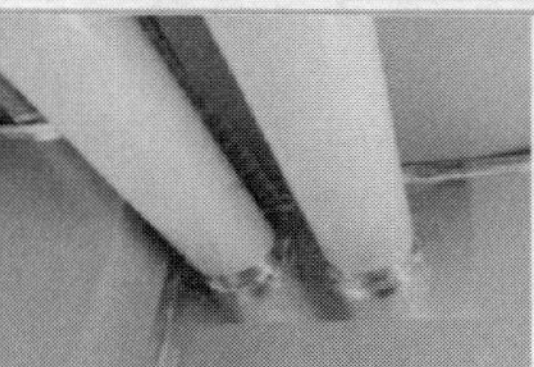

(b) 室内墙体、管道处密封处理

图 7　模块化单元密封及气压控制病房防扩散技术

创新成果四：应急医院安全防疫技术

采用冗余性安全防疫管理理念，运用线性与矩阵式相结合防疫组织管理方法及多角度综合防疫管理方法，从空气管控、检验管控等方面进行防疫管控，保证了火神山、雷神山应急医院施工与运维阶段人员零感染，对“新冠”肺炎疫情下应急医院快速建造过程中的防疫有重要的指导与借鉴意义。

5.“新冠”肺炎应急医院信息化关键技术

创新成果一：应急医院 5G、AI、物联网等信息化技术

(1) 创新将无线技术应用于应急医院建设与运维。集成无线对讲、医疗对讲、智慧消防、巡更、5G 远程会诊、AI 智能审片等功能，实现医院无线化运营管理。

(2) 采用一种基于 AI 技术的防疫工程智慧监控系统。以云服务为基础平台，解决大数据应用的关键技术及数据融合，实现对各种信息资源的共享、处理和分析研判，形成全过程智慧监控体系。

(3) 融合大数据、物联网等信息技术，研发了基于物联网的集装箱管理平台，创新应用智慧工地信息化技术、智慧设备管理技术和车辆定位管理监测技术，解决了火神山应急医院和雷神山应急医院在特殊条件下资源调度难的问题，实现了各项资源组织高效、有序。

创新成果二：应急医院智能化运维管理平台

开发了结构深化设计、BIM 可视化管理及智慧运维等软件，形成贯穿设计、施工及运维的一体化平台。见图 8。

三、发现、发明及创新点

(1) 首次在应急医院设计中采用模块化设计、细化洁污分区、创新卫生通过室等设计，集成了一套高效可靠的应急医院防扩散设计技术，解决了呼吸类传染病应急医院快速建造和安全保障的难题。

(a) 利用BIM进行院感流线模拟

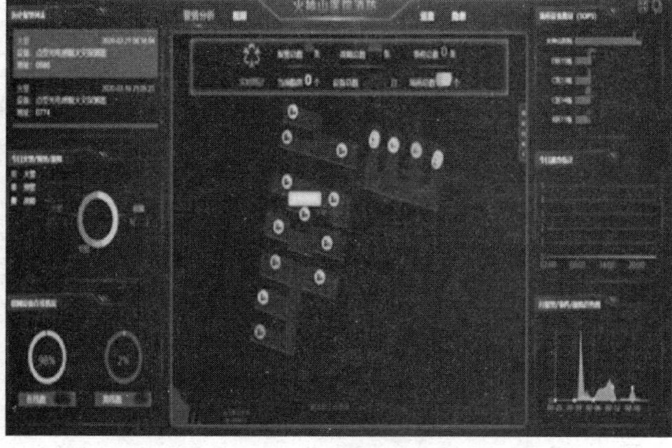

(b) 智慧消防平台

图 8　应急医院智能化运维管理平台

(2) 通过借鉴并行工程管理理念，形成了应急医院并行设计技术、应急医院并行管理与过程控制技术、应急医院并行制造技术，为快速建造奠定基础。

(3) 创新了分阶段逆向设计、现代物流优化、模块化施工、集成拼装、快速安装、快速验收等组合技术，形成了设计、施工、物流与工艺优化高度融合的应急医院一体化建造技术，实现了极限工期下应急医院快速建造、快速交付。

(4) 采用模块化单元密封及气压控制病房防扩散技术、“两布一膜”整体防渗和“活性炭吸附＋紫外光降解”工艺的污水处理技术、干式脱酸医疗废物无害化焚烧技术，形成了多维度管控的防扩散集成技术，实现了应急医院“零扩散”“零感染”。

(5) 应用 5G、AI、物联网等现代信息技术，研发了应急医院智能化运维管理平台，实现了智慧安防、智慧物流、远程会诊、智能审片、“零接触”运维。

(6) 在火神山应急医院、雷神山应急医院和深圳市第三人民医院二期工程应急医院建设过程中新形成了主编标准 6 项，参编标准 3 项，主编出版书籍 3 本，发明专利 32 项，实用新型专利 89 项，软件著作权 58 项，发表论文 85 篇，国家级工法 1 项，省部级工法 16 项。

四、与当前国内外同类研究、同类技术的综合比较

较国内外同类研究，技术的先进性在于以下六点：

(1)“新冠”肺炎应急医院建造和运维过程，通过气流管理（室内空气压力梯度、空间空气消毒）、人流管理（一站式信息平台技术、基于健康码的智慧防疫）和检验管理（非接触式红外测温技术）三个方面的应用，形成应急传染病医院安全防疫关键技术。

(2)“新冠”肺炎应急医院利用 5G 及云平台技术，布置有 5 大类 17 个信息化系统，如医护对讲、视频监控、综合布线、网络与 WiFi，以及 HIS（医院信息系统）、PACS（医学影像管理系统）、RIS（放射科信息管理系统）、VR/AR 远程医疗系统、APP 在线互动平台等，为医院的快速运营提供了坚实的软硬件基础。

(3)“新冠”肺炎应急医院配置固体废弃物焚烧系统、集控中心、电离辐射防护系统、ICU 病房、负压手术室、医用气体系统、洁净系统等多个系统和部室，形成了现代功能的应急医院。

(4)“新冠”肺炎应急医院建设采用模块化设计技术，对每个单元设置独立的新风排风系统、供电系统、给水排水系统及空调系统，最大限度地简化了物资设备的种类，实现了快速建造。

(5)“新冠”肺炎应急医院场地基底采用“两层土工布和一层 HDPE 防渗膜”设计，防止雨水、污水渗漏。

(6) 在医院的清洁区、半污染区和污染区单独设置相应的进排风系统，送风口、排风口位置布置应

保证医护人员区域（清洁区）、中间缓冲区（半污染区）和病房区域（污染区）的合理气流组织，确保气流独立排放。

本技术通过国内外查新，查新结果为：在所检国内外文献范围内，未见有相同报道。

五、第三方评价、应用推广情况

1. 第三方评价

2020 年 5 月 15 日，对课题成果进行鉴定，专家组认为该项成果整体达到国际领先水平。

2020 年 6 月 12 日，深圳市土木建筑学会组织评价“模块化传染病应急医院建造技术”，整体达到国际领先水平。

2. 推广应用

本技术曾应用于中建三局承建的武汉市妇女儿童医疗保健中心综合业务楼工程、武汉华星光电技术有限公司第六代显示面板生产线、江夏区第一人民医院整体搬迁工程等多项工程。

在火神山应急医院、雷神山应急医院、深圳市第三人民医院二期工程应急医院建集中应用，将“新冠”肺炎应急医院快速建造关键技术进一步总结和集成，使其更加具有推广应用价值。

六、社会效益

“新冠”肺炎应急医院快速建造关键技术在武汉火神山应急医院、武汉雷神山应急医院以及深圳市第三人民医院二期工程应急医院中集成并施工实践。火神山应急医院 1000 张床位，10d 建成；雷神山应急医院 1600 张床位，12d 建成；深圳市第三人民医院二期工程应急医院 1000 张床位，20d 建成。其中，武汉火神山应急医院于 2020 年 2 月 3 日投入使用，雷神山应急医院于 2020 年 2 月 8 日投入使用，两座应急医院累计收治病人 5070 人，治愈出院 4861 人。这两座特殊的应急医院为救治重症、危重症“新冠”肺炎患者立下汗马功劳，也同样实现了医护人员“零感染”、医院运行“零事故”、医疗废弃物“零污染”、重症患者低死亡率的“奇迹”。深圳第三人民医院应急院区工程为安全防疫提供了技术储备。

如今，国际疫情形势仍然严峻，通过对“新冠”肺炎应急医院快速建造关键技术研究，其总结的建造经验为本次疫情期间国内其他地区建设应急呼吸系统传染病医院提供了宝贵的参考资料。随着“新冠”肺炎疫情全球蔓延，俄罗斯、哈萨克斯坦、伊朗、非洲等多个国家和地区在参考中国经验建造本国版“火神山应急医院”，中国建设者的经验和智慧正走出国门与世界共享。

基于“1+N”模式的建筑企业智能财务平台建设研究与应用

完成单位：中国建筑股份有限公司

完 成 人：周乃翔、王云林、赵晓江、顾笑白、王丹梅、田　威、刘玉翔、苏　剑、赵大帅、蔡旭东、李浩然、刘志鲲、左予春、陈红团、袁丽红

一、立项背景

近年来，新一代数字技术日新月异，快速迭代，正加速推动全球进入数字化时代，推动不同行业形态逐渐升维。传统行业面临新兴行业以新技术应用为突破口带来的降维打击，急需通过数字化发展来推动行业转型升级，以应对跨界竞争。企业需要业务和技术的双轮驱动，将技术与商业模式创新相结合，加强内、外部互联互通，加速产业融合，持续推进转型升级。

本项目在借鉴国内外其他企业的数字化转型经验后，结合建筑业业务多样性高、差异性大的特点，寻求财务作为数字化转型的突破口，打造智能财务平台，引领企业数字化变革，帮助企业联通各业务类型及职能条线，也为后续推动企业整体全面的数字化转型奠定坚实的基础。为此，结合中建集团“十三五”战略规划和“1211”战略目标，加速推进集团智能财务平台建设的研究、开发与应用。

二、详细科学技术内容

1. 总体思路

以数字化战略为指引，以财务转型、赋能增效为使命，以实现管理提升、效率提升、风险管控、数据价值应用为总体目标，结合制度体系、职能组织、人才培养和运维管理四大支撑要素，以不断迭代的实施路径，实现智能财务平台的落地，助力财务管理转型升级。见图 1。

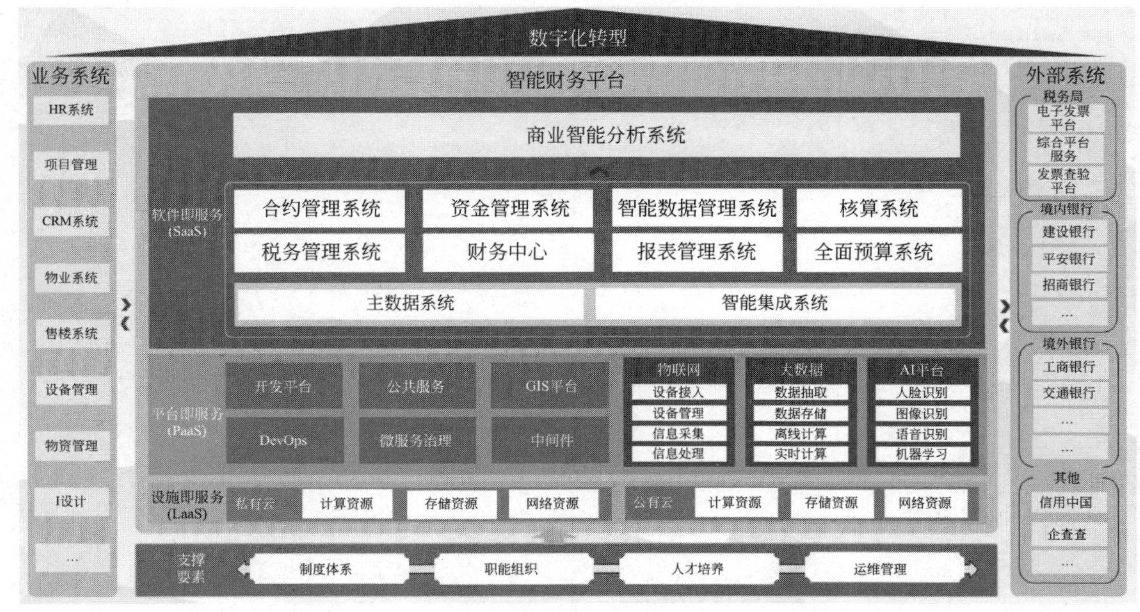

图 1　总体思路

2. 技术方案

（1）技术架构

智能财务平台基于基础设施即服务（IaaS）、平台即服务（PaaS）和软件即服务（SaaS）三层云计算模型设计搭建。见图 2。

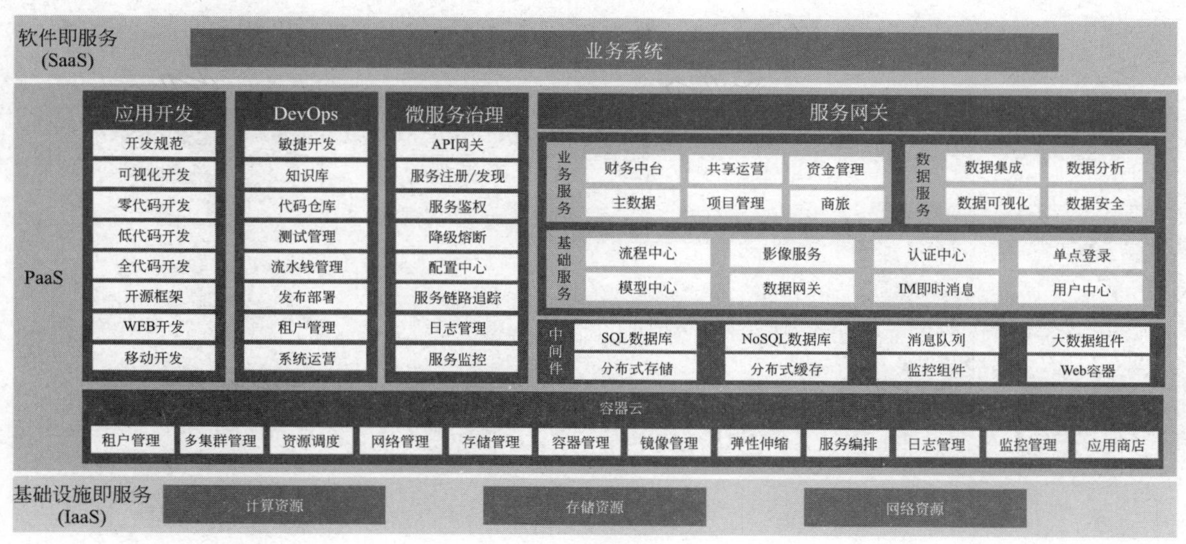

图 2 技术架构

基础设施层（IaaS）是软件平台开发运行的硬件基础平台，以高度自动化的交付模式为各业务系统提供硬件设备、操作系统、存储系统和其他软件。

开发平台层（PaaS）是基于 DevOps 和微服务理念的一站式应用管理平台，采用中台化架构设计，利用 API 调用快速开发，构建个性化的应用管理场景为企业提供应用研发过程管理，包括开发、测试、发布上线、运维、监控和治理等应用全生命周期管理能力。见图 3。

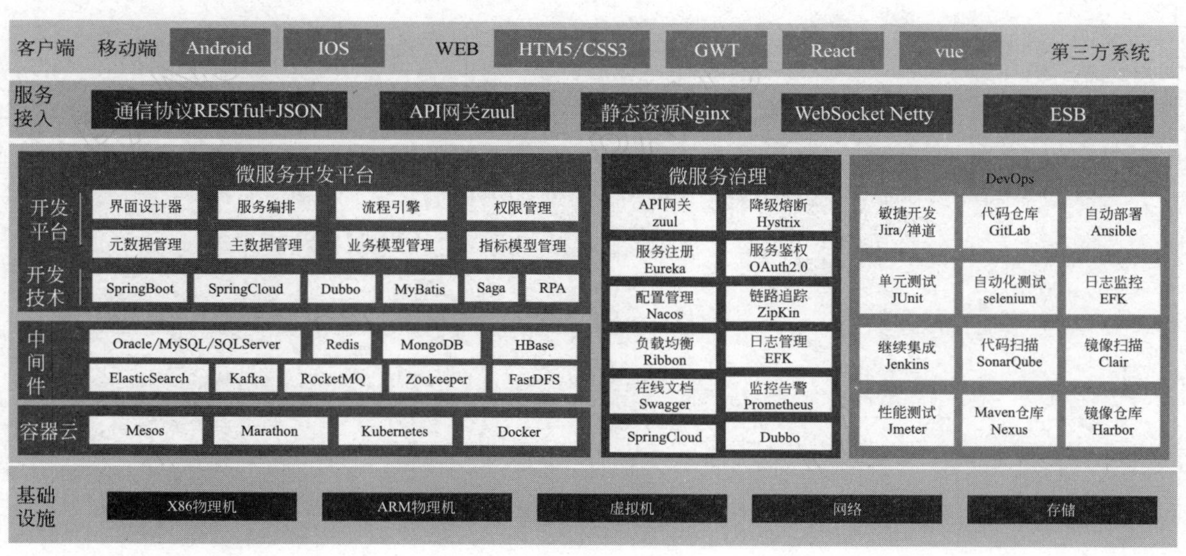

图 3 PaaS 层架构

企业应用层（SaaS）消除了企业购买、构建和维护基础设施、应用程序的需要，基于 PaaS 平台提供的标准、开放接口供各业务系统使用，实现各种业务系统的敏态开发和即插即用。

（2）应用架构

智能财务平台建设引进了最新的信息化建设模式——“中台战略”，按照“业务驱动，信息化赋能”

的总体思路，统一设计，分系统建设，平台包含合约、财务主数据、财务中台、核算、合并报表、预算、资金、税务、智能集成及数据管理等系统。见图 4。

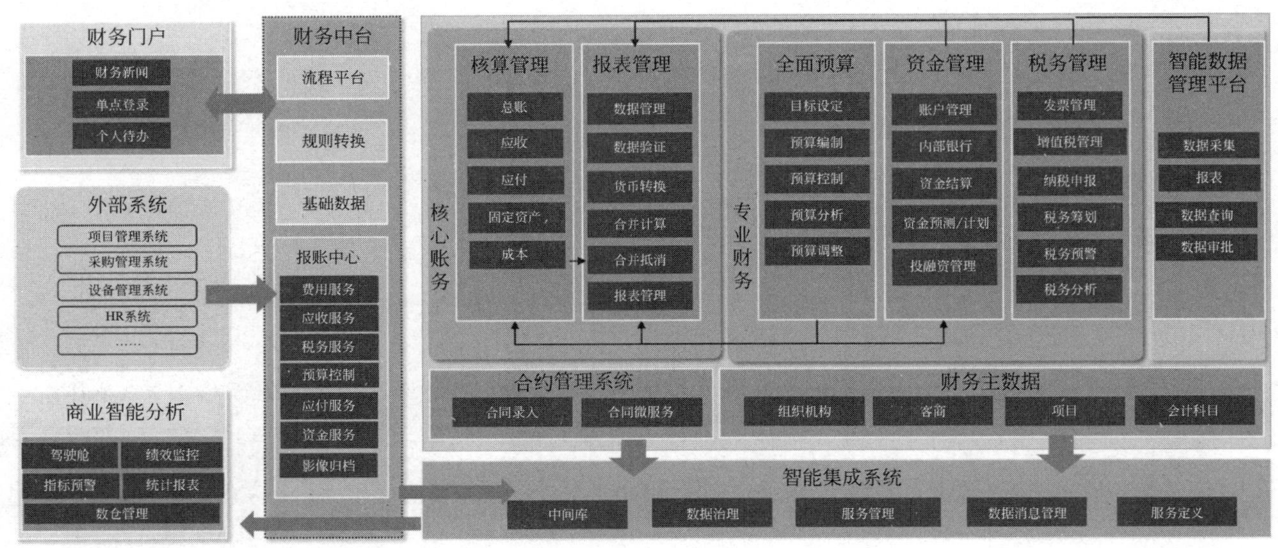

图 4　应用架构示例

3. 应用分析

（1）合约管理系统

合约管理系统综合了建筑企业市场、商务、法律、财务等多个领域的业务需求，以微服务的模式定制开发面向多业务线条各层级单位人员共同使用的一套合约管理系统。见图 5。

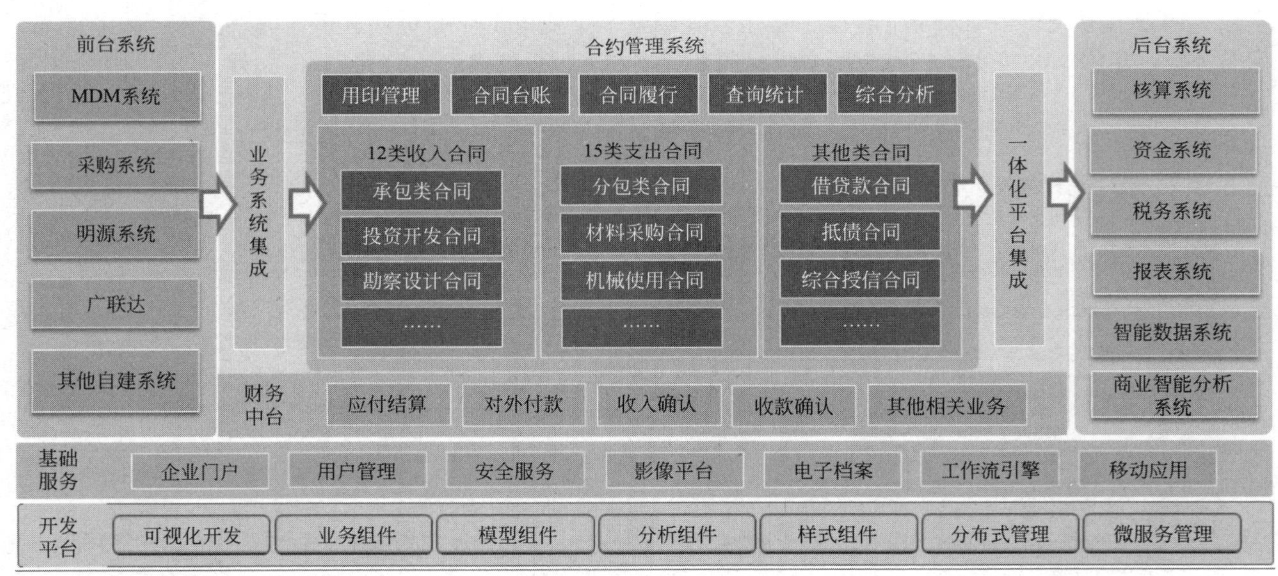

图 5　合约管理系统功能框架

合约管理系统作为平台合同信息的唯一源头，与业务管理系统连接，以标准的业务模型为基础，完成合同基础数据信息录入、流程审批，实现合同全生命周期的跟踪管理以及全方位的数据分析。

（2）财务中台系统

财务中台按照全业务、规范化、集中化、流程化、自动化的设计原则，根据实际经济业务事项，设计出业财对接、标准统一的高度自动化全业务报账流程，构建“业财融合”的桥梁。见图 6。

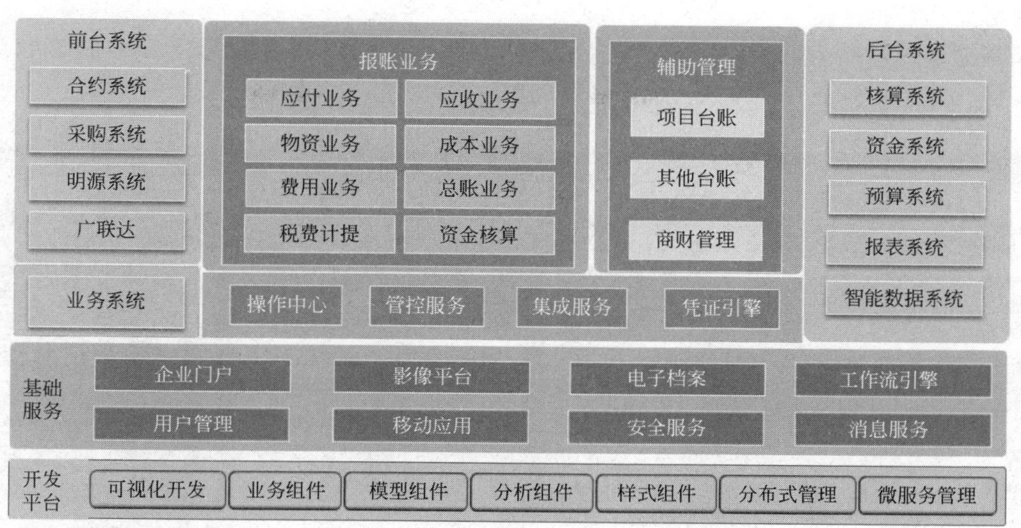

图 6　财务中台系统功能框架

财务中台向前连接业务管理系统，向后集成其他财务系统，是业务人员提交财务服务请求和财务人员处理日常财务核算的统一操作平台。

（3）资金管理系统

按照"账户统一管理、结算统一管理、计划统一管理、票据统一管理、融资统一管理、内外部银行有机融合、境内境外一体化、外围系统高度集成"的总体思路，智能财务平台搭建了全集团统一的资金管理系统。见图 7。

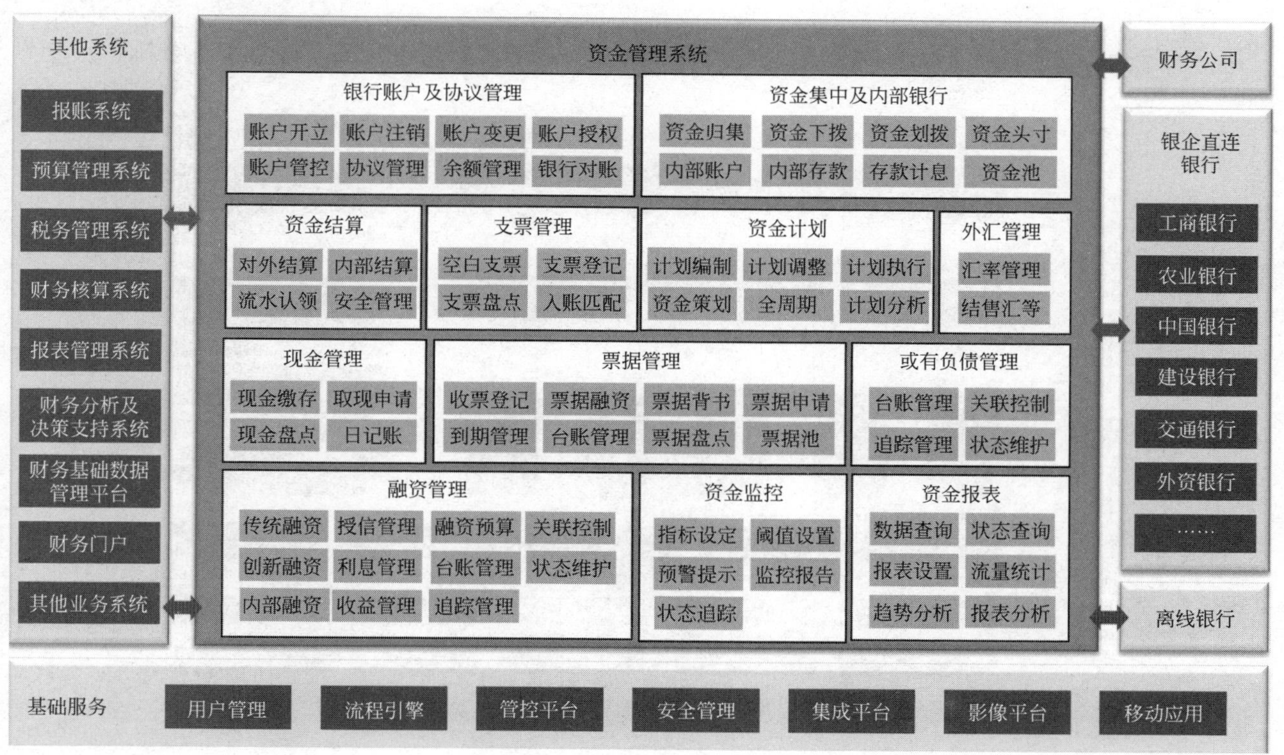

图 7　资金管理系统功能框架

资金管理系统现有七大管理子模块，打造了现金、内行、银行三合一的账户管理体系，实现境内外资金的可视可控，提升了资金管控服务能力，增强了资金统筹聚合能力。

(4) 税务管理系统

税务管理系统通过标准化、信息化、智能化建设，助力集团公司从税收筹划、税务风险、业务操作等层面完善经营范围内税务管理体系，降低税负成本，提升整体税务管理效益。见图 8。

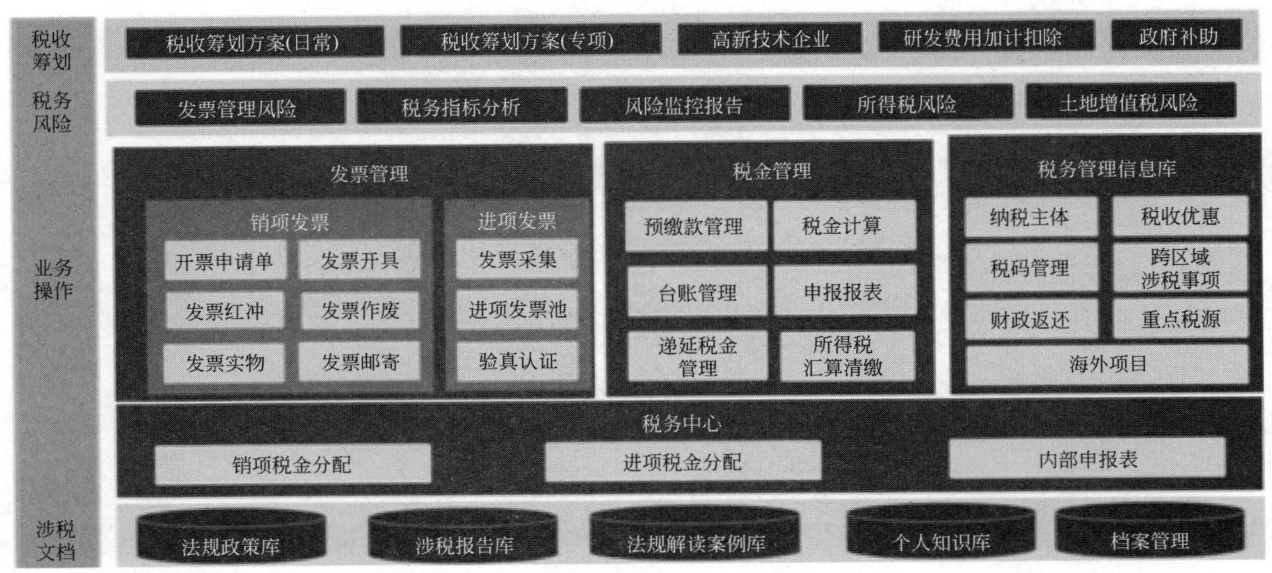

图 8　税务管理系统功能框架

税务管理系统前端连接财务中台，后台集成资金管理、核算管理等系统，建立与公司战略一致的全球税务管理体系和风险管控体系，持续提升集团全方位税务管理水平。

(5) 全面预算系统

全面预算管理系统打造了“分层级、分业态、全方位、全流程、全员参与、以业务为基础、从业务到财务”的全面预算管理体系。见图 9。

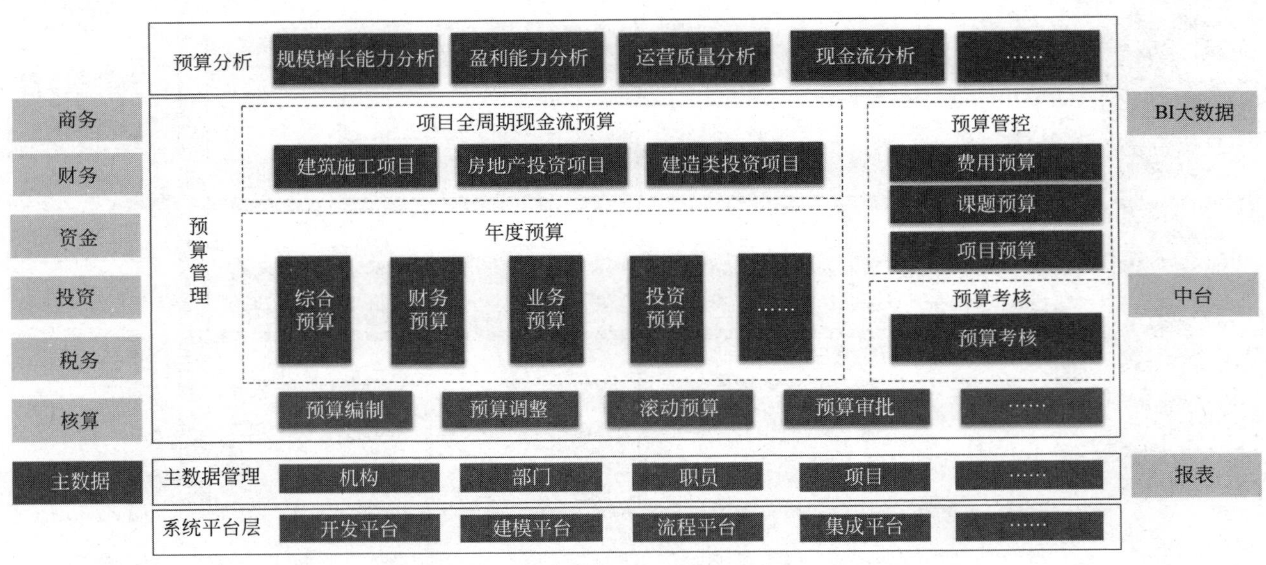

图 9　全面预算系统功能框架

全面预算管理系统主要包括预算目标、预算编制、预算控制、预算分析和预算考核五大职能，前承战略规划，后接绩效考核，通过目标设定、预算编制、执行管控、预实分析、滚动预测实现了经济业务的闭环管理，从而支撑战略有效落地，实现绩效管理提升。

（6）核算管理系统

核算管理系统支持多用户、多语言、多准则、跨板块、跨区域、自动化、精准化的多样化需求。见图10。

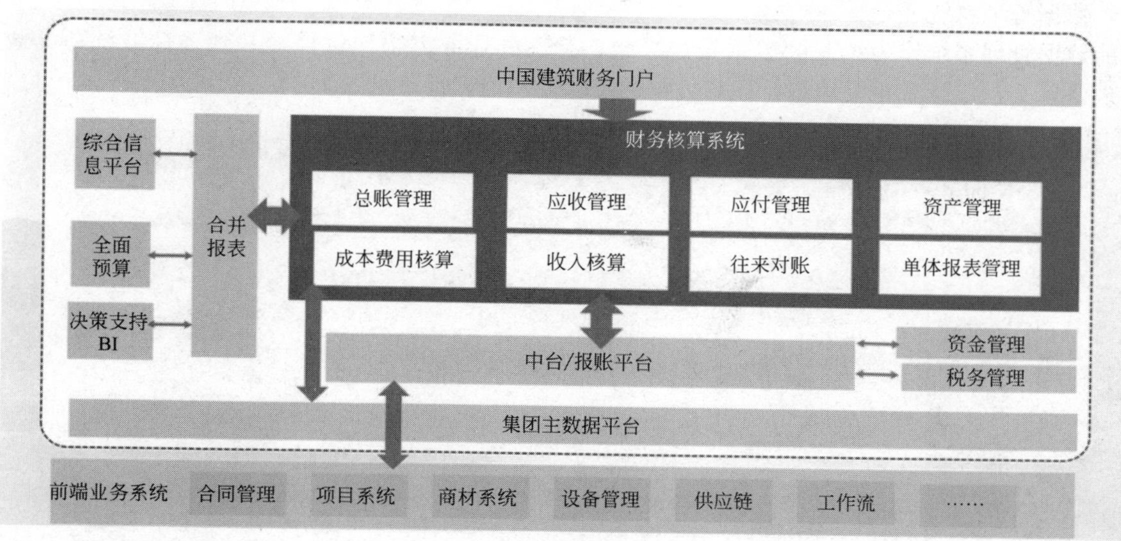

图10　核算管理系统功能框架

核算管理系统根据财务业务类别进行模块化管理，包括总账管理、应收应付管理、资产管理、成本费用管理、报表查询管理等，涵盖企业全部财务管理业务场景，满足精细化的核算管理需求。

（7）报表管理系统

报表管理系统统一管理各类财务报表，包括法人与管理口径双重应用的日常财务月季报、决算报表和国资财政监管等财务报表。见图11。

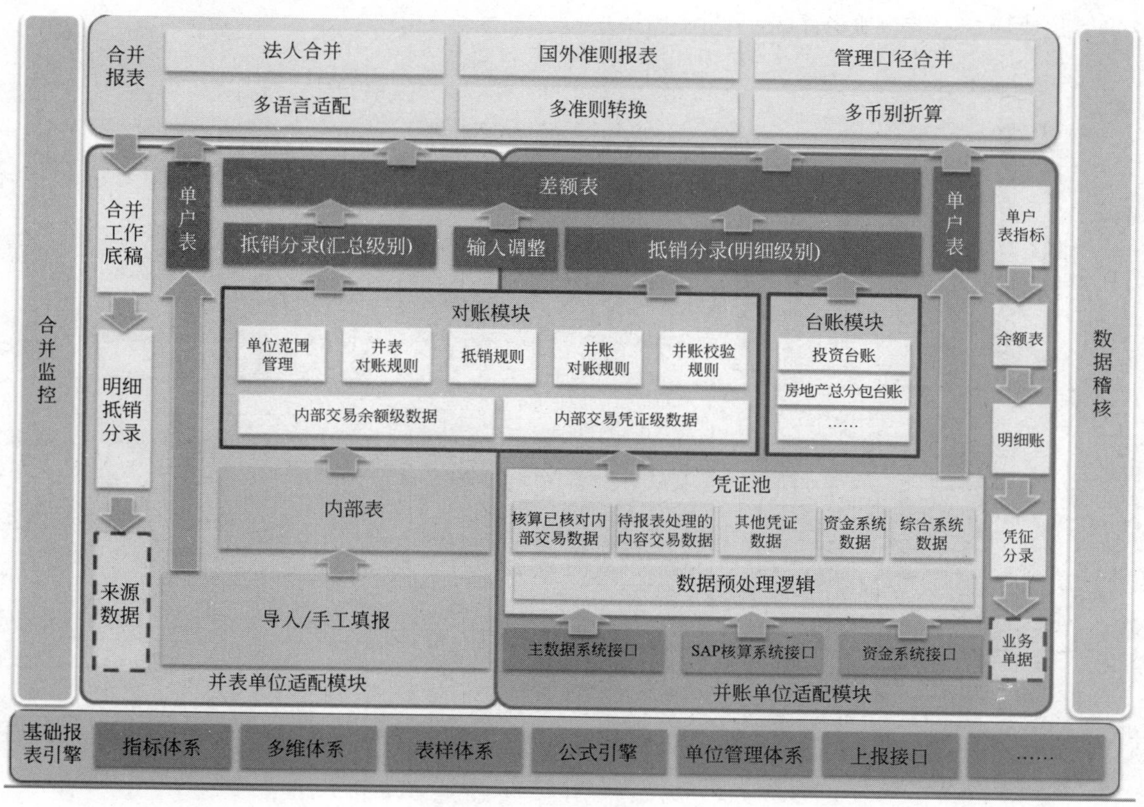

图11　报表管理系统功能框架

报表管理系统向前承接财务主数据、核算、资金等系统的数据，向后提供多口径报表数据到商业智能分析系统进一步应用与展示，实现集团“一键出表”的管理目标。

(8) 数据管理系统

智能数据管理系统作为统一的数据报送平台，为不同业务需求提供口径一致、标准统一的数据信息，实现信息共享、减少重复填报，提高数据的及时性和准确性。见图 12。

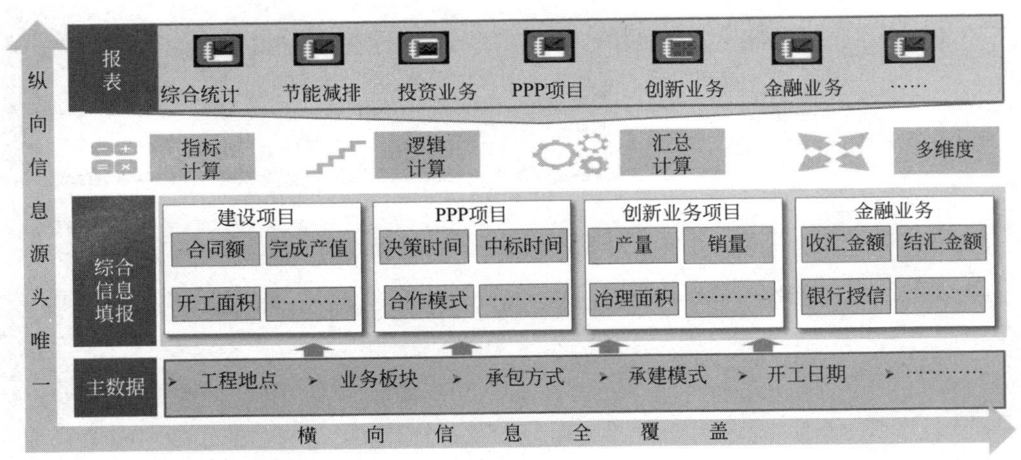

图 12 数据管理系统功能框架

智能数据管理系统通过构建高效智能的填报系统，承接前端各系统模块，跨系统引用统一数据指标，实现数据信息共享。

(9) 智能集成系统

智能集成系统由大数据中间库、数据治理平台和业务集成平台三部分组成，是实现各业务系统与智能财务平台集成融合的综合服务系统。见图 13。

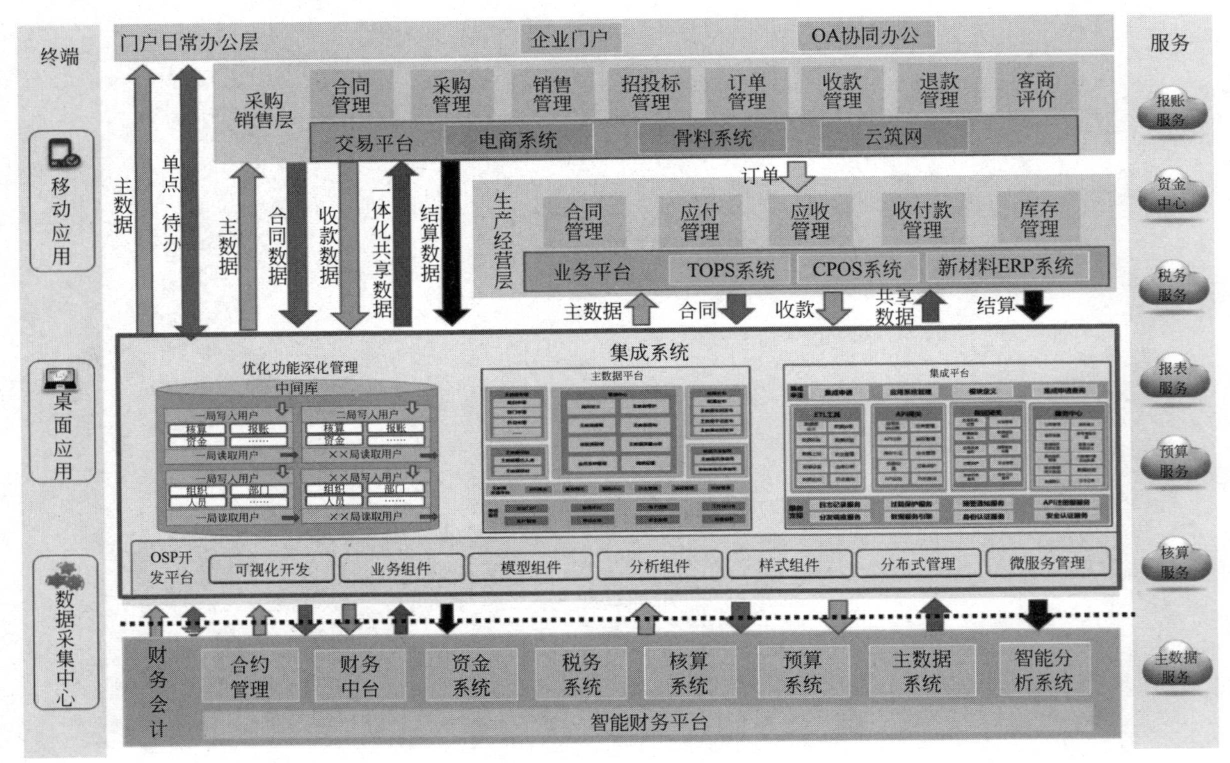

图 13 智能集成系统架构

智能集成系统遵循主数据、财务数据下行，业务数据上行的“两下一上”原则，实现全级次、全业务的无缝集成，彻底消灭财务与业务的信息孤岛，为业财融合奠定基础。

（10）商业分析系统

商业智能分析系统通过数据仓库与数据分析，将指定的数据转化为知识信息，满足集团多样化的数据查询、分析及应用需求。见图 14。

图 14 商业分析系统功能框架

商业智能分析系统作为信息共享和数据应用价值的管理系统，搭建了直观、可视化的在线分析平台，为集团公司管理分析和经营决策提供真实完整、及时准确的数据。

4. 关键技术

为了落实创新的管理模式，通过对现有信息技术进行考察，最终决定采用“大智移云物区”等先进技术搭建技术中台，在技术中台的基础上开发智能财务平台。关键技术包括：

遵循面向对象（Object Oriented）技术原则；

采用微服务架构模式设计开发；

采用前后端分离技术，实现代码分层管理；

程序开发语言采用 java，开发工具使用 Eclipse；

服务器资源由 docker 容器云平台进行资源调度和管理；

采用 redis 对热点数据进行缓存；

采用消息队列 RocketMQ 异步处理消息，增加系统的吞吐量；

通过 ElasticSearch 对日志数据进行存储和检索；

采用 RESTful+JSON 的标准接口规范；

采用 Auth2.0 安全认证协议；

采用 GWT、React 前端技术框架开发；

采用 dubbo 微服务框架对微服务进行治理；

遵循 opentracing 规范对微服务调用进行链路追踪；

使用 Hystrix、sentinel 技术实现微服务熔断机制；

通过 hive、hadoop、storm 等大数据处理技术实现分析报告。

三、发现、发明及创新点

1. 管理创新

（1）自主研发智能财务平台，构建“1＋N”的应用架构模型

以业务模型驱动的微服务架构为核心，采用分布式部署方式，突出1个中台枢纽，实现数据在N个应用模块间顺畅交互的应用架构模型。

（2）打造标准化财务“中台”，覆盖全业务报账流程

智能财务平台整体规划相关应用系统，集中部署，打造标准化财务“中台”，减少系统异构性，打破各系统业务数据流转的壁垒。

（3）首创以合同为起点的数据驱动管理机制

智能合约系统通过碎片化、标签化、去中心化等技术，设定标准的合同业务模型，在实现合同标准化管理的同时又满足不同业态、不同口径合同管理的个性化需求。通过统一集中管控，在行业内首次将日常管理全面下沉到合同层面。

（4）革新资金管理模式，实现精益资金统筹

资金管理系统强化了银行账户的集中管理，融资业务的全面管控，创新了内部银行运行机制，实现了建筑企业资金的统筹和精益管理。

（5）“内部税局”深化应用，定制税金清算模式

税务管理系统深化应用“内部税局”思想，通过搭建“税务架构树”，建立“内部税局”管理标准，预设税金管理台账和内部申报表，实现各层级税负分析的目标。

（6）基于XBRL和数据即服务理念，打造定制化数据交互展示应用平台

商业智能分析系统应用XBRL（可扩展商业报告语言）理念，将数据按照维度组、指标元素、期间类型等属性进行标准化存储，形成标准化、标签化的企业数据资产，为国内商业智能分析系统首创。

（7）开创了以“凭证池”为基础的报表管理机制

报表管理系统基于凭证池，通过机器人进行智能账表重分类、分部转换、内部交易清洗、账龄分析、多源数据识别、智能稽核等预处理，形成各类数据余额底表，提升出表的效率和准确性。

（8）创新应用“一数一源、一源多用”数据管理模式

智能数据管理系统制定统一规范的数据编码体系及标准，建立唯一的数据入口系统，实现数据“一数一源、一源多用”，提升了数据利用效率和应用水平。

（9）创新应用接口超市，拓展共建共享业务生态圈

智能集成系统采用微服务架构开发，具备业务系统自助注册、开发和调试的能力。集成系统建立了业务标准、内置业务控制规则，实现集团统一的标准接口超市。

2. 技术应用创新

（1）首创使用微服务架构应用于建筑企业信息化系统

在建筑行业首创将单体式应用拆分成多个微服务，形成可复用的能力中心，一方面降低实施上层应用的复杂度，另一方面增强对上层应用、前端业务的支撑和赋能。

（2）创新性使用容器云技术助力建筑行业软件平台智能运行

基于容器云搭建的自动化运维体系，首次在建筑行业实现全自动运维模式，从根本上解决了“手扶拖拉机”似的运维方式，减少了对人的依赖。

（3）创新性实现端到端的全业务链条智能化应用

首次在建筑行业实现OCR识别技术、知识图谱技术、RPA流程自动化技术、语音识别等智能化技术全部微服务化，实现端到端的全业务链条智能化应用。

四、与当前国内外同类研究、同类技术的综合比较

本项目成果的应用与当前国内外同类研究的综合比较见表1。

本项目成果的应用与当前国内外同类研究的综合比较 表1

分类	本项目成果	国内同类系统	国外同类系统
系统覆盖范围	集团统建模式覆盖全级次，全业态范围的财务资金等各职能全域业务	通常无统建系统，或仅覆盖某职能或某几个主要职能领域	通常按照板块业务分类建设，仅覆盖某职能或某几个职能领域
技术先进性	基于"大智移云物区"等新技术，采用领先中台技术自主开发	基于共享中心或传统管理系统建设，无成熟中台	基于传统 ERP 标准产品应用
系统功能完整性	打通了 9 大模块一体化应用，功能完整，覆盖了从主数据到财务业务到 BI 分析展示	通常各财务业务系统独立运行，功能相对完整，缺少一体化应用和 BI 分析展示	重点在基于固有 ERP 平台上的应用、智能助理等事务性支持功能
系统数据颗粒度	细化至合同+项目+经济事项多维交叉的数据颗粒	通常基于合同或项目某一维度进行粗颗粒管理	财务核算更多是基于 ERP 的大总账管理，颗粒度较粗
系统发展方向	平台化、智能化、一体化方向，可扩展为业务中台，可支持的云共享、虚拟共享和数字化转型	需要从分级共享平台向统一共享转化升级，打破固有模式难度大	基于 ERP 应用的工作环境等一体化建设提升

五、第三方评价、应用推广情况

1. 第三方评价

2020 年 7 月 28 日，召开了"基于'1+N'模式的建筑企业智能财务平台建设研究与应用"科技成果鉴定会，鉴定委员一致认为课题成果总体达到国内外建筑行业领先水平。

2. 应用推广情况

2018 年 12 月，中建集团全面启动了项目应用的试点及推广工作。项目选取了三家典型的二级子企业进行试点应用，继而按照规模、业态和国别等特点分三个批次压茬实施推广工作。2019 年 12 月 9 日，集团全面完成了项目境内子企业的推广上线工作，实现了从集团总部到 31 家二级管理单位、8000 多家境内外分子公司的全级次覆盖，实现了集团 26 种业态的全业态覆盖，取得了良好的实施与应用效果。

六、经济效益

本项目通过智能财务平台的建设和应用，提升了公司的运营管理水平。通过银企直联、发票验真和认证、智能数据管理与分析等 6 个方面产生直接经济效益 10.7 亿元，通过优化资产结构及资源配置等 3 个方面产生间接经济效益 54.34 亿元。

七、社会效益

1. 强化履行社会责任

一是助力民营企业清欠，确保其应付账款"零拖欠"；二是强化民工工资支付管理，规避工资拖欠风险；三是助力小微企业复工复产，2020 年 1～6 月累计减免、缓收 2265 户中小微企业及个体工商户租金 7671 万元，占应收租金 21.6%。

2. 提升企业品牌效应

通过强化合同管理、税务管理和资金管理，逆向推动了缔约及履约质量，不断向客户和供应商延伸传递中国建筑管理规范、重合同、守信用的品牌形象。

3. 发挥行业引领作用

本项目的建设成果具备业界标杆和行业引领地位。国资委财管运行局领导高度评价："中国建筑智能财务平台对建筑企业、对所有企业示范性极大，具有重要的引领作用"。

现代木结构关键技术研究与工程应用

完成单位：中国建筑西南设计研究院有限公司、同济大学、上海市建筑科学研究院（集团）有限公司、苏州昆仑绿建木结构科技股份有限公司、赫英木结构制造（天津）有限公司

完 成 人：龙卫国、何敏娟、欧加加、许清风、李　征、杨学兵、刘宜丰、周金将、王卓琳、李　杲

一、立项背景

我国建筑原材料消耗速度惊人，随着砂、石等不可再生材料的逐渐枯竭，建筑业正遭遇严峻资源危机。木材为可再生资源，取之不尽、用之不竭。此外，木结构具有固碳功能，在全寿命周期中碳排最低，与绿色低碳发展的国家战略高度契合。发展现代木结构符合我国可持续发展的理念。然而，目前在我国现代木结构发展面临以下问题需要解决：

（1）现代木结构设计理论和关键技术创新与研究不足。在绿色建筑与建筑工业化背景下，我国现代木结构在木质新材料、组合构件、新型节点和新体系的研究方面具有很大发展空间，同时在多高层及木混合结构和大跨度木结构方面，相应的关键技术研究亟待开展。

（2）技术标准体系不完备。自2000年以来，我国现代木结构的应用呈现加速发展趋势，然而相较于欧美等发达国家，我国木结构理论与规范体系还不完善，尤其是针对新型工程木材料、木混合结构等新体系等，加快推进现代规范体系建设，也是促进我国现代木结构快速发展的重要前提。

为应对以上问题，本项目在材料、连接和结构三个层面持续技术攻关，近20年攻坚克难，形成木构件节点的设计理论，研发出木结构抗震、防火关键技术，构建木结构工程建设标准体系，推动现代木结构在我国的广泛应用。

二、详细科学技术内容

在国家重点研发计划、国家自然科学基金、住房和城乡建设部标准编制计划及地方科研等项目支持下，历经近20年，围绕我国现代木结构设计理论和关键技术缺乏、技术标准体系不完善等关键问题，系统地开展研究和工程应用，在现代木结构关键技术与工程应用方面取得了以下成果：

1. 建立了现代木结构构件节点设计理论和方法

（1）建立了基于可靠度确定木产品设计指标理论和方法

国内首次基于可靠度性设计理论建立了木产品在不同目标可靠度水平、不同受力状态、不同荷载组合、不同荷载比率下的抗力分项系数与材料变异系数的关联模型，进一步提出了用于确定我国木产品设计指标的抗力分项系数与材料变异系数的对应曲线，解决了我国木产品设计指标的确定难题，为今后新型工程木产品的工程应用提供了依据。见图1。

（2）提出了正交胶合木构件计算理论

国内首次基于正交胶合木强弱轴面外抗弯试验及面内抗压试验，分别解析了正交胶合木沿着强弱轴方向的面外抗弯机理，面内承压性能以及破坏机理，并基于试验结果，提出了正交胶合木构件力学性能计算方法和力学性能设计指标，分析了构件有效抗弯刚度的理论计算误差，并基于层板锯材的材料属性，建立了正交胶合木抗弯性能预测模型。见图2。

（3）提出了轻木剪力墙的数值计算理论

提出了基于钉节点力学行为的“HYST”算法钉连接计算模型，研发出可通过特殊单元子程序接口

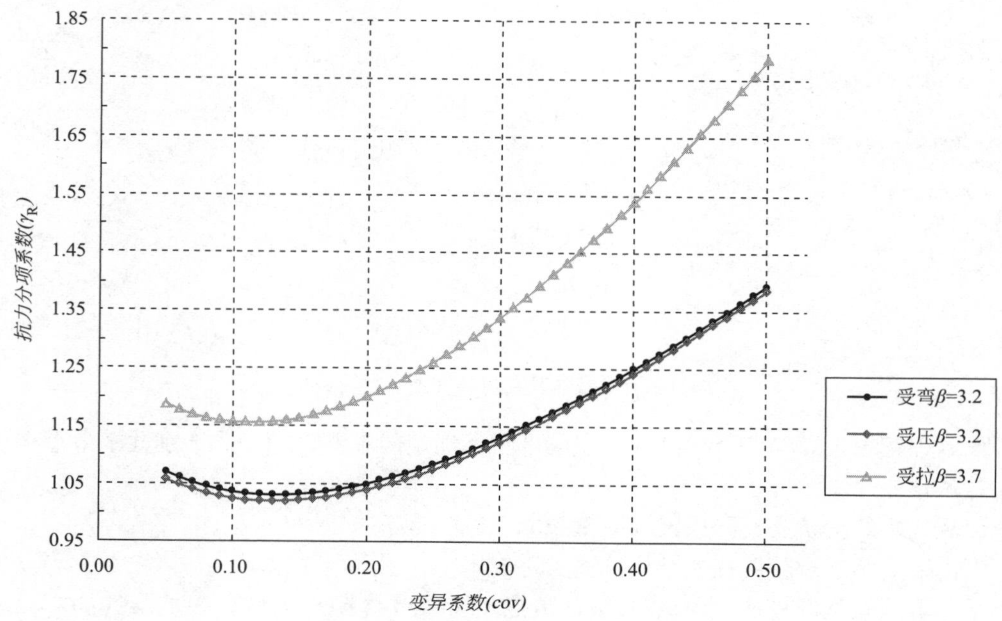

图 1　γ_R—变异系数曲线图

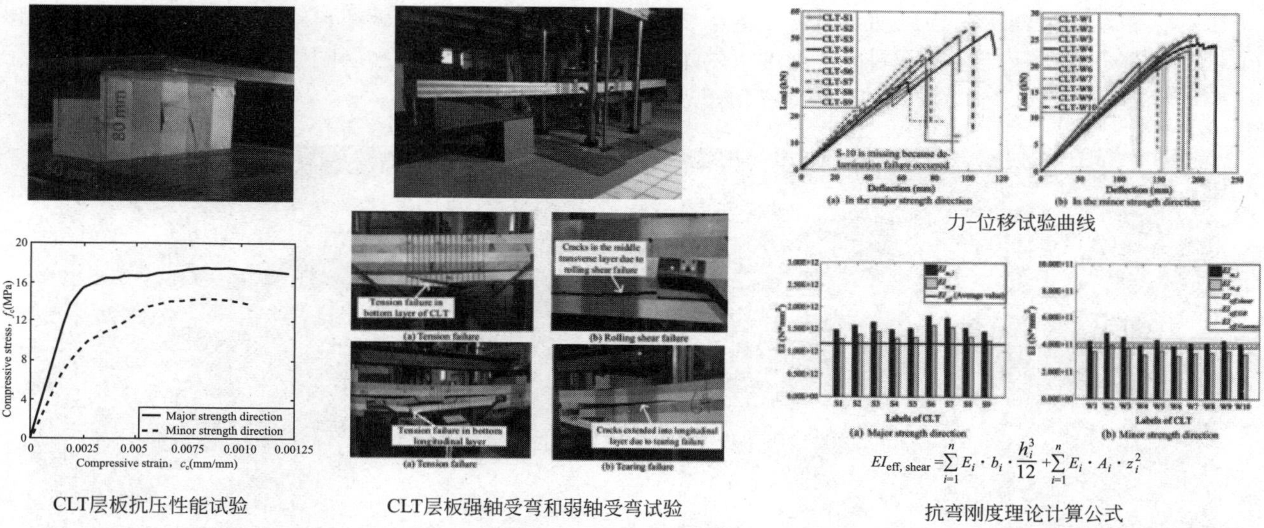

图 2　正交胶合木构件测试和计算理论对比

的用户自定义非线性弹簧单元，建立了轻木剪力墙的精细化模型，国内首次实现了轻木剪力墙抗侧力性能的精确模拟；建立了采用一对“HYST”弹簧的等效桁架的轻木剪力墙的简化模型，实现了在整体模型计算中对轻木剪力墙结构抗侧承载力的快速、准确模拟，轻木墙体极限承载力的预测误差在15%以内。

（4）提出了带裂缝木节点力学性能的计算理论

提出了基于准非线性断裂力学模型的带裂缝木节点力学性能的理论计算方法，采用 Timoshenko 梁弹性地基模型计算木材的横纹拉应力分布和顺纹剪应力分布，基于应力的复合型断裂准则，预测螺栓连接节点中木材的劈裂列剪脆性破坏承载力，模型可考虑裂缝扩展和木材脆性破坏等现象对节点承载力所造成的影响，准确计算带初始裂缝节点的承载力。所提出的理论模型可实现对节点破坏过程的准确模拟，节点极限承载力的预测误差在 15%以内。见图 3。

（5）提出了钢填板螺栓节点性能参数计算方法

提出了钢填板螺栓节点承载力和刚度的计算公式，钢填板螺栓节点是工程中最常见的节点，解决了

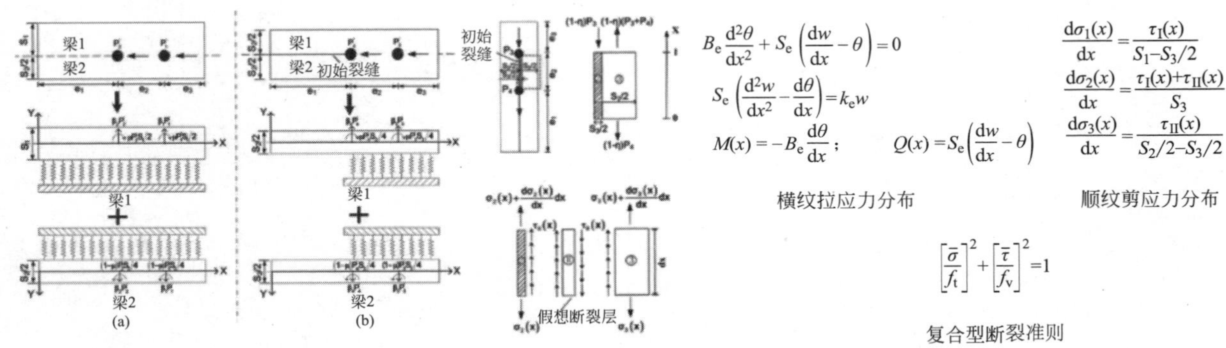

图 3　带裂缝木节点弹塑性理论计算模型

木结构工程设计中钢填板螺栓节点半刚性节点刚度指标确定的难题，为今后半刚性木节点在工程中的应用提供了设计依据。

2. 研发出现代木结构抗震、防火设计关键技术

（1）研发出系列多层现代梁柱木结构抗震关键技术

研发出系列增强新型填板-螺栓木结构梁柱节点，有效改善提升了节点的抗震性能，提高了现代梁柱结构的抗侧承载力和刚度；研发出新型钢木屈曲约束支撑，提出了钢木屈曲约束支撑的设计方法，为其在多层现代梁柱式木结构的应用提供了技术支撑，推动了梁柱式在多层建筑的应用；国际上率先完成了布置支撑五层梁柱木结构振动台试验，揭示了多层胶合木梁柱结构的破坏模式和抗震性能规律，提出了带支撑胶合木梁柱结构在不同地震烈度下的梁柱节点半刚性特征指标和层间位移角限值指标，优化了适用于梁柱式胶合木结构的支撑布置位置和长细比取值。见图 4、图 5。

图 4　无支撑胶合木梁柱结构振动台试验

图 5　带支撑胶合木梁柱结构振动台试验

（2）研发出钢木混合抗震墙结构体系抗震关键技术

国际上首次提出了钢框架＋木剪力墙新型钢木混合抗震墙结构体系，并研发出两种可快速安装且耗能性能好的节点连接，国际上首次开展了足尺 4 层四层钢木混合结构振动台试验，结合数值模拟和试验研究，提出了钢木混合结构直接位移抗震设计方法，确定了剪力分配系数、等效阻尼比、层间位移角限值等抗震设计关键参数。见图 6。

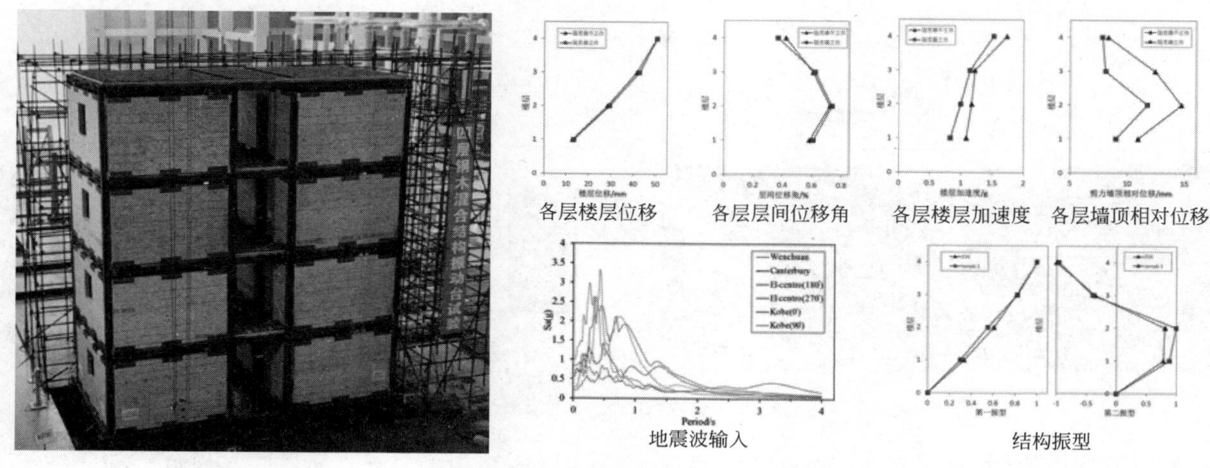

图 6　四层木-钢混合结构振动台试验

（3）研发出预应力自复位结构体系抗震关键技术

研发出基于预应力的自复位木框架结构体系和自复位正交胶合木木剪力墙结构体系：发明了适于自复位预应力胶合木框架结构体系节点的抗剪耗能连接件和摩擦型耗能件，提升了自复位梁柱节点的耗能和承载力性能；发明了自复位预应力木剪力墙楼板系统，解决了压力作用下，楼板的横纹受压变形过大的问题；基于 OpenSees 平台，建立了两种自复位结构体系数值模型；结合数值模拟和试验研究，提出了两种自复位结构体系刚度、变形、承载力、耗能等指标的分析计算方法。自复位木框架结构体系和自复位正交胶合木木剪力墙结构体系在经历 3%的结构峰值层间位移后，残余变形较传统木框架和正交胶合木剪力墙结构减小 90%和 82%，大幅提高结构抗震性能。见图 7。

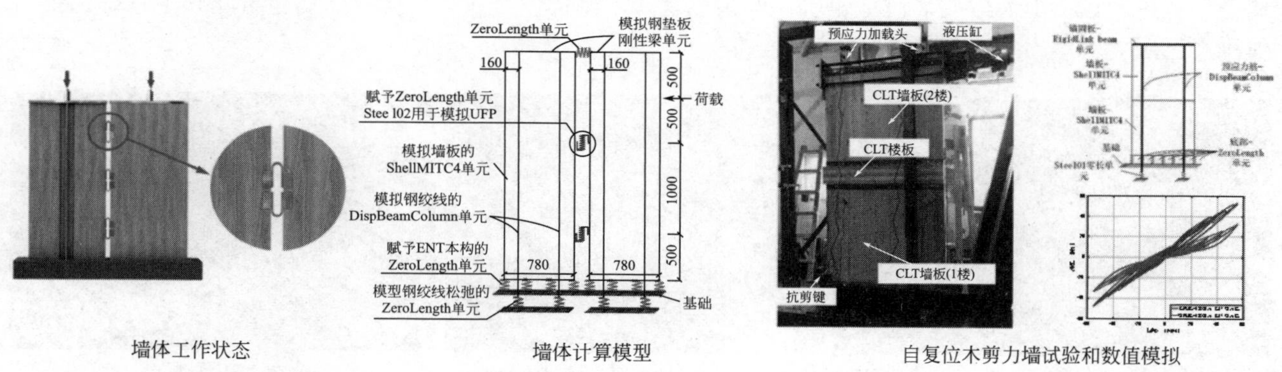

图 7　预应力自复位抗震剪力墙体系

（4）建立了我国现代木结构防火设计关键技术

建立了我国常用树种的炭化速率数据库，提出了我国常用树种的炭化速率计算公式，为相关标准的编制提供了关键性基础数据；揭示了木梁、木柱、木节点和木楼面等典型木构件的火灾机理和耐火极限变化规律，提出了木构件在火灾下和火灾后的承载能力计算方法，建立了基于炭化速率的木结构防火设计方法，弥补了我国规范中木结构防火设计方法的不足；提出了木结构适宜的抗火能力提升技术，满足了不同建筑形式不同部位木构件抗火性能提升需求，大幅提高木结构的防火安全性。见图 8。

3. 构建了我国现代木结构技术标准体系

主编了《木结构设计标准》GB 50005—2017、《胶合木结构技术规范》GB/T 50708—2012、《多高层木结构建筑技术标准》GB/T 51226—2017、《装配式木结构建筑技术标准》GB/T 51233—2016、《木骨架组合墙体技术标准》GB/T 50361—2018、《轻型木桁架技术规范》JGJ/T 265—2012 六部木结构相

■ 炭化速率

炭化速率试验结果进行拟合，建议炭化速率计算式：

$$\beta_n = 0.456 + \left(\frac{210}{\rho}\right)^2$$

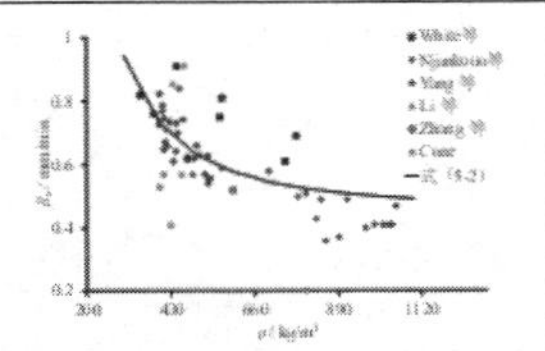

■ 基于炭化速率的木结构防火设计方法

提出了考虑“拐角效应”的基于炭化速度的防火设计方法：

$$d_{ef} = \beta_n t + C$$

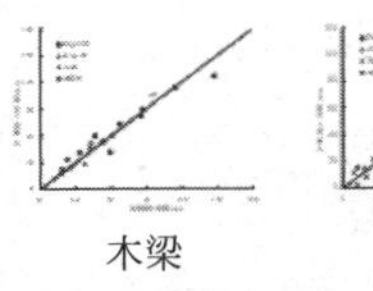

木梁　木柱

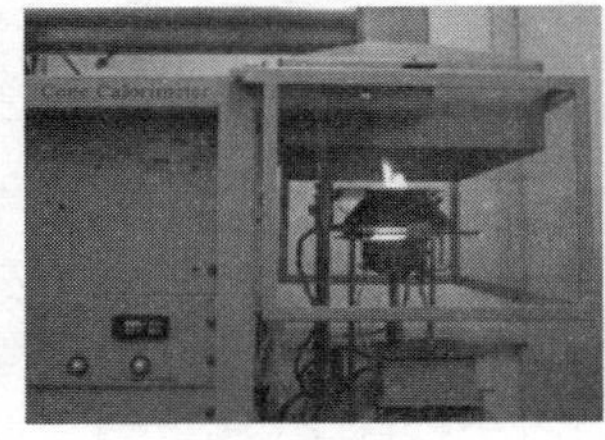

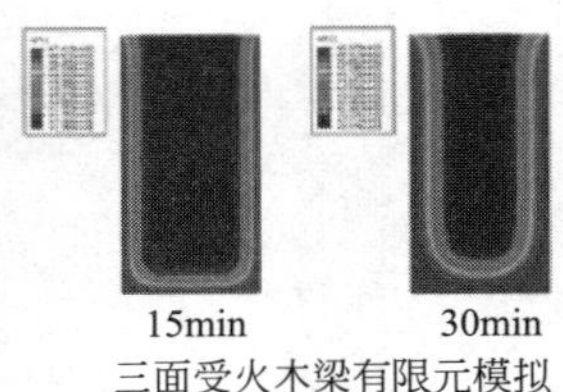

15min　30min

三面受火木梁有限元模拟

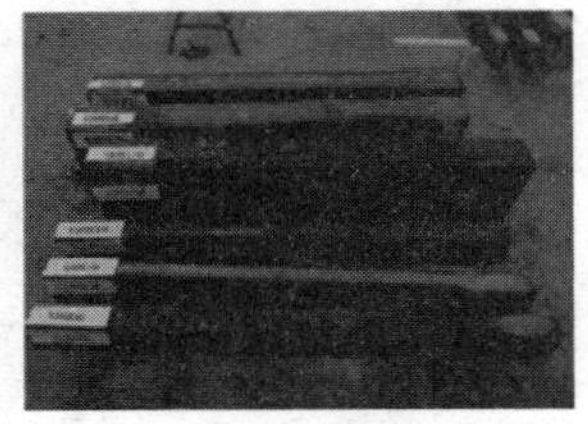

图 8　木结构防火设计关键技术

关标准（其中，国家标准 5 部、行业标准 1 部）；参编了《木结构工程施工质量验收规范》GB 50206—2012、《木结构工程施工规范》GB/T 50772—2012、《木结构试验方法标准》GB/T 50329—2012、《结构用集成材》GB/T 6899—2011、《建筑结构可靠性设计统一标准》GB 50068—2018、《工程木结构设计规范》DG/TJ 08-2192—2016 等标准；建立了我国现代木结构建筑的规范体系，为我国现代木结构的工程应用提供了技术依据和标准支撑。

4. 实现了现代木结构大规模工程应用

提出了基于 BIM 的精细化协同设计、数字加工、虚拟建造、预制装配、运营维护的一体化技术，显著提高了木构件预制加工与安装施工效率，实现了现代木结构建筑的数字化建造和全过程管控；建成了两条年产能超过 10000m^3 的胶合木生产线；项目创新研究成果推动了现代木结构在体育场馆、博览会展场馆、酒店、住宅、工业建筑、文物修缮重建等领域的应用，成果成功应用于第九届江苏省园艺博览会企业展示馆、上海崇明岛游泳馆等 100 余项现代木结构项目，对现代木结构建筑起到了良好的推广作用。见图 9。

江苏园艺博览会展馆

上海崇明岛游泳馆

西郊宾馆意境园餐厅

青城山老君阁

天津加迪尼厂区钢木结构车间

武进国家绿色建筑产业示范区

慈悲喜舍

图 9　木结构工程示范项目

三、创新点

本项目创新点如下：

（1）提出了现代木结构构件、节点设计理论和方法。提出了基于可靠度理论的木产品设计指标的确定方法，建立了正交胶合木构件计算理论和轻木剪力墙的简化数值模型，提出了带裂缝木节点的计算理论和钢填板螺栓连接节点性能参数的计算方法。

（2）研发出现代木结构抗震、防火设计关键技术。研发出可提升抗震性能的增强新型填板-螺栓木结构梁柱节点和新型钢木屈曲约束支撑，提出了多层现代梁柱一支撑木结构抗震性能评估方法，创建了装配式钢木混合结构体系和基于预应力的自复位结构体系及其抗震设计方法；建立了我国常用树种的炭化速率数据库和基于炭化速率的防火设计方法，研发出适用于我国木结构的抗火能力提升技术。

（3）构建了我国现代木结构技术的标准体系。编制了《木结构设计标准》GB 50005 等木结构工程建设领域的系列标准，建立了我国现代木结构建筑的标准体系，为我国现代木结构的应用与推广提供了技术支撑。

四、与当前国内外同类研究、同类技术的综合比较

建立的木产品的设计指标的方法，是国内首次提出，填补国内空白；研发的钢木混合结构体系，为国际上首次提出，将木结构推向对高层，获得国际同行一致认可，技术国际领先，填补国内外空白；研发的自复位预应力结构体系是国内首次提出，使结构残余变形减小 80%以上。技术国内领先；在防火方法上首次建立我国常用树种的炭化速度数据库，建立了基于炭化速度的木结构防火设计方法，填补国内空白。

五、第三方评价、应用推广情况

本项目的总体评价为："项目成果创新性强、先进性突出、实用性强、社会经济效益显著，总体技术处于国际先进水平，其中装配式钢木混合结构体系关键技术达到国际领先水平。"其中主编的多部国家标准被院士或本领域的著名专家评价为达到国际先进水平。研发的相关技术在国际上也获得权威学者的高度评价。

本项目研究成果在上海崇明岛游泳馆、第九届江苏省园艺博览会企业展示馆、句容市宝华镇宝华山北门的慈悲喜舍、连云港游客服务中心、常州武进国家绿色建筑产业集聚示范区、杭州香积寺复建等 100 余项现代木结构项目成果应用，同时建成了两条年产能超过 10000m^3 的胶合木生产线。

六、经济效益

本项目经济效益显著，仅在完成单位苏州昆仑绿建木结构科技股份有限公司、赫英木结构制造（天津）有限公司两家近三年取得直接经济效益：新增产值 21.4 亿元、新增利润 2.74 亿元、新增税收 0.86 亿元。见表 1。

近三年直接经济效益表（万元） **表 1**

年份	新增产值	新增利润	新增税收
2018	64759.12	8681.62	2270
2017	72074.05	9658.63	3310
2016	77707.73	9050.48	2991.79
累计	214540.90	27390.73	8571.79

七、社会效益

社会效益上，本项目极大地提升了我国木结构的技术水平，推动了木结构学科的发展；有利于减小了建造业对能源的消耗和对生态环境的污染，每平方米木建筑较传统建筑相比可减少 1.7t 碳排放；建立了实力强劲的现代木结构学术团队，培养了博士、硕士研究生 40 余名，为社会输送了大量的现代木结构专业技术人才，为我国土木工程的可持续发展贡献了力量。

天津周大福金融中心关键建造技术

完成单位：中国建筑第八工程局有限公司、华东建筑设计研究院有限公司

完 成 人：邓明胜、亓立刚、苏亚武、周　健、孙加齐、裴鸿斌、周申彬、刘　鹏、周洪涛、韩　佩、杨红岩、高　辉、张保健、黄联盟、李　享

一、立项背景

天津周大福金融中心建筑高度530m，立面流体造型，曲线柔美、蜿蜒起伏，采用“钢管（型钢）混凝土框架＋混凝土核心筒＋带状桁架”体系，具有功能多、结构奇、变化大、工期短等特点。

1. 功能多

涵盖商业、办公、公寓、酒店多种业态，各功能需求差异大，为了兼顾柔美造型和建筑平面效率的最大化，结构建筑设计必须高度融合，对核心筒布置、外框结构体系选择提出了挑战。

各业态独立运行，机电系统繁多，为追求使用面积最大化，后勤区紧凑，管线密集，管线综合排布、施工组织非常困难。

2. 结构奇

为获得最佳空间效应和立面效果，采用了无巨柱、无伸臂桁架、无风阻尼器的新奇结构，要实现自抗风、自抗震，结构及节点可靠设计、高精度制作安装挑战极大。

3. 变化大

外框变斜度柱与边柱弯扭汇交，角度多变，异形节点和非标构件多，构件深化、制作安装难度大。外立面大尺寸内收，垂直运输设备的安拆挑战极大。

核心筒经过缩角、收边、收肢共6次变化，缩变幅度超过70％，给核心筒模架体系设计与施工、塔式起重机高效使用带来巨大挑战。

4. 工期短

从土方开挖至竣工交付，合同约定工期仅1504d，与同类工程相比，工期大幅缩减。体量巨大、参建人员多，要确保高效的信息传递和施工组织难度巨大。

二、详细科学技术内容

1. 与建筑形态融合的柔性斜撑框架-核心筒结构设计技术

创新1：带耗能柔性陡斜撑的新型外框结构体系设计技术

采用立面锥形处理、角部平面倒圆、塔冠幕墙开孔等措施，有效解决横风向风振影响难题，详见图1。

创新2：柔美陡斜撑框架-核心筒体系

沿建筑外轮廓脊线设变斜度柱，与多次缩变的台阶式核心筒组成柔美陡斜撑框架-核心筒体系，化解常规设伸臂桁架加强层导致结构侧向刚度突变难题，详见图2。

创新3：异形组合空间相交节点设计技术

沿同一塔楼高度先后设置钢管混凝土柱、劲性柱、钢柱，有效控制了不同高度外框与核心筒收缩徐变引起的轴向变形差，详见图3。

本技术实现了无伸臂桁架、阻尼器设计，降低成本及室内空间影响；节点设计科学、合理，满足结

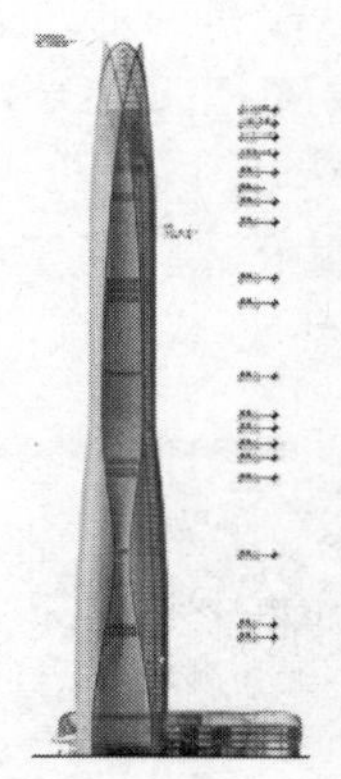

图 1　塔楼立面造型、风槽及塔冠模型

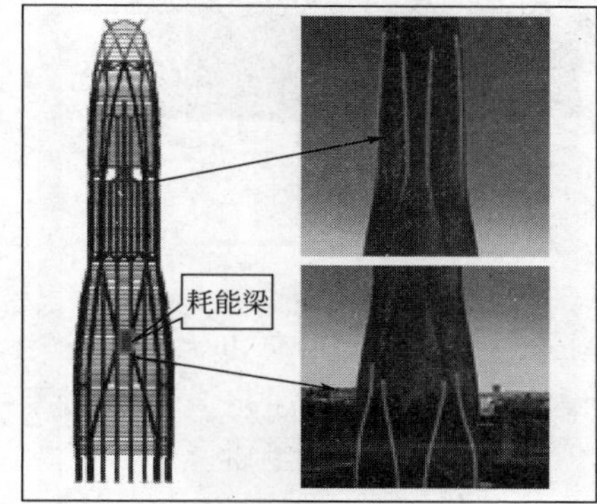

陡斜撑系统示意

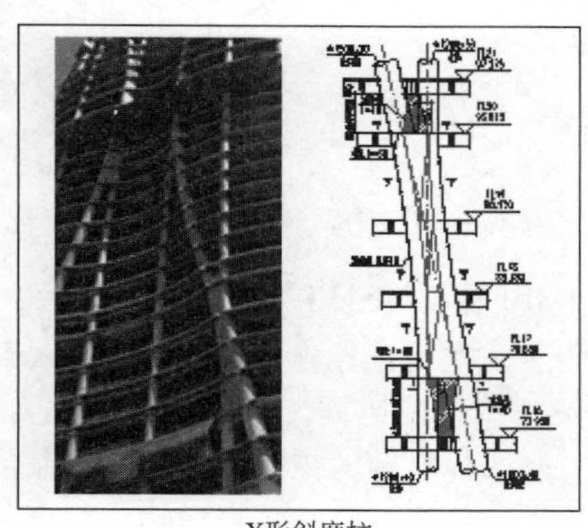

X形斜度柱

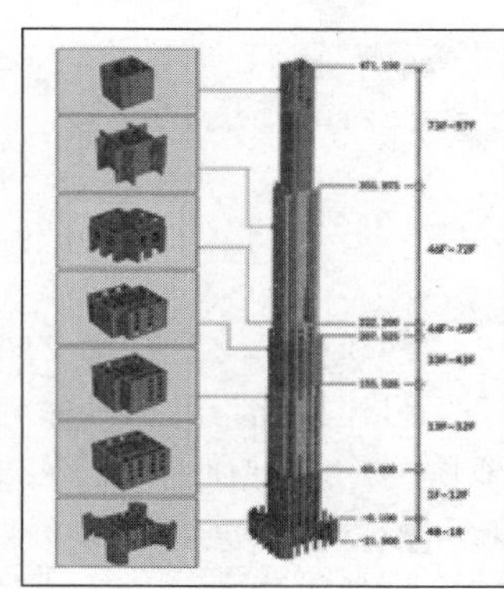

台阶式核心筒

图 2　陡斜撑框架-核心筒体系

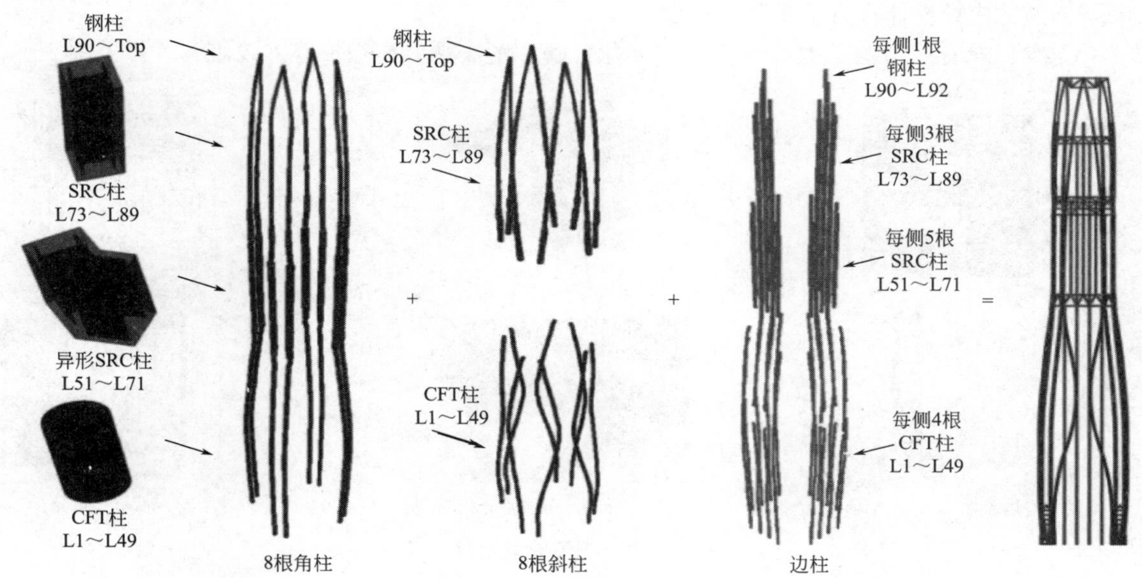

图 3　异形组合空间相交节点

构体系受力要求，安全、可靠。

2. 基于高精度 BIM 模型的数字建造技术

创新 1：基于 BIM 技术的超高层施工总承包协同管理平台研发与应用

首次提出基于 BIM 技术的全员应用筑基础、全过程应用保深度、全方位应用覆广度的虚拟建造模式，首次建立了以“信息”为纽带的“两线一融合”BIM 运用模式——“精度线（从 LOD300 经 LOD400 到 LOD500）”和“管理线（以 3D 为基础、4D 切入向 5D 推进）”。

研发基于高精度 BIM 模型的超高层建筑施工总承包协同管理平台，以二维码为媒介，打通了深化设计、工厂制作、物流运输、现场仓储、实体安装、竣工交付全链条管理流程，详见图 4。

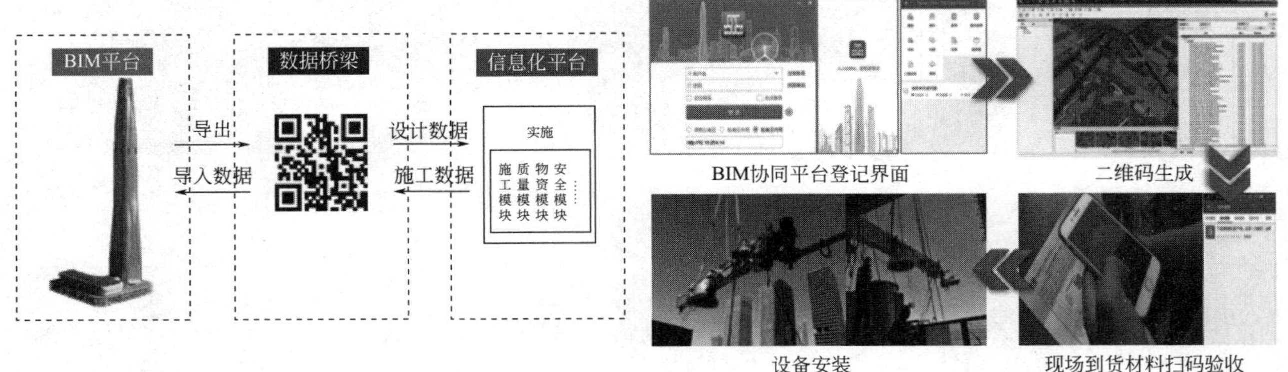

图 4　以二维码为媒介的全链条管理流程

创新 2：基于 BIM 的全专业协同深化设计技术

组建深化设计战斗室，将业主、顾问、各分包设计团队纳入到协调管理工作中，由总包统筹，各专业协同作业，利用项目私有云服务器创建协同工作平台、按照专业分配工作集，确定深化设计协同流程、模型拆分原则，排布原则、制图标准等，统筹各分包同步深化设计，实时解决设计矛盾。

本技术解决了深化成效低、信息传递不畅、垂直运输、施工协调难等问题，真正实现设计零变更、现场零存储、施工零拆改。

3. 高适应性智控整体顶升平台施工技术

创新 1：高适应性整体顶升平台装配式设计技术

研制出装配式桁架、立柱、挂架体系，单元化拆解，解决平台高空快速拆改难题，详见图 5。

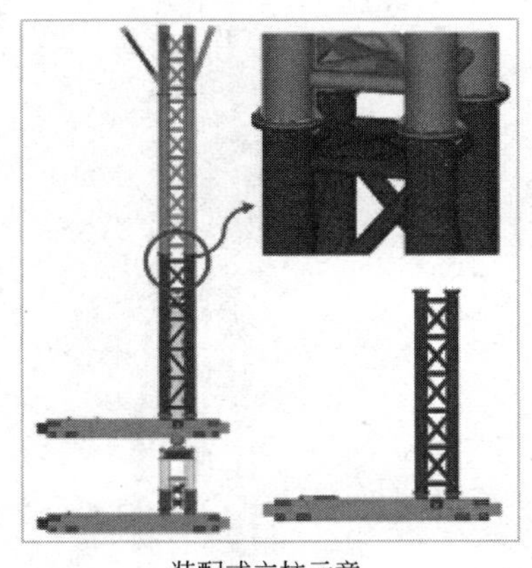

装配式立柱示意

装配式桁架分块示意

装配式挂架平面示意

装配式桁架节点

装配式挂架单元

图 5　整体顶升平台设计体系

创新 2：三向可调挂架设计与施工技术

研发出三向可调挂架，发明了挂架滑梁连接装置，解决核心筒截面变化、收缩幅度大等难题，详见图 6。

创新 3：大偏心支撑箱梁同步提升技术

在长臂端增加电动提升装置和行程传感器，设置箱梁平衡控制系统，集成在整体控制系统里面，解

图 6 三向可调挂架设计体系

决了立柱偏置带来的安全隐患，详见图 7。

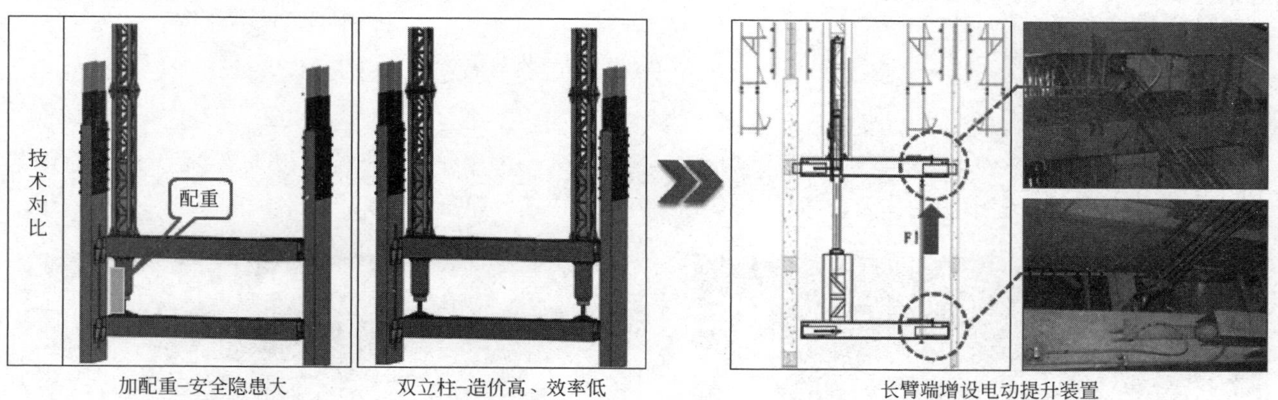

图 7 大偏心支撑箱梁同步提升图

创新 4：顶升平台微动滑移纠偏技术

以桁架层的水平姿态和关键构件的受力作为顶升控制要点；发明了一种顶升平台高空整体滑移装置及施工方法，利用滚轴，借助小型千斤顶，逐步调整箱梁与墙体相对位置，解决了平台高空纠偏纠扭难题，详见图 8。

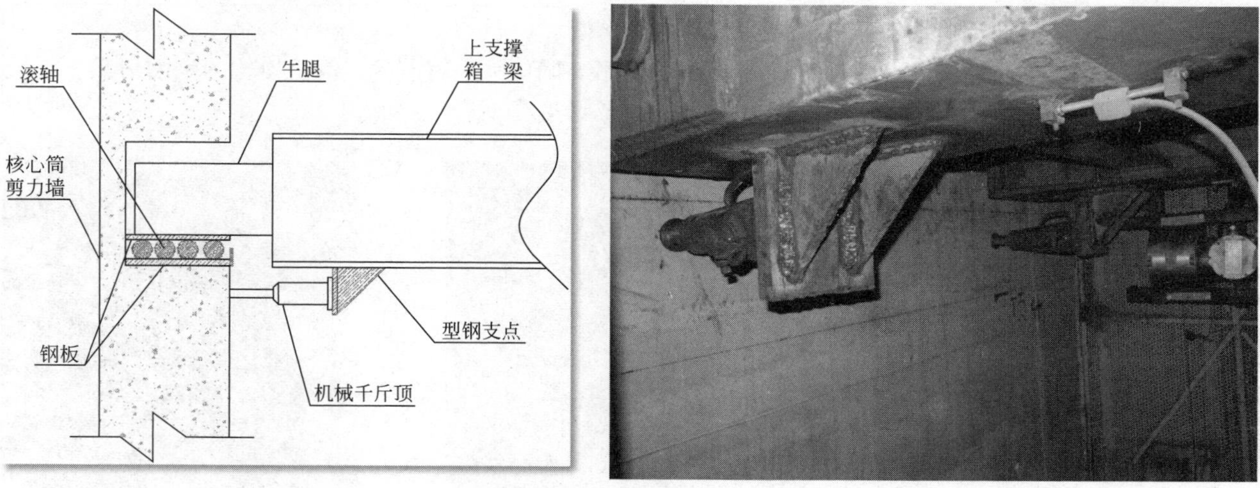

图 8 微动滑移纠偏技术示意及实拍照片

本技术实现平台多维可调、安全可靠、智能高效。

4. 复杂多变超高层钢结构施工技术

创新 1：基于节点试验和虚拟建造的异形复杂组合构件制作安装技术

特殊节点有限元分析、试验验证，多平台协同精细建模，制作样箱，逐点弯压成型，三维激光扫描仪复核，模拟预拼装，确保构件制作精度，解决复杂异形构件加工效率和精度难题，详见图 9。

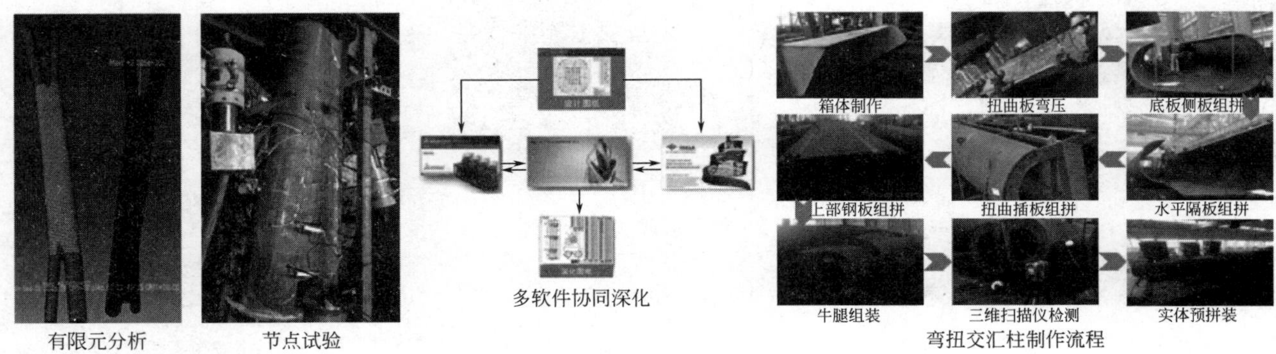

图 9　异形复杂组合构件制作安装示意

创新 2：异形构件安装自动跟踪测量技术

结合构件 BIM 模型，自动测量机器人实时跟踪锁定多个棱镜的三维坐标，以动态模型的形式呈现出整个构件在调整过程中的动作及位置信息，实现构件的快速、精准定位，详见图 10。

构件吊装前安装定位棱镜

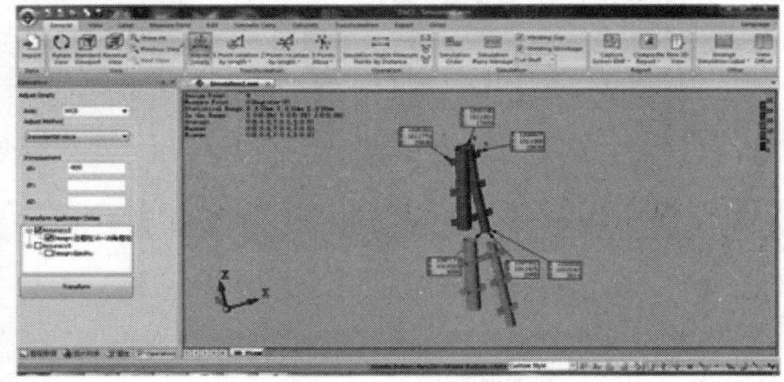

构件空间信息建模分析偏差

图 10　异形构件自动跟踪测量

创新 3：窄小空间钢板墙滑移吊装技术

研发出一种滑移安装钢板墙装置，钢板墙由相邻吊装洞口吊入轨道后，倒链换钩，牵引滑移至安装位置，解决顶升平台工况下的钢板墙安装效率低难题，详见图 11。

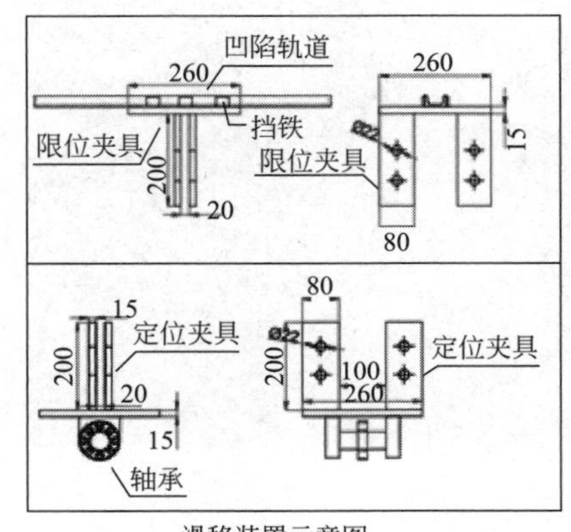

滑移装置示意图

顶升平台吊装孔平面布置

从吊装口滑移就位

图 11　滑移安装钢板墙

创新 4：无加劲肋超大钢板墙变形控制技术

通过模拟分析，制定焊接工艺和顺序；角部设置隅撑、背面加设装配式约束板等约束支撑措施，增强薄钢板墙抵抗变形的能力，解决焊接变形控制难题，详见图 12。

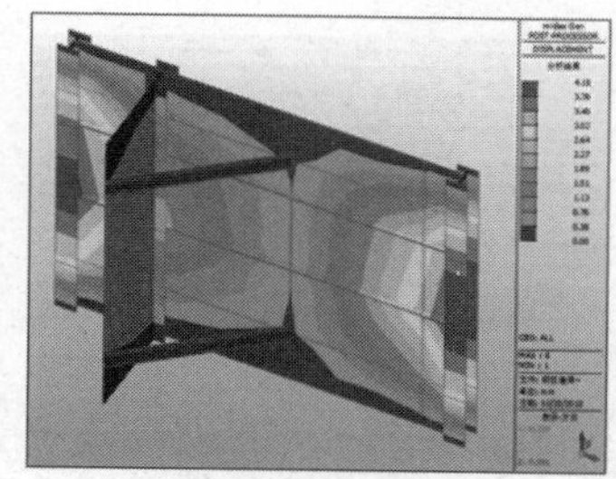
钢板墙防变形应力分析图

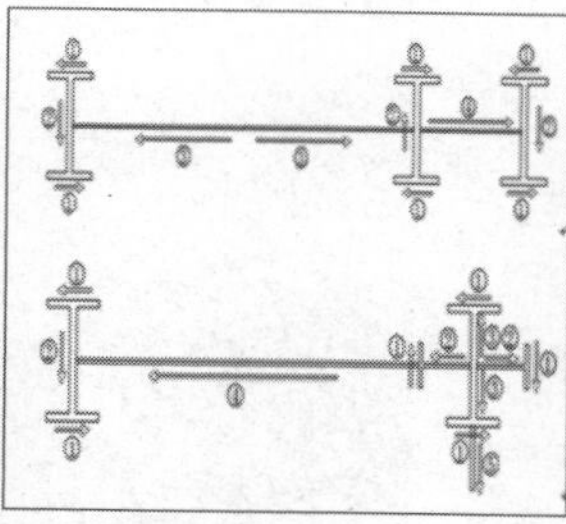
钢板墙防变形焊接工艺顺序

钢板墙防变形角部隅撑

钢板墙防变形背面约束板

图 12　无加劲肋超大钢板墙变形控制措施

本技术实现节点安全、可靠，构件制作安装精准，工效提高。

5. 内筒外框大缩变超高层高效垂直运输技术

创新 1：大型动臂塔式起重机原位内爬直接转外挂技术

研发出大型动臂塔式起重机原位内爬直接转外挂技术，避免高空安拆塔式起重机，详见图 13。

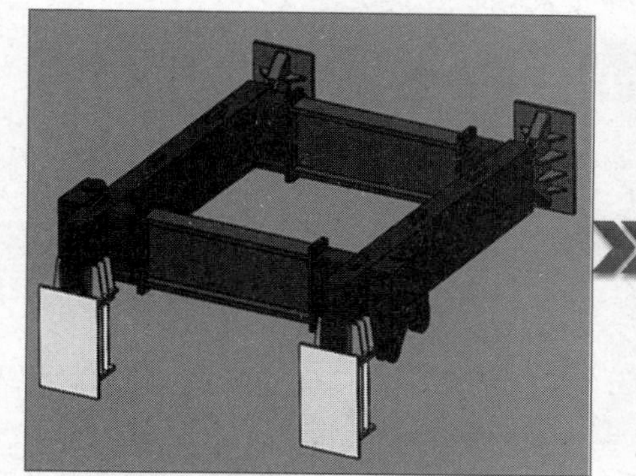
转换前内爬支撑体系

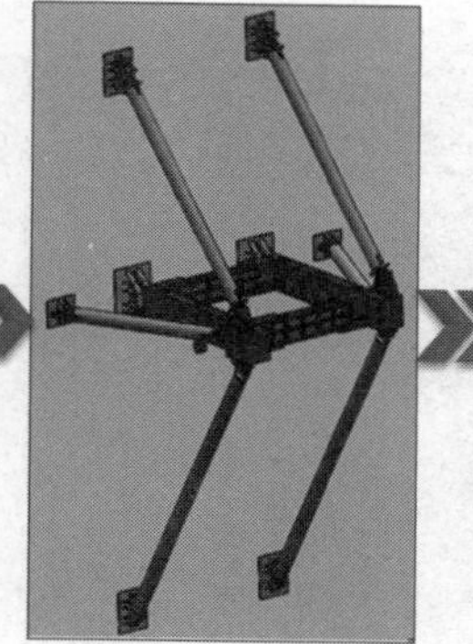
转换后外挂支撑体系

转换后外挂支撑体系实景

图 13　动臂塔外挂支撑体系

创新 2：核心筒多次缩变工况下动臂塔式起重机快速爬升技术

标准 C 型框与支撑梁整合为一，减少支撑梁倒运次数；研发塔式起重机自行倒运支撑体系提升装置，安装在塔身顶部标准节内，辅助吊装支撑梁和临近钢构件，解决爬升效率低、不能连续作业的难题，详见图 14。

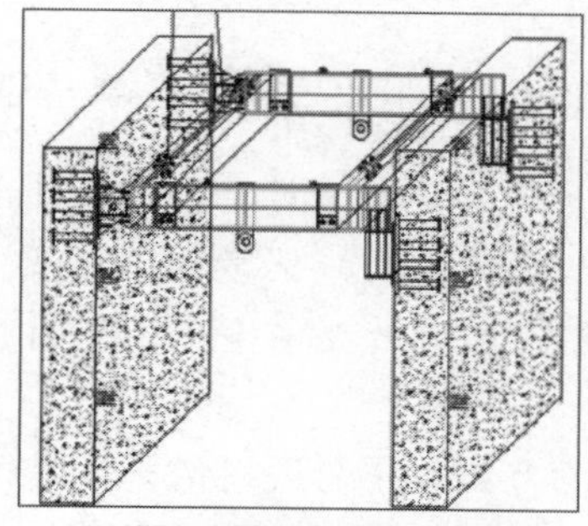
C型框与支撑梁整合为一示意图

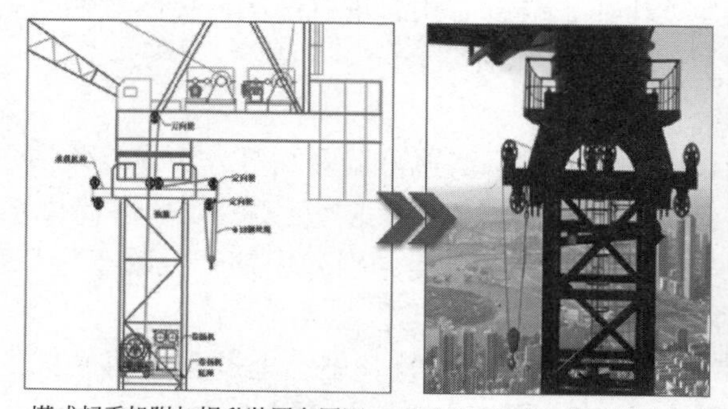
塔式起重机附加提升装置布置图　塔式起重机附加提升装置实景图

附加提升装置吊装爬带及支撑梁

图 14　动臂塔附加提升装置

创新 3：立面内收 12.7m 塔冠屋面吊 530m 高空大悬挑滑移安拆技术

创新在 530m 高塔冠设置大悬挑钢梁作为屋面吊滑轨基础，底部设置抗倾覆滑轮；屋面吊在塔冠内组装完成后滑移至悬挑端，进行塔冠动臂塔式起重机拆除作业；完成拆塔作业后，滑移回塔冠内自拆。解决立面大收进下塔式起重机安全、高效拆除，避免报废性拆塔，详见图 15。

悬挑塔式起重机实拍图

屋面吊滑移至悬挑端吊装作业

屋面吊退回塔冠结构内拆除作业

冠顶安装钢拔杆拆除屋面吊

图 15　塔式起重机悬梯滑移安拆

创新 4：“低区集成物流通道＋高区悬挑施工电梯”接力运输施工技术

F47 以下设置物流集成通道，F46 楼板设置悬挑电梯基础，悬挑电梯从 F46 安装至顶，人员及物料设备垂直运输在 F46、F47 平层接力转换。解决立面大收缩施工电梯布置难题，详见图 16。

接驳运输示意

F47以下物流通道

F47以上悬挑电梯

图 16　物流通道＋悬挑电梯

本技术实现关键线路连续作业，节省塔式起重机吊次，提高运输效率，缩短工期，节约成本。

三、发现、发明及创新点

（1）采取角部平面倒圆、立面开槽、塔冠幕墙开孔等方法优化体型，实现无阻尼器设计；沿建筑外轮廓脊线设变斜度柱，与台阶式核心筒组成柔美陡斜撑框架-核心筒体系，实现无伸臂桁架设计，降低成本及室内空间影响；同一塔楼外框柱沿高度分别采用钢管混凝土柱、型钢混凝土柱、钢柱三种形式，有效控制了外框与核心筒收缩徐变引起的变形差。

（2）首次提出基于 BIM 技术的全员应用筑基础、全过程应用保深度、全方位应用覆广度的虚拟建造模式，首次建立了以“信息”为纽带的“两线一融合”BIM 运用模式——“精度线（从 LOD300 经 LOD400 到 LOD500）”和“管理线（以 3D 为基础、4D 切入向 5D 推进）”，研发了基于高精度 BIM 模型的超高层施工总承包协同管理平台，以二维码为媒介，打通深化设计、工厂制作、物流运输、现场仓储、实体安装、竣工交付全链条，实现以“数字”信息为纽带的“两线融合”。

（3）研制了装配式/模块化桁架、立柱、挂架体系，快速适应核心筒墙厚和平面台阶式缩减，显著提高平台高空拆改效率；研制出平台偏心箱梁平衡装置，适应核心筒变化；首次提出顶升平台姿态与应力控制同步顶升控制方法，发明了高空整体微动滑移纠偏装置，实现平台快速、平稳、安全顶升。

（4）研发了多软件平台协同建模技术，实现复杂构件快速建模；发明了钢管柱焊接变形监测装置，创新应用虚拟预拼装、逆向建模等技术提高异形构件加工精度；研发出构件自动跟踪测量技术，实现弯扭异形构件精准定位。研发出整体顶升平台工况下无加劲肋超大薄钢板剪力墙施工技术，提高安装效率、解决超长超薄剪力墙钢板焊接变形控制的难题。

（5）研发出塔式起重机支撑系统二梁合一、原位内爬转外挂方法，发明了塔式起重机装配式辅助提升装置，显著提高了塔式起重机爬升效率；研发出屋面吊高空悬挑滑移安拆技术，实现塔冠塔式起重机安全拆除。

四、与当前国内外同类研究、同类技术的综合比较

创新技术	技术经济指标	国内外相关技术比较
与建筑形态融合的柔性斜撑框架-核心筒结构设计技术	■ 结构奇：立面编织流体曲线造型，变斜度柱与边柱空间弯扭交汇； ■ 高——国内已建成地处高烈度抗震设防区且临海高风压的最高建筑； ■ 角部平面倒圆、立面锥形内收、塔冠幕墙开孔设计策略，控制风致加速度 0.075m/s^2； ■ 塔楼地上用钢量 175kg/m^2	■ 避免同类高度建筑一般需设置的伸臂桁架； ■ 创新了结构体系和设计技术
基于高精度 BIM 模型的数字建造技术	■ 加工制作模型精度 LOD400、平台使用率 100%； ■ 提高信息传递效率 30%	■ 首次提出“三全”BIM 虚拟建造模式； ■ 首次建立“两线一融合”BIM 运用模式
高适应性智控整体顶升平台施工技术	■ 相对核心筒面积的平台含钢量 1.19t/m^2； ■ 周转率超 80%，造价平均减低 20%； ■ 平台纠偏纠扭技术，平台偏位≤20mm； ■ 基于姿态与应力控制的同步顶升控制技术，平台整体水准误差≤10mm	国内外首例箱梁平衡控制、平台滑移纠偏控制方法
复杂多变超高层钢结构施工技术	■ 多软件组合精准建模、制作以及虚拟预拼装技术，满足精度要求，提高工效 25%	国内外未见此类异形构件、复杂节点制作安装技术
内筒外框大缩变超高层高效垂直运输技术	■ 塔式起重机支撑系统简化以及自行倒运技术，提高工效 60%； ■ 集成物流通道与悬挑电梯相结合技术，成本减少 50%	■ 国内外未见塔式起重机支撑系统简化、倒运技术； ■ 国内外首例施工电梯布置方法，解决关键工程难题

五、第三方评价、应用推广情况

经专家评价，本成果总体达到国际先进水平，其中基于 BIM 技术的超高层施工总承包管理平台、物料通道塔与悬挑电梯相结合技术达到国际领先水平。

成果已在天津周大福金融中心工程、南宁华润中心东写字楼、天津平安泰达金融中心等项目成功应用，经济和社会效益显著，推广应用前景广泛。

六、经济与社会效益

本成果在承建的天津周大福金融中心、天津平安泰达金融中心、海天大酒店改造项目（海天中心）一期、南宁华润中心东写字楼等项目中采用基于高精度 BIM 模型的数字建造技术、高适应性智控整体

顶升平台施工技术、复杂多变超高层钢结构施工技术、内筒外框大缩变超高层高效垂直运输技术，降低了材料损耗、提高了施工效率，保证了工程质量和安全，取得了良好的经济效益和社会效益。

项目首次提出基于BIM技术的超高层施工总承包协同管理平台研发与应用技术，深入推动了BIM技术融入工程管理，推动了行业数字建造技术进步。项目研发的关键建造技术，有效解决工程关键难题，决策思路科学，对行业高效建造技术水平、管理水平起到推动作用。

复杂环境下多工法组合地铁车站施工关键技术及应用

完成单位： 中国建设基础设施有限公司、中建华东投资有限公司、中建隧道建设有限公司、同济大学、中国矿业大学、上海同筑信息科技有限公司、徐州市城市轨道交通有限责任公司、中国建筑第五工程局有限公司

完 成 人： 宫志群、廖少明、马金荣、尹仕友、肖龙鸽、宋　旋、李　阳、张　峰、赵　峰、高东波、张艳涛、曾银枝、刘孟波、陶祥令、张　峻

一、立项背景

随着我国城市地下空间开发加速，城市地下工程趋于超大型、复杂化；施工作业环境趋于紧凑型、敏感化；建造工艺手段趋于多工法、组合化。同时，城市地铁建设也面临复杂的地上、地下空间环境条件，传统的地铁车站形式已难以满足城市中心区域复杂敏感环境下地铁建设的需求。超大规模复杂结构体系地铁车站不断涌现，给传统地铁车站的建造技术及管理方式带来了巨大挑战，如复杂结构频繁转换、敏感建筑变形控制、恶劣地质影响、施工过程管控等。

课题依托的徐州地铁 1 号线彭城广场站建造施工刷新国内超大超深地铁施工的多项纪录，是国内首座集明-暗-盖挖为一体的大型换乘车站；也是国内首座隧道群和坑中坑空间立体交错的半明半暗车站。见图 1。

彭城广场站存在“四特”难题：包括周围环境特别敏感、车站结构特别复杂、地质问题特别突出、施工组织特别困难。车站结构呈“四多”特点：工法组合多、变截面洞室交错多、结构体系转换多、密集支撑拆除多。地质问题表现“三大”特点：地层硬岩强度大：地连墙入岩强度高达 130MPa、入岩深度 20m；条带状高承压水量大：日涌水量高达 20000m^3；土岩结合面暗挖爆破风险大。周围环境呈“两高”特点：在建车站位于核心城区，高楼林立，与徐州最高楼苏宁广场最近距离为 0.9m；其敏感度高，零扰动要求高。施工组织特别困难，表现为“紧、小、大”：工期紧迫、场地狭小、全程管控考验大。见图 2。

针对以上四项难点，课题组提炼出明-暗-盖挖复杂结构体系转换及其对敏感环境的影响与控制、爆破振动下土-岩-水耦合致灾机理与控制、施工全过程动态风险演变分析及智慧化管控技术 3 个科学问题，并形成 12 项创新技术加以解决。

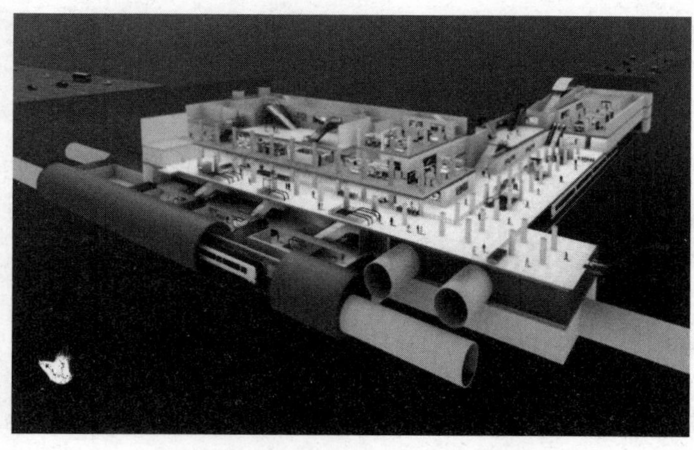

图 1　彭城广场站明-暗-盖挖结构图

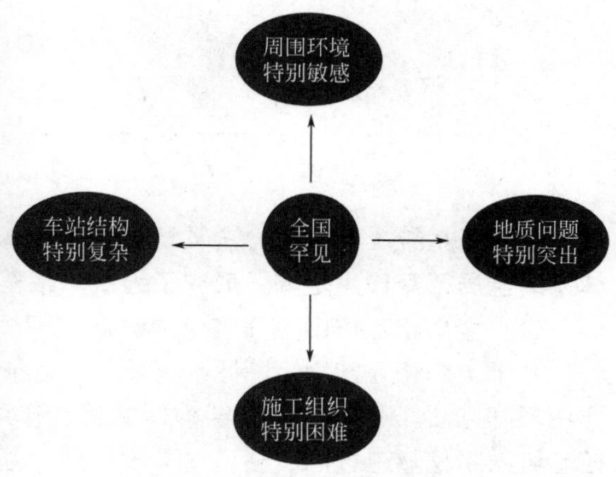

图 2　彭城广场站面临的难题

二、详细科学技术内容

本项目以全国首个明-暗-盖挖地铁车站（徐州地铁 1 号线彭城广场站）为依托，针对复杂结构体系转换及其对敏感环境的影响与控制、爆破振动下土-岩-水耦合致灾机理与控制、施工全过程动态风险演变分析及智慧化管控技术等进行了系统的研究和实践，取得了系列创新性成果，并得到成功的推广应用。总体研究思路见图 3。

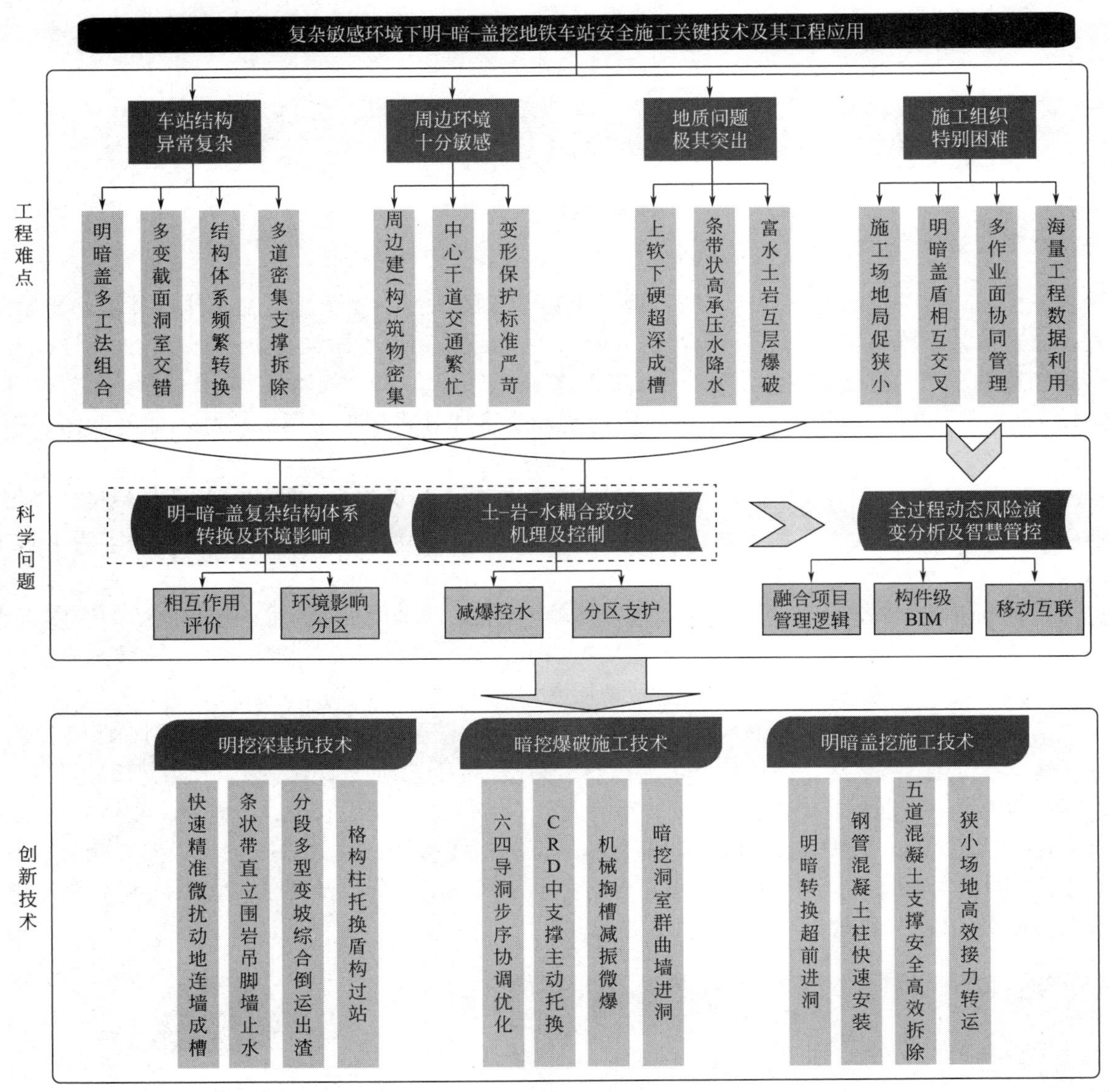

图 3　复杂环境下多工法组合地铁车站施工关键技术及应用的总体思路

1. 基于系统工程分析方法及复杂结构体系转换力学机理，首次建立了地铁车站“明-暗-盖”多结构体系的全局相互作用矩阵，形成了地铁车站复杂结构体系施工的相互作用评价与环境影响分区评价方法

（1）全局相互作用矩阵实现“明-暗-盖”多结构体系的相互作用评价

基于全局相互作用矩阵原理（图 4）与系统工程分析方法，构建了“明-暗-盖”多结构体系的相互作用矩阵（图 5），分析了各结构体的相互作用机理，得出复杂结构体系最优的施工顺序，并开发了明挖基坑内暗挖隧道进洞、隧道交叉段开洞、基坑格构柱托换等结构转换施工方法，为城市地铁车站复杂结构体系转换施工与优化控制提供参考。

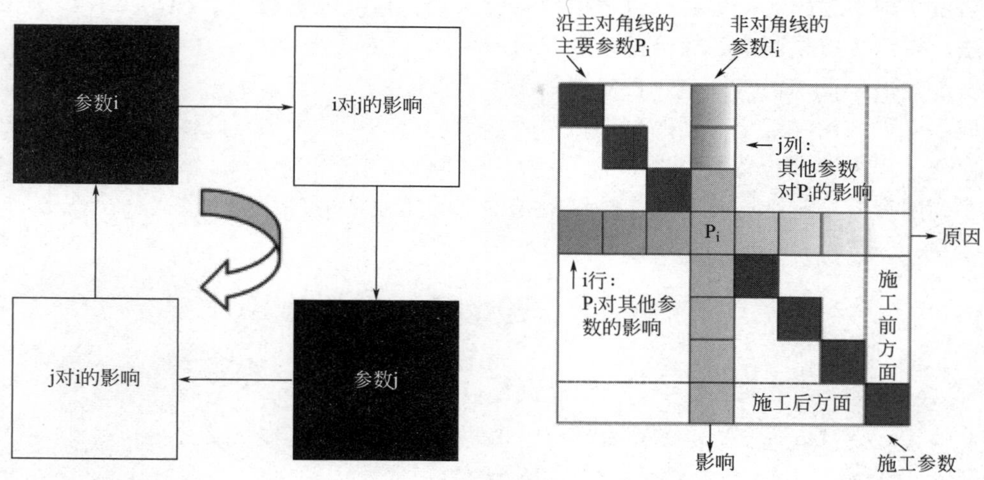

图 4　全局相互作用矩阵原理

	S_1	S_2	……	S_i	……	S_n
S_1	P_{1-1}	P_{2-1}	….	P_{i-1}	….	P_{n-1}
S_2	P_{1-2}	P_{2-2}	….	P_{i-2}	….	P_{n-2}
⋮	⋮	⋮		⋮		⋮
S_i	P_{1-i}	P_{2-i}	….	P_{i-i}	….	P_{n-i}
⋮	⋮	⋮		⋮		⋮
S_n	P_{1-n}	P_{2-n}	….	P_{i-n}	….	P_{n-n}

	S_{1-2}	S_{2-1}	S_{1-3}	S_{3-1}	……	S_{i-j}	S_{j-i}	……
S_1	—	—	—	—	….	$\Delta P_{(i-j)-1}$	$\Delta P_{(j-i)-1}$	….
S_2	—	—	$\Delta P_{(1-3)-2}$	$\Delta P_{(3-1)-2}$	….	$\Delta P_{(i-j)-2}$	$\Delta P_{(j-i)-2}$	….
S_3	$\Delta P_{(1-2)-3}$	$\Delta P_{(2-1)-3}$	—	—	….	$\Delta P_{(i-j)-3}$	$\Delta P_{(j-i)-3}$	….
⋮	⋮	⋮	⋮	⋮	⋮	⋮	⋮	⋮
S_n	$\Delta P_{(1-2)-n}$	$\Delta P_{(2-1)-n}$	$\Delta P_{(1-3)-n}$	$\Delta P_{(3-1)-n}$	….	$\Delta P_{(i-j)-n}$	$\Delta P_{(j-i)-n}$	….

图 5　多结构体系的相互作用矩阵

（2）建立了地铁车站复杂结构体系施工的环境影响分区评价方法

基于基坑开挖的空间效应，对传统的基于平面变形的评价方法进行了创新和改进。将基坑开挖影响范围内的变形进行平面分区（图 6），结合不同平面位置的地表沉降分布特征（图 7）及邻近建构筑物保护等级，将传统方法中笼统的环境保护标准细化、并重新定义为环境分区保护，以实现复杂地铁车站施工环境影响的分区评价与分区管控，对当前我国基坑工程施工管理具有重要的现实意义。

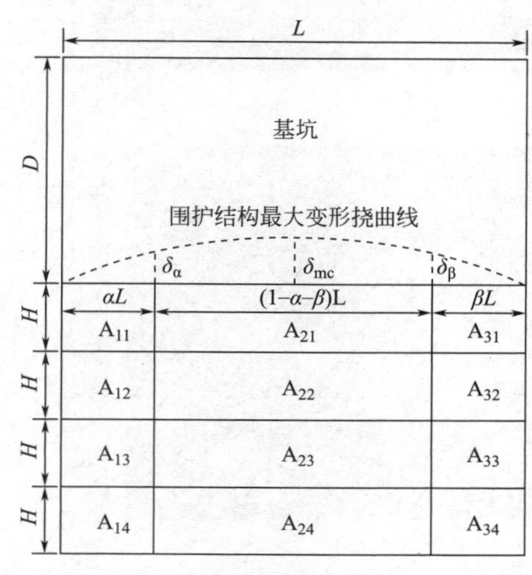

图 6　平面分区方法

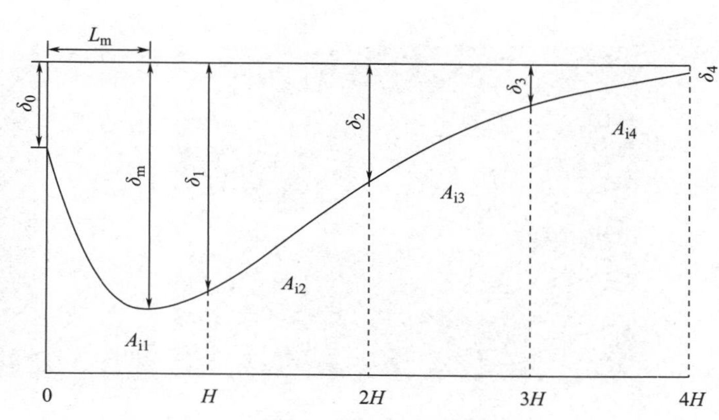

图 7　基于地表沉降曲线的变形指标分级

2. 自主研发了地下工程结构失稳全过程模拟试验系统，建立并完善了三相地层环境下土-岩-水耦合数值模拟方法，揭示了复杂洞室群爆破振动致灾机理

（1）研发了地下工程结构失稳全过程模拟系统

为实现地下工程结构施工全过程的精细化仿真模拟，自主研制了具有位移闭环控制加载模式的地下工程结构失稳全过程模拟试验系统（图 8）。该系统能综合利用声、电、磁等多源地球物理信息探测技术，可实现不同围岩（土）结构及不同支护结构条件下的隧道结构自开始承载至完全变形破坏全过程的物理模拟（图 9）。

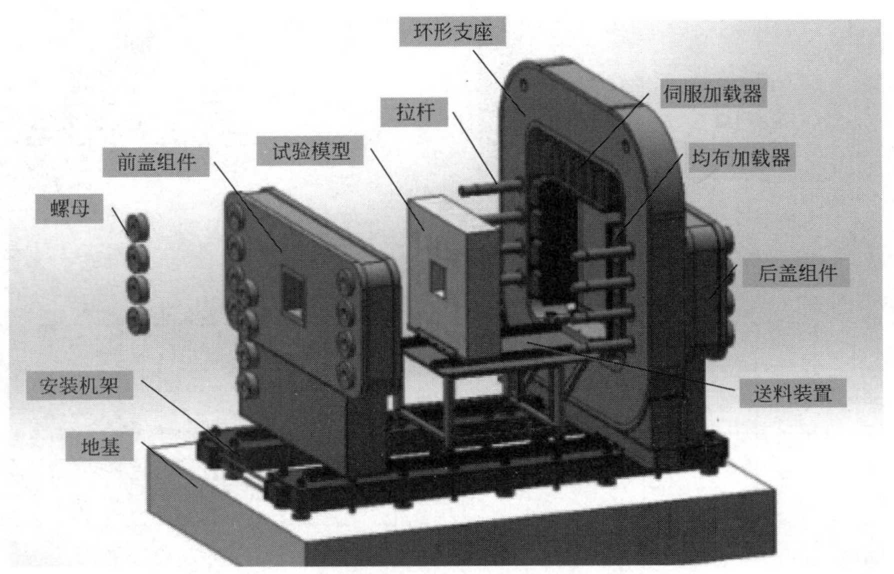

图 8　地下工程结构失稳全过程模拟试验系统

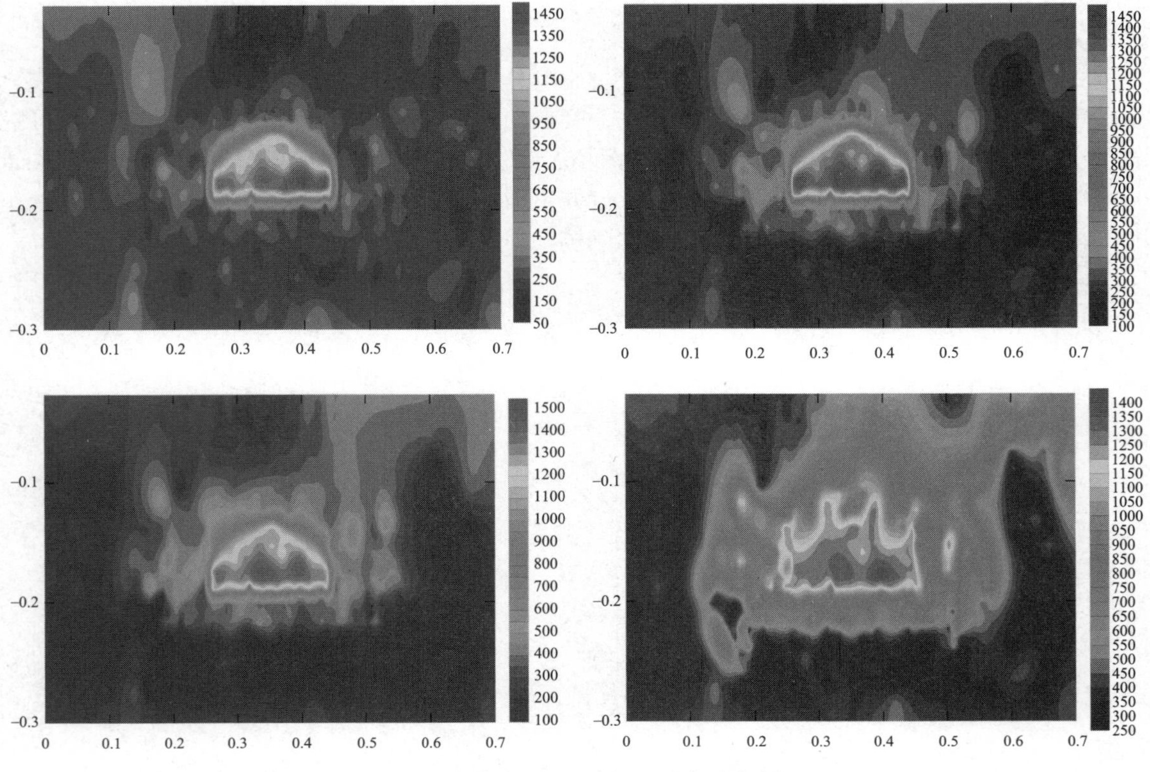

图 9　未支护隧道土岩组合视电阻率演化剖面图

（2）建立了地层三相耦合数值模拟方法

并得到工程实测验证，针对彭城广场明-暗-盖地铁车站所处的土岩复合地质条件，基于土岩结合面隧道爆破开挖施工分域参数，建立了地层结构三相耦合数值模型，开展了爆破振动荷载作用下围岩损伤、水头损失、衬砌动力响应等研究，揭示了爆破振动致灾机理，得到了用于直接指导现场施工作业的危险判据（图 10、图 11）；有效解决了地下工程开挖施工或降、疏水引起的地层变形的时空过程计算问题；同时基于数值模拟优化结果，实施了微差爆破与耦合装药施工技术，通过现场动态实测数据验证了数值模拟方法及实施方案的安全可控。

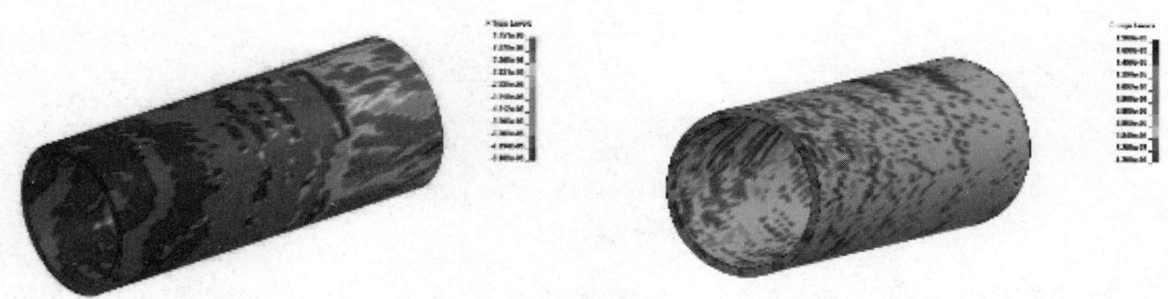

图 10　群洞中初期支护第一主应力云、振动速度云图

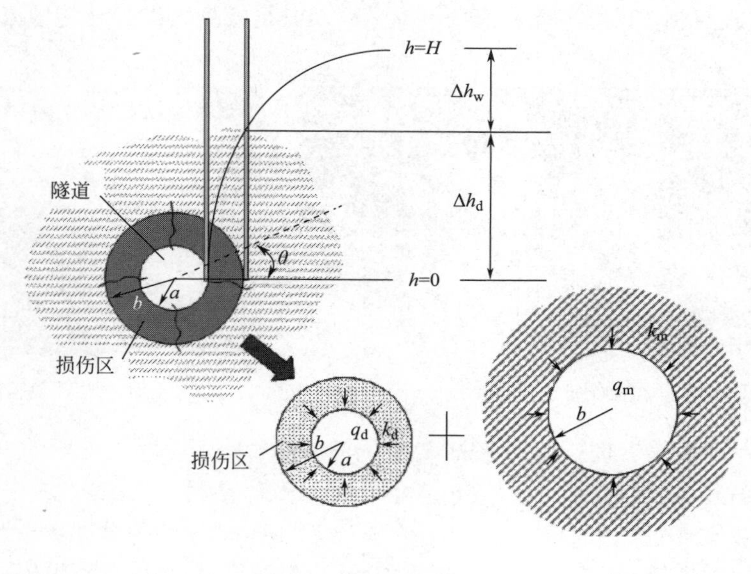

$$q_d/q_0 = \frac{\ln[1+(2H/a)^2]}{\ln[1+(2H/b)^2]} \frac{C(k_d/k_m)}{1+C(k_d/k_m)}$$

图 11　损伤区及隧道围岩中的水头损失及孔隙水压力分布示意图

3. 根据明-暗-盖挖地铁车站施工各阶段风险因素识别，确定了地铁车站各结构体系之间的相互作用因子及规模影响系数；根据贝叶斯风险演变理论，建立了复杂地铁车站施工全过程动态风险演变模型

采用项目风险分解结构法和项目工作结构分解法相结合的方法，确定了地铁车站各结构体系之间的相互作用因子及规模影响系数；基于贝叶斯风险演变理论（图 12），建立了复杂地铁车站施工全过程动态风险演变模型，得出了本项目施工全过程的风险演变强度变化，实现了全过程风险演变预测，为现场全面评价项目风险提供依据。

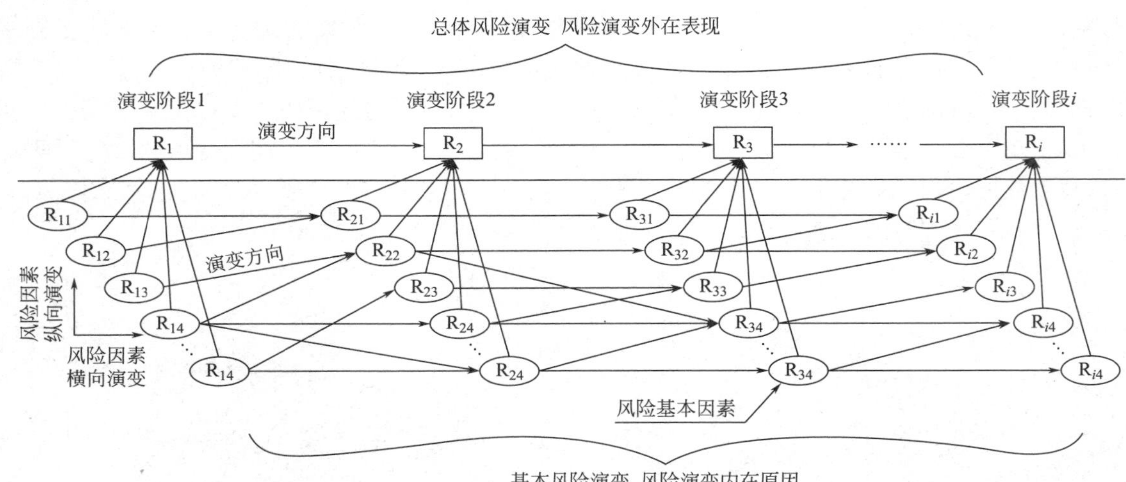

图 12 贝叶斯风险二维演变原理图

4. 研发了基于 BIM 的地铁车站智能建造与管理信息平台，形成了基于构件级 BIM 的地铁车站施工全过程动态信息化管理理论与方法

（1）研发了大型地铁车站 BIM 轻量化技术

基于 Revit 的多尺度模型融合技术和三维 BIM 模型构件信息重构技术等方法，首创了 TZM、TOS 等 BIM 轻量化数据格式（图 13），实现了信息无损平移及海量模型数据移动端的流畅使用（图 14）。

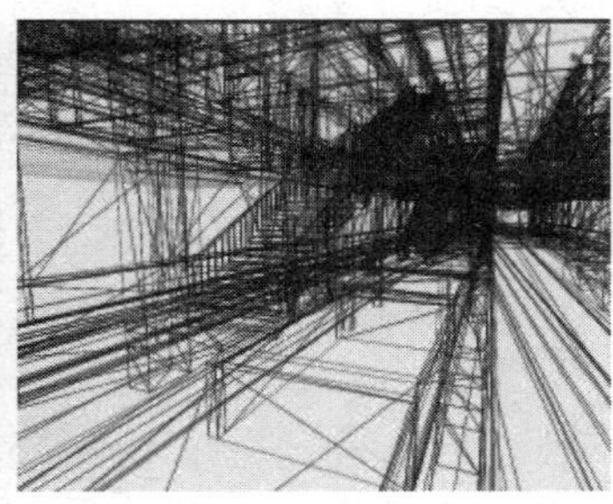

图 13 BIM 三维轻量化网格细分及转化技术

图 14 BIM 模型轻量化后的效果

（2）实现了地铁车站现场管理行为与 BIM 模型的深度融合

以 BIM 技术为核心，集成应用 GIS、VR、物联网、移动互联、大数据等信息技术，研发了基于 BIM 的现场人、机、物动态追踪管控技术，现场管理行为与 BIM 模型的动态关联技术，以及 BIM 模型对现场行为的三维实时再现技术（图 15），实现了 BIM 与现场全过程施工管理的深度融合。

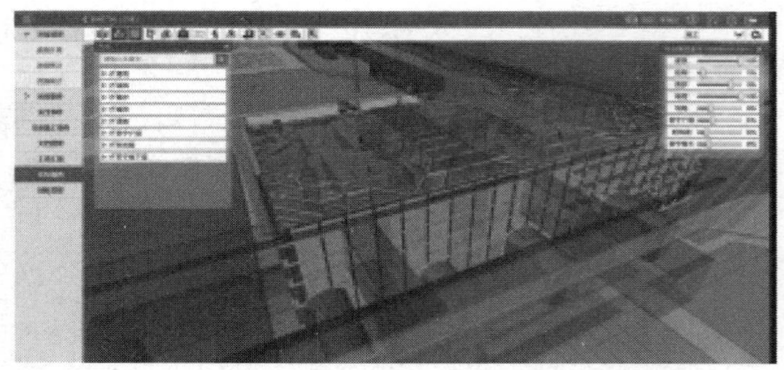

图 15 基于 BIM 模型的现场行为三维可视化技术

（3）研发了基于 BIM 的城市轨道交通智慧建造信息平台

研发了基于 BIM 和移动互联技术的复杂地铁车站智能建造与管理信息平台，并开发了平台的移动端以提高工作效率及便捷性，实现了 BIM 技术在大型地铁车站全过程建造中的基础应用（图 16），形成了基于构件级 BIM 的复杂地层车站施工全过程动态信息化管理理论与方法。

图 16 BIM 技术在大型地铁车站建造中的典型基础应用

三、主要创新点

基于系统工程分析方法及复杂结构体系转换力学机理分析，首次建立了地铁车站“明-暗-盖”多结构体系的全局相互作用矩阵模型，提出了地铁车站复杂结构体系施工的相互作用与环境影响分区评价方法。

通过自主研制的地下工程结构失稳全过程模拟试验系统、三相耦合数值模拟及现场实测进行对比分析，揭示了复杂洞室群爆破振动作用下土-岩-水耦合致灾机理，提出了土-岩-水耦合地质环境下爆破安全控制技术。

根据明-暗-盖挖地铁车站施工各阶段风险因素识别，确定了地铁车站各结构体系之间的相互作用因子及规模影响系数；根据贝叶斯风险演变理论，建立了复杂地铁车站施工全过程动态风险演变模型。

研发了基于 BIM 的地铁车站智能建造与管理信息平台，形成了基于构件级 BIM 的地铁车站施工全过程动态信息化管理理论与方法。

研发了针对复杂地铁车站建造过程中明-暗、明-盖、暗-暗、暗-盾之间工序相互干扰等技术难题的系列关键创新技术。

四、与当前国内外同类研究、同类技术的综合比较

见表 1。

与国内外既有关键技术的对比 **表 1**

创新点	对比点	国内外现有技术	本项目成果
创新点 1： 明-暗-盖挖复杂结构体系转换及其对敏感环境影响与控制	结构体系全局相互作用评价	以结构体系之间二元相互作用分析与评价为主	建立了各结构体系全局相互作用评价方法，更真实地反应实际情况
	复杂地铁车站施工环境影响分区	针对单一基坑、暗挖隧道为主	形成了考虑明挖、暗挖、盖挖多工法共同作用下环境影响分区方法，更适用于复杂工程的环境

续表

创新点	对比点	国内外现有技术	本项目成果
创新点 2： 爆破振动下土-岩-水耦合致灾机理与控制	爆破振动作用下土岩水耦合致灾机理	以浅埋隧道、明挖车站基坑等爆破开挖施工经验公式为主	揭示了复杂洞室群爆破振动作用下土岩水耦合致灾机理
	土岩水耦合地质环境下爆破安全控制技术	以单一地质条件或组合地质条件下爆破控制为主	从土岩水耦合的角度，提出了土岩结合面隧道开挖分域爆破控制技术
创新点 3： 复杂地铁车站施工全过程动态风险演变分析	车站各结构体系相互作用因子及规模影响系数	多针对单一基坑工程或隧道工程的进行风险识别与评估	针对复杂地铁车站，实现了多结构体系相互作用评估，并考虑结构体系规模对风险演变的影响
	复杂地铁车站施工全过程动态风险演变模型	多针对具体工程阶段进行基础风险识别与评估，没有状态识别	考虑不同阶段风险演变强度变化，建立了复杂地铁施工全过程动态风险演变模型；基于贝叶斯概率准则的基坑变形安全状态识别方法
创新点 4： 形成了基于构件级 BIM 的复杂地铁车站施工全过程动态信息化管理理论与方法	基于 BIM 的复杂地铁车站施工过程动态信息化管理理论与方法	现有 BIM 技术与项目管理逻辑融合度不足	基于构件级 BIM、轻量化、现场要素与管理行为与 BIM 模型动态关联技术，对地铁大型明-暗-盖挖复杂地铁车站实现施工全过程管理、全要素动态管控

五、第三方评价、应用推广情况

2020 年 1 月，彭城广场站应用了建筑业十项新技术的 7 大项 12 小项、创新技术 7 项，通过了中国建筑集团有限公司科技示范工程验收。2020 年 5 月 22 日，专家的鉴定结论为“该成果总体达到国际先进水平，其中复杂结构体系施工的相互作用与环境影响分区评价方法、地下工程结构失稳全过程模拟试验系统达到国际领先水平”。

本项目依托徐州地铁 1 号线大型换乘车站彭城广场站，形成的复杂地铁车站的建造及管理成果具有重要的理论意义和极强的实践价值。成果不仅可直接应用于类似复杂地铁车站工程建设，也可推广应用于涉及组合结构体系、复杂施工管理、严苛环境保护等其他类型的大型地下工程施工建设与管理中，有效提升我国在敏感环境下大型复杂地下工程建设的水平与能力。相关成果已陆续推广应用于南宁、郑州、苏州、青岛、深圳等地铁工程中。

六、经济效益

本项目在应用过程中取得了显著的经济效益，在徐州地铁 1 号线彭城广场站经济效益约 3091.69 万元、南宁地铁 2 号线经济效益约 1464.2 万元、郑州地铁 3 号线经济效益约 2385.4 万元、苏州地铁 5 号线经济效益约 1085.13 万元、青岛地铁 8 号线经济效益约 1746.1 万元、深圳地铁 9 号线经济效益约 1785.64 万元。近三年累计新增利润超过 1 亿元。有效提升我国在敏感环境下大型复杂地下工程建设的水平与能力。

七、社会效益

彭城广场站作为全国首个明-暗-盖挖地铁换乘车站、地铁建设的排头兵，建设过程中接待各类技术观摩会 50 余次、科技交流会 100 余次，得到了 8 位院士的指导与肯定，社会效益显著。

建筑钢结构数字化制造关键装备、技术及工程应用

完成单位： 中建科工集团有限公司、中建钢构广东有限公司、同济大学、广州智能装备研究院有限公司、唐山开元自动焊接装备有限公司

完 成 人： 陈振明、冯清川、左志勇、胡海波、肖运通、陈　明、蔡玉龙、徐　坤、王剑涛、李汉红、王占奎、黄世涛、谢成利、杨兴万、梁承恩

一、立项背景

钢结构作为一种新型节能环保的结构体系被广泛应用于建筑及桥梁等工程中。国家提出大力发展钢结构和装配式建筑，但目前国内建筑钢结构制造行业仍然处于粗放式发展阶段，生产过程粗犷，对技术工人的依赖程度高，加工设备自动化程度低，生产过程缺乏对信息的有效传递、收集、分析和利用，生产线缺乏系统级的统筹控制和管理。

项目组历时 10 余载，针对建筑工业化程度低、信息化与工业化融合程度低，以及现有钢结构制造水平低的问题，开展了建筑钢结构数字化制造关键装备、技术及工程应用的一系列研究，开展了微型数字化生产线进行模拟运行试验，经多年论证研究后，建设了首条大型建筑钢结构数字化制造生产线，大幅提升了钢结构制造效率，促进了钢结构工厂互联网协同制造方式升级，对全国钢结构制造企业的转型升级起到显著的借鉴意义，主要技术研究路线见图 1。

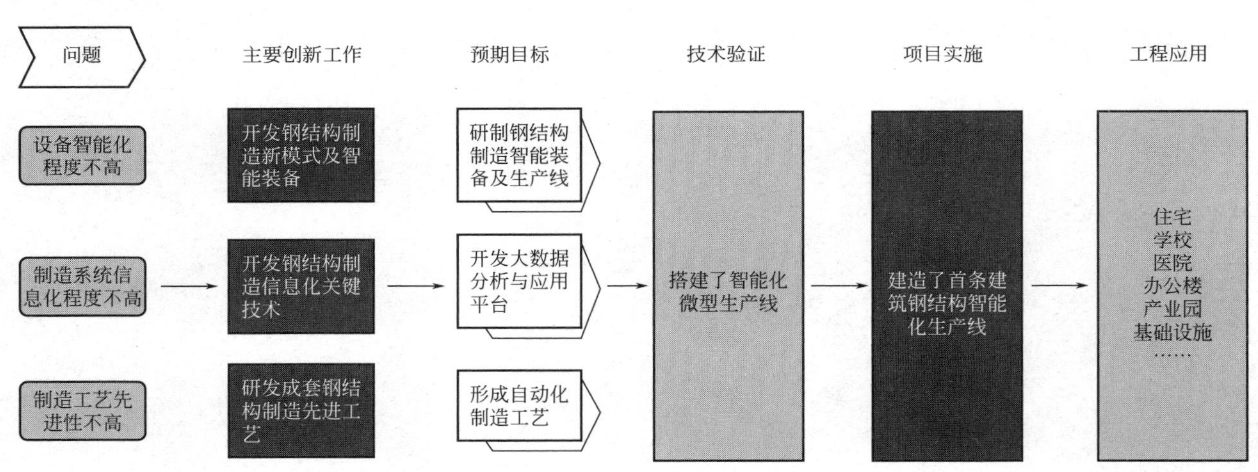

图 1　项目实施技术路线图

二、详细科学技术内容

1. 研制了系列钢结构制造智能装备

(1) 研制了系列钢结构智能制造设备

针对传统设备动作单一、自动化程度低、质量一致性差的问题，研制了智能加工设备、多种工业机器人装备、智能传感与控制设备及智能仓储物流设备，实现了钢构件各工序的自动化加工。

1) 智能加工设备

针对传统的设备加工尺寸误差大、效率低的问题，开发了全自动切割机控制系统（图 2）、钻锯锁

集成控制系统（图 3），研制了封闭式智能喷涂生产线（图 4），创新研发了产品的加工作业装备，大大提高了生产效率。

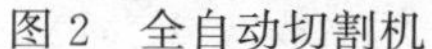
图 2　全自动切割机

图 3　全自动锯钻锁

图 4　自动油漆喷涂线

针对传统的 H 型钢立式组立、焊接、矫正三道工序，存在动作多、效率低、依赖起重设备等问题，首次开发了 H 型钢卧式组焊矫设备及其控制系统（图 5～图 7），研发了双机器人同步定位焊、埋弧焊自动清渣、激光三点检测等技术，实现 H 型钢卧式加工。

图 5　卧式组立机

图 6　卧式埋弧焊

图 7　卧式矫正机

2）工业机器人设备

针对车间零件分拣搬运劳动强度大、效率低、安全风险大的问题，研制了分拣、搬运机器人设备，研发了各类智能算法，实现零件的智能分拣、智能码垛（图 8）。

针对零部件坡口加工质量不稳定、效率低的问题，开发了智能坡口切割机器人设备，研发了线激光扫描技术、智能编程技术及气体自动配比技术，建立了火焰切割专家数据库，实现了坡口全自动切割成型（图 9）。

针对传统焊接模式人员技能要求高、成本高、效率低、劳动强度大及作业环境恶劣的问题，研制了系列适用于钢结构厚板焊接的焊接机器人设备，实现多类构件焊缝的机器人高质量自动焊接（图 10）。

图 8　分拣机器人

图 9　切割机器人

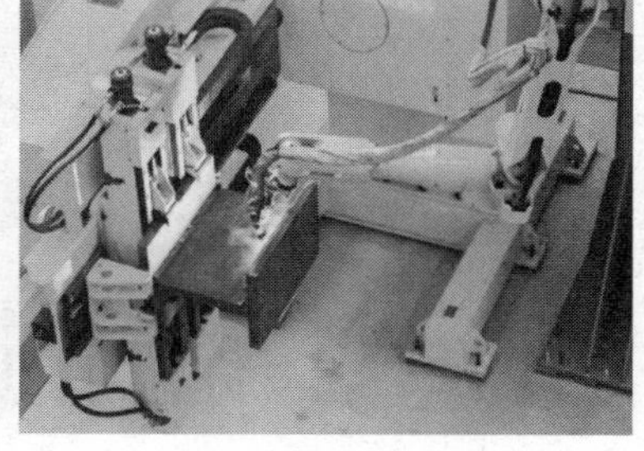
图 10　焊接机器人

3）智能仓储物流设备

针对传统钢板起重作业效率低、危险性大、缺乏数据反馈等问题，研制了程控行车设备（图 11），解决钢板多吸、误吸的难题，实现整个下料环节的钢板运输的无人化作业和精准摆放。

针对制约生产效率的物流输送和仓储环节，研制了 AGV 无人运输车（图 12）、RGV 有轨制导运输车、智能立体仓库。开发了激光测距定位技术、强光强磁环境下的制导技术、智能调度技术，开发了WMS仓储管理系统（图13），实现物料的智能运输仓储。

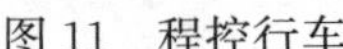

图11　程控行车

图12　AGV无人运输车

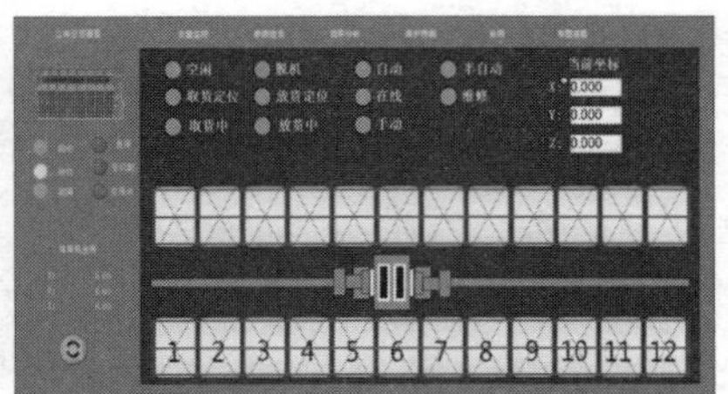

图13　智能立体仓库管理系统

（2）开发了钢结构制造一体化工作站

创新开发了智能下料一体化工作站、卧式组焊矫一体化工作站、总装焊接一体化工作站，提出离散型钢结构制造新模式，解决了设备间关联性差、工序流转周期长的问题，实现各设备间的协同作业，整体加工效率提升25%。

1）智能下料一体化工作站

针对不同规格尺寸钢板的切割下料及运输缓存不畅的问题，通过对全自动切割机、钢板加工中心（图14）等设备的集成控制，搭建了智能下料一体化工作站（图15），研发了下料中心中央控制系统（图16），实现了高度集成控制的全流程自动作业，整体效率提升超过20%。

图14　钢板加工中心

图15　智能下料一体化工作站

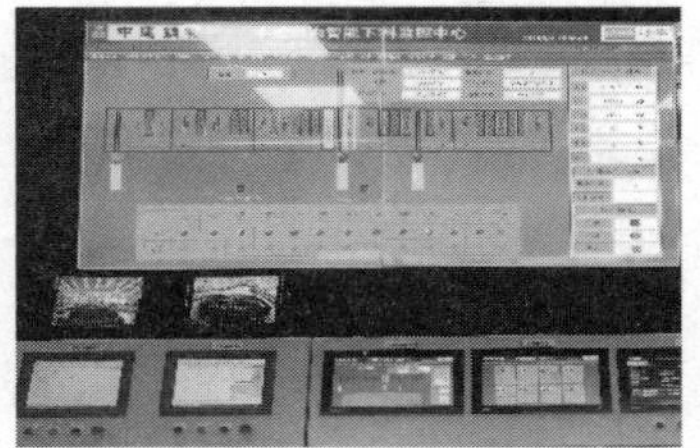

图16 中央控制系统

2）卧式组焊矫一体化工作站

针对H型构件加工工序衔接不紧密、生产流水不顺畅、生产效率难以提升的问题，首次研发设计了H型钢卧式组焊矫一体化工作站（图17），整体效率提升超过30%。

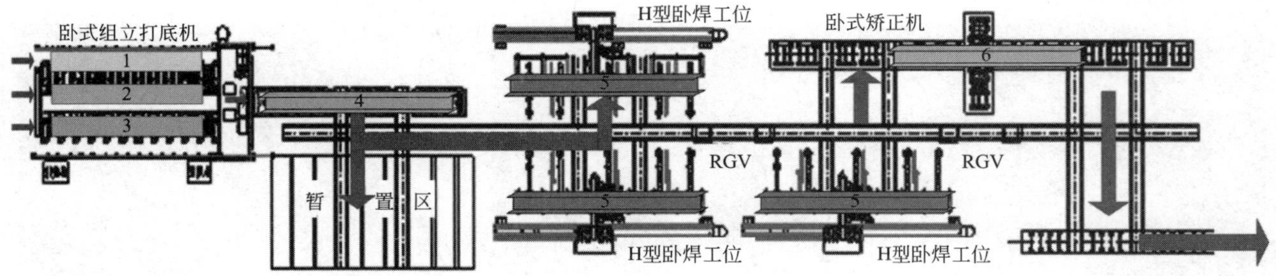

图17　组焊矫产线设计图

3）总装焊接一体化工作站

针对大型构件的全位置焊接需求，设计了总装焊接一体化工作站（图18、图19）。开发了参数化编程焊接系统，输入工件整体尺寸与节点尺寸自动生成焊接程序，实现效率提升20%。

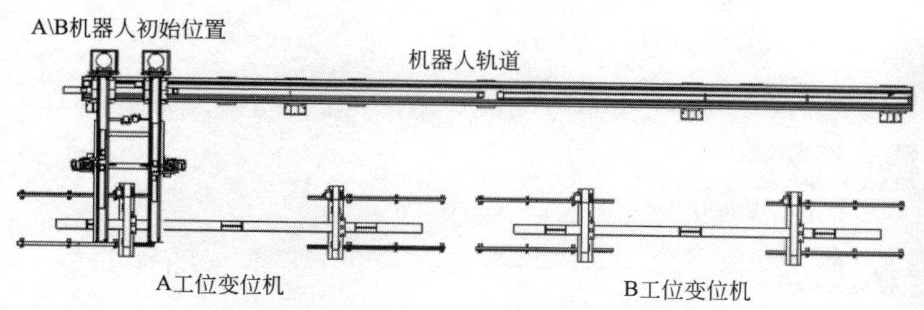

图 18　总装焊接一体化工作站布局图

图 19　总装焊接一体化实景图

（3）装备了首条建筑钢结构智能制造生产线

通过模拟仿真技术（图 20），模拟工厂实际生产及节拍，辅助设备选型决策。建设了微型数字化试验生产线（图 21），有效验证关键技术的可行性。设计并装备了首条建筑钢结构智能制造生产线，解决了传统生产线工序衔接不紧密、现有工位无法满足自动化生产需求的问题，全面提升了钢结构制造的效率和质量水平，产品远销国外（图 22）。

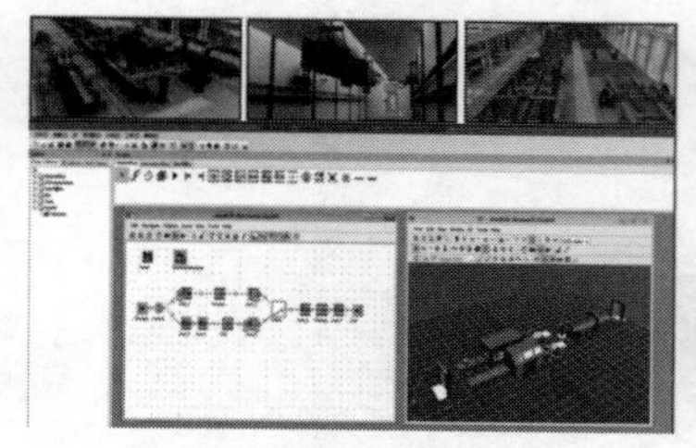

图 20　生产线仿真模拟

图 21　微型数字化试验生产线实景

图 22　机器人焊接第一批出口构件

2. 开发了钢结构制造信息化关键技术

（1）创建了钢结构制造新型数据采集、传输及处理系统

1）数据采集创新

针对末端 IoT 数据传输方式差异大、采集频率差别大、格式转换难的问题，研制了数据采集处理设备（图 23），完成了不同类型的 PLC、工控机、上位机等设备终端的整合（图 24），保证了各工位不同类型数据采集的统一性，实现了不同接口适配下的数据采集。

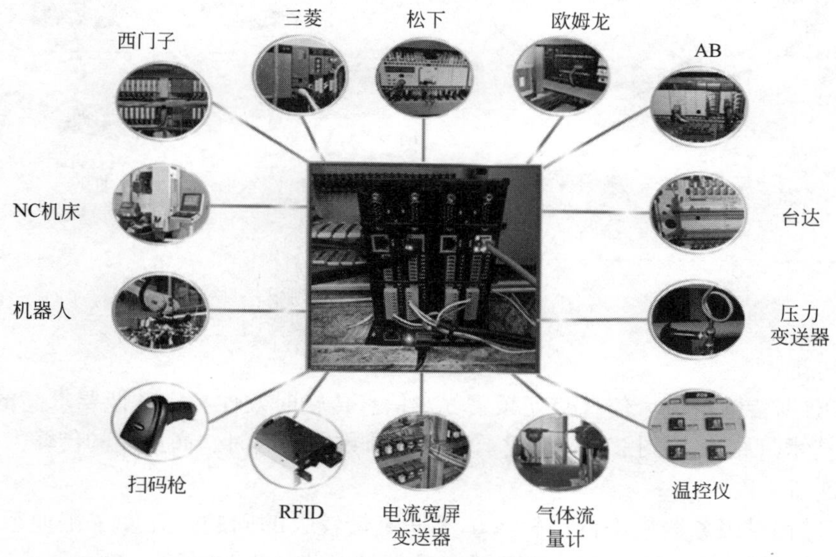

图 23　多终端类型的数据采集

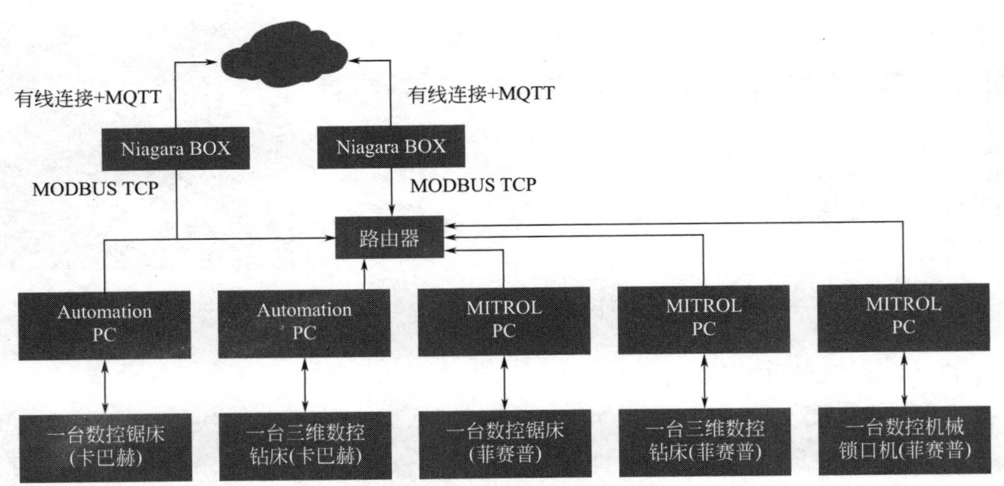

图 24 工控机控制设备采集方式

针对工厂制造环境干扰强、网络复杂难以确保网路稳定顺畅传输的问题，创新提出了骨干网络双路备份方案（图 25），保证了数据采集的稳定性与畅通性。

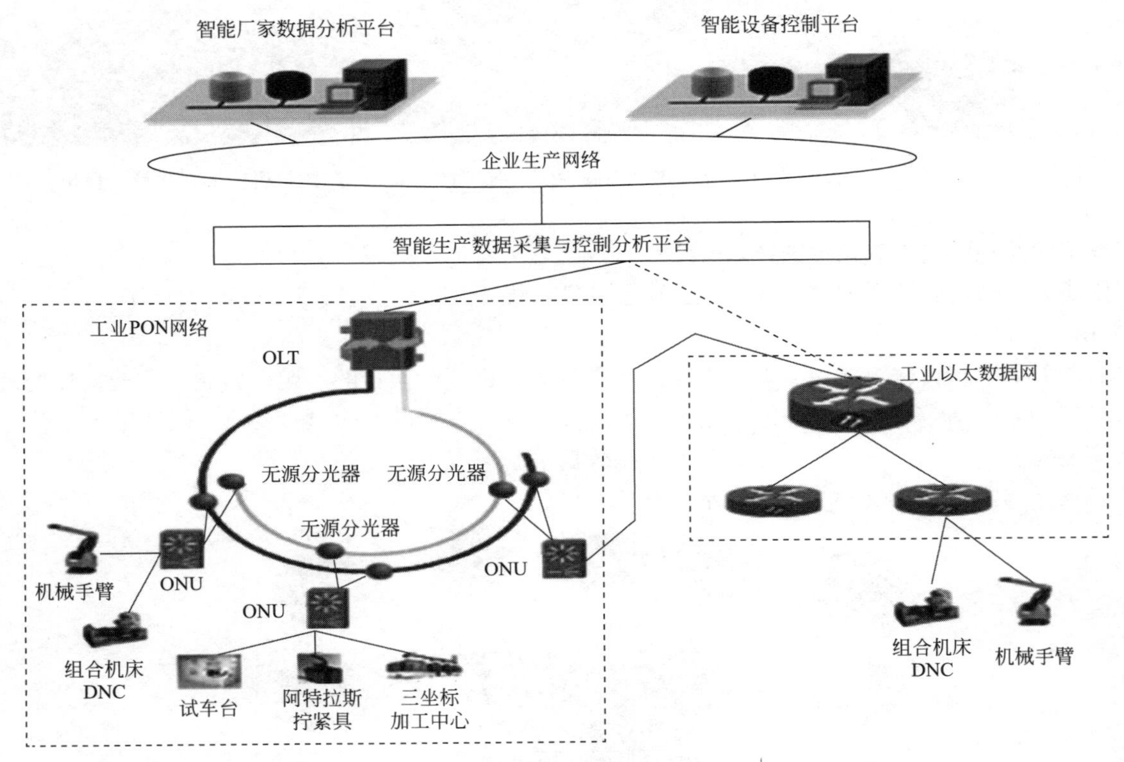

图 25 智能车间生产信息网络

2）数据传输创新

针对制造环节数据传输量大、信息交互频繁、对信息传输时效性与完整性要求高的问题，创新应用了工业 PON 网络技术（图 26、图 27），实现了生产基础数据低延时、高可靠的传输。

3）数据处理创新

针对数据处理过程对服务器集中占用较大、数据流量较大的问题，开发了工业智能网关（图 28），研发了智能边缘计算引擎技术，实现了对智能设备数据的快速计算与过滤，解决了云计算处理和分析过

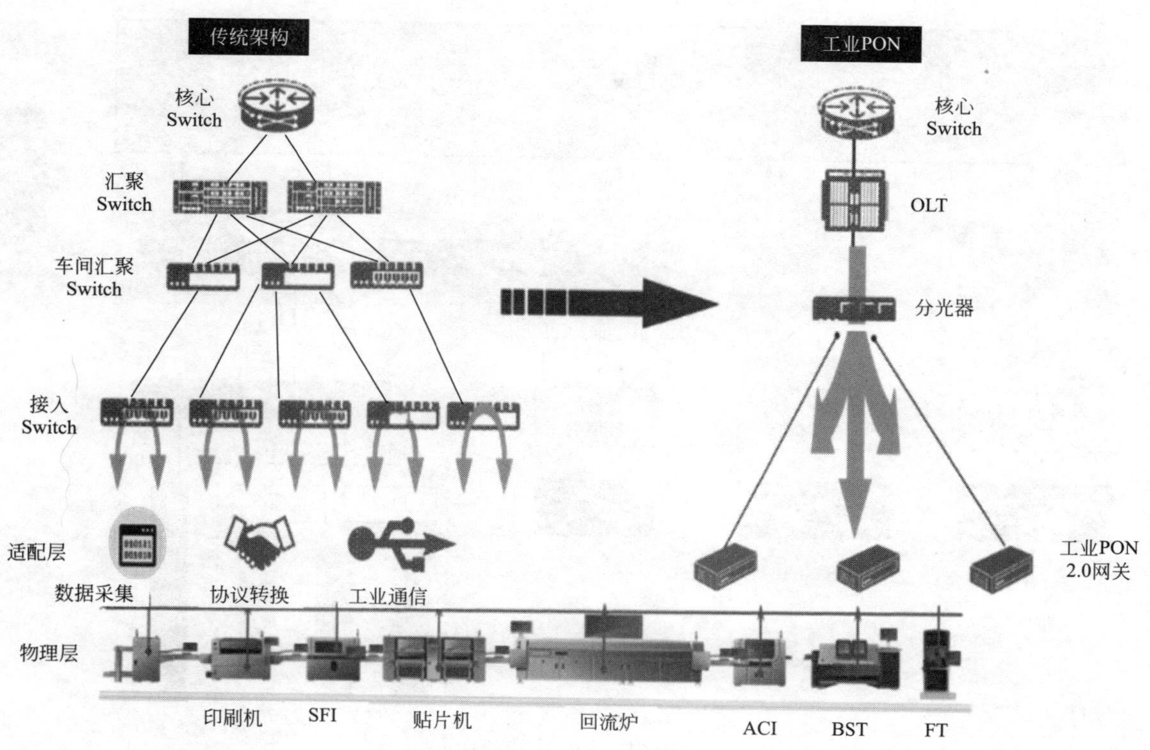

图 26　工业 PON 架构的发展

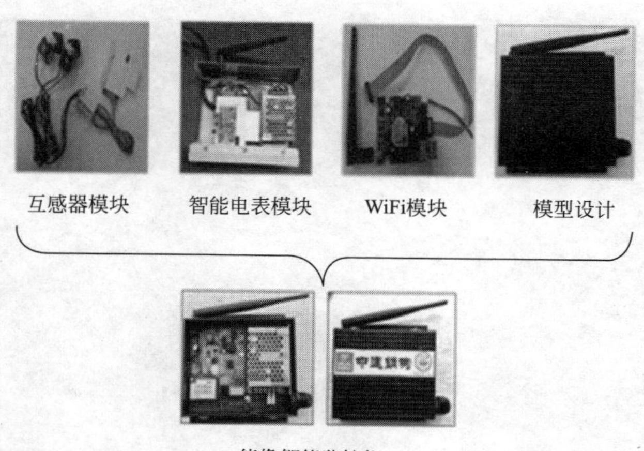

图 27　能像数据采集设备

度依赖核心服务器的问题，大大减少智能决策服务响应时间。

（2）开发了钢结构工业互联网大数据分析与应用平台

针对各种信息系统的生产数据之间缺乏关联性，且未能进行深入分析及有效利用的问题，搭建了工业互联网的数据体系，实现了数据集成与处理。开发了面向钢结构制造的首个工业互联网大数据分析与应用平台（图 29），实现了跨系统数据采集、交换、数据分析和产线数据模型展示。

通过关键数据的对比分析并可视化展示，实现了工厂成本精细化管理、产线成本优化分析、设备工艺参数优化、易损件成本管理，帮助企业改善设计、生产、服务等环节（图 30）。

（3）钢结构工业互联网标识解析体系建立

针对建筑钢结构产业链专业间信息化标准不统一、企业间信息不畅通的问题，设计开发了基于二维码标识的钢结构产品生产管理系统（图 31、图 32），实现了对构件原料、设计、生产、库存、发货、物

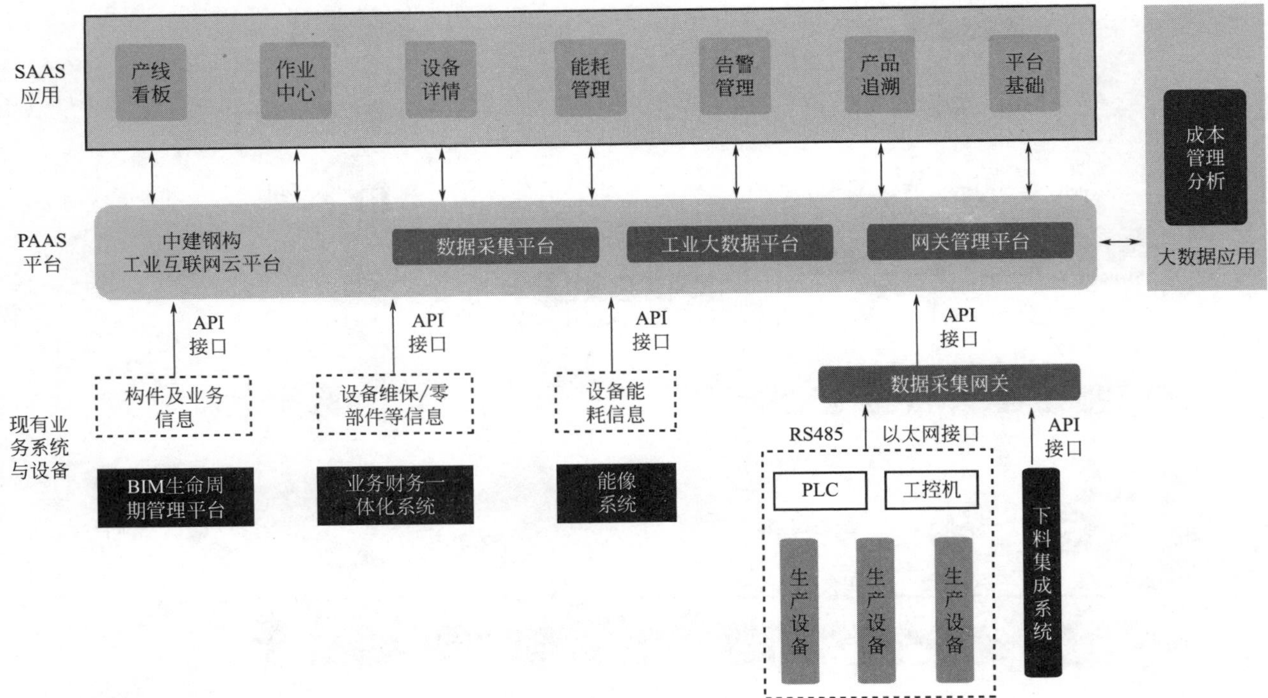

图 28　整体集成架构

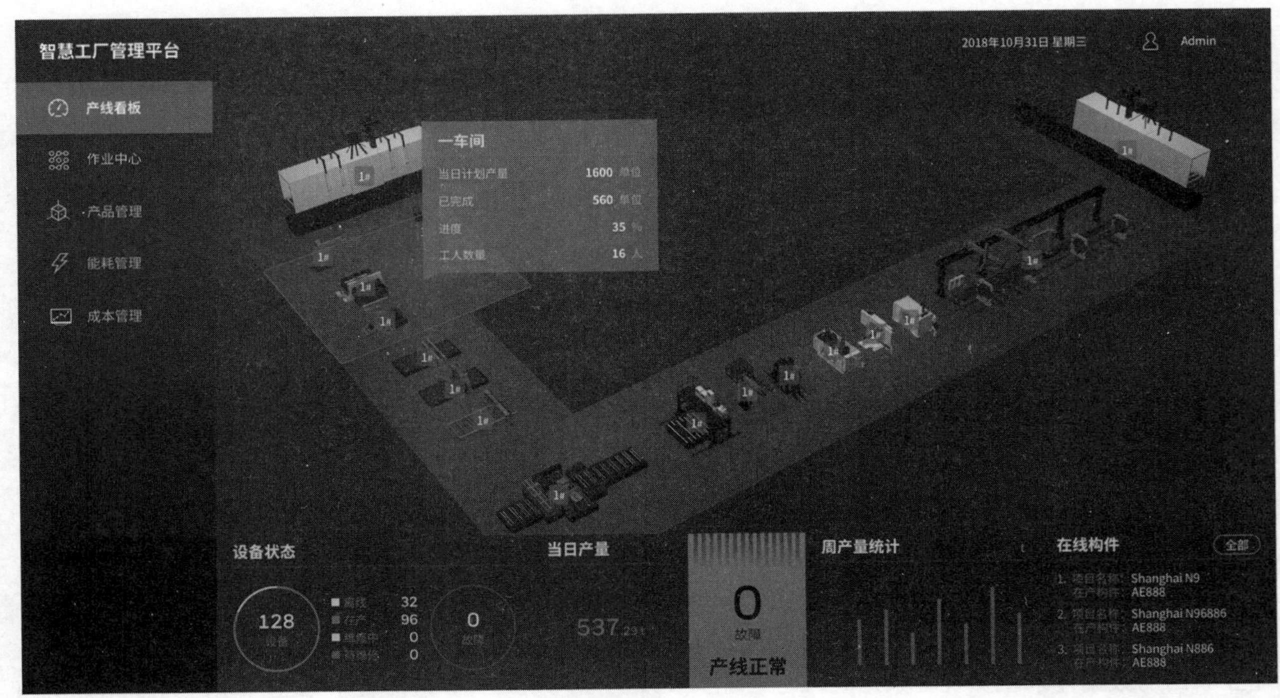

图 29　工业互联网平台产线数据模型

流跟踪、收货、施工验收等节点的信息化监管与流程追溯。首次建立了钢结构行业的工业互联网标识解析二级节点标准体系，接入国家顶级节点和企业标识解析节点（图 33），推动了钢结构与互联网的深度融合。

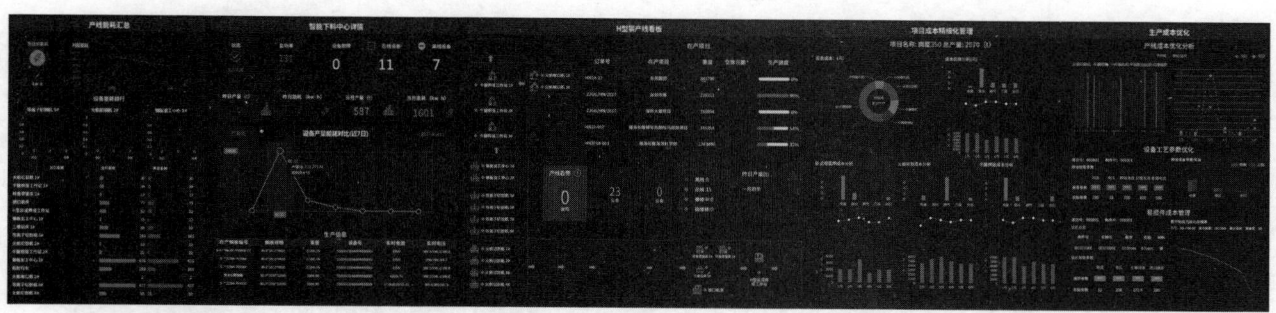

图 30　钢结构制造工业互联网大数据分析与应用平台

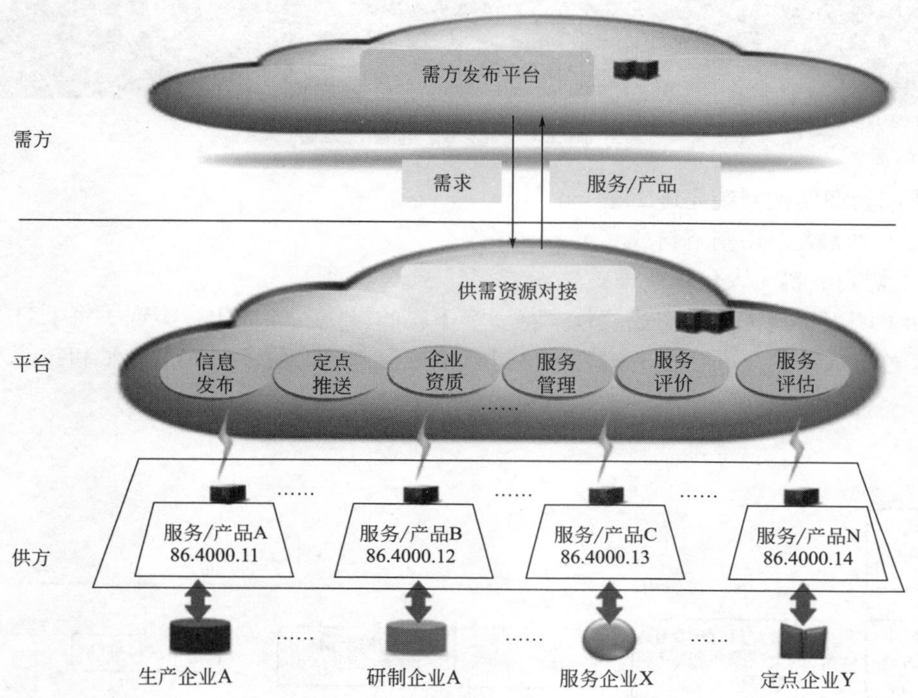

图 31　标识解析平台功能

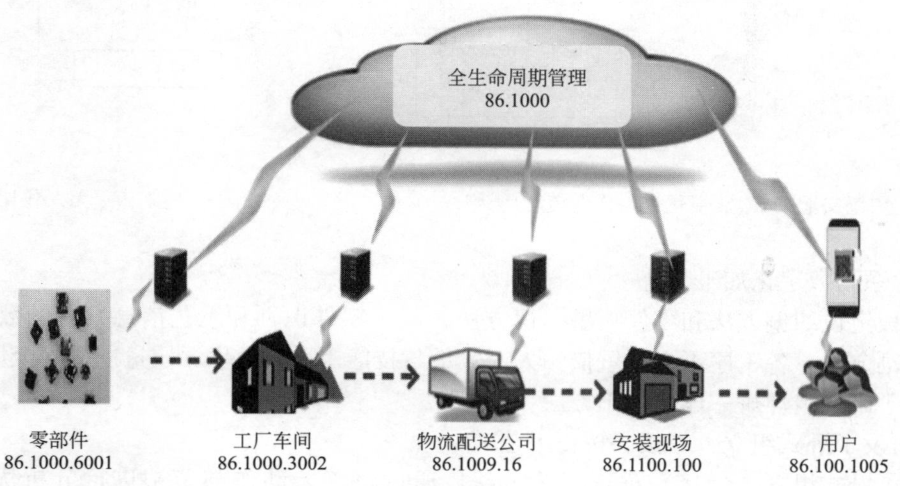

图 32　标识解析系统管理流程

图 33　二级节点建设发布会

3. 研发了成套钢结构制造先进工艺

（1）研发了“无人”切割下料成套工艺

1）提出了切割下料无人化作业模式

研发设计了切割下料无人化作业流程，将一个下料的操作步骤优化，实现了将下料工段原本割裂的各个工序重新整合成一套无人化作业流程，并进行集成控制，摆脱了对人工数量和技能水平的依赖。见图 34～图 36。

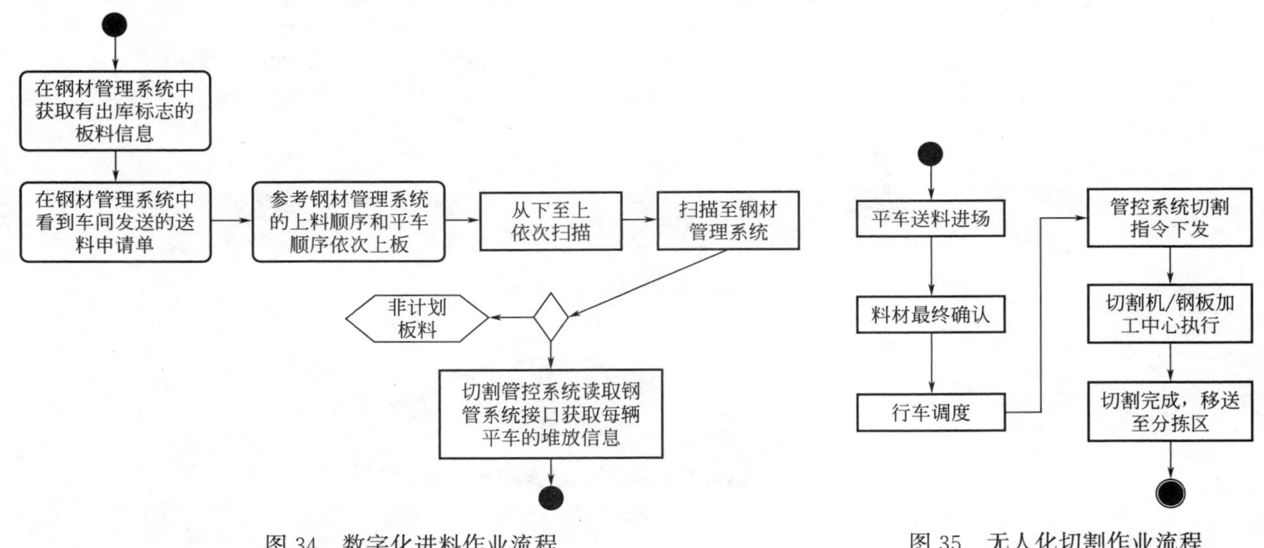

图 34　数字化进料作业流程

图 35　无人化切割作业流程

2）研发了系列数字化加工工艺

研发了钢板定位纠偏方法和零件喷墨标识方法、基于零件识别和工艺信息判断的数字化分拣方法、数字化坡口切割方法，各工序不再严重依赖人工数量与技能水平。效率、质量以及安全性能显著提升。

（2）研发了卧式组焊矫一体化加工方法

1）首次研发了卧式组立、焊接、矫正工艺

创新研发了卧式组立、焊接、矫正工艺方法，通过将工艺动作与节拍进行分析优化（图 37、图 38），实现了构件的卧式一体化加工，提高了加工工效。

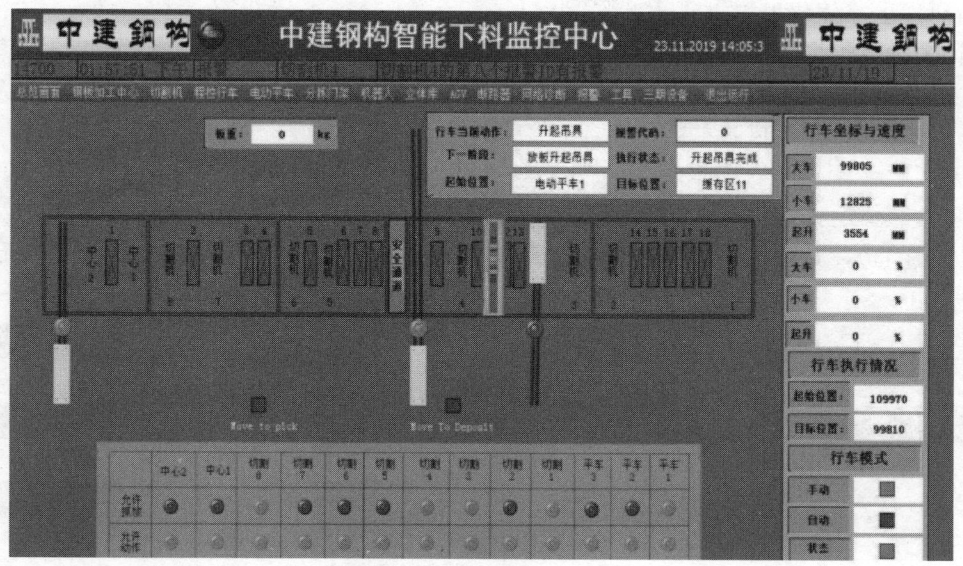

图 36　集成控制作业界面

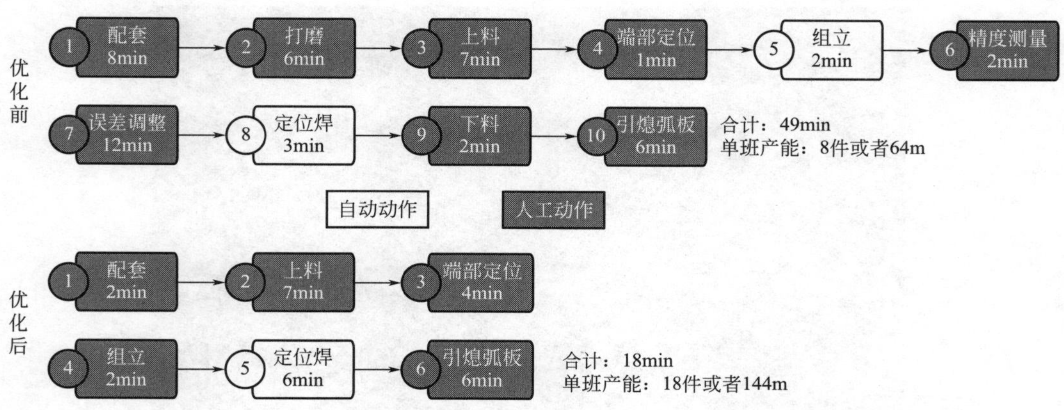

图 37　卧式组立工艺动作与节拍分析

动作顺序	1	2	3	4	5	6	7	8	9	10	11	12	13	14
工序	叫料	上料	截面确认	翻转至焊位剪丝	零点设定	参数调整	焊缝①定位	起弧	焊接+清渣	回零位	翻转①	焊缝②定位	剪丝起弧	焊接+清渣
节拍	0.1min	7.6min	1.0min	1.0min	3.0min	0.5min	1.0min	1.0min	7.0min	1.0min	1.5min	1.0min	0.1min	7.0min
现状	人工	自动	人工	人工	人工	人工	人工	人工	人工	自动	人工	人工	人工	人工
目标	自动	自动	自动	自动	优化	自动	人工	人工	自动	自动	自动	自动	自动	自动

动作顺序	15	16	17	18	19	20	21	22	23	24	25	26	27	28
工序	回零位	翻转②	焊缝③定位	剪丝起弧	焊接+清渣	回零位	翻转③	焊缝④定位	剪丝起弧	焊接+清渣	回零位	翻转④	下料	其他
节拍	0.1min	1.5min	1.0min	0.1min	7.0min	1.0min	1.5min	1.0min	0.1min	7.0min	1.0min	1.5min	3.0min	20.0min
现状	人工	人工	人工	人工	人工	人工	人工	人工	人工	人工	人工	人工	人工	人工
目标	自动	自动	自动	自动	自动	自动	自动	自动	自动	自动	自动	自动	自动	优化

图 38　卧式焊接工艺动作与节拍分析

2）创新研发了一体化加工方法

创新设计了卧式组焊矫一体化工件输送和翻转横移方法，提出了一体化控制的解决方案，实现了组焊矫三个孤立工序的最优化衔接和整合，实现了工件在三个工序之间的链条式生产，降低人工干扰，提高生产节拍，规避起重作业风险。

（3）研发了数字化仓储物流体系

设计了三位一体的钢板吊运方法，提出了分拣机器人＋AGV＋智能仓储结合的零件立体物流仓储方法（图 39～图 41），减少了物料搬运次数，实现物料按最优路径直达对应工位。

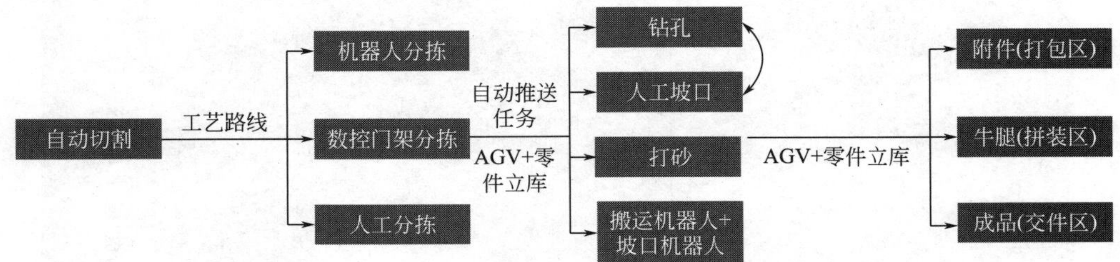

图 39　零件工艺路线示意图

图 40　托盘条码标识

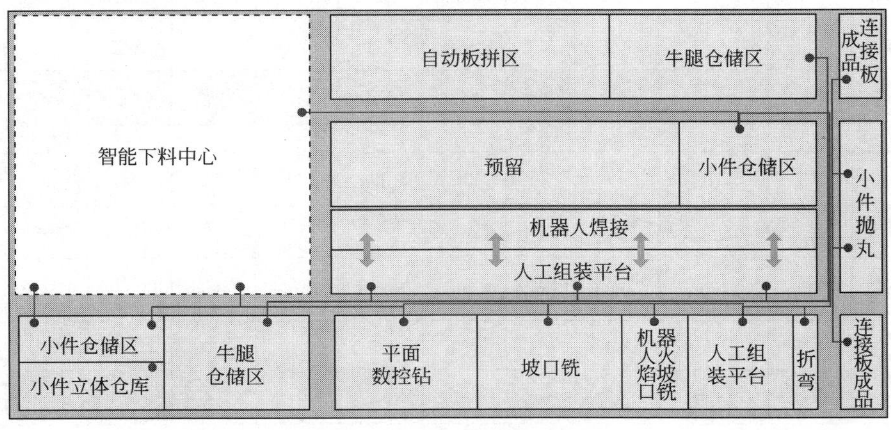

图 41　数字化仓储物流路线

（4）研发了机器人厚板焊接工艺

通过大量的工艺研究和试验，研发了一套适用于 8～40mm 板厚机器人不清根全熔透焊接的多层多道焊接参数专家数据库。研发了焊接机器人参数化编程技术（图 42），实现工件的快速自动编程。

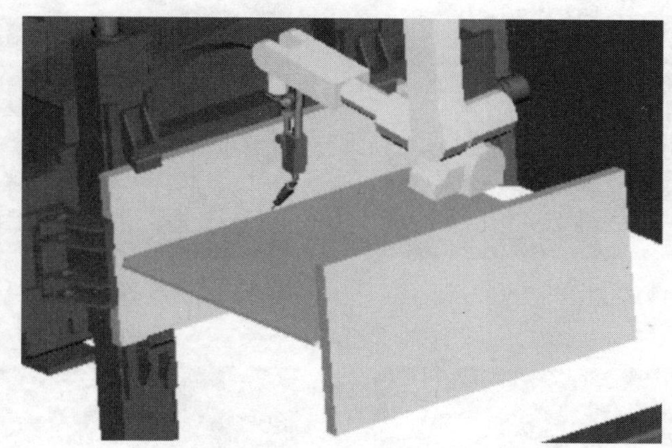

图 42　参数化程序设计

三、发现、发明及创新点

1. 研制了系列钢结构制造智能装备

研制了建筑钢结构制造全工序的系列智能化新设备，研发并建立了基于智能控制集成技术的下料、组焊及总装等一体化工作站，装备了首条建筑钢结构智能制造生产线，大幅提升了钢结构制造效率。

2. 开发了钢结构制造信息化关键技术

开发了基于边缘计算引擎技术的新型数据采集、传输和处理系统，及面向建筑钢结构的首个工业互联网大数据分析与应用平台，拓展了适合于钢结构制造的工业互联网标识解析体系，促进了钢结构工厂互联网协同制造方式升级。

3. 研发了成套钢结构制造先进工艺

研发了“无人”切割下料、卧式组焊矫、机器人高效焊接等钢结构制造新工艺，研发了部品部件物流仓储过程定向分拣、自动搬运、立体存储等新技术，推进了建筑钢结构制造自动化进程。

四、与当前国内外同类研究、同类技术的综合比较

项目技术成果经国内外查新，未见与本技术成果创新点相同的报道。与当前国内外同类研究、同类技术相比，本项目技术成果在国内外均属领先。

五、第三方评价、应用推广情况

1. 第三方评价

2020 年 6 月 25 日，中国钢结构协会组织召开了“建筑钢结构数字化制造关键装备、技术及工程应用”项目科技成果评价会，一致认为研究成果对大幅提升我国钢结构智能制造技术水平起到了很好的示范作用，取得了显著的经济效益和社会效益，项目成果总体达到国际领先水平，应用前景广阔。

2. 应用推广情况

本项目研制的系列钢结构制造智能新装备，开发的钢结构制造信息化关键新技术，以及研发的成套钢结构制造新工艺，首次为中国建筑钢结构的智能制造发展道路提供了清晰的技术路线、完整的解决方案和可推广的示范案例。

项目成果已成功应用于国内外 100 余项重点工程中，取得了显著的经济效益和社会效益。示范工程图见图 43～图 46。

图 43　大疆天空之城

图 44　深圳第三人民医院

图 45　巴布亚新几内亚学园

图 46　深圳国际会展中心

六、经济效益

根据中建科工集团有限公司等所提供的应用证明表明，该项目技术被应用于深圳国际会展中心（一期）项目、深圳市第三人民医院应急院区项目等工程中，近三年新增销售额为 965000 万元，新增利润为 57500 万元。

七、社会效益

本项目申报国家专利 75 项，其中已授权 39 项，发表科技论文 68 篇，软件著作权 27 项，成果纳入国家及企业标准 4 部。经中国钢结构协会评价，项目成果总体达到了国际领先水平，赢得了社会各界的认可；本项目装备了首条建筑钢结构智能制造生产线，为推动钢结构智能制造的发展做出了创造性贡献；本项目建立了产学研合作基地，促进了高校、企业技术力量的蓬勃发展，有效保证了智能制造领域人才队伍建设，推动智能制造行业可持续发展。

城市大跨小净距蜂窝状隧道群施工关键技术

完成单位：中国建筑土木建设有限公司、中国建筑第八工程局有限公司、中建工程产业技术研究院有限公司、中国建设基础设施有限公司

完 成 人：肖龙鸽、刘永福、油新华、李金会、哈小平、王国欣、苏井高、王 勇、杨 德、赵 耀、张立强、丁 涯、王 岩、贺龙鹏、周旻娴

一、立项背景

随着我国国民经济的快速发展，洞群工程在交通、水利、矿山等领域有越来越广泛的应用需求，洞群组合形式越来越复杂，且呈多洞室、大断面、小净距的趋势，群洞效应突出，建造难度不断增加。目前，隧道群施工中主要面临理论研究不成熟，结构形式复杂，洞间施工相互扰动大，施工效率低，中夹岩柱加固难度高，洞群监控量测同步性差等诸多技术难题，限制了隧道群的安全高效建造，难以满足复杂条件下地下工程建设的需要。

本项目结合重庆红岩村桥隧工程建设，开展了系列研究及应用实践。红岩村桥隧项目是跨越重庆市5个行政区的南北快速通道，隧道全长11.26km，穿越6条既有隧道，毗邻2000余栋建筑，下穿5个军事管理区。见图1。隧道在进口端采用了公路与轨道交通4层13隧立体叠加设计，形成空间结构极为复杂的高密度地下立体交通网。最大隧道断面达392m^2，隧间最小净距仅2.03m，最浅埋深约12m，复杂程度国内外罕见。隧道群围岩以砂质泥岩为主，中夹一定厚度砂岩，两者单轴饱和抗压强度分别为7.8MPa和34.8MPa，岩体基本质量等级为Ⅳ级与Ⅴ级。此外，隧道群整体位于嘉陵江畔山坳中，坐落于高差约60m陡坡下，紧邻国家地质灾害整治段危崖、红岩村革命纪念馆文保单位、高压线塔、燃气管线、旋转立交等，周边环境十分复杂，场地狭小，进一步增大了施工难度与组织难度。

本项目基于红岩村隧道群工程特点开展城市大跨小净距蜂窝状隧道群施工关键技术研究，通过群洞理论、开挖工法、支护手段的创新，实现了复杂隧道群的安全高效建造，在我国大力发展基础设施建设的当前，具有广阔的应用前景。

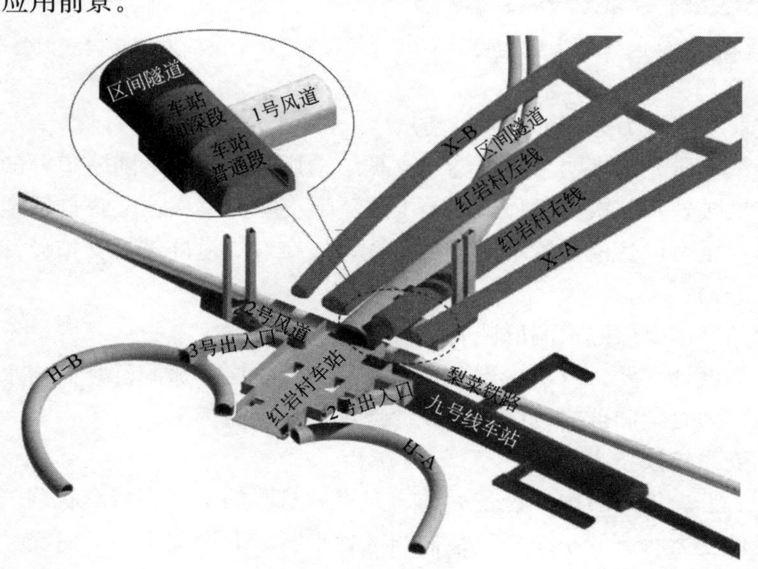

图1 红岩村隧道群结构示意

二、详细科学技术内容

1. 大跨小净距蜂窝状隧道群设计理论与方法

（1）明确了隧道群施工的群洞效应

经数值计算，分析获得不同支护条件下各洞室的位移、应力变化规律，明确了复杂隧道群的群洞效应。指出下层隧道受群洞效应影响最大，上层隧道开挖后，其拱顶将产生显著沉降，而支护内力明显增加。并提出对于小净距复杂隧道群，其衬砌结构不能仅按传统单洞隧道荷载结构法设计，而需考虑近接隧道开挖过程中的附加荷载作用，建议通过地层结构法做进一步校核。见图 2、图 3。

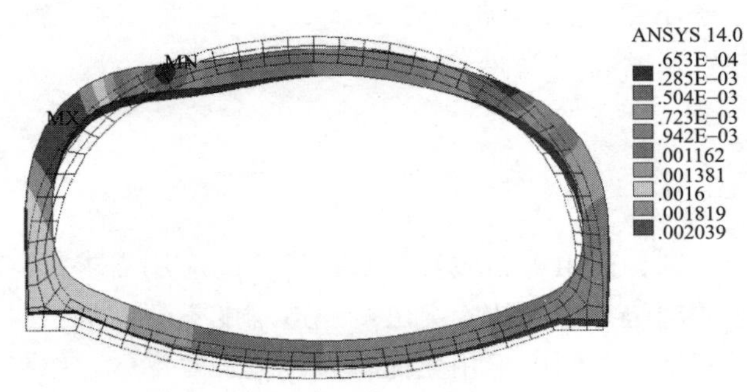

图 2　下层隧道二衬变形情况（m）

图 3　下层隧道支护弯矩分布（MN・m）

（2）揭示了隧道群的失稳破坏机理

研究表明，隧道群的破坏机理是与支护形式息息相关的。在没有支护时，隧道群最薄弱处为两侧夹岩处，该部位将产生显著的应力集中；而当施作二次衬砌后，隧道群的稳定问题转移为了仰坡的稳定性问题。故对隧道群施加足够强的支护可显著改善洞群的受力、变形状态，提升整个洞群的稳定性。见图 4、图 5。

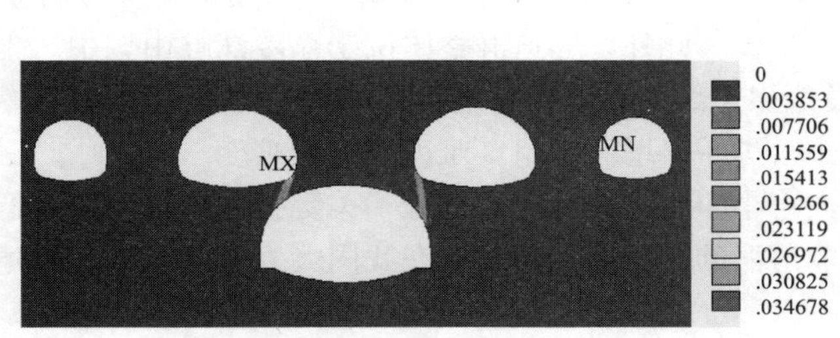

图 4　隧道群塑性区分布（无支护）

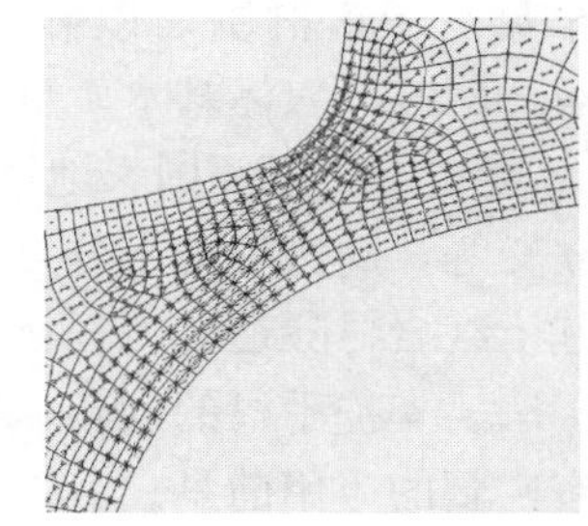
图 5　左侧夹岩应力矢量分布（无支护）

（3）明确了隧道群围岩压力分布形式及特点

数值计算与模型试验研究均表明，下层隧道支护结构所受围岩压力随隧道群的开挖逐渐增大，最大围岩压力出现在左右拱腰处，其次为拱顶处；当下层隧道支护能够保证隧道群稳定且充分利用围岩自承能力时，衬砌仅受形变压力，其值远远小于坍塌荷载，故在对隧道群进行支护设计时，按照塌落荷载进行支护设计是非常保守的。

（4）推导获得倒品字形叠层隧道洞群围岩压力计算公式

为满足隧道群支护设计需要，首次探索性推得倒品字形叠层隧道洞群竖向与水平围岩压力在不同开挖状态下的计算公式，为复杂洞群衬砌结构的设计提供了一定的依据。

2. 复杂洞群空间受力转换技术

研究提出“先下后上、先外后内、先主后辅、先难后易”的十六字蜂窝状洞群施工方针，并研发了通过空间转换获得最佳受力状态的小净距复杂群洞（含平行、T 形交叉、竖向交叉等不同近接形式）施工方法。见图 6～图 8。

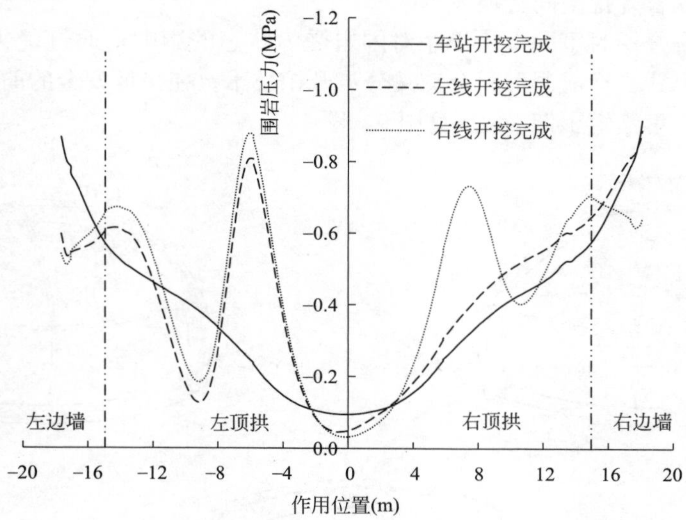

图 6　下层隧道围岩压力分布（数值计算）

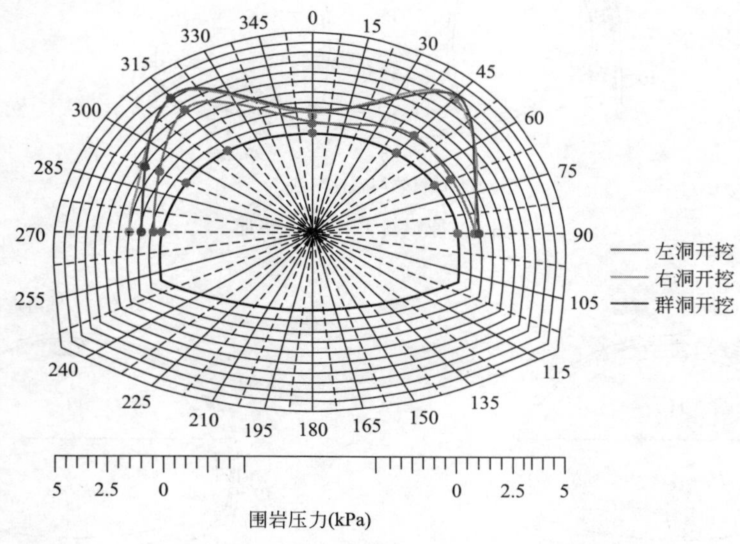

图 7　下层隧道围岩压力分布（模型试验）

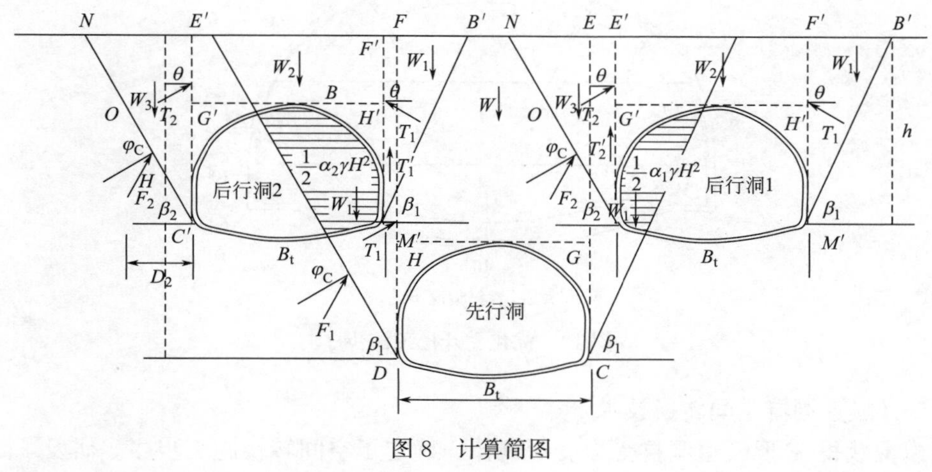

图 8　计算简图

（1）平行隧道洞群联合开挖空间转换技术

研究了平行洞群联合开挖时不同工法步序对围岩受力状态的影响，通过优化开挖步序的空间组合，得到围岩最佳受力转换形式，形成洞群联合交叉分步开挖技术。在保证安全的前提下，将原方案开挖步序由 36 步优化为 21 步，可缩短工期 80d。见图 9、图 10。

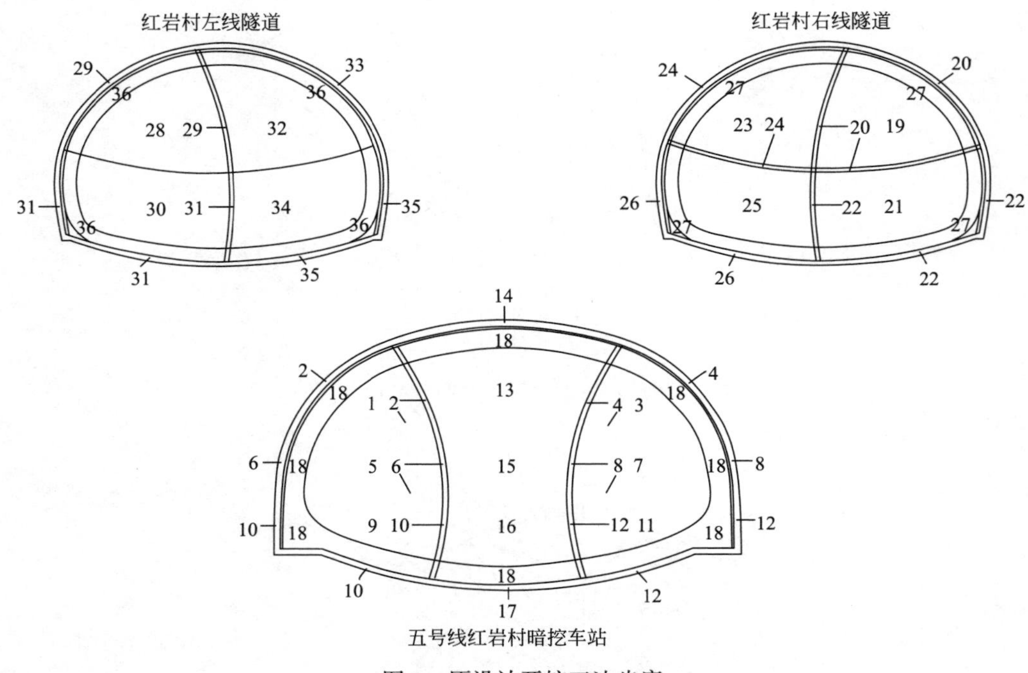

图 9　原设计开挖工法步序

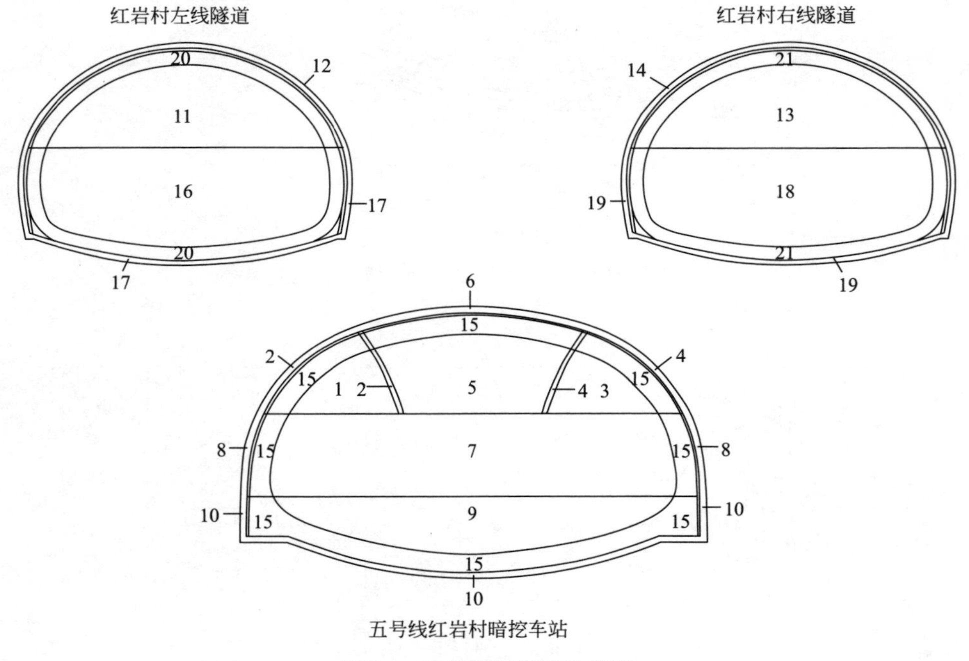

图 10　优化后开挖工法步序

（2）T 形交叉隧道洞群空间转换技术

通过数值模拟获得 T 形隧道洞群受力变形规律，确定了空间转换施工步序。研发了 T 形隧道洞群交叉口结构加强施工方法（多种型钢支护组合、衬砌结构加强）、小导洞中线重合扩挖施工方法，确保了 T 形交叉隧道洞群安全施工，工效提高 30%。见图 11、图 12。

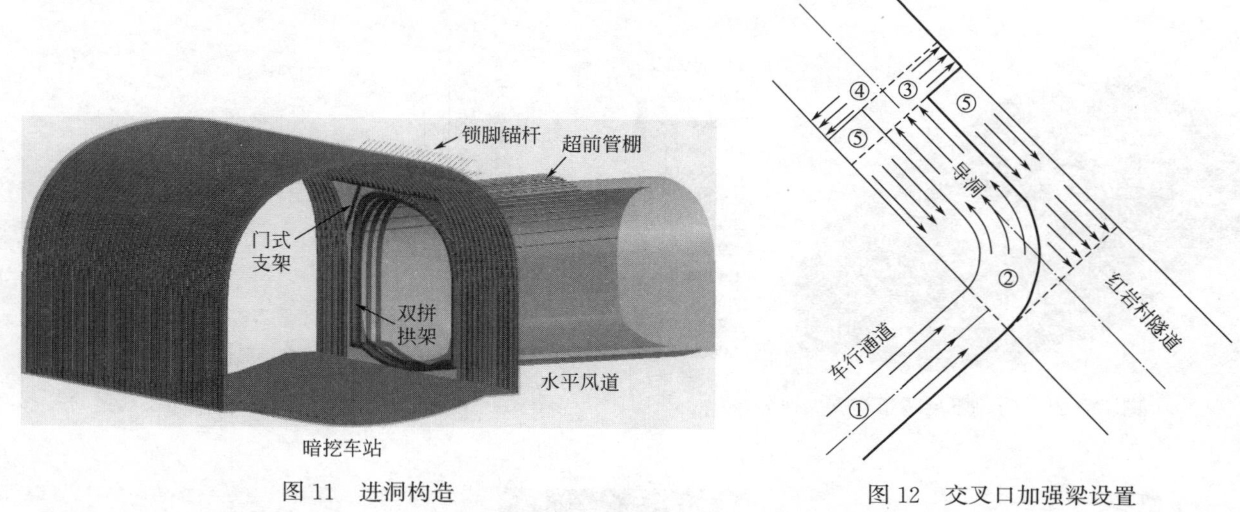

图 11　进洞构造

图 12　交叉口加强梁设置

（3）竖向小净距立体交叉隧道洞群空间转换技术

经三维数值计算确定了上层隧道开挖的影响范围及下层隧道结构的力学响应，在其基础上提出竖向立体交叉隧道洞群分区施工理念。结合上层隧道多部微扰动开挖、梁板结构式仰拱、基底注浆、整体式栈桥等措施，实现了竖向立体交叉隧道洞群 0.33m 净距的安全上跨施工并缩短工期 30d。见图 13～图 15。

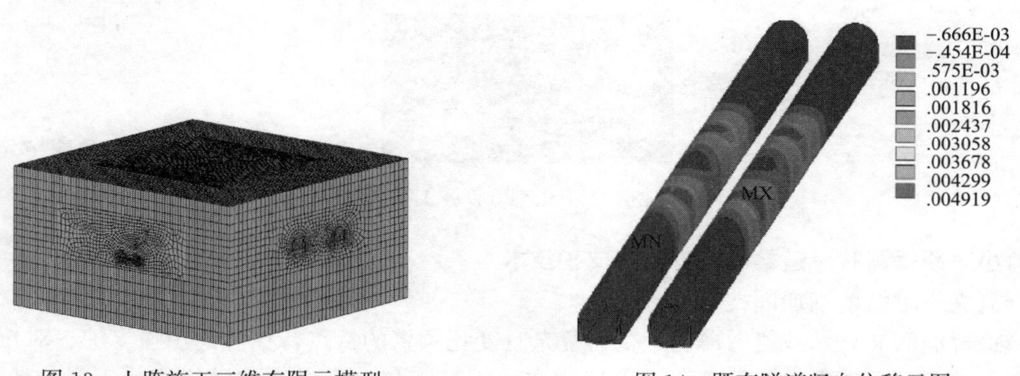

图 13　上跨施工三维有限元模型

图 14　既有隧道竖向位移云图

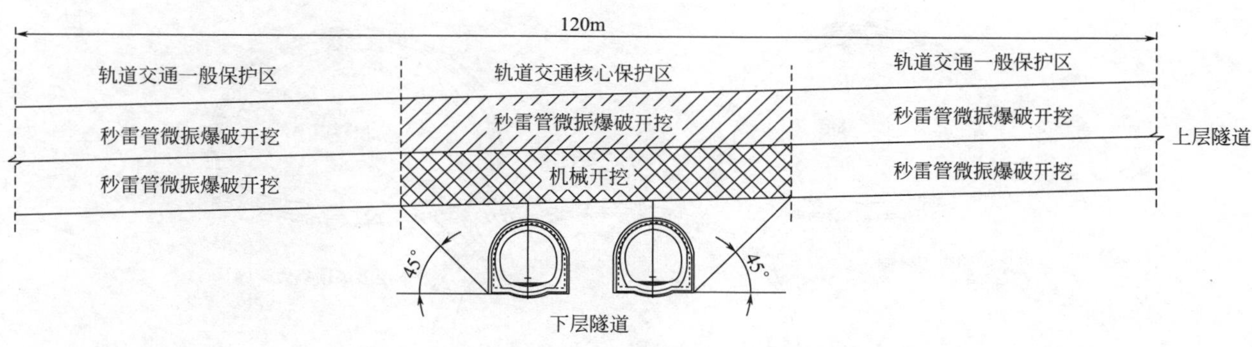

图 15　新建上层隧道分区施工示意

（4）复杂洞群控制爆破技术

首先，经三维爆破动力分析理论上验证了近接洞群控制爆破开挖方式的可行性，初步确定了最大单段装药量，并进一步结合现场试验研发出大中孔秒雷管微振控制爆破技术。通过采用机械掏槽大中孔＋

秒雷管＋隔振层的施工方法，实现了复杂洞群高效、低扰动开挖。较传统爆破开挖减振 40％，洞群施工增效 25％。见图 16～图 18。

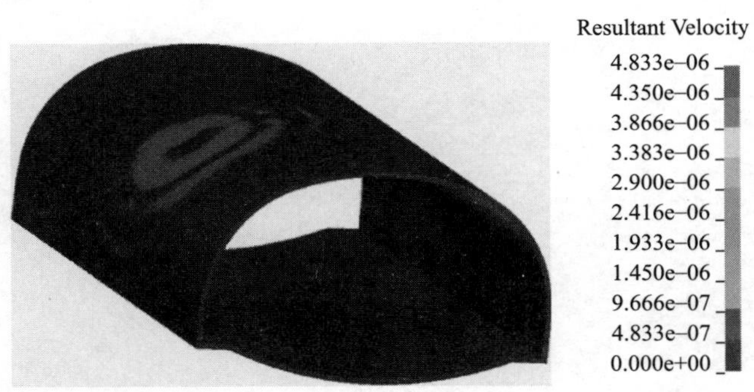

图 16　某一时刻下层隧道初支振速分布

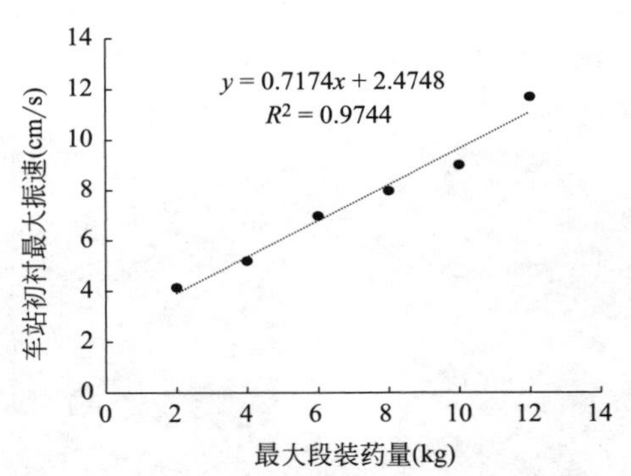

图 17　下层隧道初期支护最大振速与装药量的关系

图 18　大中孔秒雷管施工工艺图

3. 大跨小净距蜂窝状隧道群地层加固与支护技术

（1）群洞夹岩增强增刚加固技术

针对隧道群洞间夹岩承载能力薄弱、受力复杂且变化频繁的特点，在对比加强支护、对拉锚杆、注浆等加固方式的基础上研发出双层管棚（下层隧道顶拱管棚与上层隧道仰拱管棚）＋对拉锚杆＋W 型钢带夹岩组合加固体系，实现改善夹岩受力状态，提高其承载能力的目标。见图 19、图 20。

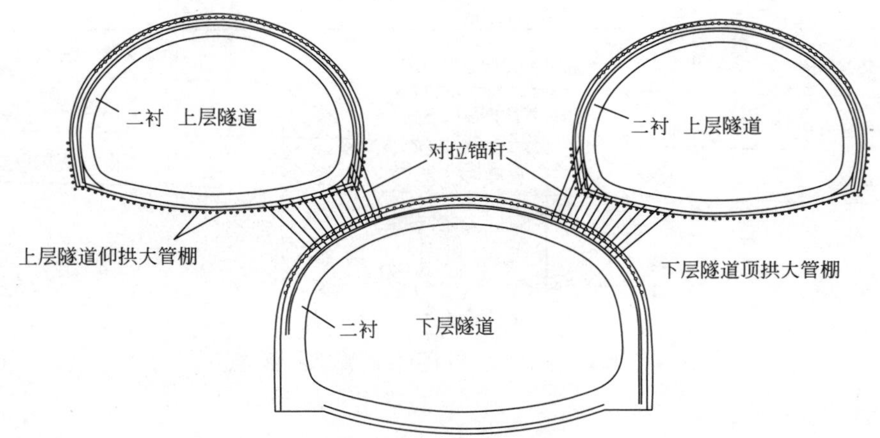

图 19　双层管棚＋对拉锚杆＋W 型钢带夹岩加固体系示意图

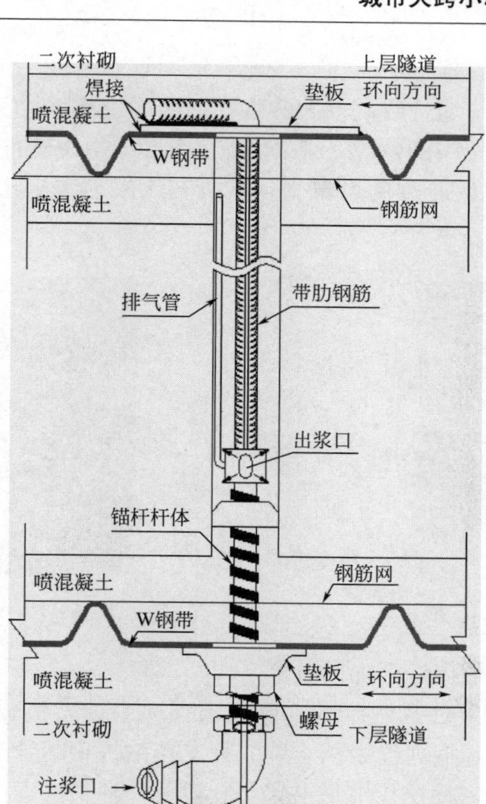

图 20　对拉锚杆构造图

(2) 基于隧道群稳定性的长锚杆索拉悬吊施工技术

研发了复杂洞群下层隧道采用 T51 自进式长锚杆（15m）的索拉悬吊方法，通过在拱部打设以减小下层隧道拱顶沉降，取代多导坑临时支撑，提高“夹岩+初期支护+单个隧道结构”组成的群洞结构体系安全。同时，可变下层隧道多导坑临时支撑开挖法为多台阶法，实现大断面隧道的安全、快速施工。见图 21、图 22。

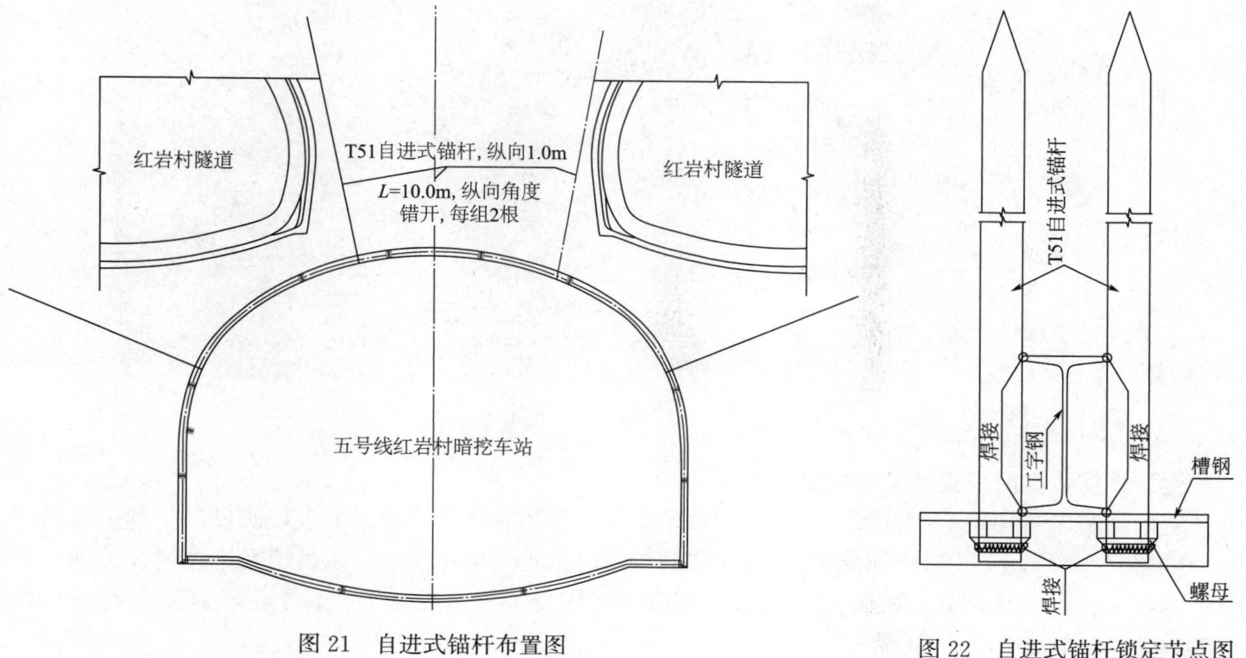

图 21　自进式锚杆布置图

图 22　自进式锚杆锁定节点图

（3）隧道群初期支护加强加固技术

针对复杂洞群围岩应力分布不均且数值较大的难题，研发出钢管约束混凝土支护及 PVA 短切纤维喷射混凝土施工方法。在用钢量相同的情况下，钢管混凝土可将拱架的承载能力提高约 25%；而采用 PVA 短切纤维喷射混凝土可加强混凝土的黏聚力，减少初次喷射混凝土的回弹量，提高混凝土的强度和抗裂性。见图 23、图 24。

图 23　钢管约束混凝土现场支护情况

图 24　PVA 短切纤维喷射混凝土搅拌

（4）隧道群洞口多台阶陡坡危崖综合加固技术

针对隧道群洞口高陡边坡稳定性控制难题，研发出预应力锚索桩板墙、锚杆桩桩板墙、锚杆框架梁、板肋式锚杆挡土墙和板肋式预应力锚索挡土墙 5 种支挡结构相结合的渐变分段分节联合支挡施工方法，并在具体施作中发明运用了一种挖孔桩垂平导向装置及一种长锚索（杆）定位隔离支架装置，有力保证了洞口陡坡及其上高层住宅小区安全稳定，满足了场地红线控制及洞群安全进洞需求。针对超前大管棚精准施工难题，研发了由长导向墙、钻杆抖动控制及激光测量纠偏等技术综合而成的钻进精准导向技术，满足了管棚设计的精度要求，实现了超前预支护及加固的效果。见图 25。

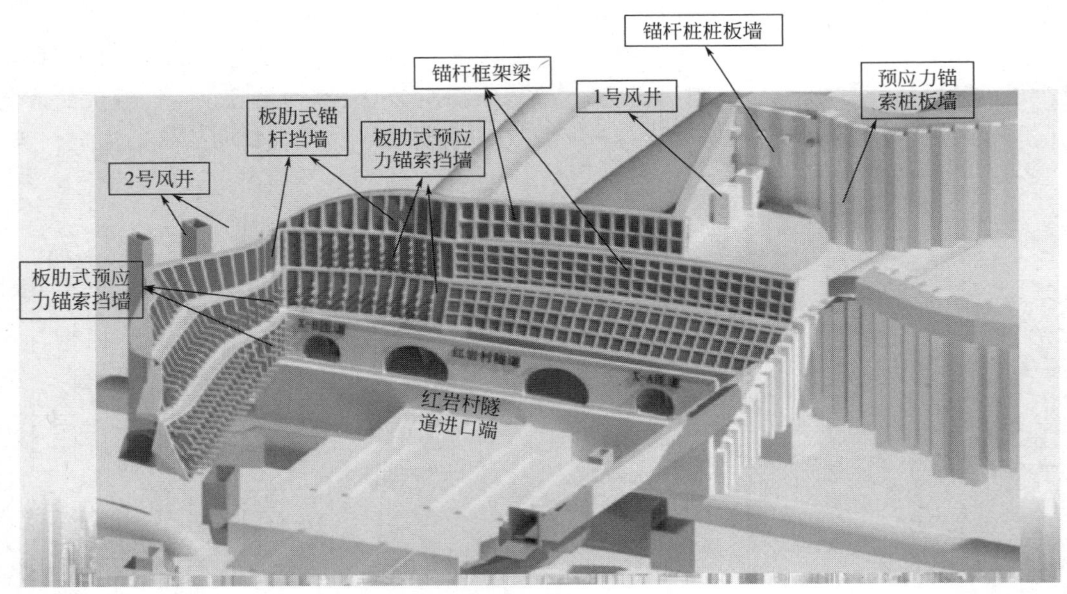

图 25　高陡边坡加固示意

4. 全洞群同步实时采集信息化施工技术

针对洞群施工监控量测项目多、测点多、频率高、同步实时数据采集的要求，研发出一种由监测终端、中继器、集中器、云服务平台组成的全洞群同步实时采集信息化系统，该系统采用无线自组网及自动休眠等技术，可实时查看分析各洞室同步力学行为，实现了采集数据同步、实时、连续、持久（两年）的自动化监测效果。见图 26。

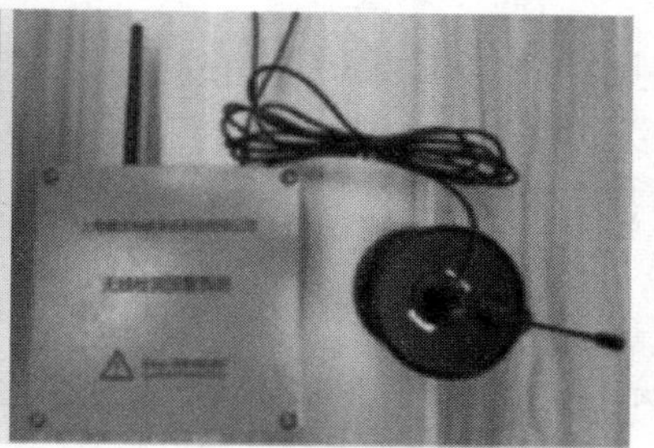

监测终端　　中继器　　集中器

图 26　系统组成

三、发现、发明及创新点

该成果整体达到国际先进水平，在以下四个方面创新明显：

（1）大跨小净距蜂窝状隧道群设计理论与方法：首次推导获得倒品字形隧道群围岩压力计算公式，明确了围岩压力分布特点，揭示了隧道群的群洞效应及破坏机理，形成了针对复杂洞群的设计方法，为施工过程受力转换安全及结构计算提供了依据。

（2）复杂洞群空间受力转换技术：提出了“先下后上、先外后内、先主后辅、先难后易”的十六字蜂窝状洞群施工方针，并基于空间受力转换原理，研发了针对平行、T 形交叉、竖向交叉等不同隧道近接形式的小净距复杂群洞施工方法，在保证隧道群结构安全稳定的前提下优化了施工步序，实现了隧道群的高效建造。

（3）大跨小净距蜂窝状隧道群地层加固与支护技术：研发出双层管棚＋对拉锚杆＋W 型钢带夹岩组合加固体系、长锚杆索拉悬吊施工技术、初期支护加强加固技术及隧道群洞口多台阶陡坡危崖综合加固技术，满足了复杂隧道群支护需求，减小了隧道变形，有效保证了隧道群围岩的稳定性。

（4）全洞群同步实时采集信息化施工技术：针对洞群施工监测数据高密度、高频率、多点同步并实时的信息化施工需求，研发出一种全洞群同步实时采集信息化系统，通过无线自组网传感技术，取得了采集数据高精度、连续、持久的自动化监测效果。

四、与当前国内外同类研究、同类技术的综合比较

（1）大跨小净距蜂窝状隧道群设计理论与方法：目前，仅见双线平行隧道围岩压力计算公式，三洞叠层隧道围岩压力计算公式属于首次提出，加之对该罕见的大断面小净距隧道群进行的系统性二维、三维数值计算研究成果，为复杂隧道洞群设计提供了重要依据。

（2）复杂洞群空间受力转换技术：首次提出了隧道群十六施工方针；研发出复杂洞群空间受力转换技术，并在国内外率先应用，实现了工程创新。

（3）大跨小净距蜂窝状隧道群地层加固与支护技术：国内外首次研发出适用于隧道间小净距夹岩的互锚加固体系，改变了传统夹岩仅依赖注浆或对拉锚杆的加固方式，具有重大的工程创新。

（4）全洞群同步实时采集信息化施工技术：国内外未见全洞群同步实时采集信息化技术，解决了洞群高密度、同步性、实时性、连续性监控量测的难题。

五、第三方评价、应用推广情况

1. 鉴定意见

（1）《大跨小净距蜂窝状叠层隧道洞群关键施工技术》：2019 年 11 月，北京市住房和城乡建设委员会组织的鉴定委员会的鉴定意见：“该项成果整体达到国际先进水平，其中双层管棚、对拉锚杆、W 型钢带组合形成的隧道夹岩互锚加固体系技术达到国际领先技术水平”。

(2)《竖向小净距大断面交叉隧道施工技术》：2018 年 11 月，北京市住房和城乡建设委员会组织的鉴定委员会的鉴定意见：“该项成果整体达到国际先进水平”。

(3)《山地城市多台阶高陡边坡综合支挡施工技术》：2017 年 12 月，北京市住房和城乡建设委员会组织的鉴定委员会的鉴定意见：“该项成果整体达到国际先进水平”。

2. 应用推广情况

本技术已在重庆红岩村桥隧项目、解放碑地下停车场改造工程、敦白铁路项目、重庆轨道交通九号线红岩村站、红云路市政旋转立交工程 5 个项目得到成功应用，取得了显著的经济社会效益。

六、经济效益

本技术已成功应用于重庆红岩村桥隧项目、解放碑地下停车场改造工程、敦白铁路项目、重庆轨道交通九号线红岩村站、红云路市政旋转立交工程等项目。其具有高效施工、管理理念先进、绿色环保等优点，可降低材料损耗、提高施工效率，保证工程质量和安全。近三年合计新增产值 13110.3 万元，新增利润 3241.144 万元，新增税收 1244.6 万元，取得了良好的经济效益。

七、社会效益

本技术研究丰富了我国复杂环境条件下洞群开挖的技术和经验，为类似项目提供了成功案例，并取得了一批具有自主知识产权的原创性技术成果。累计授权发明专利 5 项，授权实用新型专利 30 项，获省部级工法 5 项，发表论文 13 篇。

成果在所依托重庆红岩村桥隧项目研发成功，并在解放碑地下停车场改造工程、重庆轨道交通九号线红岩村站、敦白铁路项目、红云路市政旋转立交工程等 5 个项目成功应用。不仅圆满有效解决了施工难题，完成了施工任务，还在施工进度、工程质量、技术攻关等方面得到了设计、监理、业主的高度评价。红岩村桥隧项目累计接待院士、专家及协会观摩数十场，参观 2 万余人次，社会效益显著。

二等奖

广州东塔工程关键施工技术的研究与应用

完成单位： 中国建筑第四工程局有限公司、中建三局第一建设工程有限责任公司、中建四局第六建筑工程有限公司、中建科工集团有限公司、广联达科技股份有限公司、贵州中建建筑科研设计院有限公司、中建四局安装工程有限公司

完 成 人： 叶浩文、邹　俊、杨　玮、令狐延、张延欣、汪永胜、龙敏健、刘　强、黄锰钢、董　艺

一、立项背景

广州东塔主塔楼高530m，总建筑面积达50万平方米。体量大、高度高，地处CBD核心商圈，毗邻地铁、广州西塔超高层，施工环境复杂，在施工中面临大量技术难题：

（1）体量庞大，分包众多，有多家设计单位共同参与，项目进度、图纸、合同等海量信息交互管理困难，各专业协调难度非常大。东塔项目建设之前，国内没有能够满足项目管理的平台；

（2）主塔楼主体结构由内部核心筒、外框筒8根巨柱、连接巨柱的6个空间环桁架以及4个伸臂桁架共同形成巨型框架筒体结构，且核心筒中大量采用了双层劲性钢板剪力墙结构。对于巨型复杂钢结构的焊接、高空安装、高强混凝土施工，都提出了非常高的质量要求；

（3）作为超百层高楼，施工物资和施工人员的运输压力巨大，必须尽可能的优化垂直运输效率，为保证施工效率，迫切的需要提高塔式起重机和施工电梯工作效率；

（4）建造过程中的材料和能源消耗量巨大，传统的施工方法会带来大量的资源浪费，无法满足绿色施工的需求；

（5）有多个设备层，机房内设备较大，产生的噪声更是几倍于普通的建筑，由于设备层相邻楼层是写字楼和酒店，常规安装工艺无法有效降低设备噪声，将带来不良的用户体验。

二、详细科学技术内容

1. 基于BIM的施工总承包管理系统的研究与应用技术

制定统一的土建、钢构、机电、钢筋等专业的建模规范、构筑单专业深化设计BIM模型。

联合软件公司，开发BIM信息集成平台，实现各专业深化设计BIM模型集成，形成“全专业深化设计BIM模型”。

通过统一的信息关联规则，实现模型与进度、工作面、图纸、清单、合同条款等海量信息数据的自动关联。

在BIM集成信息平台基础上，开放数据端口，定制开发适用于总承包管理的项目管理系统，应用于施工现场日常管理。

2. 超高层高适应性绿色混凝土技术

（1）使用“微珠”超细粉体作为优质掺合料

微珠在超高性能混凝土中可以起到“增强”“润滑”和“填充”的作用，微珠在15%～25%大掺量应用时，可使水泥净浆流动性提高50%，混凝土用水量比减少15%，活性指数可达110%，测试指标全面优于Ⅰ级粉煤灰和各类矿粉，对混凝土早期水化速率调控、流动性提高、强度增强、耐久性提高都有积极作用。见图1。

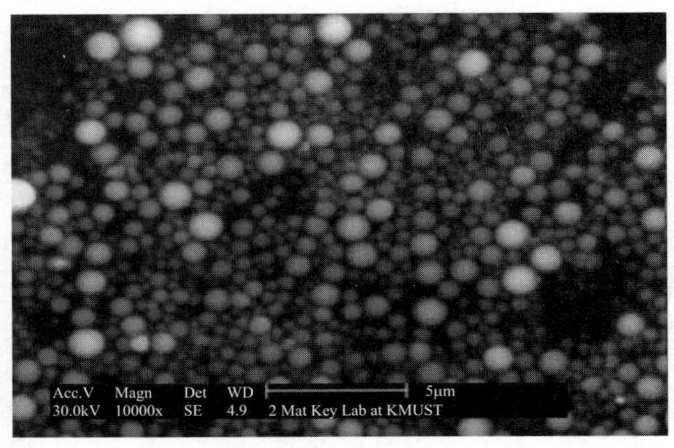

图 1 微珠的 SEM 照片

(2) 基于天然超细沸石粉的混凝土多功能材料

以天然沸石超细粉（简称沸石粉）与微珠，按 1∶(0.15～0.2) 的质量比均匀混合，得到粉状增稠剂。这种材料的增稠、拖裹效应和微珠的滚滑效应能够有效控制混凝土黏度。见图 2。

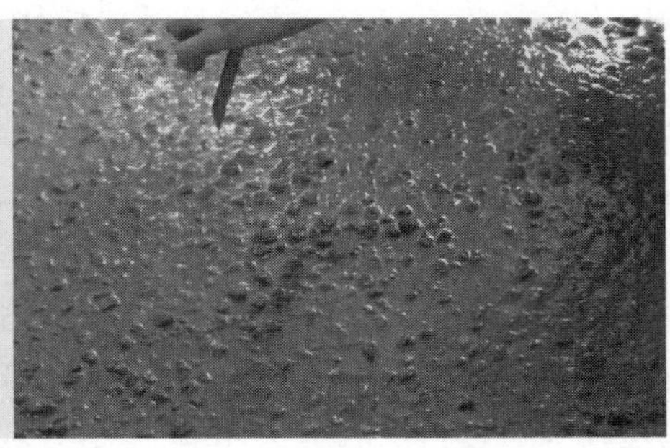

图 2 试配的混凝土

同时，沸石粉具有二次水化能力，不影响混凝土的强度。利用超细沸石粉作为载体流化剂（CFA）可以吸附减水剂，并将减水剂在混凝土拌合后一定时间内缓慢释放，保持水泥颗粒间的 Zeta 电位，使混凝土在 3h 内，坍落度、扩展度和倒筒时间等参数不发生变化，保证混凝土超高泵送的可泵性。

使用沸石粉与硫铝酸盐膨胀剂（EHS）可形成自养护微膨胀剂，改善毛细孔负压、提供内部养护水源，进一步降低收缩率，保证混凝土强度发展。

(3) 双层劲性钢板剪力墙结构裂缝控制技术研究

本项目外剪力墙为双层劲性钢板剪力墙结构，由于受到钢板墙中密集的栓钉、埋件、钢筋等构件的极强约束，混凝土的收缩集中于墙体表面，极易产生大面积龟裂（图 3）。

图 3 混凝土龟裂

在确保混凝土强度的前提下，调整 S95 级矿粉的使用掺量。通过进行混凝土早期收缩率检测，发现随着掺合料结构的调整逐渐优化，早期收缩逐渐降低（表 1）。

收缩率　　表 1

胶凝材料组成结构	1d 收缩率（×10^{-4}）	2d 收缩率（×10^{-4}）	3d 收缩率（×10^{-4}）
63％水泥＋27％S95 矿粉＋11％微珠	6.2	6.9	7.4
56％水泥＋14％S95 矿粉＋12％微珠＋19％粉煤灰Ⅰ级	3.8	4.8	5.2
54％水泥＋14％S95 矿粉＋14％微珠＋19％粉煤灰Ⅰ级	3.2	4.2	4.7
54％水泥＋14％S95 矿粉＋10％微珠＋22％粉煤灰Ⅰ级	1.2	2.2	2.8
56％水泥＋10％微珠＋33％粉煤灰Ⅰ级	0.9	0.9	1.6

在进一步使用自养护膨胀剂后，微膨胀效果抵消了混凝土的早期收缩。通过上述技术手段，C80 混凝土 3d 的早期收缩控制在 0.1‰以内，有效避免了墙体宏观裂缝的出现。

(4) 超高层高适应性绿色混凝土性能量化控制指标

提出了 C60～C120 系列高适应性混凝土配合比建议设计规律（表 2）。

配合比建议　　表 2

强度等级	水胶比范围	单方用水量（kg/m^3）	最大胶凝材料用量（kg/m^3）	超细粒子比例	大、小粗骨料比例
C60	0.28～0.32	140～155	500～550	10％	8∶2
C80	0.26～0.24	135～140	580～630	20％	8∶2
C100	0.20	140～150	750	30％	7∶3
C120	0.17～0.18	130～135	750	35％	7∶3

并且构建了施工控制关键性能指标（表 3）。

关键性能指标　　表 3

混凝土性能指标	发展时间				
内容	1h	2h	3h	4h	泵送后
坍落度	＞220mm	＞210mm	＞210mm	＞200mm	＞220mm
扩展度	＞600mm	＞590mm	＞580mm	＞560mm	＞500mm
倒桶时间	＜8s	＜8s	＜10s	＜10s	＜12s
U 箱填充高度	≥320mm	≥310mm	≥300mm	≥290mm	≥280mm
压力泌水	0				
初凝时间	≥8h				
终凝时间	10～12h				

3. 复杂超高层巨型钢结构施工关键技术研究应用

(1) 超高层钢结构伸缩式跨障碍自爬升操作平台研发

对整体结构各功能模块进行装配图及零件图设计，形成装置全套加工图与装配图，以及液压系统组装图；通过试验分析，掌握新装置优缺点、工况适用性、设计合理程度，对主要部件多次进行设计改进，形成成熟的设计文件、装置与加工、使用全套方案，研发了超高层钢结构伸缩式跨障碍自爬升操作平台。

(2) 超高层巨型钢结构现场焊接机器人研制

超高层巨型钢结构现场焊接机器人实现设备的轻型化改造、设备一体化改造、设备行走动力系统改造；通过增设曲柄凸轮机构实现动力系统的方向可逆，实现了平焊转换横焊技术改造，增设磁吸附式焊剂保护装置，实现了坡口角度自适应改造，通过“高低位、进出位、八分之一圆角度”焊枪角度变位装置增加焊接坡口角度适应性和激光焊缝同步导航；该技术基于自动回收焊剂及现场施工无弧光、无有害气体，减轻劳动强度，提高施工效率，符合绿色施工技术要求。

(3) 巨型双层钢板剪力墙施工技术研究与应用

由于双层钢板墙截面大、结构复杂，焊接长度最长达 14200mm，采取“分块制作——整体组装”的工艺进行制作；采用对称焊接及分段跳焊的方式，以防止钢板墙焊接变形过大。施工阶段，对巨型双钢板剪力墙焊接顺序进行进一步改善，立焊缝采取从下到上分段跳焊的方式进行焊接，同时每道立焊缝留设后焊段、修正焊缝收缩量；水平焊缝采用分段对称焊的方式进行，厚板焊采取电加热防变形；安装分段避开顶模桁架弦杆及土建钢筋绑扎长度，对吊装受限区域钢板墙采取高空换吊移位式安装。采用合理设置测量控制点、测量三维数据拟合、构件制作预调等技术措施，局部位置设反变形装置，有效控制构件运输变形及安装形位精度。

(4) 双层“蝶式”环桁架施工技术

结合 5D 建筑信息模型 BIM 系统实施计算机可视化模拟安装，通过合理的安装顺序保证安装精度。先安装巨柱与伸臂桁架，环桁架采用“先角部后边部桁架、边部桁架先外环后内环、角部先内环后外环”的流程安装。

4. 大型机械部署、运营及支持系统的应用研究

(1) 施工电梯数量计算方法

施工电梯数量的确定采用“粗算精验”的方法。

粗算法经验公式为：

$$M=\frac{\sqrt[3]{H\cdot A}\cdot F}{125\sqrt{T}}$$

式中 M——标准梯笼总个数；

H——塔楼顶层结构标高 (m)；

A——塔楼总建筑面积 (m^2)；

F——地上层数；

T——从塔楼地下室封顶至塔楼竣工的计划工期 (d)。

按此公式计算得出的梯笼个数为从底到顶贯通的标准梯笼的个数，如按工程实际需要设置上下接驳电梯、特殊尺寸电梯等，则需对梯笼个数作相应调整。

(2) 大型塔式起重机支撑及拆装系统的创新设计

无斜撑鱼腹梁的特殊设计：为了解决塔式起重机支撑梁与顶模支撑系统共用核心筒、筒内空间狭小无法布置水平和竖向斜撑的问题，通过增大箱梁截面、并采用鱼腹梁设计，有效地提高了支撑系统主梁的竖向刚度和侧向刚度，取消了各种斜撑加固措施。

全螺栓牛腿支座的特殊设计：该全螺栓牛腿支座包括预埋在墙体内的预埋件和预埋件上的支撑件全部厂内加工生产完成；支撑件上设有轴向限位牙块和一对对称设置的侧向限位组件，一对对称设置的侧向限位组件之间经两块压头板与支撑鱼腹梁头的定位组件螺栓连接，有效限制鱼腹梁轴向及竖向位移。

塔式起重机辅助拆装系统的设计及应用：该辅助拆装系统是在标准节上设计一套抱箍支架，即设计一套质量为 5t 的卷扬机和固定在塔式起重机上的抱箍进行连接，通过卷扬机下放钢丝绳吊装牛腿、支撑梁、C 形框等小型构件。

5. 绿色施工管理技术

(1) 临电全天候无线监控系统

通过在广州东塔每楼层部署数据采集基站和智能电表，通过无线传感器网络自组织自路由的方式将数据依次从各楼层自动汇聚到第 9 层服务器。实现将各工作面用电计量细化至分钟，实时掌控各专业、各劳务队伍的用电情况，为日后超高层施工积累宝贵的经验数据。

（2）全工作面人员安全无线定位系统

针对大型工程劳务人员管理应用，在布控区域安装一定数量的基站，通过终端与基站的通信，结合信号强度与角度进行计算，能够实时定位终端的坐标。实现项目各工作面工序穿插的信息化管控，掌握人员运行的轨迹，保证施工人员的安全，实现各层楼工作人数的实时定位和统计，查询每个员工的工作轨迹历史曲线及具体人员信息。

（3）施工电梯无线监控分析系统

采用基于图像特征识别技术，通过离线采集各种不同场景的电梯内空间利用情况进行机器学习，再与实际应用中不同物料与人员聚集的场景进行特征提取与识别，从而完成空间利用率的识别。电梯运载内容的识别采用 RFID 射频标签的方式进行人员与物品的识别。

6. 超高层建筑机电消声减振技术的应用

通过大型设备惰性块、超大型管道减振支吊架及浮动地台的设计与应用，满足了业主和建筑隔声设计规范的要求。

三、发现、发明及创新点

1. 基于 BIM 的施工总承包管理系统的研究与应用技术

创造性地提出了再施工全过程全面融入 BIM 技术的概念，自主研发了基于 BIM 技术总承包管理信息系统，该系统在 5D 的基础上，延展管理全过程，首次实现了施工总承包管理的 BIM 与管理功能的集成。该系统以施工进度为主线，按施工需求实时定义工作面，实现了施工过程各专业协同工作，与施工过程全部业务管理深度融合，实现了总承包大量信息与模型的无缝集成。

该系统在东塔项目施工中进行了应用，创新设计了“实体工作库”和“配套工作包”，提高了进度编制的效率；开发了系统智能推送系统，实现了实时提醒、预警和各部门工作的联动。利用工作面灵活划分的技术，实现了不同工况下对进度、图纸、质量、安全、成本、合约等的系统化管理，提高了总包管理的深度；依据施工过程的专业划分和项目的业务管理需求，制定了相应的模板和规则，实现了信息共享、提升了系统的智能化水平。

2. 超高层高适应性绿色混凝土技术

通过使用微珠这种超细粉体材料，确保混凝土强度和工作性能，完成了 C80～C120 的高性能、超高性能混凝土配制。

创新应用了以天然超细沸石粉为核心的多种功能材料，其中以天然沸石超细粉与微珠得到粉状增稠剂，在保证大流动性的前提下，提高混凝土的抗离析性，实现了混凝土的自密实和自流平；增稠剂与复合高效减水剂进行复配得到的 CFA 技术，混凝土 3～4h 性能经时不变化，实现高强混凝土的高保塑；超细沸石粉掺配硫铝酸盐膨胀剂得到的自养护减缩剂，在混凝土拌和后，水分缓慢释放，内部自给供水，产生的微膨胀抵消混凝土的早期收缩，实现混凝土的自养护和低收缩。

首次研发了适用于双层劲性钢板剪力墙结构的超低收缩混凝土技术。研发了双层劲性钢板剪力墙结构高适用性混凝土配制关键技术，C80 超低收缩混凝土 3d 自收缩率控制在 0.1‰以内，解决双层劲性钢板剪力墙结构易开裂的难题。

针对超高层结构复杂，对混凝土不同阶段的适应性具有不同要求的难点，创新提出并验证了高适应性绿色混凝土的系列制备和施工技术的性能量化控制指标，满足了超高层混凝土的复杂技术要求。

3. 复杂超高层巨型钢结构施工关键技术研究应用

研发了针对超高层巨型钢柱施工的自爬升操作平台，实现爬升系统大梯度斜爬、操作平台尺寸无极调整、重叠式安全维护、传感器与机械配合的自动同步控制、安全监控。

研制了超高层巨型钢结构现场焊接机器人，实现了设备的轻型化、一体化、行走动力系统改造，通过增设曲柄凸轮机构实现动力系统的方向可逆，实现平焊转换横焊技术改造，增设磁吸附式焊剂保护装置，实现坡口角度自适应改造，通过“高低位、进出位、八分之一圆角度”焊枪角度变位装置增加焊接坡口角度适应性，实现了激光焊缝同步导航。

4. 大型机械部署、运营及支持系统的应用研究

根据超高层建筑施工工况、电梯需求状况和永临转换时间点等要素，提出了以建筑高度、楼层数、工期、总建筑面积为参数的施工电梯数量计算拟合公式及施工电梯数量精确计算理论公式，提高了施工组织策划的科学性。

针对塔式起重机与顶模系统相互制约的技术难题，研制了无斜撑鱼腹梁内爬塔式起重机支撑系统和全螺栓鱼腹梁牛腿支座，避免了塔式起重机支架提升的高空焊接作业。

研发一种塔式起重机辅助拆装系统，解决了传统内爬塔式起重机爬升过程中“一爬二停”的技术难题，提高了塔式起重机的使用效率。

5. 绿色施工管理技术

创新研发了全天候全工作面临电无线实时监控系统，并将其首次应用于超高层建造过程中的能耗数据采集。

系统地针对 500m 级高楼绿色施工技术进行探索，并提出了 500m 级高楼的绿色施工评价指标。

6. 超高层建筑机电消声减振技术的应用

针对大型设备惰性块设计及安装工艺，提出了大型设备惰性块的设计调平施工工法，使水泵运行更平稳，具有更好的隔振效果。

优化了大型管道减振支吊架的制作和安装工艺，在降低了管道运行时产生振动的同时也提高了管道运行的安全性。

通过对浮动平台设计和施工的研究，合理的深化设计和关键施工工艺的把控，使整个机房的振动和隔声满足业主和建筑隔声设计规范要求。

四、与当前国内外同类研究、同类技术的综合比较（表 4）

综合比较 **表 4**

关键技术及创新点	与国内外同类研究、技术的比较
基于 BIM 的施工总承包管理系统的研究与应用技术	研发并应用了基于 BIM 的施工总承包管理系统，满足了广州东塔项目施工总承包全方位全过程管理需求。经广东省土木建筑学会鉴定，该技术达到国际领先水平
超高层高适应性绿色混凝土技术	研发了具有低发热、低收缩、高强度、高保塑、高泵送、自密实、自养护性能的超高层高适应性绿色混凝土，解决了 C80 高强混凝土双层劲性钢板剪力墙质量控制难题。经广东省土木建筑学会鉴定，该技术达到国际领先水平
复杂超高层巨型钢结构施工关键技术研究应用	研发了伸缩式跨障碍自爬升平台、自动焊接机器人等技术，提升了超高层建筑钢结构的施工安全和效率；经广东省土木建筑学会鉴定，该技术达到国际先进水平
大型机械部署、运营及支持系统的应用研究	提出了以建筑高度、楼层数、工期、总建筑面积为参数的施工电梯数量计算公式，提高了超高层垂直运输设备的使用效率。研发了塔式起重机辅助拆装系统，设计了塔式起重机无斜撑鱼腹梁及全螺栓牛腿支座。经广东省土木建筑学会鉴定，该技术达到国际先进水平
绿色施工管理技术	开发了全天候全工作面临电无线实时监控系统新技术，自动采集建造过程中资源消耗等量化数据。提出了 500m 级高楼的绿色施工评价指标。经广东省土木建筑学会鉴定，该技术达到国际先进水平
超高层建筑机电消声减振技术的应用	优化超高层建筑大型设备和管道减振措施，应用惰性块、减振支架和浮动平台有效解决了设备和管道运行带来的噪声困扰。经广东省土木建筑学会鉴定，该技术达到国际先进水平

五、第三方评价、应用推广情况

《基于 BIM 的施工总承包管理系统的研究与应用技术》经鉴定，达到国际领先水平；

《超高层高适应性绿色混凝土技术》经鉴定，达到国际领先水平；

《大型机械部署、运营及支持系统的应用研究》经鉴定，达到国际先进水平；

《广州东塔关键施工技术的研究与应用》经鉴定，达到国际先进水平。

六、经济效益

“超高层高适应性绿色混凝土的研发与应用”节约费用 237.23 万元，“大型机械部署、运营及支持系统应用技术”节约费用 610.2 万元，“绿色施工管理技术”节约费用 3339.13 万元，合计经济效益为 4186.56 万元。

七、社会效益

“广州东塔工程关键施工技术的研究与应用”获得了省部级科技奖 3 项、授权专利 28 项（其中发明专利 4 项）、国家级工法 3 项，省部级工法 1 项、软件著作权 2 项，发表论文 15 篇，出版专著 2 部。并举办了多次国际学术交流会，促进了我国混凝土技术和超高层施工技术的发展，社会效益显著。

“毗卢观音”造型复杂结构佛教建筑关键施工技术研究与应用

完成单位： 中国建筑第八工程局有限公司
完 成 人： 孙晓阳、杨　锋、曹　浩、赵　海、陈新喜、曹刘明、赵　旭、李　赟、朱建红、张国庆

一、立项背景

1. 工程概况

普陀山观音圣坛项目建筑造型采用“毗卢观音”为形态，总建筑面积 61900m^2，地上 10 层，主体结构为巨型劲性混凝土束筒结构体系，内部结构为多曲面双层斜交网格清水混凝土＋异形空间铝合金结构体系，外立面为 45m 高“铜火焰纹背光”＋“铜钣金莲花瓣”艺术幕墙＋钛瓦铝挑檐组合屋檐系统等。见图 1。

图 1　普陀山观音圣坛外景图

2. 工程特点及难点

（1）“须弥山”多曲面双层斜交空间网格清水混凝土结构施工难度大

须弥山采用多曲面双层斜交网格空间艺术造型，设计为结构装饰一体化功能，高 23.7m，底部直径 60m，上部直径 17m，竖向剖面曲率 29 种，镂空网格 15 种，斜交网格模架支撑体系设计难度大，多曲面球壳混凝土结构造型要求高，镂空网格复杂、灯槽多、棱角造型空间小、狭小空间的清水混凝土成型效果把控难。

（2）“如意塔”巨型复杂空间曲面劲性混凝土结构施工难度大

主结构采用 4 个 65m 高倾斜劲性混凝土束筒“巨柱”结构体系，纵向曲率最大倾斜角度为 87°，最小角度 49°，倾斜巨柱混凝土浇筑时存在不均匀荷载引起的架体变形或倾覆风险，施工过程结构时变分析复杂，大截面混凝土巨柱结构模架体系设计、结构自平衡施工难度大。

(3)"毗卢观音"复杂佛教建筑造型装饰体系精度要求高、建造难度大

45m 高空间双曲面铜"火焰背光"＋120m 直径、8.8m 高钣金铜莲花瓣艺术幕墙，支撑龙骨及连接挂件等构造复杂，薄壁多曲面钣金制作需满足大曲面造型流畅性与顺滑性，高大无缝钣金安装过程形变控制难。重檐歇山顶钛瓦＋铝挑檐组合屋面系统，结构体系新颖，连接构造复杂，加工、制作、安装精度要求高。"须弥山"型空间铝合金结构体系，弯扭构造复杂，交叉处节点板为任意曲面，曲率无重复，加工、制作、安装难度大。

二、详细科学技术内容

1. 总体思路、技术方案

本项目以普陀山观音圣坛项目为载体，在分析复杂空间多曲面双层斜交网格清水混凝土结构体系施工、巨型复杂空间曲面劲性混凝土结构施工、复杂佛教建筑造型装饰体系建造特难点的基础上，通过试验研究、工艺创新、技术集成与创新、数字化技术应用等手段，对设计、技术方案进行优化，解决工程建造中面临的技术难题，为工程实施提供质量与安全保障，并进行技术总结、提炼、集成，最终形成关键技术，为后续类似工程建设提供借鉴。

2. 关键技术创新

关键技术一："须弥山"多曲面双层斜交空间网格清水混凝土结构关键施工技术

(1) 现浇多曲面双层斜交混凝土网格结构模架体系施工技术

发明了多曲面双层斜交混凝土网格结构模架体系施工方法，设计出一种由固定径向及环向定位龙骨组成的球形模架体系（图 2），研制出多曲率球壳体混凝土结构模架的曲率校准装置（图 3），解决了多曲率结构模架体系施工及曲率精准控制难题。

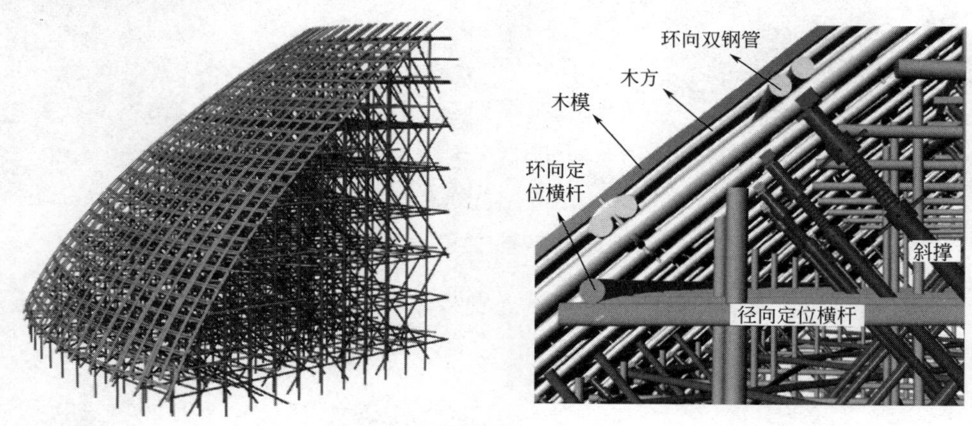

图 2　由固定径向及环向定位龙骨组成的球形架体

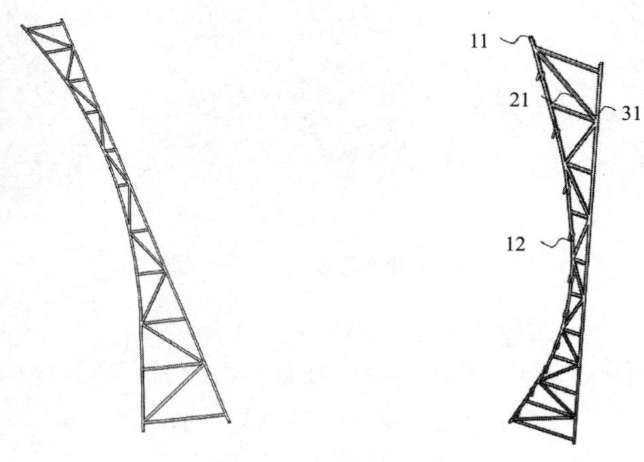

图 3　曲率校准装置

(2) 多曲面注塑衬模混凝土造型施工技术

1) 发明了分块拼接的多曲面高密度木质雕刻母模（图 4），通过木质母模拼装实现衬模造型，解决了常规雕刻 EPS 母模强度低、误差大的难题，实现了雕刻母模的多次周转。

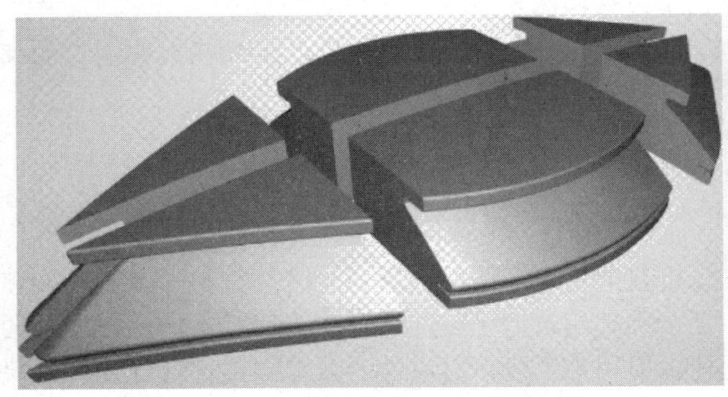
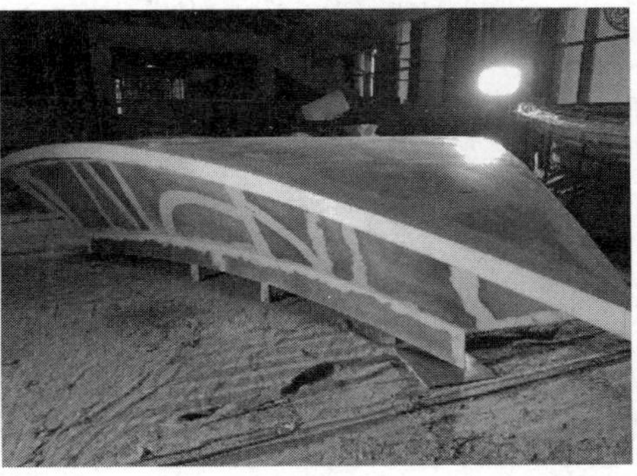

图 4　分块拼接的多曲面高密度木质雕刻母模

2) 发明了用于混凝土结构的多曲面造型衬模的模具及其制造方法、用于生产多曲面玻璃钢注塑衬模的玻璃钢模具表面处理方法等（图 5），采用骨架将多个预制玻璃钢空心模块固定组合，内部形成多曲面衬模造型的浇筑空腔，解决了多曲面造型衬模模具高效制作的难题。

图 5　多曲面注塑衬模的模具及其制造方法

3) 开发了胶合模板作为球形底模，镂空网格处安装注塑造型衬模，外表面采用玻璃钢定制的组合模板体系，解决了多曲面复杂衬模制作及 15 种 360 个样式各异的菱形镂空网格施工难题。如图 6 所示。

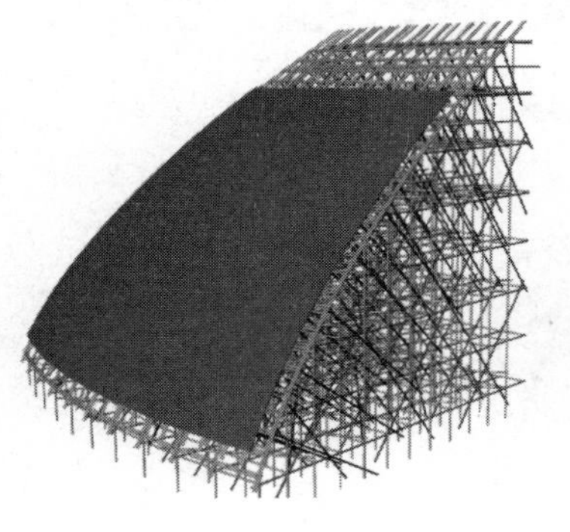
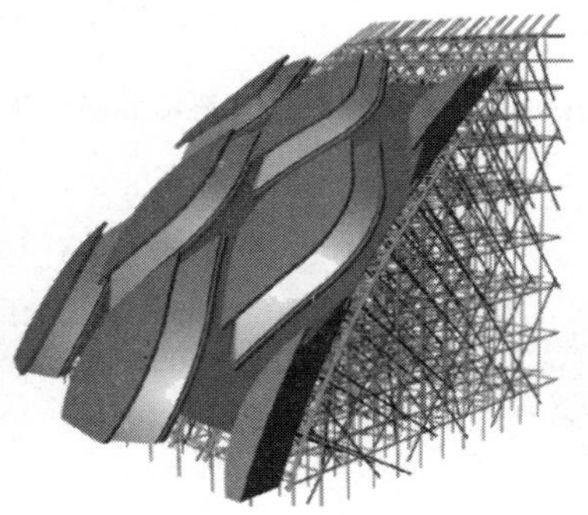
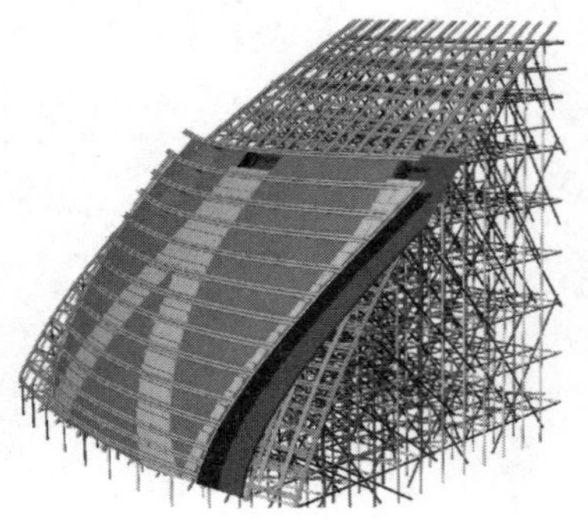

图 6　多曲面注塑衬模制造安装

(3) 复杂空间多曲面双层斜交混凝土网格结构的施工技术

1) 发明了双曲面斜交网格混凝土结构镂空处封堵板的后浇筑方法，采用定型化玻璃钢多曲率注塑衬模，在注塑衬模侧边预植镂空网格板钢筋，避免了后植筋对结构的影响，解决了混凝土构件镂空结构处浇筑封堵板难题。如图 7 所示。

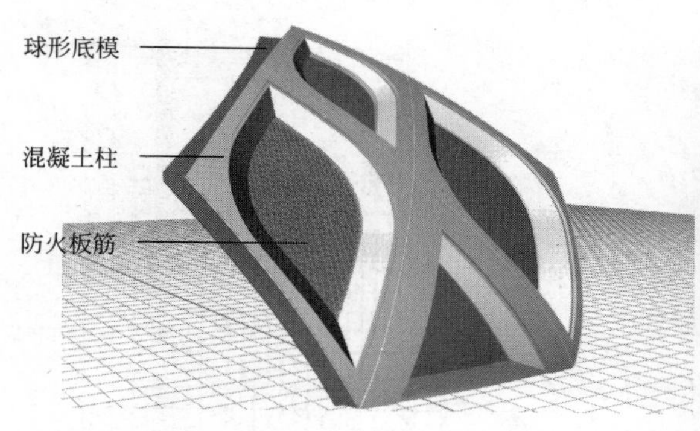

图 7　双曲面斜交网格混凝土结构镂空处封堵

2）通过调整骨料级配及矿渣粉比率实现强流动性、高稳定性，研发了一种高流态性、高抗裂性、耐腐蚀性的清水混凝土，确保了混凝土成型效果与品质。

实施效果：本技术保证了双层斜交空间网格清水混凝土结构的成型效果（图 8），实现了结构装饰一体化设计功能，超越了各方需求，施工效率提高了 31%，缩短工期 53d，产生经济效益达 4543 万元，其关键技术达到国际领先水平。

图 8　建造完成效果

关键技术二："如意塔"巨型复杂空间曲面劲性混凝土结构关键施工技术

（1）异形变截面柱状体钢筋绑扎及单侧受载模架体系施工技术

1）发明了异形变截面柱状体钢筋绑扎施工方法，采用模型反向导出结构节点后，进行钢筋模拟放样，确定钢筋尺寸、绑扎方法，解决了异形变截面柱状体钢筋制作安装难题。如图 9 所示。

图 9　束筒结构钢筋绑扎

2）开发了单侧受载满堂支撑架技术（图 10），研制了模架支设用的顶托结构装置（图 11），通过束筒构造逐层向上搭设满堂支撑架，在底模内侧设置顶托构件控制纵向曲率等，解决了巨形曲面倾斜束筒结构模架体系设计难题。

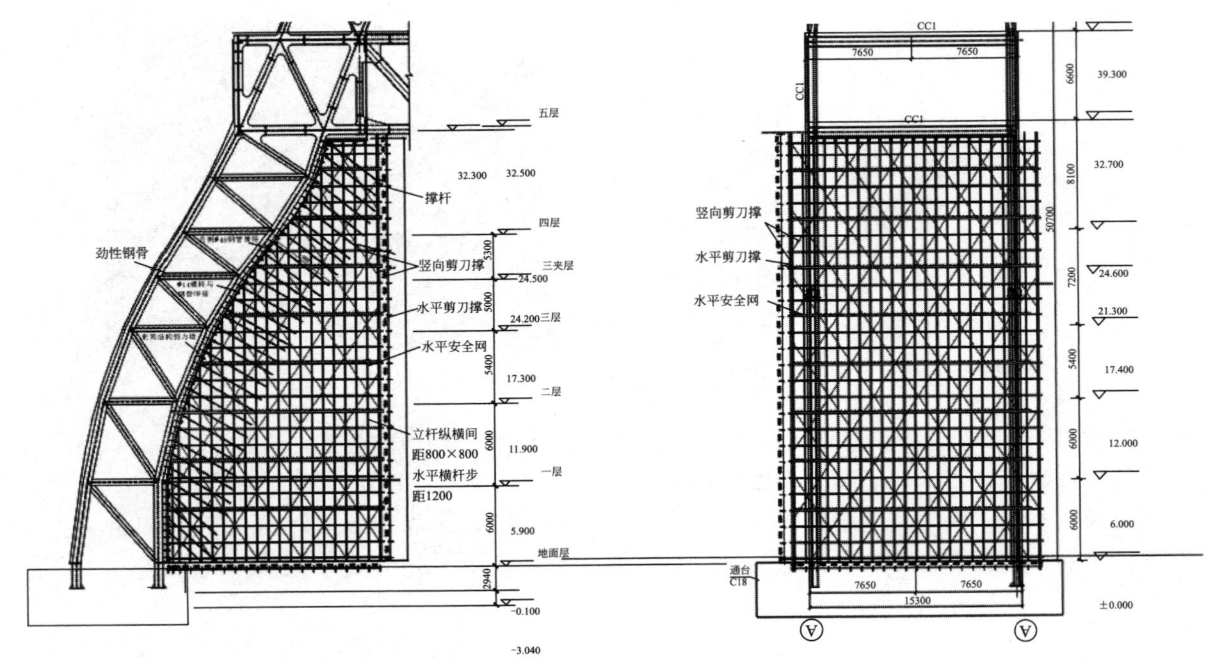

图 10　单侧受载满堂架设计

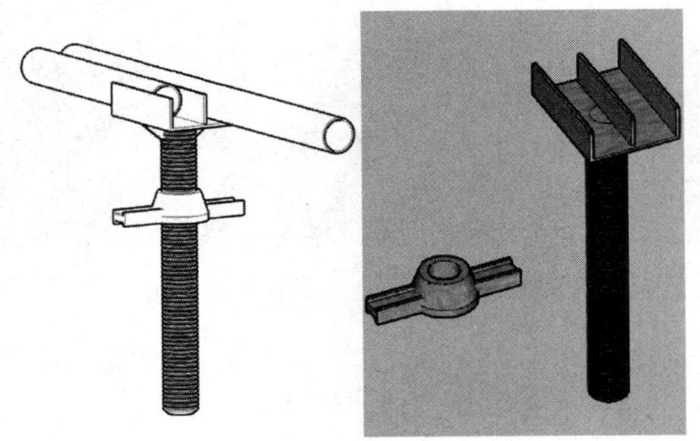

图 11　模架支设用的顶托结构

(2) 混凝土多点提升振捣施工技术

发明了混凝土多点提升振捣装置及其施工方法，通过预设导轨安装插入式振动器，采用多点提升振捣技术，确保了混凝土浇筑质量。如图 12 所示。

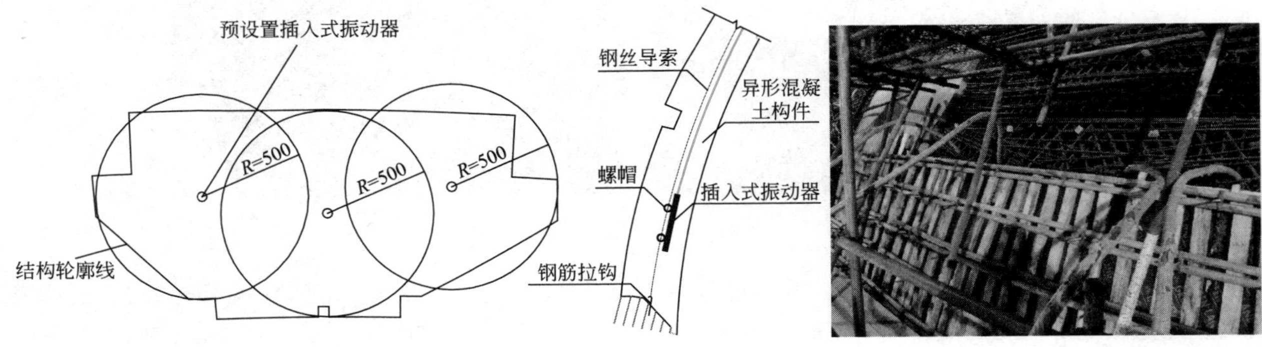

图 12　混凝土多点提升振捣节点及现场照片

（3）复杂纵向曲面巨型混凝土束筒结构施工技术

发明了复杂曲面巨形混凝土束筒结构的施工方法，通过分段施工，根据过程应力变化调整施工部署等，形成了满足结构自平衡的相应施工技术，解决了巨型曲面倾斜束筒结构的施工难题。如图 13 所示。

图 13　巨型曲面倾斜混凝土束筒结构施工

实施效果：解决了巨型曲面倾斜束筒结构精准定位、模架安装、混凝土浇筑方面的难题，缩短了工期 35d，提高工效 30%，整体效果满足设计要求。获舟山市优质结构。建造完成效果如图 14 所示。

图 14　建造完成效果

关键技术三："毗卢观音"复杂佛教建筑造型装饰关键施工技术

（1）复杂大型钣金铜莲花瓣、铜火焰背光艺术幕墙施工技术

1）发明了曲面幕墙安装用的钢架结构及其施工方法，研制出薄壁板与型钢架的连接装置（图 16）、曲面幕墙用的固定结构（图 17）、曲面幕墙安装用的钢架结构等连接装置（图 18），解决了复杂钣金铜艺术幕墙支撑结构及连接挂件系统施工难题。如图 15 所示。

图 15　不锈钢龙骨模型图

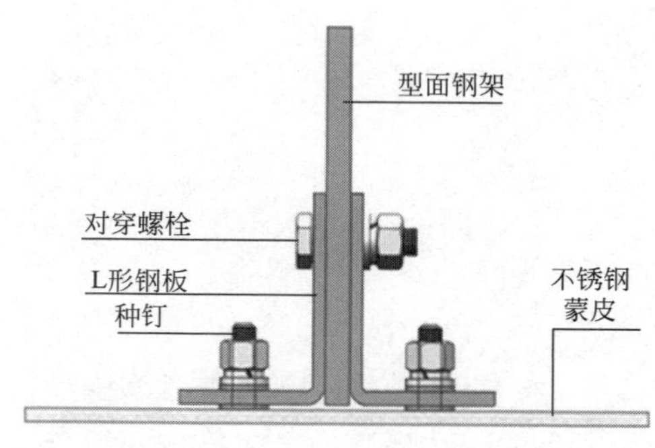

图 16　连接装置

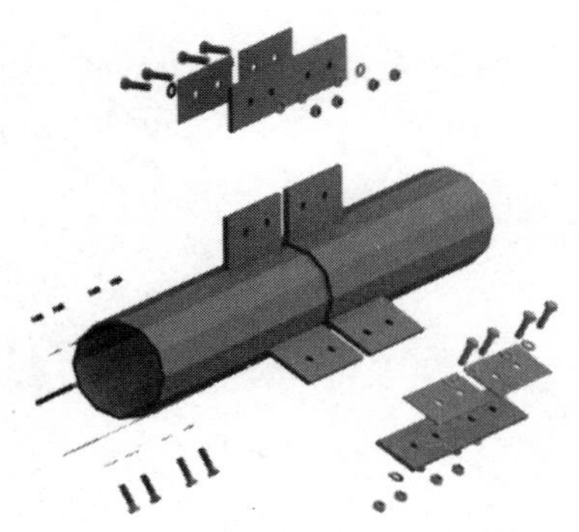

图 17　固定结构

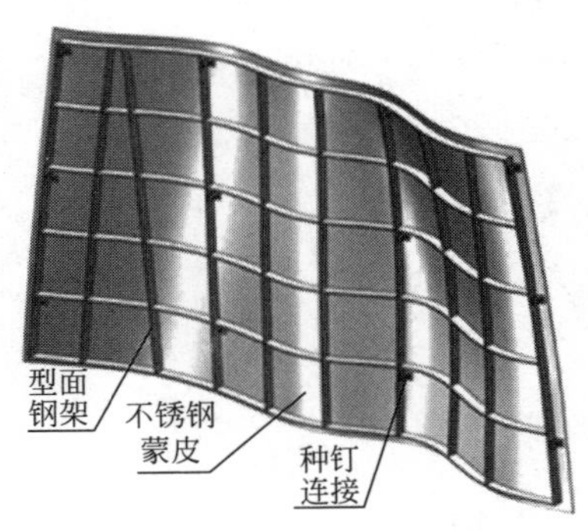

图 18　铜壁板＋型面钢架图

2）发明了复杂大型钣金铜莲花瓣艺术幕墙构造及其施工方法、大型复杂曲面幕墙结构及其施工方法，解决了空间曲面铜钣金艺术幕墙施工难题；研制出用于铜钣金艺术幕墙龙骨安装装置等，采用传统钣金锻造工艺结合现代三维数字化设计、CNC 数控加工、种钉连接、空间高精度壁板安装、薄金属板焊接变形控制装置及矫形打磨等技术，解决了复杂铜钣金艺术幕墙的安装难题。如图 19、图 20 所示。

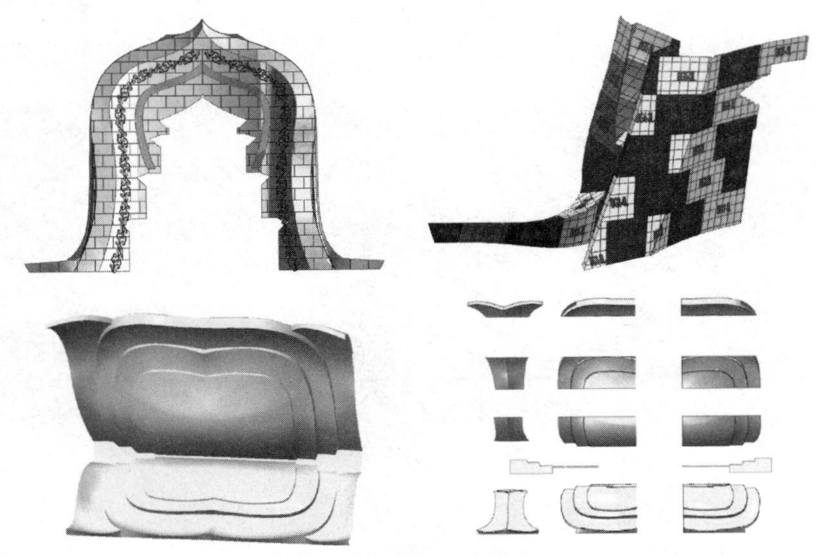

图 19　面板分格模型示意

图 20　钣金艺术幕墙龙骨安装装置

（2）金属（钛）瓦与金属檐椽组合屋面系统及施工技术

发明了金属瓦与金属檐椽的组合屋面构造及施工方法，研制出铝檐椽及金属铜门安装辅助装置、钛金属瓦冲压磨具等，采用数控激光切割工艺、数控冲压、折弯技术、空间高精度钛瓦及铝檐椽安装技术等，解决了钛瓦＋铝檐椽组合屋面系统的施工难题。如图 21、图 22 所示。

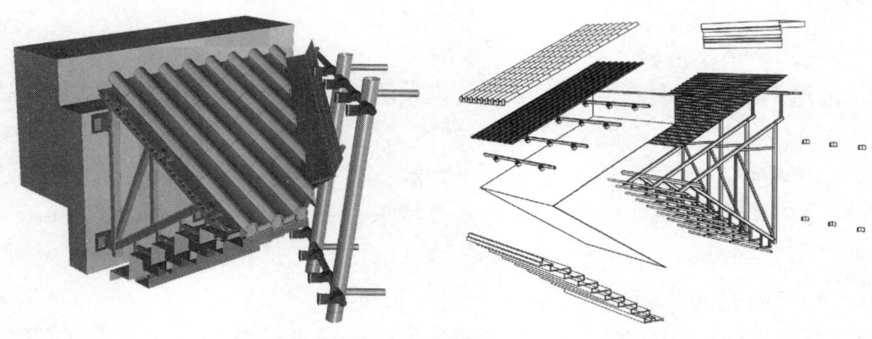

图 21　金属瓦与金属檐椽的组合屋面构造

① 不锈钢龙骨安装　② 板瓦安装

③ 筒瓦安装　④ 安装戗脊、收边

图 22　金属瓦与金属檐椽的组合屋面主要施工方法

实施效果：成功实现了钣金铜艺术幕墙高效安装，整体统一和谐、曲面平滑、拼缝圆润、严丝合缝，节能环保的同时，减少材料消耗，缩短工期 63d，节约费用 70 万。建设完成效果如图 23 所示。

图 23　建造完成效果

三、发现、发明及创新点

1.“须弥山”镂空网格清水混凝土结构施工技术

研制了多曲率玻璃钢注塑衬模制造及施工方法，发明了球形底模＋注塑衬模＋玻璃钢外模体系及曲率校准装置，解决了15种360个多曲率菱形镂空网格结构施工难题；通过研发骨料级配及矿渣粉比率，发明了高流态性、高抗裂性、耐腐蚀性清水混凝土，解决了须弥山狭小空间混凝土成型质量难题，确保了清水混凝土品质；研发了铝合金空间弯扭构件制作技术，开发了一种新型铝合金板式节点结构，研制出底部钢平台＋高空盘扣架的组合操作架，解决了“须弥山”异形铝合金结构施工难题。

2.“如意塔”巨型复杂空间曲面劲性混凝土结构施工技术

发明了异形变截面柱状体钢筋和混凝土振捣施工方法，开发了单侧受载满堂支撑架技术及顶托结构装置，解决了巨型曲面倾斜束筒结构模架体系设计、钢筋安装、混凝土施工难题；发明了异形变截面柱状体钢筋和混凝土振捣施工方法，开发了单侧受载满堂支撑架技术及顶托结构装置，解决了巨型曲面倾斜束筒结构模架体系设计、钢筋安装、混凝土施工难题；通过对束筒结构时变分析研究，发明了满足结构自平衡的复杂曲面巨形混凝土束筒结构施工方法，解决了巨型曲面倾斜束筒结构施工难题。

3.“毗卢观音”复杂佛教建筑造型外立面艺术建造施工技术

发明了复杂钣金铜“火焰背光”、铜“莲花瓣”艺术幕墙构造及施工方法，研制出薄壁板与型钢架的连接装置、防变形工装等，解决了复杂曲面铜钣金幕墙施工及艺术效果呈现难题；发明了金属瓦与金属檐椽的组合屋面构造及施工方法，研制出铝檐椽及金属铜门安装辅助装置、钛金属瓦冲压磨具等，解决了钛瓦＋铝檐椽组合屋面系统的施工难题。

四、与当前国内外同类研究、同类技术的综合比较

1. 科技成果评价

2020年6月，“普陀山观音圣坛项目关键施工技术研究与应用”通过了以院士为首的专家委员会评价，评价结论为整体达到国际领先水平。

2. 国内外同类技术比较

项目《普陀山观音圣坛项目关键施工技术研究与应用》经国内外查新与对比，结论如下：“本项目研发了‘须弥山’多曲面双层斜交空间网格清水混凝土结构施工技术、复杂纵向曲面巨形混凝土束筒结构施工技术、复杂大型铜钣金艺术幕墙（铜莲花瓣、高大铜火焰背光、毗卢帽）施工技术、钛瓦铝檐椽组合屋面系统建造关键技术，具有新颖性和创新性。”

五、第三方评价、应用推广情况

通过本项目研究，取得的“‘须弥山’多曲面双层斜交空间网格清水混凝土结构关键施工技术、‘如意塔’巨型复杂空间曲面劲性混凝土结构关键施工技术、‘毗卢观音’复杂佛教建筑造型装饰关键施工技术”解决了工程施工难题，取得了良好的经济效益和社会效益。中国佛教协会副会长、普陀山佛教协会会长道慈大和尚评价：普陀山观音圣坛“每一个构件都有典故，每一个故事都能入书”，是中国传统文化和中国式宗教的顶峰。

以上关键技术在普陀山观音圣坛项目进行了成功应用，工程在浙江省新闻媒体多次被报道，工程建设以来，累计接待浙江省建筑业行业协会、浙江省土木建筑学会、江苏省土木建筑学会等观摩70余场，累计接待5600余人次。本项目的关键施工技术在无锡灵山梵宫修缮、日照天台山太阳神殿、溧水无想山城隍小镇等项目取得成功应用。

六、经济效益

本项目成果已在承建的“无锡灵山梵宫修缮”“日照天台山太阳神殿”“溧水无想山城隍小镇”等项

目中成功应用，降低了材料损耗、提高了施工效率，保证了工程质量和安全，取得了良好的经济效益和社会效益。

七、社会效益

本项目成果在普陀山观音圣坛项目的成功应用，不仅圆满、有效地解决了施工难题，完成了施工任务，还在施工进度、工程质量、技术攻关等方面受到了普陀山佛教协会、舟山市建协、当地政府单位的高度评价，浙江省、舟山市等相关新闻平台多次报道项目建造过程动态，对外产生了良好的社会影响力。成果的研究，进一步提高了行业技术水平，为企业在大型现代复杂宗教文旅施工提供了成功案例。

多国标准体系下巴基斯坦 PKM 高速公路高效建造关键技术

完成单位： 中建三局集团有限公司、中国建筑国际工程公司、中建三局第二建设工程有限责任公司、中建三局第二建设工程有限责任公司智能公司、中交第二公路勘察设计研究院有限公司、中建七局交通建筑有限责任公司、中建五局土木工程有限公司

完 成 人： 肖　华、任剑波、左　彬、丁兆洁、刘建北、徐思远、徐金龙、王曜东、李彦俊、吴文丰

一、立项背景

在国家“一带一路”倡议的大背景下，2015 年 12 月中国建筑中标中巴经济走廊旗舰项目—PKM 项目，该项目全长 392km，双向六车道，设计时速 120km/h，为巴基斯坦首条具有智能交通功能的双向六车道高速公路，是“一带一路”中巴经济走廊框架下“早期收获项目”和“最大交通基础设施项目”，总造价 28.89 亿美元，合同工期只有三年。巴基斯坦 PKM 高速公路是中巴经济走廊重要组成部分，具有极其重要的政治、经济意义。

本课题从中、巴、美三国标准差异化与适应性入手，依托巴基斯坦 PKM 高速公路项目开展研究，指导 PKM 项目设计、施工，解决实施过程的重点、难点问题，保证项目的高效、完美履约。

二、详细科学技术内容

1. 总体思路

依托巴基斯坦 PKM 项目，对比分析中、美、巴规范的差异性，根据巴基斯坦气候、水文、地质及社会风俗等因素，进行标准融合。针对项目的重点、难点问题展开研究，总结巴基斯坦的设计、施工高效建造关键技术。

2. 技术方案

本项目深入地调研分析国内外相关研究成果，采用现场调查与分析、理论分析，试验研究和现场实体工程施工研究相结合的方法，制定本项目的技术路线如下：

1）调研分析；

2）中、巴、美技术标准的差异化与适应性研究；

3）依托工程 PKM 高速公路的设计优化研究；

4）依托工程 PKM 高速公路项目的高效建造关键技术研究。

3. 研究方法

结合依托项目特点，提出问题，科研立项→收集文献、标准资料、对比分析→实地调查，已有经验与客观环境相结合→开展理论研究，确定技术方案→试验段验证→根据实践的结果优化原方案→实际工程中推广应用→根据使用效果优化形成关键技术→对新的技术、工艺进行提炼，形成施工工法、专利、报告等技术成果。

4. 关键技术

（1）多标准体系下技术标准差异化适应性研究及设计关键技术

1）多国技术标准的差异化研究与融合技术

通过对中、美、巴设计标准的充分对比，结合工程自身特点并综合考虑安全、经济、当地风格等因

素后，选取合理的技术指标，从而设计出一条安全、经济、舒适、同沿线环境相协调的高速公路。技术标准选取原则见表 1。主要技术标准指标融合使用表见表 2。

技术标准选取原则　　表 1

序号	标准选取情况	标准选取原则
1	中、美、巴三国标准类似或互补	详细研究了三国规范的具体要求，根据现场实际情况，采用美巴规范进行设计，采用中国规范进行复核验证
2	中、美、巴三国标准存在冲突	需根据项目实际情况，研究论证，选取合理指标
3	中、美、巴三国标准空白部分	设计过程中，详细调查了现场实际情况，通过试验及研究，创造性地提出了相关的技术标准

主要技术标准指标融合使用表　　表 2

序号	工程	指标		中国标准	巴基斯坦标准	标准指标的选取
1	路基	压实度(%)	上路床	≥96	≥95	由于项目周边地质多为粉质土、粉细砂，而粉质土较难压实，因此路基压实度选取要求较低的巴基斯坦标准
			下路床	≥94	≥93	
			上路堤	≥93	填土：≥90	
			下路堤	≥93	填砂：≥93	
		压实度检测频率		每 $1000m^2$ 检测 2 处	每 200m 检测 1 处（≥$7000m^2$）	为确保路基压实度可控，结合中巴标准，选取每 50m 检测 1 处
2	级配碎石层	压实度(%)	底基层	≥97	≥98	由于 PKM 高速公路属于重型交通荷载等级，为了提高路面的强度和刚度，因而选取要求较高的巴基斯坦标准
			基层	≥99	≥100	
		CBR(%)	底基层	≥100	≥50	根据当地岩石材料的岩质情况，确保级配碎石层的承载能力，结合中、巴标准，选取底基层 *CBR*≥80，基层 *CBR*≥100
			基层	≥180	≥80	
		压实厚度		16～20cm	≤15cm	为提高施工效率，经试验段施工验证，业主批准后，级配碎石压实厚度选取中国标准施工
3	沥青路面	压实度(%)		≥98	≥97	为减少沥青路面的后期变形，同时提高沥青路面的抗车辙能力，选取要求较高的中国标准
		动稳定度(次/mm)		试验温度 60℃	美国标准试验温度 60℃	巴基斯坦 3～10 月持续高温，路面最高温度可达 78℃，因此突破中国标准和美国标准，提出 80℃条件下的抗车辙技术指标
4	路床顶、路面	弯沉(0.01mm)		按照设计要求	无要求	与压实度相比，弯沉能更好地反映路基路面结构的整体刚度和强度，因此路面结构层增加弯沉检测

2）特长线性工程无人机航拍高效勘测应用技术

PKM 高速公路项目在巴基斯坦首次引进无人机航拍高效勘测应用技术，解决了在安全形势严峻，中方人员出行严重受限的情况下，无法在短时间内获取详细地形数据的一系列问题。使地形图测量缩短了工期约 3 个月。

3）水文物理模型应用技术

与当地公司 *IRI*（拉合尔农田灌溉研究所）合作采用 Sutlej 大桥水文物理模型应用技术，对数值模型研究提出的桥梁方案进行验证和优化，确定 Sutlej 大桥可安全通过设计流量（$9911m^3/s$）时的最佳桥位、桥长以及导流堤、丁坝的布设方案。最终桥长由原设计长度 960m 优化为 640m，节约了工程量和工期。大桥实景图见图 1，水文物理模型见图 2。

4）基于中国标准的智能交通设计技术

PKM 高速公路的智能交通系统采用中国标准进行设计、施工及验收，实现了中国标准的输出，使中国标准在最大限度地满足体系兼容和功能的前提下，设计并建造出巴基斯坦目前最先进的智能交通系统。

图 1 Sutlej 大桥实景图

图 2 Sutlej 大桥水文物理模型

（2）特高温高水位地区高速公路高效施工关键技术

1）高水位地区高速公路高效地基处理技术

采用高水位地区高速公路高效地基处理技术，采用水塘段排水清淤、浅层软基换填、深层软基水泥搅拌桩处理、高水位一般路段砂垫层处理等多种地基处理方式相结合，对全线 63.7km 积水路段的地基进行了有效的处理。

2）资源匮乏区填砂路基施工技术

在土源极其匮乏地区采用填砂路基施工技术，既可克服土源匮乏的难题，又能确保工程质量、降低工程造价。洁净的砂采用水密法施工，而淤泥质砂则采用最佳含水率法进行压实，淤泥质砂的含泥量为 3%～8%。淤泥质砂路基每层压实厚度按 30cm 控制，提高了路基施工（图 4）的工效，缩短了路基施工工期。填砂路基设计图见图 3。

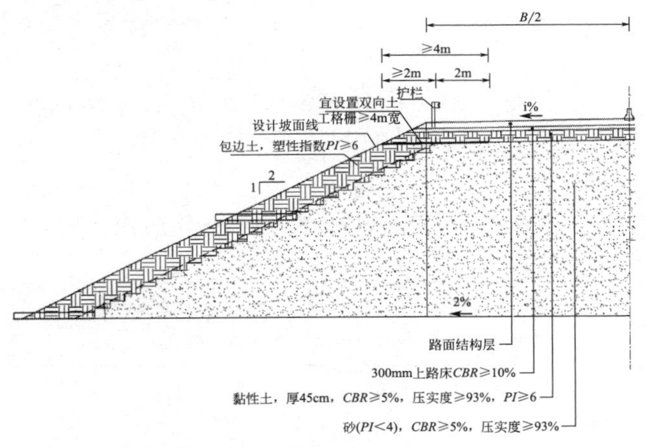

图 3 填砂路基设计图

图 4 填砂路基施工图

3）特小角度斜交桥预制工字梁架设技术

PKM 项目有 1 座 7 跨 30m 交角为 23°的桥梁，1 座 8 跨 30m 交角为 27°的桥梁，桥梁斜交角度在国内极奇罕见，创新采用了特小角度斜交桥预制工字梁架设技术，通过对架桥机的前支横梁（图 6）、中支 U 形梁及天车横梁（图 5）进行加长改造，解决了常规架桥机无法满足特小角度斜交桥工字梁的架设问题。

4）1.2m/km 级高标准国际平整度指数 *IRI* 控制技术

中美等大多数国家标准的国际平整度指数 $IRI \leqslant 2.0$，通过优化调整摊铺机夯锤频率和振幅，提高摊铺初始密实度，适当增加胶轮碾压遍数，从而有效地控制国际平整度指数 *IRI*。经检测，PKM 项目所有路段国际平整度指数 $IRI \leqslant 1.2$m/km，95%路段的 $IRI \leqslant 1.0$m/km，路面施工平整度控制水平优于其他国家的国际平整度控制标准。平整度检测见图 7、图 8。

图 5 架桥机天车梁加长图

图 6 架桥机前支梁加长图

图 7 5m 尺平整度检测

图 8 激光平整度仪检测

5）特高温地区沥青路面抗车辙技术

巴基斯坦当地 3～10 月份持续高温，路面最高温度可达 78℃，结合当地高温重载的特点，创新地提出了特高温地区沥青路面抗车辙指标，沥青上基层、磨耗层采用 SBS 改性沥青，80℃试验温度下动稳定度≥3200 次/mm。突破了国标、欧标和美标（中国及国际上车辙试验标准温度为 60℃），提高了沥青路面高温抗车辙能力。车辙试样制作见图 9，车辙试验见图 10。

图 9 车辙试样制作

图 10 车辙试验

6）特高温环境下超大体量线性结构滑模施工技术

当地 3～10 月份持续高温，最高气温可达 49℃以上，新泽西护栏、路缘石采用特高温环境下超大体量线性结构滑模施工技术，通过混凝土配合比优化、运输、外观修饰等技术创新，顺利完成了全线约 1153km 的护栏和路缘石施工，为项目节约工期约 3 个月。见图 11、图 12。

图 11　混凝土采用自卸车运输和挖机上料

图 12　新泽西护栏成品图

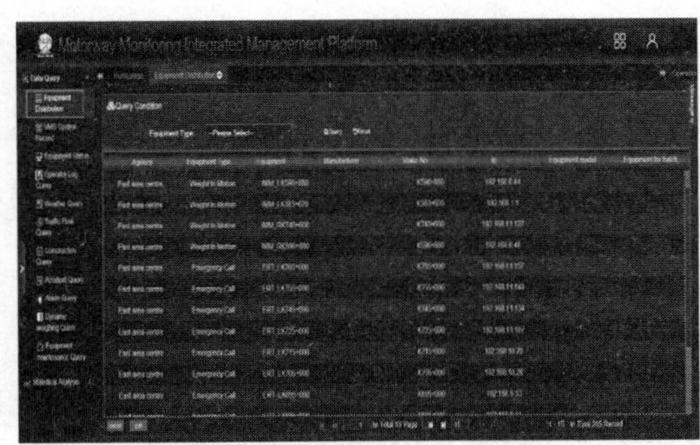

图 13　设备管理界面截图

（3）基于中国标准及巴基斯坦道路运营方式的智能交通高效建造技术

创新研发“智慧高速综合管理平台”，管理者通过系统实现对道路的实时路网运行数据采集、视频监控、信息诱导控制、信息综合展示、应急情况处置、数据查询统计、设备报警展示及处理等。见图 13。

创新开发一套基于深度学习算法的车牌识别系统，解决了巴基斯坦车牌混乱情况下的车牌识别难题。巴基斯坦本地车牌种类多，首先对各省份的标准车牌进行算法处理，通过算法不断学习和修改后，确保标准车牌识别率在 95%以上。

采用全路段智能化超速罚款系统和动态称重系统，通过收费系统和监控系统的对接，收费中心系统读取到车辆的超速信息并将信息下发到各收费站，完成罚款。见图 14。

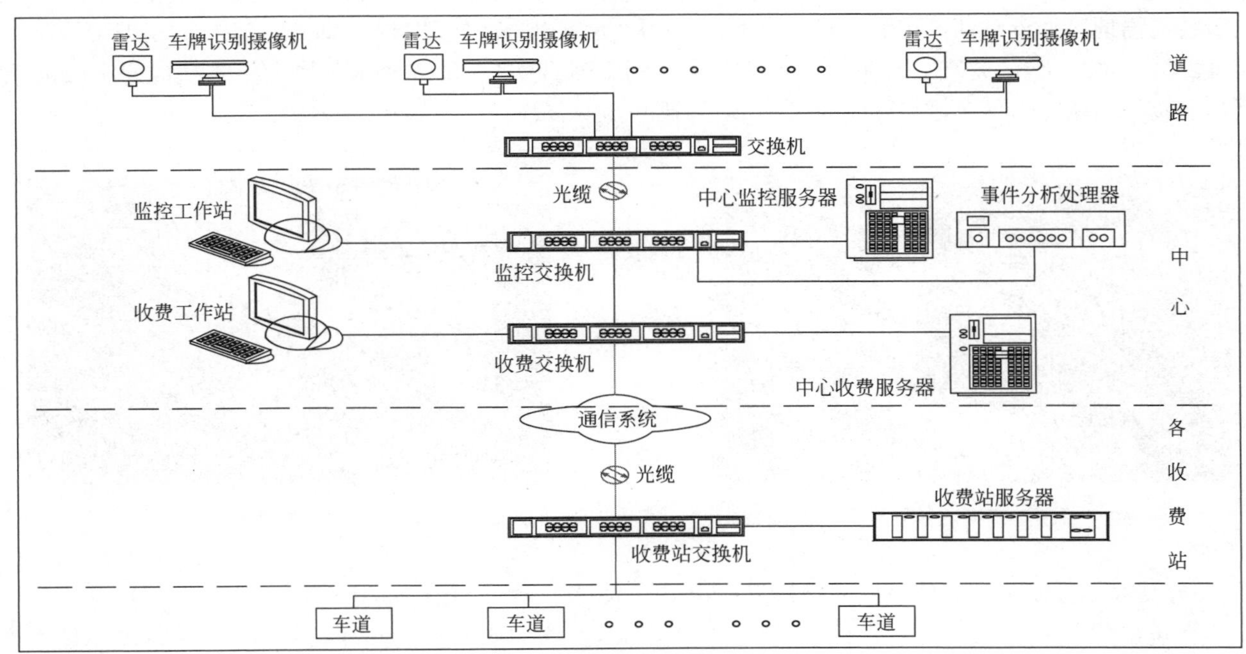

图 14　智能化超速罚款系统总体图

定制开发路线导航系统，实现了长距离、广分布不同路段的报警、接处警及预案管理等功能，极大地提升高速公路智慧化程度。

（4）高安保风险地区特长线性工程高效建造管理技术

1）高效组织架构

PKM 项目全长 392km，七个标段采用总分包模式，项目采用矩阵式组织架构，设立驻地组驻分部办公，使各分部与总部之间保持联动并充分利用当地资源，聘请巴方专家顾问团队。

2）高效多级安保体系

PKM 项目全线共配备军警力量 4300 余人（安保比例 1∶3），建立高效多级安保体系，军方、警察、私人保安三方联防，总部统筹、分部互动、工区执行三级联动，项目内部、驻巴使馆、巴方安全机构三方联络。

3）多层级计划管控体系

为实现项目优质履约，项目建立多层级计划管控体系，对里程碑计划逐级细化，总部、分部、工区对计划层层把控。见表 3。

多层级计划体系表 **表 3**

编号	计划层级	计划名称	责任单位
L0	一级进度计划	里程碑计划	项目总部
L1	二级进度计划	总进度计划	项目总部、各分部
L2	三级进度计划	标段计划	项目各分部
L3	四级进度计划	执行计划	项目各分部各工区

三、发现、发明及创新点

1. 多标准体系下技术标准差异化适应性研究及设计关键技术

PKM 高速公路具体设计、施工参数确定时，充分考虑当地气候、地质环境情况以及中、美、巴三国规范的优缺点，充分融合使用相关规范确定设计、施工参数，有效地解决了设计、施工质量的稳定性及经济性。

2. 特高温、高水位地区高速公路高效施工关键技术

（1）资源匮乏区粉质土路基施工技术

提出粉质土填筑施工采用羊角碾＋普通压路机＋冲击碾组合方式进行碾压的新工艺。

（2）特高温地区路面抗车辙技术

提出了特高温环境下沥青混合料 80℃抗车辙指标，突破了国标、欧标和美标。

（3）1.2m/km 级高标准 *IRI* 控制技术

提出高标准国际平整度指数 *IRI* 控制技术，将国际 *IRI* 控制普遍标准从 2.0m/km 提高到 1.2m/km，大大提高了道路行车的舒适性。

（4）特高温环境下超大体量线性结构滑模施工技术

提出了特高温环境下新泽西护栏、路缘石高效滑模施工技术。

3. 基于中国标准及巴基斯坦道路运营方式的智能交通高效建造技术

研发智慧高速综合管理平台、基于深度学习算法的车牌识别系统、全路段智能化超速罚款系统和动态称重系统、应急报警系统及开发中建智路 APP 软件，提高巴基斯坦高速公路运维能力。

4. 高安保风险地区特长线性工程高效建造管理技术

建立了高效组织架构、高效多级安保体系和高效多级安保体系。

四、与当前国内外同类研究、同类技术的综合比较

对比中美路面设计标准差异，充分考虑本项目高温重载交通特点，提出了沥青混合料高温环境下抗

车辙技术：沥青下基层车辙≥1500次/mm（70℃），沥青上基层车辙≥3200次/mm（80℃），车辙试验温度由标准的60℃提高到80℃，突破了国标、欧标和美标。

路面施工过程中提出国际平整度指数 *IRI* 控制技术，应用到PKM项目，使全线95%路面平整度 *IRI*≤1.0m/km，全线100%路面平整度 *IRI*≤1.2m/km。控制标准高于国际路面平整度普遍标准（中国标准 *IRI*≤2.0，西班牙标准 *IRI*≤2.0）。

PKM项目提出普通压路机结合羊足碾和冲击碾的粉质土路基施工新工艺，解决压实难度高、工后沉降大的难题。

2020年7月3日，湖北省科技信息研究院对研究成果进行了国内外查新。国内外文献中，除委托项目关联文献外，其他未见与委托课题提出的查新要点内容相同的报道。

五、第三方评价、应用推广情况

1. 科技成果鉴定

2020年7月21日，中国建筑集团有限公司在武汉召开了项目科技成果评价会，专家组认为，该项成果整体达到国际先进水平。

2. 主要成果

共完成课题总结报告7份，获得专利17项（其中发明专利3项），发表科技论文22篇，获得省部级工法2项，局级工法1项。

3. 推广情况

该成果已在巴基斯坦PKM高速公路项目成功应用，解决了PKM项目高速公路设计、施工中存在重点、难点问题，工程质量得到提高，受到了业主和社会各界的认可。

六、经济效益

通过一系列高效建造技术的运用，不仅对设计、施工进行了优化，而且还大幅地节省了施工工期，节约项目建造成本约17亿元。

七、社会效益

通过课题成果应用，PKM项目实现了高效建造、提前竣工，得到了业主及当地政府、人民的高度评价。中、巴两国多家主流媒体进行了广泛报道，被巴基斯坦媒体誉为当地等级最高通行体验最好的高速公路。项目建成后，苏库尔到木尔坦通车时间被压缩至4h以内，极大提高沿线地区互联互通水平，同时加速推动“中巴经济走廊”建设和中巴两国文化、经济交流，具有较大的政治、经济和社会意义。

钢结构非原位安装关键技术研究与应用

完成单位： 中国建筑第二工程局有限公司、中国建筑股份有限公司技术中心、中建二局安装工程有限公司

完 成 人： 林　冰、张志明、孙顺利、丛　峻、范玉峰、陈　峰、周　明、姜会浩、郭　敬、胡衷启

一、立项背景

钢结构建筑具有装配化程度高、能耗低、绿色施工、可再生利用等优点，是符合循环经济特征的节能环保建筑。随着建筑业的发展，钢结构朝着跨度更大、高度更高、形式更加多样等方向发展，出现了中国西部博览城、长春龙嘉国际机场、深圳腾讯滨海大厦等造型独特的刚性结构或柔性结构。这些建筑的出现不但对施工技术发展有新的要求，更对结构设计理论及方法提出挑战。

大型钢结构高位安装具有自重大、结构形式复杂、安装标高高等特点，其高空原位拼装存在诸多缺点。当结构下方场地狭小，同时地下室顶板又不能承受重型施工机械，吊装条件很难满足。而且，原位拼装施工周期长，拼装高度高，易发生整体侧向倾覆。为了保证其稳定性，势必造成胎架用钢量增大。对于大跨、超高钢结构建筑，该类原位安装方法由于成本、工期、现场施工条件限制等因素的影响已不能适合在实际工程中应用。目前，集成液压技术、无线监测技术、无线测距技术等的钢结构非原位安装技术在实际工程中得到了广泛应用。

钢结构非原位安装技术是指在非设计位置完成结构整体或一个稳定结构单元的拼装后，通过滑移、提升、转体、顶推等技术将结构移动到设计位置的一种施工技术或方法。为适应钢结构造型及设计要求，非原位安装技术亟须新发展，尤其是在施工力学模拟分析技术和施工控制技术上，需要解决许多新问题。这些问题不仅涉及主体钢结构逐步安装成型的过程，而且更关注临时加固杆件的进入与淡出，除了永久荷载之外，还要考虑临时荷载的出现和消失，还要考量风荷载、地震作用对施工过程的影响比重。尤其是需要精细化分析结构与临时杆件、施工设备、主体结构之间的相互作用，考虑主体结构刚度对安装钢结构之间的影响，例如钢结构与胎架的接触与脱离、非同步提升/滑移、安装过程对设计状态的影响等。因此，施工分析向一体化发展的趋势是必然的。

对于采用顶升、提升、滑移施工方案的大型复杂钢结构工程，施工中同样要求同步顶升、同步提升和同步滑移。虽然这些工程的顶升点、提升点、滑移顶推点的数量要远少于临时支撑点的数量，但受控制精度、结构几何尺度、结构形式、弱电信号有线传输的有效距离、液压设备的性能、滑移轨道的安装精度等诸多因素的影响，同样是要求同步而施工中却做不到各控制点的同步，有时不同步误差达几十厘米甚至1m左右。

本文研究施工设计的一体化分析方法，以该方法为基础研究并解决钢结构非原位安装技术的新挑战与新问题，并结合国内重大工程进行钢结构非原位安装技术风险的识别与控制研究。

二、详细科学技术内容

主要是小变形弹性理论应用。

（1）阐明了小变形弹性理论的适用性

钢结构工程（索穹顶结构、索膜结构、索结构等强几何非线性结构除外），正常使用状态和施工过

程中，结构或构件处于小变形弹性状态，稳定问题不突出。

1）正常施工和正常使用状态，结构为弹性体；

2）钢结构稳定理论：在杆系结构实际有意义的变形范围（比如杆件长度的5%），小挠度理论可以说是相当的精确，是可以采用的；

3）国内外钢结构规范对变形允许值的规定：中国0.7%，澳大利亚0.8%，欧洲0.5%，远小于5%；

4）如果加载过程中轴力是不变化的，则叠加原理可以应用。

（2）验证了钢结构工程施工过程中小变形弹性理论和叠加原理可应用

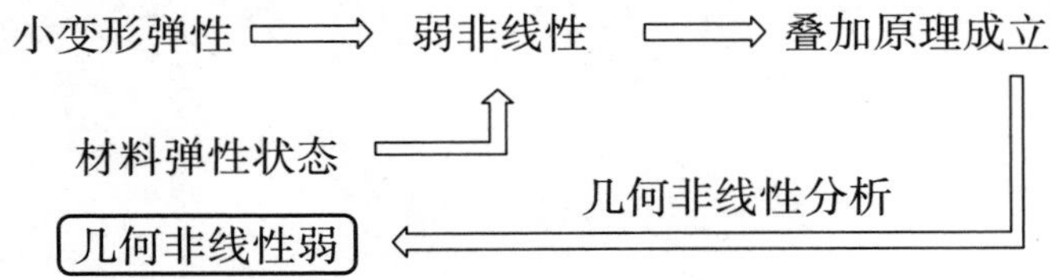

几何非线性对结构的应力和变形影响非常小，可以忽略其影响，至多表现为“弱几何非线性”；同时，结构的最大变形也小于规范规定的限值，更远小于5%，处于小变形的弹性状态，叠加原理可以应用。

（3）阐明了小变形弹性理论可用于不同步性分析

安装完成时的内力和变形状态，用 n 元一次线性方程组可描述为：

$Ax=b \qquad x=[x_1, x_2, \cdots, x_n]^T \qquad b=[b_1, b_2\cdots, b_n]^T$

$$A=\begin{bmatrix} a_{11}a_{12}\cdots\cdots a_{1n} \\ a_{21}a_{22}\cdots\cdots a_{2n} \\ \cdots\cdots\cdots\cdots\cdots \\ \cdots\cdots a_{ij}\cdots\cdots \\ a_{n1}a_{n2}\cdots\cdots\cdots a_{nn} \end{bmatrix}$$

x 为内力或变形列向量，b 为完成时的内力或变形列向量，n 为位形的数量，a_{ij} 是第 i 个点位不同步时对第 j 个点位产生的影响系数。由 b_i 的表达式看出，最终内力或变形向量是 n 个位形相应量的线性叠加

求解 x_i 的顺序不影响 b_i 的值

⇕

过程不同步不影响最终的状态变量

$b_i=a_{i1}x_1+a_{i2}x_2+\cdots+a_{in}x_n$

叠加原理成立：意味着结构的力学和变形状态与加载、卸载路径无关。

不同步性影响：完成时结构的内力和变形分布状态唯一，与不同步位形无关，是过程中内力和变形的线性叠加。

（4）提出了钢结构非原位安装一体化仿真分析方法

所有相关部分的模型统一建到一体化模型中，根据施工阶段进行动态化分析，运用多种单元体对边界进行模拟，体现出约束作用的变化，用静力分析方法模拟了动力学过程。解决了安装单元、安装装置、支撑结构的相互影响和结构体系转换的难题。

应用只拉单元施加温度荷载，模拟结构提升的动态过程（图1）。

设置只压单元，模拟提升脱架、拆撑、顶升等过程中脱离接触的动态过程（图2）。

应用小刚度弹簧单元或柔性链杆，模拟水平边界条件，模拟水平移动、侧向移动的多种动态过程（图3）。提升吊点布置见图4。

（5）验证了钢结构非原位安装一体化仿真分析方法的合理性

江北市民中心提升，整体提升单元质量大，达到5300t，提升点多，达到24个，提升单元提升点位置整体性差，加固复杂；利用结构自身格构柱作为提升支撑。

一体化分析方法得到的被提升结构竖向位移较大，该变形值是包含了格构柱的变形、提升架的变形，可以反映结构的真实变形，更准确地模拟实际施工过程；分体分析方法，得到的竖向变形值小，无法实现综合考量，安全风险大。一体化建模与分体建模比较见表1。

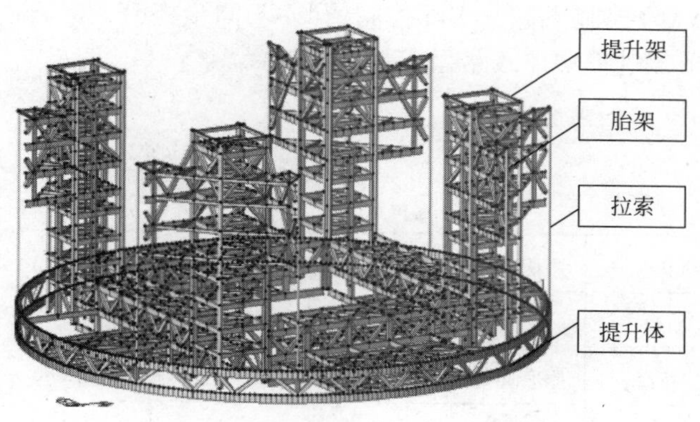

图 1　模拟结构提升的动态过程

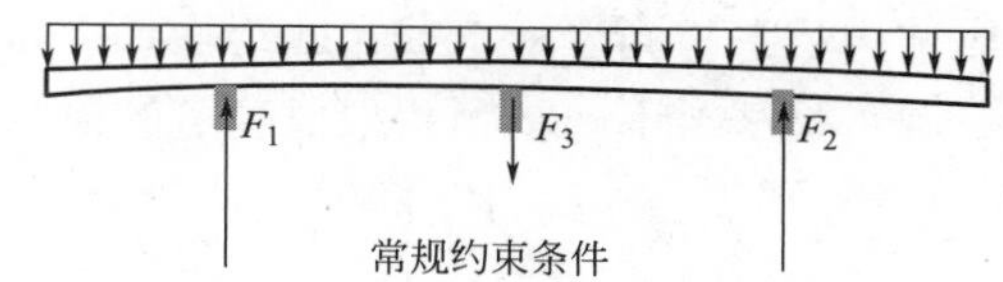

图 2　设置只压单元

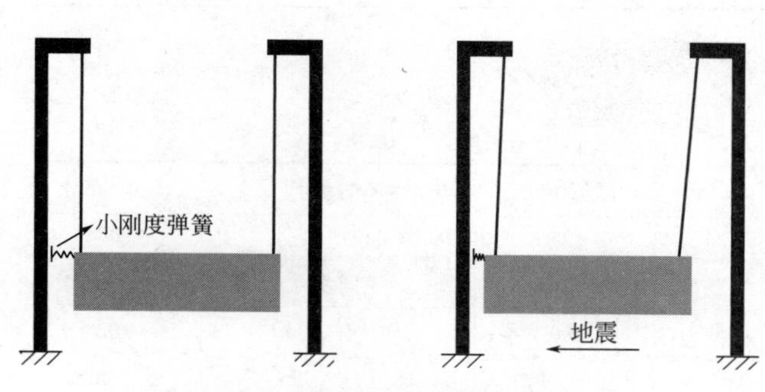

图 3　应用小刚度弹簧单元

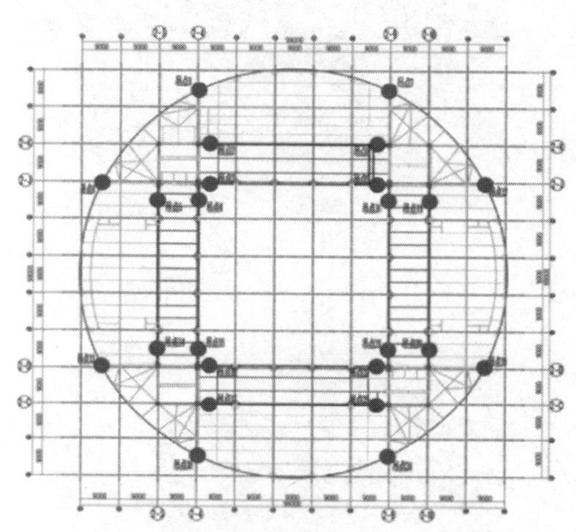

图 4　提升吊点布置

一体化建模与分体建模比较　　表 1

参数	一体化建模	分体建模
被提升结构应力(MPa)	满足规范要求	满足规范要求
被提升结构位移最大变形(mm)	X 向 6.5，Y 向 3.7，z 向 40.3	X 向 6.8，Y 向 4.9，z 向 22.6
最大索拉力(kN)	3165	2971
支撑胎架应力(MPa)	满足规范要求	满足规范要求
支撑胎架位移最大下扰变形(mm)	z 向 34	z 向 36.3
最大索拉力(kN)	3165	2971

(6) 基于小变形弹性理论和一体化分析方法，研发了不同步施工技术

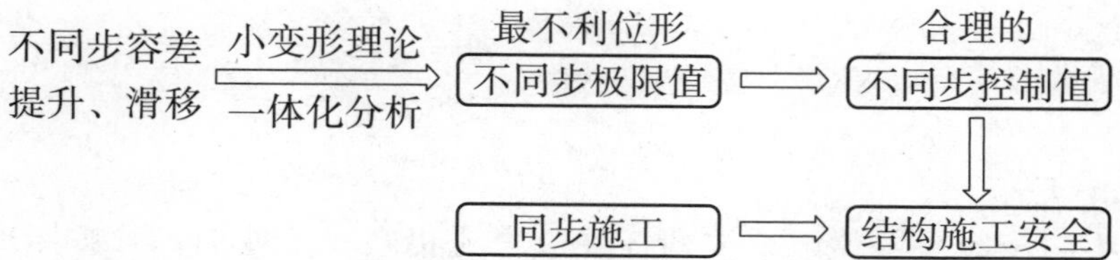

不同步容差限值作为施工过程中的风险控制指标，提出在基于材料可靠度的前提下（材料安全分项

系数 1.4)，将结构构件应力比 0.7 作为施工操作的风险控制指标（实际控制值）。不同步提升、滑移的完成结构状态与同步施工的完成结构状态相同，与施工过程中加载路径无关。

（7）验证了不同步容差限值确定的原则

1）不同步容差提升（图 5、图 6）

不同步提升位移限值

不同步点	限值(mm)	不同步点	限值(mm)
提升点1、7	78	提升点1、6、7、12	33
不同步点	限值(mm)	不同步点	限值(mm)
提升点1、24	45	提升点1、2、6、7、12	28
不同步点	限值(mm)	不同步点	限值(mm)
提升点1、7、8	86	提升点13、14、15、18	35
不同步点	限值(mm)	不同步点	限值(mm)
提升点1、7、12	43	提升点13、14、15、18、24	41

图 5　江北市民中心

不同步位移限值表

不同步点	限值(mm)	不同步点	限值(mm)
1、2	195	13、14	105
不同步点	限值(mm)	不同步点	限值(mm)
1、2、9	100	9、13、14	102
不同步点	限值(mm)	不同步点	限值(mm)
1、4、9、2	95	7、8、9、10	410
不同步点	限值(mm)	不同步点	限值(mm)
1、7、8、9、10	125	7、8、9、10、14	118
不同步点	限值(mm)	不同步点	限值(mm)
1、2、7、8、9、10	310	7、8、9、10、13、14	230

图 6　武汉中央文化区秀场

2）不同步容差滑移（图 7、图 8）

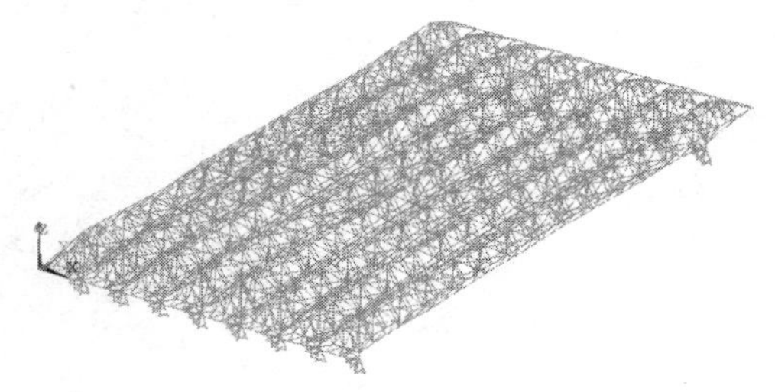

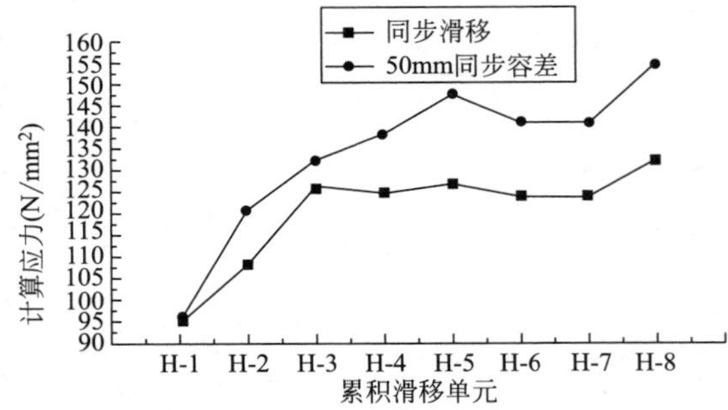

图 7　西安国际会展中心

按照 50mm 的不同步容差限值，结构的杆件应力比仍在 0.7 以内，可按照现场情况适量放宽限值。

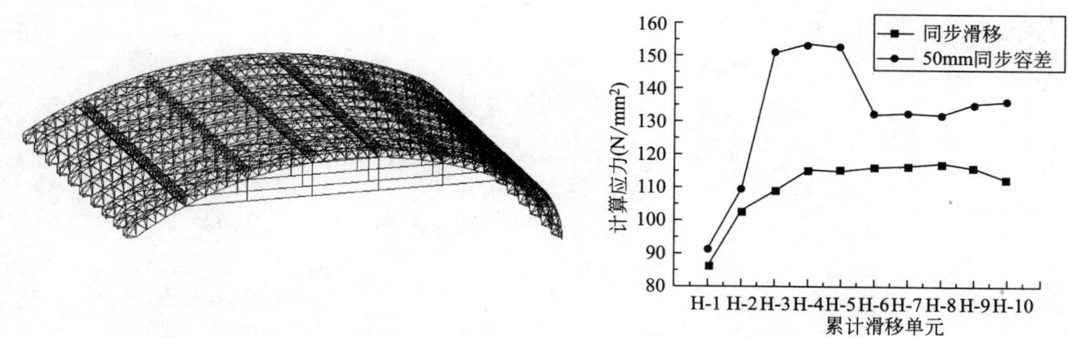

图 8　日照钢厂综合原料厂

（8）提出了脱架、卸载、拆撑、顶升的不同步施工方法

- 不同步施工方法
  - 不同步容差提升
    - 不同步脱架
    - 不同步卸载
  - 不同步容差滑移
    - 不同步拆撑
    - 不同步顶升

1）不同步脱架（案例：腾讯滨海大厦高空连廊，图 9）

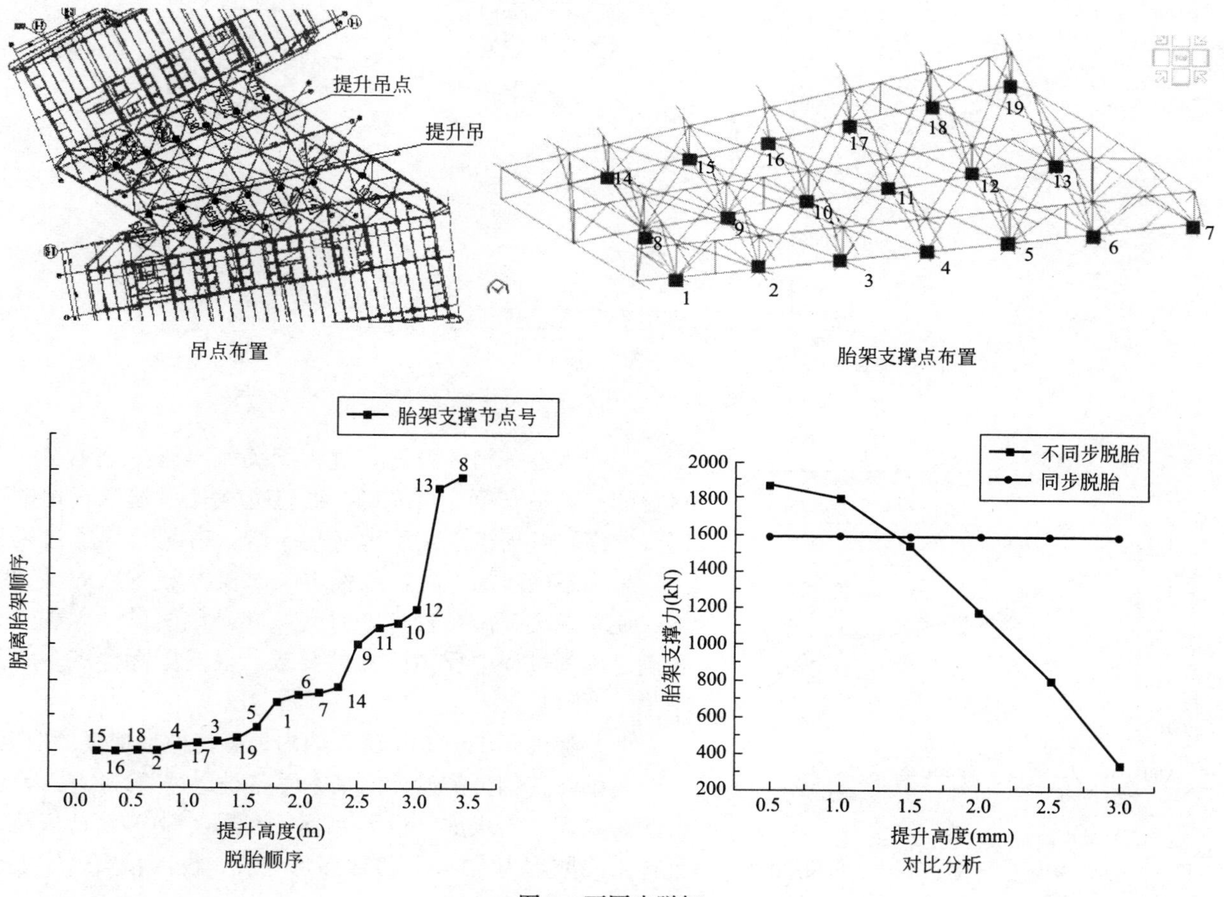

图 9　不同步脱架

当同步脱架时，各胎架支撑点轴力认为一直保持不变，其中最大轴力为 1587.15kN。实际上由于自重作用并非是同步脱架，考虑不同步脱架，各胎架支撑点轴力并非定值，逐渐变化，胎架支撑点轴力最大值为 1871.55kN，大于同步提升值约 18%。为保证被提升结构及胎架下部结构安全性，有必要考虑不同步脱胎。

2）不同步卸载、拆撑、顶升

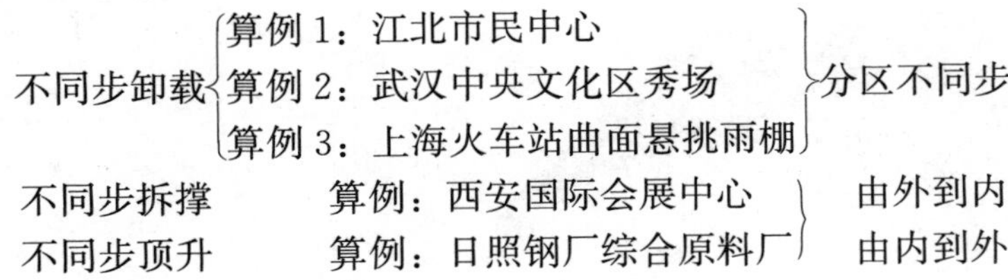

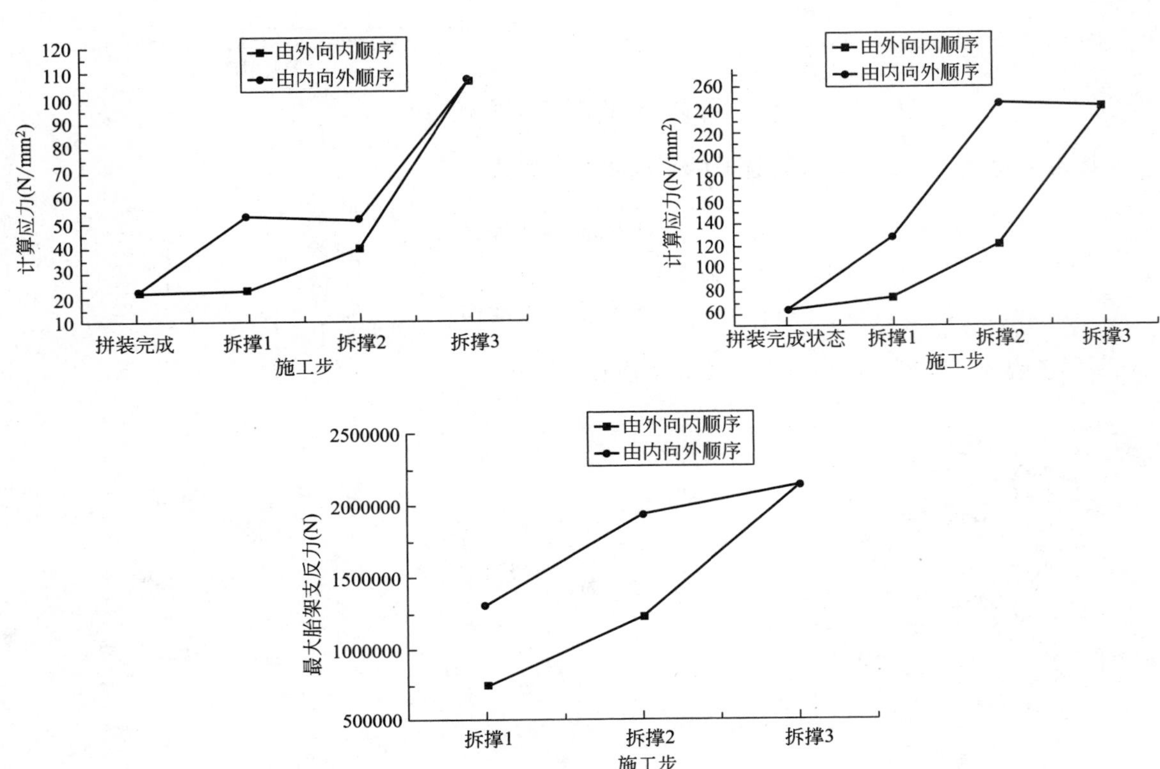

图 10　西安国际会展中心不同拆撑顺序对比

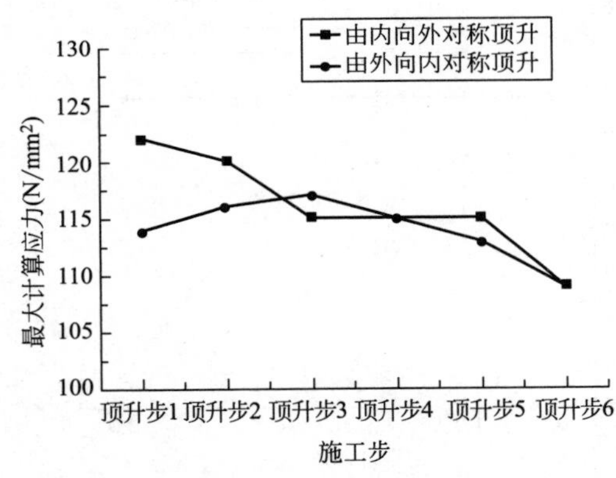

图 11　西安国际会展中心不同顶升顺序对比

与同步终态相一致，与过程无关，不同步施工是完全可行的，也是安全、可靠的。通过方案比对选取合理的不同步顺序，各支撑点支反力变化平缓，有利于施工过程安全。采用不同步施工时，过程中临时支撑和基础的反力会增大或者减小，需要校核临时支撑和基础的设计承载力是否满足施工过程中反力变化的要求。西安国际会展中心见图 10、图 11。

（9）提出了 1～10 年施工期内地震峰值加速度的取值

我国建筑物抗震设计的基本思路是通过“二阶段设计”方法，实现“三水准”设防目标，我国各建筑设计规范的设计基准期均为 50 年，按照多遇地震、设防地震、罕遇地震的地震加速度的取值。

不同设计使用年限建筑物地震峰值加速度的取值，《建筑抗震设计规范》GB 50011—2010 没有明确给出。

第一次给出了 1～10 年施工期内地震峰值加速度的取值，解决了施工期内地震作用无计算依据的问题，填补了施工期考虑地震作用的空白。

（10）验证了施工期内地震作用影响并给出防止灾害损伤措施方法

提升结构在地震作用下摆动时，提升吊索将产生水平拉力，该水平拉力对提升结构及支撑结构受力均有较大影响。

特别是支撑结构，是否考虑地震作用的影响，其最大应力状态相差较大，由此为保证钢结构施工的安全性，消除安全隐患，考虑地震作用极其必要。地震作用影响见图 12。

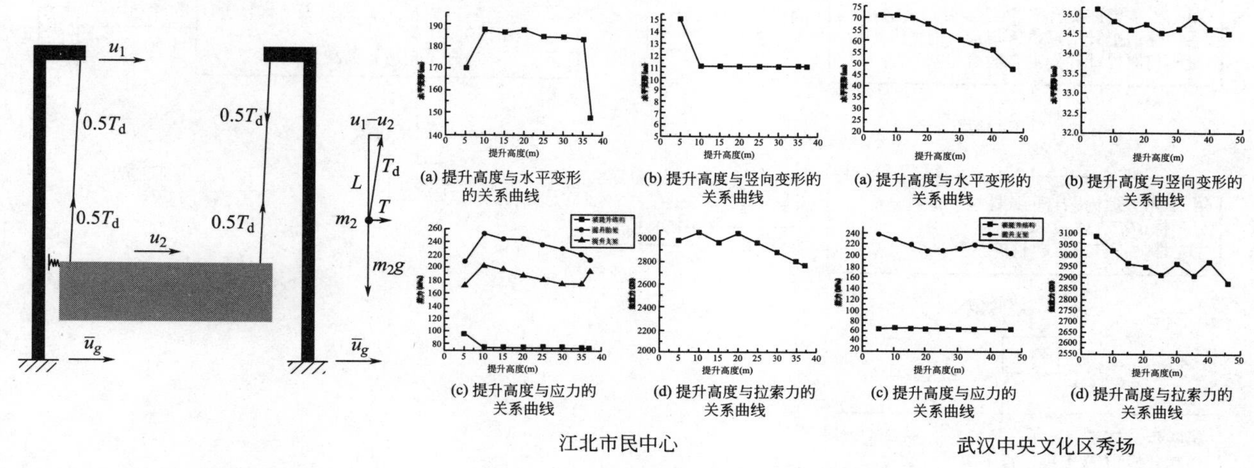

图 12　地震作用影响

实际施工中，需保持提升结构与提升支撑之间留有大于此相对位移的间距，避免结构在地震作用下出现碰撞。

（11）提出了一致性施工控制的目标值与原设计状态的杆件内力差原则上不超过 5％

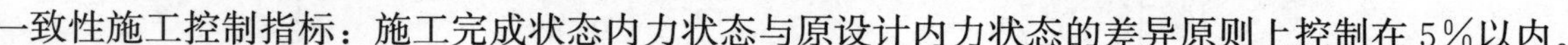

一致性施工控制指标：施工完成状态内力状态与原设计内力状态的差异原则上控制在 5％以内。

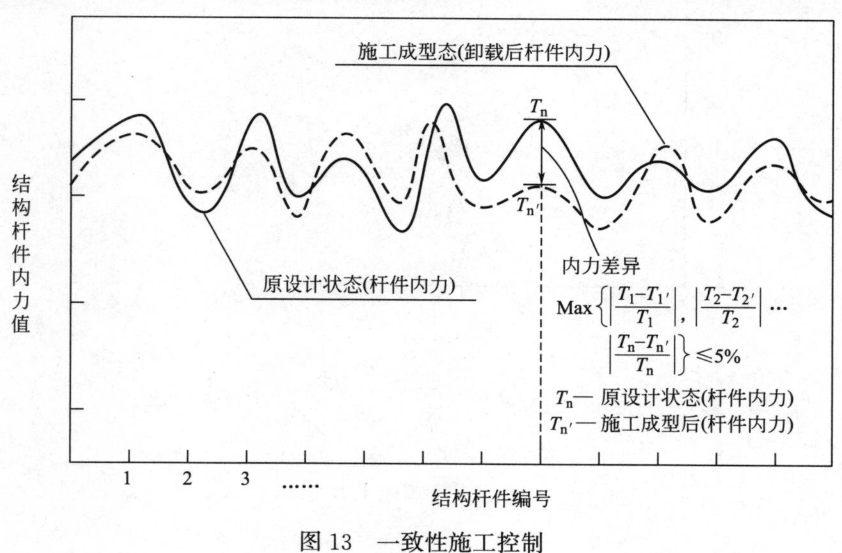

图 13　一致性施工控制

一致性施工控制指标的提出，克服当前结构施工控制“重过程、轻结果”的问题。见图 13。

（12）给出了一致性施工控制的计算方法、施工方案优化的原则及监控量测等措施

一致性的施工控制，首先仍是从施工阶段的仿真分析入手，用理论分析的成果去指导施工方案。

监测辅助，控制精度；完善了结构施工方案合理性的评价体系，提高了施工过程及施工完成后结构的安全性。

两个项目的监测结果显示，施工成型后被监测杆件的内力状态与原设计的差异，一般徘徊在 1％～3％，达到了设定的一致性施工控制指标。见图 14～图 17。

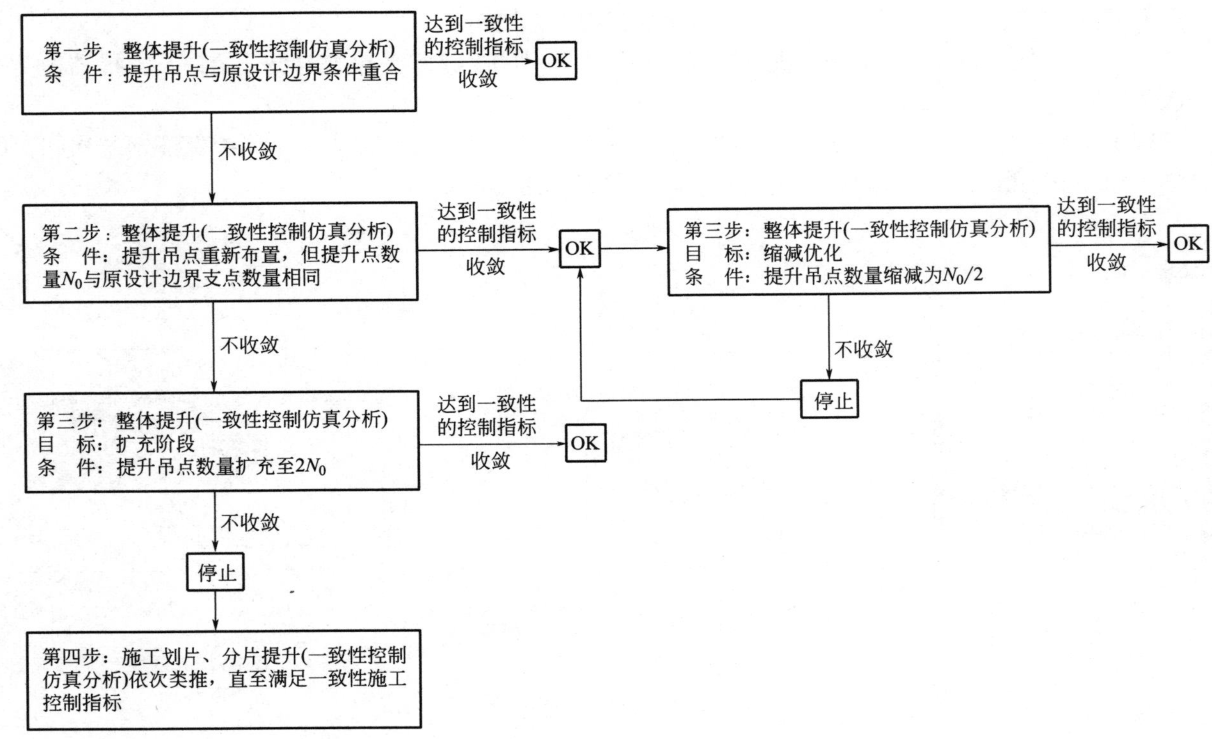

图 14　一致性施工控制基本流程

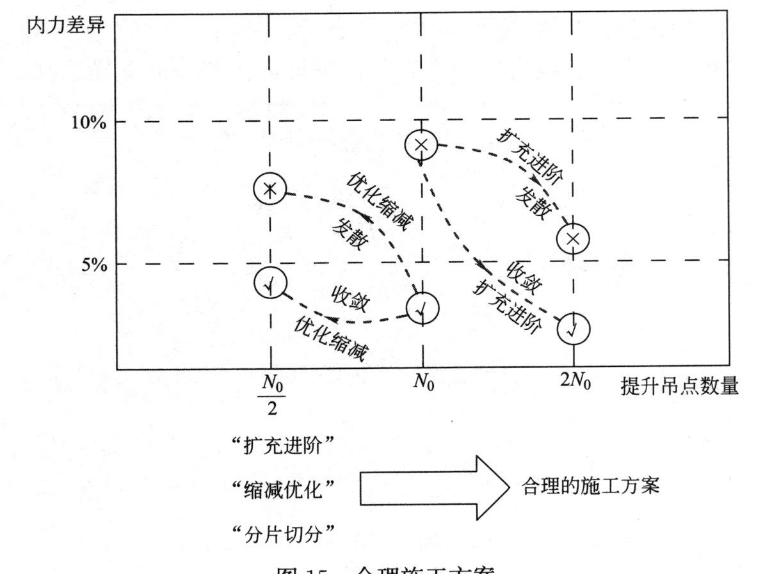

图 15　合理施工方案

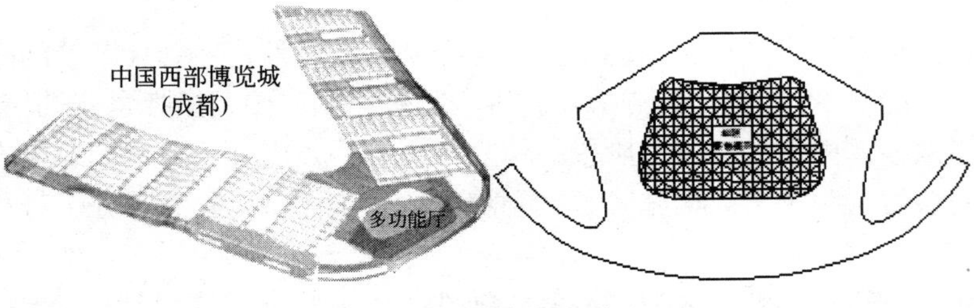

中国西部博览城
(成都)
多功能厅

图 16　西部博览城项目

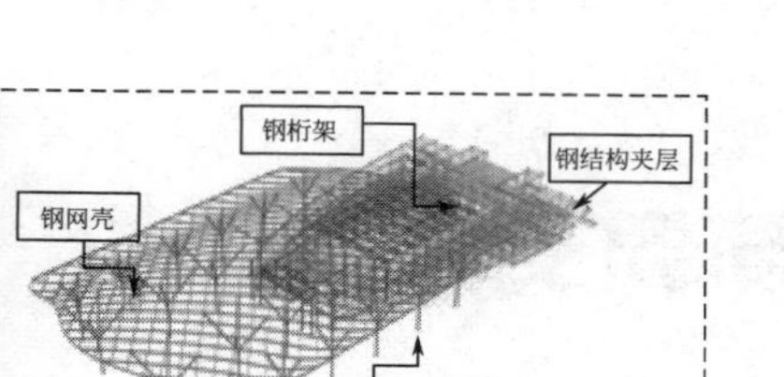

图 17 深圳国际会展中心

三、发现、发明及创新点

(1) 一般认为，小变形弹性理论不适用于钢结构工程，本研究发现按照国内外现行钢结构设计规范挠度限值进行设计的钢结构工程，小变形弹性理论足够精确，适用于大部分钢结构工程（索穹顶结构、索膜结构、索结构等强几何非线性结构除外）的正常设计和施工过程，弹性力学的叠加原理成立。

(2) 把施工过程中所有相关部分的模型统一建到一体化模型中，根据施工过程中各个施工阶段进行动态化分析，同时运用多种单元体（只拉单元、只压单元、小刚度弹簧单元、柔性链杆等）对施工过程边界进行模拟，体现出约束作用逐步施加或释放的变化，用静力分析方法模拟了动力学过程。

(3) 一致性施工控制技术，研究了施工完成之后结构的应力、变形与原设计指标符合性的评价方法及控制措施。提出了结构在施工完成之后与原设计状态的符合性或一致性的施工控制指标（杆件内力差不超过 5%）。通过相应的技术措施，可实现这一控制指标。

(4) 研究了施工过程中地震作用的取值，计算得到了基于 1～10 年施工期内，50 年设计基准期内的多遇地震（超越概率 63.2%）、抗震设防烈度地震（超越概率 10%）和罕遇地震（超越概率 2%～2.8%）的地震峰值加速度，给出了相应表格，供施工过程中考虑地震作用时使用。

四、第三方评价、应用推广情况

1. 第三方评价

该成果于 2020 年 7 月 3 日通过专家鉴定。评审专家一致认为：该研究成果填补了国内外空白；该成果总体达到国际先进水平，其中钢结构非原位一体化仿真分析方法及不同步容差施工技术达到国际领先水平；成果在多项工程中成功应用，取得了显著的经济效益和社会效益。

2. 应用推广情况

成果在西安丝路会展中心、南京江北市民中心、斯里兰卡科伦坡电视塔等十余个国内外大型钢结构项目成功运用，取得了显著的社会效益和经济效益，应用前景广阔。

五、经济效益

《钢结构非原位安装关键技术研究与应用》研究报告的发表，给现阶段钢结构安装提供一种技术指导，同时具有良好的借鉴意义，课题成果可通过示范工程、会议交流、刊物上发表等出版方式进行推广。加大在局内项目的推广应用，引导项目科技人员创新能力提升，提高项目创新、创效比例，节约项目成本，保证项目的经济效益。

六、社会效益

结合中建二局近 10 年所有大型钢结构非原位安装施工项目经验，形成一套自有的研究报告。并将此次研究内容鉴定推广，申报高等级科学技术奖，加大宣传且在局内项目推广应用，提高中建二局钢结构科技创新、创效能力在全国的知名度，打造品牌，助推市场发展。

城市轨道交通系统机电工程关键技术成果及应用

完成单位： 中建安装集团有限公司、中国建设基础设施有限公司、中建华东投资有限公司

完 成 人： 刘福建、王宏杰、张志轶、贾玉周、张 峰、张震刚、李振磊、王 毅、张伟昊、张强杰

一、立项背景

随着城市化进程的逐步加速，中国的城市轨道交通建设迎来黄金发展期。在国家宏观政策引导和扶持下，中国城市轨道交通进入一个蓬勃发展时期。在城市化发展战略的推动下，我国城市轨道交通建设进入突飞猛进的发展时期。目前，已有近 40 个城市正在建设或规划筹建城市轨道交通工程。城市轨道交通系统机电工程的可靠性和稳定性，直接关系到行车安全。采用先进的建设技术标准，推行城市轨道交通建设的标准化，是保证施工建设质量及城市轨道交通运营安全的重要措施。

近年来，中国建筑成功实施了深圳地铁 9 号线、南宁地铁 2 号线、徐州地铁 1 号线等项目，在建的包括徐州地铁 3 号线、郑州地铁 3 号线、重庆地铁 9 号线、天津地铁 7 号线、大连地铁 4 号线等一大批项目，急需研究总结并形成一整套系统机电的施工技术，形成能够有效提高施工效率的关键技术研究成果。

城市轨道交通系统机电工程关键技术成果及应用，成果的形成基于 2018 年度中建股份科技研发课题 CSCEC-2018-Z-10，在总结深圳地铁 9 号线、南宁地铁 2 号线的基础上，依托徐州地铁 1 号线项目展开技术研究，并在徐州地铁 3 号线、郑州地铁 3 号线、重庆地铁 9 号线等项目上推广应用。

中建安装集团有限公司作为中建股份“轨道电气化领域”的唯一平台，总结形成包含关键技术 8 项、通用技术 13 项的一整套系统机电的施工技术，提升企业在基础设施领域的核心竞争力。本成果为推动城市轨道交通站后发展、推进基础设施建设做出了巨大贡献，引领了行业发展趋势，为实现系统级机电标准化建设提供了极具操作性的技术蓝本。

二、详细科学技术内容

1. 总体思路

本技术成果以徐州市轨道交通 1 号系统机电工程为依托，在大量调研和阅读相关科技资料的基础上，运用三维扫描、理论分析、现场和室内试验、仿真模拟、现场监测和对比分析等研究方法，研究牵引供电系统设备安装及调试、隧道内接触网无轨测量技术、刚性接触网一次安装到位技术、柔性接触网模拟计算技术、接触网刚柔过渡技术，形成在城市轨道交通系统机电工程成套技术。

（1）根据徐州市城市轨道交通 1 号线一期工程系统机电工程的特点，针对每一道施工工序的重难点问题，开展相应的现场和室内试验，对施工顺序及开挖步骤进行优化，选取变电、接触网关键参数指标，采用有限元分析软件，建立相应的数学模型，对安装调试等进行模拟研究，以相应的施工过程安全性和环境影响效果为控制指标，对施工技术方案和流程进行优化研究，总结出系统机电工程成套技术。

（2）根据优化的方案进行现场试验，同时对现场监测方案进行设计、论证和实施，分析中试结果，并与理论分析和数值模拟结果进行对比研究，进一步调整施工措施和参数。

（3）梳理系统机电工程施工技术难点、动态风险演化规律、管理体系流程，以 BIM 技术为可视化手段，并集成资源、进度、成本、质量、安全等方面的信息，结合监测大数据进行智慧化预测判断，应

用 BIM 建模模拟，实现区间隧道内设备一次性安装到位，减少资源投入。

2. 技术内容

（1）城市轨道交通牵引供电系统设备安装及调试技术

由于设备安装、调试会导致变电所直流设备绝缘性能的下降，造成框架保护装置动作并引起 1500V 跳闸，影响地铁运行。通过研究改变柜体的传统安装方式，研发直流设备绝缘安装装置，优化直流系统中绝缘板拼装工艺，提高绝缘性能。提高柜体的安装质量，有效保证直流设备安装后的绝缘水平，确保框架保护动作的准确性。

（2）隧道内接触网无轨测量定位技术

通过结合轨道自由设站控制网 CPⅢ控制点以及线路中心坐标，计算出接触网定位点坐标信息，利用城市轨道交通全断面隧道仿真钢轨移动定位平台，配合高精度全站仪进行放样，确定出接触网悬挂点位置，从而实现接触网无轨测量施工，在保证测量精度条件下，提前完成刚性接触网定测、打孔、安装等工序，大幅减少与轨道专业交叉施工。见图 1、图 2。

图 1　仿真钢轨移动定位平台

图 2　利用 CPⅢ轨道控制网

（3）刚性接触网安装一次到位技术

通过刚性接触网参数的分析研究，素进行层次递进的控制，改进关键工序的安装对接装置，实现从悬挂点定测、悬挂装置安装、汇流排架设到线材架设一次性到位，大量减少接触网悬挂调整的次数和范围，提高接触网施工质量及施工效率，降低施工成本。见图 3、图 4。

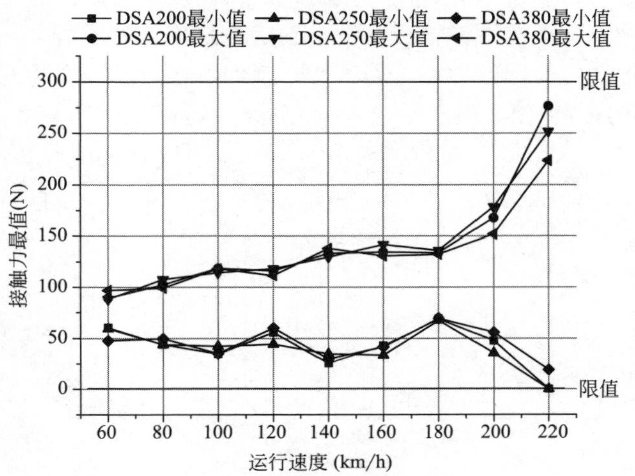

图 3　不同弓形的弓网关系仿真曲线

（4）柔性接触网悬挂结构模拟计算技术

针对腕臂计算、吊弦计算、吊柱计算中存在的数据多、计算量大、计算结果无法直观显示等问题，通过腕臂、软横跨及吊弦的模拟计算，研发了城市轨道交通接触网悬挂结构模拟计算软件，与现行常用 BIM 软件结合，能够批量导入计算数据，对计算结果进行补差处理，保证了计算结果的精确度，提高了计算效率。同时计算结果可直接输出 BIM 模型，具象化实际安装形态。见图 5、图 6。

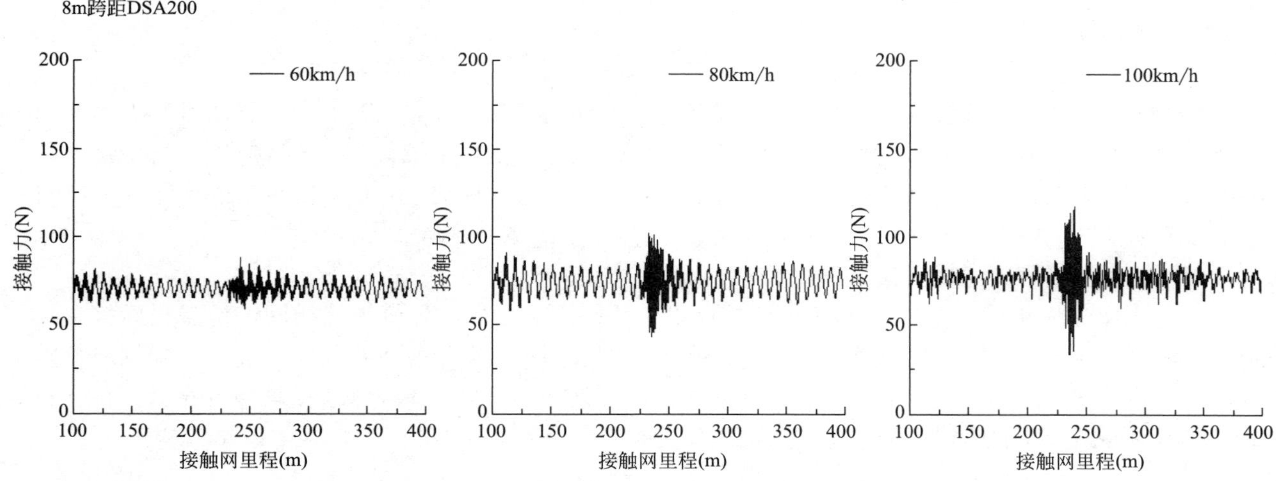

图 4 不同跨距下不同速度的仿真曲线

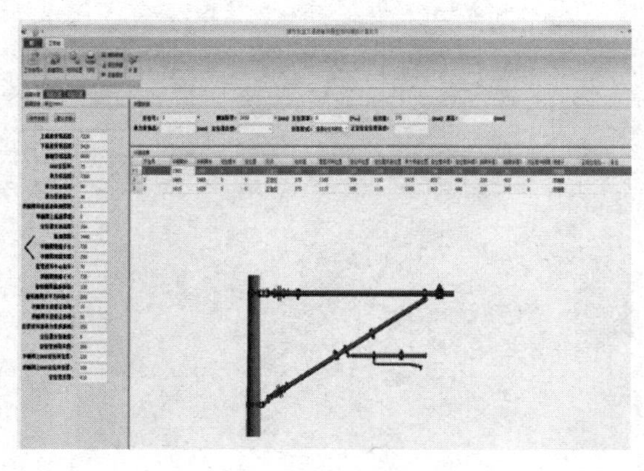

图 5 BIM 模型输出

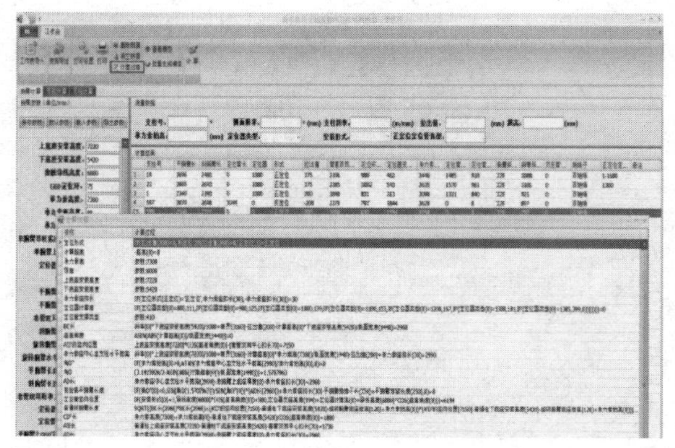

图 6 数据批量导入

（5）接触网刚柔过渡技术

建立了刚柔过渡中接触线的自由度和刚度的有限元分析模型，通过对刚性接触网悬挂点、柔性接触网悬挂点及下锚锚柱定测，确定各悬挂点的合理间距及下锚锚柱的合理位置，优化电连接的安装形式，提高接触网的弹性、稳定性，确保刚柔过渡段受电弓的平滑度，延长电客车受电弓及接触网使用寿命。见图 7、图 8。

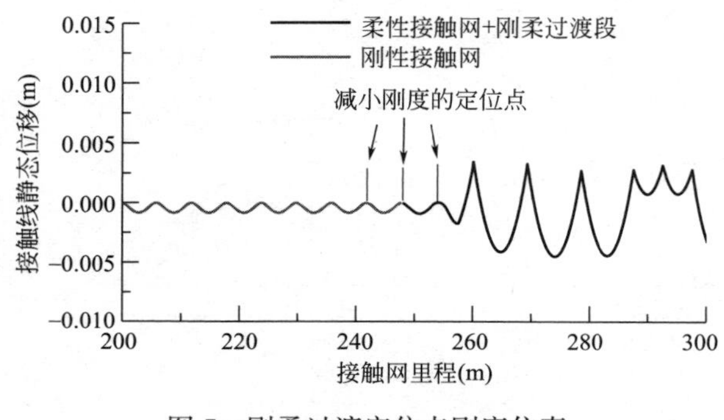

图 7 刚柔过渡定位点刚度仿真

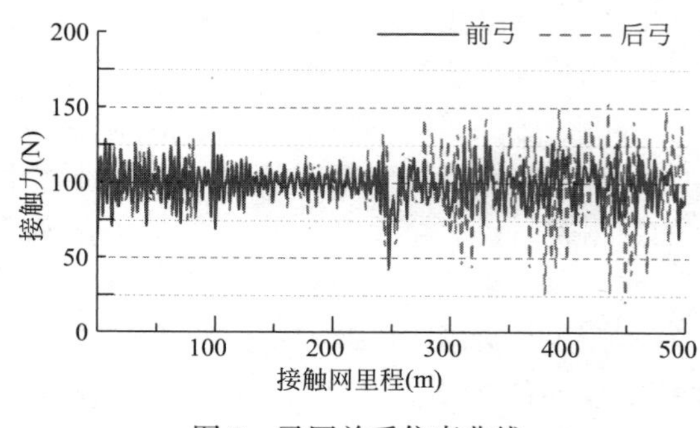

图 8 弓网关系仿真曲线

（6）降低地铁无线传输衰减及电压驻波比技术

从漏缆开剥、连接器组件、连接器密封、接头测试四个方面进行深入研究，通过连接器件模拟优化，将设备本身耦合损耗和线路传输损耗降低，漏缆内外导体间绝缘电阻降低，线路传输损耗降低，保证传输信号均匀覆盖，提高漏缆接续的质量，并提升城市轨道交通隧道区间无线场强的信号强度。见图9、图10。

图9　区间远端机安装

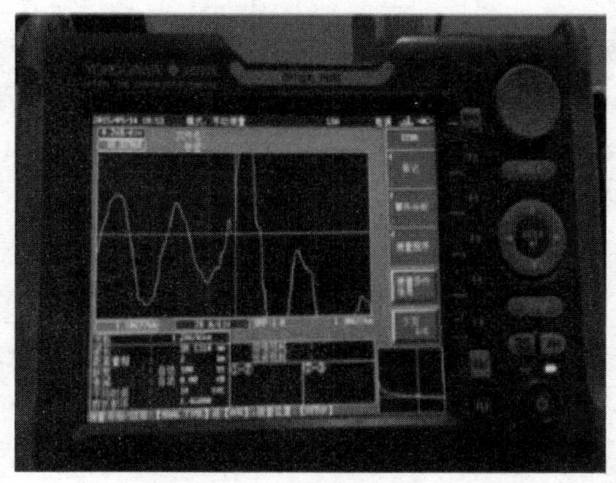

图10　场强测试

（7）杂散电流防护系统施工与设备技术

针对参比电极安装、杂散电流传感器安装、电向导通设备安装、失效检测系统进行优化研究，本技术提出的在线监测系统包括绝缘性能采集系统 IPAS、绝缘性能测量模块 IPM、电动隔离开关系统 EDS和控制中心 CC。在线监测系统能有选择性的退出框架保护，以便在线监测所有整流器柜（含负极柜）、直流开关柜、逆变回馈装置柜的绝缘性能，阻断杂散电流在段、场线的流通，同时保证列车的正常回流，减少车辆段钢轨电位限制器正电位越限动作的问题。

（8）通用技术

通过变电所施工技术、环网电缆敷设施工技术、柔性接触网施工技术、安防及周界报警系统施工技术、通信及信号等技术研究，提高工程建设阶段设备安装的精度及调试工作的高效性。

三、发现、发明及创新点

（1）研制一种直流设备安装装置避免传统安装方式对设备底部绝缘板的损伤，提高设备运行稳定性与安全性，能够在出现绝缘下降后的第一时间发现原因并进行处理，最大程度上提高了绝缘安装的成功率。

（2）研发了无轨测量技术，轨道未铺设前，通过轨道线路中心坐标及接触网悬挂点位置坐标，将接触网悬挂点位置进行无轨定位，可以有效解决接触网施工受铺轨前置条件的制约问题。配合接触网悬挂调整专用梯车，实现了悬挂调整效率及精度的大幅提升。

（3）研制了新型智能城轨供电杂散电流监测防护系统，在地铁停运期间将检测参比电极放置于设计施工预埋孔处，连接检测参比电极接线端子与极化电位监测参比电极接线端子，从测量点引入参比电极极化电位量至微型测量模块，经过其信号调理模块分别进行降压、滤波、跟随和隔离处理之后，输入到A/D模块进行模数转换，转化成数字量后传入到CPU进行运算后发送到显示模块进行实时显示，其中端子采用跨接或重新开凿焊接的方式使电气连通，且将设备改为直流电源保证稳定性。

（4）研发了基于BIM移动式疏散平台铺板机，满足在平台板安装过程中需要挑选不同型号的平台板，移动式铺板机自身有吊装设备，省去了人工搬运过程，操作过程安全、快捷，极大地提高了施工效率。

（5）研发了隧道内泄漏式电缆技术，漏缆内外导体间绝缘电阻符合设计要求，线路传输损耗低，连接状态良好，成功解决了因隧道内潮湿及列车震动对漏缆造成的损害。

（6）在LTE-M车地无线通信系统中，以正交频分复用为核心，隧道区间内每隔300m各布置一套

CBTC 及 PIS 轨旁无线接入点，每个接入点含两套接入设备采用钢丝承力锁吊挂漏缆，提高车地通信可靠性。

(7) 通过刚性接触网安装前置条件的分析研究，改进关键工序的安装工机具，提升施工工艺，实现从悬挂点定测、悬挂装置安装、汇流排架设到线材架设一次性到位，大量减少接触网悬挂调整的次数和范围，提高接触网施工质量及施工效率，降低施工成本。通过现场实践研发了系统机电专用可折叠梯车，在隧道内能够快速、安全、有效地避让轨行车辆，提高施工效率，降低人工成本。

(8) 研发了接触网模拟计算软件，计算仿真软件能够解决吊柱选型和汇流排精确切割，减少安装的重复调整，避免柔性接触网材料的浪费。

(9) 研制了接触网汇流排快速对接装置，能够高效、精确、快速地完成汇流排对接，加快施工进度，提高安装精度，节约施工成本。

四、与当前国内外同类研究、同类技术的综合比较

经查新机构鉴定《城市轨道交通系统机电工程成套技术研究及应用》，国内外相关文献中未见相同报道。

本成套技术中有 8 项技术在国内未见，城市轨道交通直流牵引系统设备的绝缘安装技术、正线刚性接触网悬挂调整施工技术、BIM 技术在城市轨道交通区间设备安装及限界检测过程中的应用、新型智能城轨供电杂散电流监测防护系统测试及高性能设备改进技术、基于 BIM 的移动式疏散平台铺板机技术、一种轨道交通隧道内泄漏式电缆接头技术、LTE-M 技术在地铁列车车地无线通信系统中的应用、地铁信号系统室外箱盒配线施工技术为在国内未见，在同类研究中占有一定优势。

五、第三方评价、应用推广情况

(1) 2020 年 6 月 29 日，北京市建筑业联合会科技工作委员会主持召开了城市轨道交通系统机电工程关键技术成果及应用科技成果评价会。专家组认为："该成套技术成果……有效保证直流设备安装后的绝缘水平，确保框架保护动作的准确性；实现接触网一次到位安装；最终通过仿真结果确定出最优的刚柔过渡布置方式，实现接触网刚柔平滑过渡"。该成果综合技术达到国际领先水平。

(2) 2019 年 7 月于深圳，对本技术成果著作《轨道交通系统机电工程标准化施工指南》评价"本指南进一步梳理城市轨道交通系统机电施工标准化，目的是完善工程建设标准化管理体系、优化项目施工管理、提高工程质量。本指南立足施工现场，着眼项目管理，分系统详细介绍各专业关键工序标准化实施全过程，图文并茂、全面详实地解析现场施工的实施方法及具体要求，真正意义上的把标准化细化落到实处。达到使项目建设有序可控，对提高工程质量、提升项目管理水平、优化资源配置和降本增效具有重大的指导意义。"

(3) 2019 年 7 月于北京，对本技术成果著作《轨道交通系统机电工程标准化施工指南》评价"具有较强的针对性和可操作性，对推动城市轨道交通系统机电工程施工标准化具有重要的指导意义和参考价值。指南在遵照国家、行业现行标准、规范的基础上，充分吸收各地区的成熟经验，结合编制单位自身的施工技术和管理优势，提炼出具有共性的管理、工艺、流程等标准化要求。相信该指南的出版，将对推动完善相关行业标准起到建设性作用。"

六、经济效益

通过本成果在徐州地铁 1 号线的应用，实现经济效益约 1300 万元，取得了显著的经济和社会效益，具有广阔的推广应用前景，并通过在郑州地铁 3 号线、徐州地铁 3 号线等项目的推广应用，不断扩大经济效益。

七、社会效益

系统机电作为城市轨道交通重要的"电通"环节，将本技术成果在公司在建项目中进行技术推广，

将极大地提高系统机电施工的技术水平，促进了基础设施施工建设，通过关键技术和通用技术的研发，进一步推进经济结构调整，向基础设施领域转型，为建立城市轨道交通系统机电产业建设和标准化市场铺平道路，进一步推动城轨建设进程。

本技术通过牵引供电系统设备安装及调试技术、隧道内接触网无轨测量定位技术、刚性接触网安装一次到位技术、柔性接触网悬挂结构模拟计算技术、系统机电标准化指南及通用技术研究，形成一整套系统机电的施工技术，助力中国建筑在城市轨道交通领域全产业链的发展，填补中国建筑轨道交通系统机电技术的空白，以提高股份公司系统机电技术水平，巩固并开拓更广阔的市场。

复杂耦合环境下现代混凝土超高泵送-超高抗裂性能协同提升关键技术

完成单位： 中建西部建设股份有限公司、北京工业大学、中建三局集团有限公司、武汉理工大学、中建西部建设建材科学研究院有限公司、中建商品混凝土有限公司

完 成 人： 王 军、李 悦、张 琨、丁庆军、杨 文、王 辉、赵日煦、孙克平、刘 离、毕 耀

一、立项背景

超高层建筑是人类社会经济、技术发展的必然产物，也是解决现代城市发展与土地资源紧张之间矛盾的重要途径之一。1894 年，美国纽约曼哈顿人寿保险大厦成为首座突破 100m 的建筑；随后，大都会人寿保险大厦、帝国大厦、世贸大厦等先后刷新超高层建筑天际线。随着我国经济的高速发展，中国已经成为世界上超高层建筑建成、在建数量最多的国家，目前世界前 10 的超高层建筑有 6 座在中国，全球已建成的 170 座 300m 以上超高层建筑中 84 座在中国，近五年当年建成的最高建筑都出现在中国，在建的 170 座 300m 以上超高层建筑中 57%在中国，未来十年规划建设的 200m 以上超高层建筑超千座。

据统计，混凝土及钢混组合结构在超高层建筑中的占比近 90%，而泵送是最高效的施工方式。与普通泵送相比，超高泵送泵送条件十分极端，泵送高度高（>200m）、管道长（可达千米级）、压力大（普通泵送 2～5 倍）、脉冲次数多（可达 500 次）等，堵管风险极高，同时混凝土强度等级高、竖向结构养护困难、异形与复杂钢混结构约束强、高空大风低温等材料、施工、结构、环境因素也大大增加了开裂风险。以上特点给超高泵送混凝土工程应用带来了三大世界性难题。

一是可靠评价难。混凝土超高可泵性能评价、泵送压力损失计算仍参考普通泵送，并未考虑超高泵送长时、脉冲、高压极端条件，同时，传统的坍落度、扩展度等不能量化评价超高可泵性能，盘管试验验证成本高、耗时长且可靠性不佳，压力计算依赖经验且系数取值相对固定，未充分考虑混凝土性能的影响，误差通常大于 50%。

二是协同调控难。超高泵送长时、脉冲、高压极端泵送条件下，混凝土流变性能稳定调控难度极高，超高泵送混凝土胶材用量高、放热量大、收缩明显，与复杂耦合环境下的结构抗裂性能之间存在天然矛盾，而当前针对超高泵送混凝土相关调控关键材料、泵送-抗裂协同设计技术研究基本空白。

三是裂缝控制难。超高层竖向结构钢板剪力墙、钢管柱等是典型的大体积、强约束钢-混组合结构，混凝土设计强度等级高，且耦合了大风低温复杂环境，开裂风险极高，常用的洒水、覆膜养护手段无法实施，延长带模养护时间并不能完全解决问题，主动抗裂施工技术研究缺失。

二、详细科学技术内容

项目研究针对超高泵送混凝土施工过程的长时、脉冲、高压条件以及混凝土硬化过程大风干燥、结构约束强、强度等级高等特点，围绕“泵送时不堵、硬化后不裂”核心目标，从“长时、脉冲高压作用下大流态混凝土流变性能演化机理”“基于环境、结构、材料多因素耦合的超高泵送与抗裂性能协同提升机制”两个关键科学问题研究入手，形成系统创新成果，包括：

（1）建立了混凝土流变数值模拟方法，揭示了长时脉冲高压下混凝土流变性能时变机制，开发了长时脉冲高压模拟、动态匀质性评价和流变性能评价装置与方法，建立了超高泵送混凝土的可泵性能评价方法、泵送压力精准预测计算方法，解决了易堵管的行业难题。

1）揭示了混凝土流变性能时变机制。混凝土多相复杂悬浮流体泵送过程中的流动行为特性复杂，骨料颗粒分布、运动规律不明确。通过计算流体力学（CFD）方法精确描述了混凝土压力、截面流速、黏度分布；基于离散元DEM方法，模拟得到了混凝土在泵管内的流动行为和骨料空间分布规律；创新建立了描述混凝土流变性能与超高可泵性能的CFD-DEM数值模型，明确了流变性能控制指标体系与范围。见图1。

图1　基于流体力学的泵管内速度矢量 Fluent 模拟

2）首次建立了超高泵送混凝土可泵性能可靠评价方法。混凝土泵送是在封闭管道内、受压状态下持续流动的过程，与坍落度、V形漏斗等现有开放、常压、静态评价方法具有显著差异，且测定结果是混凝土微观性能的宏观体现而非本征性能，而盘管试验耗时长、成本高。开发了长时脉冲高压模拟、动态匀质性评价、混凝土流变本征性能表征等装置与方法，提出了高压泵送稳定性系数、泵送极限系数、匀质性系数等创新指标，实现了超高可泵性可靠评价。

3）建立了超高泵送压力损失准确、可靠的计算方法。现有规范中泵送压力损失计算方法仅与混凝土工作性能中坍落度相关，计算误差大。课题组结合CFD-DEM数值模拟方法、混凝土泵送过程时变机制与混凝土流变性能研究，创新建立了基于混凝土流变性能本征参数的超高泵送压力损失计算方法，与实测值误差小于10%，为混凝土超高可泵性能评价、方案设计、设备选型提供了科学依据，解决了混凝土超高泵送易堵管的行业难题。

（2）开发了系列流变性能及稳定性、体积稳定性关键功能材料，建立了混凝土超高可泵性能、超高抗裂性能协同提升的混凝土组成设计方法，实现了超高可泵、超高抗裂双重性能协同，攻克了超高泵送混凝土易开裂的世界性难题。

1）开发了混凝土流变性能及其稳定性调控关键材料。超高泵送经时长、摩擦热积累导致混凝土流变性能时变大，垂直泵送浆骨分离风险高，高压下吸附层压缩可能导致离析，堵管风险巨大。利用混凝土孔溶液碱性强、离子强度高的特点，通过聚合物分子模块化设计与吸附官能团微观修饰，开发了延迟分散、黏聚性调控等流变与稳定性能调控材料，实现了混凝土耦合因素下分散性能稳定、高压下的高内聚稳定性调控。

2）发明了适用于超高泵送混凝土的体积稳定性能调控材料。超高泵送混凝土胶材用量高、水化收缩大，高空大风干燥环境水分快速蒸发，核心筒及巨柱等高强大体积混凝土结构的里表温差大。开发了多膨胀源低需水补偿收缩材料、湿度调控内养护材料、低水化热高性能复合掺合料，实现了超高泵送混凝土自收缩的补偿、内部湿度调控、水化热控制，大大降低了开裂风险。

3）建立了协同提升超高泵送性能、强度和抗裂性的混凝土组成设计新方法。现有方法设计的超高泵送混凝土具有胶材用量高、骨料粒径小、砂率大等特点，与高抗裂性能明显矛盾。建立了胶材用量、砂率等多个自变量与可泵性、强度、开裂风险系数间的函数关系，提出了基于遗传算法的配合比设计优化方法，实现了不同强度等级混凝土的超高泵送与超高抗裂性能协同提升，解决了超高泵送混凝土易开裂的世界性难题。

（3）阐明了钢板-混凝土剪力墙开裂机理，发明了基于钢板温度调控的钢板-混凝土协同变形防裂施工技术，形成了超高泵送混凝土成套关键技术，解决了实际工程复杂多变的工况、地材、气候等适应性难题。

1）发明了控制钢板-高强混凝土协同变形的钢板剪力墙抗裂施工方法。钢板-混凝土剪力墙是典型的高强、大体积、强约束结构，开裂风险极高。揭示了钢板、混凝土在升温、降温阶段不协调变形，以及栓钉、钢板对混凝土的强约束的开裂机理，开发了基于钢板预热的钢板-混凝土协同变形抗裂施工技术及低压电磁涡流加热装置，形成了钢板-混凝土剪力墙典型钢混组合结构抗裂施工方法，有效避免了钢板-混凝土剪力墙开裂。

2）首创基于硬化混凝土组分溯源分析的混凝土开裂风险研判方法。混凝土浇筑后欠振或过振都会影响材料的匀质性，并导致结构开裂风险显著增大。建立了盲样硬化混凝土原始组分分析方法，为结构施工质量后监测提供了关键方法支撑。

3）创新形成了超高泵送混凝土成套关键技术，解决了实际工程复杂多变的工况、地材、气候等适应性难题。研究成果形成了超高泵送混凝土性能评价、关键调控材料制备、组成协同设计、施工装备与技术等在内的成套关键技术，在我国五大典型气候区 10 余省市广泛应用，包括世界第二中国第一结构高楼天津高银 117 等一批 400m＋超高层建筑，并推广至气候、原材料更多样复杂的东南亚和非洲等国家，击败国际巨头拉法基，应用于世界第三的阿尔及利亚嘉玛大清真寺项目，展现了中国建造的力量。

三、发现、发明及创新点

（1）创新发展了混凝土流变性能和超高可泵性能的基础理论，探明了混凝土流变性能和超高可泵性能之间关系，建立了精准预测泵送高度和泵送压力的计算方法，提出了评价混凝土超高可泵性能的创新方法，解决了无法准确评价超高泵送可靠性的行业难题；

（2）开发了具有力学增强、流变与泵送性能调控、补偿收缩等系列关键功能材料，创新混凝土组成设计方法，攻克了超高泵送-高抗裂性能协同提升与精准调控的世界难题；

（3）开发了密集布筋/异形多腔复杂钢混组合结构脱空和开裂风险性研判方法；项目集成成果引领了超高、超长、超大系列重大工程混凝土的创新应用，创造了多项行业领先记录。

四、与当前国内外同类研究、同类技术的综合比较

1. 超高可泵性能评价方法

国内外超高可泵性能评价主要以坍落度、扩展度、V 形漏斗等传统评价方法结合盘管试验综合研判，本项目首次开发了长时脉冲高压下稳定性、匀质性与流变性评价装置，提出了超高可泵性能评价创新指标体系。与现有技术相比，本技术为国内外首次提出和建立，快速便捷、适应性好、结果可靠。

2. 泵送压力计算方法

国内外现有规范计算以混凝土坍落度因变量为核心输入参数之一，系数取值依靠经验且相对固定，本项目建立了综合考虑泵送过程长时脉冲高压外因与混的凝土流变性能差异内因泵送压力损失可靠计算方法。现有规范方法计算值与工程实际压力误差通常大于 50%，本技术计算方法误差小于 10%。

3. 超高泵送混凝土性能

现有技术普遍采用自密实混凝土配合比设计方法，胶凝材料用量高、砂率大、收缩开裂风险高，本项目自主开发了系列功能材料、建立了配合比优化设计方法，实现了超高可泵性能与高体积稳定性能协

同提升。现有技术混凝土收缩大（C60 混凝土常大于 350×10^{-6}），开裂风险高；本技术 C60 混凝土 28d 收缩率小于 200×10^{-6}。

4. 钢板-混凝土剪力墙裂缝控制施工技术

现有技术一般采用覆膜养护、棉被覆盖保温及洒水养护，本项目发明了控制钢板-高强混凝土协同变形的钢板剪力墙抗裂施工方法。本技术通过钢板预热，将混凝土与钢板变形差值由大于 200×10^{-6} 减小到小于 100×10^{-6}，抗裂性能大大提升，为国内外首次建立。

五、第三方评价与应用推广情况

评价专家组一致认为，项目建立混凝土的超高可泵性能评价方法、泵送压力预测方法，解决了超高泵送行业难题；发明了系列关键调控功能材料，建立了混凝土组成设计新方法，实现了混凝土超高泵送-高抗裂性能协同提升与精准调控；发明了钢板-混凝土协同变形防裂施工技术，形成了成套关键技术，解决了实际工程复杂多变的工况、地材、气候等适应性难题。成果整体达到国际领先水平。

中国建筑阿尔及利亚公司、中国建筑第四工程局有限公司等承建的阿尔及利亚嘉玛大清真寺、贵阳国金中心等工程采用本项目技术，泵送过程顺利、无堵管，实体结构未见有害裂缝，成功通过验收。采用本技术成果的长城汇 1 号写字楼、永利国金中心、保利文化广场获得中国建设工程鲁班奖（国优奖）。

本项目成果先后应用于天津高银 117（图 2）、武汉绿地国金中心、长沙国金中心、沈阳宝能环球金融中心、成都绿地蜀峰 468 以及武汉中心、南宁华润中心、贵阳国金中心等，并推广至一带一路沿线马来西亚、阿尔及利亚（图 3）、柬埔寨等国家。结果表明，项目成果对不同地域原材料、气候环境具有良好适应性，能够满足不同结构类型、强度等级的混凝土制备要求，泵送性能、抗裂性能优异，创造了 C60 高强混凝土垂直泵送吉尼斯世界纪录，相关研究成果被列入多项行业标准。

图 2　天津高银 117 混凝土泵送纪录现场

项目成果成功推广至公路、桥梁等基础设施建设领域，在武汉二七长江大桥千米级超远程水平泵送、四川合江长江三桥超高钢管混凝土顶升泵送、贵州正习高速 200m 级超高桥墩受限空间超高泵送施工中得到应用，具有良好的可推广性。

六、经济效益

本项目成果完成单位近三年新增产值 228 亿元，新增利润 12.5 亿元。

图 3　世界第三大阿尔及利亚嘉玛大清真寺

七、社会效益

获批国家发明专利 15 项、出版专著 2 部、参编标准 4 项、获批工法 4 项，推动了我国超高层建筑建造技术进步，并推广至基础设施建设领域的超远水平泵送、受限空间超高泵送施工等，支撑了特殊施工要求情况下混凝土施工与工程应用。

提升了废石屑/粉、尾矿石、粉煤灰、矿渣等工业固废在混凝土中的应用，累计应用量超过 300 万吨，减少水泥用量超过 30 万吨，折合减少碳排放超 30 万吨，大幅提升了机制砂在超高泵送混凝土中应用能力，减少了天然资源的消耗。

通过产学研联合攻关与应用研究，培养了一批科技、工程技术与管理人才以及博士、硕士研究生，为我国超高层建筑建造技术进步提供了人才支撑。

大跨度柔性轻型单层索网结构设计与施工关键技术

完成单位：中建三局集团有限公司、上海建筑设计研究院有限公司、中建科工集团有限公司、东南大学

完 成 人：张　琨、程大勇、张晓冰、张　宇、徐晓明、罗　斌、张士昌、周圣平、张鹏武、李宏坤

一、立项背景

大跨空间结构是衡量国家建筑科技水平的重要标志，根据构成要素的不同，大跨空间结构可分为刚性、柔性、刚柔组合结构三类。大跨空间结构发展趋势是轻盈跨越更大空间，达到轻薄、通透的建筑效果，典型代表单层索网结构。单层索网结构是柔性结构的一种重要形式，充分利用高强材料和预应力技术，形成马鞍形自平衡体系，达到“轻、薄、透”的建筑效果。根据索网布置方式，单层索网分为轮辐式和正交式。

单层正交索网屋盖结构在20世纪有一定发展，但跨度均未超过100m，且为了抵抗风吸荷载，多采用混凝土重屋面。轮辐式单层索网结构国内一直未有工程案例。进入21世纪，大跨单层索网结构发展陷入停滞。主要原因在于：单层索网刚度小，采用常见的膜屋面、金属屋面时，屋面附属结构如何适应其大变形难以得到较好的解决，且施工精度要求高，施工经验欠缺。本成果从设计和施工两方面进行系统研究，解决超大跨度单层索网结构设计、施工所面临的难题，填补国内超大跨度单层索网结构空白。

苏州奥体中心包括“一场两馆一中心”，由45000座体育场、13000座体育馆、3000座游泳馆、配套服务楼、中央车库、室外训练场等组成，总建筑面积38.6万平方米，总投资50.8亿元，是苏南规模最大的多功能综合性甲级体育中心。体育场地上四层，建筑面积9.1万平方米，建筑高度54m，最大跨度260m，屋盖采用外倾V形钢柱＋马鞍形压环梁＋轮辐式单层索网＋膜结构体系，为国内最大跨度轮辐式单层索网结构。游泳馆地上四层，建筑面积5.0万m^2，建筑高度34m，最大跨度110m，屋盖采用外倾V形柱＋马鞍形压环梁＋正交单层索网＋直立锁边刚性金属屋面结构体系，为国内首个柔性单层正交索网上覆刚性屋面。

二、详细科学技术内容

1. 总体思路

单层索网结构的形态由曲面形状和预应力决定，针对柔性的特点，从结构体系开始，依次进行结构形态、拉索材料、拉索节点、附属结构和施工方面的研究。研究方法包括：数值分析、模型试验和现场监测。

2. 技术内容

建立“外倾V形柱＋马鞍形外压环＋单层索网”的结构体系，该体系整体简洁、预应力自平衡、传力明确。针对轮辐式单层索网结构，基于“三索共面”原则和改进遗传算法，进行形态优化分析研究，确定合理的外压环和内拉环的空间位形以及拉索预应力水平。V形柱脚设置可滑动关节轴承，以适应基础不均匀沉降。V形柱顶设临时设缝，优化结构柱受力。

对高应力状态下密封索的防腐蚀性能进行试验研究和数值分析，为单层索网结构在游泳馆等高腐蚀环境下的应用提供依据。研究适于高效建造的新型索节点形式，包括索夹节点和索端节点；为充分掌握

索夹抗滑机理，进行在张力条件下考虑时间效应，并同步监控高强度螺栓紧固力的拉索-索夹组装件抗滑移承载力试验，提出索夹抗滑承载力计算公式。为适应柔性单层索网的大变形，直立锁边刚性屋面进行了创新设计，进行了屋面系统大变形试验。马道布置在单层索网屋盖上方，马道进行了创新设计，以适应单层索网主体结构的大变形。单层索网结构振动对附属结构的动力放大效应分析和风荷载时程分析研究。

为减少施工支架量和高空作业量，减少大吨位提升系统的需求量，降低安装费用，实现工装轻型化，缩短工期和提高施工效率，分别针对轮辐式单层索网和正交单层索网研究合理可行的无支架绿色施工方法。研究在柔性单层索网上安装刚性屋面的方法，采取配载施工措施，降低屋面系统安装过程中索网竖向位移变化量，逐步安装，逐步卸载，确保施工过程中索网竖向位移在允许范围内，确保屋面安装质量。为精确保证施工成型之后的形态，确定结构的在零应力状态下的安装位形，研究高效的零状态找形分析方法；为精确掌握柔性索网在牵引提升过程之中的形态，研究确定索杆系静力平衡状态的分析方法。在施工控制指标方面，为掌握索长误差、张拉力误差以及外联节点坐标误差对索网结构形态影响的特性，确定合理的各误差控制指标，制定验收标准，基于随机误差影响分析，研究多种误差的耦合分析方法以及各误差控制指标的计算方法。研究空间马鞍形支承结构的高精度安装技术，包括环梁加工和安装、关节轴承限位、现场合拢等。

三、创新点

1. 创新点一

提出“外倾V形柱＋马鞍形外压环＋单层索网”整体结构体系、“马鞍形大开孔轮辐式单层索网”及其形态优化方法，V形柱脚设可滑动关节轴承和柱顶设临时缝，适应基础不均匀沉降和优化结构柱受力，采用新型直立锁边屋面和柔性马道适应索网大变形，实现大尺度体育场建筑的应用突破。

(1) 提出“外倾V形柱＋马鞍形外压环＋单层索网”整体结构体系

外压环空间线形适应单层索网马鞍形曲面，与外倾V形柱共同在空间上形成抵抗三维荷载的良好整体刚度。柱底采用关节轴承球铰支座，支承结构不利次内力小。轮辐式单层索网（图1c）由辐射状的径向索和环向索构成，呈马鞍形曲面，实现单层索网结构应用于大尺度体育场建筑的突破（图2、图3）。

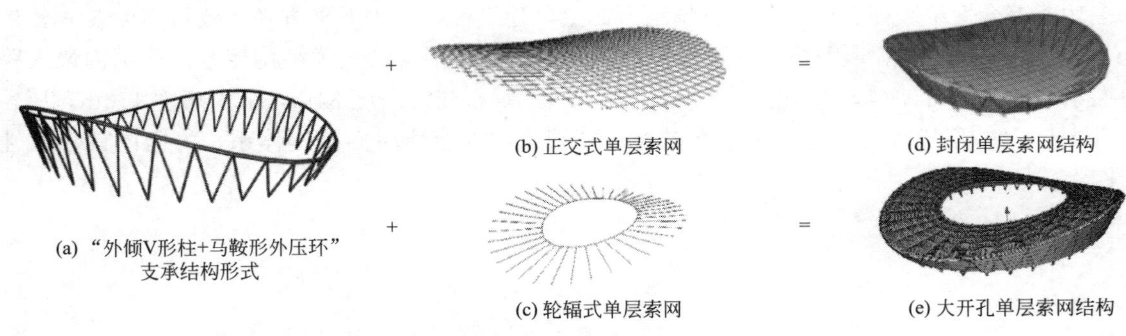

图1 “外倾V形柱＋马鞍形外压环＋单层索网”整体结构体系

图2 苏州奥体中心体育场

图3 苏州奥体中心游泳馆

（2）V形柱脚设可滑动关节轴承适应基础不均匀沉降；柱顶设施工临时缝减小结构柱受力

上述支承结构整体空间刚度大，对基础不均匀沉降较敏感，且在索网张拉时由于空间效应存在部分钢柱受拉，同时增大相邻柱压力。采用三种可滑动关节轴承优化柱脚约束，让各部位立柱承受指定荷载（图4），由沉降差造成的柱应力可减小60%以上。为避免施工中钢柱受拉且调控钢柱压力值，在部分柱顶设置施工临时缝（图5a、b），在索网张拉和屋面安装后及幕墙安装前封闭临时缝，使该部分钢柱参与后续结构受力。索网张拉时钢柱轴压力最多可减小约50%（图5c）。

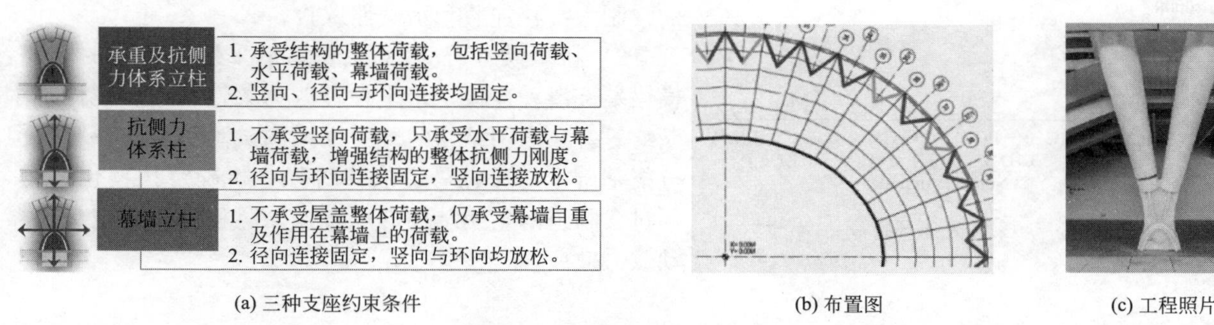

(a) 三种支座约束条件　(b) 布置图　(c) 工程照片

图4　V形柱脚的可滑动关节轴承

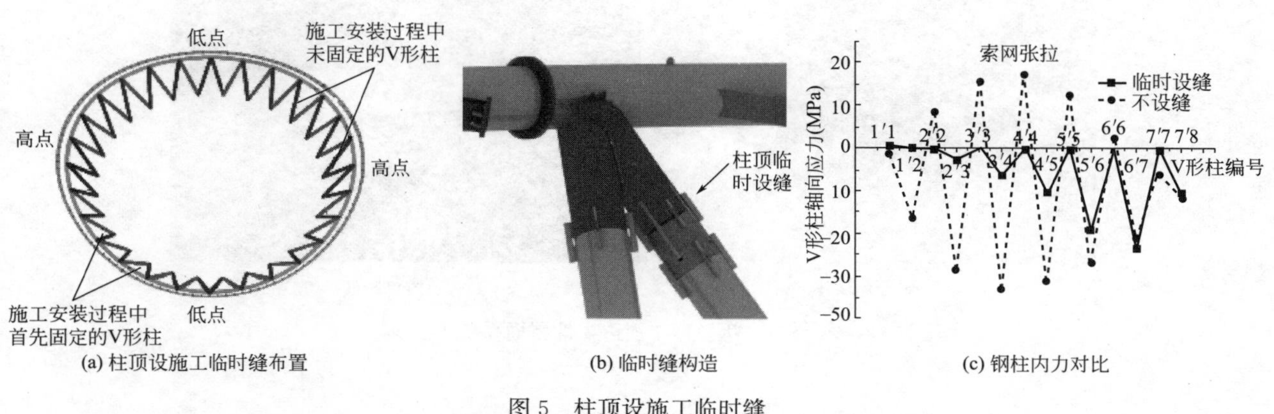

(a) 柱顶设施工临时缝布置　(b) 临时缝构造　(c) 钢柱内力对比

图5　柱顶设施工临时缝

（3）基于改进遗传算法的轮辐式单层索网形态优化分析

轮辐式单层索网（图6）形态优化包含力和形，变量多且相互影响，优化难度大。提出“张力条件下共节点的三根拉索共面”原则，并结合其他力平衡条件和结构对称性简化变量，以最小投资为优化目标，采用改进遗传算法（图7）优化外压环和环索节点标高（图8）、索预张力和规格，收敛稳定、效率和质量高。

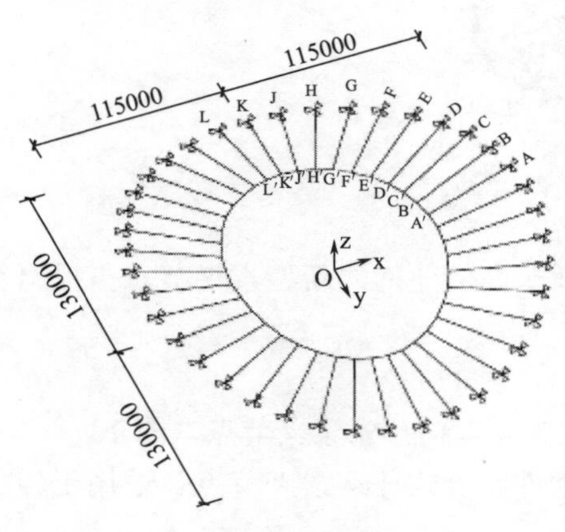

图6　轮辐单层索网模型

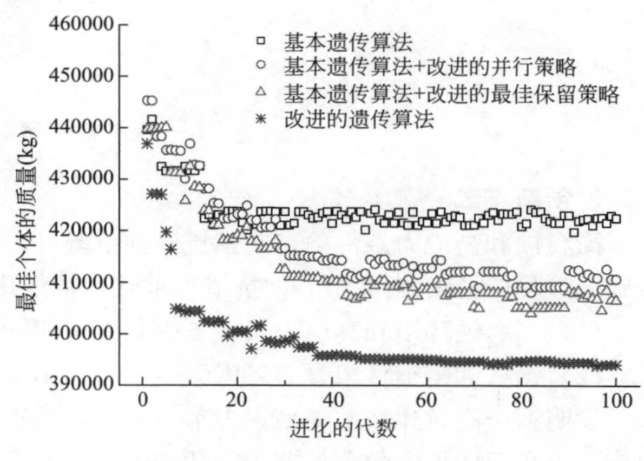

图7　不同遗传算法的对比

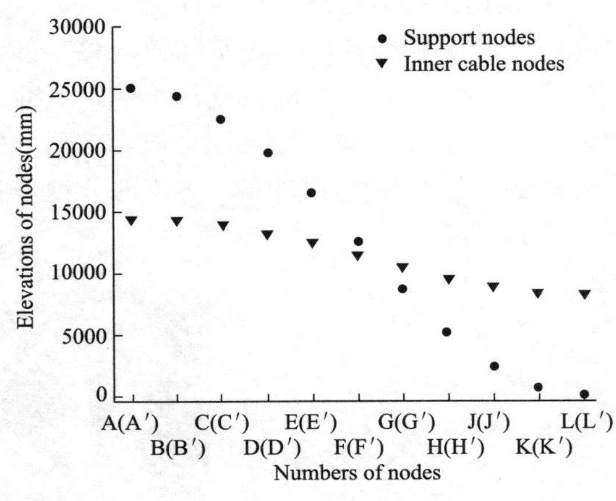

图 8 环索和外压环标高

(4) 适用于大变形索网的新型直立锁边屋面和柔性马道

1) 将传统直立锁边刚性屋面系统改进为新型柔性屋面(图 9):在主/次檩条端部设长圆孔,在压型金属板纵跨方向一端设滑动连接,横跨方向一端断缝,在直立锁边板下设铝合金滑动支座,通过了索网—屋面系统的强制大位移加载和水密性试验。

2) 新型柔性马道(图 10)也采用"放"的思路:横梁端部滑动连接、水平栏杆改为柔性细索、栏杆扶手断缝等。在索网结构的气弹性风洞试验和流固耦合数值分析基础上,通过马道位移时程分析确定预留位移量,通过含马道的索网结构的风致振动时程分析确定马道振动放大效应。

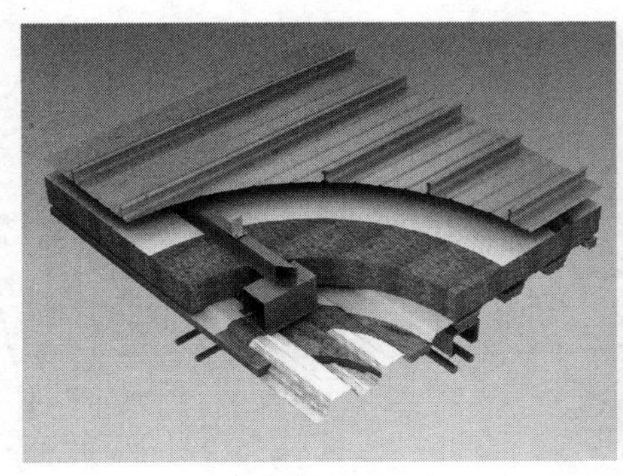

(a) 三维实体

(b) 试验

图 9 新型直立锁边柔性屋面系统

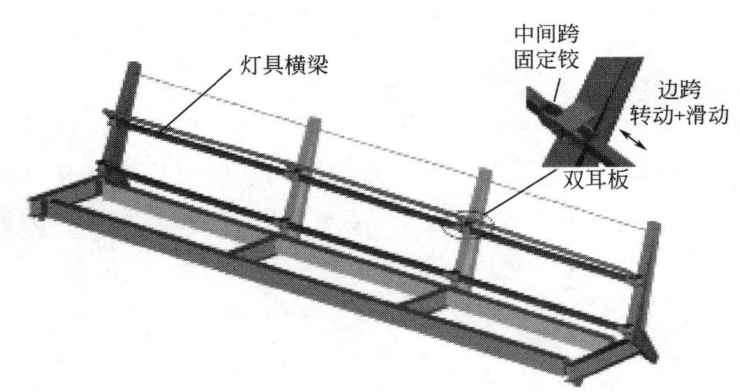

图 10 新型柔性马道三维实体

2. 创新点二

高腐蚀和高应力条件下密封索抗腐蚀试验和寿命预测;发明适于高效建造的新型索夹节点;提出符合施工过程的拉索-索夹组装件抗滑移承载力精细化试验方法。

(1) 高腐蚀环境和高应力条件下密封索抗腐蚀试验和寿命预测(图 11)

(2) 钢板和铸钢件组合式环索索夹节点(图 12)、施工中依次夹紧双向拉索索夹节点(图 13)

发明适于高效建造的新型索夹节点形式,首次采用钢板和铸钢件组合式环索索夹节点、适用于施工中依次夹紧双向拉索的索夹节点、适应索长安装误差的索端节点。

(a) 张拉拉索

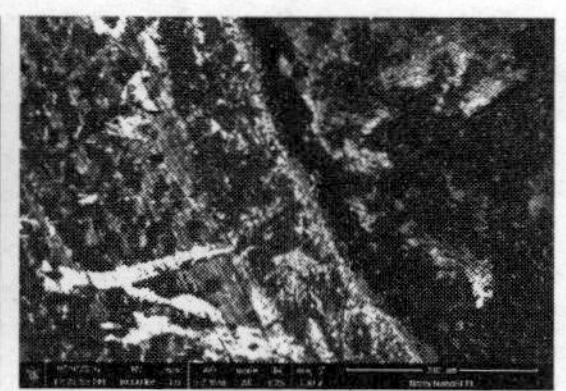

(b) 外层索丝镀层电镜扫描

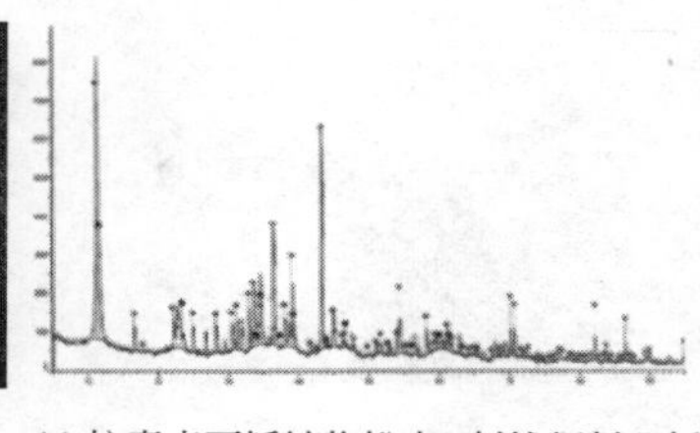

(c) 拉索表面锈蚀物粉末X射线衍射分析

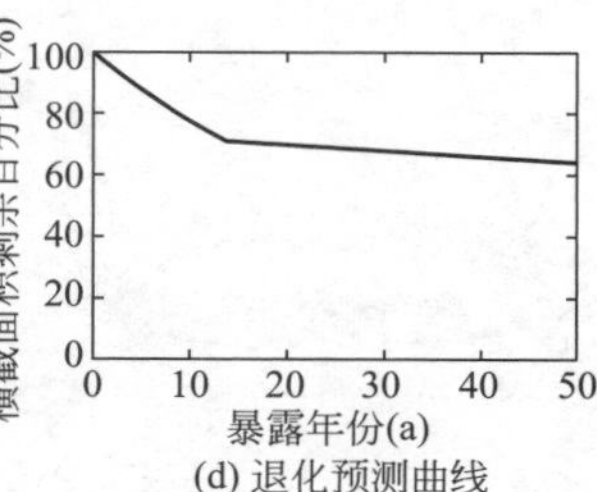

(d) 退化预测曲线

图 11　高腐蚀环境和高应力条件下密封索抗腐蚀试验和寿命预测

（3）拉索-索夹组装件抗滑移承载力精细化试验新方法

发明了张力条件下考虑时间效应同步监控高强度螺栓紧固力的拉索-索夹组装件抗滑移承载力试验方法，提出索张拉致索夹高强度螺栓紧固力损失的计算解析公式（图 14）。

(a) 构成示意

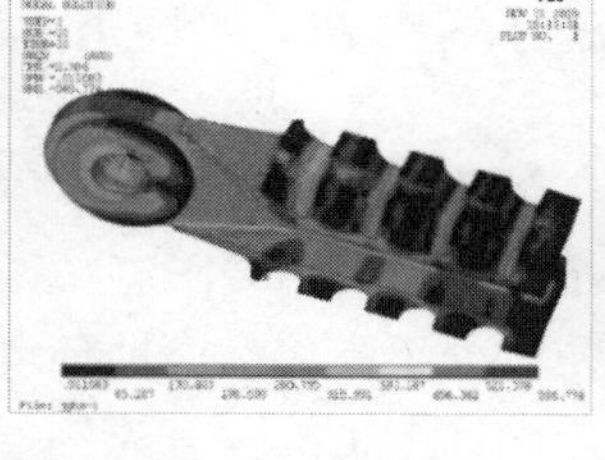

(b) 实体有限元分析

(c) 1500t加载试验

(d) 结构成型照片

图 12　钢板和铸钢件组合环索索夹节点

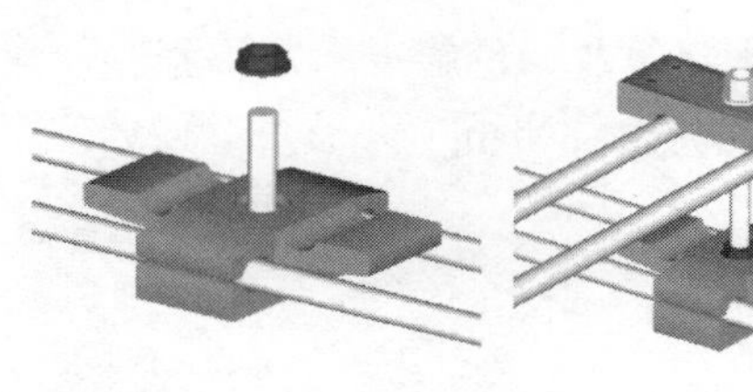

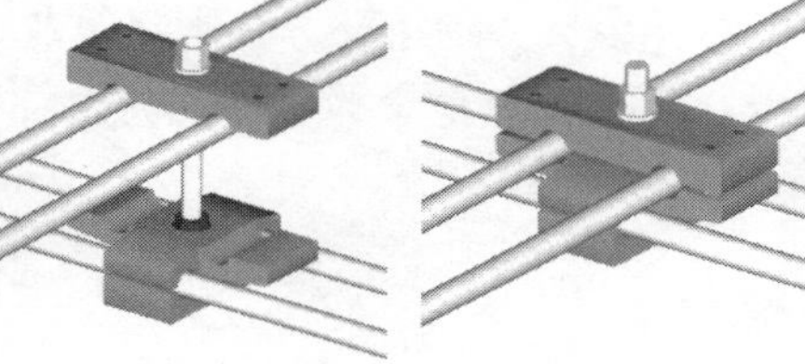

(a) 安装流程

(b) 工程照片

图 13　依次夹紧双向拉索的索夹节点

3. 创新点三

高精度成型的绿色建造单层索网成套技术，包括无支架的高效施工方法、精细化的施工全过程仿真分析方法、确定施工控制标准的耦合随机误差分析方法。

（1）分别适用于正交式和轮辐式单层索网的无支架绿色施工方法

1）正交式单层索网无支架高空溜索施工方法（图 15）：采用空中溜索方式依序安装承重索和稳定索。

2）轮辐式单层索网的整体提升、分批逐步锚固施工方法（图 16）：通过斜向牵引径向索将整个索网从低空提升至高空，过程中从外压环低点至高点分批逐步将各径向索与外压环锚接。极大减少支架量、高空作业量和大吨位提升系统数量，拉索保护易，施工效率高，措施费少，工期短。

（2）仿真柔性索网施工过程的精细化分析方法

发明了基于非线性动力有限元的索杆系静力平衡态找形分析方法，提出基于正算法的索网结构零状态找形迭代分析方法。

图 14　拉索-索夹组装件抗滑移承载力试验

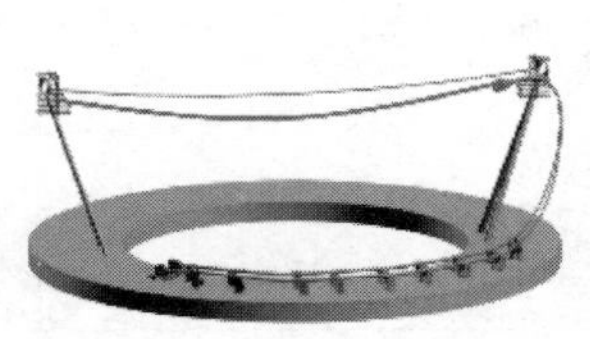

图 15　正交式单层索网无支架高空溜索

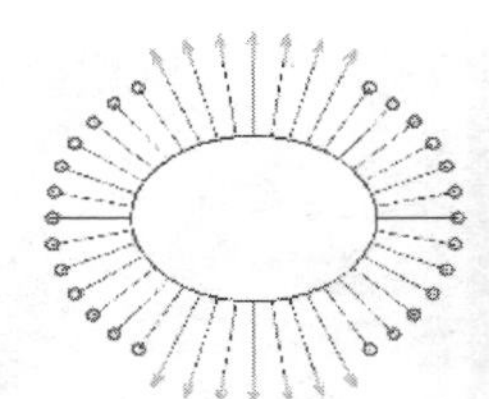

图 16　轮辐式单层索网整体提升、逐步锚固

（3）确定施工控制标准的耦合随机误差分析方法

提出索力、索长和外联节点坐标随机误差组合影响分析方法。

四、国内外同类技术对比

体育场屋盖最大跨度 260m，为国内第一、世界第二大跨度轮辐式单层索网结构。国外仅有科威特国家体育场采用大跨度单层索网结构，其外环梁由斜看台悬挑梁支撑，不同于本项目的 V 形钢柱。因此，体育场屋盖结构在全世界范围是独一无二的。

游泳馆屋盖最大跨度 110m，为国内第一个上覆直立锁边刚性屋面的柔性单层正交索网结构。与体育场柔性屋面不同，采用直立锁边刚性金属屋面，对索的抵抗变形能力要求高。国际上只有伦敦自行车馆采用单层索网＋金属屋面结构与本项目类似。但游泳馆拉索处于高氯气腐蚀环境，选择高钒螺旋索作为主要受力索，国内高钒拉索缺乏游泳馆项目的工程经验，国际上也极少有先例。

五、第三方评价情况

鉴定委员会评定项目科技成果总体达到国际领先水平。

项目获得鲁班奖、中国钢结构金奖、中建杯金奖、扬子杯、全国建筑业绿色施工示范工程、住建部绿色施工科技示范工程、绿色建筑三星标识、美国 LEED 金级认证，获得苏州市十大民心工程之首，体育场荣获 StadiumDB 评比的全球最佳体育场。

六、经济效益

体育场轮辐式单层索网施工采用低空组装＋空中牵引的施工方法，避免搭设索网组装支撑架体，大幅度减少施工措施费用 903.12 万元。游泳馆正交单层索网采用无支架空中组网施工技术，避免搭设索网组装支撑架体，减少施工措施费 217.5 万元。苏州奥体体育场、游泳馆工程索网采用全封闭高钒定长索，工厂定长、一次成型，避免高空二次调索，避免了索材浪费，节约成本 98 万元。V 形柱＋压环梁＋轮辐式单层索网＋膜结构屋盖和 V 形柱＋压环梁＋正交单层索网＋直立锁边金属屋面屋盖结构，大跨度马鞍形，造型轻盈，与其他大跨度场馆结构相比，节省大量钢材，节约投资 2160 万元。

七、社会效益

项目取得科技进步奖 3 项，发明专利 8 项、实用新型专利 10 项，省级工法 8 项，专著 4 部、SCI 论文 3 篇、中文核心期刊论文 17 篇。获得上海市优秀设计奖。科技成果总体达到国际领先水平。投入运营以来，相继承办了冰壶世界杯、中国足协超级杯、国际超级杯、亚洲青年羽毛球锦标赛等众多体育比赛和演艺活动，运营效果良好，已成为市民运动健身、休闲娱乐、文化旅游的活动中心。运营两年多来，结构安全稳定，各系统运行良好，功能满足设计和使用要求。项目填补国内超大跨度单层索网结构空白，推动了我国大跨空间结构向更加轻薄通透的方向发展，节约了用钢量，缩短了建造工期，实现了绿色建造。使我国单层索网结构设计与施工关键技术达到国际领先水平，取得显著的社会、经济、环境效益，具有广阔的应用前景。

新型钢管滚压成型灌浆套筒及钢筋连接成套技术研究与应用

完成单位：中建科技集团有限公司、廊坊中建机械有限公司、东南大学、中建二局洛阳机械有限公司、北京思达建茂科技发展有限公司、中国建筑股份有限公司技术中心、中建一局集团建设发展有限公司

完 成 人：郭海山、王海兵、戢文占、郭正兴、李志远、钱冠龙、张　涛、李　浩、陈欢欢、曾　涛

一、立项背景

建筑、桥梁及水利水电等土木工程的装配式混凝土结构连接节点普遍采用钢筋套筒灌浆连接，其质量对结构安全性有重要影响。钢筋套筒灌浆连接可通过灌浆套筒及硬化后的套筒灌浆料实现钢筋等强连接，使构件及结构成为整体。

1. 灌浆套筒产品方面

目前国内外的灌浆套筒主要采用铸造成型和切削工艺加工。其中铸造成型原材料昂贵、质量控制要求高、能耗高；切削加工生产工艺复杂、加工效率低、小直径套筒生产过程中的钢材损耗率超过40%，25mm以上大直径套筒切削刀具过长，加工效率低，经济性差。由于现有产品的工艺特点，导致灌浆套筒的价格居高不下，提高装配式建筑的节点造价，进而在一定程度影响了工程整体造价。因此，有必要研发一种材料低损耗、生产高效率、高质量低成本的新型灌浆套筒产品。

2. 套筒灌浆料方面

原有灌浆料产品限于5℃以上的环境使用，北方大部分地区冬期不能进行灌浆施工，有效施工时间相比传统现浇施工短一两个月，严重影响了装配式混凝土建筑的建造效率。采用硫铝酸盐水泥和高贝利特硫铝水泥进行低负温灌浆料的研究发现，存在凝结速度快，可操作时间短且后期强度不足，耐久性较差等问题。有必要开发不含硫铝水泥，且质量稳定、易于施工、后期强度持续增长的低负温套筒灌浆料产品，适用于北方地区装配式建筑的冬期施工。

3. 套筒灌浆施工及检测方面

传统套筒灌浆施工的低位灌浆工艺及无自动调节压力的灌浆设备，存在灌浆效率低和压力过高出现爆仓、爆管等问题，影响了套筒灌浆连接的实施效果。

现有套筒灌浆质量记录过程繁杂、完整性差，质量追溯性差，对其质量控制非常不利，有必要对灌浆质量的事前、事中和事后所涉及的各个方面进行管控。

现有的灌浆饱满度检测技术的可靠性差，难以作为工程验收的方法。

二、详细科学技术内容

本项目经过系统性的研究，提出灌浆套筒及钢筋连接技术系统问题，通过系统承载机理研究和大型足尺结构试验，开发新型滚压成型灌浆套筒系列产品，进行钢筋套筒灌浆连接应用研究，包括滚压成型自动化生产设备、高性能套筒灌浆料、高效灌浆施工工艺及设备、灌浆质量控制及检测技术的开发与研究，最终开展全面工程应用。

1. “滚压成型灌浆套筒”钢筋连接承载机理研究及产品开发

本项目提出了新型钢管滚压成型灌浆套筒技术，采用低合金无缝钢管为原材料，通过专用生产设备

对钢管外壁进行滚压加工成型，在套筒外壁形成多道环状凹槽，内壁形成多道凸环肋，可大幅提高套筒与混凝土和灌浆料的粘结强度，凸环肋集中布置在套筒两端，避免在套筒受力最大部位对套筒承载力造成削弱，滚压成型灌浆套筒生产工艺为无损耗滚压成型，相比常见铸造和机械加工方式，实现了原材料近"零"损耗，生产成本降低30%以上，生产效率提升两倍以上的突出成效。

（1）承载机理研究

对438个滚压成型灌浆套筒进行了钢筋灌浆连接的承载机理研究。研究得出了钢筋不同锚固段的粘结应力，套筒轴向和环向单向拉伸、高应力反复拉压和大变形反复拉压作用下钢筋和套筒的承载特性，为套筒灌浆钢筋连接在设计和使用提供了理论和试验依据，试验结果如图1所示。

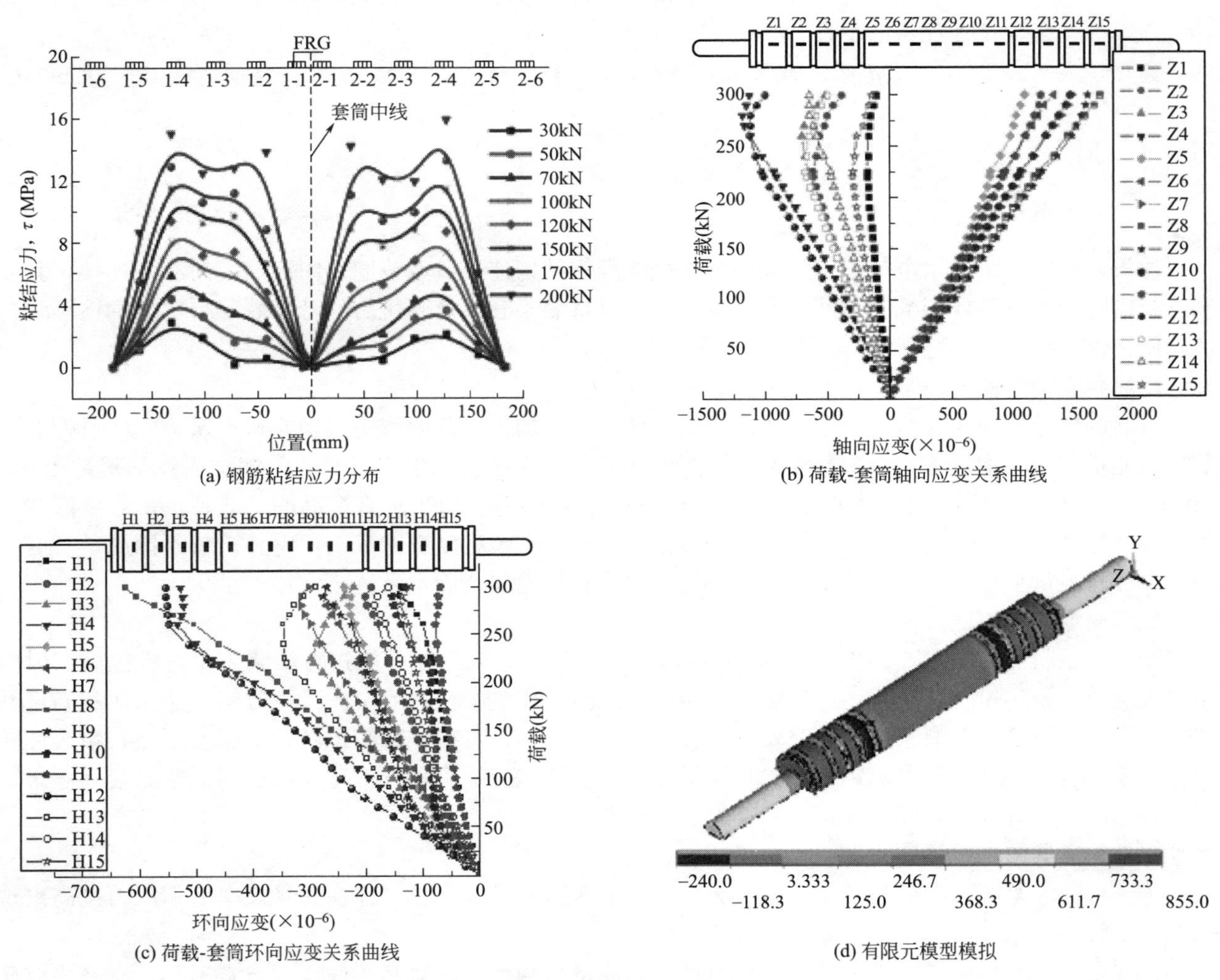

图1　滚压成型灌浆套筒的承载机理研究

（2）大型足尺结构抗震破坏试验研究

针对装配式框架结构柱脚节点、预制剪力墙与预制出筋和不出筋楼板的灌浆套筒连接节点，首次进行了大型足尺结构抗震破坏试验，通过分析滞回曲线及破坏形式，验证了滚压成型套筒灌浆在不同节点连接中的结构性能。见图2、图3。

（3）施工质量对灌浆接头可靠性影响研究

结合套筒灌浆施工的实际情况，针对施工时存在套筒内灌浆饱满度不足和灌浆料强度不足的情况进行模拟试验。对于工程常用的直径12～16mm和18～20mm的灌浆套筒，灌浆料强度分别达到63MPa和73MPa即可满足要求；钢筋锚固长度在大于7倍钢筋直径时可满足要求，为特殊工程质量验收提供了依据。见图4。

图 2　框架柱脚节点结构试验

图 3　墙-板灌浆节点结构试验

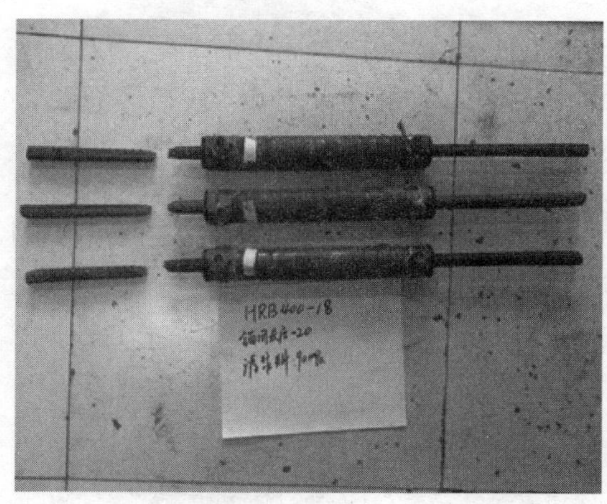

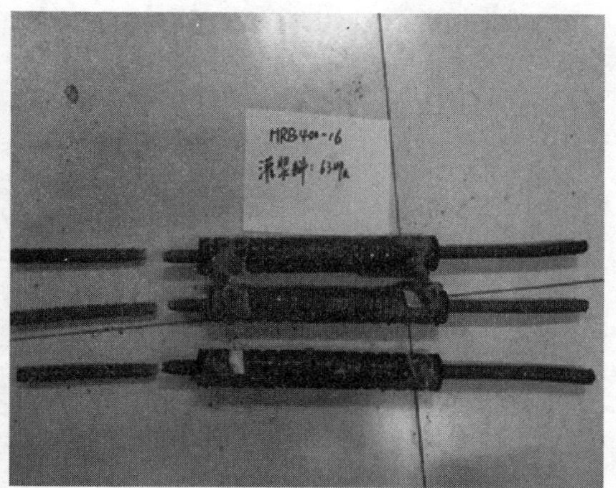

图 4　施工质量影响试验过程及结果

2. 新型“滚压成型灌浆套筒”产品开发

（1）“滚压成型”全灌浆套筒的研发与应用

通过对滚压成型灌浆套筒的大量力学及变形性能试验及检验，最终形成了 HRB400、HRB500 级，直径 12～40mm 的全灌浆系列产品，成功将滚压套筒纳入行业标准《钢筋连接用灌浆套筒》JG/T 398 和《钢筋套筒灌浆连接应用技术规程》JGJ 355 中，尤其是对大直径钢筋提出了通过改变锚固钢筋的构造提高灌浆接头性能的理念和方法，适合国内大直径钢筋肋形的特点。

（2）新型滚压成型半灌浆套筒的研发

基于滚压成型生产工艺，为适用于不同结构形式，完善“中建”牌灌浆套筒全系列产品，自主研发了焊接成型和挤压成型半灌浆套筒产品，与全灌浆套筒相比，半灌浆套筒可节省用钢量 20%以上，如图 5 所示。

图 5　滚压成型灌浆套筒部分产品

3.“滚压成型灌浆套筒”自动化生产设备关键技术

结合滚压成型灌浆套筒技术的特点，开发了适用于壁厚 3～8mm，直径 38～89mm 的 Q345 和 Q390 钢管的新型滚压套筒自动化生产成套设备，实现了不同规格套筒自动上料、送料、滚压、出料的自动化生产，提高生产效率50%以上。见图6～图8。

图6　焊接直螺纹连接半灌浆套筒

图7　挤压半灌浆套筒连试验

图8　滚压成型灌浆套筒生产设备

4. 特种高性能灌浆料开发关键技术

研发了基于硅酸盐水泥的"低温高性能"灌浆料产品，避免硫铝酸盐水泥可能导致的后期强度下降问题，实现−5℃环境的冬期灌浆施工，见表1。

低温套筒灌浆料的技术指标　　**表1**

流动度(mm)		强度(MPa)			膨胀率(%)
初始	30min	4h(−5℃)	28d(−5℃)	−7d+28d	24h
320	290	45.2	85以上	85以上	0.03

开发了快硬套筒灌浆料，实现了3h强度即超过了35MPa，达到普通灌浆料1d的强度要求，且30min内具有良好的流动性能，见表2。

快硬套筒灌浆料的技术指标　　**表2**

流动度(mm)		强度(MPa)				膨胀率(%)
初始	30min	3h	1d	3d	28d	24h
350	342	39.2	61.1	80.3	97.5	0.195

开发了高性能套筒灌浆料，具有大流动性、高强的特点，见表3。中建套筒灌浆料见图9。

高性能套筒灌浆料的技术指标 **表3**

流动度(mm)		强度(MPa)			膨胀率(%)	
初始	30min	1d	3d	28d	3h	24h
380	347	44.5	75.3	127.8	0.195	0.085

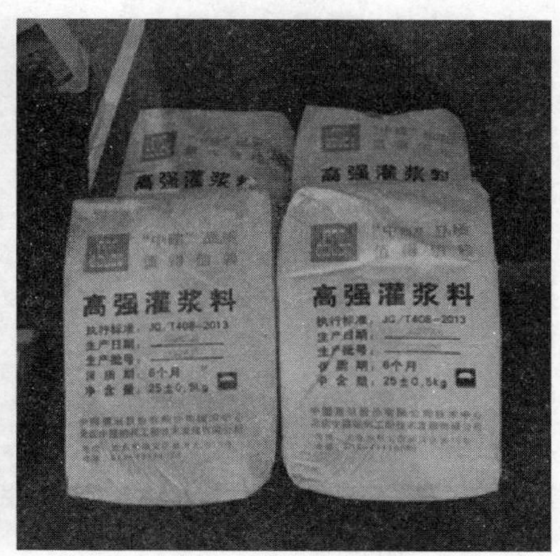

图9 中建套筒灌浆料

5. 高效灌浆施工工艺及设备

(1)“高位集中注浆”灌浆工艺

提出了“高位集中注浆”灌浆工艺，通过设置高于套筒的出浆位置的注浆管，利用灌浆料的大流动性和注浆口与套筒出浆口的高差，实现无压力或低压力注浆，降低了爆仓的风险，同时灌浆管内的灌浆料能够实现局部自动补浆功能，其原理如图10、图11所示。

图10 “高位集中注浆”工艺效果图

图11 高位集中注浆工艺施工

(2) 自动化灌浆料拌制和灌浆设备

本项目开发了BZJ 25A型自动灌浆拌制机，突破目前市场上常规灌浆机的功能，实现智能化、自动化、精确化、高效化的四化功能，确保灌浆料搅拌质量。研发的GJB-5A型自动灌浆泵输出可调、工作压力可调，有利于提高灌浆饱满度。见图12、图13。

图 12　第二代 BZJ 25A 型自动拌制机

图 13　GJB-5A 型自动灌浆泵

6. 灌浆质量控制及检测关键技术

（1）“基于区块链的全过程质量追溯”技术

创新提出了“基于区块链的全过程质量追溯”套筒灌浆质量管控技术。解决了现有套筒灌浆质量过程记录繁杂、完整性差的问题，基于区块链技术，开发了全过程质量管控的信息化管理系统，构建套筒灌浆施工全过程管理平台，实现了全过程质量管控、质量追溯，能够提升所有参与人员质量意识，提高行业整体施工质量。见图 14。

图 14　基于区块链的全过程质量追溯工程应用

（2）“钻孔内窥镜”法实体检测技术

开发了“钻孔内窥镜”法实体检测技术。通过对已经灌浆施工完成的灌浆套筒钻孔的方式配合内窥镜进行图像分析检验灌浆密实程度，判别灌浆施工质量。该方法具有准确性高，直观性强、可信度高。见图 15。

三、发现、发明及创新点

（1）创新提出了新型钢管“滚压成型灌浆套筒”技术，完成了新型套筒产品及钢筋套筒灌浆连接进行了系统的试验研究和承载机理研究，并首次通过大型足尺结构试验验证了其在大震下的高可靠性。开发了 HRB400、HRB500 级，直径 12～40mm 钢筋用全灌浆、半灌浆套筒系列产品，成功将滚压成型灌浆套筒产品纳入行业标准《钢筋连接用灌浆套筒》JG/T 398 和《钢筋套筒灌浆连接应用技术规程》JGJ 355 中。

（2）创新开发了“滚压成型灌浆套筒”自动化生产成套设备，生产了 400 余万套新型套筒产品，开发了套筒灌浆料自动拌制和灌浆设备。

（3）创新开发了低温高性能、快速硬化、常温高性能的套筒灌浆料产品，适用于不同环境、不同要求的工程项目。

（4）创新开发了“高位集中注浆”的高效灌浆工艺，在多项装配式项目中成功实施。

（5）创新提出并开发了“基于区块链的全过程质量追溯”及“钻孔内窥镜”法灌浆质量管控和检测技术。

图 15　内窥镜检测

四、与当前国内外同类研究、同类技术的综合比较

采用钢管滚压成型生产灌浆套筒的技术与当前国内外铸造和切削加工套筒相比，具有以下优点：

（1）加工效率高、原材料近“零”损耗；

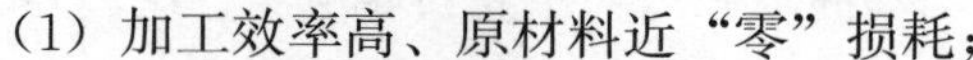

（2）滚压成型全灌浆原材料成本降低了 30%，加工效率提高了 50%，综合成本降低了 30%以上。

（3）通过提高改变 40mm 大直径钢筋构造提高灌浆接头力学性能，更适用于我国钢筋的特点。

（4）滚压成型半灌浆套筒的原材料成本降低了 40%。

滚压套筒自动化生产设备针对套筒产品开发，为国内外首创，其加工效率可提升 2 倍以上。

特种低温套筒灌浆料产品与国内外同类产品相比，采用硅酸盐水泥基，避免硫铝酸盐水泥基可能导致的后期强度不足和耐久性不足的问题，实现－5℃环境的冬期灌浆施工。

“高位集中注浆”灌浆工艺与当前国内外的低位灌浆工艺相比，具有灌浆压力小、施工效率可提升 2 倍、实时补浆功能可保证灌浆密实度的技术优势。

“套筒灌浆全过程质量追溯”技术，经技术查新为国内外首创，与当前国内外的质量记录方式相比，具有高效实时采集、数据准确、防篡改、质量追溯信息全面的技术优势。

五、第三方评价、应用推广情况

1. 第三方评价

北京中科创势科技成果评价中心组织了“钢管滚压成型灌浆套筒及钢筋连接成套技术”成果评价，专家组一致认为，该成果整体达到国际先进水平，其中“大直径滚压成型灌浆套筒”系列产品、“高位集中注浆工艺”施工技术达到了国际领先水平。

中国冶金建设协会组织了“低温高性能水泥基灌浆材料及自动化灌浆料拌制与灌浆设备研发”成果评价，评价组认为该研究成果整体上达到国际先进水平，其中套筒用低温高性能灌浆材料的性能达到国际领先水平。

“十三五”国家重点研发计划项目“装配式混凝土工业化建筑高效施工关键技术研究与示范”组织召开的课题绩效评价会，专家组一致认为“滚压套筒大直径钢筋灌浆连接成套技术”和“基于区块链和有源 RFID 技术的自动识别质量追溯系统”达到国际领先水平。

2. 应用推广情况

新型钢管滚压成型灌浆套筒及钢筋连接成套技术在北京、上海、深圳、南京、武汉等全国范围内应用了 400 余万套，在近 600 万平方米的装配式混凝土建筑工程应用，如北京城市副中心职工周转房项目、北京市通州区台湖公租房项目等重点工程中。见图 16。

图 16 滚压成型灌浆套筒的应用推广

六、经济效益

钢管滚压成型灌浆套筒质量稳定，生产效率高，成本低，与同类产品相比的利润更高，已经在全国各地大量应用，为企业增加数亿元的营业收入和数千万元的利润。低温灌浆料、高效灌浆施工设备和施工工艺、灌浆质量检测技术等应用，可以为项目保障工程质量、加快施工进度、降低施工成本，从而带来巨大的间接经济效益。

七、社会效益

滚压成型灌浆套筒通过对无缝钢管外壁滚压加工的方式，生产过程中“零损耗”，解决了铸造成型可能产生的环境污染和切削加工过程中的钢材损耗问题，具有安全可靠、质量稳定、加工效率高、节材环保等特点，符合国家可持续发展战略，是一种真正意义的绿色、高效的工业化新型技术，该成果的推广促进了行业的技术革新，推动了灌浆套筒技术的进步。

低温型灌浆料可用于低温环境（−5～5℃）下的灌浆施工，流动度良好，耐低温、早强性能强，可操作时间 30min 以上，且强度持续稳定增长，可延长北方地区的有效施工时间 1～2 个月，大大提高了装配式建筑的建造效率。

高位集中注浆工艺和自动化灌浆施工设备的开发，可有效提高现场制备灌浆料的质量，降低灌浆施工压力，提高施工效率，保证施工质量。

基于区块链的全过程质量追溯的开发，可实现套筒灌浆全过程的质量监管，提高从业人员的质量意识，提升行业的质量水平；钻孔内窥镜法检测技术的开发解决了灌浆质量验收无检测方法的问题，为灌浆节点的工程检测和验收提供了依据。

汉文化博览园关键建造技术研究与应用

完成单位：中国建筑第七工程局有限公司、中建七局建筑装饰工程有限公司、中建七局第四建筑有限公司、中建七局安装工程有限公司

完 成 人：冯大阔、张立伟、管俊超、黄延铮、李　宇、卢春亭、贺　颖、翟国政、王叙钒、刘雪亮

一、立项背景

汉文化博览园项目（图 1）为大型仿汉代文化建筑群，占地 $18hm^2$；借鉴汉风基台、墙身、屋顶等元素关系，提炼“殿”“廊”“台”“基”等中国传统建筑中各要素的构成及比例关系，将其在现代设计手法、地域文化等新背景下归纳演绎为新经典，彰显汉代建筑的中轴对称、高台建筑、名堂辟雍、阙等四大显著特征。建成后将成为世界汉文化标志、世界汉文化大会会址，未来汉文化遗址。由汉源博物馆、汉乐府、城市展览馆三个单体建筑以及室外仿汉代园林组成，是为弘扬和传播传统文化而建立的省级重点工程。如何以现代的建造方式建成汉代文化建筑，是主要的施工难题。

图 1　汉文化博览园

二、详细科学技术内容

1. 总体思路、技术方案

本项目针对汉文化博览园建筑结构尺寸大、安装精度高、装饰复杂多变等难点和特点，通过装置开发、工艺试验、技术创新与集成等工程应用手段，对其大尺寸混凝土结构、双层空间网壳穹顶、仿汉代文化室外装饰和室内装修、仿古园林建设等关键建造技术进行系统深入研究，形成了汉文化博览园关键建造技术，为后续类似仿古文化建筑的一体化高效建造提供借鉴。

2. 关键技术

（1）高大空间混凝土结构高效施工技术

1）研发了大截面超高混凝土柱新型组合模板加固施工技术

针对汉文化博览园建筑混凝土柱截面尺寸和高度大、模板固定困难且容易胀模的难题，研发了工具式卡箍＋槽钢组合紧固件的模板组合加固技术（图 2），有效降低了大截面柱胀模风险，提高了施工质量。

2）发明了网架＋钢管组合高支模体系

由于传统的钢管脚手架支模体系无法满足现场跨度和高度大的要求，发明了网架＋钢管支模体系（图 3、图 4），有效减小了钢管脚手架的搭设高度，减少了钢管用量，降低了钢管及扣件质量的不可控因素，实现了大跨度高支模。

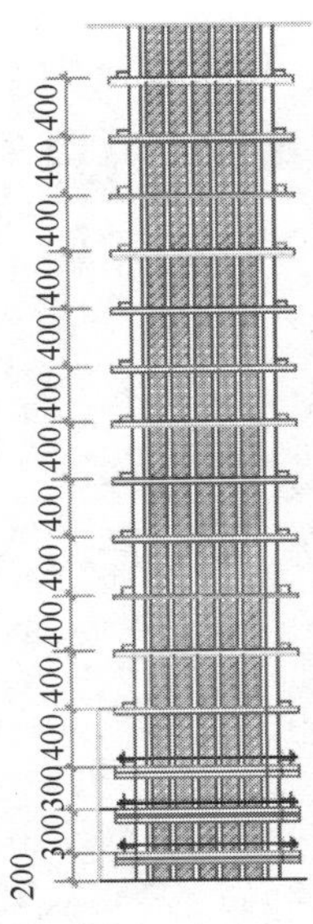

图 2　方柱模板设计和组合加固及实施效果

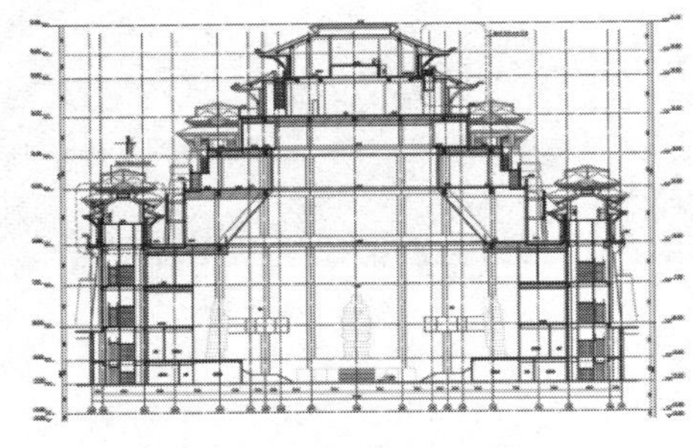

图 3　三圣殿高支模示意图

图 4　三圣殿高支模下弦钢柱支撑

3）研发了空间曲面钢结构高效清刷及定位装置

针对组合支模体系中网架连接点部位清刷效率低、安装定位精度差的问题，研发了异形刷子和基于BIM的调节焊接球三维坐标支撑胎架（图 5、图 6），提高了异形钢结构的清刷和定位效率，实现了大尺寸主体结构的高效率、高质量施工。

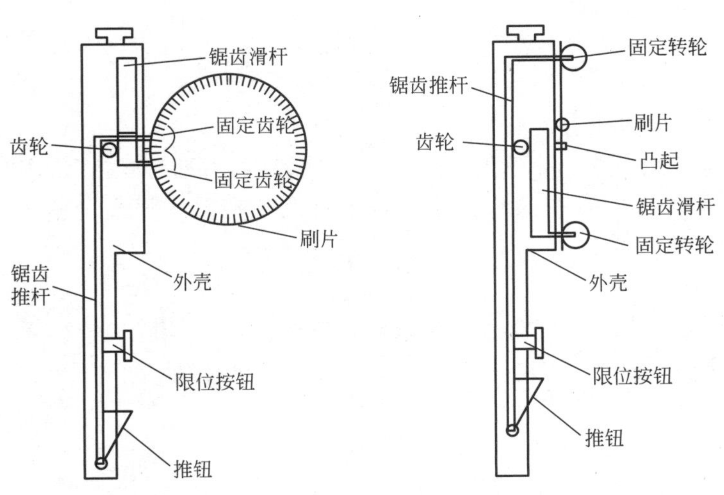

图 5　适用于管式结构的异形刷子

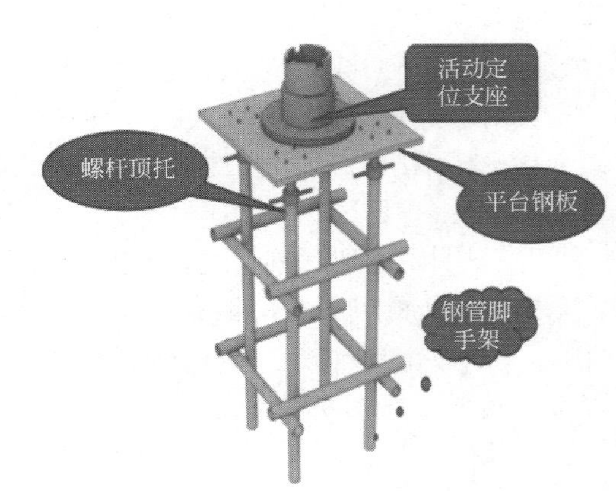

图 6　可灵活调节支撑点三维坐标的支撑胎架

（2）双层空间网壳穹顶结构施工技术

1）研发了受限空间内穹顶网壳“逐环扩大分步顶升＋金属托盘精准测量＋可调节回顶架”安装技术

针对土建结构需要优先施工、网壳没有整体拼装作业面、建筑外大型吊装机械无站点、施工作业空间受限的情况，研发了网壳逐环扩大分步顶升施工方法（图7）。通过有限元软件对顶升过程进行加卸载受力仿真分析，确保在网壳顶升过程中和安装后的受力协调；开发了同步液压顶升、边顶边拼、分步逐环扩大的网壳阶梯式施工技术，实现了受限空间内穹顶网壳的地面快速精准拼装以及网壳及演艺马道同步安装，减少了高空作业，提高了焊接质量，保证了穹顶结构外形曲线平滑，安装精度高。

针对网壳空间结构节点安装测量定位难、施工精度不易控制等难题，发明了球节点金属托盘空间三维定位控制装置（图8），确保了空间网壳安装精度，大大提高了施工效率。

图7　逐环扩大阶梯式施工技术

图8　金属托盘三维精准测量定位装置

研制了传递楼板集中载荷的可调式回顶架（图9），采用有限元仿真对顶升过程中回顶架进行计算分析，保证了回顶架的承载能力和稳定性，解决了楼板与相关梁柱构件的承载能力及成品保护问题，确保建筑结构在施工过程中的安全性。

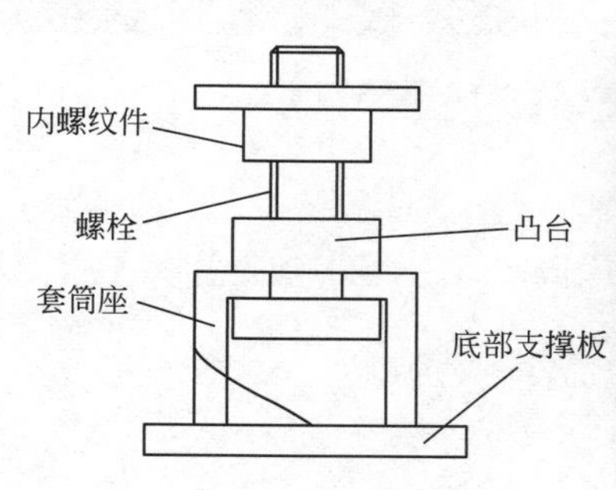

图9　可调式回顶架

2）开发了金属屋面“屋顶设备支架防水结构＋全封闭金属板与骨架连接可伸缩节点”新型组合防水结构及施工技术

基于设备振动时雨水流向模拟研发了屋顶设备支架防水构造，避免了屋面防水密封不好和设备振动造成防水处开裂的情况，保证了可靠防水年限与屋面板结构等寿命；针对球型或异形全封闭屋面的金属板在热胀冷缩作用下，环向和纵向都有变形，节点处理不当，板固定的位置会凸起或凹陷，接缝位置易损坏和漏水，影响外观等难题，研发了全封闭金属板与骨架连接可双向伸缩的节点，减少了漏水隐患，改善了外观。见图10。

（3）室外仿古装饰绿色施工技术

1）开发了仿汉代文化建筑屋面叠级装饰铝板施工技术

研发了瓦板间搭接插接板施工技术（图11、图12），设计出U形插接板，解决了屋面金属瓦上下行之间的搭接问题，同时保证了瓦板接口处的水密性能，优化造型平屋面排水系统，改进暗藏集排水，使造型平屋面排水更通畅，避免屋面漏水。

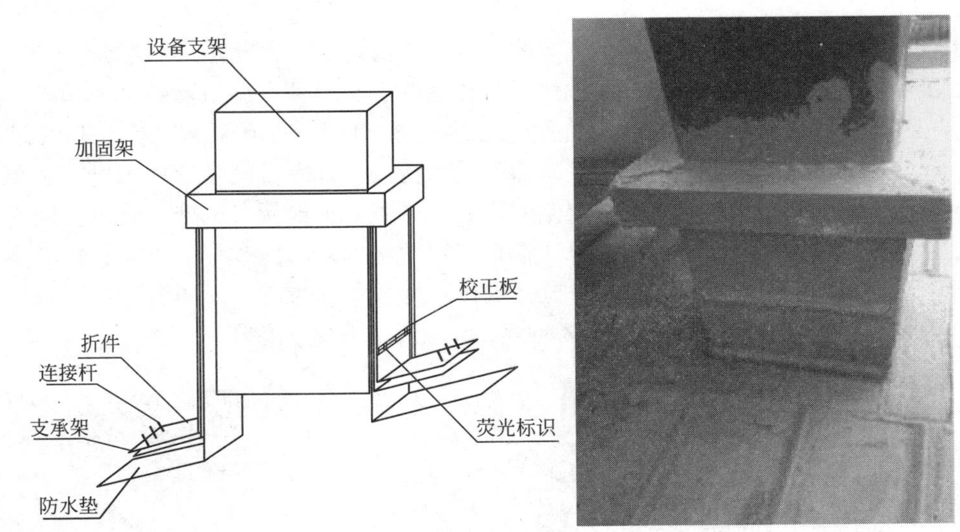

图 10　防水构造示意及实施效果图

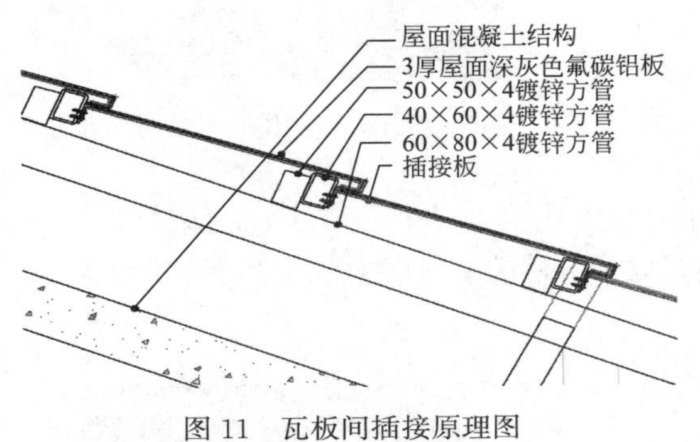

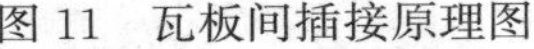

图 11　瓦板间插接原理图

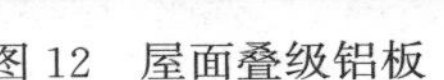

图 12　屋面叠级铝板

发明了新型暗藏集水槽（图 13），将制作好的集排水箱开口端与露天天沟焊接，焊接后加一层不锈钢过滤网，集排水箱另一端不锈钢管与屋面结构楼板排水系统连接，屋面水通过集水槽排出，避免了屋面积水。

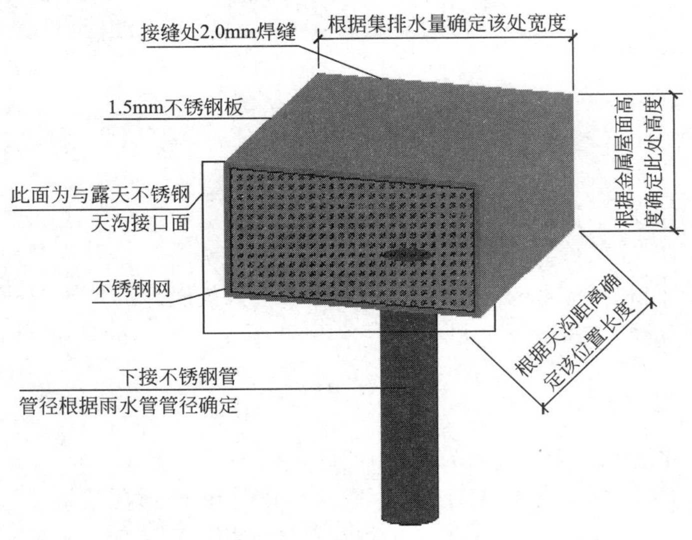

图 13　自制暗藏导水槽原理图

2）开发了企口开放式石材幕墙高精度施工技术

针对石材板块规格多样，石材背栓安装可能存在角钢空位偏差等难题，研发了开放式自然面石材新型背栓铝合金挂件装置（图 14），创新设置底座座，方便了铝合金挂件的固定、调整，可以根据需要进行高度和水平方向的调整，并可用于已安装好破损石材的更换；制造简单，安装快捷，施工方便，安装精度高（图 15）。

图 14 新型背栓挂件及安装

图 15 L 形石材转角效果

3）研发了 4D 蚀刻仿木纹铝单板幕墙信息化生产与安装技术

通过全站仪对汉文化博览园建筑阁楼檐口结构测量数据收集，和施工图纸建立 Revit 模型，优化分析模型，檐口异形铝板单元化组装（图 16、图 17），解决了铝板仿木纹的观感、纹理、凹凸感等效果呈现难度大，木材用于室外易变形、易腐蚀、易燃的难题，保证了仿汉代艺术宫殿阁楼檐口异形铝板的施工质量。

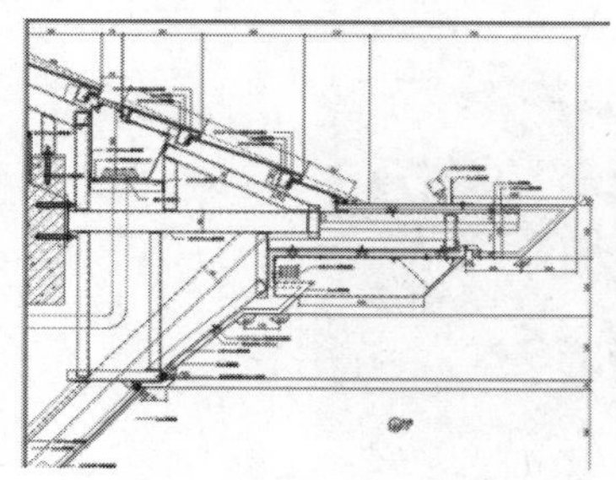

图 16 檐口剖面图及模型图

图 17 阁楼檐口铝板安装效果图

（4）室内仿古装修智慧建造技术

1）研发了超大空间装配式异形仿古壁龛施工技术

研发了可开启 180°消防箱暗门结构，借鉴大巴车门的开启方式，对暗藏消防箱门结构创新性构思，解决了现场暗藏消防门装饰造型施工难题；仿古壁龛面层材料多，高度大，壁龛设计采用后置埋件，基层骨架单元化焊接安装，面层材料单元化、标准化加工，“定定量，留变量”快速安装，施工过程中充分运用“三统一”技术。对于石材、木饰面、木雕等完成面尺寸二次深化，保证各材质造型一致、纹路统一、搭接合理。

2）开发了高大仿古多材质变截面造型柱施工技术

为了达到室内柱子的装饰效果，造型柱装饰效果应与室内墙、顶、地交相呼应，造型柱上面石材及木饰面的尺寸是不断变化，相应的石材背部干挂点的截面尺寸也随之变化，提出了石材雕刻 13 段、石材面板 9 段、木饰面 5 段的分段原

图 18 造型柱实物图

则，使造型柱的石材及木饰面的尺寸不断变化，相应的石材背部干挂点的截面尺寸也随之变化，实现造型柱装饰与室内墙、顶、地交相呼应的效果。见图 18。

3）研发了多种形式的装饰铝板吊顶施工技术

开发了室内高大空间装饰造型铝板吊顶装配式施工技术，采用三维扫描仪采集数据并实景复制，优化骨架及面层材料 CAD 图纸，确定铝板藻井需要的不同规格尺寸构件，制作模具并批量生产、加工焊接，单元化组装，整体吊装，实现吊顶铝板的整体安装；提出了组装封闭式装饰铝方通吊顶施工技术，组装式封板由 C 型底板、码片、限位块组成，铝板及组合封板根据现场施工图纸编号，现场组合拼装一次成型，拆卸维修方便，保证顶面整体效果美观，实现了古风设计效果。

4）研发了基于 BIM 的仿汉代文化建筑室内装修数字建造技术

用参数化“虚拟样板”代替实体样板，实现了在装饰设计方案的虚拟空间中行走、体验不同材质的装饰感觉，为设计师进行更换不同类似的方案提供了技术支撑和便利，大大减少了材料资源浪费（图 19、图 20）。使用 BIM 技术对异形复杂装饰铝板、GRG 彩绘吊顶进行板块优化分隔和工厂加工，优化骨架及铝板造型尺寸；施工过程中采用利用三维扫描仪进行施工精确测量、定位，优化骨架及铝板造型尺寸分隔，解决了室内装修设计方案多变、结构叠级多、构件复杂、色彩多样、实体样板费时费材等难题。

图 19　设计效果验证

图 20　白膜修复对比验证

（5）仿古景观园林关键建造技术

汉文化博览园项目，占地 $18hm^2$，为了与仿汉代文化建筑融入一体，创造出一种古典神韵的绿化美景，提出了“一池三山一园”的高端景观园林规划设计理念。见图 21。

1）研发了乔木全冠移植施工技术

针对名贵古树移植前的复壮工作，研发了乔木全冠移植施工技术，避免古树名木在迁移过程中，因原有土壤环境的改变而造成的折损，以提高古树名木的成活率。

2）形成了重黏土地质苗木种植养护技术

提出针对重黏土成分进行土壤改良技术，避免了乔木遭受物理和环境伤害。提出栽植穴内布置梅花桩排气孔施工技术，提高了土壤的通透性，保证乔木根部处于透气状态，避免了烂根现象的发生，提高了种植成活率。

3）开发了枯木艺术加工增值关键技术

合理利用枯树标本处理，采用废弃乔木与藤本植物结合、枯木根部加固等技术，解决了大型乔木在迁移过程中因不同原因造成死株被废弃的问题，使废弃乔木经过藤本植物结合的方式得以重新利用，为废弃乔木增值。

图 21　园林景观

三、发现、发明及创新点

1. 高大空间混凝土结构高效施工技术

针对大截面竖向构件多、结构层高大、支模跨度大等难题，研发了安拆方便的方柱模板紧固件装置和工具式卡箍＋槽钢组合紧固件组合的大截面柱模板加固技术，发明了网架＋钢管组合的高大空间模板支撑体系，减小了搭设高度，降低了胀模风险，提高了施工质量。

2. 双层空间网壳穹顶结构施工技术

针对空间网壳穹顶跨度大、定位精度要求高等难题，研发了阶梯式拼装分步顶升技术，研制了回顶架预紧装置，进行了顶升方案计算优化和有限元加卸载受力有限元分析，实现了受限空间内直径 58m 双层网壳焊接球穹顶结构的高精度回顶和施工。

3. 室外仿古装饰绿色施工技术

研发了仿汉代建筑屋面叠级装饰铝板施工技术，解决了仿古建筑屋面漏水的问题；开发了 4D 蚀刻仿木纹装饰铝单板幕墙信息化生产与安装技术，解决了建筑外立面装饰铝板仿木材效果呈现难度大、施工速度慢的难题；研究形成了开放式自然面石材背栓干挂施工技术，降低了劳动强度，保证了施工质量。

4. 室内仿古装修智慧建造技术

针对室内仿古墙面壁龛高大、结构复杂，装饰柱材质多变、吊顶层级多，安装精度要求高，研发了超大空间异形仿古壁龛装配式建造技术，开发了装饰造型铝板、组装封闭式铝方通、弧形檩条铝板等装饰吊顶施工技术，创新了吊顶骨架整体单元块焊接和整体吊装技术，建立了基于 BIM 的建筑室内装修数字建造技术，用参数化“虚拟样板”代替实体样板，减少了材料浪费，提高了施工效率。

5. 园林景观关键建造技术

提出了“一池三山一园”的高端景观园林规划设计理念，研发了名贵古树移前复壮、移植运输中及移植后复壮养护等工艺，形成了百年古树全冠移植成套技术，开发了枯木艺术加工增值技术，解决了古树名木迁移折损及死株废弃的问题，减少了古树折损，将废弃枯木变废为宝，实现了再利用。

四、与当前国内外同类研究、同类技术的综合比较

与传统仿古建筑相比，主要针对仿汉代文化建筑网架与钢管组合支模体系、屋顶钢网架拼装分步顶

升技术，以及在仿汉代室内室外装饰上具有明显创新和优势，形成了多项前沿施工技术。

五、第三方评价、应用推广情况

项目研究成果先后经过科学技术部西南信息中心查新中心、教育部科技查新工作站（G15）查新，国内外未见相同的文献报道；经组织专家评价，一致认为该技术成果达到国际先进水平，具有广泛的推广应用价值。

六、经济效益

本项目施工关键技术已应用于汉中市汉苑酒店、南阳市“南阳三馆一院”等多个工程，有效解决现场施工难题，产生经济效益 1.7 亿元。

七、社会效益

通过对汉文化博览园关键建造技术研究，研发形成了多项仿汉代建筑建造关键技术，极大减少了材耗并提高了现场施工效率，达到提高资源利用率、节约资源、节能减排的目的；同时，为国家制定相关技术规范、规程提供理论支撑。同时，汉文化博览园项目举办省部级、地市级、工程局级质量观摩会 50 余次；并受到央视、多家卫视青睐，成功举办了陕西省首届汉文化旅游节、四大卫视 2018 年“汉风秋月”中秋晚会等具有很高影响的活动，获得较高的社会评价，促进了地方经济的发展，社会价值显著。

海底深层水泥搅拌桩施工关键技术研究与应用

完成单位： 中国建筑国际集团有限公司、中国建筑工程（香港）有限公司、中国建筑-东亚地质联营

完 成 人： 潘树杰、姜绍杰、何　军、张　伟、陈小强、Jong-Kyu Hwang、王志涛

一、立项背景

因应香港地区空中货运及载客量的需求，香港地区机场管理局（以下简称机管局）正在兴建第三条跑道，相关工程被命名为机场三跑道系统。工程包括在现有机场岛以北填海拓地约 650hm^2 并建造 13km 海堤，其中有约四成面积位于污染泥料卸置坑之上，海床含丰厚污泥、淤泥及高风化层等不良地质条件。而且，该区域是国家一级保护动物“中华白海豚”的栖息地。为了尽量将可能对环境造成的影响减至最低，机管局决定在这些范围采用免挖式填海加固海床。因此，深层水泥搅拌法（DCM）是首选施工方案。

深层水泥搅拌法于 2012 年在香港地区进行首次可行性测试。主要是：

1）测试深层水泥搅拌法在污泥层的成效；

2）初步测试此方法对邻近海域质量及生态的影响；

3）DCM 在香港地区的可行性。

测试结果证实此方法在污泥层的可行性及稳定性正面，符合设计要求，并对附近海域质量及生态不会造成负面影响。

接着，机管局于 2015 年进行第二次测试，其目的是实测单支搅拌装置及多支搅拌装置的实际成效。同时，测试低楼顶搅拌装置（因机场限高问题而设的极短装置）的成效。用以上装置生产不同形状的 DCM，包括梅花形状、DCM 墙体、DCM 长方块等。总括而言，第二次测试的重点如下：

1）测试不同 DCM 形状，以便用于不同的工地位置；

2）测试不同水泥份量与软土混合后的硬度，选定适合的混合剂量；

3）测试配备不同数量搅拌装置工作船的效率。

经过 2012 年和 2015 年的两次 DCM 测试，机管局得出结论：深层水泥搅拌法能有效增强软土地基承载能力并可以取代传统疏浚工程，对环境保护的贡献甚大。这大大减低了传统挖掘出的污泥（Contaminated Mud）及海床淤泥（Marine Deposit）的额外处理，使机场三跑能更快进行后续填海及海堤建设等施工，从而令机场三跑道能更快完成，符合香港特别行政区政府发展计划，因此建议 DCM 技术在香港地区大规模实行。

三跑道海上 DCM 工程最终在 2016 年 8 月正式展开。

二、详细科学技术内容

1. 总体思路

海底深层水泥搅拌技术（Deep Cement Mixing，以下简称 DCM）是一种用于增加海床饱和软黏土地基承载力及处理海底污泥的新方法。它通过对海床进行桩柱形的地基处理来提升海基承载力，可以有效减少沉降量，并能起到良好的防渗效果。特别适用于大型填海工程前期地基稳固、海堤加固以及机场跑道建设等工程。施工快速、经济、环保，亦能保育海洋自然生态，在世界各地受到广泛应用。见图 1。

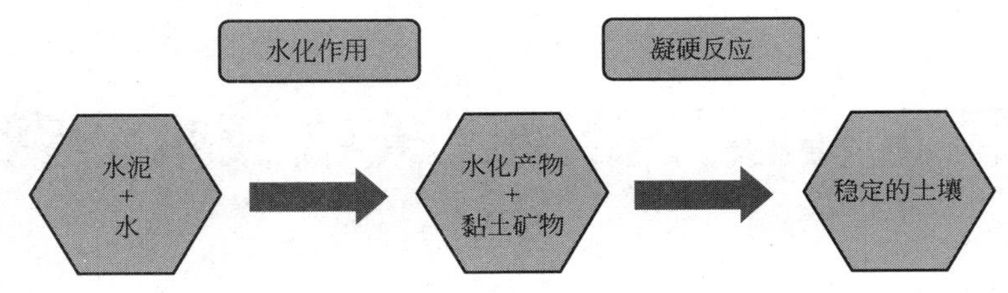

图 1　DCM 技术原理

软土与水泥采用机械搅拌的基本原理，基于水泥加固土的化学反应过程。在水泥加固土中，水泥的水解和水化反应是在具有一定活性的介质土的围绕下进行，所以硬化速度缓慢且作用复杂。当水泥的各种水化物生成后，有的自身继续硬化形成水泥结构骨架，有的则与其周围具有一定活性的黏土颗粒发生反应。当中，包括离子交换和团粒化作用、凝硬反应和碳酸化作用等。

知道以上原理后，只要将工艺适当用于指定区域便能增加软土承载能力，并能在之上盖建其他基建或项目。DCM 通过特制的深层搅拌机械，在地基深处将软土和水泥强制搅拌，最后使软土结合成具有整体性、水稳和一定强度的优质地基。就现时此工艺而言，成品可以是连续四方体的 DCM 墙体，又或是连续或断续的梅花形 DCM 柱体，而形状的取决是基于各项不同参数及早期设计而定。见图 2。

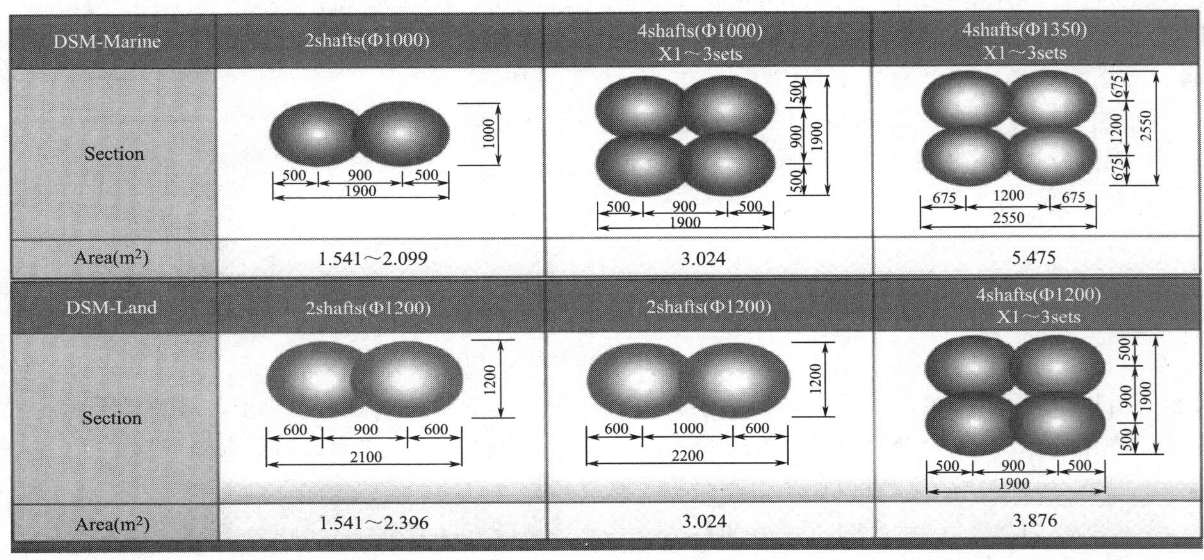

DSM-Marine	2shafts(Φ1000)	4shafts(Φ1000) X1～3sets	4shafts(Φ1350) X1～3sets
Section	500 900 500 1900 1000	500 900 500 1900 500 900 500 1900	675 1200 675 2550 675 1200 675 2550
Area(m²)	1.541～2.099	3.024	5.475
DSM-Land	2shafts(Φ1200)	2shafts(Φ1200)	4shafts(Φ1200) X1～3sets
Section	600 900 600 2100 1200	600 1000 600 2200 1200	500 900 500 1900 500 900 500 1900
Area(m²)	1.541～2.396	3.024	3.876

图 2　DCM 形状

2. 技术方案

海底深层水泥搅拌法作为香港首次引入的施工技术，顾名思义是使用可伸缩的机械搅拌装置钻探到指定深度，并使用既定的搅拌模式进行混合料（水泥和海水）与软土或原土搅拌，将其就地加固，达到最大限度地利用原土并提升其承载力及强度。就深度而言，一般为 10～50m 不等；若超过 50m 深度，搅拌装置及船只需进行强化和改装。在水泥供应充足的条件下，每一组搅拌装置每天产量为 15～25 支 DCM 桩，每支桩大概能在 2h 内完成，而每支桩大概使用 20～50t 水泥，这取决于其深度。见图 3。

DCM 施工技术方案及工艺流程如下所示：

（1）前期探土

主要目的是利用钻探的方式钻取海床下的样板进行应力测试，以取得施工范围内的地质信息。

（2）水泥与原土混合压力测试试验

将原土和不同配方的水泥以不同的水灰比混合，在试验室内对混合物进行压力测试，以便取得一个参考应力数值。通过对这些数据的分析，能为有效制订 DCM 桩深，拟采用的水泥配方，预算水泥使用

图 3　香港地区机场三跑海上 DCM 施工照片

量，计算 DCM 成桩后的强度提供更加可靠的依据。

（3）铺设土工布及临时砂垫层

安装海底土工布及铺设 2m 厚的临时砂垫层。该工序的主要目的是为了保护现有海床、隔离污染物及清洗将来 DCM 搅拌后的刀片等。

（4）搅拌装置试验

搅拌装置试验是为了测试装置的钻探能力和每支装置能否符合合约要求，以及在不同泥层下的效能来证明其可靠性。

（5）DCM 工地试桩

DCM 试桩包括试用已批核的水泥配方钻探至指定深度。以此测试出整个运作流程所需的时间，并测验施工过程是否畅顺无阻。试桩的主要目的是为了优化较大规模的 DCM 施工。

在以上所有前期工程和测试通过后，DCM 工程方可正式开始。

（6）正式进行 DCM 工程

工作流程如下：

1）移船：拖行及移动船只到指定位置，透过全球定位仪（GPS）及工地海平面高度检察仪做配合。

2）钻探：使用低转速（19rpm）及稳定速度（1.0m/min）开始搅拌，直至到达指定深度后，再将钻速放慢到 0.3m/min。

3）完成搅拌及钻探：在到达应力层钻至桩底深度后，检查所有数据包括电阻值、深度及位置是否符合图纸要求。

4）DCM 底部处理：到达桩脚后，DCM 装置会提高 3m 于应力层以上，并开始使用 DCM 搅拌装置注射水泥浆进行水泥搅拌。该程序指定搅拌速度为 38rpm/0.6m 钻速，再次钻回至桩脚位置。

5）抽高 DCM 搅拌装置，注射及搅拌水泥浆：在到达桩底后，再用 DCM 搅拌装置进行注射水泥并向上抽高及搅拌，其抽高速度会因应不同泥层而定，规范为搅拌片旋转数不少于 450 次/（0.68m · min）的速度。

6）完成 DCM：当搅拌装置上升回到人工铺沙层洗涤后，再上升至起点位置，于船上用高压水枪清洗搅拌装置。

（7）取芯及压力测试

取芯测试的目的是探取实际样板，进行物理及化学测试，以确保 DCM 质量符合合约要求。

3. 关键技术

本研究成果针对施工范围内海床含有丰厚的污泥层、淤泥及高风化层等不良地质条件和苛刻的白海豚保育区生态环境要求，包括以下关键技术：

（1）三维数字化海底 DCM 桩长设计技术

香港国际机场三跑道海床面大概在－3.0mPD 至－5.0mPD 之间，地质包括了海泥、冲积层及人工产生的污泥层。当中，以在污泥层区域施工的难度及与水泥搅拌后的地基稳定性最为关键。而深层水泥搅拌的深度一般由海床面开始计算，一般为 15～30m，形状采用梅花形设计。

研究团队通过对 60 组深海土体原位试验数据进行分析、筛选及数值优化，借助于二阶非线性理论分析、数值模拟、样板分析等手段，在 1269439m^2 施工范围内得到准确的三维可视化地质条件分布图，开发了三维数字化海底 DCM 桩长设计技术，实现海底深层水泥搅拌桩作业深度的精准设计，具有极高的工程价值。

（2）DCM 拌合物制备技术

按照合约要求，承建商需自行订下水泥配方并得到机管局许可才能正式使用。而在不同水泥配方下的 DCM 强度需要符合 4 个应力标准：800kN/m^2，1000kN/m^2，1200kN/m^2 及 1400kN/m^2。见表 1。

合约对 DCM 强度和水泥配方的要求 **表 1**

合约要求的 28d 强度标准(kN/m^2)	DCM 试桩		DCM 桩试验室强度测试要求
800	水泥配方 1～3	每一种配方做 5 组测试（共 15 支 DCM 试桩）	每 1 支试桩取一组钻探样板(共 15 支试桩) 样板需要在 DCM 试桩施工 28d 之后才进行钻探取样 预计每组钻探样板需做 300 次强度测试(参照值为每组样板 20m 长)
1000	水泥配方 4～6	每一种配方做 5 组测试（共 15 支 DCM 试桩）	
1200	水泥配方 7～9	每一种配方做 5 组测试（共 15 支 DCM 试桩）	
1400	水泥配方 10～12	每一种配方做 5 组测试（共 15 支 DCM 试桩）	

本技术成果在研究时同时测试了 3 种不同的普通硅酸盐水泥品牌，通过数据分析，最后敲定最终的水泥配方。见表 2、表 3。

三种不同品牌的普通硅酸盐水泥 **表 2**

供应商	品牌	型号	水泥密度
澳门水泥	金鲤水泥厂	52.5N	3130kg/m^3
CNBMIT	南方水泥厂	52.5N	3160kg/m^3
尼康	日本水泥(掺有粉煤灰)	52.5N(80%水泥+20%粉煤灰)	2920kg/m^3

最终选定的普通硅酸盐水泥（OPC）配方 **表 3**

CRUCS	800kPa	1000kPa	1200kPa	1200kPa	
CMP	260kg/m^3	280kg/m^3	280kg/m^3	—	
MD	260kg/m^3	280kg/m^3	—	upper 8m	320kg/m^3
				below 8m	280kg/m^3
Alluvium	220kg/m^3	220kg/m^3	220kg/m^3	220kg/m^3	

续表

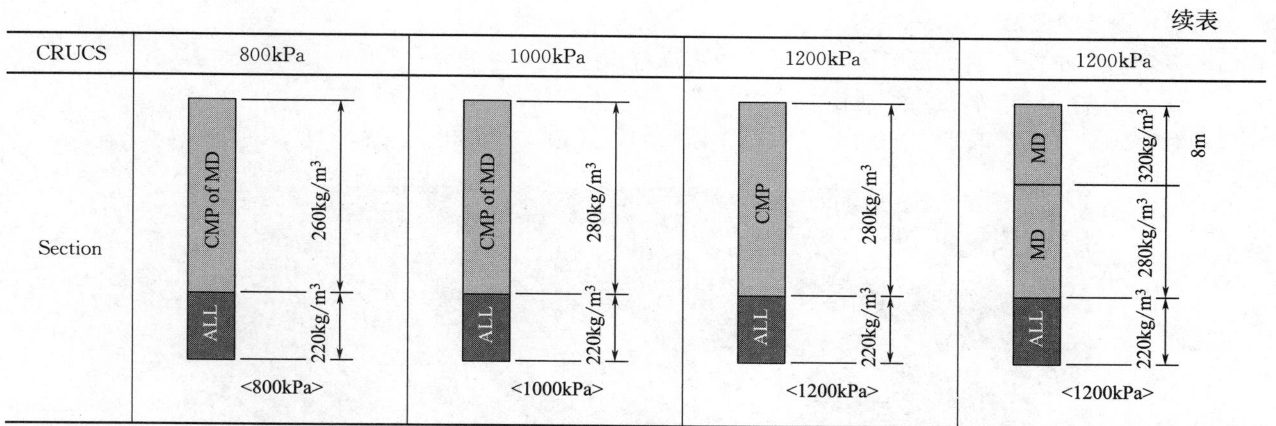

CRUCS	800kPa	1000kPa	1200kPa	1200kPa
Section	CMP of MD $260kg/m^3$ ALL $220kg/m^3$ <800kPa>	CMP of MD $280kg/m^3$ ALL $220kg/m^3$ <1000kPa>	CMP $280kg/m^3$ ALL $220kg/m^3$ <1200kPa>	MD $320kg/m^3$ 8m MD $280kg/m^3$ ALL $220kg/m^3$ <1200kPa>

为保障工程进度，研究团队创新设计使用矿渣硅酸盐水泥（PBFC）以及含煤灰（PFA）的水泥代替普通硅酸盐水泥（OPC）。经过一系列的研究和比对，研究团队发现矿渣硅酸盐水泥（PBFC）相对于其他水泥更为经济，更能提升质量。得出以上结论之后，研发团队定下 3 种 PBFC 水泥配方进行试桩（图 4）。

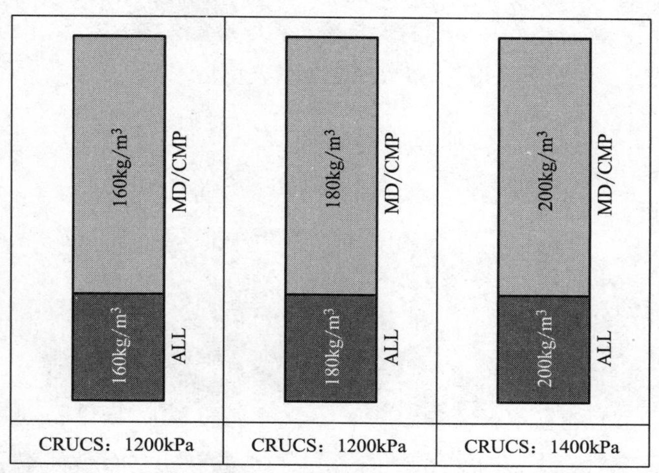

图 4 选定的矿渣水泥（PBFC）试桩配方

另外，研究团队将水泥中矿渣的含量由原来的 25％提升至 60％，并将 PBFC 跟原土搅拌的配方最终调整为 160～$200kg/m^3$，W/C 比率定为 1.0。由此创新设计了全新的矿渣水泥配方，并将此应用于余下的 DCM 施工。见表 4。

最终选定的矿渣硅酸盐水泥（PBFC）配方 **表 4**

土层性质	强度标准 1200kPa	强度标准 1400kPa
污泥层/沉积层	$160kg/m^3$	$160kg/m^3$
冲积层	$200kg/m^3$	$200kg/m^3$

此创新设计不但使水泥总使用量减少了 30％，节省了水泥总开支近 3.6 亿港元。更重要的是有效地解决了施工期间内地普通硅酸盐水泥（OPC）供应严重短缺、价格节节攀升的难题。既确保了工程进度，又降低了生产总成本，更为制定相关规范提供了技术参考，成效卓著。

（3）水泥浆制备、搅拌、输送及 DCM 质量控制技术

DCM 水泥浆制备、搅拌、输送是透过几个步骤而形成：

➢ 水泥补给船输料到 DCM 施工船上的储泥缸。

➢ 技术人员在控制室输入指定配方量。

- 海水与水泥在搅拌缸混合。
- 混合后的水泥会透过自由流动，流至慢浆缸备用。
- 使用压力泵输送水泥浆到搅拌装置上。
- 利用螺旋式搅拌装置上的两个出浆口作输出，以建造 DCM 桩柱。见图 5。

图 5 DCM 搅拌装置及出浆口

为符合合约要求及保证 DCM 质量，质量管控措施必须贯穿工程始末。当中，包括水泥质量监管、施工整体质量管控、施工船电子仪器设备校准等（图 6～图 8）。

图 6 水泥质量检测及实验室测试

图 7 钻探取芯及强度测试

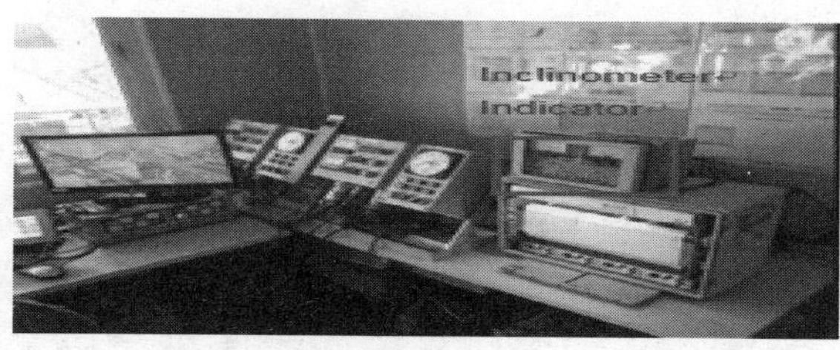

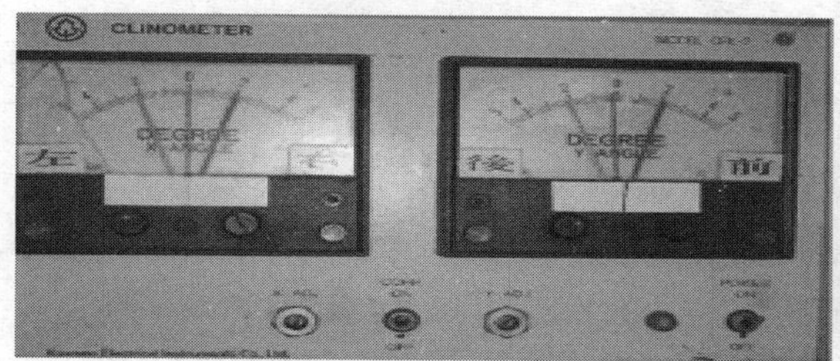

图 8 施工船电子仪器设备检测与校准

通过对严格的操作和严谨的质量把关，项目至今为止未出现过任何质量事故。海床经处理后地基强度复测符合设计标准，各项测验结果合格率为 100%。这些技术成果的总结，值得同类型工程项目借鉴和参考。

(4) 海底淤泥与污染物防泄漏综合技术

由于工程施工范围是濒临绝种保护动物中华白海豚的栖身地，更为关键的是部分施工位置位于污泥层和垃圾倾倒区，这些区域包含大量受污染淤泥和大量非惰性垃圾。因此，施工时务必确保海水不受到污染。

首先，在进行 DCM 施工前，在海床上铺设一层约 2m 厚的临时砂土层。其目的是利用砂土层将污泥层分隔，防止受污染的淤泥、污染物和垃圾在 DCM 搅拌时在海底扩散。同时，还能起到清洗 DCM 搅拌装置的刀片的用途。另外，在进行铺砂工作前会先在海底铺设土工布，以起到减少砂的流失量和使用量及保护现有海床的作用。见图 9。

图 9 在海底铺设土工布及铺设临时砂土层

然后，采用三重隔泥幕以确保由污泥层带上来的污染物不泄漏出公开海域。其中，第一层隔泥幕是安装于搅拌装置之下的铁笼式防漏网，它的作用是利用铁架结构封闭已搅拌的水泥及原土，使其自然沉降回海床中，大大减低搅拌海泥时泛起的颗粒；而第二层隔泥幕是安装于 DCM 施工船海面周围的浮泡式防漏网，以作为紧急防泄漏之用途；最后一层隔泥幕是围封施工范围的整体密封式隔泥幕，确保无任何污染物飘出施工范围之外。见图 10。

图 10　在施工范围设置三重隔泥幕

通过以上措施有效地防止了淤泥和污染物泄漏，大大降低了对海洋生态的负面影响，在保障海洋环境达到白海豚保育区的生态要求方面发挥了积极和重要的作用。

三、发现、发明及创新点

成果主要创新点包括：

（1）创新形成填料入海防污染控制技术。使用象鼻筒、接料漏斗等设备，保障填料直达海底指定位置。该项创新不但大大减少海砂流失量，而且还保障了填料不会周围扩散，避免污染海水，安全、高效、环保。

（2）创新使用洗水石粉代替海砂。内地海砂供港受国家有关部门出口指标限制，极其短缺。本项创新有效解决了海砂供应严重不足的难题。在确保工程进度方面发挥了巨大的作用。

（3）形成了全新的砂垫层海底摊铺技术。通过在海床铺设土工布和 2m 厚临时砂土层，将海底污泥层分隔，不但防止淤泥、污染物和垃圾在搅拌时从海底扩散。同时还起到清洗搅拌刀片的作用，效果十分显著。

（4）设计并改造 DCM 船只搅拌装置高度。将搅拌装置高度由 73m 缩短至 53m，以符合飞机航道限高要求。并安装实时高度监测仪、实时船只监测系统、实时潮汐监测系统等电子设备，24h 监测施工船只状况。全面确保 0 海事意外率。

（5）创新设计了“4-3-2-1”搅拌装置。对现有搅拌装置进行改造，并将不同配置的施工船灵活运用于不同位置，避免船只移位和改装所耗费的时间。大大提高了施工效率，使工程进度达至高效。

（6）独家设立大型海上水泥储存中转站。有效解决了总数量 200 万吨水泥的供应不稳定，和香港密封运输船数量不足的难题，并得到同行的纷纷效仿。

（7）创新开发了防噪声、防空气污染控制技术。利用隔声胶垫、粉粒收集器、废气排放检验仪等设备，有效控制了施工时所产生的噪声、粉尘和废气。

以上创新，已获得国际专利授权 3 项；形成省部级工法 1 项；企业级工法 1 项；发表论文 6 篇。经第三方组织国家科技成果评价，总体达到国际领先水平。

四、与当前国内外同类研究、同类技术的综合比较

<table>
<tr><th>本研究成果的技术难度</th><th>本研究成果的先进性</th><th>与国内外同类技术的比较</th></tr>
<tr><td>1.施工范围除包含污染泥层之外，还含有海底输油管道、高压电缆以及大量非惰性垃圾。令DCM在建造过程中有机会遇上不同阻碍物，缠绕搅拌刀具，造成搅拌装置的损坏</td><td rowspan="5">1.特别适用于复杂地质条件下海基加固，能有效处理淤泥和污染泥，提高海床稳定性，减少沉降及实现快速回填，缩短工期。
2.可取代传统疏浚工艺和堆载预压工艺，施工快捷、方便。
3.对海洋生态环境和中华白海豚的保育不造成任何影响，对环保贡献极大</td><td rowspan="5">1.在香港地区类似的地质改善方法曾在陆地使用过。而本研究成果则首次在香港地区应用。
2.本成果在难度、风险、质、安、环等方面绝非传统DCM技术能比。
3.开创了四项全新的海底深层水泥搅拌施工核心技术，并在七大方面进行优化升级和创新。
4.在国内外同类技术未见与本研究成果特点完全相同的报道</td></tr>
<tr><td>2.香港地区没有海上DCM施工船只和工程人员，需要引入大批海外专才。而所有的工程船必须按照香港法例重新改造和检测，并需通过台风天气紧急撤离演练测试，之后才获发施工许可证，在机场现有跑道禁区范围限高条件下施工</td></tr>
<tr><td>3.工期紧、工程量巨大。单日水泥需求量达2500t，单日海砂需求量达10000m^3。水泥和海砂供应到香港受到国家出口指标限制，供应量远不能满足工程需求</td></tr>
<tr><td>4.DCM桩的强度验收标准需达90%以上合格</td></tr>
<tr><td>5.施工范围是中华白海豚保育区，施工不能对白海豚的生存环境造成任何影响</td></tr>
</table>

五、第三方评价、应用推广情况

本工程从社会各界收获了众多满意的评价。项目荣获了香港特别行政区政府公德地盘嘉许计划公德地盘优异奖、杰出环境管理表现优异奖、机管局最佳安全表现大奖、杰出环保表现奖等多达20项荣誉奖项。

业主代表曾来信表彰我公司："在提高环境保护、管理创新和科技进步的前提下，为香港大型填海造地工程提供了良好的经验和借鉴"，希望"能有机会继续合作，并肩推动新技术研究与应用，为香港地区社会经济发展做出贡献"。

国际混凝土协会专家曾于2017年在新加坡举办的第42届世界混凝土交流大会上，听取我公司工程团队报告首次应用本研究成果在香港地区机场三跑取得巨大成功之后，对本研究成果非常赞赏和重视。并且连续3年发出邀请函，诚意邀请我公司继续参会，致力将本研究成果向全世界大力推广。

当首次运用本研究成果在三跑道工程成功见效后，香港特别行政区政府当即乘胜追击，推出东涌大型填海项目，工程总造价预计高达6240亿港元。合约中清楚地列明"施工方案必须使用DCM技术，禁止任何疏浚挖掘工程"。这足以证明本研究成果在环保方面的成效大受认同，必将会为推动国家"一带一路"建设和国家"粤港澳大湾区发展战略"以及香港特别行政区政府"明日大屿"计划做出巨大贡献。

六、经济效益

香港地区机场三跑道深层水泥拌合项目总面积约6500000m^2，合约金额36.87亿港元，合约工期为2016年8月1日到2018年1月28日。2016～2020年，机管局新增合约外工程金额合计11亿港元，新增利润2761万港元。工程开工至今总收入约50亿港元，预计最终利润约9亿港元，净利润率高达18%。

相比较传统的疏浚工艺，本研究成果可减少污染泥料释放面积260hm^2，减少建筑废料9117万吨、减少碳排放21万吨、减少工地噪声50%～80%。

"海底深层水泥搅拌桩施工关键技术研究及应用"成果在机场三跑道项目的成功应用，保障了工程的顺利实施，科技进步效益高达16.2亿港元（其中，实现成本降低6.2亿港元，避免了因环保等因素的干扰而造成工程延误损失达10亿港元），具有巨大的经济效益。

七、社会效益

本研究成果在香港地区首次应用，实践证明该技术地基加固效果好、施工速度快、验收标准清晰、成本控制准确，最重要的是将工程对环境的影响降到最低，保育海洋生态，对国家一级保护动物中华白海豚的生存环境不造成任何污染，环保效益极高。

中国建筑工程（香港）有限公司与机管局携手，首次使用DCM处理技术完成了香港地区126万m^2海基处理，赢得了社会各界的高度评价和赞誉。不仅充分展示了中国建筑的品牌形象，同时也为公司培养了一大批具有国际视野的海事施工专业人才，极大地增强了企业的核心竞争力，奠定了中国建筑在香港地区承建领域的领先地位。

本研究成果在香港地区机场第三条跑道的引进和推广，不但实现了香港地区海底深层水泥搅拌技术零的突破，而且使社会更加意识到DCM工艺对环保所带来的不容忽视的效益，对行业发展具有良好的推广与示范作用，应用前景十分广阔，社会效益极其明显。

成都轨道交通 6 号线三期（原 11 号线一期）复杂地质隧道施工关键技术研究与应用

完成单位：中建三局集团有限公司、中建三局基础设施建设投资有限公司、中建铁路投资建设集团有限公司

完 成 人：杨庭友、段军朝、程景栋、董天鸿、布占江、申兴柱、徐朝阳、戴小松、任志平、袁志强

一、立项背景

近年来，城市轨道交通发展十分迅猛。成都地区涉及平原、台地、低山、丘陵等多种地貌类型，水文地质条件复杂多变，地铁建设过程中常常面临瓦斯地层、富水砂卵石、泥岩等复合地层等众多不良地质问题。

本课题以成都轨道交通 6 号线三期工程（原 11 号线一期工程）为依托，对盾构隧道和矿山法隧道在施工过程中所面临问题进行技术攻关和研究，旨在保证成都轨道交通 6 号线三期工程中隧道区间安全、顺利的施工，实现降本增效，形成一套成熟可靠的城市轨道交通复杂地质隧道施工关键技术，为其他类似工程建设提供技术支持。

二、详细科学技术内容

（1）建立了基于互联网技术的城市轨道交通集约化施工管理模式和瓦斯隧道施工管控体系。基于互联网技术构建了“施工管理综合监控平台”，提出了全线覆盖、全员参与、全过程管理（3T）的集约化城市轨道交通施工管控模式；形成了一套针对城市轨道交通高瓦斯矿山法隧道和低瓦斯盾构隧道集监测、通风和设备防爆改装于一体的成套瓦斯管控技术，保障了瓦斯隧道施工安全和质量控制。

1）针对现有城市轨道交通工程施工过程管控不力的现状，根据城市轨道交通工程建设环境及特点，基于互联网技术构建了“施工管理综合监控平台”（图 1），创新集成了隧道瓦斯浓度自动监控、盾构施工实时数据监控、重大危险源视频监控、隧道施工人员定位和劳务人员实名制管理，提出了全线覆盖、全员参与、全过程管理（3T）的集约化城市轨道交通施工管控模式，为复杂环境下城市轨道交通工程的施工安全管理和质量控制提供了强有力的技术支撑。通过施工期间线上线下的联动管理，及时发现并消除了 20000 余项安全及质量隐患，有效处置了 200 余次预警情况，完成消警闭合管理，实现了城市轨道交通工程施工管理的智能化、信息化和规范化。

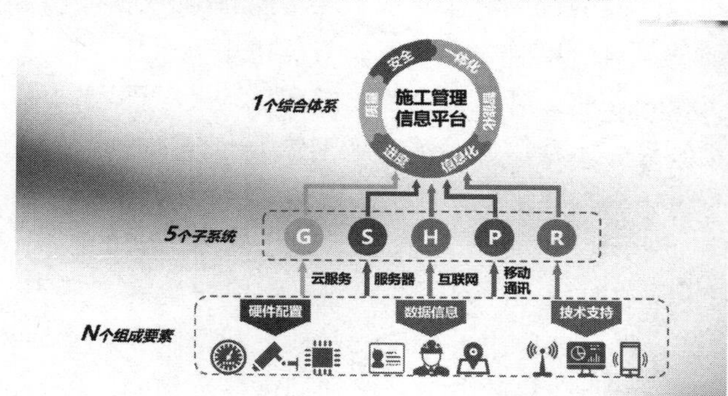

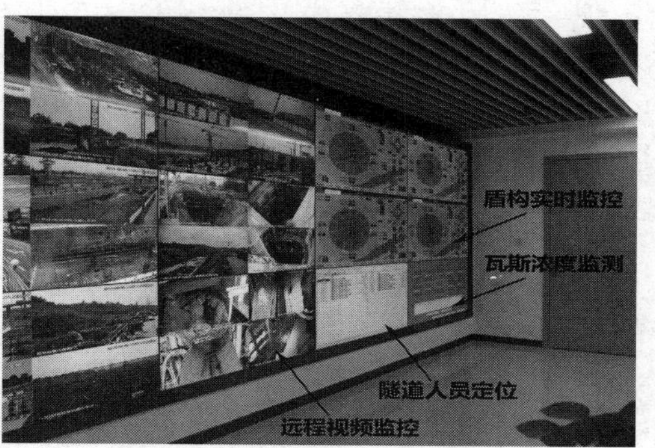

图 1　施工管理综合监控平台架构及应用

2）针对城市轨道交通隧道长距离穿越瓦斯地层，建立了高瓦斯矿山法隧道和低瓦斯盾构隧道集瓦斯监测、通风、设备防爆改装于一体的瓦斯管控体系（图 2)。通过在隧道各工作面（矿山法隧道：掌子面、衬砌台车等部位；盾构法隧道：螺旋机出土口、人仓门口、中前盾铰接密封位置顶部、1 号和 5 号台车顶部、皮带机卸料口等部位）安装瓦斯传感器，以及在隧道回风流内安装风速传感器，对洞内瓦斯浓度及回风风速进行 24h 自动化监测，实现了实时自动监测、报警、切断电源实施瓦电闭锁和风电闭锁等功能，保障了瓦斯隧道施工阶段的全方位管控。

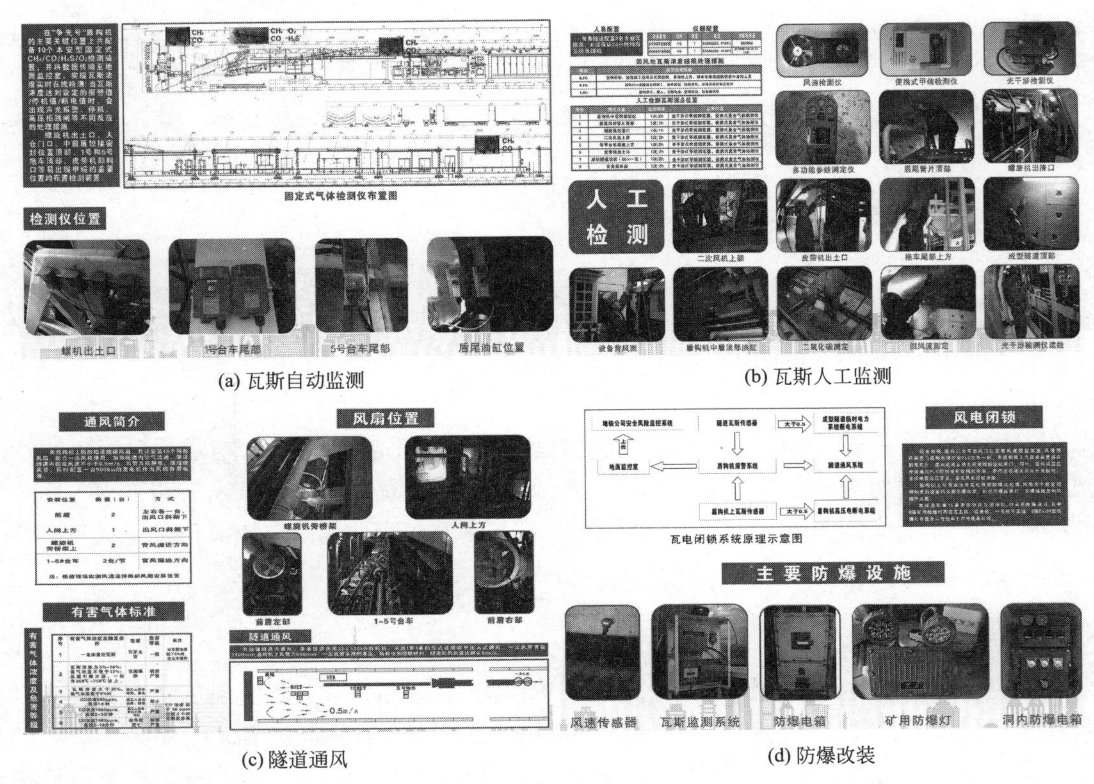

(a) 瓦斯自动监测　(b) 瓦斯人工监测

(c) 隧道通风　(d) 防爆改装

图 2　城市轨道交通瓦斯隧道管控体系与应用

(2) 研发了土压平衡盾构在复杂地质条件下刀具优化配置及掘进控制技术。探明了土压平衡盾构在强风化泥岩、中风化泥岩、中风化砂岩及上软下硬复合地层中掘进参数的变化规律和相互影响关系，揭示了盾构穿越上软下硬地层及浅埋段等复杂地层条件下地层变形、盾构姿态等施工力学特征，提出了岩质地层控制管片上浮、刀盘结泥饼处置、刀盘刀具优化配置等成套的安全质量控制技术，成功解决了复杂地质条件下的盾构施工安全和隧道成型质量控制难题。

1）针对不同风化程度条件下泥岩和砂岩地层的物理力学特性，考虑管片衬砌结构横向“椭变性”特征，根据泥岩遇水软化易凝聚抱团、砂岩单轴抗压强度高的特点，探明了土压平衡盾构在强风化泥岩、中风化泥岩、中风化砂岩及上软下硬复合地层施工时的掘进速度、刀盘转速、刀盘扭矩、千斤顶推力、同步注浆压力等主要施工参数的变化规律及相互影响关系，探明了管片衬砌横向椭变机理及软硬不均地层的力学特性，给出了不同地层条件下盾构顶推力、刀盘转速、土仓压力等关键施工参数的合理建议值，大幅提高了土压平衡盾构在此地层中的掘进效率，有效提升了盾构隧道管片衬砌的成型质量。见图 3。

2）根据盾构法的施工特点及泥岩和砂岩地层的物理力学特性，探明了管片衬砌结构的纵向“随动性”特征，采用理论分析和现场试验的方法探明了管片衬砌上浮原因、刀盘结泥饼机理和刀盘刀具磨损特性及复杂地层条件下盾构渣土的运移及流动特征，提出并应用了通过下移预设开挖限界调整盾构姿态控制管片上浮的措施，明确了刀盘改造预防结泥饼、渣土改良减少结泥饼和掘进参数控制结泥饼的刀盘结泥饼防治措施，给出了包括增大刀盘整体开口率为 35%、中心开口率为 38%及优化刀具空间分布等

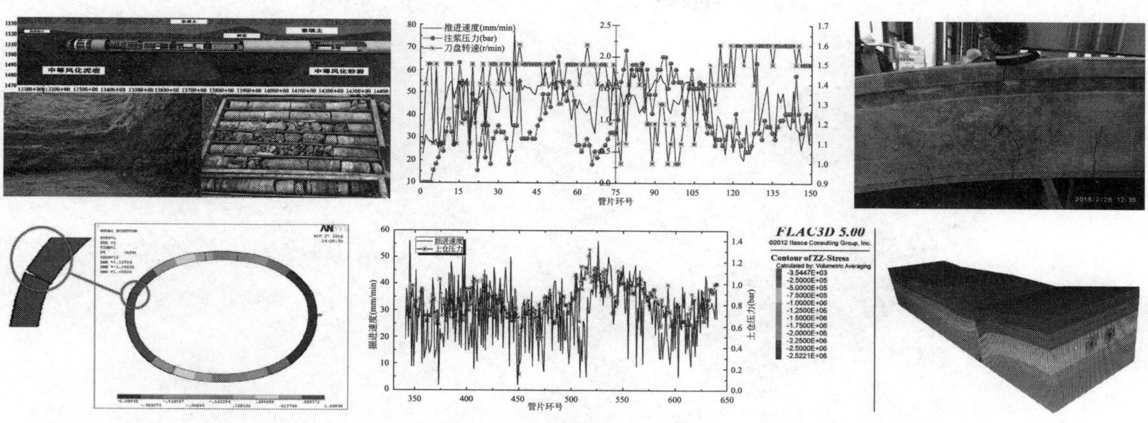

图 3　土压平衡盾构穿越复杂地层掘进参数及施工过程控制

的刀盘刀具优化配置方法，有效减少了盾构刀盘刀具磨损，最终形成了岩质地层控制管片上浮、刀盘结泥饼防治、刀盘刀具优化配置等成套盾构隧道施工的安全质量控制技术，降低了盾构停机换刀的频次和风险，为盾构的顺利掘进提供了保障，进一步提升了管片衬砌结构的成型质量。见图 4。

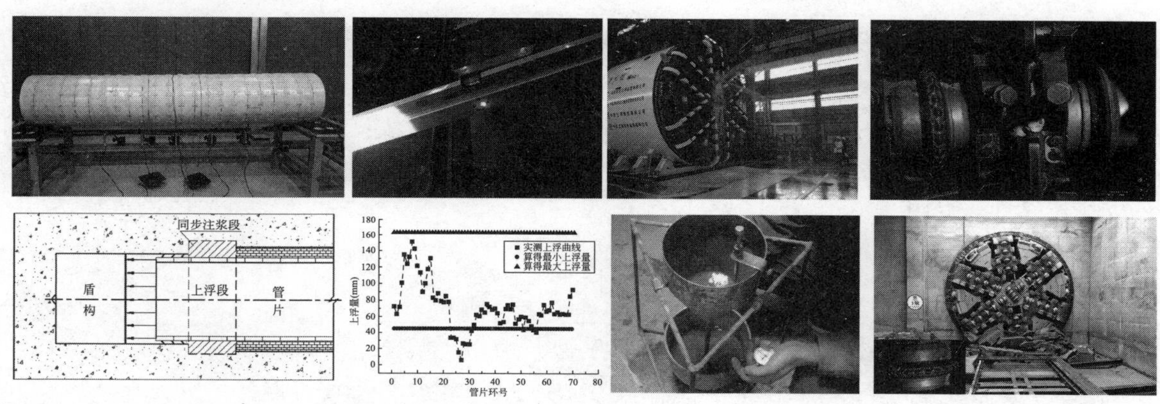

图 4　控制管片上浮、刀盘结泥饼处置及刀盘刀具优化配置

（3）研发了密闭狭小空间盾构调头 BIM 技术。基于物理仿真软件和 BIM 技术对密闭狭小空间盾构调头潜在的碰撞风险进行预判，揭示了盾体整体调头的最佳路径，研发了用于盾构调头的水平顶铁、台车限位机构、台车调头平台等装置，提出了一套适用于盾构在密闭狭小空间调头的成套施工技术。

1）针对盾构在密闭狭小空间内调头所面临的风险，项目组采用物理仿真软件 Interactive paysics 对本工程中盾体整体调头和后配套台车调头的路径进行二维动态模拟（图 5），同时结合 BIM 三维模型对盾构调头时潜在的碰撞风险进行预判（图 6），明确了盾体整体调头过程中最危险部位位于盾体托架左下角，探明了盾体及后配套台车调头路径及各转弯位置与车站结构侧墙的最小距离，提出了盾构调头路径模拟及优化分析方法，为密闭狭小空间盾构调头施工及优化奠定了坚实的基础。

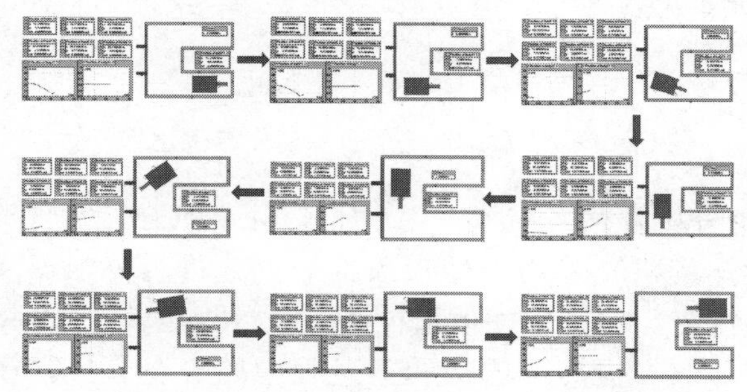

图 5　盾体整体调头路径模拟及优化分析

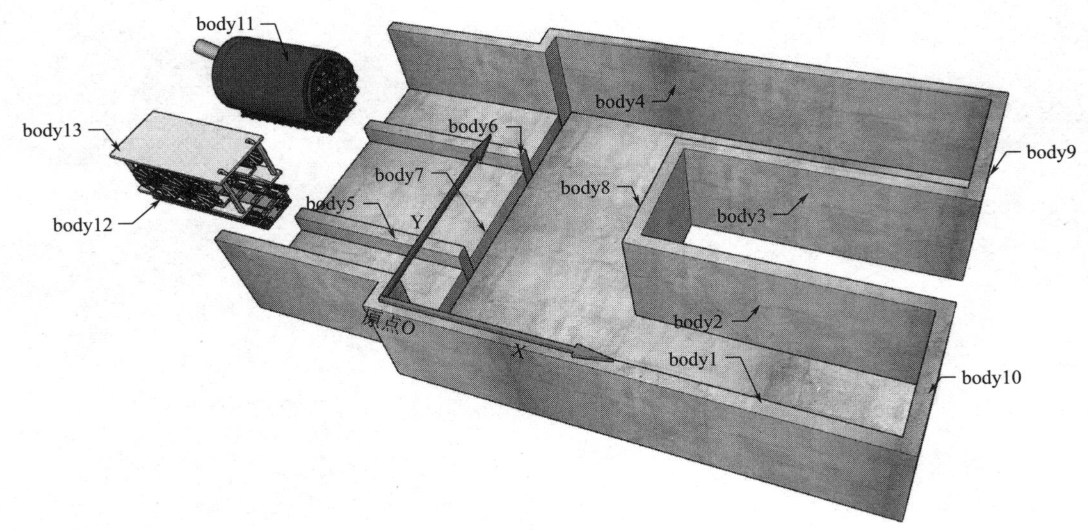

图 6 基于 BIM 技术的盾构调头分析模型

2）为进一步提升盾构调头施工的安全性与高效性，项目组自主研发了一种用于水平顶推可循环使用的拼装式顶铁结构。通过现场验证，该顶铁抗扭、抗弯能力及整体性更强，在盾构机主机顶进过程中，直线平移时偏差未超过 5cm。同时，对传统台车限位机构进行改良优化，增加侧向可手动调节的限位夹片，防止台车平移施工过程中车轮上下跳动，脱离轨面从而产生溜移滑动，保证了台车调头施工过程中的安全可靠性。见图 7。

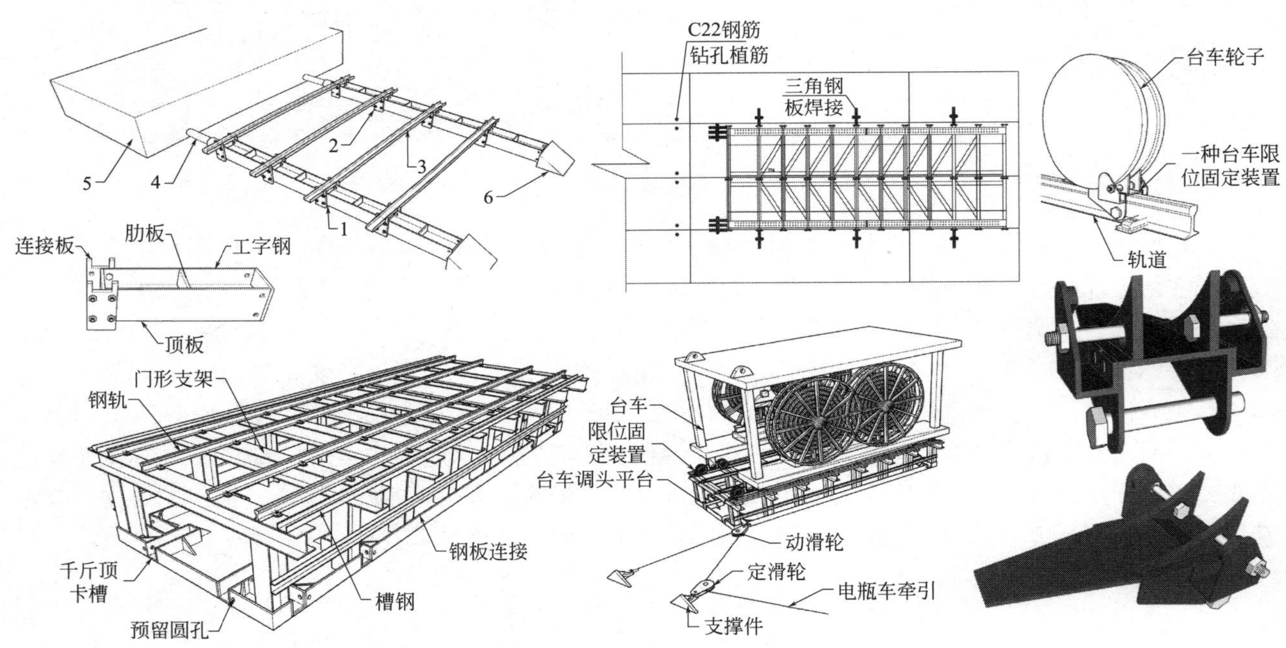

图 7 盾构调头装置的研发与优化

3）通过方案调研、理论分析及路径模拟，提出了采用多种方式实现盾体和后配套台车调头的施工技术。盾体整体调头（含螺旋机）采用千斤顶顶推的方式进行；根据现场场地特点，后配套台车调头采用滑轮组系统进行施工，与传统千斤顶顶推调头平台相比较，采用滑轮组系统施工效率提升 3 倍，满足安全、高效的施工要求，提高了盾构调头过程中的安全管控，保障了盾构调头施工的顺利进行。见图 8。

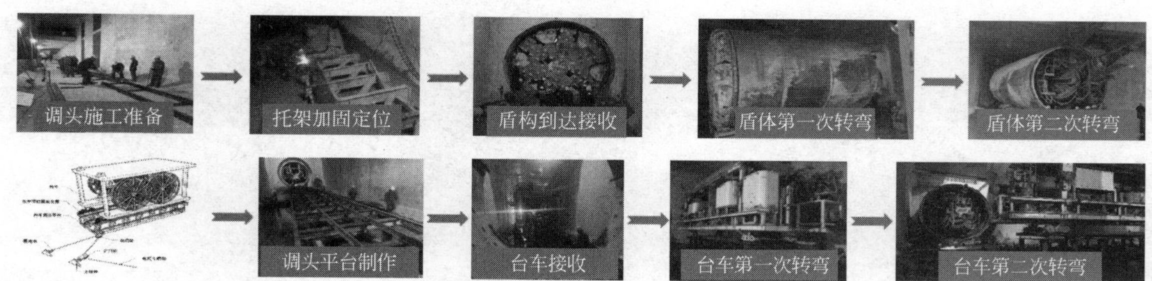

图8 盾构调头施工过程控制

(4) 创新提出了基于隧道初期支护结构的桩基托换及盾构穿越水下浅埋覆盖层加固技术。探明了矿山法隧道穿越既有建筑物基础的施工力学特性，提出了基于隧道初期支护结构的洞内桩基托换施工技术；揭示了盾构长距离穿越水下浅埋地层条件下地层变形、盾构姿态、管片成型质量等力学特征，建立了控制管片上浮和保证施工安全的水下浅埋地层加固技术，提出了成套的盾构掘进优化参数及盾构姿态控制技术，成功破解了盾构穿越水下浅埋地层的施工安全和质量控制难题。

1) 通过分析矿山法隧道下穿既有建筑物桩基施工过程的力学行为，针对侵入隧道限界的既有结构桩基，首创性地提出了采用隧道初期支护结构及周边地层作为桩基托换体系，分析了桩基托换施工对地层和既有结构受力与变形的影响，验证了特定条件下基于隧道初期支护结构桩基托换技术的适用性，该技术的应用有效减小了桩基托换施工对周边环境的影响，保证了既有结构的稳定和新建隧道结构的成型质量。见图9。

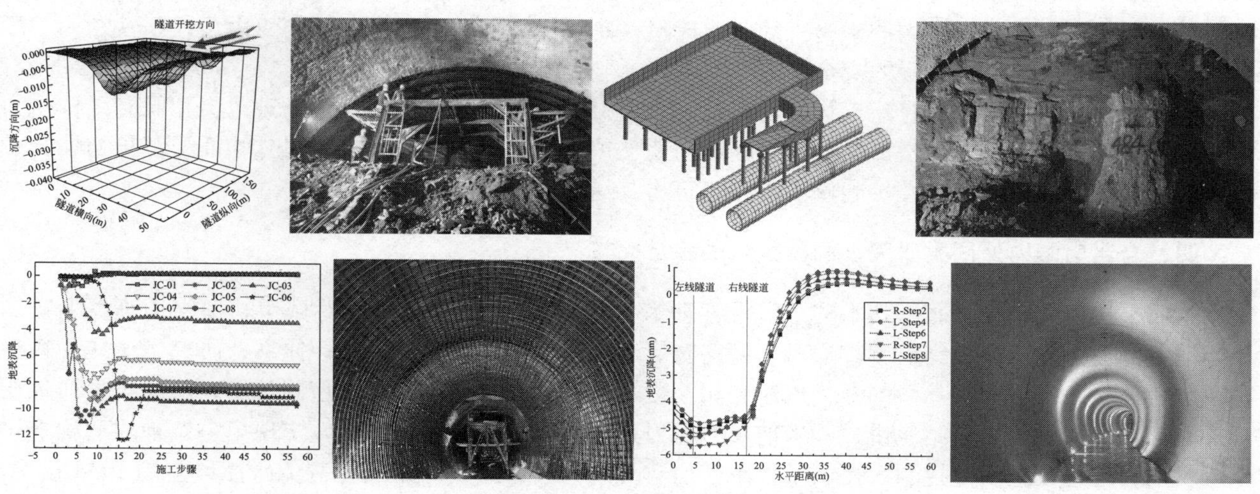

图9 矿山法隧道穿越既有建筑物施工过程控制

2) 针对盾构穿越最小覆土厚度仅为1.89m的水下浅覆地层，通过理论分析和数值计算确定了保证盾构施工和管片结构稳定性的临界覆土厚度，基于弹性地基梁模型获得了管片容许上浮量下的最优同步注浆压力为0.25MPa，针对性地提出了盾构穿越水下浅埋覆盖层加固技术，研究了管片衬砌结构在此条件下的力学特征和稳定性特征，采用数值计算和现场试验的手段探明了盾构长距离穿越水下浅埋地层的施工力学特性和掘进参数的变化规律，有效降低了盾构施工对周围环境的扰动，验证了抗浮板待盾构穿越后再进行施作的必要性和可行性，确保了盾构隧道的施工安全和结构质量。

三、发现、发明及创新点

(1) 建立了适用于城市轨道交通高瓦斯矿山法隧道、低瓦斯盾构隧道的一体化安全管理综合监控平台，解决了瓦斯浓度自动监测、隧道通风、设备防爆改装、风电、瓦电闭锁等工程难题，为城市轨道交

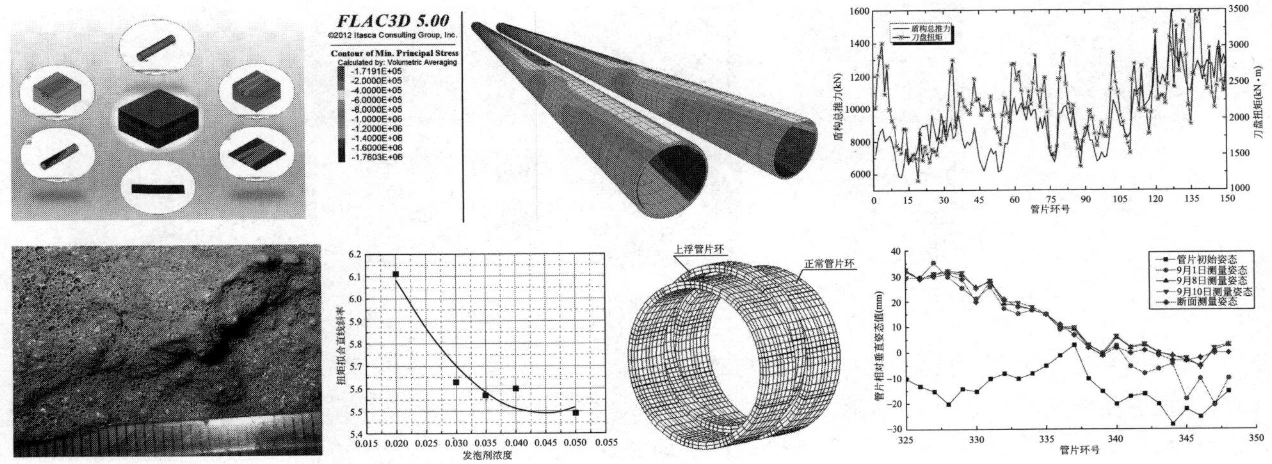

图 10　盾构穿越浅覆地层模拟分析及参数优化

通工程隧道长距离穿越瓦斯地层的施工安全提供了保障。

（2）开展了盾构隧道穿越成都地区泥岩、砂岩地层及浅覆土地层时隧道掘进参数的统计分析，总结出了单一岩性地层、泥岩砂岩交替的软硬不均地层以及长距离穿越浅覆土时盾构隧道掘进参数的合理范围，为不同地质条件下盾构施工参数控制提供了依据，确保了复杂地质盾构隧道的施工安全。见图 10。

（3）基于 BIM 技术对密闭狭小空间内盾构机盾体、后配套台车的调头具体路径与转弯位置节点进行了模拟和优化，避免了盾构调头施工的碰撞风险，研发了一种新型的水平顶推的拼装式顶铁结构，配合滑轮组系统实现了调头过程的安全高效。

（4）研究了隧道穿越既有建筑物结构基础的施工力学特性，分析了隧道施工对地层和既有结构受力与变形的影响，针对侵限桩基提出了基于隧道初期支护结构的桩基托换技术，同时验证了基于初期支护的永久桩基托换体系的适用性，确保了既有建筑物及隧道施工的安全。

四、与当前国内外同类研究、同类技术的综合比较

本成果构建了基于互联网技术的“安全管理综合监控平台”，提出了针对城市轨道交通高瓦斯矿山法隧道与低瓦斯盾构隧道集监测、通风、设备防爆改装于一体的成套瓦斯管控体系；研究了土压平衡盾构在复杂地质条件下掘进参数的变化规律和相互影响关系，提出了成套安全控制技术，解决了岩质地层管片上浮、泥岩地层刀盘结泥饼、砂岩地层刀盘刀具磨耗高等关键技术难题，实现了复杂地质盾构掘进施工安全和隧道成型质量控制；提出了狭小密闭空间盾构调头的具体路径与避免碰撞风险的 BIM 技术，研发了一种新型的水平顶推的拼装式顶铁结构，保证了盾构调头施工的安全与高效；创新提出了基于隧道初期支护结构的桩基托换及盾构穿越水下浅埋覆盖层加固技术，成功解决了盾构穿越水下浅埋地层的施工安全和质量控制技术难题。与国内外同类技术相比较，具有领先优势。

五、第三方评价及应用推广情况

1. 成果评价结论

2019 年 11 月 16 日，在成都组织召开了由中建三局集团有限公司完成的“成都轨道交通 6 号线三期复杂地质隧道施工关键技术研究与应用”项目科技成果评价会，会议成立了专家组，经审阅项目方提供的技术资料，听取技术总结报告，质询、答疑和讨论形成如下意见：该项目整体上达到国际先进水平，其中盾构隧道瓦斯监控、密闭狭小空间盾构调头 BIM 技术达到国际领先水平。

2. 推广应用情况

本成果已在成都轨道交通 6 号线三期工程的 5 个土建标段的 18 个隧道区间工程（8 个低瓦斯盾构区

间、5 个高瓦斯矿山法区间、5 个非瓦斯区间）中得到了成功应用，保证了全线顺利洞通。同时本项目研究成果具有广阔的推广应用前景，将直接指导和应用于类似工程的建设，为城市轨道交通工程的建设提供技术借鉴。

六、经济效益

整套技术成果的应用，对成都轨道交通 6 号线三期工程区间隧道的安全、优质、高效完成起到了重要作用，各参建单位在隧道建设过程中共节约工程投资及各类成本共约 7201 万元，取得了显著的经济效益和社会效益。

七、社会效益

本课题研究取得多项技术成果，目前已出版专业著作 5 部，制定地方标准 2 项，发表论文 10 篇，获得软件著作权 2 项，发明专利 4 项、实用新型专利 11 项，获评四川省级工法 8 项、局级工法 2 项。各项研究成果的成功应用为成都轨道交通 6 号线三期工程的顺利开通运营奠定了坚实的基础，该线路的开通将给成都天府新区的发展注入新动力，同时将进一步增强我局在基础设施领域的竞争力，有效促进地铁市场业务的开拓。

大型软岩基础承载能力增强成套关键技术

完成单位： 中国建筑西南勘察设计研究院有限公司、西南石油大学

完 成 人： 郑立宁、胡启军、康景文、冯世清、周其健、陈继彬、胡　熠、罗益斌、梁　树、沈　攀

一、立项背景

软岩在《岩土工程勘察规范》GB 50021 中界定为饱和单轴抗压强度为 5～15MPa 的岩体，其特性主要表现为强度低、变形量大、自稳性差。软岩占国土面积近 50%，成都、重庆、兰州、长沙、南京、南宁等地均有分布；在四川境内软岩分布总面积约 16.5 万平方公里，占四川省总面积的 34%，主要集中分布在四川人口最为密集、经济最发达的区域。随着国家新一轮西部大开发、“一带一路”“脱贫攻坚”“成渝双城经济圈” 等战略规划的实施和深入推进，软岩场地逐渐成为当下建设的主战场，给工程建设带来了巨大的挑战!

在软岩地区所开展的大型基础工程为数众多，如：超高层建筑工程、桥梁工程、地下污水处理厂、城市轨道交通等，这些工程对于地基承载力诉求大的同时，亦要求更为绿色、经济的地基处置方式。但目前而言，软岩独特的工程特性因研究不够深入，其地基承载能力等关键工程问题的研究鲜有突破，在理论、方法、技术、设备等方面均存有尚未解决的问题：

1）软岩地基承载失效机理不明，导致各地区建议的地基承载力均偏低。以成都地区为例，中等风化泥岩极限承载力值试验值主要集中在 4～6MPa，按照安全系数 3 考虑，其承载力特征值亦大于经验建议值。

2）现有的软岩承载性能提升计算理论和方法合宜性差，计算参数（如承载力折减系数）取值往往带有过多的人为因素，即使对同一类型、同一环境条件的地基岩体，不同的设计人员取值亦会有较大的出入，在没有原位试验的情况下，所提出的承载力缺乏依据，带有一定的随意性；导致软岩桩基础→软岩复合地基→软岩天然地基设计理论不完备、设计方法成熟度低。

3）软岩承载性能提升设计方法不兼具经济性和安全性。

4）大型软岩基础工程相关施工配套装备智能化低、安全保障性差，不能有效支撑软岩工程的快速、安全、智慧建设。

综上所述，亟须开展大型软岩基础承载能力增强成套关键技术研究，合理评价和揭示软岩地基承载能力，为地基处理及地基基础选型等工程应用提供依据，具有满足现实工程需要和重大理论研究的作用及意义。同时，对于建设中的重大工程的设计、施工和安全运营等具有重要的经济价值。

二、详细科学技术内容

该课题针对大型软岩基础承载能力提升等科学技术问题，以软岩地基基础、软岩边坡等工程为载体，系统开展了大型软岩基础承载能力增强成套关键技术研究，主要研究内容包括：

1. 软岩承载失效关键理论研究

（1）软岩微细观结构力学理论体系研究

（2）大型软弱岩体渐进失稳机理及外荷载作用下界面荷载传递规律研究

2. 软岩承载性能提升理论体系研究

（1）软岩地基-基础承载性能提升的协同变形理论研究

（2）基于浅表大型软弱岩体承载性能提升的界面位移调控理论研究

3. 软岩承载性能提升技术体系研究

（1）软岩天然地基承载力简易计算方法研究

（2）基于界面位移调控的软岩地基基础处理技术研究

（3）软岩软弱夹层微波辐照加固方法的应用研究

4. 基于大型软岩基础承载能力提升方法的快速施工成套装备与智能化安全保障技术研究

三、发现、发明及创新点

1. 创新点 1

突破了大型软岩基础承载失效理论，攻克了大型软岩基础渐进破坏的共性关键难题。创建了软岩微细观力学理论体系，阐明了软岩宏观力学行为的微细观机制；提出了软弱岩体界面位移软化理论，揭示了浅表大型软弱岩体渐进失稳机理。

1）创建了软岩微细观力学理论体系。结合矿物成分、形状、方位等微观组构特征，建立了基于深度学习的软弱岩石微细观物理特征识别与量化表征方法；基于软岩细观结构相似聚类与图像融合，提出了复杂多相结构向“矿物-基质体”二相结构简化方法；构建了软岩细观力学模型，揭示了极端荷载下软岩“压密→弹性→塑性→残余”破坏过程与微细观结构损伤演化的关联机制。

研究成果发表 SCI 收录论文 5 篇。

2）率先提出了软弱岩体界面位移软化理论，揭示了浅表大型软弱岩体渐进失稳机理。基于软岩工程中普遍存在的局部失稳现象，提出了软弱结构面位移软化理论，结合位移软化效应链式传递特征，揭示了含软弱结构面大型岩体渐进失稳机理；建立了“软岩-构筑物”界面位移软化的本构模型，揭示了外荷载作用下界面荷载传递规律。

形成专著 1 部：《基于应变软化理论的顺层边坡失稳机理及局部破坏范围研究》。

2. 创新点 2

提出了软岩地基-基础承载性能提升的协同变形理论、浅表大型软弱岩体的界面位移调控的承载性能提升理论方法，奠定了大型软岩基础承载性能提升的理论基础。

1）为满足地基、基础等设计要求，首次联合双目视觉测试技术开展了原位岩基平板载荷试验，解获了软岩地基破坏模式（图 1），提出了基于 Bell 解的修正系数，进一步完善了软岩天然地基承载力计算理论解析式。

成果形成发明专利 1 项、发表 EI 论文 2 篇；

主编规范 1 部：《四川省建筑地基基础设计规范》DB51/T 5026；

参编规范 1 部：《建筑地基基础设计规范》GB 50007—2011。

(a) 试验平硐

(b) 载荷试验结果

图 1　联合双目视觉测试技术开展了原位岩基平板载荷试验（国内最大深井平硐内）

2）首次建立软岩复合地基的筏基-褥垫层-桩-岩变形协调平衡方程，求解了全域的应力和沉降，建立了全域地基反力系数计算公式（图 2）；并全面揭示了软岩桩基础接触面剪切特性的红层泥岩桩基荷载传递规律，阐释了控制桩-岩界面位移软化传递对桩侧摩阻力的积极调动机制。

形成专著 1 部：《基于工程实践的大直径素混凝土桩复合地基技术研究》；

主编规范 2 部：《四川省大直径素混凝土桩复合地基技术规程》DBJ51/T 061—2016、《四川省旋挖钻孔灌注桩基技术规程》DBJ51/T 062—2016。

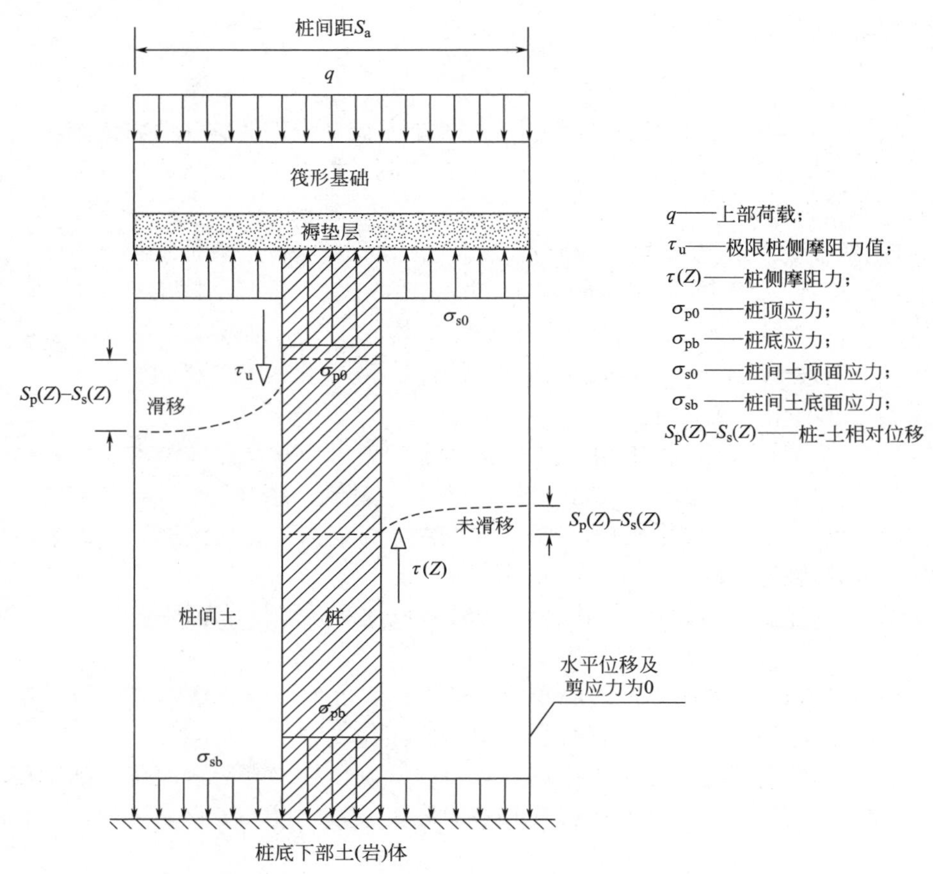

图 2 软弱岩体边坡与桩基的界面位移调控理论

3）建立了滑面应力集中段与首段滑移长度的联系规则，构建了考虑软化效应的基坑、边坡局部破坏范围理论计算公式。

成果发表 SCI 期刊 1 篇、EI 期刊 1 篇；

主编规范 1 部：《建筑边坡工程施工质量验收标准》GB/T 51351—2019；

参编规范 1 部：《建筑深基坑工程施工安全技术规范》JGJ 311—2013。

3. 创新点 3

研发了大型软岩地基基础处理等软弱岩体承载性能提升的成套技术，填补了软弱岩体工程技术标准的多项空白。

1）细化了成渝两地中等风化泥岩计算公式中折减系数取值及其与承载力特征值的相关关系；提出了依托原位回弹试验和旁压试验的试验结果作为承载力设计依据的新理念。

发表 EI 期刊 2 篇；

主编规范 1 部：《四川省建筑地基基础设计规范》DB51/T 5026。

2）研发了基于界面位移调控的软岩地基基础处理技术（图 3）。研制了大直径素混凝土桩复合地基、长管桩短素混凝土桩等软岩复合地基新结构，建立了软岩桩基础的沉渣泥皮整治与扩底增强技术。

主编规范 2 部：《四川省大直径素混凝土桩复合地基技术规程》DBJ51/T 061—2016、《四川省旋挖钻孔灌注桩基技术规程》DBJ51/T 062—2016。

(a) 大直径素混凝土桩复合地基

(b) 软岩扩底桩

图 3　软岩地基基础处理技术

3）创新了软岩软弱夹层微波辐照加固方法（图 4）。

主编规范 1 部：《建筑边坡工程技术规范》GB 50330—2014。

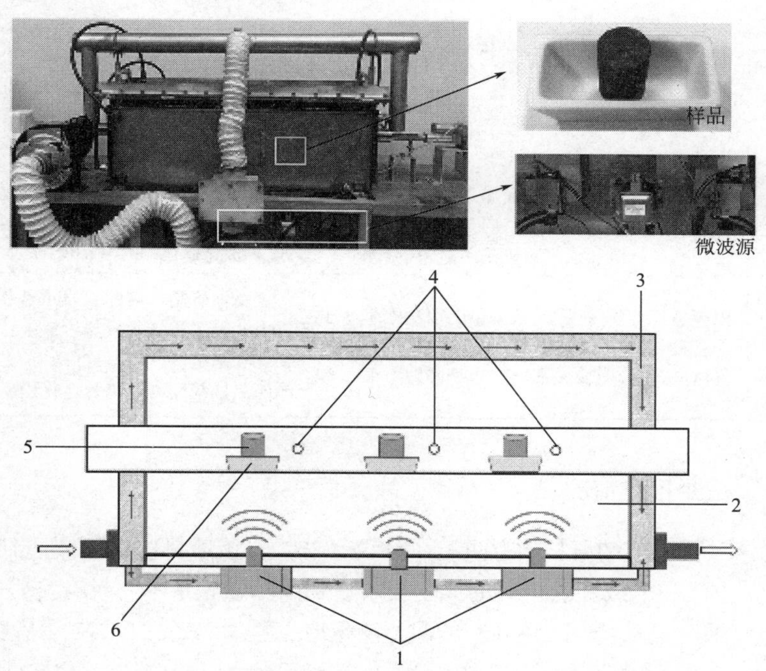

图 4　软岩软弱夹层微波辐照加固方法

4. 创新点 4

研制了基于大型软岩地基承载性能提升方法的快速施工成套装备与智能化安全保障技术，支撑了大型软岩工程的快速、安全、智慧建设。

1）研发了基于大型软岩地基承载性能提升方法的快速施工成套装备。研发了基于超声波、压力感应等技术的桩底沉渣检测设备；研制了 YZPY-15 型预钻式超高压旁压仪用于地基承载力原位测试（图 5）。

2）研发了大型软岩地基承载性能的智能化安全保障技术。研制了基于机器视觉术的软弱岩体三维变形数据传感与解调设备，开发了变形信息实时共享平台、病害数据库管理系统及复杂环境

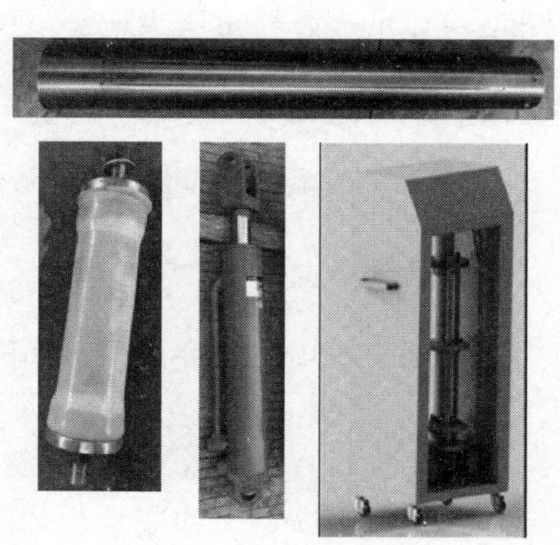

图 5　超高压旁压仪图

下软弱岩体工程风险管理系统等多个智能化安全保障系统平台。

发明专利 1 项，监测平台 1 项；

参编规范 1 部：《建筑基坑工程监测技术标准》GB 50497—2019；

主编规范 1 部：《四川省建筑基坑支护结构构造图集》(川 2019G138-TY)。

四、与当前国内外同类研究、同类技术的综合比较

该项目围绕大型软岩基础工程承载失效机制、软岩承载性能提升理论与技术三个关键科学技术问题，通过系统的理论研究和技术攻关，形成了大型软岩基础承载能力增强成套关键技术，与同类技术对比如见表 1。

与当前国内外同类研究、同类技术的综合比较　　表 1

创新点	同类研究者	国内外对比的先进性
软岩承载失效关键理论	①建立了渐进破坏的模型、影响因素，同时用于初步估算了破坏变形范围； ②揭示宏观破坏机理	①首次从微观、细观和宏观多个尺度揭示了浅表软岩渐进破坏与承载失效机理； ②联合理论分析和模型试验等多手段揭示了软岩宏观渐进破坏过程和机理
软岩承载性能提升理论体系	①建立考虑了桩土复合地基承载力及沉降计算方法； ②确定了岩石地基承载力及各相关指标的取值方法	①系统性地解决了软岩界面“位移-强度”不协调的共性问题和解决方法； ②深化推进了软岩地基基础承载性能提升的协同变形理论和计算方法
软岩承载性能提升技术体系	①基于边坡破坏模式，提出了传递系数法计算下滑力方法； ②明确了沉渣和泥皮对桩基承载力的影响	①创造性地提出了软岩位移软化的支挡防护技术； ②自主研发了考虑沉渣和泥皮的缺陷桩基承载力计算公式，形成了缺陷“检测-整治”成套方法
系列安全施工配套装备与智能化安全保障系统	现有施工装备缺陷多、效率低，无法保障软岩工程的快速安全施工；软岩变形监测技术测量精度不足、图像失真导致测量误差严重	①创新性研制了多种软岩承载性能提升的成套施工装备，大大改善了施工质量与效率； ②综合系统、环境及目标跟踪方法优化了软岩三维变形监测的测量精度与监测智能化程度

五、第三方评价、应用推广情况

2020 年 5 月，对该项目形成的科技成果进行了评议，认为：该项目成果整体达到国际先进水平，其中软岩承载性能提升理论方法和承载性能提升的成套技术达到国际领先水平，具有良好的推广应用前景。

目前，项目研究成果已成功应用于不同类型软岩场地工程 340 余项，涉及基坑工程（121 项）、地基处置工程（104 项）、边坡治理工程（31 项）、检测鉴定工程（85 项），包括中海成都天府新区超高层 1 号地块项目（489m）、成都绿地中心蜀峰超高层项目（468m）、成都 ICON 云端项目、重庆新城玺樾九里项目、重庆万科重庆天地 B5 地块项目等城市超高层、高层重点项目的地基基础、边坡等工程。

六、经济效益

2017～2019 年三年间，创造的经济效益累计达到 3 亿元，见表 2。

七、社会效益

（1）基于本项目研究成果，中国建筑西南勘察设计研究院有限公司主编或参编了国家、地方、行业规范 11 项。见表 3。

（2）发表科技论文 20 余篇，其中被领域重要 SCI 期刊收录 5 篇，EI 收录 2 篇。

（3）形成了《基于应变软化理论的顺层边坡失稳机理及局部破坏范围研究》《基于工程实践的大直径素混凝土桩复合地基技术研究》专著 2 部。

（4）授权了发明专利 6 项，实用新型专利 16 项。

以上成果引领了行业技术进步，为软岩工程建设与运营安全提供了关键的技术基础。

近三年经济效益（单位：万元人民币） **表 2**

自然年	完成单位			其他应用单位		
	新增销售额	新增税收	新增利润	新增销售额	新增税收	新增利润
2017	9316.8	279.5	2329.2	17377.96	520.82	4340.24
2018	8730.0	261.9	2182.5	19529.69	585.35	4877.92
2019	9183.2	275.5	2295.8	20866.09	624.41	5211.77
累计	27230.0	816.9	6807.5	57773.74	1730.58	14429.93

所列经济效益的有关说明及计算依据：

新增利润指我单位采用项目成果开展相关工程活动时，与常规方案相比，由于技术先进性，综合考虑施工工效提高，工期节省，设备、人员精简及避免工程事故发生而加固抢险等产生的效益。

主编、参编规范列表 **表 3**

编号	规范(标准)编号	规范(标准)名称	主/参编情况
1	GB/T 51351—2019	建筑边坡工程施工质量验收标准	主编
2	DBJ51/T 108—2018	四川省建筑岩土工程测量标准	主编
3	DB51/T 5026	四川省建筑地基基础设计规范	主编
4	川 2019G138-TY	四川省建筑基坑支护结构构造图集	主编
5	DBJ51/T 061—2016	四川省大直径素混凝土桩复合地基技术规程	主编
6	DBJ51/T 062—2016	四川省旋挖钻孔灌注桩基技术规程	主编
7	DB51/T 5072—2011	成都地区基坑工程安全技术规范	主编
8	GB 50497—2019	建筑基坑工程监测技术标准	参编
9	GB 50330—2014	建筑边坡工程技术规范	参编
10	JGJ 311—2013	建筑深基坑工程施工安全技术规范	参编
11	GB 50007—2011	建筑地基基础设计规范	参编

工业建筑围护结构绿色节能改造关键技术研究与应用

完成单位： 中建工程产业技术研究院有限公司、中国京冶工程技术有限公司、西安建筑科技大学、中机中联工程有限公司、中国建筑西北设计研究院有限公司、东方诚建设集团有限公司

完 成 人： 周　辉、蔡昭昀、徐洪涛、林　莉、孟晓静、毛　伟、赵　民、张起维、多学斌、王光锐

一、立项背景

我国工业类型齐全、种类繁多，不同行业的工业建筑室内环境特征、工艺要求千差万别，室内空气品质、室内热源与民用建筑差异很大，且不同行业的工业建筑室内环境存在巨大差异，一直以来，我国的工业建筑节能设计缺乏有效的设计方法。随着社会的发展，我国存量的既有工业建筑规模巨大，大拆大建导致每年过早拆除建筑面积近 4.6 亿平方米。推广实施绿色改造是实现节能减排战略、转变建筑行业发展方式、推动传统建筑产业升级、改善民生的重大需求，如何把巨大存量既有工业建筑的绿色潜力挖掘出来，是实现建筑业转型和绿色发展战略亟须解决的重点和难点问题。

二、详细科学技术内容

1. 总体思路

针对设计阶段的目标需求，研究内容以节能和绿色为方向，成果以设计方法和控制指标为主，侧重于用于指导建筑节能设计、研发。针对施工阶段对技术支撑的需要，研究内容以指导节能、提升耐久的关键技术措施、绿色建造技术为主，以促进施工精细化，工程绿色化。针对产品研发和工程实施后性能量化的需要，研究以准确反映部品实际性能的检测装置和监测分析方法为方向，用于指导材料、部品选择和实际工程性能量化控制。针对实施后工程的实际运行性能，研究内容以全生命周期性能为基础，建立性能量化分级评价指标，对工程部品、建筑整体采用寻优权重分配，建立客观公正的节能绿色性能评价方法。见图 1。

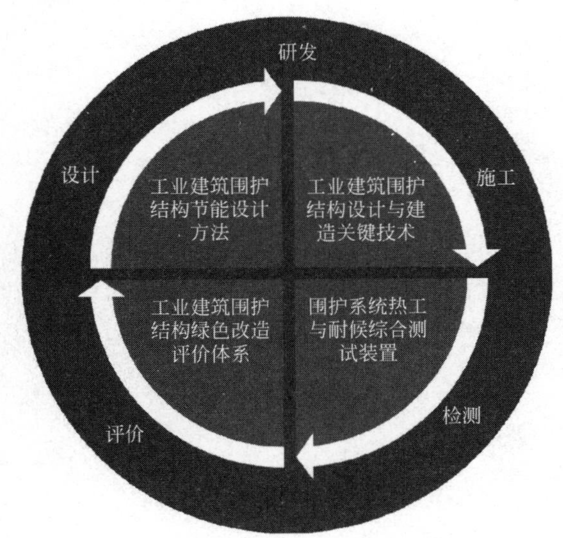

图 1　总体思路示意图

2. 技术方案

本研究以我国工业建筑存在的问题和工业建筑发展趋势为导向，采用理论研究、试验验证、实际工程经验总结等方法进行研究、整合。

（1）研究不同气候区工业节能设计理论，以高大空间工业建筑围护结构的传热、通风理论结合试验、实际应用案例进行对比分析，对建筑围护系统内部的通风和传热机理、工业建筑围护热工性能对传热的影响进行研究，提出节能设计优化方法。

（2）针对工业建筑围护结构在节能、气密、抗风揭、防水、耐久等方面长期存在的痛点，以热工理论为基础，结合试验验证和工程应用持续改善的多维度研究方法，研发新型围护结构产品和综合性能提升解决方案。

（3）研究温度、湿度、水分、风荷载、变形等多因素耦合对围护结构性能的影响，结合检测方法、工程概率分析、数学统计与预测方法，建立围护系统热工与耐候综合测试装置和围护系统在复杂工况下的实际使用性能分析、预测方法。

（4）以建筑全生命周期性能要求为基础，研究安全耐久、环境影响、节能舒适、使用功能、过程控制、提高与创新等要素和权重分配寻优综合评价模型，建立工业建筑围护结构绿色综合评价方法。

3. 关键技术

本研究的关键技术按工业建筑围护结构的建造流程归纳成设计、产品与技术、检测和评价四个部分，关键技术总结如下：

（1）关键技术一：工业建筑围护结构节能设计方法

按室内热余量指标，将工业建筑分成与热余量较大和常规两类，提出了 5 个气候区典型构造的传热系数要求、两类墙面和四类屋面压型金属板和金属夹芯板围护系统的构造方式和工程做法。以室内操作温度为防热性能优化控制参数，“不满意总小时数”为防热性能优化控制目标，对不同热强度、不同通风换气次数和气候区条件下的工业建筑围护结构热工参数进行优化分析，得到围护结构的热工性能、遮阳、采光、开窗方式、窗墙面积比、气密性等指标要求。见图 2。

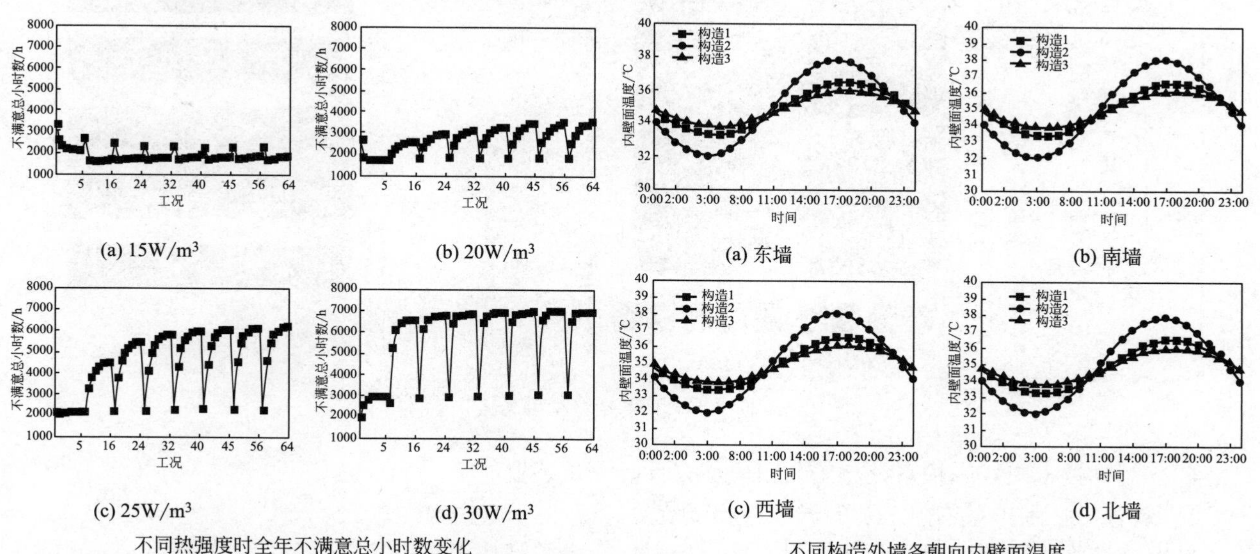

图 2　工业建筑围护结构防热性能优化模拟示意图

（2）关键技术二：工业建筑围护结构综合性能解决方案

针对工业建筑围护结构热工性能差的现状，通过研究各类围护结构的热桥，结合仿真模拟计算和试验数据的对比分析，建立了工业建筑围护结构热桥的分级指标，提出了 60 多类工业建筑围护结构的线性热桥和点状热桥的优化方案，解决热桥对工业建筑围护结构传热和耐久性的不利影响，提出各种影响因素条件下提升围护结构性能的关键解决方案。见图 3。

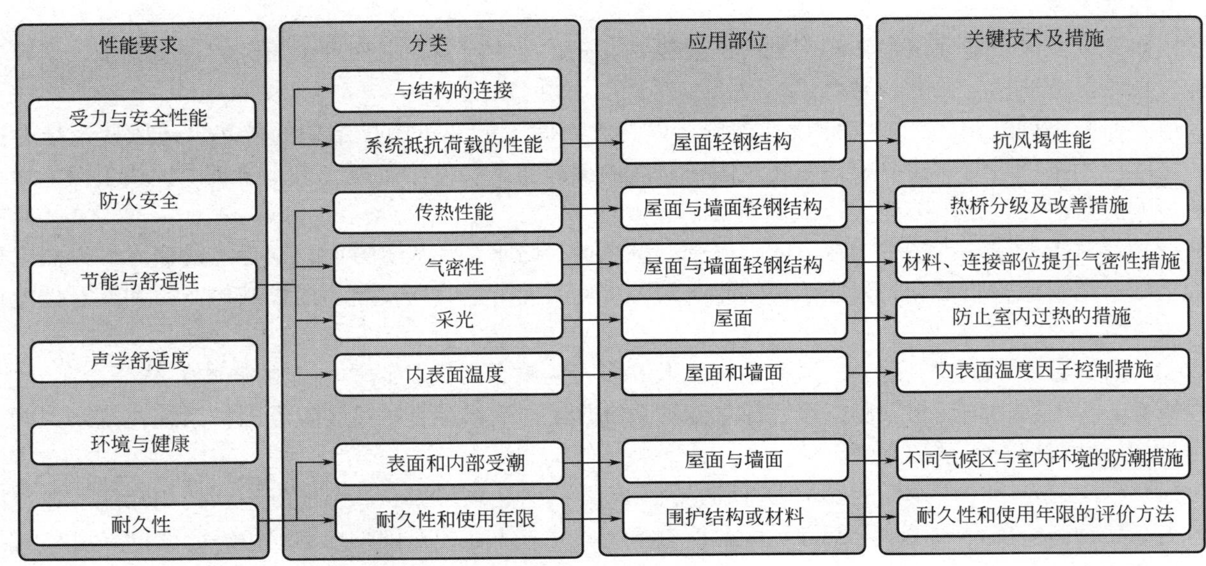

图 3　工业建筑围护结构综合性能解决方案研究内容和成果矩阵图

通过全国各气候区工程经验总结、试验室样板改进，与系统供应商共同研发了 6 种适用于工业建筑的无热桥、装配式钢结构墙面系统和抗风揭、防水屋面系统，可作为不同气候和温湿度条件下围护系统的选择和性能提升措施，见图 4。

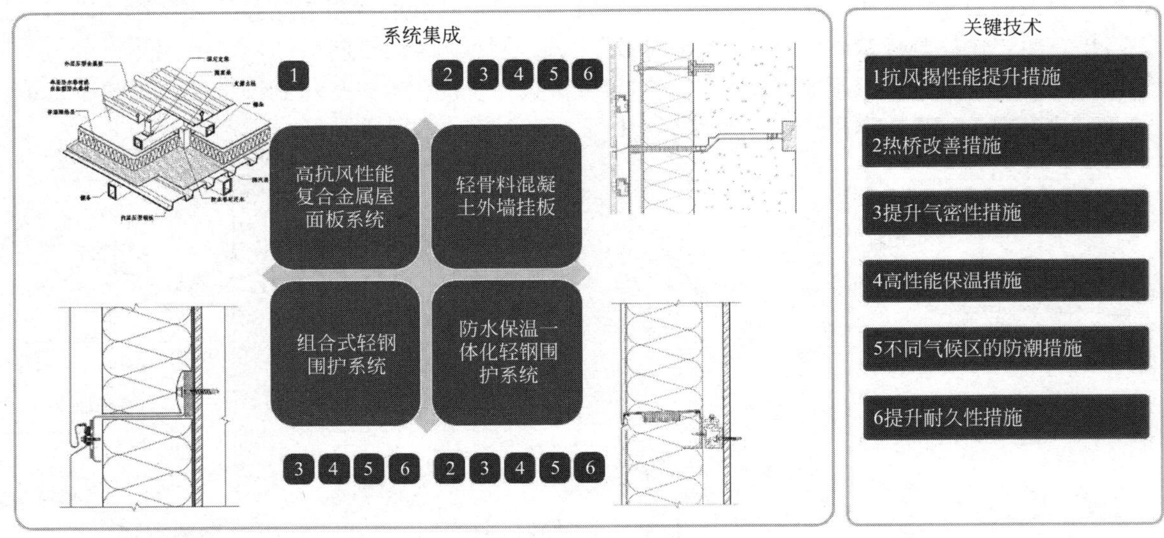

图 4　产业化产品与系统及关键技术示意图

(3) 关键技术三：围护系统热工与耐候综合性能测试装置

1) 装置一：围护系统热工与耐候综合测试装置

针对建筑围护系统的抗风荷载、耐久性、保温性能等关键技术指标在实际使用中性能和衰减不确定的问题，在梳理和归纳 13 种国内外检测方法的基础上，建立了适用工业建筑围护系统的湿热、冻融、荷载、变形、荷载 5 种影响因素协同、耦合作用下热工、耐久性能综合的检测装置，见图 5。

2) 装置二：装配式工业建筑围护体系构造热工测试装置

"装配式工业建筑围护体系构造热工测试装置"基于动态热箱法测量构件热传导系数和热阻值，装置可模拟装配式空腔构造，模拟空腔内有气流扰动的状态，测试构件的动态传热性能，从一定程度上最大限度地测出其实际传热性能，工作原理和装置见图 6。

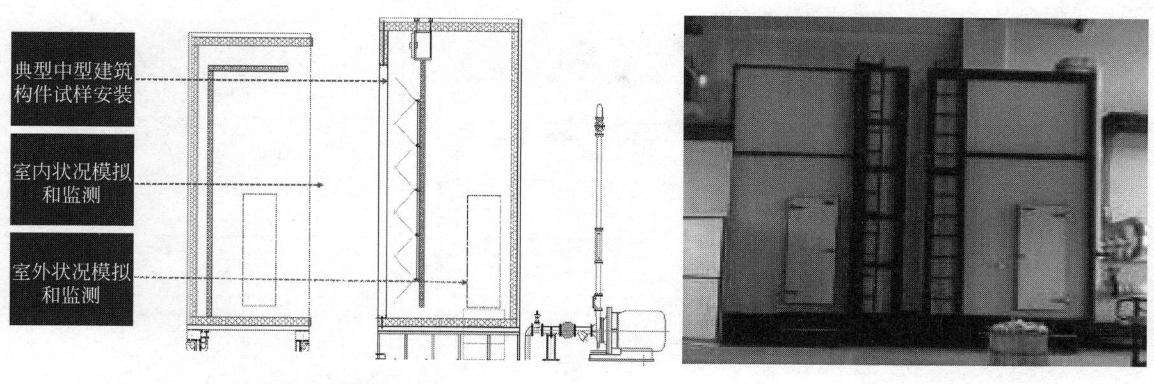

(a) 装置示意图　(b) 装置实际外观

图 5　围护系统热工与耐候综合测试装置原理与外观示意图

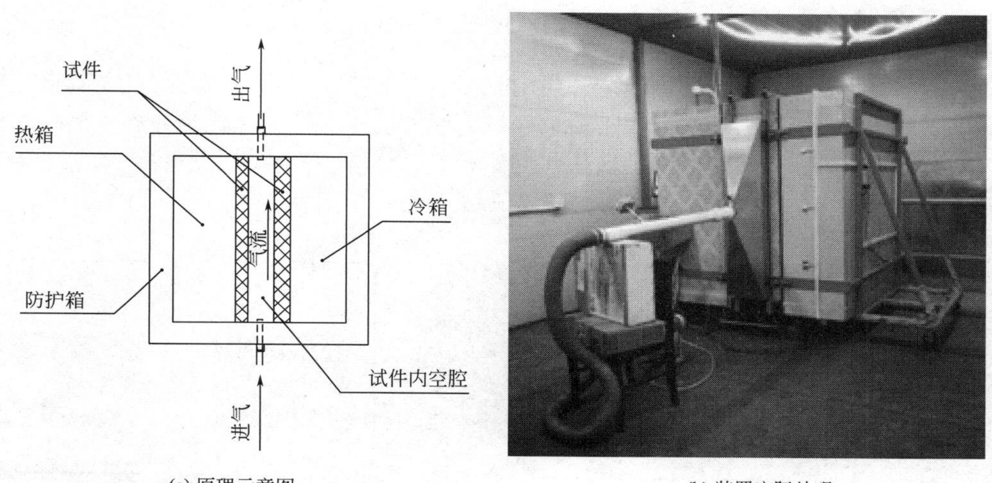

(a) 原理示意图　(b) 装置实际外观

图 6　装配式工业建筑围护体系构造热工测试装置示意图

（4）关键技术四：工业建筑围护结构绿色改造评价方法

评价方法从全生命周期范畴考虑建筑围护结构的各项性能要求，评价体系包括建筑围护结构的技术、环境、经济成本、社会功能、过程控制、创新 6 个方面，共 73 项评价指标。每一个指标采用 2～5 种级别的分级量化进行评价，评价内容见图 7。

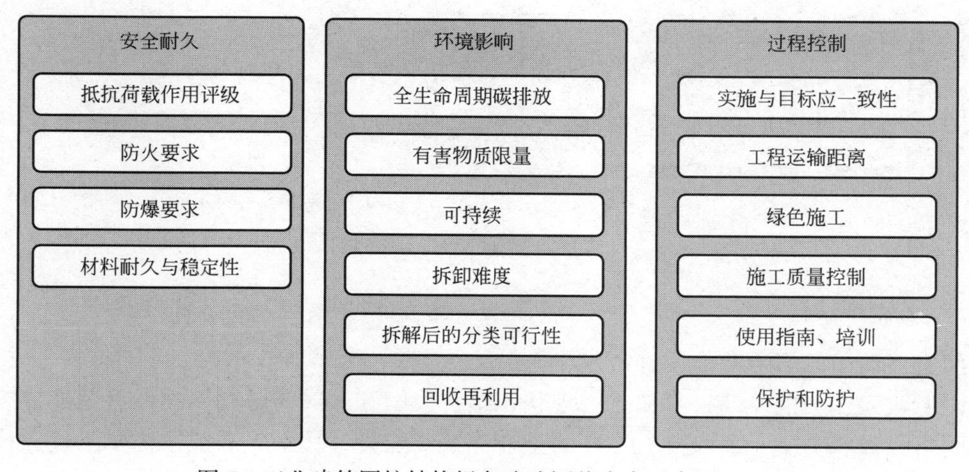

图 7　工业建筑围护结构绿色改造评价内容示意图（一）

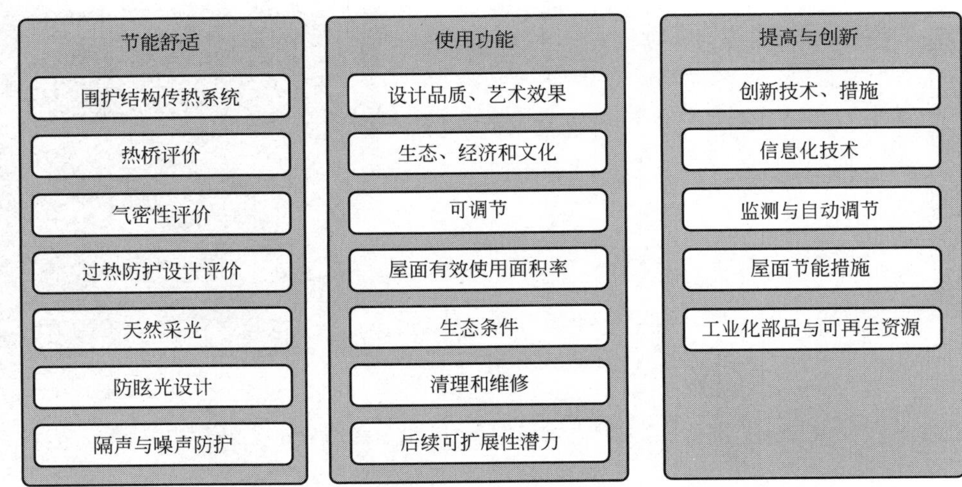

图 7　工业建筑围护结构绿色改造评价内容示意图（二）

评价方法中的分级量化侧重于促使使用人员对工程性能进行“优化和改善”。在既有工业建筑的诊断过程阶段可进行关键性能评估，在设计阶段可进行方案、成本、性能优化，在施工阶段可对关键性能进行控制。通过系统的使用，所用的围护结构在性能要求、经济、环境、资源、成本等方面可达到相对的平衡和优化，评价方法和流程见图 8。

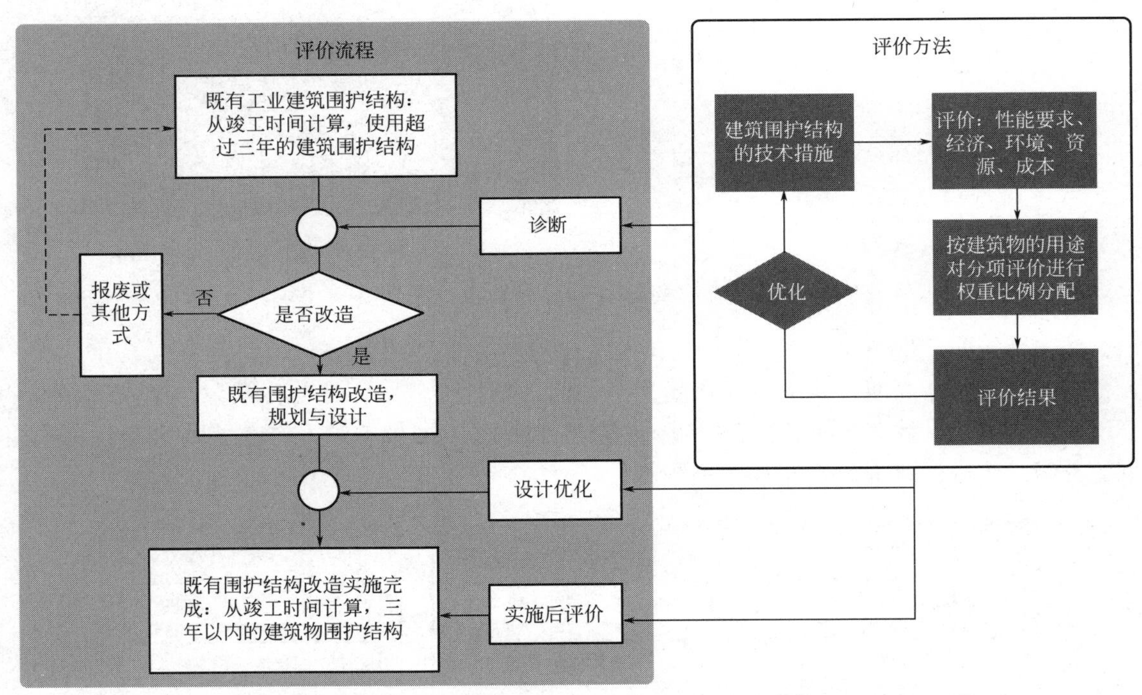

图 8　工业建筑围护结构绿色改造评价体系及流程示意图

三、发现、发明及创新点

1. 大空间主被动通风耦合节能设计技术

针对我国工业建筑节能设计技术缺乏的现状，结合我国 5 个气候区和不同类型工业建筑的特点，首次提出了不同热源强度类型、通风换气条件的工业建筑节能设计技术、围护结构热工优化设计方法和与控制参数，并以国家标准颁布实施，填补了国内空白。

2. 高保温耐候围护结构构造设计技术

针对现有装配式金属围护结构和装配式 PC 存在热桥多、防水、气密、耐候性差的问题，首创了 5 类热工性能优化、高抗风揭和高耐久性的围护系统产品，包括：无热桥装配式混凝土围护系统，两种等压空腔防排水装配式钢结构围护系统，双 360°咬边连接压型金属板抗风揭与防水屋面系统。构造设计技术及产品为工业建筑改造提供了性能提升的整体解决方案，成果达到国内领先水平。

3. 多因素条件下围护结构耐久性试验及概率分析技术

针对目前围护结构热工性能、抗风荷载性能及耐久性能试验室检测结果与实际应用性能存在巨大差异的问题，采用湿热、降水、冻融、荷载和变形 5 种因素交互、耦合作用的加速老化试验方法，创新性研发了围护结构热工与耐候综合测试装置，首次提出了“多因素耦合作用的试验方法”和“半概率半经验”的分析方法，并实时对热工、耐候、力学等多项性能进行测定。多因素条件下耐久性试验及概率分析技术可准确反映在复杂条件下围护结构的实际使用性能和长期变化趋势。成果达到国际先进水平。

4. 绿色评价的部品与建筑性能寻优技术

针对我国绿色建筑评价方法中单个部品、建筑局部和建筑整体性能评价得分分配不科学、主观和模糊的现状，以全生命周期性能为基础，对工程量比例关系、部品性能与建筑性能的交互关系、正常使用性能与临界极限性能的转化关系进行量化分析，首次提出了不同类别建筑绿色性能评价中性能指标的权重分配比例寻优技术，全面反映局部改造与整体绿色性能并重的协调关系。技术处于国际先进水平。

四、与当前国内外同类研究、同类技术的综合比较

成果与当前国内外同类研究、同类技术的比较如下：

1）首次提出了工业建筑围护结构节能设计方法，并形成工业建筑围护结构热工参数要求指标和节点构造做法，相比较于国内外同类研究，为我国首部关于工业建筑节能的国家标准，处于国际先进水平。

2）成果重点研究了热工、耐久性、防水、抗风性能等关键技术和新型围护结构产品，以构造图集、专利、设计和施工方法发布，可作为我国各气候区工业建筑围护结构节能依据，解决工业建筑围护结构节能、抗风揭、防水、绿色性能提升等实际问题，填补了国内空白，达到国内领先水平。

3）试验方法可在一个试验箱中模拟完成大多数的外界影响因素综合作用，对试验结果采用的工程概率进行分析和预测。试验装置、试验方法和分析方法均为国内首创，成果领先于国内外同类水平。

4）相比较于国内绿色建筑评价标准，成果从全方位和全生命周期对围护结构进行评价并建立了分级性能指标的权重分配比例，评价结果较客观。室内温湿度、健康、热桥、气密性、节能与舒适性等技术分级指标适用于各类工业建筑，在科学性、易用性、指导性方面领先于国内外同类成果。

五、第三方评价、应用推广情况

本成果以工业建筑围护结构建造过程中的节能设计、关键热工与耐久性技术、多因素耦合检测及概率模型分析、绿色评价为核心，重点解决工业建筑能耗、室内环境、围护结构性能优化等问题：成果可大幅降低工业建筑能耗，促进绿色发展，提高工业行业能源利用水平，提升工业固废资源利用率，推动工业建筑节能的进步，促进工业行业的可持续发展；关键技术和产品促进了工业建筑领域的材料、设计、施工的进步；评价体系全面，评价结果客观、公正，促进了我国绿色建筑的发展，填补了工业建筑围护结构绿色评价的国内空白。

六、经济效益

成果已在全国各门类工业建筑新改扩工程中广泛推广应用，典型应用案例见表 1。

典型应用案例 表1

项目名称	使用面积(m^2)	经济效益(万元)
东方诚建设集团金恒力钢结构公司廊坊自用生产车间	8320	新增利润 15
东方诚建设集团有限公司唐山芦台分公司	9500	新增利润 5
东方诺达钢结构公司	18000	销售额 500
金恒利钢结构(天津)有限公司	8000	新增利润 15
潍柴(重庆)汽车有限公司	15000	销售额 400
昆明云内动力股份有限公司	20000	销售额 600
中国航发贵州红林航空动力控制科技有限公司	11500	销售额 300
重庆安美仓储有限公司	13400	销售额 350
重庆市北嵘实业有限公司	60000	销售额 1600
重庆传音科技有限公司	20000	销售额 500
四川明欣药业有限责任公司	46000	销售额 1000
重庆保税港区开发管理集团有限公司	25000	销售额 600
桂林经开深科投资发展有限公司	92500	销售额 2500
山东柳工叉车有限公司	29000	销售额 700
青岛海尔智慧厨房电器有限公司	21000	销售额 560
徐州徐工液压件有限公司	42000	销售额 1100
青海省格尔木市碳酸锂清洁能源供热工程项目	25000	销售额 600

七、社会效益

本成果以关键技术集成的方式在全国数十个交通、设备装备制造、能源、物流、数据中心、制药、冷库等新、改、扩工业建筑中广泛进行应用。使用者通过实际的使用效果普遍给予了高度的评价。

(1) 大幅降低工业建筑的能耗，促进绿色低碳发展。产品和技术明显提升建筑物节能与绿色性能，为业主和使用者带来了明显的经济效益，提高工业行业能源利用水平。

(2) 指导和推动工业建筑节能工作。形成的国家标准成果具有强制的特点，促进了我国工业建筑围护结构热工设计的进步。图集、团体标准具有自愿使用的特点，为工程领域提供更多的选择。产业化的专利、产品以实际服务于建筑市场，成果为工业建筑工程行业提供实用、实际、实在的技术支撑。

(3) 提升了我国工业建筑节能和绿色发展的科技创新水平。节能设计方法、专利产品、绿色性能评价方法、围护系统热工与耐候综合测试装置均为首创性的技术，成果从理论、技术、应用、检测平台各方面全方位取得进步，在我国工业建筑围护结构领域推动了科技进步。

(4) 完善和丰富了我国工业建筑领域的绿色建造技术。研究成果从工程实施各个阶段提出了节能设计、关键技术措施、检测、评价技术，成果将设计方法、关键技术、评价体系、实际产品系统性整合于绿色建造全过程中，推进我国工业建筑的可持续发展，丰富了我国节能和绿色发展的手段。

城市轨道工程施工自动化监测技术研究与应用

完成单位： 中建工程产业技术研究院有限公司、中国建设基础设施有限公司、贵州中建建筑科研设计院有限公司、华东投资有限公司、中建三局第二建设工程有限责任公司

完 成 人： 韦永斌、肖龙鸽、赵　伟、李新刚、宫志群、油新华、郭小红、刘邦安、乔茂伟、林金地

一、立项背景

安全风险监控管理，是轨道交通建设安全的重要基础和保障。目前，我国的轨道交通建设安全风险监控管理存在以下主要问题：

1）轨道交通建设飞速发展，施工工程量急剧增加，安全风险监控数据量大并且难以及时记录和上报。

2）轨道交通建设工程周边环境多样，工程地质和水文地质等条件错综复杂，施工难度大、技术要求高、工法种类多。

3）工程的不确定性较大，易发生安全生产事故，且一旦发生事故负面影响大、后果严重。

4）通过传统的记录方式管理，时效性差，数据查阅不便，是安全风险监控管理中的突出隐患之一。

目前，轨道交通建设安全风险监控管理的传统方法已不能满足工程建设发展需要，通过信息化的手段，建立完善的信息系统辅助日常工作、加快信息传递速度、提高大数据的处理能力、科学分析和预测发展趋势，已成为亟待解决的问题。

二、详细科学技术内容

1. 总体思路

本研究从获取现场实时、准确、可靠的监测数据着手，开发施工监控平台。该平台可对施工过程中存在风险进行监测、识别、评估与预警，为施工过程提供数据支持，防范安全事故的发生，保障沿线建（构）筑物以及既有线路的安全，为确保工程质量、安全等提供强有力的技术支持。

2. 技术方案

紧密结合城市轨道交通工程施工项目，在现场调研和资料收集的基础上，制定针对施工过程中既有建构筑物及运营地铁隧道结构变形的监测方案，明确需采用的监测手段，对测控平台进行开发，不但满足依托工程施工监控量测及信息管理需求，同时为今后集团地铁施工监测项目提供技术支撑。其所采用的研究路径为：国内外现状调研、监测技术研究、平台架构设计及开发、工程应用、研究报告的编制。

（1）对国内外施工自动化监测技术及施工信息化管理平台进行调查研究，分析归纳项目实际需求、自动化监测实现的具体功能、测量的参数指标及现场具体实施方案等，为后期研究提供基础资料。

（2）对基于多元传感分布式计算的测控平台的硬件、软件进行架构设计。

（3）在上述研究基础上，对基于测量机器人的自动化监测技术进行深入研究，研究机器人系统布设优化技术、测量机器人振动抑制技术和测量机器人镜头自动防尘染技术。

（4）将研究得到的控制方案进行现场应用，指导自动化监测方案编制。

（5）根据前述研究结果编写研究报告。

3. 关键技术

（1）基于多元传感分布式计算的测控平台

自主开发了一套涵盖 BIM 模型轻量化、传感、通信、识别、评估和预警成套关键技术的测控平台。该平台应用多元传感、自主高效通信、边缘计算、WEBGL3D 图形引擎、高性能实时数据管理和预警报警等技术，实现工程时空数字化孪生，通过信息化施工，降低了工程施工安全风险。平台软、硬件系统架构如图 1、图 2 所示。

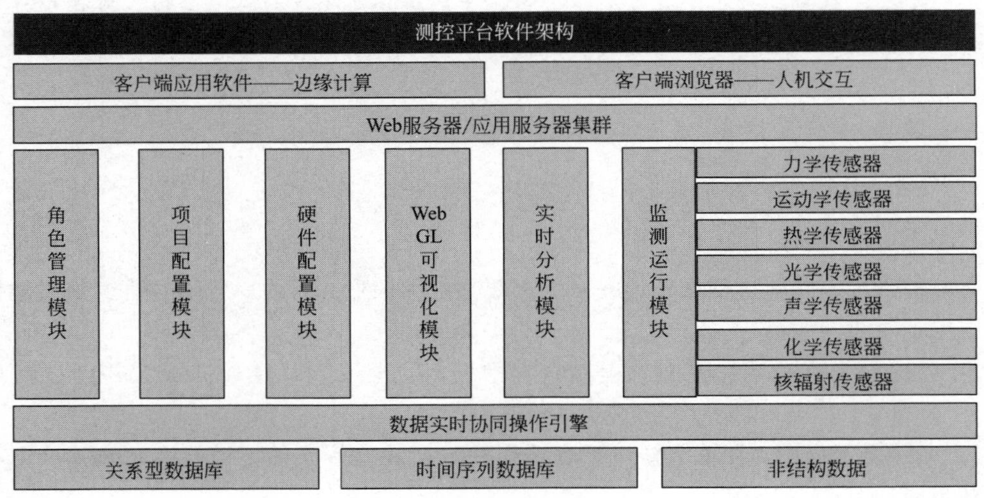

图 1　测控平台软件架构

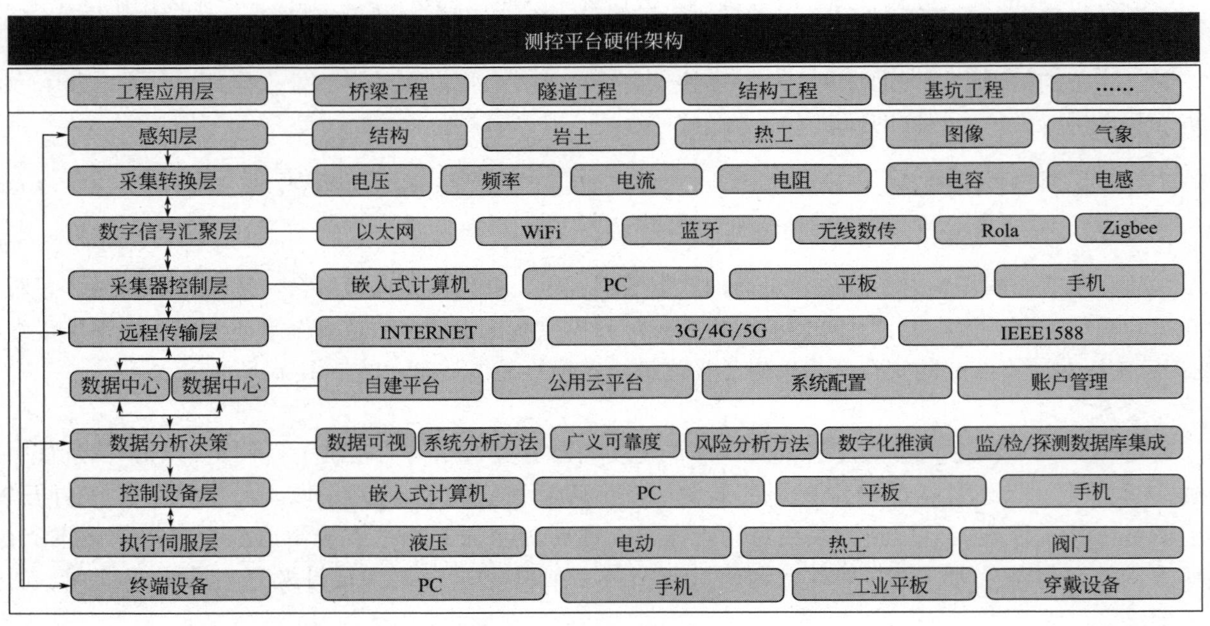

图 2　测控平台硬件架构

应用 BIM 技术建立了三维、动态、实时、可视化的工程测控平台，测控平台软件界面如图 3 所示。软件支持 BIM 模型的在线展示，模型与监测数据的双向互动。

（2）测量机器人系统布局优化算法

监测系统中基线和测站布设通常根据经验确定，无法获得最佳系统布局。提出了一种系统布局优化和评估算法，建立 9 变量目标函数，应用高效算法在 9 维数学空间求解，获得系统最佳布局参数，提高了监测系统的精度。

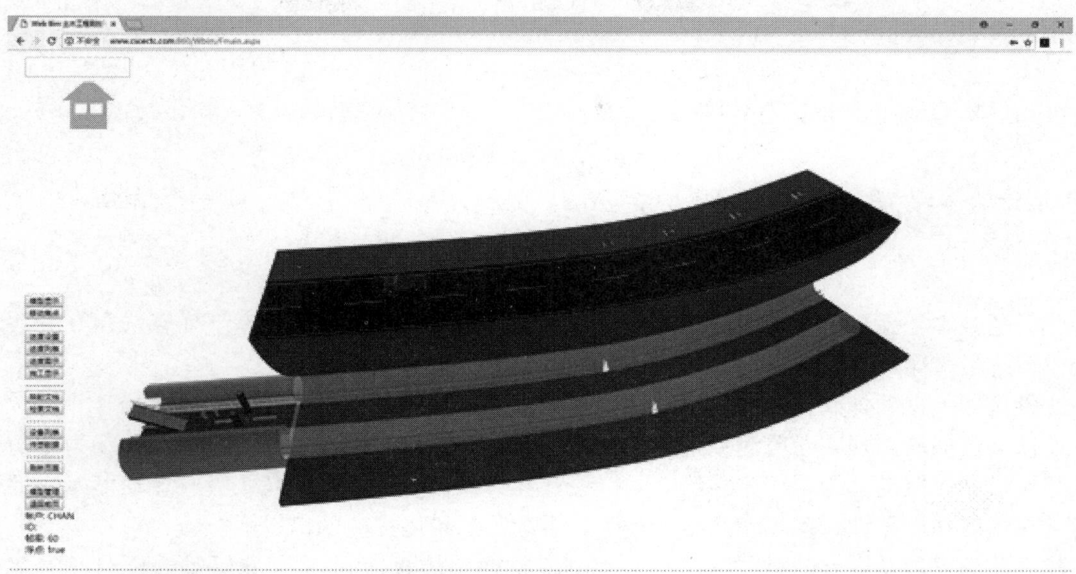

图 3　测控平台软件界面

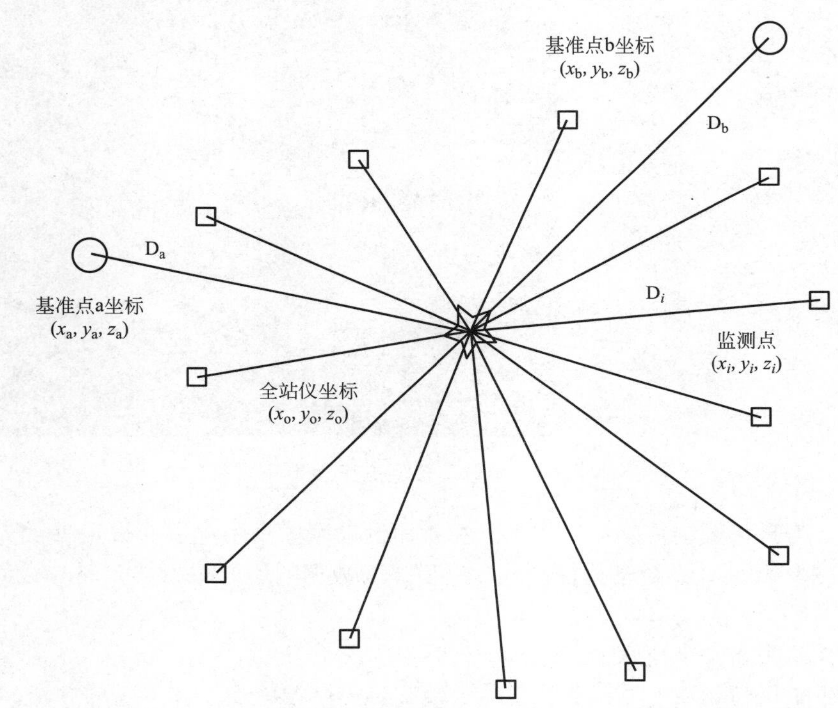

图 4　监测系统站点位置示意图

监测系统站点位置示意如图 4 所示，五角星 O 点代表测站的位置，A 和 B 代表两个基准点，方框代表每个测量点，各点位置如图 5 所示。未知数的坐标可以用已知的参数来表示。通过微分可以计算出来，均方误差可用全微分来确定。在此，定义 S 为斜距，D 为水平距离，a 和 b 表示水平和垂直的角度。a_0 表示初始角度，C 是常数。

$$\begin{cases} x_o = x_A + D_{OA}\sin(\angle BAO + \alpha_{AB}) = x_A + S_{OA}\sin\beta_{OA}\sin(\angle BAO + \alpha_{AB}) \\ y_o = y_A + D_{OA}\cos(\angle BAO + \alpha_{AB}) = y_A + S_{OA}\sin\beta_{OA}\cos(\angle BAO + \alpha_{AB}) \\ z_o = z_A + S_{OA}\cos\beta_{OA} \\ \alpha_0 = \angle AOy + C \end{cases}$$

进行全微分：

$$\begin{cases} dx_{o}=dx_{A}+\sin\beta_{OA}\sin(\angle BAO+\alpha_{AB})dS_{OA} \\ +S_{OA}\cos\beta_{OA}\sin(\angle BAO+\alpha_{AB})d\beta_{OA}+S_{OA}\sin\beta_{OA}\cos(\angle BAO+\alpha_{AB})d\angle BAO \\ dy_{o}=dy_{A}+\sin\beta_{OA}\cos(\angle BAO+\alpha_{AB})dS_{OA} \\ +S_{OA}\cos\beta_{OA}\cos(\angle BAO+\alpha_{AB})d\beta_{OA}-S_{OA}\sin\beta_{OA}\sin(\angle BAO+\alpha_{AB})d\angle BAO \\ dz_{o}=dz_{A}+dS_{OA}\cos\beta_{OA}-S_{OA}\sin\beta_{OA}d\beta_{OA} \\ d\alpha_{0}=d\angle BAO \end{cases}$$

该优化问题基本上是一个 9 自由度的非线性约束优化问题。应用最速梯度下降算法在 9 维数学空间求解，获得系统最佳布局参数。

（3）测量机器人振动抑制技术

运营地铁隧道振动强烈，对监测系统造成严重干扰，使其无法正常工作。应用结构动力学仿真，提出了一种测量机器人振动抑制系统，并给出关键设计参数。振动抑制系统高效吸收振动能量，保证了监测系统的工作精度和可靠性。现场实测结果表明，系统监测精度提高两倍以上。

通过建立监测仪器及支架的有限元模型并对其进行模态仿真（图 5），分析监测仪器及支架振动对监测精度的影响。通过公示推导得出的关键设计参数，对仪器及支架进行动力性能优化。

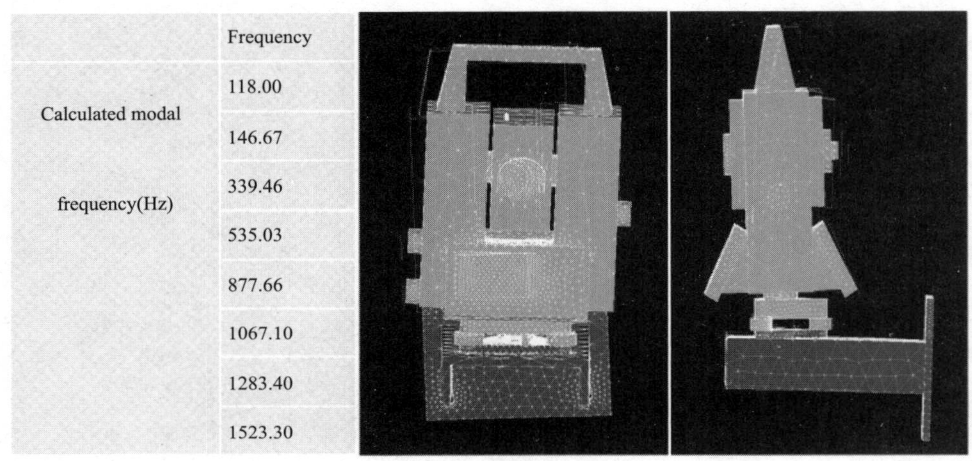

	Frequency
Calculated modal frequency(Hz)	118.00
	146.67
	339.46
	535.03
	877.66
	1067.10
	1283.40
	1523.30

图 5 有限元模型仿真分析

通过现场实测，当自带振动传感器调整阻尼性能，设计摩擦型阻尼器并设定参数为 125N 时，受迫振动的幅度每周期减少 20%，系统动力控制优化后所采集数据的均方差为 0.25mm，使系统测量误差减少 64.3%。

（4）测量机器人镜头防尘染技术

运营地铁隧道中空气粒物浓度高，测量机器人镜头污染严重影响工程监测可靠性，同时给维护带来巨大的工作量。首次提出了测量机器人镜头自动防尘染的方法，利用空气动力学理论对车辆影响下隧道内的粉尘运动行为进行数值模拟，采用传感器感知空气流动信息，控制镜头进行粉尘规避，减少了系统维护次数 70%。

利用空气动力学理论对车辆影响下隧道内的粉尘运动行为进行数值模拟，发现粉尘污染镜头基本规律。采用风压传感器感知空气流动信息，控制全站仪镜头进行粉尘规避，可降低进粉尘对全站仪镜头的污染，提高了仪器光路的质量，下轨维护时间由原来的 1 个月延长到 3 个月。该技术在现场应用中得到完美验证。

4. 实施效果

2013 年 11 月至 2016 年 5 月，本项目技术成果成功应用于深圳地铁 9 号线全部一级风险源，本监测系统为 9 号线项目提供了实时、准确、可靠的工程监测数据，成功指导了盾构施工过程中的各项参数的调整，保障了沿线建（构）筑物及既有线路的安全，为确保工程质量、安全等提供强有力的技术支持。见图 6。

图 6　深圳地铁 9 号线自动化监测系统现场安装效果图

2016 年 10 月至 2017 年 6 月本项目技术成果应用于长沙地铁 4 号线，即溁湾镇站—湖师大站区间盾构施工下穿既有地铁 2 号线溁湾镇站—橘子洲站区间，现场安装效果如图 7 所示。该成果应用不仅为项目提供了强有力的技术支持，解决了项目之前监测团队因无法获取监测数据停工 45d 的困扰，同时保障了既有线路的安全运营和乘客的生命财产安全。此外本测控平台将自动化监测、BIM、信息化管理有机融合，提升了该项目的施工信息化管理水平。见图 7。

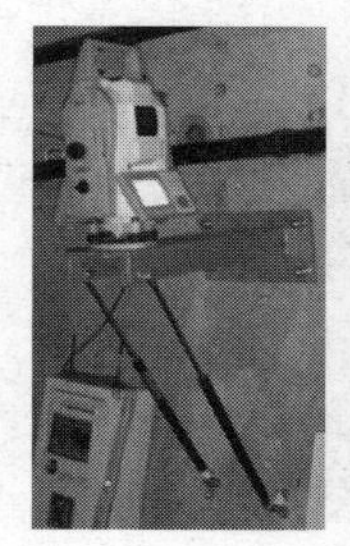

图 7　长沙地铁 4 号线自动化监测系统现场安装效果图

三、发现、发明及创新点

1. 基于多元传感分布式计算的地铁工程自动化监测平台

自主开发了一套涵盖 BIM 模型轻量化、传感、通信、识别、评估和预警成套关键技术的测控平台。该平台应用多元传感、自主高效通信、边缘计算、WEBGL3D 图形引擎、高性能实时数据管理和预警报警等技术，实现工程时空数字化孪生。

2. 测量机器人系统布局优化算法

监测系统中基线和测站布设通常根据经验确定，无法获得最佳系统布局。提出了一种系统布局优化和评估算法，建立 9 变量目标函数，应用高效算法在 9 维数学空间求解，获得系统最佳布局参数，提高了监测系统的精度，精度达 0.5mm/100m。

3. 测量机器人振动抑制技术

运营地铁隧道振动强烈，对监测系统造成严重干扰，使其无法正常工作。应用结构动力学仿真，提出了一种测量机器人振动抑制系统，并给出关键设计参数。振动抑制系统高效吸收振动能量，保证了监测系统的工作精度和可靠性。现场实测结果表明，系统监测精度提高两倍以上。

4. 测量机器人镜头防尘染技术

运营地铁隧道中空气粒物浓度高，测量机器人镜头污染严重影响工程监测可靠性，同时给维护带来巨大的工作量。首次提出了测量机器人镜头自动防尘染的方法，利用空气动力学理论对车辆影响下隧道内的粉尘运动行为进行数值模拟，采用传感器感知空气流动信息，控制镜头进行粉尘规避，减少了系统维护次数 70%。

四、与当前国内外同类研究、同类技术的综合比较

(1) 目前基于测量机器人的自动化监测系统，徕卡、天宝、拓普康等国际领先的仪器生产厂商很早就开始研制。但是国外先进的自动化监测系统相对于国内的用户来说价格较昂贵，并且测量指标和方式还不能符合国内的测量标准，同时缺乏对地铁隧道应用环境下系统精度和可靠性提升的研究。

(2) 目前在施工信息化管理应用方面，国外一些厂商针对地下工程施工风险管理研发出了专业的信息化管理平台，但由于法律法规体系不同，规范标准不同，施工管理模式和监测方法不相同等原因，在国内推广现成的案例或者解决方案面临较大障碍。国内一些专家学者研制了自动化监测系统和地铁施工监测信息系统，对施工进行信息化管理，但这些系统中自动化监测系统和信息管理系统大多相互独立，两者并没有有机整合，同时监测信息管理系统大多是针对某一具体工程，缺乏灵活性和扩展性。同时目前基于图形界面的信息管理系统多数是以二维图形展示，在三维可视化等方面研究较少。

五、第三方评价、应用推广情况

1. 第三方评价

2020 年 5 月 26 日，本成果经专家评价，认为总体达到国际先进水平。

2. 应用推广情况

本项目技术成果成功应用于深圳地铁 9 号线全部一级风险源。2013 年 11 月至 2016 年 5 月，本监测系统为 9 号线项目提供了实时、准确、可靠的工程监测数据，成功指导了盾构施工过程中的各项参数的调整，保障了沿线建（构）筑物以及既有线路的安全，为确保工程质量、安全等提供强有力的技术支持。取得了良好的经济效益和社会效益。

2016 年 10 月至 2017 年 6 月本项目技术成果应用于长沙地铁 4 号线，即滦湾镇站---湖师大站区间盾构施工下穿既有地铁 2 号线滦湾镇站—橘子洲站区间。在既有地铁施工影响区域上、下行隧道内，现场布设了基于测量机器人的隧道三维变形监测装置和基于静力水准仪的道床沉降监测装置，应用了整套测控平台。该成果应用不仅为项目提供了强有力的技术支持，解决了项目因无法获取监测数据停工 45d 的困扰，同时保障了既有线路的安全运营和乘客的生命财产安全，此外测控平台将自动化监测、BIM、信息化管理有机融合，提升了该项目的施工信息化管理水平。

六、经济效益

该项目技术成果在深圳地铁 9 号线、长沙地铁 4 号线等城市轨道交通工程项目成功应用，累计合同额 700 余万元。深圳地铁 9 号线 2 年监测无差错，为项目施工顺利开展提供了强力支持。克服复杂环境影响，为长沙地铁 4 号线减少了巨额经济损失。

七、社会效益

经统计，在城市轨道交通所有风险事故中，70%以上的事故原因是由施工技术处置不当和管理滞后引起。如果能够加强管理、实时监控、及时处置，这些事故是可以避免的。整个工程监测平台就如同一位“健康医生”，为城市轨道交通工程建设全程把脉，在工程建设过程中及时发现威胁工程健康的安全问题，以便技术人员及早发现，及早整治，确保安全。

本项目通过研究，形成了软件平台、专利、装置等系列科技成果，已广泛应用到中建集团内的多个城市轨道工程自动化监测项目中，取得了显著的社会效益。项目成果的应用，使轨道交通工程自身和周边环境的安全保障能力得到提升，全面提升了集团城市轨道交通工程建设的质量和安全技术管理水平。

三等奖

城市跨江宽幅矮塔斜拉桥关键建造技术

完成单位：中建市政工程有限公司、中国建筑一局（集团）有限公司、桂林理工大学
完 成 人：袁立刚、于艺林、曹　光、朱万旭、李小利、赵　勇、陈俐光

一、立项背景

衡阳市东洲湘江大桥为三塔四跨矮塔斜拉桥，主跨跨径达210m，桥幅宽38.5m，是目前国内采用悬臂现浇法施工的单箱梁体最宽的单索面矮塔斜拉桥。桥梁跨越湘江，桥位处水深较大，且部分河床覆盖较薄，下部结构施工难度较高；主桥跨径较大、桥幅较宽，给挂篮法悬臂施工、箱梁三向预应力施工、斜拉索精准安装、索力调整、主梁合拢及体系转换等带来巨大挑战。与此同时，桥梁工期紧迫，亟须借助技术手段对传统技术进行改进，采用更先进的方案和机械设备进行施工，且湘江两岸均为居民密集区，对施工过程中的环保提出了较高要求，为此，在桥梁施工时必须格外引起重视，做好节能减排、降低污染等工作。基于以上因素，有必要研究针对矮塔斜拉桥的施工关键技术，以推动国内桥梁建设技术的发展，故此形成本课题研发任务。

二、详细科学技术内容

1. 水中栈桥横向限位及加固技术（图1）

在主栈桥中间部位设置一排加固钢管桩，利用外伸的钢管桩及横梁在贝雷梁下游侧设置竖撑及牛腿，与主栈桥连接成为一体，增强贝雷梁抵抗洪水的冲击力。

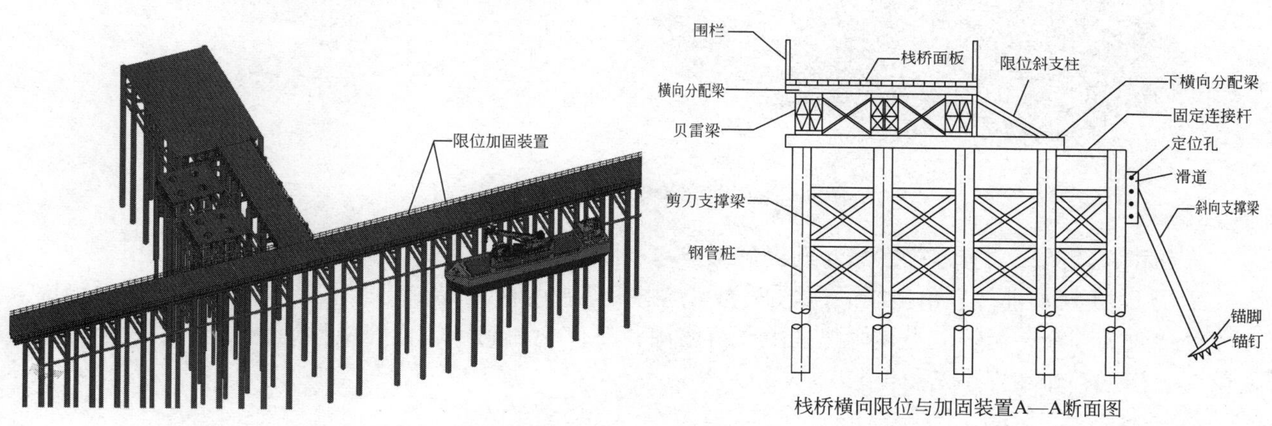

图1　水中栈桥横向限位及加固技术

2. 水下岩质河床双层钢护筒钻孔灌注桩施工技术（图2）

结合地质条件和水文状况，下放引孔钢护筒，进行冲击钻引孔，引孔施工结束后下放主桩冲孔钢护筒，利用两钢护筒构建封底混凝土模板，向内外钢护筒之间空隙内浇筑水下混凝土稳固钢护筒，从而完成水下无覆盖层岩质河床钻孔灌注桩下放钢护筒的工艺。

3. 深水岩质河床双壁钢围堰施工技术（图3）

建立围堰BIM模型，进行围堰初步设计，然后分别按吊装、抽水安装内支撑、混凝土封底到及抽水等工况用结构分析软件对围堰进行应力、变形和整体稳定性分析，进一步对围堰设计进行优化，以达

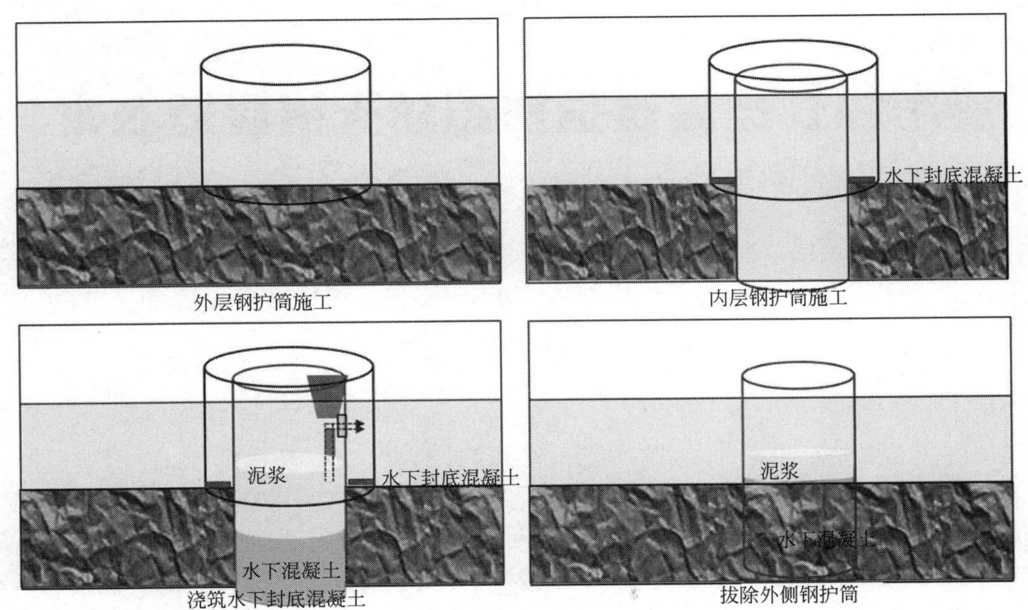

图 2　水下岩质河床双层钢护筒钻孔灌注桩施工技术

到安全经济性要求。根据桩位处地质模型，进行封底厚度分析：不同封底厚度计算分析，最终确定 2m 封底厚度方案，其施工风险小、成本低，有较高的可行性。

图 3　深水岩质河床双壁钢围堰施工技术

4. 超宽幅箱梁三角挂篮整幅悬臂现浇施工技术（图 4）

采用 BIM 技术进行三角挂篮设计与改造，将主桁架数量由 6 榀优化为 4 榀，单片三角架后锚固点由 4 个优化为 5 个，后锚固点锚固形式由预留锚固孔洞优化为利用箱梁腹板预埋精轧螺纹钢作为后锚，对前端上横梁补充加焊小三角架。

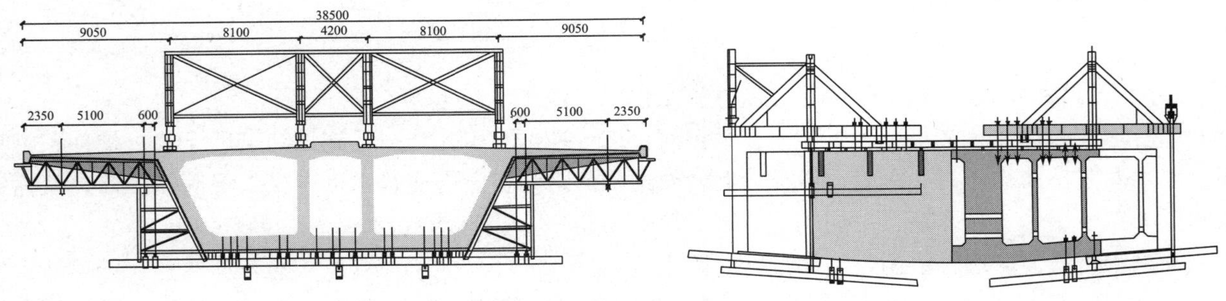

图 4　超宽幅箱梁三角挂篮整幅悬臂现浇施工技术（一）

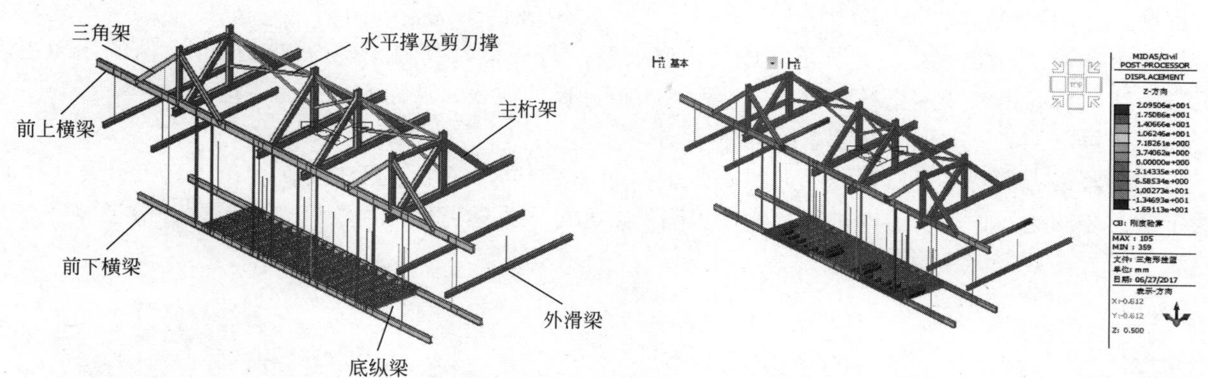

图 4　超宽幅箱梁三角挂篮整幅悬臂现浇施工技术（二）

5. 基于 BIM 的矮塔斜拉桥索塔施工技术（图 5）

建立索塔 BIM 模型，采用 BIM 技术对劲性骨架和模板进行正向设计，并进行碰撞分析，优化处理后出图，从图中提取劲性骨架、钢筋、模板、索鞍等模型信息指导构件下料制作及定位。在变截面段，首先安装劲性骨架，然后绑扎钢筋，随后开始模板循环翻升，再进行复测，检验并调整偏差，最后进行混凝土浇筑、养护与模板拆除。在等截面段，在钢筋绑扎完成后进行索鞍等预埋件安装，其余工序与变截面段类似。

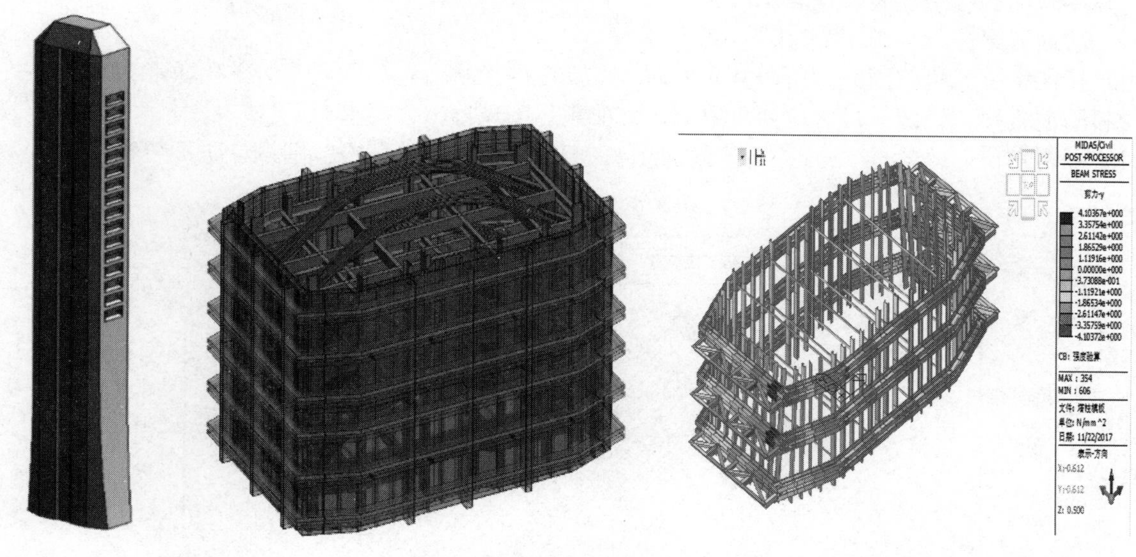

图 5　基于 BIM 的矮塔斜拉桥索塔施工技术

6. 光纤光栅智能钢绞线斜拉索安装施工技术

（1）光纤传感器与结构耦合测量技术

在钢绞线中心丝上设置凹槽、在中心丝张拉持荷状态下于凹槽中嵌入光纤光栅（FBG）传感器的智慧钢绞线；光纤传感器体积小，并可耦合于钢绞线体内，节约施工作业空间，而且更加精确监测钢绞线拉应力的实际值。

（2）光纤传感器监控斜拉索安装的精确施工方法

提出了基于光纤光栅监测技术的等值法斜拉索张拉技术，该等值张拉法可忽略梁、塔受力对钢绞线影响差异，利用传感器控制的单根拉索等值张拉施工。

张拉前先估算单根张拉过程中拉力的损失值，而后通过采用桥梁有限元软件 Midas—Civil 对东洲湘江大桥进行有限元模拟，计算确定第一根钢绞线的张拉力值，选取内嵌有光纤光栅的智慧钢绞线作为第一根安装，完成张拉后将其光纤光栅与解调仪连接，读取该钢绞线实际力值 F；按 F 的实时变化数值安装张拉第 2、3、…根钢绞线，直至完成整根索安装。每根钢绞线的张拉力以已校准力值的压力表读数为准，达到智慧钢绞线的光纤光栅传感器读数力值即保压放张，从而实现索力等值张拉。

（3）自供电的光纤化传感监测系统构建

运营阶段索力实时在线监测测点如图 6 所示，选择 21 个，每个索塔布设 7 个测点，其余 171 个可作为定期监测测点根据需要定期进行单次索力测量，亦可根据运营实际需要将定期监测。数据处理与管理模块载于云端数据储存服务器上。

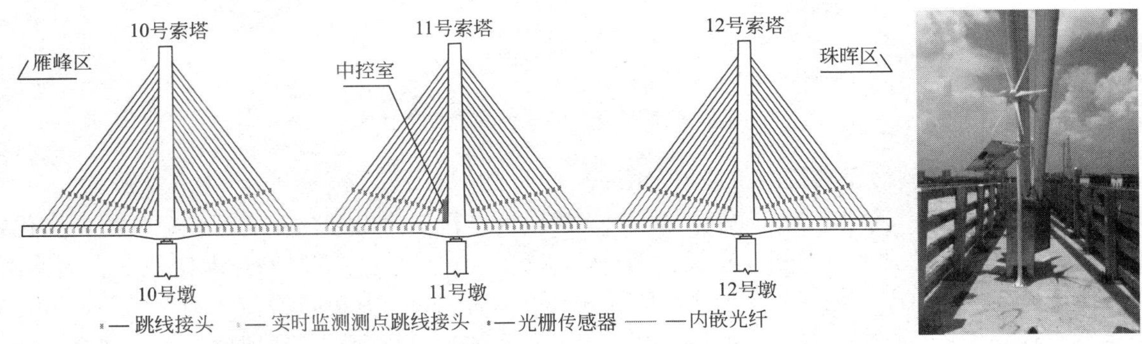

图 6　自供电的光纤化传感监测系统构建

7. 自浮式船舶防撞设施设计与安装技术

（1）防撞方案设计（图 7）

由于桥区水位变化范围大，桥墩竖向方向一定高度内形状一定，因此，对于桥墩考虑采用浮式钢覆复合材料防撞方案，既能满足水位变化要求，又能满足削减撞击力要求。

对于承台部位，船舶低水位时可能撞击承台，因此根据其可能撞击范围设计防护装置。

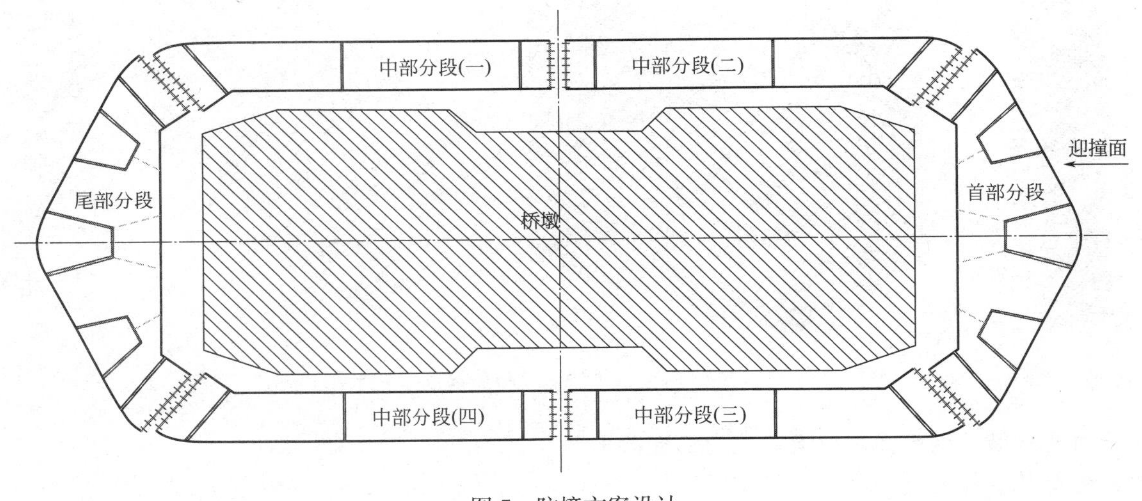

图 7　防撞方案设计

（2）防船撞装置施工技术（图 8）

为方便快捷安装，缩短占用航道时间，减小施工周期，预先在桥位附近码头水域将防撞设施节段进行预拼装，组装出半个防撞设施，以便对接成整个防撞设施。节段组装利用起重船和汽车吊相互配合，在水面上进行组装，吊点均采用吊带兜底，兜底点采用保护及固定措施，防止破坏防撞设施和滑移。组装完成后让它自浮于水面上，并与停泊的船舶间用缆绳绑靠牢固，防止飘浮移走。

各个大节段拼接完成后，通过 50t 汽车式起重机将大节段吊入湘江河流中。将在浮力的作用下漂浮在水面，此时处于非均匀吃水状态，通过水泵向舱室内部注入压载水进行调平，从而让浮心和重心处于竖直直线上，让节段处于均匀吃水自平衡状态。通过拖轮将各个大节段拖运至桥墩处。把浮吊船开到墩上游让船和桥墩轴线一致；船首对桥墩首部沿左前方两边 45°方向抛 20m 锚链，尾部沿后方两边 30°抛 40m 锚链；用浮吊船吊起防撞主体，至桥墩正前方位置。

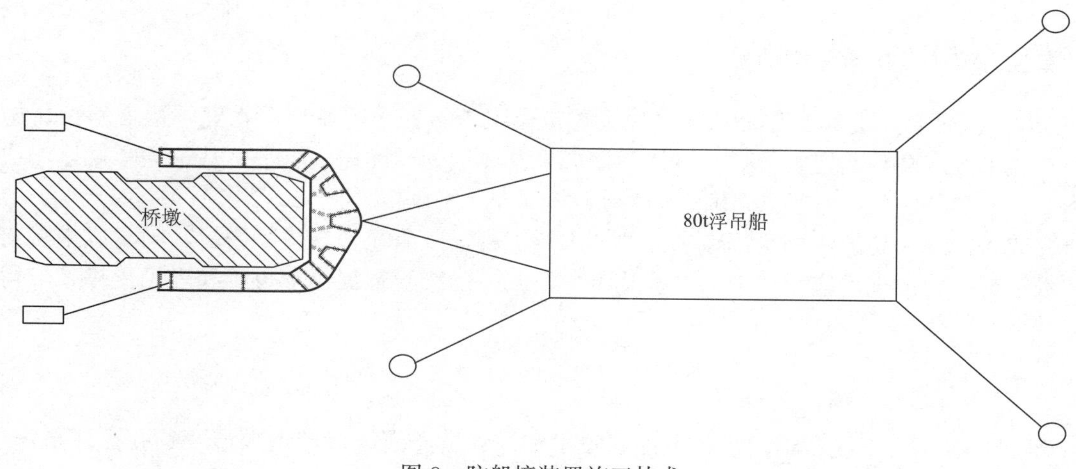

图 8 防船撞装置施工技术

三、发现、发明及创新点

（1）研发出水中栈桥横向限位及加固技术，提高了栈桥整体稳定性和抗洪能力，成功抵御三次洪峰侵袭。

（2）研发出双层钢护筒套打、内护筒水下混凝土固定止水技术，成功解决了水下岩质河床桥桩钢护筒施工难题，保证了钢护筒在冲孔过程中的稳定性、密封性，避免钻渣流入江中，污染河流。

（3）研制了钢围堰定位导向装置，保证围堰精准定位和下放；结合 BIM 技术，对围堰封底方案进行优化，减少基底土石方开挖量的同时确保钢围堰有效密封。

（4）首次将光纤光栅智能钢绞线用于 2000MPa 钢绞线斜拉索索力监测，数据实时准确，可实现斜拉索索力远程监控，监测数据用于指导斜拉索安装，提高工作效率。

（5）创新性地将 BIM 虚拟建造技术应用于索塔施工，对模板和劲性骨架进行优化设计，索鞍进行高精度定位，攻克了索塔施工刚度不足、线形不达标、索鞍定位不准的技术难题。

（6）优化挂篮结构设计，采用有限元模型分析和混凝土浇筑工艺精细控制及施工监测双重保障措施，实现 38.5m 宽幅梁体一次性浇筑成型。

四、与当前国内外同类研究、同类技术的综合比较

（1）国内外钢栈桥施工多采用增设一排钢管桩的方式对栈桥进行加固，但经历洪峰之后，栈桥结构仍有较大变形，修复之后才能继续使用。而本技术则设有加固钢管桩和限位斜支柱、斜支撑，结构整体性强，增加侧向荷载抵抗力。

（2）水下岩质河床钻孔灌注桩施工技术，国内外多采用单护筒，码放沙袋进行稳固，易出现稳固性差、便宜、漏浆现象，而本技术采用外层钢护筒来稳固内层钢护筒，则对上述问题进行了有效解决。

（3）深水岩质河床双壁钢围堰施工，常用技术依靠传统测量工具定位，遇岩质河床则进行水下爆破开挖，也极容易出现封底失效情况。而本技术则依靠定位导向装置辅助钢围堰进行定位、下沉，并借助 BIM 技术对围堰封底方案进行模拟和优化，确保了有效封底。

（4）国内外多采用 1860MPa 钢绞线，本项目结合光纤光栅监测技术应用 2000MPa 智慧钢绞线尚属首次，弥补了国内外空白。

（5）挂篮悬臂浇筑在国内首次实现 38.5m 整幅一次浇筑成型，并结合有限元及施工监控实现了精

细化管控，水平和标准远超国内外同类桥梁。

（6）本项目独柱式索塔施工采用 BIM 技术进行模板及劲性骨架设计、钢筋精细化设计也为本项目所特有，国内外对索塔施工多采用定型模板，在钢筋安装过程中易出现碰撞，本技术则对此类问题进行合理解决。

五、第三方评价、应用推广情况

2019 年 5 月 28 日，北京市住房和城乡建设委员会组织召开了“城市深水宽幅矮塔斜拉桥施工关键技术”科技成果鉴定会，鉴定委员会一致认为该成果总体达到国际先进水平，其中宽幅梁体一次浇筑成型技术和 2000MPa 钢绞线斜拉索应用技术达到国际领先水平。

本研究成果已经成功应用到衡阳市东洲湘江大桥工程，效果显著，优势明显，同时成果参与单位也将部分技术进行企业内推广应用，为斜拉桥施工、监测、运维管理提供了技术和理论支撑，取得了显著的经济效益。

六、经济效益

2017 年起，采用水中栈桥横向限位及加固技术和深水岩质河床双壁钢围堰及钻孔灌注桩施工技术，减少了栈桥修复、围堰基底开挖、环境修复费用约 1600 万元；2018 年起，进行三角挂篮悬臂浇筑、光纤光栅智能钢绞线斜拉索安装及独柱式索塔施工，节约造价 2300 万元；2019 年，进行大桥体系转换及高精度合龙、防撞设施安装，节约造价 2090 万元。

七、社会效益

（1）大桥建设过程中采用精细化管理和标准化管理，实现安全零事故，提升了企业形象，2017 年被评为湖南省安全文明工地，也为行业内树立良好的标杆。

（2）改善了衡阳市人居环境，缩短市民过江时间，缓解主干道交通压力，极大加快城市化进程，促进区域经济互动和人才交流。

（3）此外，项目作为平台为当地高校提供认识和生产实习基地，并依托东洲湘江大桥，承办了“全国复杂桥梁与隧道工程创新技术交流暨越江桥隧项目观摩会”，为全国桥梁工程建设行业提供技术交流平台，推动了行业的整体技术进步。

西北湿陷性黄土地区海绵城市建设关键技术研究及示范应用

完成单位：中建水务环保有限公司、中国市政工程西北设计研究院有限公司、中国建筑股份有限公司技术中心、中建丝路建设投资有限公司

完 成 人：张云富、史春海、张燕刚、吴　迪、马小蕾、孙金顺、高叶松

一、立项背景

我国正处在城镇化快速发展的时期，城市建设取得了显著成就，同时也存在开发强度高、不透水铺装占比较大等问题。城市开发建设破坏了自然的“海绵体”，并且多年来城市管网建设以“集中快排”模式来布置雨水系统，导致“逢雨必涝、雨后即旱”的现象，同时全球极端气候频发，夏季特大暴雨发生频率显著增加，导致许多城市发生了严重的内涝。

海绵城市是一种城市发展理念，是落实生态文明发展理念的新型城市发展方式。海绵城市建设以雨水综合管控为出发点的城市建设及改造模式，是统筹解决水资源、水环境、水安全等水系统问题的重要措施和手段，已成为未来城市发展的一种重要模式。随着“十三五”期间海绵城市建设进程的推进，全国兴起海绵城市建设热潮。

西北湿陷性黄土地区深居我国内陆，水资源短缺问题严重。截至 2017 年，该地区西咸新区（陕西省）、庆阳市（甘肃省）、西宁市（青海省）和固原市（宁夏回族自治区）入选国家级海绵城市试点名单，拉开了西北湿陷性黄土地区海绵城市建设的大幕。由于该地区不仅存在雨水资源利用率低、土质疏松、境内水土流失严重等问题，其独特的气候环境和地质条件亦增大了海绵城市建设改造的难度。如何因地制宜地推进该地区海绵城市建设，是西北湿陷性黄土地区城市建设所面临的问题和挑战。

二、详细科学技术内容

本项目针对湿陷性黄土地区地质气候特点，在海绵城市建设“渗、滞、蓄、净、用、排”六字方针指导下，从设计、材料、技术和工艺等方面对湿陷性黄土地区海绵城市建设关键技术进行研究并应用于示范工程，从而填补此类地区的海绵城市建设技术体系空白。

1. 西北湿陷性黄土地区海绵城市建设半透水技术

（1）新型预拌再生骨料透水混凝土技术

通过添加水泥用量 1%～3%的外加剂，在再生骨料掺量 30%～100%范围内，保证预拌再生骨料透水混凝土强度达到 10～30MPa，全方位实现再生骨料在湿陷性黄土地区海绵城市透水铺装中的应用。本技术应用效果示例如图 1 所示。

（2）湿陷性黄土地区半透水铺装技术

路基采用刚性防水与柔性防水相结合的设计方案以控制透水层渗透雨水继续下渗，保障路基稳定性；同时，透水层与路基间增设碎石蓄水层以提高路面蓄水能力，雨水调蓄能力提高 200%，雨季减少地表径流带来的水土流失，旱季缓慢蒸发，有助于缓解城市热岛效应。本技术应用效果示例如图 2 所示。

2. 西北湿陷性黄土地区蓄水岩棉绿地技术

将种植岩棉创新应用于下沉式绿地，单位体积种植岩棉蓄水率 98%，提高下沉绿地的蓄水能力，节省西北城市地区绿地灌溉用水。蓄水岩棉绿地的不透水稳定层采用构造阻水与材料防水相结合的技术

图 1　新型预拌再生骨料透水混凝土技术应用效果

图 2　湿陷性黄土地区半透水铺装技术应用效果

方案，有效阻隔底层下渗，解决雨水下渗对临近设施基础安全的不利影响。本技术原理示意及应用效果示例分别如图 3 和图 4 所示。

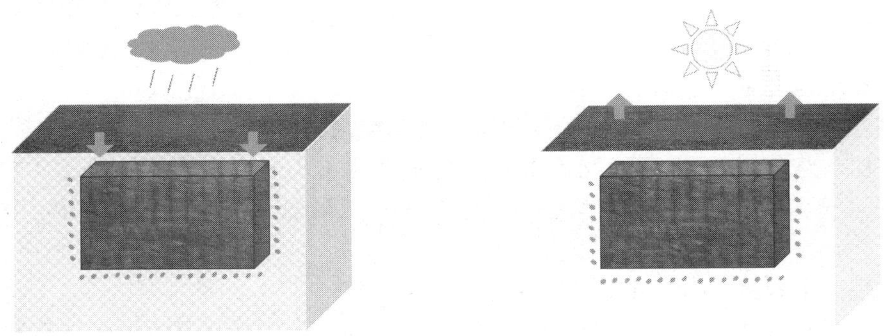

图 3　西北湿陷性黄土地区蓄水岩棉绿地雨水蓄用示意图

图 4　西北湿陷性黄土地区蓄水岩棉绿地应用效果

3. 西北湿陷性黄土地区海绵城市建设固沟保塬技术

（1）植生透水混凝土预制砌块技术

采用预制混凝土技术生产的生态混凝土护坡材料，采用草籽在大孔隙率混凝土中预制培育取代现场播种，解决现场培育周期长、存活率低的问题；通过优化生态混凝土拌合物成分，可实现砌块成型机压制成型，解决了传统焙烧工艺能耗高的问题，从而使生态混凝土在西北地区固沟保塬的高效应用。

（2）硬质生态驳岸技术

由废砖、碎石等固体废弃物作为驳岸填料，设置在湿陷性黄土地区的非硬质驳岸河段（图 5），初雨经硬质生态驳岸过滤后可实现入河雨水 SS 去除率 70％以上，在缓解水土流失的基础上实现“以废治废”的目标。

图 5　西北湿陷性黄土地区硬质生态驳岸应用效果

4. 西北湿陷性黄土地区软土地基大管径顶管施工技术

通过在顶管工作深度至所设定深度充填素混凝土，在顶管工作深度至地面回填灰土并采用素混凝土桩与灰土桩混合的结构形式，增大地基承载力，防止桩基表面塌陷，满足 2800mm 管径顶管施工要求，降低施工成本。本技术应用施工现场如图 6 所示。

5. 西北湿陷性黄土地区海绵城市地方工程设计规程

根据湿陷性黄土地区湿陷等级，明确设计的过程中低影响开发设施应采取的防渗防水处理方法，并形成工程技术地方技术规程，保障设计的可行性，防止建设阶段次生灾害的发生。

图 6　西北湿陷性黄土地区软土地基大管径顶管施工现场

三、发现、发明及创新点

（1）研发了西北湿陷性黄土地区海绵城市建设的半透水技术，构建了刚性防水与柔性防水相结合并增设碎石蓄水层的海绵渗透系统。

（2）基于岩棉增强蓄水能力，结合当地乡土植物，研发了西北湿陷性黄土地区的生态滞蓄技术。

（3）研发了生态防护材料-植生透水混凝土预制铺装砌块，发展了黄土地区海绵城市建设的边坡防护与固沟保塬技术。

（4）研发了湿陷性黄土地区海绵城市透水铺装的预拌再生骨料透水混凝土技术。

四、与当前国内外同类研究、同类技术的综合比较

根据机械工业信息研究院出具的“西北湿陷性黄土地区海绵城市建设关键技术研究及示范应用”科技查新报告结论，经文献检索并对国内外相关文献进行对比，除本项目完成及合作单位发表的文献和相关介绍外，在其他相关文献中未见有与该项目西北湿陷性黄土地区海绵城市建设关键技术研究及示范应用相同的文献报道，该项目具有新颖性。

五、第三方评价、应用推广情况

1. 第三方评价

2020 年 7 月 9 日，召开了由中建水务环保有限公司、中国市政工程西北设计研究院有限公司、中国建筑股份有限公司技术中心、庆阳中建陇浩海绵城市建设管理运营有限公司、中建丝路建设投资有限公司、中建西安海绵城市建设投资有限公司共同完成的“西北湿陷性黄土地区海绵城市建设关键技术研究及示范应用”项目科技成果评价会，专家听取了项目方的总结汇报，经质询和讨论，专家组一致认为该项目成果总体达到国际先进水平。

2. 推广应用情况

西北湿陷性黄土地区面临的水资源短缺、水土流失等一系列生态环境及社会发展问题对海绵城市建

设提出了迫切需求。同时，由于该地区分布着大量的湿陷性黄土，雨水的下渗又容易引起土壤结构发生变化，造成地基的湿陷，构建适用于于此类地区的海绵城市建设技术体系及实施效果评估体系，成为该区域大面积推广海绵城市建设急需解决的技术问题。

截至 2017 年，国家级试点的海绵城市共有 30 个，其中西咸新区（陕西省）、庆阳市（甘肃省）、西宁市（青海省）和固原市（宁夏回族自治区）均属于我国西北地区。这些城市的入选拉开了西北地区海绵城市建设大幕。

海绵城市建设统筹解决本区域水环境、水生态、水资源、城市热岛等繁华城区存在的普遍问题，为社会公益性项目，不产生直接经济效益，其效益主要体现在环境效益、社会效益等方面：一是丰富城市公共开放空间，服务城市各类人群；二是构建绿色宜居的生态环境，提升城市品质与城市整体形象；三是改善人居环境，缓解水资源供需矛盾。

本项目针对湿陷性黄土独特的地质特点及西北地区气候特点，因地制宜的从海绵城市设计、低影响改造设施工艺、海绵城市建设核心材料及施工等方面进行研究创新并成功应用于示范项目。项目研究成果在湿陷性黄土地区海绵城市建设中的应用对于海绵改造设施效果的持续、更佳的发挥具有重要意义，在海绵城市建设大潮中具有广阔的市场推广前景。

综上所述，西北湿陷性黄土地区海绵城市的建设将会对保护水环境，提高水质量，保护水环境与社会经济协调发展，治理和控制水土流失起到较大作用。本项目研究成果的推广对于该地区海绵城市建设工作的开展具有极大的推动作用。

六、经济效益

海绵城市建设项目具有社会公益类项目属性，将本项目研究中开发的西北湿陷性黄土地区海绵城市建设半透水技术、生态滞蓄技术、固沟保塬技术等创新技术应用于西安市小寨区域海绵城市建设 PPP 项目和甘肃省庆阳市海绵城市 PPP 项目为项目带来了显著的宏观社会经济效益。

将本项目研究中所开发技术应用于小寨区域海绵城市建设，能有效解决小寨区域内涝，大幅度降低或者减少内涝损失；项目建设结合了小寨区域现有的绿地、园林、景观水体，“净增成本”较低，同时大幅度地减少了水环境质量的费用，经济效益显著。小寨区域海绵城市建设，对西安市的国民经济具有拉动作用，投资贡献率达 0.37%，拉动 GDP 增长 0.03%，并且可以提供大量的工作机会，因此，本项目研究技术在小寨区域海绵城市建设项目中的应用能产生显著的宏观经济效益。

将本项目研究中所开发技术应用于甘肃省庆阳市海绵城市 PPP 能有效克服庆阳市特殊的地质条件对海绵城市建设的影响，加速该区域的城市建设，带动商业、房地产业、文化娱乐等的迅速发展，改善市民的生活环境和人文环境，有利于该区建设为城市文化与健康、休闲、具有南国水乡特色的高质量城市居住生活区，从而促进区域经济的繁荣，带动沿线诸多产业兴起和资源开发利用，由此为社会提供大量的就业机会。同时，改善沿线交通运输条件，加快城乡贸易流通，提高周边区域居民的收入，改善居民生活质量，促进人民生活水平的提高。

七、社会效益

本项目所研究技术及应用积极响应习近平总书记关于“黄河大保护”的重要讲话精神和以“绿水青山就是金山银山”为核心的“两山”理论。其中，甘肃省庆阳市海绵城市建设 PPP 项目取得的成果于中央电视台新闻频道《新闻直播间》中进行了报道，该项目在国内海绵城市建设实践过程中创新地提出了“系统治理、分类改造、适度渗透、有序排放”的海绵城市系统化解决方案，探索出黄河中上游高原湿陷性黄土地区生态保护、水资源利用、固土保源及控制水土流失的新办法，为西北湿陷性黄土地区海绵城市建设和水土保持提供了宝贵的实践经验。

本项目研究中所开发的技术在应用实践中基本涵盖了海绵城市所有的建设子项类型，具有工程复杂、管理协调及施工难度大等特点；项目实施完成后，实现了“小雨不湿鞋、大雨不内涝、水体不黑臭、热岛有缓解”的建设效果，有效解决了西北湿陷性的黄土地区海绵城市建设中存在的传统透水技术亟须改进、雨水生态利用能力不足和水土保持相关技术急需完善的行业难点问题，推动海绵城市建设技术进步，为宜居城市建设工作推进做出了重要贡献。加速了西北地区的城市建设，带动商业、房地产业、文化娱乐等行业的迅速发展，由此为社会提供大量的就业机会，促进区域经济的繁荣和人民生活水平的提高。

本项目所研究技术及工程实践经验为西北湿陷性黄土地区海绵城市建设提供可复制、可推广的实践经验，有助于挖掘城市海绵化改造潜力，推广城市流域综合治理工程建设与海绵城市建设工程相结合，明确海绵城市建设实施路径，开展海绵城市建设的全生命周期分析，从海绵城市建设运维的责任主体、资金保障、技术手段、考核评估及奖励政策等方面出台提供管理办法与技术标准参考，并将海绵运维与市政管理、物业管理等日常工作相结合，促进海绵城市建设的良性可持续发展。

环境监控与消防技术在城市综合管廊中的研究与应用

完成单位： 中国建筑一局（集团）有限公司、中建一局集团安装工程有限公司、北京中建建筑科学研究院有限公司、长安大学

完 成 人： 薛　刚、沙　海、唐葆华、雷仕民、张　宝、张项宁、杨利伟

一、立项背景

城市综合管廊是保障城市运行的重要基础设施和“生命线”，其安全性关系到整个城市的正常、安全、有序运行。管廊具有封闭、潮湿、通风不良等特点，在机电安装和管线入廊阶段，焊接烟气量大、粉尘多、作业环境恶劣，严重威胁作业人员健康安全。在运行维护阶段，消防安全、排水可靠、多系统运维数据的及时有效监控与处理也需重点关注和解决。

本研究在中建集团科技研发计划的资助下，开展了环境监控与消防技术在城市综合管廊中的研究与应用。具体包括城市综合管廊施工环境的监测和智能控制研究、消防系统适用性研究、运行环境的监测和智能控制系统评价研究、基于云机器人的管廊智能巡检调度算法研究及城市综合管廊排水可靠性技术研究，以实现城市管廊环境监测系统的适用性、安全性、高效性、经济性及开放性，为管廊正常运行提供有力保障，为类似的工程应用提供良好的借鉴和参考。

二、详细科学技术内容

1. 城市综合管廊施工环境的监测与智能控制技术研究

首创研发了城市综合管廊施工环境智能控制装置，实现了管廊施工环境的监测与智能控制，保障了施工人员的人身安全，体现了人文关怀。

（1）首次提出地下综合管廊施工环境应检测的 6 大危险因素，并确定了各危险因素的监测报警阈值。

通过分析施工过程各阶段的作业内容、施工环境和面临的危险开展分析，结合国标及美国职业安全与健康管理局（OSHA）等密闭作业空间的相关规定，通过研究提出地下管廊施工环境中存在着粉尘、一氧化碳、可挥发性有机物、缺氧、高温、高湿等六大威胁施工人员身体健康的危险因素。

（2）首创研发了城市综合管廊环境智能控制装置，填补了该领域空白。

该装置可实现六大参数的实时监测，主动采样、自动分析，测量浓度直接在显示屏上显示。可以设定报警值，环境参数检测达到报警阈值时会自动发出声光报警信号，并可以自动启动风机或降尘器，进行机械强制排风或喷雾降尘等措施，改善环境危险因素，保证施工人员安全。该设备具有多参数监测、全面保护，主动采样、自动分析，自动启动、及时保护，工业设计、经济适用，技术先进、功能满足五大特点。见图 1。

2. 综合管廊消防系统适用性研究

城市综合管廊的使用寿命长达 100 年，作为城市的“主动脉”，防火安全至关重要，消防系统的适用性也尤为关键，为此从大量的火灾案例调研分析出发，利用火灾动力学模拟软件 FDS 开展了火灾危险性数值模拟计算、结合现代消防理论分析、最终开展了消防实体火灾试验验证了管廊消防系统的适用性，提出了全新的消防解决方案。

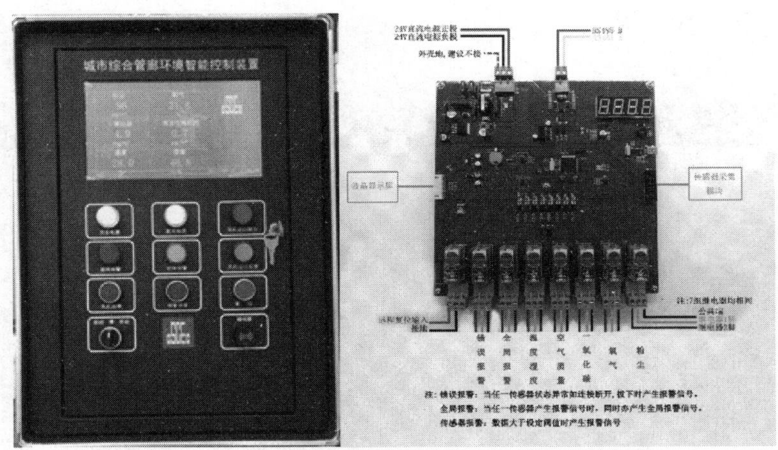

图 1　城市综合管廊环境智能控制装置

（1）火灾危害性理论分析与模拟计算

通过对城市综合管廊火灾案例分析，从空间维度、时间维度对城市综合管廊各区域的火灾危险性开展研究分析，明确了城市综合管廊在管道安装期间和长期的运行中存在地不同的火灾危险性，应区别对待，加强防护。

利用火灾动力学模拟软件 FDS 进行城市综合管廊火灾危害性数值模拟计算。以双侧均设置电缆桥架为模型，对电缆短路导致局部高温引发火灾进行数值模拟计算，假定局部高温区位于左侧电缆桥架底层中部区域。对静态和通风（平均空气流速为 3m/s）计算结果显示：在静态情况下，电缆仓将在火灾发生 300s 时发生轰然。壁面高温区出现在隧道顶部，电缆仓的中段、顶部区域、大部分温度将超过 560℃，对结构安全造成威胁。通风状态下（平均空气流速为 3m/s）：火灾功率变化更剧烈。轰燃出现在大约 400s 后，而且气流会出现双圆筒状剪切流动。见图 2～图 5。

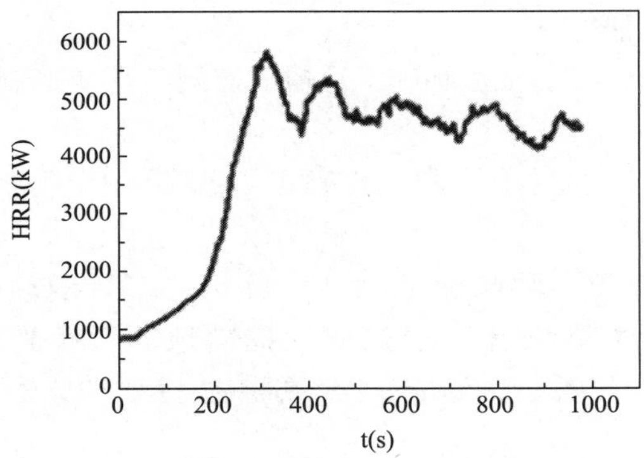

图 2　静态时火功率-时间曲线图

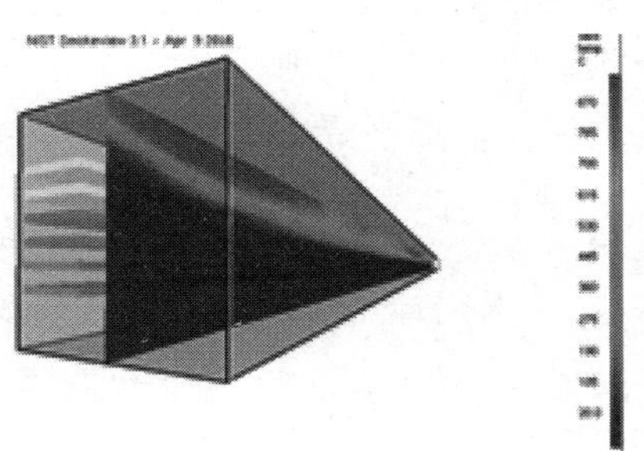

图 3　静态时不同时刻壁面温度图

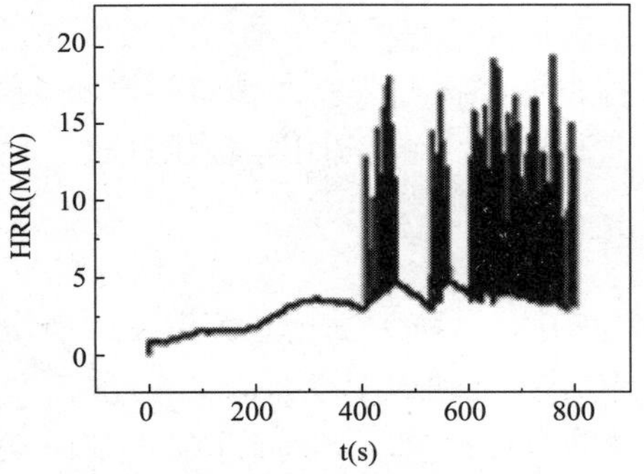

图 4　动态时火功率-时间曲线图

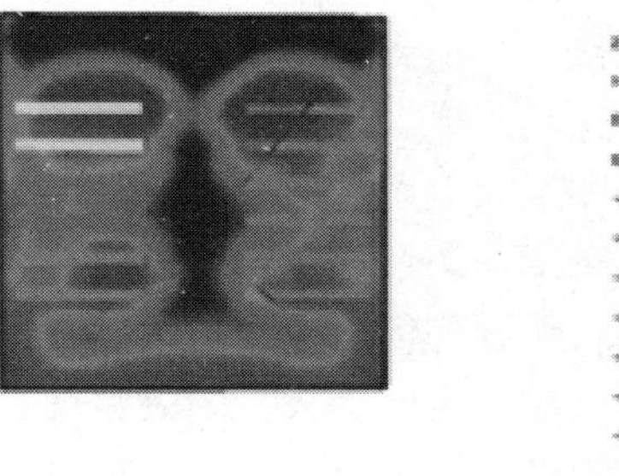

图 5　动态时不同截面速度图

通过分析数值模拟数据，可以看出，城市综合管廊一旦发生火灾后，隧道内将维持较高温度，电缆将持续燃烧，560℃以上的高温给钢筋混凝土结构及电缆桥架造成较大危害。

（2）消防措施有效性理论分析

根据现行相关消防标准规定，对地下综合管廊适用的自动灭火系统—超细干粉灭火系统、水基灭火系统（水喷雾、细水雾）和气溶胶灭火系统的灭火机理、特点、应用方式等维度进行共性与差异比较分析，明确提出三种灭火系统的适用范围。

（3）城市管廊实体火灾试验验证

为了研究城市管廊电力舱内动力电缆在发生火灾时的燃烧规律和灭火规律，通过动力电缆燃烧的水平蔓延试验、动力电缆实体火灭火试验，采集相关试验数据，进行研究分析。试验表明：对于电缆仓的电缆类火灾的扑救采用水基灭火系统可以实现较好的火灾扑救，但采取超细干粉灭火系统成功率只有25%，因此应重新审视超细干粉灭火系统对于电缆仓火灾扑救的适用性。

（4）城市管廊消防解决方案的提出

基于以上系统的分析，提出城市综合管廊消防系统解决方案，可实现消防系统成本降低40%以上，系统更易于管理，同时火灾的危害性也可以得到有效控制。

（5）城市管廊消防系统运行可靠性保证

提出了两种新型的减振加固装置，用于固定消防水泵处的立管，实现减小设备和管道之间的振动传递的功能，并可以起到加固立管的作用。有效隔断水泵带来的振动，并起到固定和减振作用的消防管道减振支架。见图6和图7。

图6　环绕式消防管道减振支架

图7　卡合式消防管道减振支架

3. 城市管廊运行环境的监测和智能控制系统评价研究

针对城市综合管廊运行监控这个非常庞大的系统，通过对比研究和深入调查，从评价指标确定、指标分类和评价公式建立三方面开展研究。首次构建了城市管廊运行环境的监测和智能控制系统评价体系，实现了各监控体系的量化评价，便于设计者、运维等各使用方的选择和对比。将对今后城市管廊运行环境监测和智能控制系统厂家的系统评估提供良好的借鉴和指导作用，可以通过比较全面的评价对系统的设计、采购、施工、调试、运维等各实施阶段提供评价依据。

4. 基于云机器人的管廊智能巡检调度算法研究

针对管廊运营的瞬发量和缓发量灾害，首先建立了云机器人巡检区域分配的调度数学模型。分别利用粒子群和自适应权重粒子群算法对该模型进行求解。在此基础上，提出了一种改进的自适应权重粒子群-遗传混合优化算法，这一算法迭代次数少，可有效提高管廊内灾害点检测的实时性。通过仿真对算法进行验证，为综合管廊智能巡检提供一种可行的策略。见图8和图9。

5. 城市综合管廊排水可靠性技术研究

对城市综合管廊常规排水方式组成和优缺点进行分析研究，发明一种竖向抽水管道卡具安装方法。该方法结构简单，强度高、稳定性好，抗损坏能力强，可有效解决潜污泵随时间增长逐渐下沉，易吸入底部泥沙的难题，保证潜污泵长期安全使用，增强潜污泵寿命及降水功效。

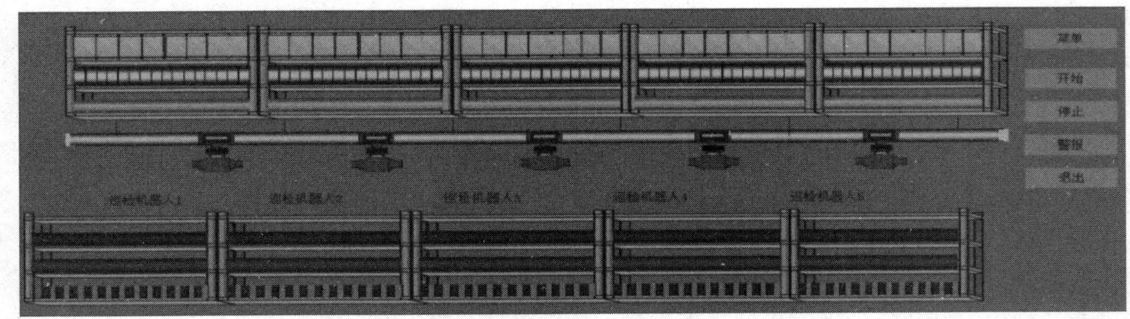

图 8　巡检机器人正常运行巡检轨迹图

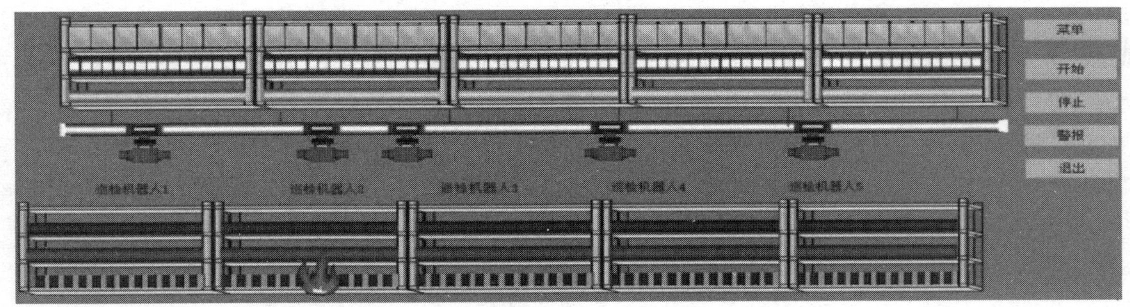

图 9　巡检机器人再分配巡检轨迹图

三、发现、发明及创新点

（1）首创研发了城市综合管廊施工环境智能控制装置，实现了管廊施工环境的监测与智能控制，保障了施工人员的人身安全，体现了人文关怀。

1）创造性地研发了城市综合管廊施工环境监控系统，从地下综合管廊施工环境参数的研究、施工环境危害性识别，确定了地下综合管廊环境参数及测量方法。提出了影响综合管廊施工环境的 6 个主要环境参数：焊接粉尘、氧气含量、一氧化碳含量、挥发性有机化合物（VOC）、温度。

2）通过地下空间施工环境危险识别的研究，对地下施工环境各项危险因素进行指标分析，对施工环境监控因素进行指标量化，为后续施工环境监控设备提供设计输入条件提供了良好基础。

3）研发出国内首套城市综合管廊施工环境智能控制装置，填补该领域空白。能够实时监控施工环境空气质量的设备，保证施工人员的安全和健康。该环境智能控制装置适用于地下管廊环境监控的便携式装置，对粉尘、氧气、一氧化碳、挥发性有机化合物、温度、湿度等环境因素进行实时检测，对超标因素提前做出预判报警，提示施工人员及时疏散，并联动管廊施工现场内设置的排风换气设备。

（2）首次构建了城市管廊运行环境的监测和智能控制系统评价体系，实现了各监控体系的量化评价，便于设计者、运维等各使用方的选择和对比。

统计分析了国内主流综合管廊监控报警与运维管理系统各项性能，研究确定系统性能的核心指标，构建了包括评价指标的选择、分级及赋值在内的运维管理系统评价体系。为城市综合管廊运维管理系统的设计、采购、施工、调试、运维等各实施阶段提供了科学的评价依据。

（3）通过数值模拟计算、理论分析、实体火灾试验验证等方法开展城市综合管廊消防系统适用性研究，提出全新管廊消防解决方案。

（4）研发了一种城市地下综合管廊巡检机器人的调度方法，有效提高管廊内灾害点检测的实时性。

针对管廊运营的瞬发量和缓发量灾害，首先建立了云机器人巡检区域分配的调度数学模型；其次，分别利用粒子群和自适应权重粒子群算法对该模型进行求解。在此基础上，提出了一种改进的自适应权重粒子群-遗传混合优化算法，这一算法迭代次数少，可有效提高管廊内灾害点检测的实时性。最后通过仿真对算法进行验证，发明了一种城市地下综合管廊巡检机器人的调度方法。

（5）研发了一种竖向抽水管道卡具的安装方法，为城市综合管廊排水提供有力保障。

对城市综合管廊常规排水方式组成和优缺点进行分析研究，解决潜污泵固定不牢靠问题，发明了竖向抽水管道卡具的安装方法。首创卡具，解决潜污泵竖向牢固固定在竖向抽水管道上不下沉，保证潜污泵长期安全使用，增强潜污泵寿命。

四、与当前国内外同类研究、同类技术的综合比较

（1）针对地下综合管廊的施工环境进行分析，明确影响管廊内施工的主要环境参数，阐述各主要参数的检测方法。研发的城市综合管廊施工环境智能控制装置是国内首台对粉尘、氧气、一氧化碳、挥发性有机化合物、温度、湿度等环境因素进行整合检测的便携式装置。功能监测通过了试验室监测，获得检测报告。

（2）首次构建了城市管廊运行环境的监测和智能控制系统评价体系，提出了城市综合管廊消防系统选择建议及灭火措施对策。

（3）研发的“城市综合管廊建设和运管全寿命周期环境监控系统的应用技术研究”经过查新确认，为国内外均未见相同报道。

五、第三方评价、应用推广情况

1. 第三方评价

（1）成果评价及科技查新

成果评价：2019 年 4 月 4 日，经评价本技术成果整体达到“国际先进”水平。

国际、国内科技查新：针对“城市综合管廊建设和运管全寿命周期环境监控系统的应用技术研究”委托铁科院科技信息研究所分别进行了国际、国内科技查新，结论均未为未见相同文献报道。

（2）第三方试验室检验报告

由中国建筑科学研究院有限公司建筑能源与环境监测中心出具的检验报告，本项目研发的装置，具有探测、控制和通信功能。

（3）北京市新技术新产品（服务）证书

研发“城市综合管廊环境智能控制装置”获得由北京市科委、市发展改革委、市经济信息化局、市住房和城乡建设委、市市场监管局、中关村管委会颁发的“北京市新技术新产品（服务）证书”。

2. 推广应用情况

研究成果在徐州市新淮海西路综合管廊 PPP 项目安装工程、武汉 CBD 地下综合管廊机电工程等多个项目中得到推广，取得了良好的效果。通过系统的研究和实践检验，总结出了一系列的关键技术，实施后的效果也得到了各方肯定，可在类似的工程借鉴和应用。

六、经济效益

成果在徐州综合管廊 PPP 项目安装工程、武汉 CBD 地下综合管廊机电工程应用，有效改善了施工作业环境，提高了施工的效率和质量，缩短了施工工期。同时，该技术成果在类似的多个工程上推广应用，取得了显著的直接经济效益和良好的间接经济效益。近三年每年销售额稳步增长，共取得经济效益 604.3 万元。获得了业主、监理等各方的一致好评，为我们在业内获得了良好的口碑，提升了品牌质量，为我们市场营销提供了有利的技术支撑，间接经济效益丰厚。

七、社会效益

该成果可用于其他的地下空间，封闭空间的新建，改造及维修施工以及城市综合管廊的运行维护。

可有效避免由于缺氧、一氧化碳中毒等导致的人员死亡事故，大大地降低由于粉尘、有毒有害气体导致的施工作业人员职业健康问题，推广应用后具有极大的社会价值。同时运行环境监控系统、消防系统适用性、巡检机器人调度方法、管廊排水系统可靠性的研究，可以为类似工程的应用提供良好的借鉴和参考，社会效益深远。

郑州市奥林匹克体育中心项目综合建造技术

完成单位：中国建筑第八工程局有限公司、中国建筑西南设计研究院有限公司、中建科工集团有限公司、中建八局第二建设有限公司

完 成 人：潘玉珀、冯　远、殷玉来、张　彦、李永明、王怀瑞、孙光明

一、立项背景

郑州市奥林匹克体育中心，位于郑州市西四环，总建筑面积 58 万 m^2，东西向长约 732m，南北向长约 484m，包括 6 万座体育场、1.6 万座体育馆、3000 座游泳馆、综合商业用房等。项目作为第十一届全国少数民族运动会开、闭幕式的主会场。工程造型独特，设计独具匠心，建造具有如下特点与难点：

1）54m 悬挑长度大开口车辐式索承网格结构造型新颖，多项参数创国际之最；

2）超大跨径车辐式索承网格罩棚施工难度大；

3）22.4 万平方米超大面积混凝土裂缝控制难度大；

4）双曲面悬挑钢结构网架跨异形混凝土结构滑移难度大；

5）马鞍形倒锥式外围护结构造型复杂，施工难度大，工期紧。

为保证工程的质量安全，提高工效，确保工程顺利实施，项目针对以上特点、难点开展系统研究，并在企业内开展立项研究。

二、详细科学技术内容

本项目以郑州市奥林匹克体育中心为载体，在充分分析大开口车辐式索承网格结构设计与施工、双曲面悬挑钢结构网架跨异形混凝土结构滑移特难点的基础上，通过试验研究、工艺创新、技术集成与创新、数字化技术应用等手段，解决工程建造中面临的技术难题，为工程实施提供质量与安全保障。

1. 大开口车辐索承网格罩棚结构设计研究

（1）提出了大开口车辐索承网格罩棚结构体系

该结构体系是一种新型大跨高效自平衡空间结构（图 1），主要由上弦网格、内环悬挑网格、内环桁

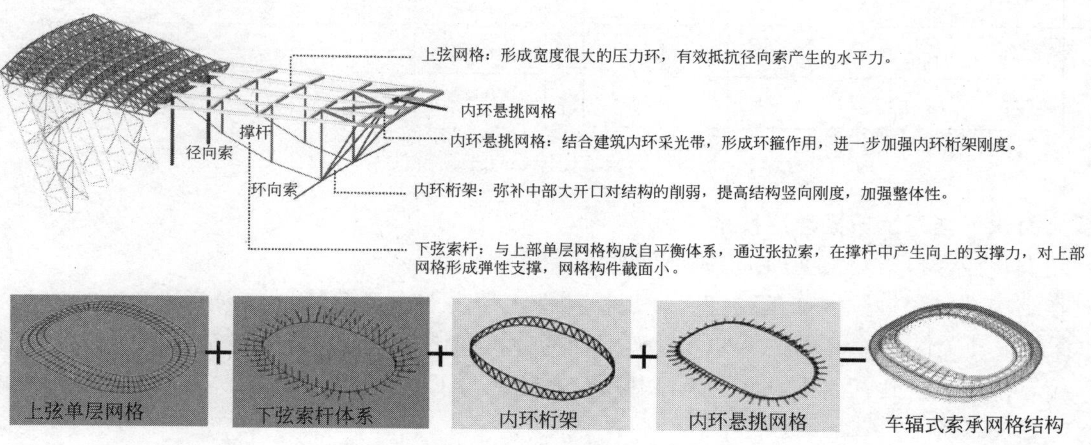

图 1　大开口车辐索承网格罩棚结构体系

架和下弦索杆四部分组成。具有结构体系发挥结构的力学优势；结构由强度控制而非稳定控制；屋盖结构做到自平衡，减小了对支座边界的依赖性；充分发挥高强材料的优势，减少用材量。

（2）新型结构体系形体解构设计研究

由于新型结构体系极限承载力缺乏依据，创新通过形体解构方法，采用双非线性全过程分析，研究各组成部分对结构刚度和承载力的贡献，揭示结构内在受力机制，得出体系极限承载力为 2.41 倍，研发了专门针对索承网格结构的找形分析程序（图 2），为该结构体系系统研究奠定理论基础。

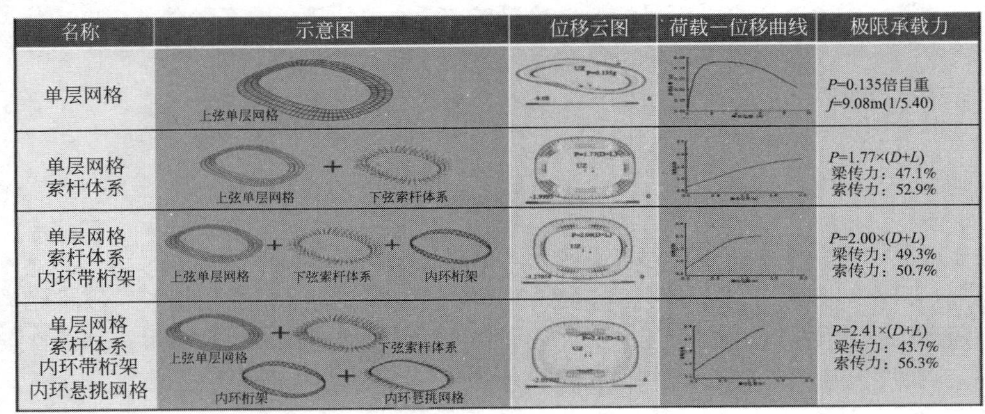

名称	示意图	位移云图	荷载—位移曲线	极限承载力
单层网格	上弦单层网格			P=0.135倍自重 f=9.08m(1/5.40)
单层网格 索杆体系	上弦单层网格 + 下弦索杆体系			P=1.77×(D+L) 梁传力：47.1% 索传力：52.9%
单层网格 索杆体系 内环带桁架	上弦单层网格 + 下弦索杆体系 + 内环桁架			P=2.00×(D+L) 梁传力：49.3% 索传力：50.7%
单层网格 索杆体系 内环带桁架 内环悬挑网格	上弦单层网格 + 下弦索杆体系 + 内环桁架 + 内环悬挑网格			P=2.41×(D+L) 梁传力：43.7% 索传力：56.3%

图 2　新型结构体系极限承载力分析

（3）新型结构体系找形原理设计

通过对结构体系进行敏感性分析，获得最优结构力学性能与形态优化规律。即：增大内环带桁架高度和上部刚性网格矢高、减小结构平面的非圆度和外边界高差、采用带斜杆刚性网格。考虑多因素及边界因素影响，对结构稳定性进行设计研究，得出结论：受力状态介于弦支与张弦结构之间，弯曲应力占有一定比例，对缺陷不太敏感；刚性网格缺陷的敏感性与刚性网格在体系中贡献大小成正比；边界（建筑外网格）对结构影响小，证明了结构的自平衡特性（图 3）。

模型	因素变化	荷载下短轴内边挠度(m)	梁传递荷载(%)	索传递荷载(%)	L/300缺陷下极限承载力降低比例(/%)
基本模型	——	0.258 (1/190)	43.7	56.3	6.4
刚性网格矢高	+5m	0.174 (1/282)	50.2	49.8	9.7
撑杆高度	+3.411m	0.172 (1/285)	36.6	63.3	5.6
边界环梁高差	−5.12m	0.260 (1/189)	33.3	66.7	4.4
内环索形状	±4.5m	0.237 (1/207)	22.1	77.9	4.2

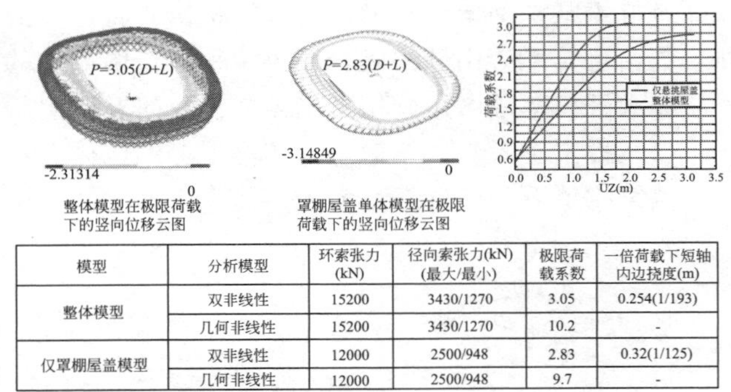

模型	分析模型	环索张力(kN)	径向索张力(kN)(最大/最小)	极限荷载系数	一倍荷载下短轴内边挠度(m)
整体模型	双非线性	15200	3430/1270	3.05	0.254(1/193)
	几何非线性	15200	3430/1270	10.2	-
仅罩棚屋盖模型	双非线性	12000	2500/948	2.83	0.32(1/125)
	几何非线性	12000	2500/948	9.7	-

图 3　新型结构体系自平衡特性

2. 超大面积一场两馆罩棚建造技术

（1）超大直径密封索及索夹加工制作技术

针对本结构进口密封拉索加工难度大，规格特殊，精度要求高等特点，创新研究超大直径密封索（D130）深化设计关键技术，通过 ANSYS 模拟计算分析和试验验证，将浇铸锚杯锥度长度同时增大，同时出口位置采取了扩孔和改进设计措施，利用全新的浇铸工艺手段提升了整体密封索的极限承载和疲劳使用寿命性能（图 4、图 5）。

创新提出超大平行双索锚具整体设计与制造技术，既有利于索结构的成形，同时也解决单根超大直径拉索带来的生产、运输、施工及单索内力峰值过大等一系列的问题。

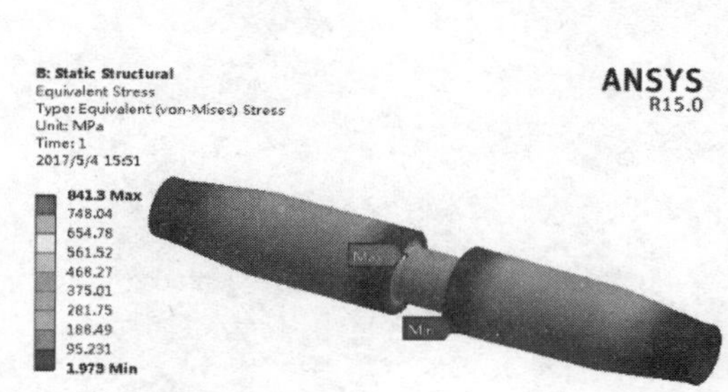

图 4　密封拉索锚杯扩孔和改进设计

图 5　索夹铸造模拟分析

（2）大跨度偏心三角形巨型桁架和网架组合结构整体提升施工技术

针对大跨度偏心三角形巨型桁架重心外挑的特点，在每一榀环向主桁架的两端设置吊点，东西两侧各 4 个吊点，巨型桁架合计共 8 个吊点。在深化设计阶段，根据三角形巨型桁架和网架组合结构的变形值反向预起拱处理，最小值为 2mm，最大值为 135mm。通过液压整体提升及点动控制，每提升 1m 进行一次同步性校核，有效控制了桁架的偏转，实现了屋盖整体提升到位（图 6、图 7）。

图 6　巨型三角桁架提升就位

图 7　巨型三角桁架提升器

（3）拉索分阶段分批循环张拉施工技术

由于结构为肋环型索杆系、构件形体复杂、榀数多达 42 榀，且径向索之间及径向索与环索之间相互影响大。创新地提出了采用径向索分 2 批、6 级进行张拉的施工方法（图 8）。

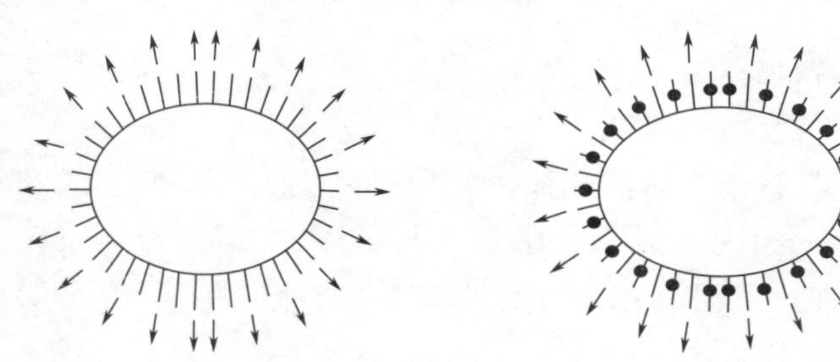

图 8　张拉批次示意图

待钢构合拢、支座就位后，分六个阶段进行张拉，每个阶段分 2 批张拉径向索，同时为保证单次张拉同批径向索的同步性，同批次分级张拉。采用双控原则：控制索力和结构位形。

（4）V 形撑胎架顶升方案

针对该结构 V 形撑位于环索索夹上方，索承网格下方，两端通过轴承形式连接，一端连接环索索夹，一端连接索承网格下端的特点，创新地提出了 V 形撑胎架顶升方案（图 9）。

采取径向索张拉完毕后，在内侧胎架顶部设置千斤顶的措施，同步分级循环顶撑对应网格节点；然后，现场实测斜撑两端节点距离，根据实测长度生产安装斜撑；最后，顶撑卸载。

图 9　V 形撑示意图

通过施工模拟分析，考虑索承网格张拉过程中 V 形撑端部角度和杆件长度的变化，将 V 形撑节点由原设计法兰节点优化设计为“套筒＋补装段”形式（图 10），解决了 V 形撑的技术问题，通过液压同步顶升，实现了 6500t 索承结构整体顶升，顶升位移量最大为 414mm，最大的反力为 611kN，通过同步控制三次连续顶升（每个行程 200mm），能保证大开口车辐式索承网格结构张拉施工的同时，实现 V 形撑的安装。

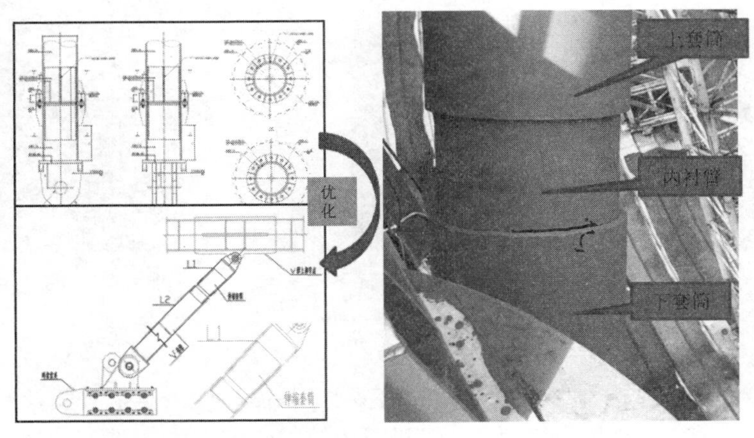

图 10　V 形撑撑杆节点详图

（5）大跨度网架跨混凝土结构累积滑移

1）双曲面屋盖滑移体系设计

屋盖各点高差不一，且在体育馆上部有一圈不等高环形混凝土量，设置三条不等高水平轨道，在网架下部水平滑移轨道上设置 68 个滑靴，从滑靴中心点出发的发射状撑杆与屋盖形成超稳定的结构，作为屋盖支撑系统，实现了双曲面屋盖水平滑移。通过建模分析，计算网架结构的自重荷载及所需的爬行器推力，其中 9 个加设爬行器（图 11）。

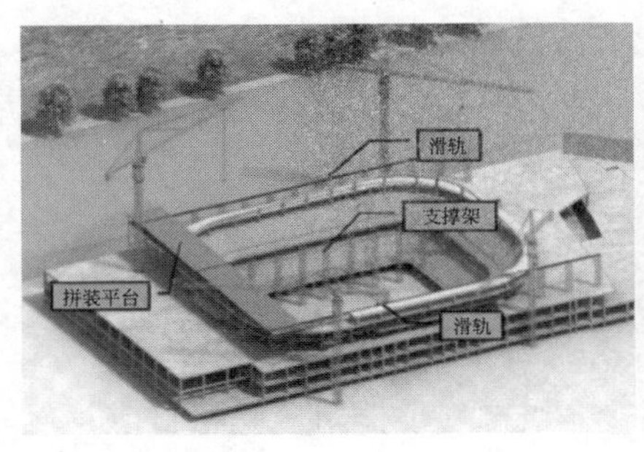

图 11　滑移轨道效果图

2）跨异形混凝土结构累积滑移施工技术

采用液压滑移顶推控制系统，一个系统控制4台泵站，由中控室对所有设备的运行状态实施监控，在轨道梁两侧设置限位板，间距20mm，超限自锁。采用网架自然下挠＋杆件补强技术，通过割除中间滑移轨道及下方支撑杆，并对相关支撑杆件及网架进行增强处理，顺利实现网架跨环形混凝土结构滑移（图12）。

图12 滑移过程效果图

3. 超大场馆装饰、装修施工技术

体育场为马鞍形与倒锥形的结合体，为南北高、东西低的椭圆形建筑。屋面为6个不同角度曲面屋面组成的马鞍形金属屋面，幕墙为“锯齿状”交错排列的多角度折线椭圆形外倾斜幕墙。主要特点难点为：多角度折线椭圆形外倾斜幕墙造型复杂，龙骨安装定位困难。马鞍形双曲异形金属屋面为椭圆形造型，面板均为异形，板块尺寸多样，设计排板困难，檩条标高点位渐变，安装精度难控制。

（1）多角度折线椭圆形幕墙设计与施工技术

设计“施工吊篮外倾斜面轨道式架设技术”（图13），设置施工吊篮软质轨道牵拉，进行超大外倾斜面幕墙施工；提出“龙骨装配式施工技术”（图14、图15），组织异形龙骨集中加工、整体吊装；采用“BIM模型曲面分析技术”（图16、图17），优化曲面造型，减少异形材料，保证现场材料供应。

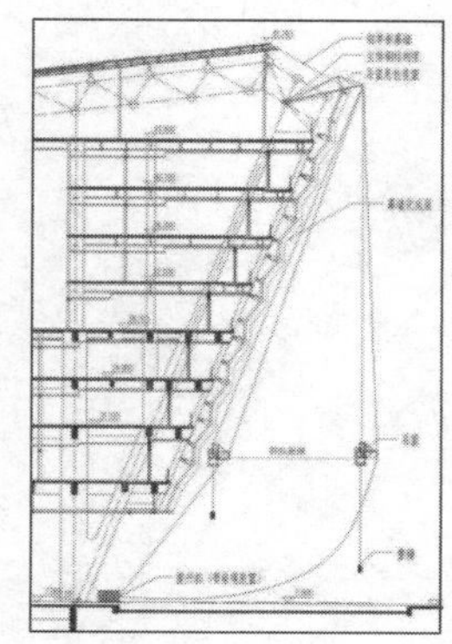

图13 施工吊篮外倾斜面轨道式架设技术

图14 龙骨整体吊装

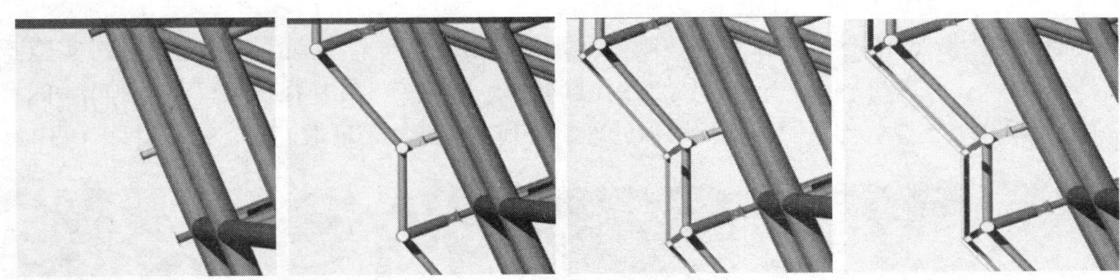

图 15 “四级放线”示意

图 16 体育场幕墙模型

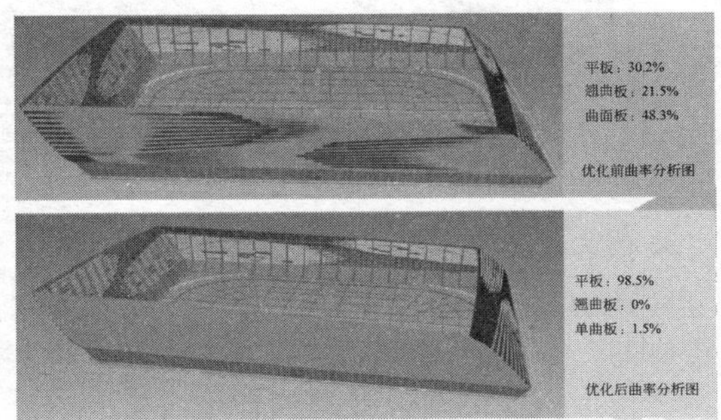

图 17 体育馆 BIM 模型优化示意

（2）大型马鞍形金属屋面施工技术

提出 V 形对缝对称布置技术（图 18、图 19），分区域动态调整屋面异形板，实现了“马鞍形”屋面异形板的变向安装；研发了“可调节式檩条转接件连接节点”（图 20），大幅度增加钢檩条调节范围，解决了异形金属屋面檩条安装难题。研发了“T 码无带线控制装置”（图 21），减少了测量放线工作量，解决了异形板区域 T 码安装定位难题，保证了支座安装精度与质量。

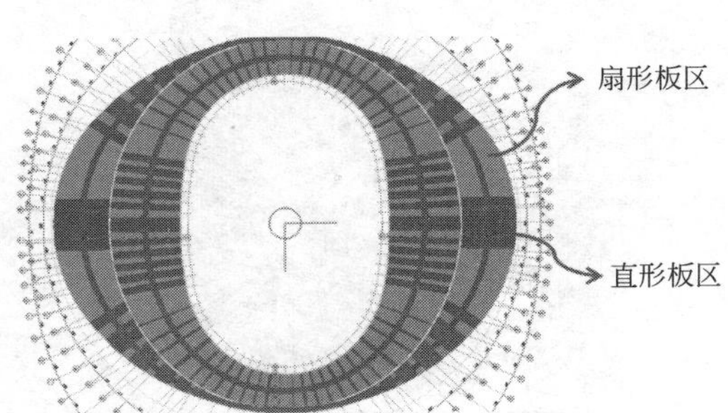

图 18 金属屋面 V 形对缝屋面板排板图

图 19 金属屋面 V 形对缝完成

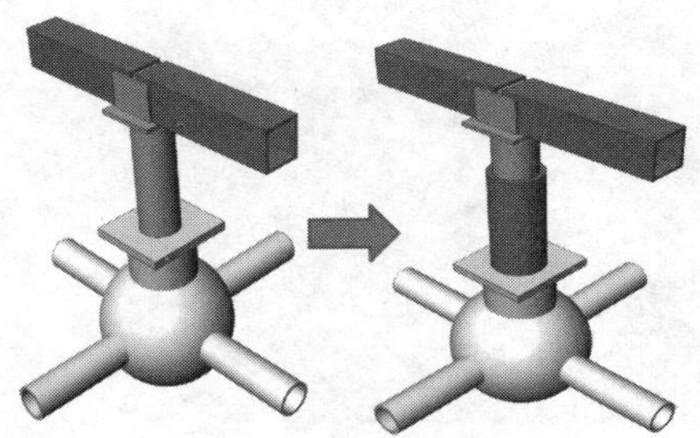

图 2-20 可调节式檩条转接件连接节点

图 2-21 T 码无带线控制装置使用示意

实施效果：借助多角度折线椭圆形幕墙设计与施工技术与大型马鞍形金属屋面施工技术，解决了复杂造型外围护结构的施工难题，保证了施工进度，保证了施工质量。

三、主要创新点

1. 大开口车辐索承网格罩棚结构设计研究

提出了大开口车辐式索承网格结构新型结构体系，该结构体系是一种新型、大跨、高效、自平衡空间结构，具有结构体系发挥结构的力学优势、结构由强度控制而非稳定控制的效率优势、屋盖结构做到自平衡，减小了对支座边界的依赖性系统优势。

2. 超大面积一场两馆罩棚建造技术

针对一场两馆超大面积罩棚建造难题，发明了“伸缩套筒＋补装段”的V撑节点及液压同步顶撑悬挑钢网格技术，实现了V形支撑可调安装、罩棚悬挑结构力与形的有机结合；创新设计了可调节的装配式操作平台，解决了悬挑网格结构滑移施工难题。

3. 超大场馆装饰、装修施工技术

研发了多角度折线椭圆形幕墙设计与施工技术，提出“龙骨装配式施工技术”，实现幕墙高效建造。研发了大型马鞍形金属屋面施工技术，提出环向V形对缝对称布置技术，实现马鞍形屋面异形板变向安装；设计“可调节式檩条转接件连接节点”，提高钢结构施工容错率。

四、与当前国内外同类研究、同类技术的综合比较（表1）

本项目部分关键技术与国内外同类技术比较 **表1**

关键技术	技术经济指标	与国内外同类技术比较
大开口车辐索承网格罩棚结构设计研究	钢结构罩棚采用大开口车辐式索承网格结构，其最大悬挑长度为54.1m，其环向拉索为D130密封索，环索索夹单个质量为6t；环索索体总长600m，总质量达900t	徐州奥体与武汉东西湖奥体采用向悬臂索承网格这种新型结构形式，其结构新颖性与结构复杂性远不如大开口车辐式索承网格结构
超大面积一场两馆罩棚建造技术	研发了索先张、杆后装、顶撑找形的施工新技术，分两步完成受力体系的衔接，即先进行索杆体系张拉，再进行V形撑杆顶撑及嵌装，解决了300m直径的罩棚索承网格的“建力”与“找形”协调性一致技术难题	对徐州市奥体中心体育场屋盖预应力施工的关键技术进行了研究，其解决了预应力施工“找形”问题，“建力”问题未充分解决
超大场馆装饰、装修施工技术	“施工吊篮外倾斜面轨道式架设技术”“龙骨装配式施工技术”，实现幕墙高效建造。金属屋面环向V形对缝对称布置技术，实现马鞍形屋面异形板变向安装	常规采用满堂脚手架或登高车进行外倾斜幕墙施工，幕墙构件按照顺序安装，施工进度慢；本金属屋面排版技术具有新颖性、创新性

五、第三方评价、应用推广情况

本项目通过了专家委员会评价，评价结论为研究成果整体达到国际先进水平，其中大开口车辐式索承网格结构新型结构体系及关键施工技术达到国际领先水平。本项目的关键施工技术在巴中体育中心、凤凰山体育中心等项目取得成功应用。后续可推广应用于全国范围类似大跨度预应力空间结构与综合体育场馆建设中，该技术具有良好的市场应用前景与社会效益。

六、经济社会效益

本项目成果已在郑州市奥林匹克体育中心工程、巴中体育场、凤凰山体育中心等项目中成功应用，降低了材料损耗、提高了施工效率，保证了工程质量和安全，取得了良好的经济效益。

本技术在依托项目的应用，有力保障了工程安全实施，缩短了施工工期。郑州市奥林匹克体育中心成功举办第十一届全国少数民族运动会开闭幕式、世乒锦标赛等大型活动，行业内组织观摩70余次、各界媒体报道60余次，创造了良好的社会效益，对建筑行业起到了示范引领作用，提高了企业在中原地区的知名度。

东南亚地区工程标准及施工技术适应性研究与示范

完成单位： 中国建筑第八工程局有限公司、中建八局第一建设有限公司

完 成 人： 张晓勇、葛　杰、白　洁、熊　浩、杜佐龙、周洪涛、汪　胜

一、立项背景

“一带一路”倡议加快了建筑业走出国门的步伐，对中国企业来讲是机遇也是挑战。中国建筑企业需要开阔眼界，研究地域特色，提高海外市场的竞争力。

东南亚地区作为“海上丝绸之路”的重要组成部分，是中国企业开拓海外市场的“战略要地”。目前东南亚地区工程设计、施工主要参考欧美标准，中国标准在当地的认可度偏低。规范标准是工程建设的基石，也是决定工程参与方话语权的重要因素。为此，有必要对中美欧工程标准进行深入研究，为在建工程提供有效技术支持，也为后续项目的技术输出奠定基础。

近两年，中建八局在东南亚地区承建工程有 20 余项，代表性超高层工程有：马来西亚吉隆坡标志塔（438m）、雅加达印尼一号（303m）等。吉隆坡标志塔是中国企业目前海外承建的最高建筑，该建筑主要技术难点包括热带条件下大底板混凝土浇筑施工裂缝控制及爬升模架体系施工效率提升等。印尼一号是印度尼西亚第一高楼，该建筑主要技术难点包括与当地公司联合运作的管理、沟通方式不顺畅，当地工人工作效率低等。

针对上述问题，本项目以东南亚工程为载体，分别从规范标准、工程管理、地域性施工技术方面开展研究，相关成果可为该地区市场开拓、工程建设提供有价值的参考。

二、详细科学技术内容

本项目以吉隆坡标志塔（图 1）、印尼一号（图 2）等东南亚地区工程为载体，对其与国内工程在设计标准、施工标准、工程管理等方面进行对比，并对大体积混凝土浇筑，超高层建筑模架体系等施工技术开展适应性研究，总结提炼了国内先进施工技术的推广模式，为我国建筑企业海外工程提供技术支持，为中国先进施工技术推广提供参考。

图 1　吉隆坡标志塔

图 2　印尼一号

1. 中美欧工程建设标准多维度对照

从标准体系、设计标准和施工标准三个维度，对中美欧混凝土、钢结构、玻璃幕墙、绿色建筑等标准进

行对比，提炼了中美欧标准的典型差异，详细条文对比参见《中美欧工程建设标准对比手册》，研究表明：

在标准体系上，欧美采用自下而上的构建方式，按专业划分标准类型，体系更为清晰，表述更注重通用性基本原理与方法的规定，在执行中灵活度更大；而中国标准采用自上而下的构建方式，按行业划分标准类型，体系较为分散，表述更注重具体指标的技术性规定。

在设计标准上，由于经济发展水平差异，欧美标准关于材料性能、荷载取值和构造要求高于中国标准；由于基本假定和简化方法不同，中美欧的混凝土及钢结构设计结果差别较大；由于建筑业发展水平差异，中国绿色建筑标准相较欧美底子薄、技术不成熟、经济投入不够；由于科学技术水平差异，中国玻璃幕墙标准相较欧美设计更为保守、计算方法不够完善。

在施工标准上，中国施工标准由政府主导，具有强制性，对施工及质量验收各个环节均做了详细规定，且普遍严于欧美施工标准。欧美施工标准不具有强制性，通常按照设计师提供的Specification进行施工。因此在国际工程中，施工标准可作为打破欧美工程标准垄断的突破口。

2. 国内先进施工技术国际化创新推广

（1）东南亚地区大体积混凝土施工技术

混凝土原材料方面，通过软件模拟、热力试验、配合比试制等手段，研制出13种可靠、实用的混凝土配合比（图3、图4），形成自有的马来西亚地区混凝土试配资料，攻克了热带多雨地区大体积混凝土不易施工、容易开裂的难点。

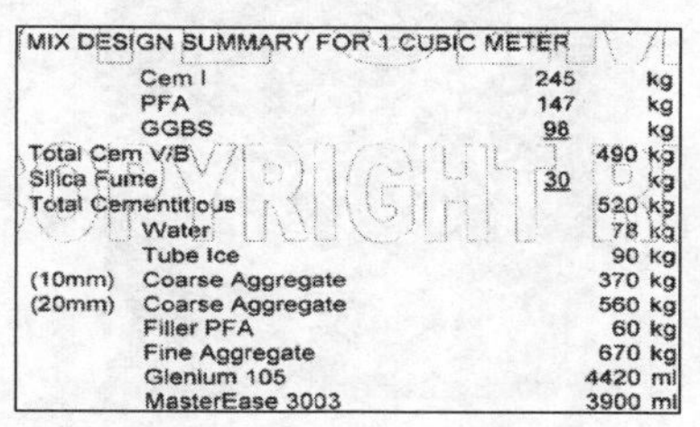

MIX DESIGN SUMMARY FOR 1 CUBIC METER			
	Cem I	245	kg
	PFA	147	kg
	GGBS	98	kg
Total Cem V/B		490	kg
Silica Fume		30	kg
Total Cementitious		520	kg
	Water	78	kg
	Tube Ice	90	kg
(10mm)	Coarse Aggregate	370	kg
(20mm)	Coarse Aggregate	560	kg
	Filler PFA	60	kg
	Fine Aggregate	670	kg
	Glenium 105	4420	ml
	MasterEase 3003	3900	ml

图3 G75混凝土配合比

图4 混凝土泵送性能

此外，项目以东南亚地区施工现状为基础，结合国内成熟先进的技术，开发出可推广、易普及的地泵＋天泵＋溜管组合的混凝土浇筑方式（图5、图6）。该方法浇筑速度快、对混凝土和易性要求低，可减小混凝土水灰比，降低入模温度及水化热，减轻混凝土干缩。

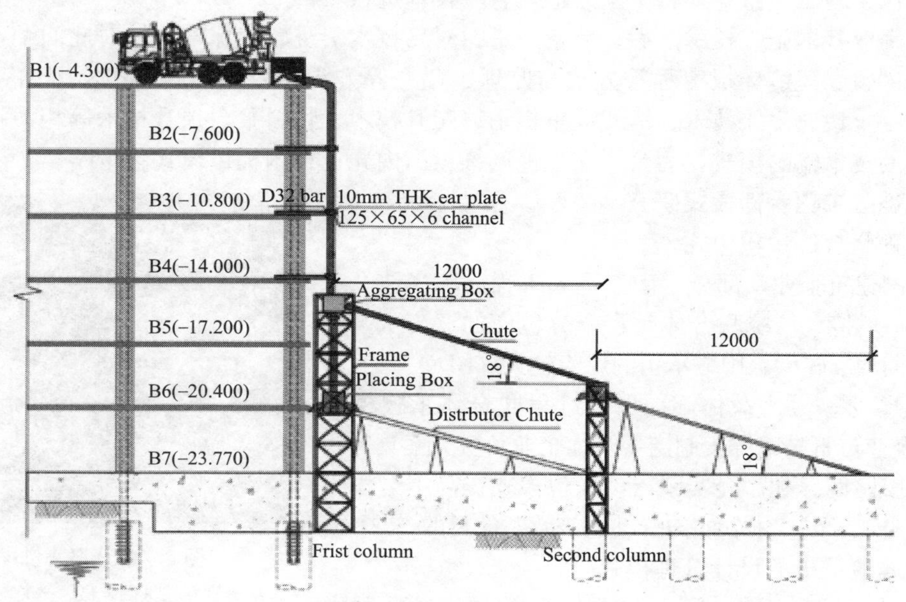

图5 溜管立面图

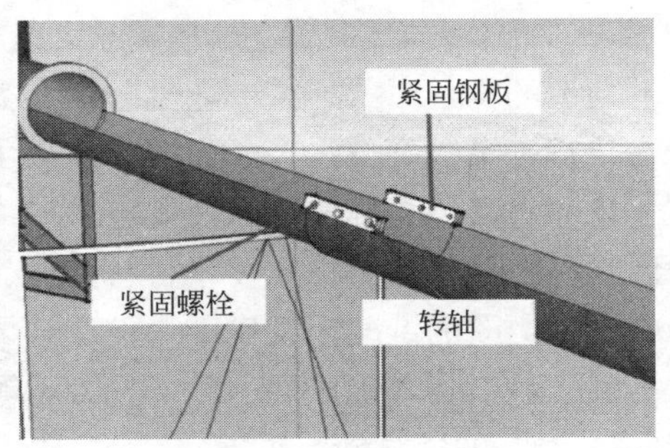

图 6　可折叠式溜槽

（2）复合爬模＋顶升平台一体化施工装备

研制出地域性施工装备 DOKA 爬模系统加自主研发的物料顶升平台（图 7），具备外爬内顶的特点，有效提高模架承载力，实现模架快速拆改，保证施工工期。其中，DOKA 外爬模架体系为模块化、定型化，易于调整和拆卸，解决了核心筒收分带来的爬模系统拆改问题。自主研发的物料顶升平台布置于核心筒电梯井，载荷能力高达 500kg/m^2，解决材料堆放问题。

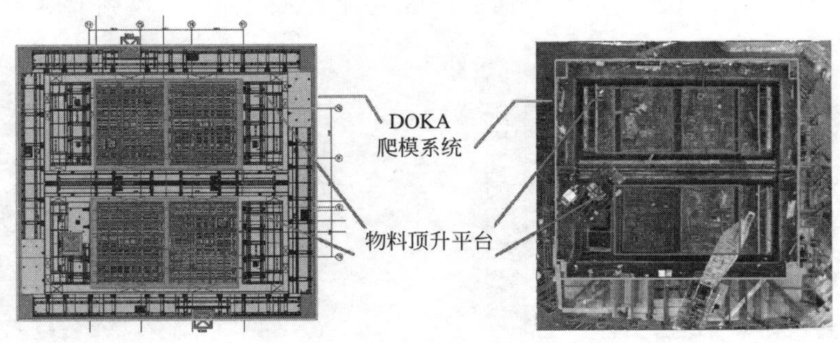

图 7　复合爬模＋顶升平台一体化施工装备

（3）国内先进施工技术的国际化推广

东南亚各国工程建设标准体系大都不够完善，以设计师制定的 Specifications 作为施工指南，相关规定粗糙，约束力有限。针对这一现象，中建八局以中国相关施工标准为依据，对 Specifications 进行补充，不仅确保了施工质量，还将中国建造“软”技术进行了推广。

此外，东南亚各国施工技术落后、装备单一，对新技术引进较为保守。针对此问题，项目组通过计算分析、现场试验、建造样板工程等方式与监理、业主等方沟通协调，成功输出国内钢筋机械连接技术、大体积混凝土快速浇筑技术、塔式起重机附墙爬升技术、物料平台顶升技术等相关技术。形成了可复制、可推广的技术输出模式，为公司在该地区推广国内先进技术提供模式化策略。

3. 东南亚地区工程管理模式研究

（1）全过程联合体承包模式

为保护本国建筑企业，部分东南亚重大工程需和当地企业组建联合体进行承接。传统联合体是多个分包商的“流水”式组合，内部协调难度较大，中方承担的风险较大（图 8）。为此，项目以雅加达印尼一号为载体，提出全过程联合体承包模式（图 9）。中国企业负责技术方案制定，当地企业负责方案具体实施，工程利润按比例分配。经实践，该承包模式提高了合作方主观能动性，实现了以技术软实力撬动经济效益的目的。

图 8　素万那普机场现场图

注：廊桥立柱基础未做，平行分包商（地下部分分包）未做任何处理便将地砖铺设完毕

（2）基于属地员工的设计管理模式

由于国内外标准、语言以及绘图习惯的差异，导致国内

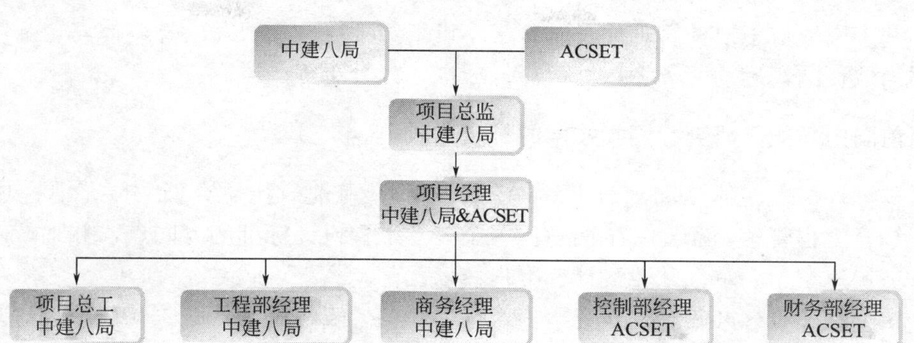

图 9 印尼一号项目部架构

设计团队管理“指令”与施工“动作”不协调，对工期影响较大。为此，项目以素万那普机场工程为载体，提出基于属地员工的设计管理模式。该模式下设计管理团队以属地员工为主，通过属地员工与业主、监理、设计以及劳务进行沟通。经实践，该模式不仅消除了中方人员对国外情况不熟悉、与业主、监理、设计沟通不顺畅等障碍，还可以属地员工为“媒介”，推动中国工程建设标准在当地的应用。

（3）基于小班组的劳务管理模式

东南亚各国无规模化的劳务公司，劳务技术水平和效率低，工种之间的协调较差，现场管理难度大。为此，项目以印尼一号工程为载体，提出基于小班组的劳务管理模式：动态监控材料损耗率，以减少劳务对材料的浪费；引入竞争机制、奖惩机制，以提高劳务的积极性；实行两班倒制度，以克服当地劳务有效工作时间过短的问题；推动劳务合同双语管理制度，以提高劳务班组履约率。

（4）内外双控的安全、文明管理模式

东南亚各国对施工现场要求较低（图 10），现场安全施工标准很不完善，现场安全存在隐患。为此，项目以碧桂园森林城市为载体，提出内外双控的安全、文明管理模式。一方面，以国内安全、文明施工要求为蓝本，综合成本与当地客观条件，制定适用于该工程的文明施工措施，同时对外展示中国企业正面形象；另一方面，除按当地规定雇用注册安全官外，另根据国内相关规定配备安全员，对安全施工进行内外双控，增加施工安全“冗余度”，实现了工程“零事故”。

图 10 柬埔寨西瓦度假村雨季时场内道路
注：由于未做硬化地面，雨季来临后，
道路坑洼不平，场内交通严重受阻，工期受影响

三、发现、发明及创新点

1. 中美欧工程建设标准多维度对比

项目从标准体系、设计标准和施工标准三个维度，对中美欧工程标准进行对比研究，并以核心条款为经度，标准种类为纬度，编制《中美欧工程建设标准对比手册》。手册以“表”代“文”，重点梳理中美欧标准典型差异，帮助海外人员快速掌握国内外标准异同点，聚焦标准替换突破口，为国内建筑企业走向全球奠定标准基础。

2. 国内先进施工技术国际化创新推广

针对东南亚区域特点，以工程实践为基础，以适应性为导向，对国内先进施工技术进行创新性改进，提出了适应东南亚气候的大体积混凝土施工技术，研发出拆改方便、承载力强的复合爬模＋顶升平台一体化施工装备，形成了以试验与计算为依据的中国建造“硬技术”推广模式和以国内标准为基础的“软技术”推广模式，降本增效，为“中国建造”技术国际化推广做出有益的尝试。

3. 东南亚地区工程管理模式研究

针对东南亚地区技术特点、劳务水平等，提出了具有东南亚特色工程管理模式，包括：全过程联合体承包模式、基于属地员工设计管理模式、基于小班组劳务管理模式及内外双控安全文明管理模式，有助于充分利用当地资源，调动劳务积极性，降低成本，提升工程品质。

四、与当前国内外同类研究、同类技术的综合比较

中美欧工程设计标准在体系和内容上均有较大差异，目前对比研究面狭隘，研究成果浮于应用之上。项目基于结合工程管理的需要，全面对比了中美欧工程设计标准的异同点，并形成对比手册，为我国工程管理人员快速学习、掌握欧美设计标准提供依据。

目前关于中美欧施工标准的对比研究不多，本项目结合工程中涉及的主要工序，对中美欧关于混凝土工程、钢筋工程等方面规定做了详细对比，形成对比手册，可让工程管理人员按照工程的实际情况，迅速找到施工相关的标准，从而保证工程建造按要求进行。

目前关于国内先进技术在东南亚地区属地化改进的相关研究比较少。本项目以吉隆坡标志塔、印尼一号等工程为载体，研究了大体积混凝土施工技术和爬模体系的属地化改进，可为该地区其他超高层工程提供技术支持与参考。此外，本项目还开展了国内成熟施工技术在东南亚地区的属地化应用研究，形成了可复制、可推广的技术输出模式。

五、第三方评价、应用推广情况

经文献对比分析及专家鉴定，该项目形成的中美欧工程建设标准对比手册、东南亚地区属地化工程管理模式、东南亚地区大体积混凝土施工技术、复合爬模＋顶升平台一体化施工装备和国内先进施工技术国际化推广模式等一系列成果具有创新性和实用性，总体达到国际领先水平。

本项目的研究成果在毛里求斯游泳馆、泰国素万纳普机场新航站楼、柬埔寨西哈努克德瓦度假村、古晋喜来登酒店、碧桂园森林城市、吉隆坡标志塔及印尼一号等工程中得到应用，不仅实现了东南亚地区工程建设的技术积累，也扩大了中国建筑在东南亚地区的影响力，树立了中国企业在国际市场的新形象，对于后续市场拓展、工程承接都具有积极意义。

六、经济效益

2017～2018 年期间，公司在承建的“吉隆坡标志塔”和“印尼一号”等重点工程中，通过优化钢筋连接方式、采用创新研发的复合爬模＋顶升平台一体化施工装备、使用焊接型钢替代热轧型钢、国内先进钢结构安装技术输出及塔式起重机附墙爬升等技术，不仅节约了工期且节省了大量的人工和能源，减少了塔式起重机租赁费用，合计新增经济效益 3536.35 万元，新增利润 2564.65 万元，新增税收 971.23 万元，经济效益显著。

七、社会效益

本项目结合东南亚地区机场、体育场和超高层等大型工程开展研究，形成的成果不仅为工程顺利实施提供了技术支持，也通过技术改进、技术输出等方式，显著提升了当地的施工技术水平，树立了中国建筑技术过硬的品牌形象，扩大了中国企业在东南亚地区的影响力，对该地区后续的市场拓展、工程承接都具有积极意义。

海峡文化艺术中心关键建造技术

完成单位：中建海峡建设发展有限公司、中国建筑第七工程局有限公司、中建科工集团有限公司、中建七局（上海）有限公司

完 成 人：王　耀、吴志鸿、陈仕源、冯大阔、赵永华、余　畅、郭　晓

一、立项背景

海峡文化艺术中心位于福州新区三江口片区，建筑造型以福州市市花“茉莉花”为意象，由多功能戏剧厅、歌剧院、音乐厅、艺术博物馆和影视中心 5 个主体建筑组成，五个洁白的单体建筑依次排列开来，形成了“茉莉花”5 个形态各异的花瓣，是一座服务于海峡两岸的文化艺术交流，促进东西文化有效链接的综合性城市文化综合体。

依托工程造型复杂、空间复杂、功能复杂，传统的工程建造技术尚不能满足其建造的要求，在此背景下，以本项目作为依托进行立项研究，既能为工程顺利实施提供技术支撑，又能提高公司大剧院工程施工技术水平和企业核心竞争力。

二、详细科学技术内容

1. 总体思路

针对海峡文化艺术中心造型复杂、空间复杂、功能复杂的特点，选取最具特点且技术难度较大的无规则异形幕墙综合建造、光纤光栅传感的预应力结构分布式监测、异形曲面 GRG 艺术陶片内饰建造、劲性混凝土双向斜柱组合结构建造等多个方面进行开展系统研究。

2. 关键技术

关键创新技术 1：研发了无规则异形曲面幕墙成套建造技术

海峡文化艺术中心五个单体建筑的主立面采用双层幕墙体系（图 1），内层为直径 450mm 的主钢结构柱，197 根倾角和长度均不同的钢柱，直径仅 450mm，长度达到 70m，长细比最大达 380，保证结构的安全性及施工精度的要求，钢柱可调偏差仅 20mm，幕墙各衔接点误差仅允许在 20mm 内，对施工提出了巨大的挑战。

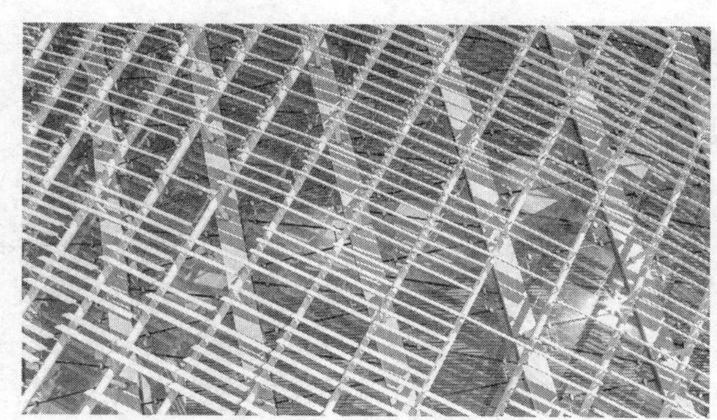

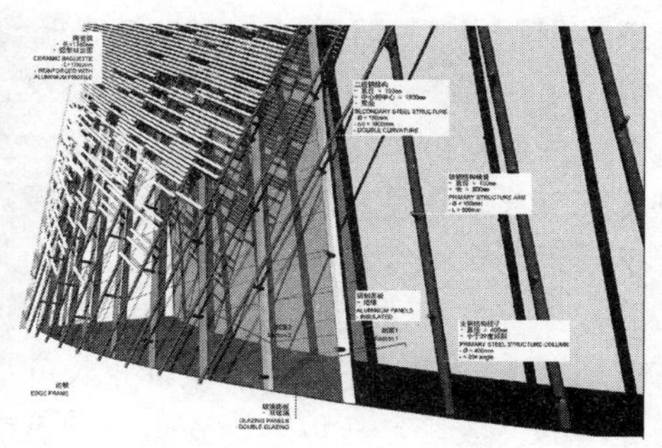

图 1　海峡文化艺术中心双层幕墙体系

（1）提出无规则内外倾异形曲面钢构柱点云测控技术，研制了高精度型钢定位卡装置，解决了最大长细比达 380 的超规钢构柱工后变形导致的下料精度问题

发明了型钢定位卡，实现了无规则内外倾异形曲面钢构柱的精准定位安装；针对最大长细比达 380 的超规钢构柱结构，提出了无规则内外倾异形曲面钢构柱点云测控技术：通过设立反光十字片，将现场实际的三维坐标反映到十字线的交点上，保证现场坐标与点云模型坐标匹配一致（图 2）。通过增加 3D 扫描时的标靶球个数，并在扫描过程中不断移动标靶球，确保每个站点的扫描均包含不少于 3 个标靶球，以保证多个点云模型合模时衔接误差最小。通过此措施，实现了 7000m^2/d 的异形曲面结构定位复核速度，复核的精度偏差在±1.5mm 以内，为解决钢构柱施工后变形导致的幕墙下料精度不准的问题提供数据基础。

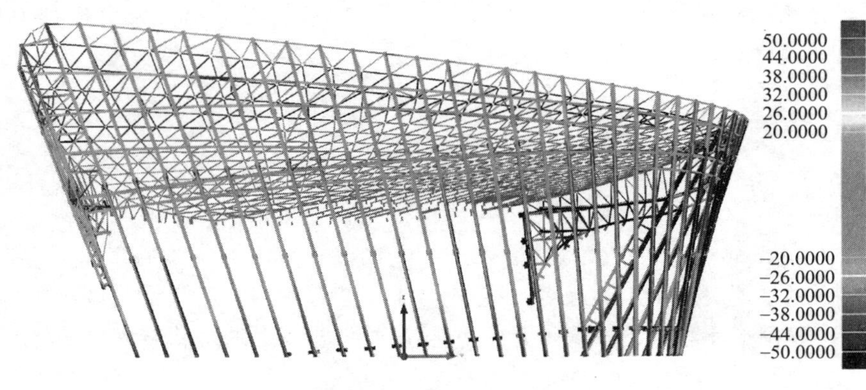

图 2　无规则内外倾异形曲面钢构柱测控色谱图

（2）提出了无规则异形曲面幕墙面板构件逆向标准化设计技术，极大减少材料消耗并提高了现场施工效率

根据测控技术采集的数据，采用“以点、布线、建面”逆向建立 LOD400 高精度的幕墙 BIM 模型，在其基础上创建模拟幕墙表皮，进行设计方案比选，并结合 Rhino 和 CATIA 深度优化杆件、构件，实现了无规则异形曲面幕墙面板的高精度和标准化设计（图 3、图 4），解决了 98%陶棍和 92%玻璃的幕墙尺寸归一化设计问题，极大地减少了材耗并提高了现场施工效率。

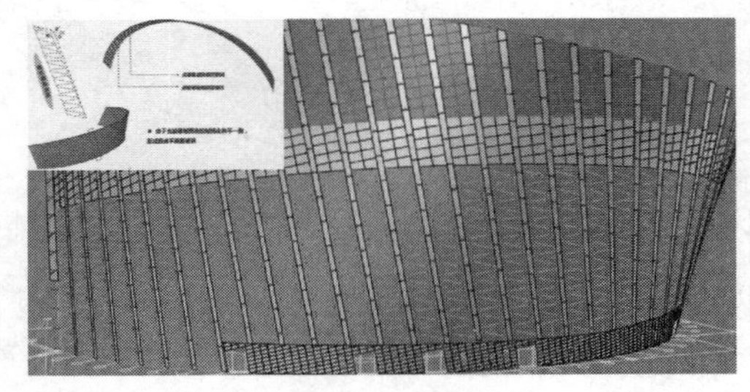

图 3　幕墙面板构件标准化设计

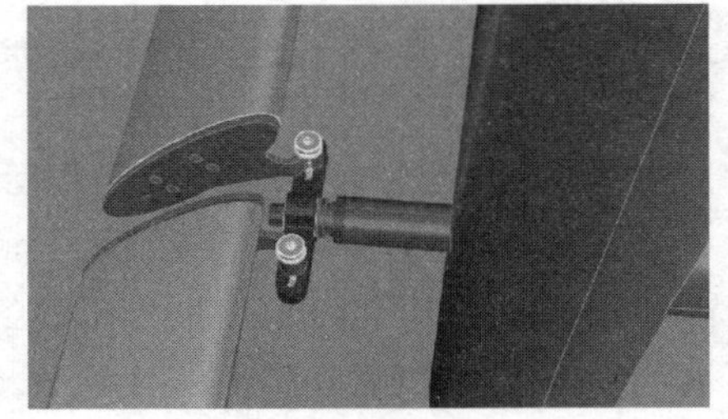

图 4　幕墙百叶片连接件

关键技术创新点 2：研发了一套光纤光栅传感的预应力结构分布式监测技术

（1）提出了一套基于光纤光栅传感的波纹管内钢绞线预应力监测方法，有效克服了点式传感器监测效果的不确定性，检测范围宽、布设数量少，数据采集成本低

针对传统点式应变传感器存在测量范围较短、测量效果差、局限性较大，等诸多问题，创新地将光纤光栅传感器运用到钢绞线预应力的监测中，并针对波纹管内钢绞线的特点，对光纤光栅传感器的标距长度、粘贴方式等方面进行研究，研究了不同标距内粘贴点之间的预应力钢绞线的应变分布情况、光纤受挤压与剪切情况的情况，最终确定标距长度应当为钢绞线外部六根麻花状缠绕钢绞线中任意一根钢绞线的一个螺距的整数倍，从传感器安全的角度考虑，传感器的标距长度确定为 20～25cm。从应变灵敏度系数、传感重复性，波长漂移量和静、动应变测量精度几个方面对传感器特性展开了研究，测试传感器的波长和应变的线性度很好，经过拟合得到相关系数都在 0.999 以上，与裸光纤光栅波长应变相关系数 1.000 相比很接近，说明传感器具有良好的传感性能。在现场布设中，考虑张拉端与锚固端是预应力损失最大的位置，跨中则是结构受力最大点，将传感器布置在靠近张拉端与锚固端以及跨中位置。

（2）开发了一种对接光纤保护结构，能够有效地保护传感器在酸/碱/盐、疲劳等环境工作，保障传感器在预应力钢绞线的长期监测中稳定工作

为实现传感器对预应力钢绞线工作性能的长期监测，考虑腐蚀环境下的稳定性以及易施工性，经过比选，最终选用玄武岩纤维套管固化后进行封装，提出了 FBG 应变传感器，并提出“一种对接光纤保护结构”（图 5），通过疲劳性能试验，酸、碱和盐腐蚀试验，测试传感器的应变灵敏度系数、波长漂移量和外观变化等指标，结果表明采用对接光纤保护结构后，传感器具有良好的抗疲劳、耐酸碱盐性能，能够满足预应力梁波纹管内部预应力长期监测的耐久性要求。开发了房屋建筑质量评价管理综合信息平台，通过收集光纤传感器在结构服役期的监测数据，对结构体系的质量情况和安全性进行评价。

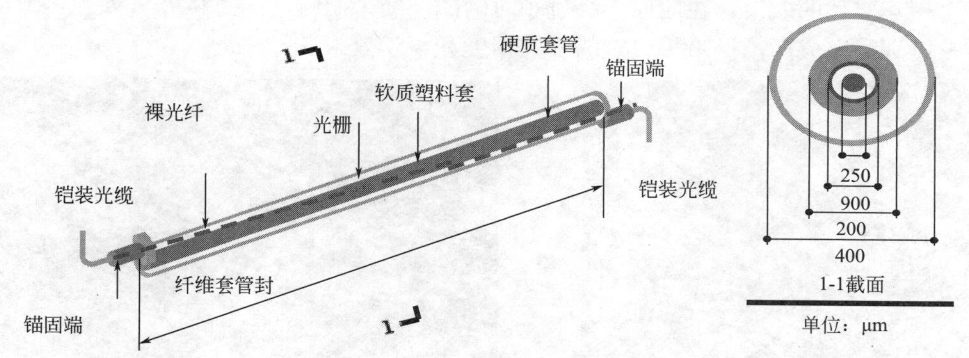

图 5　传感器结构设计图

关键技术创新点 3：研发了异形曲面 GRG 艺术陶片内饰建造技术

（1）发明了一种异形曲面 GRG＋艺术陶片面层体系，实现了 GRG 声学材料和艺术陶片装饰的完美结合

GRG 面层具有良好的声学特性，艺术陶片是城市文化的良好载体，为实现两者的有机结合，发明了一种异形曲面 GRG＋艺术陶片面层体系，采用专门的 L 形挂件和胶粘剂实现异形曲面 GRG＋艺术陶片的稳固连接，采用 BIM 逆向建模技术，将复杂空间异形曲面进行区域划分，采用 3D 打印技术，实现了异形曲面 GRG 面层分区域工业化加工，采用 BIM＋3D 立体雕刻技术，实现了 2.5 万片具有 13 种不同区域的陶砖的数字化生产，提出了带有七种纹样的新型陶瓷压制的“茉莉花”陶片（图 6），用于填充异形曲面造型的不规则连接空间。

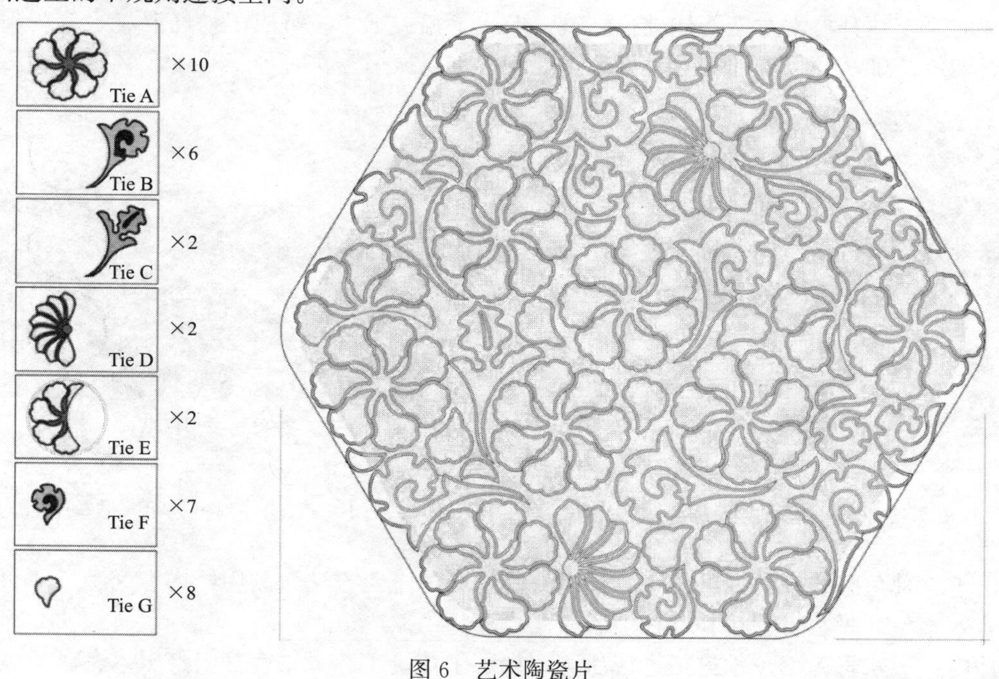

图 6　艺术陶瓷片

（2）研发了图像AI识别系统，实现了基于声学性能的复杂空间异形曲面GRG艺术陶片复合面层精准安装

对在3750m² 连续三维空间异形曲面建筑内表皮上铺贴180万块艺术陶瓷片技术难题进行研究，形成了双曲面GRG挂贴艺术陶片复合施工工法，艺术陶片通过挂贴工艺安装在双曲面GRG表皮上。根据声学模型计算将陶片拼接组合成大小合适的多边形单元体（图7），提出了激光标线仪，通过激光标线仪进行分区定位，实现精准定位，在较平整的表皮上采用单元体持续重复粘贴安装，单元体无法覆盖的缝隙区域单独用陶瓷单片填充安装。提出使用图像AI识别系统与模型进行拟合识别铺贴过程中的缺陷（图8），并通过机器学习不断提高识别率，辅助现场对单元体间的缝隙进行微调美化，使单元体与单元体之间产生相互交替的效果，在曲面半径过小时的凹凸面采用特殊的拼接方法处理，最后形成一个无痕、均匀的整体满铺完成面，保障了建筑的安装精度和声学效果。

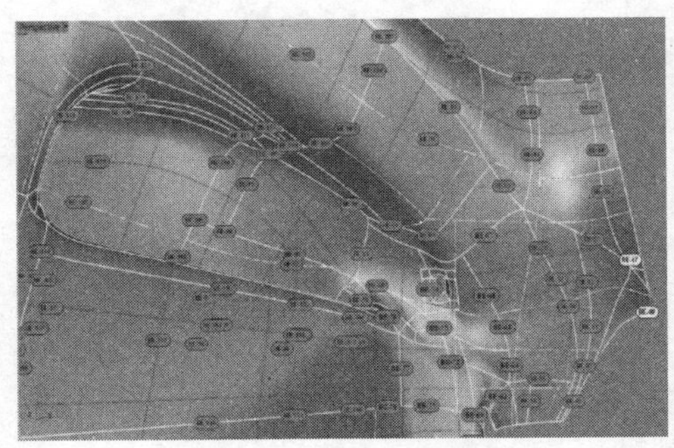

图7 AI系统对异形曲面自动分区

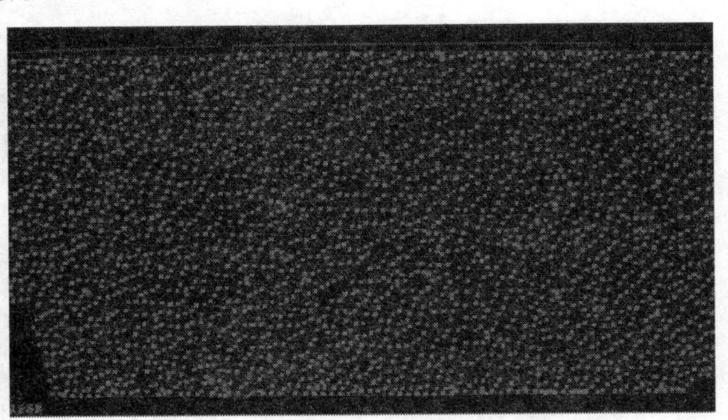

图8 软件通过相邻像素点进行分析判断

关键技术创新点4：提出了劲性混凝土双向斜柱组合结构建造技术

（1）提出了劲性混凝土双向斜柱组合结构建造技术。解决了劲性混凝土双向斜柱具有钢骨及钢筋的安装定位难、模板安加固容易偏位、混凝土难以振捣密实等施工难点

针对无规则斜交梁柱相贯钢筋密集节点钢筋安装问题，提出数控加工技术与BIM深化技术的结合，对每一根劲性箱形钢骨柱劲性深化设计与加工的设计，利用发明的建筑用钢结构连接件实现了双向斜柱组合结构仅通过连接板和高强度螺栓就实现了钢柱的临时固定（图9、图10）。研发了钢结构梁吊装对接的纠偏装置，确保双向斜柱组合结构的定位精度；利用发明的用于混凝土柱与钢管混凝土柱过渡段的连接限位器和混凝土顶升技术对钢管柱进行浇筑，形成了相关工法。解决了劲性混凝土双向斜柱具有钢骨及钢筋的安装定位难、模板安加固容易偏位、混凝土难以振捣密实等施工难点。

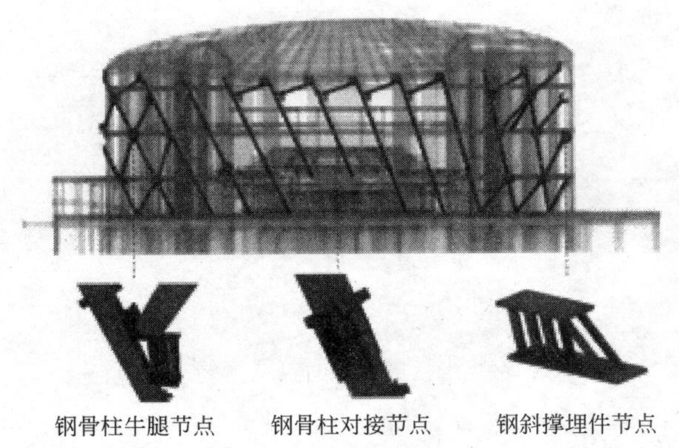

图9 双向倾斜型钢组合结构

图10 双向倾斜型钢组合结构节点

（2）提出了一种鱼腹式倾斜混凝土钢管柱内虹吸水管的施工方法，利用柱内空间免除了外部设备管道的布设，有效避免虹吸水管焊接和钢柱安装交叉作业

对钢管柱内虹吸水管施工技术进行系统研究，揭示了传统工艺下钢管柱内虹吸水管施工技术存在交

叉施工，导致误差累加而影响虹吸效果，对接处存在不密实、安装风险大等问题，并设计一种操作便捷、不损伤主体结构的柱内虹吸水管施工技术。

基于钢柱BIM模型优化柱内孔道排布并确保虹吸水管对接施工的操作空间充足，根据优化后的钢柱BIM模型在工厂内完成钢柱、内外环板以及虹吸水管的预制组装加工，免除了虹吸水管的现场安装工序。在现场安装阶段，在将预制钢柱吊起对接至20～30cm时，采用发明的“建筑用钢结构连接件”临时固定连接钢柱，并校正虹吸水管的角度和位置，使虹吸水管自然对接保持汽车吊不松钩，校准钢柱位置后将两节钢柱焊接连接，待焊缝冷却后汽车吊松钩并拆除临时连接件。钢管的设计加工及安装过程形成了发明专利“一种鱼腹式倾斜混凝土钢管柱内虹吸水管的施工方法”，利用柱内空间免除了外部设备管道的布设，有效避免虹吸水管焊接和钢柱安装交叉作业，实现了倾斜钢柱内虹吸水管精确、快捷、安全的实施安装。

三、发现、发明及创新点

1. 创新点一

研发了一套无规则异形曲面幕墙综合建造技术。通过研发的高精度型钢定位卡解决了最大长细比达380的超规钢构柱工后变形导致的下料问题。提出了异形曲面幕墙面板构件逆向标准化设计技术，减少材耗并提高了工效。形成了相应的幕墙安装技术，解决了复杂施工条件下幕墙的提升与安装调节难题。

2. 创新点二

研发了一套光纤光栅传感的预应力结构分布式监测传感器。有效克服了点式传感器监测效果的不确定性，能够有效地保护传感器在酸/碱/盐、疲劳等环境长期工作，可直接监测钢绞线上的应力损失，检测范围宽、布设数量少，数据采集成本低。

3. 创新点三

研发了异形曲面GRG艺术陶片内饰建造技术。发明了一种异形曲面GRG+艺术陶片面层体系，配套开发了图像AI识别系统，实现了基于声学性能的艺术陶片复合面层精准安装。

4. 创新点四

提出了劲性混凝土双向斜柱组合结构建造技术。提出了一种鱼腹式倾斜混凝土钢管柱内虹吸水管的施工方法，实现了钢管柱内虹吸水管的安装，利用柱内空间并免除了外部设备管道的布设，美化了建筑外观，同时有效避免虹吸水管焊接和钢柱安装交叉作业。

四、与当前国内外同类研究、同类技术的综合比较

与国内外同类研究、同类技术相比，项目成果有着以下特点：

1. 无规则异形曲面幕墙综合建造技术

解决了最大长细比达380的钢构柱的安装定位问题，消除了其工后变形不可控的影响。对传统施工技术和规范要求钢构柱长细比不超150实现了突破，经查新，本项目超规长细比下组合幕墙属国内首例。面板构件逆向标准化设计技术利用CATIA车辆建造技术进行施工模拟并进行难点分析与节点优化，解决了98%陶棍和92%玻璃的幕墙尺寸归一化设计问题；适用性强，经济效益高。

2. 光纤光栅传感的预应力结构分布式监测技术

传感器结构能够在酸/碱/盐、疲劳等环境下工作，能有效克服点式传感器监测效果的不确定性，检测范围宽、布设数量少，数据采集成本低。经查新，是目前国内外唯一可真正埋入波纹管进行内部有效预应力长期监测的技术。

3. 研发了异形曲面GRG艺术陶片内饰建造技术

解决了3750m^2连续三维空间异形曲面建筑内表皮上铺贴180万块艺术陶瓷片技术难题，经查新和检索，本项目是目前国内外使用艺术陶瓷片作为声学建筑的内饰面面积最大的项目，丰富了大型公共建筑装饰的多样性。

4. 劲性混凝土双向斜柱组合结构建造技术

在钢骨分段安装的临时支撑的问题上，提出了劲性双向斜柱临时连接定位技术，在不使用额外柔性或刚性支撑的条件下，仅通过连接板和高强度螺栓就实现了钢柱的临时固定，在具备足够安全性的情况下，满足减少现场工作面的需求。

五、第三方评价、应用推广情况

项目经国内外查新：在所检文献以及时限范围内，国内外未见文献报道；经组织专家评价：海峡文化艺术中心关键建造技术达到国际先进水平。

研究成果在福州海峡文化艺术中心项目、世界妈祖文化论坛永久会址等项目成果推广，应用效果良好，经济效益显著。

六、经济效益

本项目的研究成果莆田会展中心项目、福州海峡文化艺术中心等项目投入工程使用，取得良好的施工效果，在保障施工质量的条件下，大大提升了工业化程度，同时有效加快了施工进度，产生经济效益4425万元。

七、社会效益

海峡文化艺术中心关键建造技术的应用，成果解决了海峡文化艺术中心在建造过程中的关键施工难题，提高了资源利用率，达到了节约资源、节能减排的目的，经济效益和社会效益显著。

成都万达茂水雪综合体工程关键施工技术

完成单位： 中国建筑一局（集团）有限公司、中建一局集团第一建筑有限公司
完 成 人： 薛　刚、沈　培、钟启勇、沈礼鹏、刘森维、嵇雪飞、邱　敏

一、立项背景

万达茂水雪综合体总建筑面积 36.76 万平方米，雪乐园是全国最大钢筋混凝土结构的滑雪场。

当前，对于模板支撑体系的研究体系较多，有比较完善的规范，但对于大长度、大坡度、架体支撑基础条件复杂的支撑体的研究急需进一步挖掘。大型钢结构屋面施工主要有吊装、提升、滑移等方式，如何在复杂基面条件下运用上述施工方法还有待进一步研究。尤其是对大型桁架的胎架布置及计算、阶梯面桁架的分段累积提升、带坡度的累积滑移的止滑方式是进一步研究的重点。柱模板加固方式主要有设置柱箍、安装对拉螺栓方式，对如何减少施工作业难度，提高材料周转率，提出了免对拉方式加固柱模板的新要求。

为此，我们针对工程特点和难点展开研究，解决工程施工实际问题，并总结形成特有的超大型娱乐综合项目施工关键技术和创新技术，为同类型工程的施工管理提供借鉴。

二、详细科学技术内容

1. 总体思路

研究依托于万达茂水雪综合体工程，以解决工程实际问题为目标，研究紧密联系实际，采取理论研究、模拟分析、现场实际运用相结合的方式解决工程中遇到的问题。

2. 技术方案

（1）大型室内水雪综合体工程混凝土斜面滑道结构施工技术

技术背景：成都万达茂水雪综合体工程滑道最大长度 320m，最大宽度 45m；坡度从 8°到 20.7°，变换复杂。本工程混凝土结构施工模架搭设高度 8m 及以上的超高区域面积广，约为 31000m^2，架体体量 55 万立方米，最大搭设高度 43.15m；施工荷载大，其中高区平台，高支模支撑体系面积约 3769m^2，施工时钢筋、模板、混凝土、支撑架、防护等质量约为 4500t。高区平台正下方有一汽车坡道，若满堂模板支架在坡道处搭设，坡道斜面架体支设困难，有滑移风险，影响架体整体稳定性，而且坡道中间为直达地下抗水板的镂空天井，该处模架高度将达 67.1m，局部架体高宽比为 8，为超危大工程。同时，滑道为斜板，盘扣架立杆模数为 500mm，无法满足找坡要求，需要进行支撑转换设计。

架体选型：通过比较各类常用架体，择优选择盘扣架作为高支模支撑架体。

楼层局部加强：由于原结构设计时仅按建筑的使用功能考虑楼面荷载对结构进行设计，未考虑巨大的施工荷载。需将楼板由 100mm 加厚为 180mm。

基底处理：高区夹层五层平面东侧、西侧楼板有 3％坡度，此区域内的盘扣式脚手架利用自身的底座调整器和调节短杆将立杆调整在同一平面，见图 1。

钢箱梁＋贝雷架＋工字钢转换平台设计及安装：

1）在坡道处设置钢箱梁（箱 830×280×250×14×20，单位：mm），箱梁底部、端头与预留埋板焊接固定。见图 2。

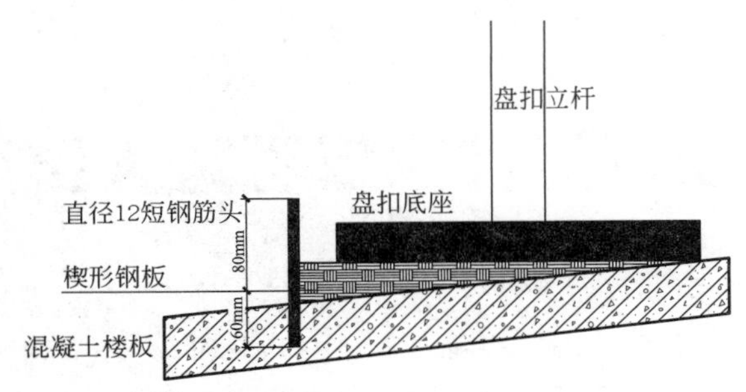

图 1 底座与楼层夹角缝隙处理图

图 2 箱形钢梁布置 BIM 模型图

2）贝雷梁安装

在钢梁上安装 321 型单排单层不加强型贝雷架。

3）安装工字钢

在贝雷架上安装 16 号工字钢；工字钢接头位置全部焊接连接；工字钢横向用 C12 钢筋焊接连接，钢筋间距 3m，以保证在搭设上部支撑架体时工字钢位置准确、不偏位。见图 3。

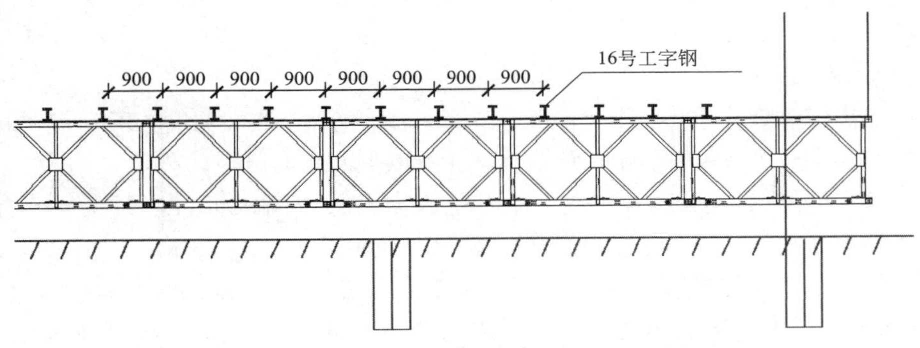

图 3 工字钢布置侧立面示意图

4）搭设盘扣架

盘扣架立杆下设底座，底座放置在工字钢上，在支模架立杆之间满铺 50mm 厚跳板；然后，向上安装盘扣架体。

转换支撑设计：滑道梁板为斜板，盘扣架立杆模数为 500mm，无法满足找坡要求。采用 8 号双槽钢夹在盘扣节点上并用螺栓固定，然后根据实际需要设置盘扣架立杆并安装顶托。见图 4～图 6。

模板施工：坡度大于 18°的滑道采用双层模板加固施工。

混凝土浇筑：以滑道防滑移反坎作为界限分段浇筑混凝土，每段长约 30m，每段再用收口网每 5m 分段浇筑，待上一段混凝土初凝不再处于流体形态时进行下一段浇筑，浇筑顺序从低标高处依次向高标高推进。

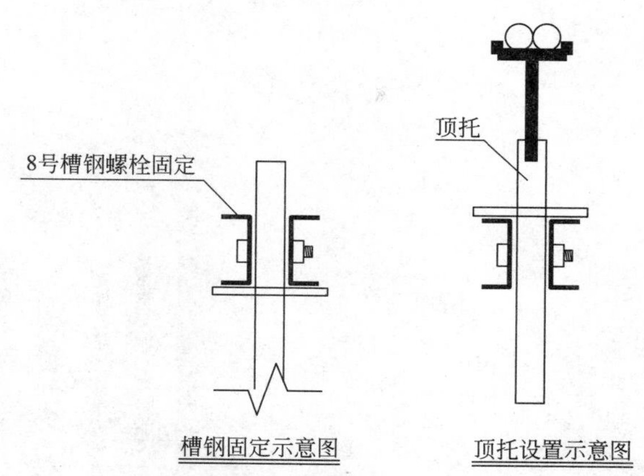

图4　槽钢固定示意图

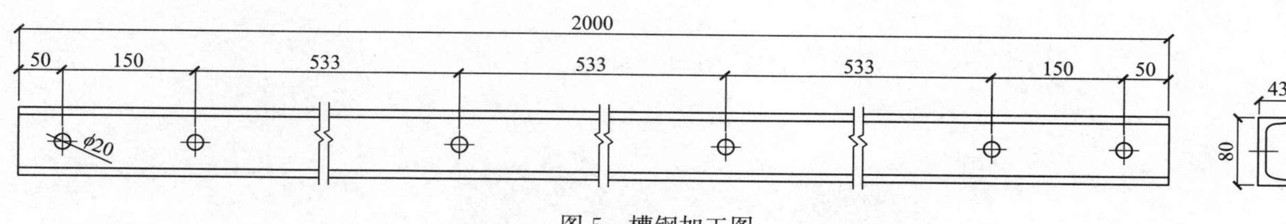

图5　槽钢加工图

图6　滑道梁转换支撑示意图

(2) 大跨度场馆外排混凝土巨型柱施工技术

技术原理：

方圆扣：先将模板安装，再安装模板背楞，然后用方圆扣加固勒紧模板，方圆扣一端为U形卡扣，另一端预留插销孔，安装时垂直相交的两个方圆扣首尾相连，U形卡扣与直段扣紧，为防止滑脱，再用固定插销楔紧。见图7。

定型模板：绘制定型模板加工图并在工厂加工。在现场将加工好的木模板、背楞、双槽钢、钩头螺栓、垫片等依次连接，形成成组成片的模板。其中，钩头螺栓带钩头一端钩住模板内侧（单侧模板，未对拉至对侧模板），通过拧紧螺栓将双槽钢、背楞、模板连接固定；再将成片的模板吊装就位，柱四周的四片模板，通过角部预留螺栓孔穿拧紧螺栓将模板固定。见图8。

柱模板施工：柱模板采用18mm木模板，40mm×60mm方钢做次背楞；根据截面类型，采用方圆扣、定型模板两种形式加固。

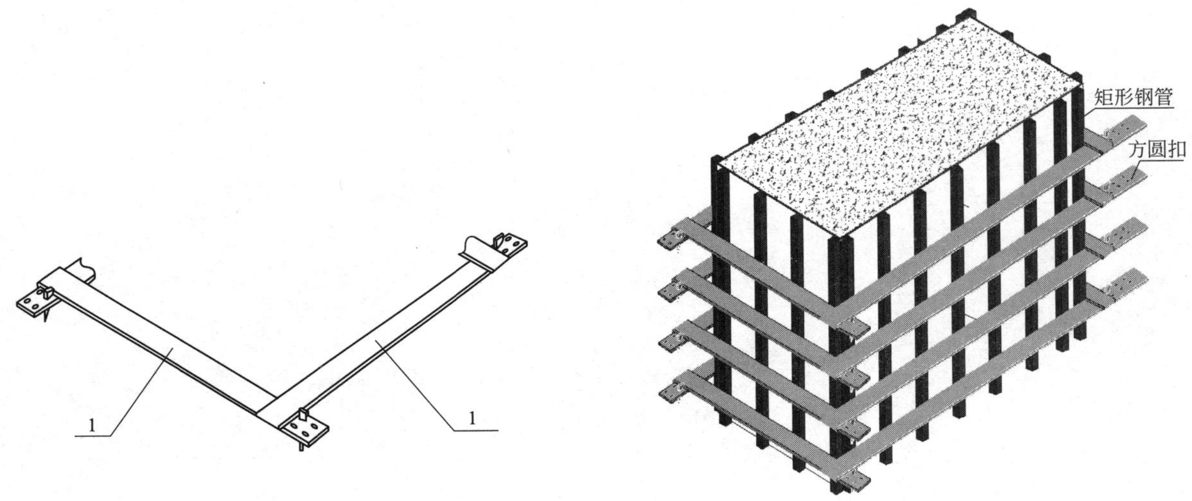

图 7　方圆扣加固示意图

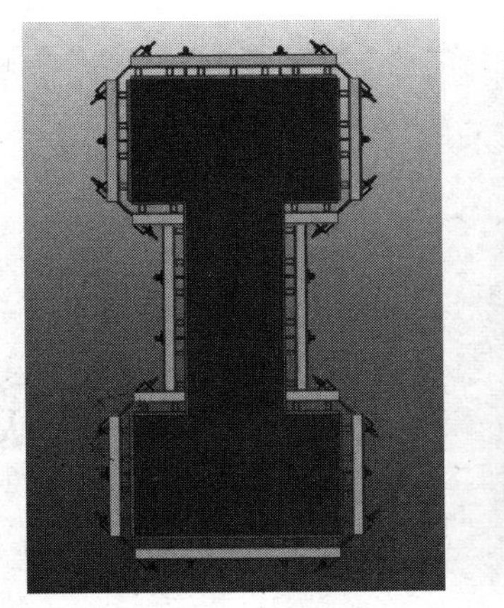

图 8　工字形柱模板支设示意图

矩形柱采用方圆扣加固，次背楞间距 150mm；方圆扣分为两种截面类型：A 型、B 型，B 型又有带侧板的加强型；当柱截边长≤600mm 采用 A 型，当 600mm＜柱截边长≤1800mm 采用 B 型，当柱边长＞1800mm 柱箍，采用带侧板加强型。柱箍第一道距底部 150mm，竖向间距 200mm，底部 3m 范围内间距 180mm。

工字形大截面柱采用定型模板加固，次背楞间距 150mm，主背楞为双 8 号槽钢，柱箍柱箍间距 400mm，第一道距底部 150mm，底部 3m 范围内间距 350mm，对拉螺栓直径 16mm。

（3）大跨度三角管桁架单榀分段连续侧式拼装关键技术

技术原理：将桁架安装就位状态进行整体旋转 90°后，使桁架下弦处于水平位置进行桁架的拼装，将曲面拼装问题转变为平面拼装。拼装时将桁架分为左右对称两段，桁架按照 80～90m 一段进行整体拼装，待桁架整体全部拼完之后，再脱架进行下一段桁架的拼装。

胎架设计及布置：

1）胎架设计

本工程所设计的工具式拼装胎架，由 T 形底座、支撑杆、斜撑和牛腿四部分组成，支撑杆与底座通过螺栓连接；支撑杆的两侧各有一根斜撑，斜撑的规格为 14 号槽钢，斜撑一头与支撑杆连接，另一头与底座连接，均为螺栓连接，支撑杆上设有可调节高度的牛腿，根据桁架的尺寸进行调节。

2）胎架布置

拼装胎架每隔 4.5m 布置一个，布置的原则为避开节点区域和腹杆位置。

桁架拼装：桁架分为若干节从一端向另一端连续流水拼装。

（4）高空大跨度屋面钢桁架倾角自锚累积滑移施工关键技术

技术原理：将每榀桁架分成两段，在地面分段拼装，再吊运至高区端部拼装平台进行整体拼装，然后累积滑移。屋盖桁架为斜面拱形桁架，将滑移轨道设计为带有 6°倾角的斜向滑移轨道。根据每榀桁架起拱值的不同，设置不同高度的滑移支撑架临时固定桁架，滑移支撑架随桁架一同进行滑移。为防止桁架结构在自重作用下产生的下滑力使桁架结构在滑移过程中自行下滑，设置自锚装置。

工艺准备：主要临时措施有"滑移临时措施"和"自锚反拉临时措施"。滑移临时措施主要有顶推点、拼装平台、滑移轨道等，自锚反拉临时措施主要有反力架、锚点等。临时措施总体布置图见图 9。

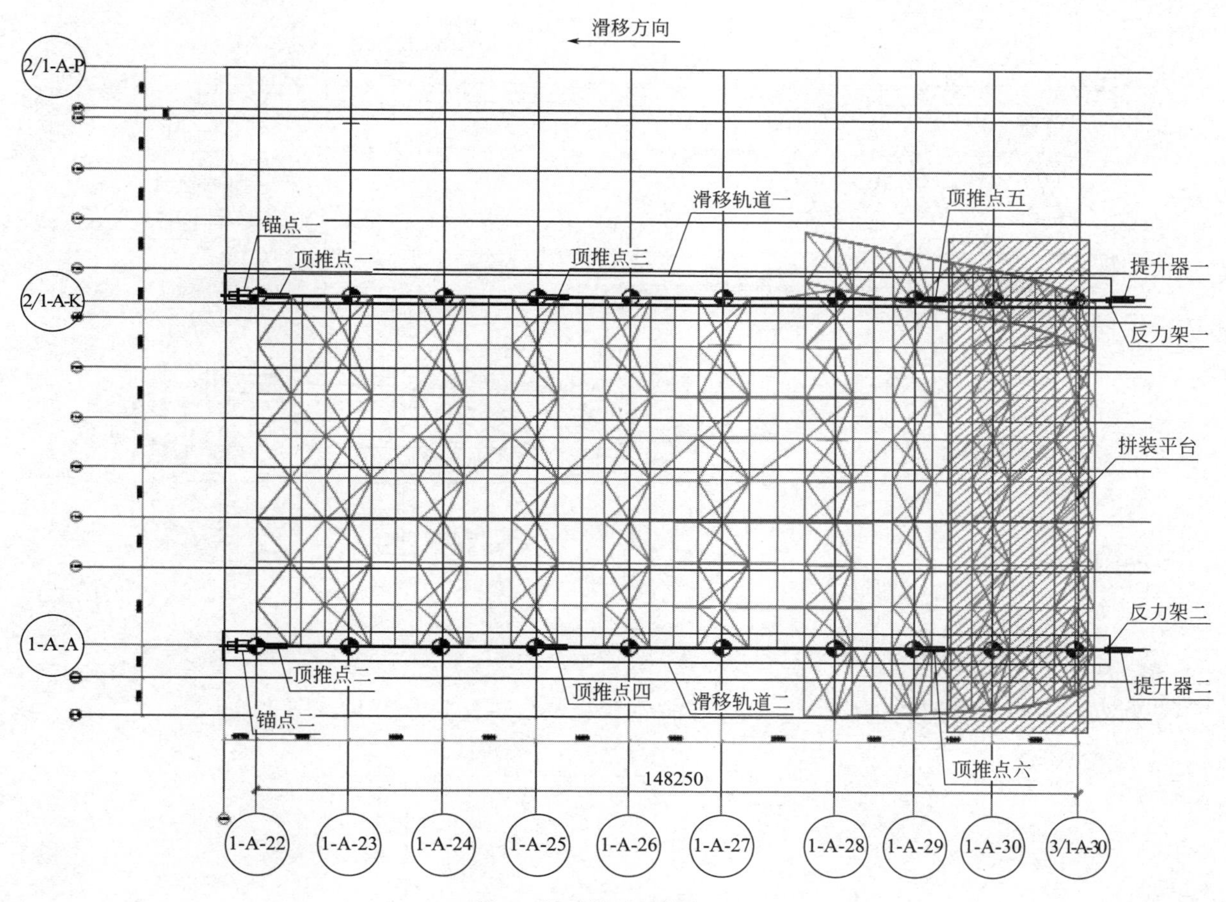

图 9　临时措施总体布置图

滑移轨道及顶推点布置：滑移轨道设共 2 条，单条长度约 150m。轨道设置为 6°下坡设置。整个滑移区域共设置 6 个顶推点，每个顶推点设置 1 台 YS-PJ-50 型液压顶推器。见图 10、图 11。

反力架及锚点设计：反力架在提升器工作时起到将提升器荷载传递到滑移桁架上，限制滑移结构继续向前滑移的作用。反力架三维示意图如下，每条轨道上设置一个反力架，共两条轨道，共设置两个反力架。见图 12。

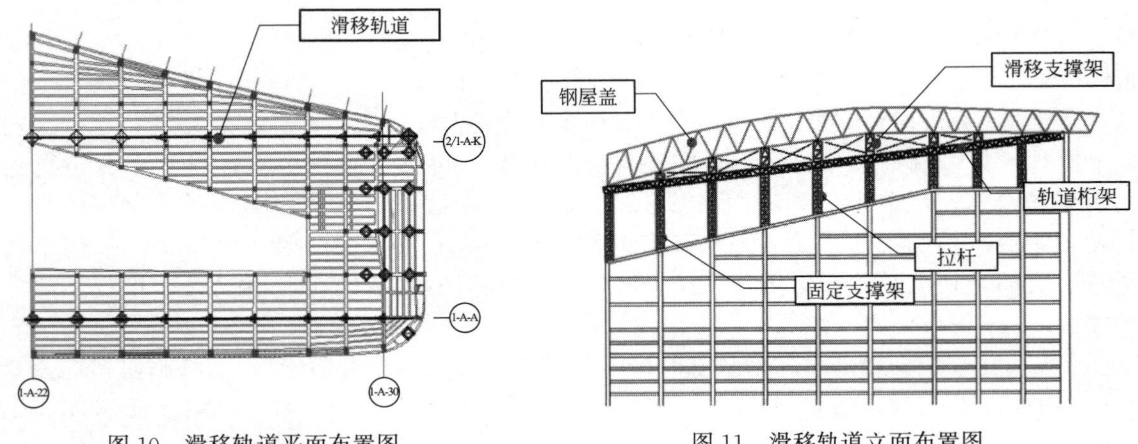

图 10　滑移轨道平面布置图　　　图 11　滑移轨道立面布置图

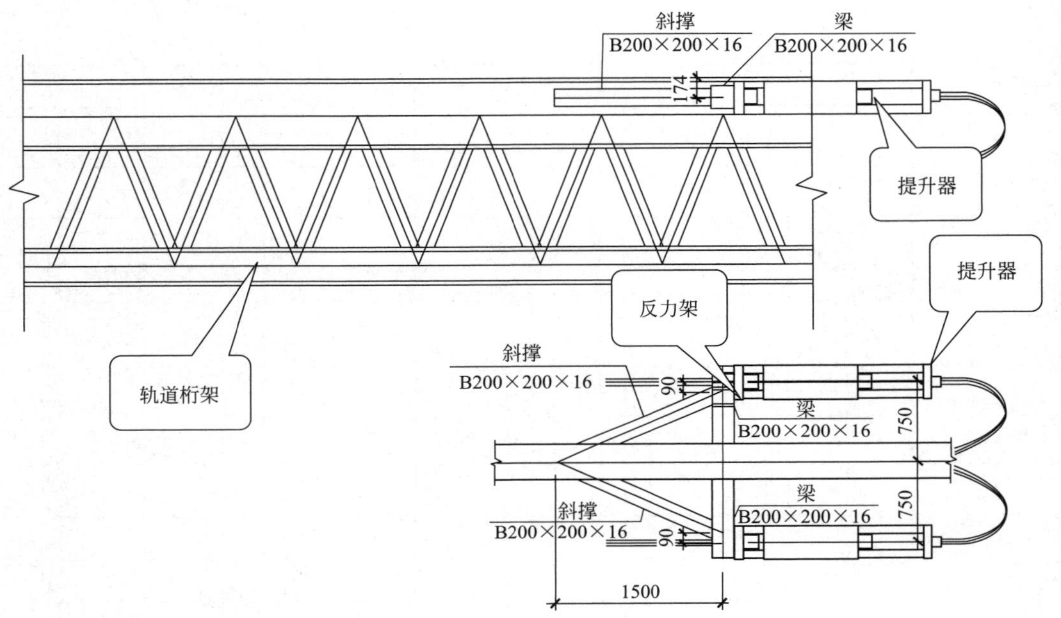

图 12　反力架示意图

锚点设置在第一次滑移支撑架上，用于设置钢绞线拉锚装置。见图 13、图 14。

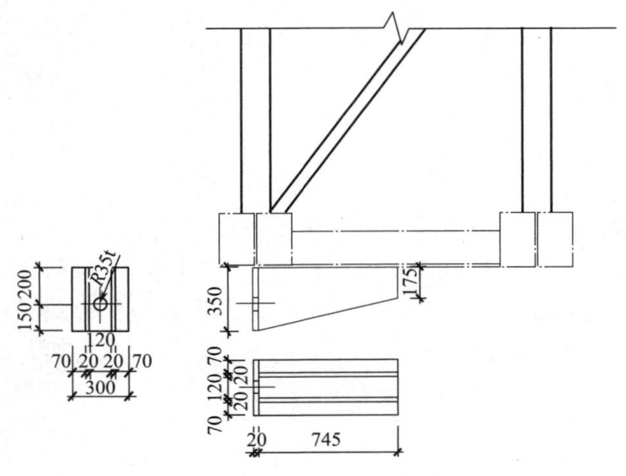

图 13　锚点三维示意图

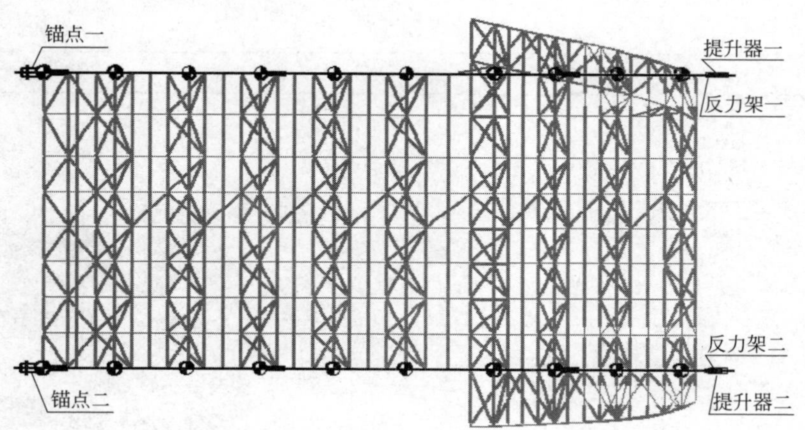

图 14　液压提升器平面布置图

滑移施工：在已设好的拼装平台，轨道上拼装分块一桁架结构，安装滑移支座、顶推节点和顶推设备，安装自锚措施，提升器等临时措施；设备调试完成后，将已拼装完成的桁架向前滑移 16.8m，暂停滑移；在拼装平台上拼装分块二桁架结构；将分块一、分块二整体向前滑移 16.8m，暂停滑移；在拼装平台上拼装分块三桁架结构；按照以上顺序，依次分块四、分块五、分块六、分块八的滑移；将已拼装完成的结构整体滑移到设计位置，暂停滑移。

(5) 多标高平台钢桁架分段组拼累积提升施工关键技术

技术原理：钢结构提升单元在其投影面正下方的地面或楼面上拼装为整体，同时，在屋面结构层柱顶处，利用主楼结构柱或拼装桁架上设置提升平台（上吊点），在钢结构提升单元的屋面层杆件上与上吊点对应位置处安装提升临时吊具（下吊点），上下吊点间通过专用底锚和专用钢绞线连接。通过液压同步提升系统，分阶段累积提升，最后整体提升到位。

工艺准备：提升平台示意见表 1。

提升平台示意　　**表 1**

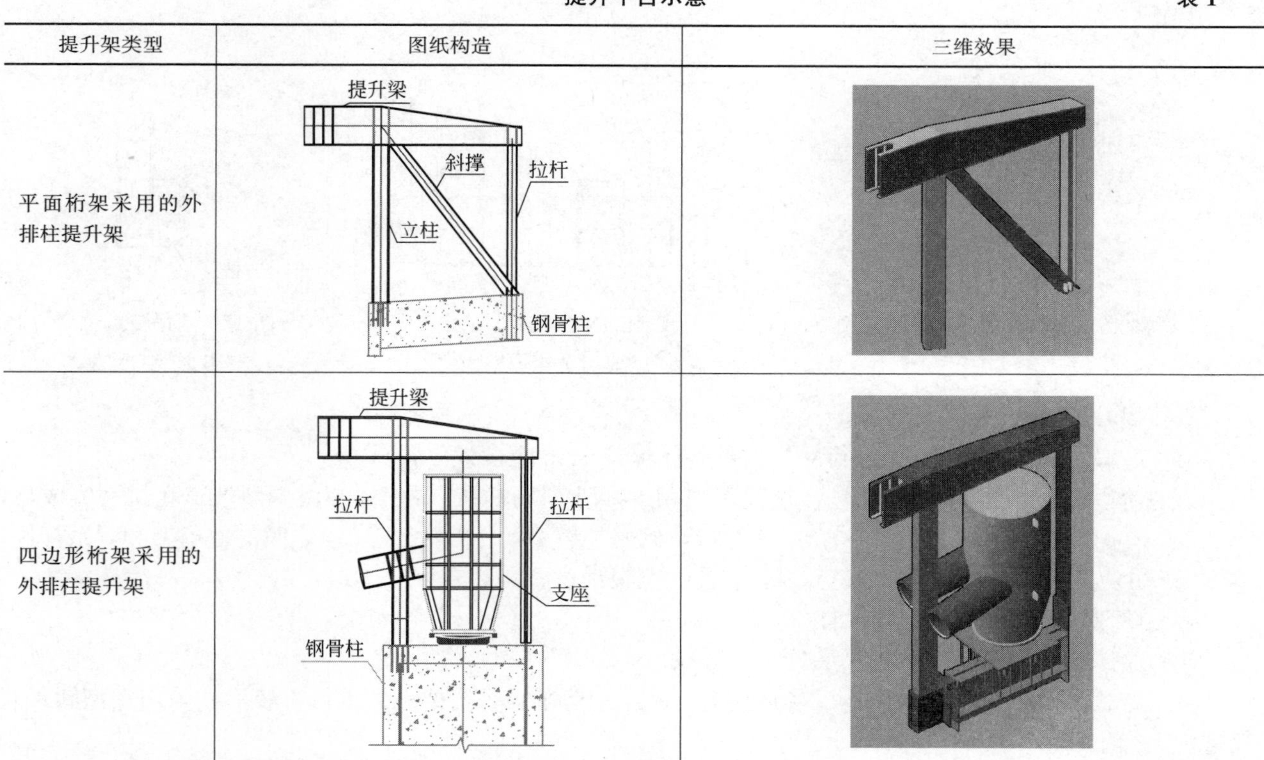

提升架类型	图纸构造	三维效果
平面桁架采用的外排柱提升架		
四边形桁架采用的外排柱提升架		

续表

提升架类型	图纸构造	三维效果
内部提升架，设置在主结构上	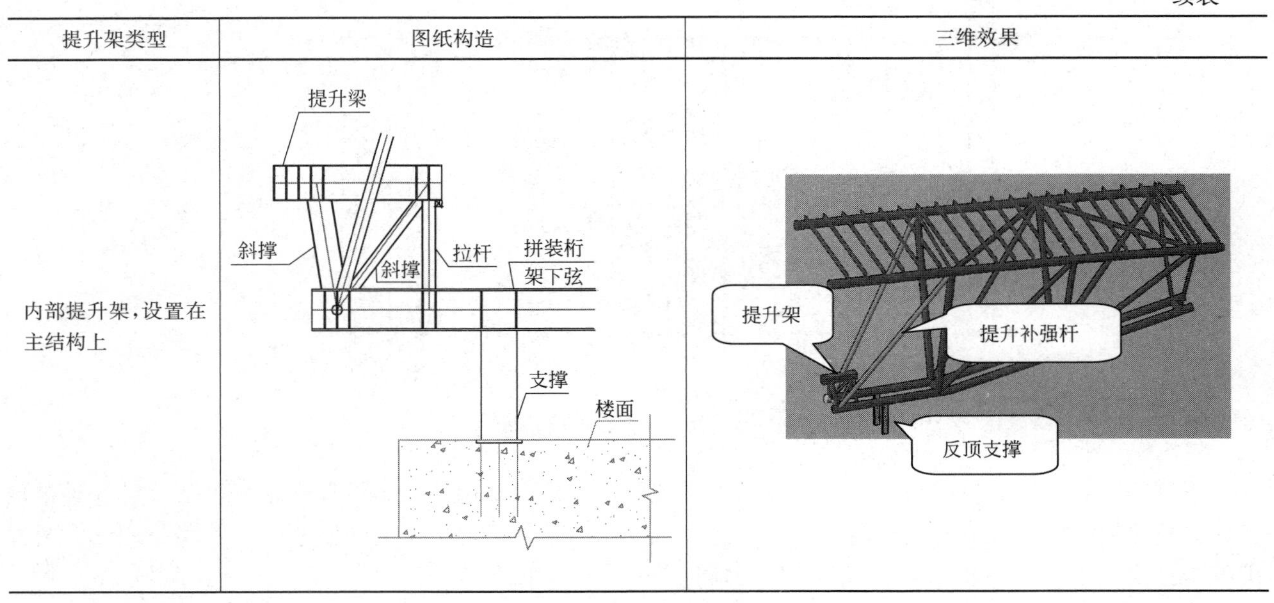	

提升下吊点设计：

1）下吊点加固杆件

在设置下吊具时，为保证结构自身的强度满足要求，需设置加固杆，下吊点加固杆示意图见图 15。

2）下吊点临时吊具

根据提升上吊点的设置，下吊点分别垂直对应每一上吊点设置在待提升的杆件上，下吊具类型示意图见图 16、图 17。

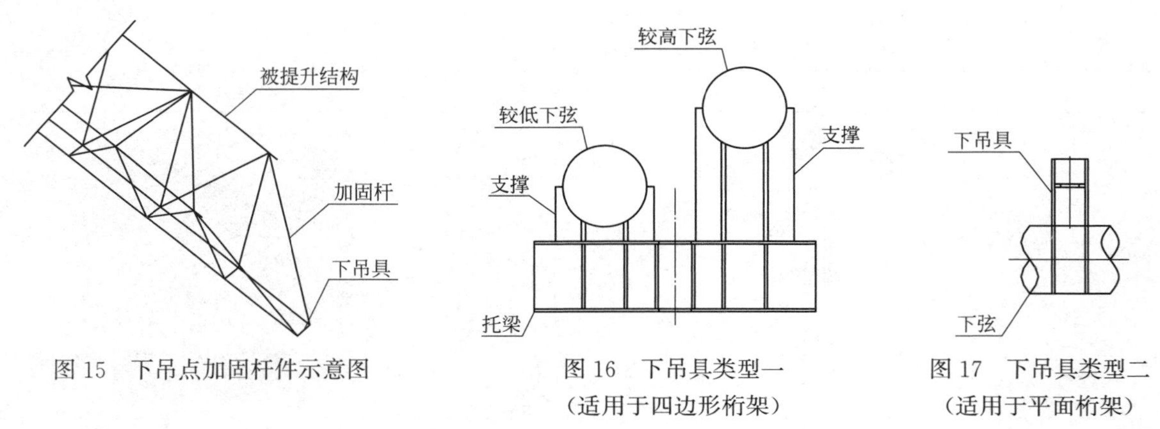

图 15　下吊点加固杆件示意图

图 16　下吊具类型一（适用于四边形桁架）

图 17　下吊具类型二（适用于平面桁架）

累积提升：

第一阶段：提升 A1 与 A2 进行对接，再整体提升 17m 至设计位置。

第二阶段：B2～B5 在楼面上进行拼装，B1 在地面上进行拼装，待 B4 在南侧斜坡道上拼装完成后，提升 12m 与 B3 进行对接；提升 B1 与 B2 对接，然后补装 B1、B2 与 B3、B4 之间的次桁架和联系杆件，整体提升 12m 与 B5 进行连接；最后，提升 17m 至设计位置。

第三阶段：补装 A、B 之间次杆件。

（6）大跨度三角管桁架分榀吊装施工关键技术

技术背景：水乐园、雪乐园低区场地较为空旷，地势平坦，桁架地面进行拼装后，采用大型履带式起重机进行吊装。

技术原理：主桁架采用构件散件进场，主桁架在场内地面拼装后分段吊装的施工工艺，主桁架间连系杆件待主桁架安装完成后高空散装补档，最终形成整体。

施工工艺：将雪乐园低区划分为A、B两个施工区域。每个施工区域又划分为5个流水段，首先吊装主桁架，再进行连系桁架安装及檩条安装。

将水乐园划分为A、B、C三个施工区域，每个施工区域又划分为3个流水段。

根据桁架跨度及主次桁架布置，雪乐园低区设置8个支撑塔架，水乐园设置15个。

支撑架采用格构式支撑架。支撑顶部设承力梁支撑固定屋盖桁架平衡。支撑塔架最大高度45m，截面平面尺寸1.5m×1.5m，顶部传力梁为HW400×400×13×21，分配梁为HW300×300×10×15，主肢为HW200×200×8×12，材质为Q235B。

(7) 大型水雪乐园综合体工程室内冷库板施工技术

技术背景：结合现场施工环境、结构自身质量和内保温系统板的自身质量，以及与其他专业的交叉施工，冷库板不适宜采用脚手架平台安装，本工程采用“上位施工法”安装冷库板。

技术原理：冷库板为单块组拼成整体保温体系，主要由钢柱檩条等形成的结构体系受力，由蘑菇钉将冷库板与结构体系连接固定，冷库板由定制的提升器提升就位，采用打发泡剂、刷密封胶、安装密封条方式处理板与板之间的拼缝、变形缝、穿管到位置等部位。

三、发现、发明及创新点

(1) 研究了支撑架体基础为斜面的解决措施，采用楔形钢板加调节底座方式调节基础面为斜面的问题；研究了超长混凝土浇筑相关防滑移措施，解决长斜面滑道混凝土施工难题；创造性地采用“钢箱梁+贝雷架+工字钢转换平台”解决坡道上搭设高支模架体难题，也将降低了高支模架体搭设高度，采用双拼槽钢作为架体顶部的转换层，解决斜面模板支设的问题。

(2) 改进柱模板加固方式，解决巨型截面柱的模板加固问题。

(3) 创新性地发明了一种高空管桁架的可拆卸支撑装置，作为钢桁架拼装支撑架。

(4) 创新性地提出屋面钢桁架倾角自锚滑移技术，为高空复杂工况的大跨度管桁架施工提供了解决方案，减小了轨道支撑、滑移支架的高度。

(5) 创新性地提出利用原有不同高度滑道楼面进行桁架拼装，采用累积提升的施工工艺，解决了大跨度桁架吊装难题。

四、与当前国内外同类研究、同类技术的综合比较

本技术形成一套大型室内水雪综合体工程建造技术，经国内外科技查新未见有相同技术特点的文献报道，同时经鉴定达到国际领先水平。

五、第三方评价、应用推广情况

1. 第三方评价

本成果于2020年5月30日，通过四川省土木建筑学会对该技术进行科技成果评价，经评价该成果达到国际领先水平。

2. 应用推广

本成果中所包括的所有技术均在成都万达茂水雪综合体工程得到了良好的实施与应用，出色地支持了项目的履约，本成果中所包含的各项技术应用前景广泛，能产生良好的经济、社会效益，对建设工程领域的技术进步有着积极的推动作用。

六、经济效益

3502.65万元。

七、社会效益

研究成果达到国际领先水平，填补了建筑施工领域的空白。本技术的开发和应用为文娱综合体项目施工技术研究提供了借鉴，与传统技术相比，本课题研究的成果施工高效、绿色环保、安全可靠，具有很好的社会效益。

装配式智能化标准机房机电建造技术

完成单位： 中建五局第三建设有限公司

完 成 人： 李湖辉、唐艳明、王礼杰、周　璇、王定球、刘　亮、杨　勇

一、立项背景

伴随着机电行业贯彻落实《中国制造 2025》《绿色制造工程实施指南（2016—2020 年）》等指导方针，遵循绿色发展、循环发展、低碳发展的时代要求，装配式机电技术呈现出了爆发式的增长态势。和传统机电技术相比，装配式机电技术具有减少现场施工时间、降低能源消耗、减少占地面积和安全隐患等诸多优势，帮助用户降低运营、维护等成本，提升运作效率，构筑安全、高效的机电运作环境。

然而，目前装配式机电技术仍有一些不足：

虽然可以解决现场履约难度大、工作面移交滞后等问题，但存在设计建模准备时间长、前期需要收集大量准确信息、一次装配合格率低等问题。

不同项目建模差异化大，未形成成熟且固定的建模技术标准，在建模完成后构件分段分解出图时，构件的种类繁多，出模效率低下。

装配质量受土建施工误差、设备精度、运输变形等因素影响大，在现场装配时由于误差导致的反复装配问题一直是一大难题。

将设备、阀门、管件等做成整体模块的形式，增加了设备的重量与尺寸，而机房的狭小空间导致在现场安装过程中更加难以运输、就位，设备管线过于密集，检修空间不足。

因此，装配式机电技术还需弥补不足，才能发展广阔的前景。

二、科学技术内容

1. 装配式机房快速建模插件平台技术

研发装配式机房快速建模插件，将标准化模块构件进行融合，可快速进行机房 BIM 深化设计。插件囊括不同类型和数量的水泵模块。模块从结构稳固、转运装配便利、运维检修空间足够及最小化等原则进行模型组建，通过不断地检验调整形成平面固化、高度可调的参数化标准模块平台。应用 BIM 软件建模时可随时调用参数化标准泵组模块插件，加快建模速度，实现快速设计。

装配式机房施工时将水泵及其阀部件整体做成一个模块的形式。根据机房净空、阀门高度、管段调节模块的竖向尺寸，钢架有限元受力分析等确定型钢尺寸、模块框架形式以及模块吊点设置。标准模块考虑了设备减振，无须现场浇筑基础，设置预埋限位钢板。当水泵品牌型号确定后，即可从族库中快速选择泵组模块，平面尺寸固化，高度随机房净空调整，复核运输通道尺寸后即完成泵组模块建模，建模效率提高 5 倍以上。

2. 装配式机房虚拟预拼装智能化检测技术

采用 3D 激光扫描技术，将装配式构件控制点的实测三维坐标，在计算机中模拟拼装形成装配后的轮廓模型，与 BIM 模型拟合比对，检查分析加工拼装精度，得到所需修改的调整信息。经过必要校正、修改与模拟拼装，直至满足精度要求。

根据机房三维模型和构件装配方案，建立设计、生产、安装阶段全部构件信息齐全的三维模型整合

而成的输入文件，通过模型导出分段构件的加工制作详图。构件生产后，利用 3D 激光扫描技术对构件进行三维立体扫描，确定控制点三维坐标。在模拟软件中载入扫描模型，并进行拼装，形成机房设备管线的轮廓模型。将机房深化后的 BIM 模型导入到模拟软件中，建立与预拼装模型相同的坐标系。采用拟合方法，将机房管道系统的预拼装模型与 BIM 模型比对，得到装配式构件的加工误差以及构件间的连接误差。对于不符规范允许公差和现场装配精度的构件，修改校正后重新测量、拼装、比对，直至符合精度要求。

从设计、原材料、生产、运输及装配全过程分析误差原因，并制定解决措施。装配式机房施工误差来源包括信息收集及材料尺寸误差、深化建模误差、加工误差、运输变形误差、装配累计误差等。为了消除累计误差，在主管道的分支连接处、水泵模块与主管连接处等位置设置误差综合补偿段可在固定位置一次性消除所有误差带来的影响。见图 1。

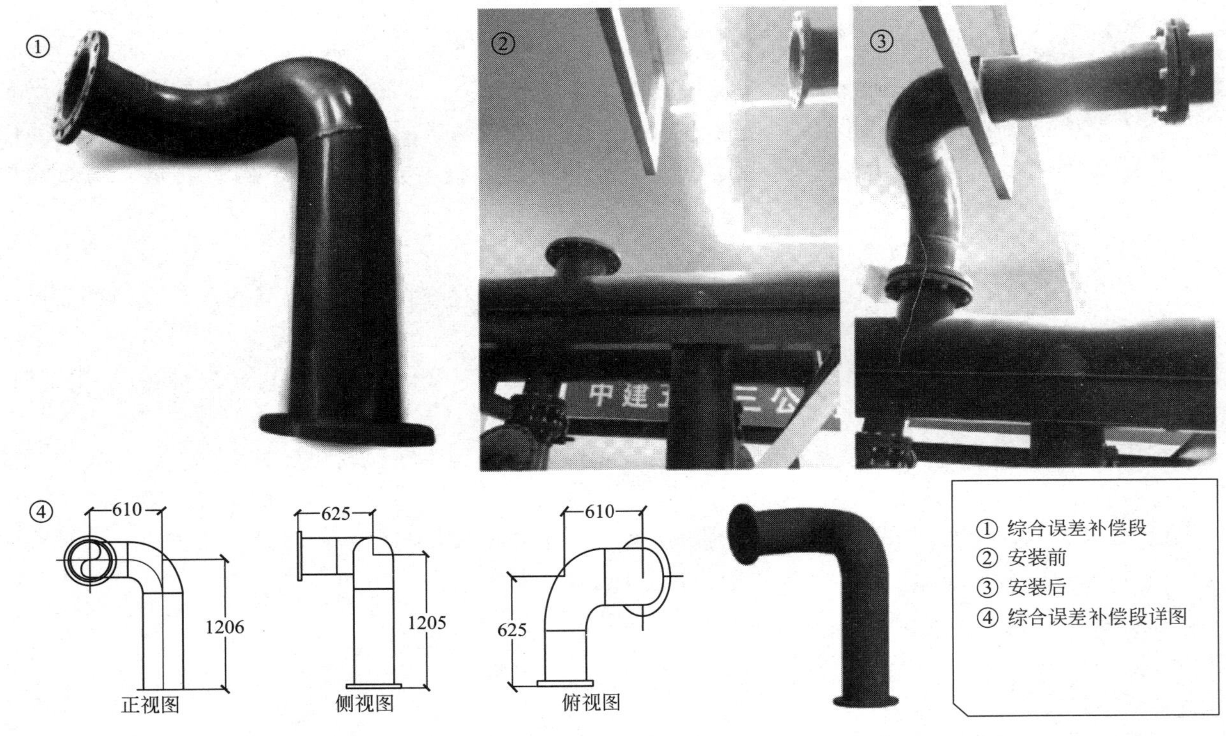

图 1 综合误差补偿段

3. EPC 模式装配式标准模块机房技术

针对 EPC 模式的项目，在设计前期根据制冷量需求、扬程阻力等参数在已有的模块化装配式机房族库内选择相应的机房，标准机房有 L 形与长方形两种，根据地形环境确定。极大提升装配式机电技术的经济性，做到 EPC 项目机房快速设计，施工快速装配。

参数化标准模块机房首先要做的就是水泵、冷机等按照装配式的模块化特性进行位置深化。深化时不仅仅将设备的基础标高与大小改变，还要考虑是否能将设备的位置改变，如将几个设备集中放置，或者将设备移到原来放不下的位置，以达到能量损耗最小、空间和材料的节约。

将空调机房分为标准模块＋管线构件＋误差综合补偿段三大类，避免了一般的装配式机房深化时出现机房空间布局不合理导致空间浪费，或设备管线过于密集、检修空间不足的问题。标准模块融合了泵组、组合式空调器、冷水机组等模块，附加了智能化功能。同时，利用综合误差补偿段消除设计误差、加工误差、运输变形、装配误差等不可控因素的影响，逐步将空调机房的构件标准化、批量化。见图 2～图 5。

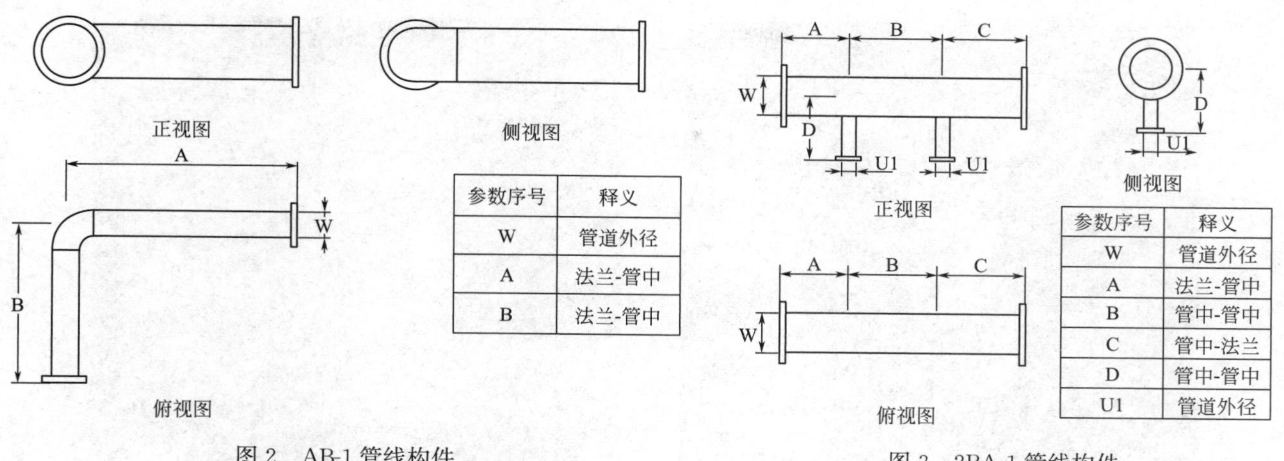

参数序号	释义
W	管道外径
A	法兰-管中
B	法兰-管中

图2　AB-1管线构件

参数序号	释义
W	管道外径
A	法兰-管中
B	管中-管中
C	管中-法兰
D	管中-管中
U1	管道外径

图3　2BA-1管线构件

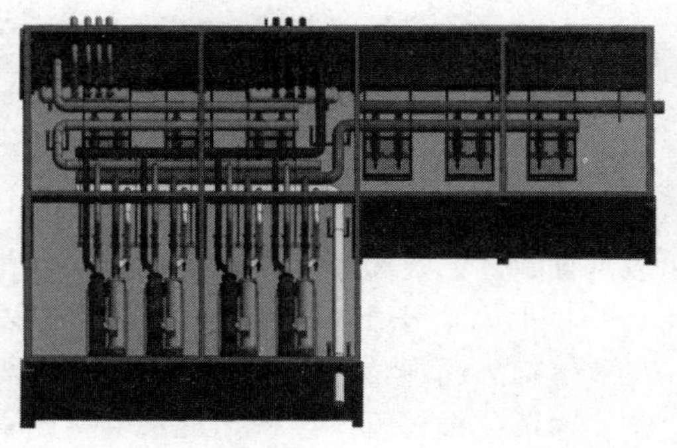

图4　3000kW制冷量L形标准机房

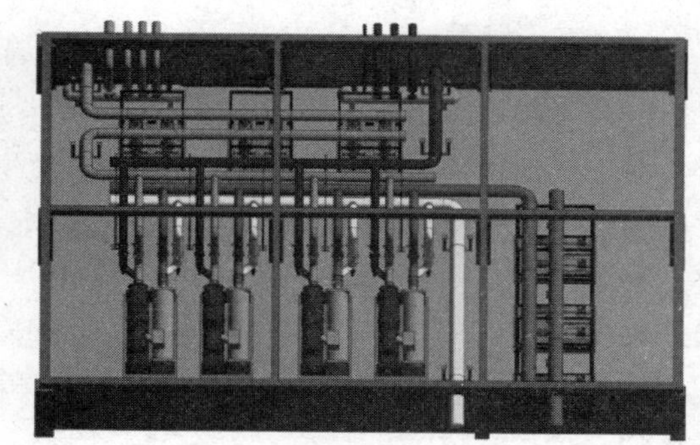

图5　3000kW制冷量长方形标准机房

4. 装配式标准模块机房衍生式设计技术

为满足机房快速化设计、施工的需求，将机房设备参数及模型、管道参数、支架型号集成在模块机房设计平台系统上。通过模块机房设计平台系统，用户可以自主设定各类设备参数和环境工况参数，系统载入到机房模型中，实现设备选型、支架生成、管道排布的机房衍生式设计，满足用户的个性化定制，达到使用需求。

装配式标准化模块机房衍生式设计的基础在于通过“中建奇配”品牌装配式标准化模块机房设计和生产积累的大数据，以此大数据为基础，结合Revit软件，通过数据库推送于第三方接口平台的开发，形成一套接口平台软件，满足衍生式设计的需求。

5. 泵组模块智能化集成技术

智能化泵组模块技术是在标准化的基础上进行的功能拓展，将强电、群控系统集成进标准化模块内，实现了水泵振动、水泵渗水、水泵运行环境温湿度、水温、水压、能耗监测、电机温度、故障报警等检测功能，360°无死角监控功能，采用整体封闭、设备减振以及吸声板的综合降噪，将泵组运行噪声降低50dB及以上，并能实现恒温、恒湿、远程控制、水质在线分析、水泵自动调频节能降耗等控制功能，自主研发了人机触控界面和操控系统，极大压缩了机房面积的同时，延长了设备使用寿命，便于检测及运营维护。

模块设计为全封闭结构，外观精美，四角设置暗装吊点，配备定制吊杆，便于吊装转运。且外部结构方便拆卸，内部设置吊装及轨道装置，有效解决了全封闭泵组不利维修的缺点。使用BIM技术建立1∶1高精度三维模型，将操作系统融入模型，模拟智能化泵组模块运维过程，更好地利用BIM技术服务运维。见图6、图7。

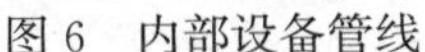

图6　内部设备管线

图7　智能化泵组模块外观

6. 机电末端设备集成技术

通过装配式技术整合照明、风口、烟感、喷淋头＋5G 的方案，将机电专业墙面、顶面、地面等末端设备进行集成。能够有效解决目前建筑空间布置凌乱，硬件不兼容的问题，进而实现终端共享，形成数字化、网络化、智能化，提升后续运营的价值。

研发一种集喷头、空调风口、灯具为一体的房屋集成吊顶组件，极大地简化了安装过程，相比传统现场切割、逐个安装的吊顶，能够有效减少工人的施工量；同时，由于 LED 灯组、消防喷头以及空调出风口的集成式设置，可有效增强吊顶的整体稳定性，保持吊顶表面平整，使吊顶整体更加美观。还具有保温、隔热、隔声、吸声的作用，有效保护电气、空调、通信、报警管线设备，延长电气设备的使用寿命。见图 8、图 9。

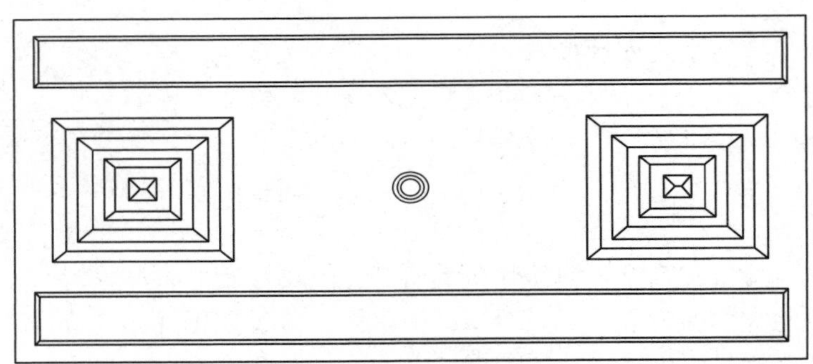

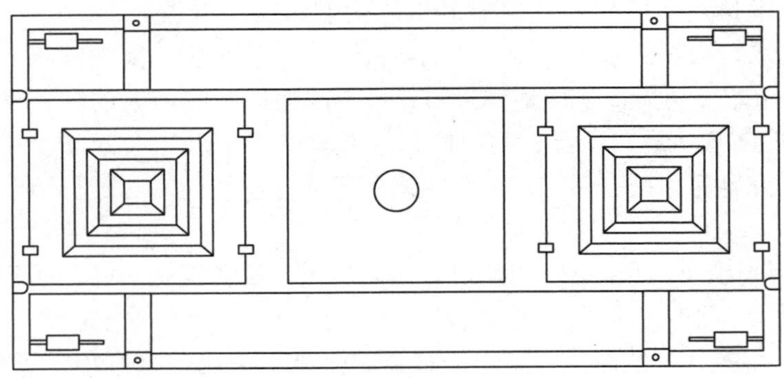

图8　集成吊顶示意图

图 9　集成吊顶

7. 智能化空调泵组模块最优运行工况控制技术

根据多个项目的调研，空调水泵泵组控制基本为主机直接控制，属于粗放控制模式，未能充分考虑到泵组的节能与最优运行工况，也未能最大利用设备的性能参数。根据对不同泵组的组合性能曲线进行研究，通过智能化泵组的控制，用以保证泵组以最优工况运行，达到节能降耗的目的。

根据系统运行情况，进行周期性采样，采集前 5～10 个周期的负载，预测下一个周期的系统运行负载。根据预测负载，计算泵组不同运行方案的功耗，选取最优运行方案调整变频泵组运行。

空调泵组模块最优工况运行平台分智能采集（图 10）、优化控制（图 11）和系统设置（图 12）三种界面。根据使用需要，点击对应图标进入相应的数据画面。

图 10　智能采集界面

三、发现、发明及创新点

（1）研发了参数化标准泵组模块插件平台，提出了将不同类型泵组模块应用到 BIM 建模中，解决了装配式机电设备、阀组建模时需要耗费大量时间的难题，并利用“一种控制螺栓组预埋精度的组件”

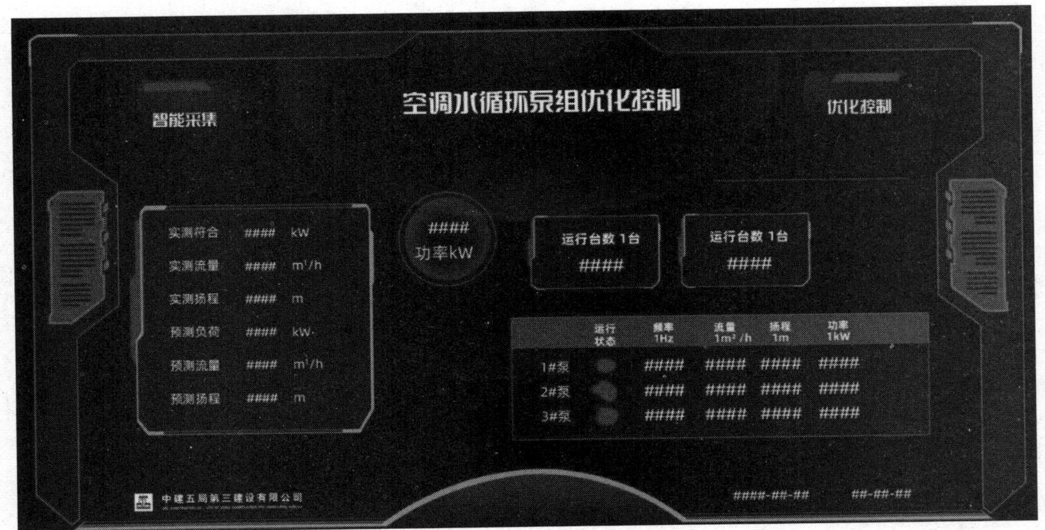

图 11　系统优化界面

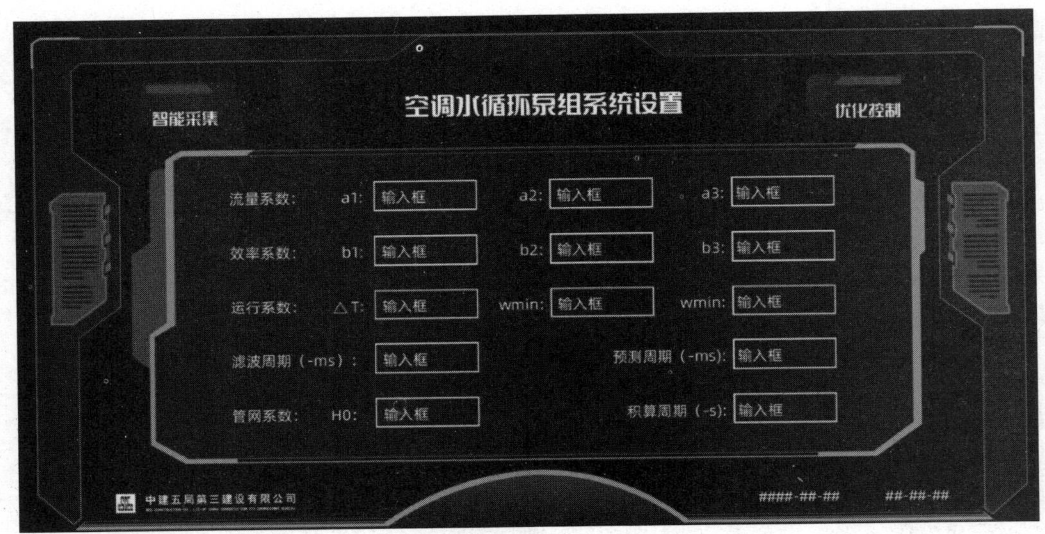

图 12　系统设置界面

定位水泵模块的安装位置，实现了装配式机电建造的快速建模。

（2）研发了装配式机房虚拟预拼装信息化检测技术，提出了应用3D激光扫描对装配式构件进行在线检测，解决了装配式机电一次成品率低的难题，实现了装配式机电产品的智能化检测。

（3）研发了装配式标准模块机房设计平台系统，提出了模块机房的衍生式设计，解决了机房设备、管道、支架一体化方案的快速设计与优化，并在管道的一体化研究中发明了“高层建筑工程管井立管吊装的施工方法”，解决了装配式标准模块机房与整体建筑的融合问题，实现了不同用户对机房的个性化定制。

（4）研发了泵组模块智能化集成技术，提出了将水泵、阀组、控制柜等设备整装为一个模块，实现了防水、防潮、防噪、恒温、设备运行情况监控、远程群控等系统工程集成。

四、与当前国内外同类研究、同类技术的综合比较

1. 装配式机房快速建模插件平台技术

研发装配式机房快速建模插件，将标准化模块构件进行融合，快速进行机房BIM深化设计，形成

平面固化、高度可调的参数化标准模块平台。该项技术加快建模速度，实现快速设计，国内外研究尚未出现相关文献报道。

2. 装配式机房虚拟预拼装信息化检测技术

研发装配式机房虚拟预拼装信息化检测技术，提出了应用3D激光扫描对装配式构件进行在线检测，解决了装配式机电一次成品率低的难题。该项技术在国内外研究中尚处于摸索阶段。

3. EPC模式装配式标准模块机房设计技术

针对EPC模式的项目，在设计前期根据制冷量需求、扬程阻力等参数选用标准机房模块，做到EPC项目机房快速设计，施工快速装配。该项技术未在国内外出现相关报道，成果达到国际先进水平。

4. 装配式标准模块机房衍生式设计技术

将机房设备参数及模型、管道参数、支架型号集成在模块机房设计平台系统上。通过模块机房设计平台系统，用户可以自主设定各类设备参数和环境工况参数，系统载入到机房模型中，实现设备选型、支架生成、管道排布的机房衍生式设计。该技术在国内外的装配式机房研究未见相关文献报道。

5. 泵组模块智能化集成技术

智能化泵组模块具备出水处理及水质在线监测技术，数据实时传输，在线逻辑分析，严格把控水质环境，实时监测设备信息等性能的集成模块，有效提高系统运行效率，节约能耗。该项技术成果达到国际先进水平。

6. 机电末端设备集成+5G技术

将照明、风口、烟感、喷淋头等机电末端设备，整合在装配式集成吊顶上，实现吊顶整体安装。该项技术未在国内外有过类似报道。

7. 智能化空调泵组模块最优运行工况控制技术

研发空调泵组模块最优工况运行平台，可在线监测水泵运行工况，实现泵组最优工况的智能化调节。国内外尚未见与该技术特点相同的文献报道。

五、第三方评价、应用推广情况

根据湖南省科技信息研究所的《科技查新报告》（编号CX-20200094）装配式智能化标准机房机电建造技术，经检索查新，国内未见与该查新项目技术特点相同的文献报道。

根据中国建筑集团有限公司的《科学技术成果鉴定证书》（编号ZJK2020Y0006），针对“装配式智能化标准机房机电建造技术”科技成果鉴定会，形成鉴定意见：

1）项目提供的技术资料齐全，符合科技成果评价要求。

2）针对装配式智能化标准机房机电建造技术的特点，以实际工程为依托，研发了模块化机房快速装配技术，有效解决了模块及构件工业化、标准化设计及生产，智能化运维。该项目获得专利授权4项，形成省部级工法1项，企业级工法4项，成果已在汇景发展环球中心、合肥地铁等项目成功应用，保证了工程质量，提高了工效，经济与社会效益显著，具有较大的推广应用前景，对行业内科技进步、科技创效具有积极的推动作用。评价委员一致认为，该成果总体达到国际先进水平。

六、经济效益

在应用项目中，装配式智能化标准机房机电建造技术为项目新增销售额2273万元，新增利润982万元。

以汇景环球发展中心工程为例：

1）采用智能化泵组模块技术，集成强弱电系统，现场接电即可实现水泵运行、监控等动能，减少工期40d，以每天工人12人、300元/工日为例，节约费用约14.4万元。

2）应用装配式机房综合误差控制技术，现场装配返工率从18.2%降低到2.5%，节约成本42万元。

3）通过装配式标准机房建造技术，优化空间，缩小机房面积共 123m²，多提供车位 11 个，增加收益 221 万元。

装配式机房提升质量观感，为创奖创优提供现场支撑，为公司承接项目提供了新亮点。比如，公司先后承接 HUB 仓、长沙蓝月谷等大中型项目 33 个。共计机电工程合同额 49.5 亿元，按照 5%利润估算，将产生效益 2.475 亿元。另外，常州地铁 2 号线、郑州地铁 3 号线、马栏山等七个项目采用本技术，累计节省费用达 3256 万元。

七、社会效益

因装配式智能化标准机房机电工程建造技术的推广应用，我公司受到中国安装协会邀请，参与编制《建筑机电装配式机房技术标准》《机电工程新技术 2020》。公司先后组织承办装配式机房交流观摩会二十余场，如本年度承办的 2020 年装配式机电技术经验交流会暨现场观摩活动，业内相关负责人及专家近 200 人参与，报名参与企业 40 多家。本技术的推广应用，改善了传统施工作业环境的脏乱差，真正地达到了绿色环保施工，施工现场干净、美观；同时与传统的施工方式相比，装配式机电技术在质量方面更有保障，直接帮用户降低运营、维护成本，运作效率更高，质量更可靠。

钻爆法隧道地质灾害评估与控制技术

完成单位： 中建工程产业技术研究院有限公司、中国建筑第五工程局有限公司、中建隧道建设有限公司、中建八局第一建设有限公司

完 成 人： 郭小红、姚再峰、晁　峰、杜永强、亓祥成、卢智强、郭培文

一、立项背景

隧道地质灾害是指在正常设计与正常施工条件下，因对地质条件或环境条件的勘察局限性、参数的不确定性（随机性）以及当前工程技术水平限制而导致的洞口边坡失稳、隧道坍塌、结构破坏等问题。

近年来，我国的公路及铁路工程建设进入了一个建设高峰期，隧道工程越来越多，建设条件越来越复杂，安全问题越来越突出。从国内相关文献资料中经常可见有关隧道灾害的报道，如隧道洞口滑坡、洞口泥石流、开挖面突水突泥、初期支护大变形、初期支护坍塌、二次衬砌开裂及仰拱底膨等，对隧道工程安全、工期及造价产生严重不良影响。不同条件和影响因素下会发生不同类型的地质灾害，不同地质灾害采取的防治措施各不相同。即使经验丰富，按照规范进行正常的设计与施工，也会存在地质灾害的发生；而当地质灾害发生时，如果没有采取合理有效的防治措施，“错治乱治”会导致灾害进一步扩大，给隧道施工安全及运营安全造成极大的危害。

在地质灾害评估及处治技术研究上，德国、瑞士和日本等发达国家对隧道地质灾害研究较早，采用了多种先进技术手段和方法对隧道灾害开展了专业评估及系统的防治工作。但在国内，对于因工程建设，特别是隧道工程建设而引发的地质灾害的评估与处治技术认识还不够，容易与工程事故及结构病害相互混淆，在一定程度上影响了对隧道地质灾害的正确认识与处治。为了最大限度地降低地质灾害造成的损失，提升隧道建设技术水平，急需对隧道地质灾害的产生机理、评估方法、处治措施等方面开展系统研究。

二、详细科学技术内容

1. 基于多因素的隧道洞口稳定性评估及分级方法

（1）通过收集隧道口塌方以及边仰坡失稳的地质灾害资料，提炼出 12 种致灾因素，并将其归纳为隧道口洞内塌方和仰坡失稳两大方面。提出隧道口致灾因素等级划分表，基于层次分析法对隧道洞口重大地质灾害的灾害类型和致灾因素进行分层，建立从定性到定量的灾害因素隶属度计算数学模型，运用模糊分析原理构造符合隧道洞口特点的因素集、评价集，形成等级评价矩阵，对洞口发生边坡失稳和洞口崩塌发生概率和发生灾害后果进行评估。见图 1。

（2）对浅埋隧道洞口边仰坡的进行稳定性分析，需要考虑的影响因素除了边坡岩土体的基本质量指标、结构面特性、边坡开挖等方面外，隧道洞口开挖对于洞外边坡稳定性的影响也十分突出；同时，地表降雨能够通过边坡结构面裂隙进入到岩土体内部对边坡稳定性造成不利影响，许多隧道洞口边仰坡失稳，地表降雨是一个重要的诱发因素。考虑降雨和洞口开挖对边坡的稳定性影响，提出针对浅埋隧道边仰坡稳定性分级方法 TSEM-BQ 法（Tunnel Stability Evaluation Method of Coupled Action of Portal and Slope based on [BQ] system）。得到隧道边坡稳定性分级表如下，根据 TSEM-BQ 值来确定洞口边仰坡控制措施。

图1　隧道洞口地质灾害要素

围岩级别	Ⅰ	Ⅱ	Ⅲ	Ⅳ	Ⅴ
TSEM-BQ值	>80	61～80	41～60	21～40	≤20
稳定性情况	好	较好	中等	差	很差

（3）考虑隧道施工开挖对隧道洞口仰坡稳定的影响，提出了隧道仰坡—洞口相互作用的修正计算方法（图2）：

1）隧道开挖前：按正常边坡进行稳定分析。

边坡安全系数：
$$K=\frac{M_{\mathrm{r}}}{M_{\mathrm{s}}}=\frac{\sum\limits_{abc}(W_i\cos a_i\tan\varphi_i+c_il_i)}{\sum\limits_{abc}W_i\sin a_i}$$

2）隧道开挖后：应考虑隧道开挖后对滑移面有效应力的降低，但也应考虑洞口超前支护的水平拉力及其竖向支护力的有利影响。

边坡安全系数：
$$K=\frac{M_{\mathrm{r}}}{M_{\mathrm{s}}}=\frac{\sum\limits_{BC}(W_i\cos a_i\tan\varphi_i+c_il_i)}{\sum\limits_{A'BC}W_i\sin a_i}$$

3）支护施作后：应考虑支护与仰坡的相互作用，当支护的承载能力低于滑移面的竖向压力时，取支护的承载能力。当衬砌的承载能力高于滑移面竖向压力，可按正常边坡进行稳定分析。

边坡安全系数：
$$K=\frac{M_{\mathrm{r}}}{M_{\mathrm{s}}}=\frac{\sum\limits_{A'B}F_j^{\min}\tan\varphi_j+\sum\limits_{A'B}(W_i\cos a_i\tan\varphi_i+c_il_i)}{\sum\limits_{BC}W_i\sin a_i}$$

（4）在浅埋偏压隧道洞口地段，考虑隧道施工开挖的不利影响，提出了浅埋隧道上方斜坡稳定性修正计算方法（图3）：

当$0\leqslant h<h_{\mathrm{q}}$时，取$P_i=0$（不考虑滑坡体底部摩阻力）；

当$h_{\mathrm{q}}\leqslant h<h_{\mathrm{s}}$时，取$P_i=\begin{cases}0 & P_{\mathrm{c}}\leqslant\gamma h_i\\ P_{\mathrm{c}}-\gamma h_i & P_{\mathrm{c}}>\gamma h_i\end{cases}$

当$h\geqslant h_{\mathrm{s}}$时，取$P_i=\gamma h_i$（不考虑隧道影响）。

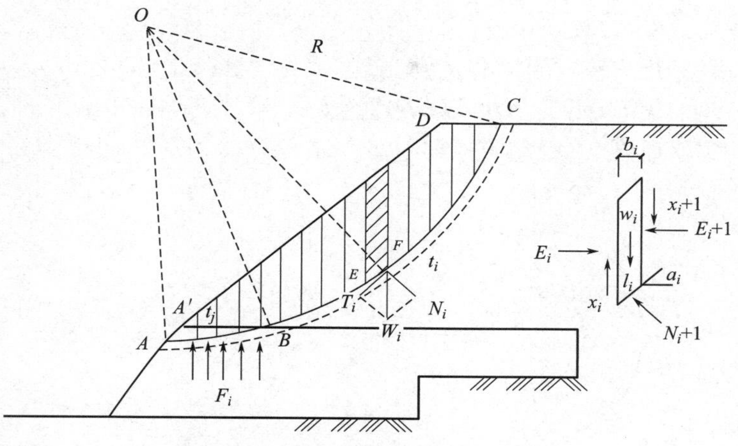

图 2　隧道洞口仰坡—洞口相互作用

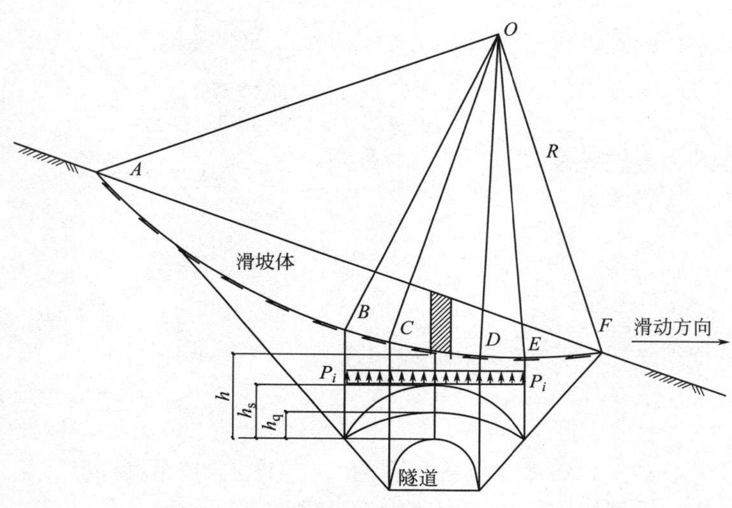

图 3　浅埋偏压隧道洞口斜坡稳定性分析模型

2. 富水软弱地层隧道围岩-水-支护耦合作用机理及径筋共体设计方法

(1) 基于弹性力学平面应变假设，为充分体现围岩与衬砌的相互作用，首次引入有效应力原理考虑水的影响，建立围岩衬砌共同作用的设计力学模型。见图 4。

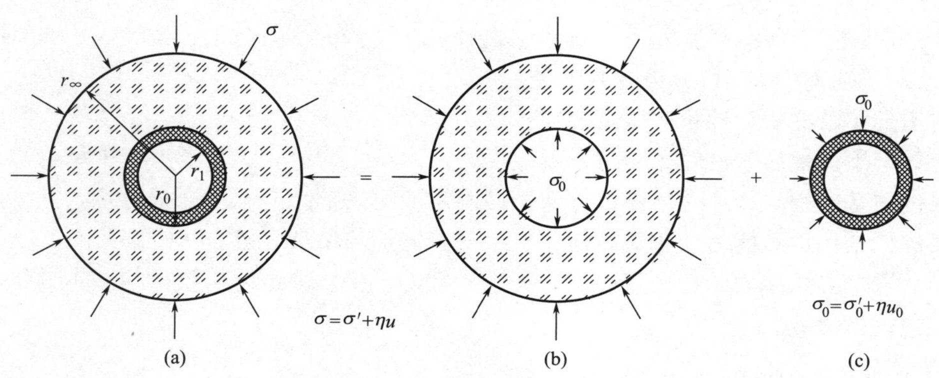

图 4　隧道围岩衬砌共同作用力学模型

解得，作用在支护外缘的围岩有效应力和总应力分别为：

$$\sigma_0'=\frac{K_c r_0\sigma'-2G\eta u_0}{2G+K_c r_0}\quad \sigma_0=\sigma_0'+\eta u_0=\frac{K_c r_0(\sigma'+\eta u_0)}{2G+K_c r_0}$$

（2）针对富水地层隧道围岩稳定的突出问题，依据“支护材料性能匹配围岩力学性质”的设计原则，提出“径筋共体”锚杆均匀化等效设计方法，以该理论为指导，结合不良地质条件下超前支护的力学原理和施工工艺，研究得出富水地层条件下隧道衬砌厚度、锚杆布置、注浆设计等参数。见图 5、图 6。

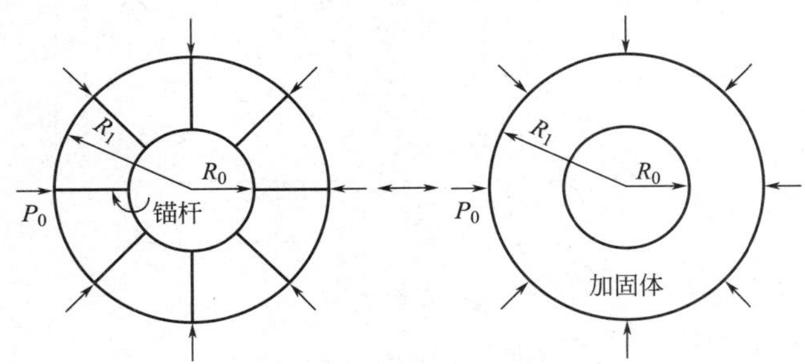

图 5　锚杆围岩复合体　　　　图 6　等效加固体

设均匀化的岩石和锚杆的等效材料服从 Mohr-Coulomb 屈服准则，即下式：

$$\sigma_1=\frac{1+\sin\varphi^*}{1-\sin\varphi^*}\sigma_3+\frac{2c^*\cos\varphi^*}{1-\sin\varphi^*}$$

式中　c^*、φ^*——分别为等效黏聚力和等效内摩擦角。

则等效锚固体单轴抗压强度为：

$$\sigma_c=\frac{2c^*\cos\varphi^*}{1-\sin\varphi^*}=(1+\alpha)\frac{2c\cos\varphi}{1-\sin\varphi}$$

另外，结合锚杆密度因子，也可求得锚固后岩石的 c^*、φ^* 分别为：

$$c^*=\frac{c(1+\alpha)(1-\sin\varphi^*)\cos\varphi}{(1-\sin\varphi)\cos\varphi^*},\quad \varphi^*=\sin^{-1}\left[\frac{(1+\sin\varphi)\alpha+2\sin\varphi}{(1-\sin\varphi)\alpha+2}\right]$$

均匀化地把锚杆和岩石的复合体考虑成各向同性、均匀连续的等效材料，其弹性模量 E、黏聚力 c 及内摩擦角 φ 可等效得出。通过围岩衬砌共同支护设计理论进行设计试算。将初步确定的等效参数代入公式计算锚杆长度 L，即锚固区范围，可以得到：

$$L=r\left(\sqrt{\frac{[\sigma]\left(1-\frac{G}{G_C}\right)}{[\sigma]\left[1+\frac{G}{G_C}(1-2\mu_C)\right]-2(p'+p_{ow})}}-1\right)$$

式中，G 为岩石剪变模量，G_C 为锚固区等效剪变模量，μ_C 为锚固区等效泊松比，$[\sigma]$ 为锚固区等效强度，p_{ow} 为水压力，p' 为原始地应力，r 为隧洞半径。

3. 构建隧道支护结构安全评价方法及控制技术

针对隧道处于不良地质条件时土压力、形变压力及水压力荷载较大，隧道支护结构承载功能较强的特点，提出根据“基于围岩物理力学参数分布特性确定隧道支护结构承载能力特性，基于隧道施工过程中荷载变化及支护结构承载能力变化进行隧道衬砌安全评估与设计”的方法，解决了当前隧道支护结构分析以“典型地段、典型断面的特征点验算”为主导致的不足；隧道结构设计的基本原则：支护结构的承载能力应大于设计荷载。

支护结构总承载能力应满足：$\gamma_0\gamma_1 S(\gamma_f,f_r,\alpha_k)\leqslant R\left(\frac{f_k}{\gamma_m},\alpha_k,C\right)$

初期支护承载能应满足：$R_1\geqslant\psi_1^*(\gamma_0\gamma_1 S)$；

二次衬砌承载能力应满足：$R_2\geqslant\psi_2^*(\gamma_0\gamma_1 S)$

因此，隧道支护结构安全评估的关键是充分了解支护结构的承载能力 R 及特性。

结构承载能力法是对传统设计方法（首先分析荷载，然后验算结构安全度）的一个突破，因为隧道结构对荷载变化更敏感，即使隧道结构的设计安全系数较大，也不能保证隧道结构的安全，因此要充注意隧道结构设计过程中的荷载分析工作。根据荷载随时间-空间的变化规律，应用支护结构的自承能力特性就可确定是否采用超前支护，根据下道工序的施作时间决定上部分支护的支护强度。

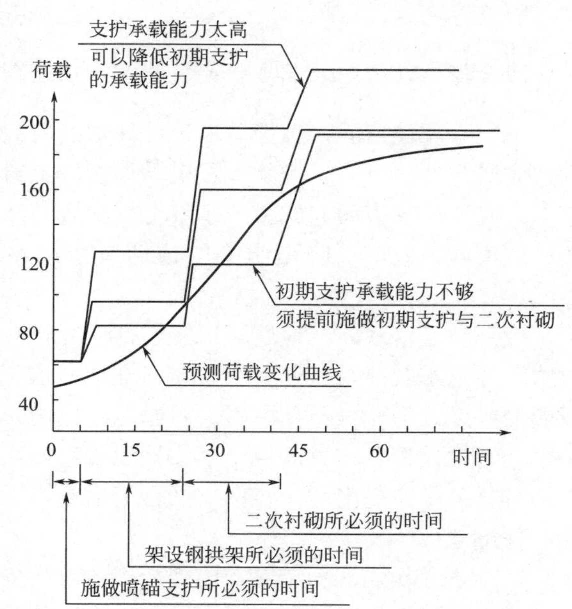

图 7　支护结构承载能力与荷载变化曲线

隧道衬砌的工作环境——围岩，其物理力学参数、弹性抗力系数以及作用在结构上的荷载侧压力系数等，均存在一定程度的测不准，一般只能确定其变化范围。为了使分析计算结果适应多变的实际条件，一般要求能够给出当外部条件在一定范围波动时隧道各部分支护结构的承载能力，这就得到了支护结构在给定工作条件下的承载能力函数——抗力函数 $R(k)$。根据支护结构的抗力函数就可以充分了解其特性，更准确地评估其安全状态。见图 7。

结构承载力函数是一个多变量的隐函数，其求解工作量巨大。相比传统的典型工况的强度验算，工作量增加了上千倍，目前市场上还没有相关计算程序。自主开发隧道初期支护、二次衬砌和仰拱结构的承载能力计算软件，针对依托工程开展开挖宽度、拱架参数、配筋参数、初支厚度、二次衬砌厚度条件下的支护结构承载能力的系统分析，计算不同围岩、不同隧道断面形式等条件下支护结构的承载能力和安全系数，为其支护结构安全评估及支护参数优化调整提供重要支撑。见图 8、图 9。

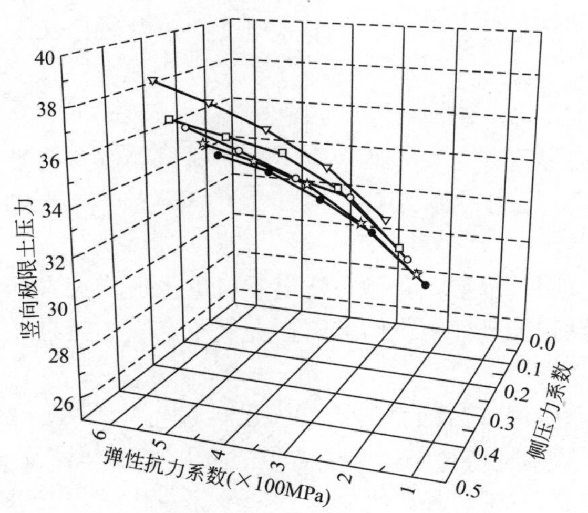

图 8　初期支护承载能力分布曲线

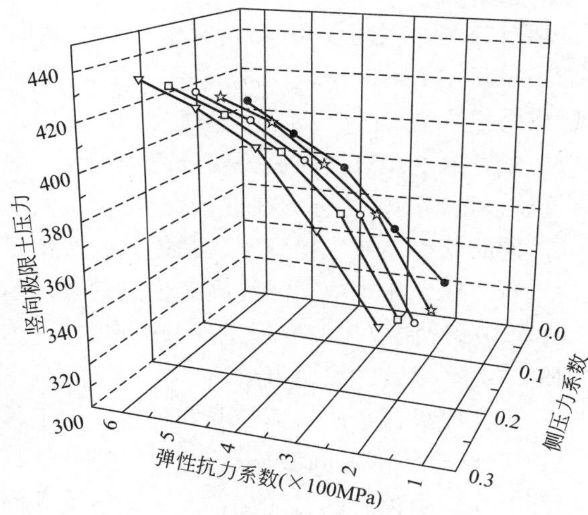

图 9　二次衬砌承载能力分布曲线

三、发现、发明及创新点

（1）基于国内外岩体质量分级和边坡稳定性评价分级标准，引入降雨和隧道开挖扰动两种因素，提出隧道洞口边仰坡稳定性分级方法（TSEM-BQ 法）。

（2）运用围岩—支护共同作用原理，提出了基于广义有效应力的富水岩层水压力荷载及支护参数的计算方法。

(3) 构建了基于围岩物理力学参数及施工过程的隧道支护结构承载力分析及其安全评价方法，并开发了相关计算分析系统。

四、与当前国内外同类研究、同类技术的综合比较

(1) 目前隧道洞口边仰坡稳定性评估的研究已经很多，其中部分研究已将降雨因素的不利影响考虑到边坡稳定性分析中，但是，隧道洞口段施工对边坡稳定性的影响鲜有研究，本课题在充分吸取前人隧道洞口段地质灾害研究成果的基础上，深入总结隧道洞口地质灾害的灾变机理及防治技术，进一步提出考虑隧道施工效应、降雨影响的边仰坡稳定评价与分析方法，使得边坡稳定性分析更贴合工程实际状况。

(2) 对于富水软弱地层隧道稳定性研究，目前针对地下水的考虑科学性不足，仅简单使用“折减系数法”考虑水载荷，另外，对于喷锚支护与水压力相互作用的研究也较少。本课题首次基于弹性力学平面应变假设，为充分体现围岩—衬砌相互作用，使用有效应力原理考虑水的影响，建立围岩衬砌共同支护设计力学模型。该方法提出了根据围岩性质匹配支护材料性能来实现支护厚度控制，而不是简单提高支护材料强度。提出增设径向支护钢筋措施，用以加强围岩和支护的相互联系，有效提高隧道支护安全性和稳定性。

(3) 隧道初期支护参数的确定，一般首先依据工程类比拟定一套初期支护参数，然后根据地层结构模型分析隧道的稳定性，但对初期支护本身的承载能力和安全系数研究很少。本课题首次自主开发隧道初期支护、二次衬砌和仰拱结构的承载能力计算软件，可以准确、高效地计算不同围岩、不同隧道断面形式等条件下支护结构的承载能力和安全系数。

五、第三方评价、应用推广情况

1. 第三方评价

2020 年 5 月，本技术成果经评价整体达到国际先进水平。

2. 成果情况

本项目获得专利授权 10 项，其中发明专利 5 项，形成工法 3 项，发布标准 2 项，发表论文 15 篇，其中 EI、ISTP 收录 5 篇。

3. 应用推广情况

(1) 研究成果在京沪高速公路济南连接线工程港沟隧道、龙鼎隧道中应用，为项目提供《技术咨询报告》，该报告中的优化方案在保证安全施工的前提下，优化了施工工序、减少了临时支护和永久支护的投入，同时施工工效也得到了大幅提升，节约了工期。

(2) 研究成果在华坪至丽江高速公路营盘山隧道应用，编制《营盘山隧道洞口重大地质灾害评估报告》《营盘山隧道洞口边仰坡稳定性分析报告》，为项目施工过程中边仰坡防护提供了有效的指导，避免发生因地质灾害导致的安全事故。

(3) 研究成果在重庆轨道交通九号线一期工程项目应用，为项目提供了《设计优化建议书》《深化设计报告》。从全线的区间隧道布置、钻爆隧道衬砌、盾构隧道衬砌、明挖隧道方案、车站开挖及支护、防水层等方面，系统的提出优化方案，并邀请了国内知名院士、顶级大师、权威专家对优化方案进行了论证，确保了设计优化方案的实用性、安全性。

六、经济效益

技术成果已在云南华丽高速营盘山、京沪高速济南连接线、重庆轨道交通九号线一期工程等项目成功应用，累计创造经济效益达 2 亿元。

七、社会效益

（1）有利于促进行业发展。通过对不良地质条件下钻爆法隧道重大地质灾害灾变机理及控制技术研究，一方面解决隧道建设过程中地质灾害控制的技术难题，编制了可全行业推广使用的地质灾害控制指南，并且目前正在应用该成果编制《公路隧道地质灾害防治规程》，形成了行业自主知识产权的技术体系，提升行业内隧道建设技术水平

（2）有利于增强中建的行业影响力。应用本课题研究成果编制公路行业规范《公路隧道地质灾害防治规程》，以及在依托工程中的成功应用，极大地提升了中建集团交通基础设施领域在复杂地质条件下隧道施工技术方面的技术水平，可进一步推广到中建集团类似建设项目之中，扩大公司在本行业的影响力。

城市综合管廊绿色建造与运维关键技术研究

完成单位：中建工程产业技术研究院有限公司、中建地下空间有限公司、中建三局集团有限公司、中国建筑第八工程局有限公司

完 成 人：油新华、郑立宁、郭建涛、蒋少武、孟庆礼、孙金桥、卢国春

一、立项背景

着我国综合管廊建设的高速发展，管廊建设已由跳跃式发展转变为有序推进。在综合管廊建设的浪潮中，中建系统各单位相继参与到综合管廊的设计、施工和投资建设中。其中，中建西北市政院先后参与了几十余项管廊的规划设计工作，设计总里程超过 100km；中建各个工程局先后承担了包头、六盘水、十堰、三亚等城市综合管廊的投资建设任务，总里程约 1450km。虽然起步晚、市场份额少、运营管理能力弱、施工装备能力差、核心技术不明显，但是中建集团的市场开拓能力强、投融资能力强、科研体系健全，在国家战略推动、市场内需拉动、国内无绝对优势企业的情况下，中建集团肯定会有所作为，这就要求我们充分做好技术集成与科技研发工作，形成核心技术竞争力，占领目标市场，引领行业发展。

另一方面，随着综合管廊的高速发展，相应的建设与运维问题也相继出现，现有技术已经不能满足当下综合管廊绿色、环保、快速建造的建设要求和高效、安全、智能的运维需求，这对综合管廊的发展形成较大阻碍。与此同时，PPP 项目不断收紧，国内大型施工企业竞争更加激烈，为综合管廊绿色建造与运维创造了内在条件。因此，为了迎合综合管廊建设的发展方向和市场需求，有必要针对综合管廊如何实现绿色建造与运维展开系统的研究。

本项目以中建股份科研课题和一批重大城市综合管廊建设工程为依托，由中建产业技术研究院牵头，联合中建系统内多家单位，沿着城市综合管廊绿色建造与运维两大主线展开研究，结合实际工程需要，突破难点、突出创新，形成城市综合管廊绿色建造与运维系列关键技术，为已经到来的综合管廊建设高潮提供强有力的技术支撑。

二、详细科学技术内容

1. 综合管廊全寿命期绿色建造理念

综合管廊的绿色建造应贯穿于综合管廊的规划、设计、施工、安装及运维全寿命周期，在保证安全和质量的同时，通过科学管理和技术进步，提高资源利用效率，节约资源和能源，减少污染，保护环境，实现可持续发展的工程建设生产活动。

要实现综合管廊的绿色建造，必须采用绿色规划、绿色设计、绿色施工、绿色安装和绿色运维五个手段，遵照线路最优、断面最优、资源投入最少、废弃物排放最少、对周边环境影响最小五条标准，最终达到四节一环保、高效低成本两大目的。见图 1。

2. 综合管廊叠合预制装配结构设计方法

针对现浇管廊材料浪费、环境污染严重以及常规预制装配构件自重大、防水效果差等问题，提出了综合管廊叠合预制装配技术，该技术相比全现浇施工，取消了模板和脚手架以及现场钢筋作业，施工环境友好，可以将安装工程的预留预埋提前预制在叠合墙或板上，大幅减少了后期安装时的开槽工程量，加快了设备安装的进度，可节约一半工期，该技术同时解决了全预制装配技术的构件自重大、接头防水效果差等问题，实现了管廊结构的快速绿色建造。

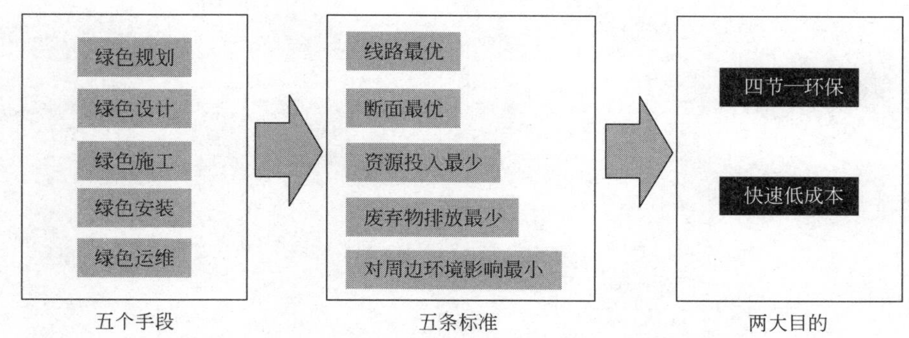

图 1 综合管廊全寿命期绿色建造路线图

由于底板浇筑无须支模，且为保证结构整体的防水性能及双层叠合侧墙与底板连接节点的受力性能，本体系底板采用现浇，从而创新地提出了一种基于现浇底板＋叠合墙板组合而成的叠合装配式的管廊，并发明了预埋螺旋箍＋抗剪槽的连接节点形式，解决了现浇底板与叠合墙连接接头的受力与防水难题。

利用结构力学计算、有限元分析、原尺寸加载和蓄水加压试验理论与试验相结合的方式，对叠合预制装配结构的形式、整体设计计算、连接接头的形式进行了研究，形成了叠合预制装配结构的设计计算方法及理论体系。

3. 综合管廊叠合预制装配生产、施工及验收关键技术

在尚无综合管廊叠合构件生产技术可借鉴的情况下，通过工厂生产实践，总结出一整套综合管廊叠合墙板预制构件生产工艺流程与验收标准，并发明了预制结构大型钢筋笼精确定位装置和双层叠合板翻转浇筑装置，有效保证了综合管廊叠合预制构件的产品质量与精度。通过现场施工实践，总结了一套基于现浇叠合组合结构体系的综合管廊施工技术，为后续施工提供了借鉴和参考。

4. 综合管廊多管线快速安装施工技术

基于目前入廊机电系统主要管线的安装技术，通过引入 BIM 技术进行安装工艺优化。并在大管道运输、线缆敷设和管线试压等方面进行大胆创新，突破了传统的施工工艺。在管线运输方面，提出了“利用可移动提升就位装置进行管廊管道安装”和“管道传送器辅助管道安装”两种施工方法；在线缆敷设方面，提出了“利用可计量移动式线缆装置敷设线缆”和“机械敷设线缆”两种施工方法；在管道试压方面，提出了“利用专用试压短管辅助管道快速试压”的方法。基于以上方法，研发出新型快速运输装置、放线装置以及管线试压装置，解决了入廊管线快速敷设、焊接、运输和试压的技术难题，实现了入廊管线的绿色、快速安装。

5. 基于 BIM 和 GIS 的综合管廊智慧管控平台

提出将 BIM 技术用于综合管廊设施信息管理的思路，建立了综合管廊 BIM 运维管理模型标准，对基于 BIM 的综合管廊智能管理系统需求进行深入挖掘，并以需求分析的成果作为目标对系统进行结构设计、功能设计及数据库设计。该系统将环境与设备监控系统、安全防范系统、通信系统、预警与报警系统以及管廊物业管理系统等子系统通过自主研发数据总线进行集成，构建了管廊运维数据存储和应用标准，并建立了基于 Hadoop 的管廊运维大数据存储体系，解决了目前管廊运维过程中各子系统各自为政、易形成“数据孤岛”的问题，同时通过信息化整合业务体系解决了综合管廊人工管理成本高、效率低的问题。针对管廊应急管理、环境控制、健康管理等现实需求，基于大数据架构和渐进式深度学习技术，开发了运维安全分析系统，为管廊安全运维提供超前预警、应急响应和健康评估等功能。针对智能化、无人化、大数据化的巡检需求，基于管廊智能巡检图像处理技术、智能机器人自主充电技术以及智能机器人定位导航技术，研发出综合管廊智能巡检机器人系统和巡检机器人，实现了综合管廊 24h 智能化无人巡检。该平台使管廊运维成本降低了 20%以上，并大幅减少人力资源的投入，真正实现了综合管廊绿色、高效运维管理。见图 2。

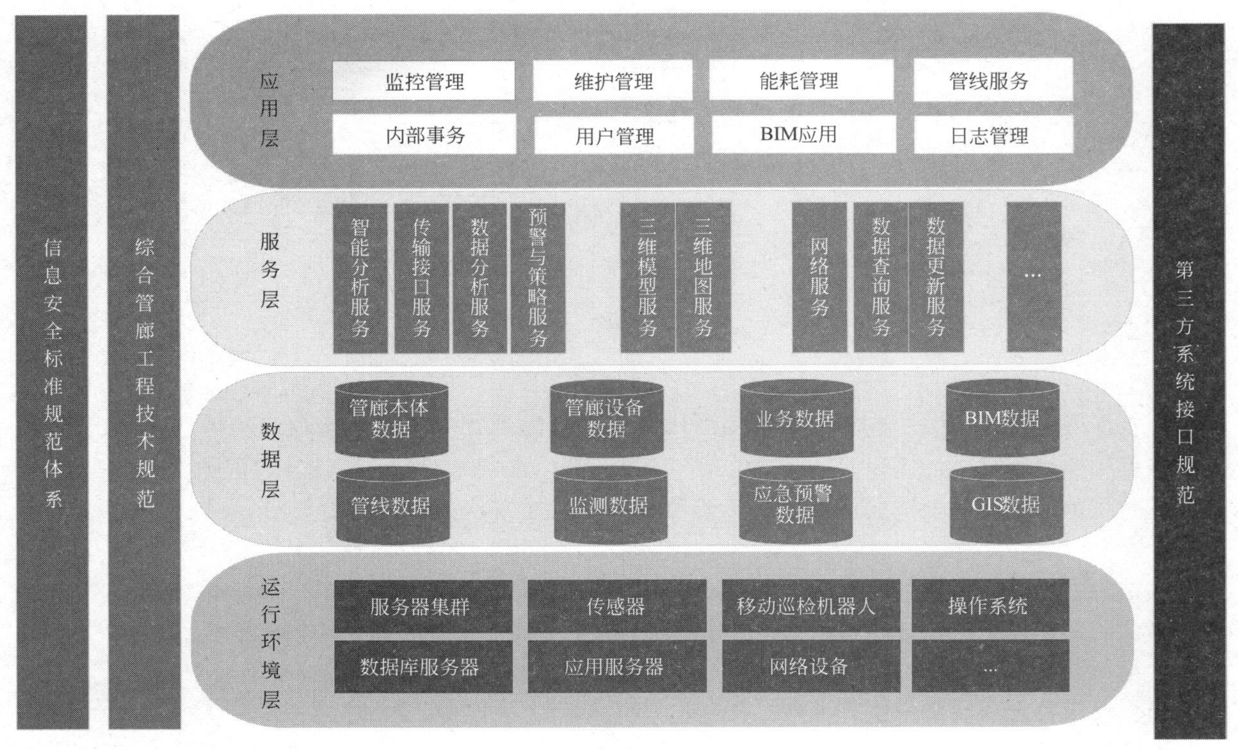

图 2　智慧管控平台架构图

三、发现、发明及创新点

(1) 首次提出了一种基于现浇底板+叠合墙板组合结构形式的叠合预制装配管廊结构体系，形成了一整套综合管廊叠合墙板预制构件生产工艺流程与验收标准，发明了预制结构大型钢筋笼精确定位装置和双层叠合构件生产装置，研发了叠合预制装配管廊结构施工技术，实现了综合管廊叠合预制构件的高质量生产和叠合组合结构体系的精准施工，解决了全预制装配技术存在的预制构件重，防水效果差等难题。

(2) 研发了以管线标准化安装模块预制技术、新型放线技术、管道传送器技术、快速试压技术为核心的管线标准化快速施工技术，解决了入廊管线快速敷设、焊接、运输和试压的技术难题，实现了入廊管线的绿色、快速安装。

(3) 开发了基于 BIM 和 GIS 的综合管廊智慧管控平台，形成了统一的管廊运维数据存储和应用标准，首次建立了基于 Hadoop 的管廊运维大数据存储体系，实现了管廊运维子系统间的信息共享与联动控制，解决了管廊运维系统各自为政、易形成“数据孤岛”及管理难度大等问题。

四、与当前国内外同类研究、同类技术的综合比较

(1) 本研究提出的综合管廊现浇叠合组合结构体系的设计、生产及建造技术，在国内外尚属首次，该技术兼具现浇施工的整体性、灵活性及预制装配施工的集约生产、节水环保等优点，同时单个预制构件相对较轻，不需要大型吊装设备，是最适合发展的综合管廊预制拼装技术。

(2) 目前，国内外针对管廊管线安装的研究较少，管廊管线安装一直采用比较常规的方法。本研究利用 BIM 技术对管线安装工艺进行了优化，并在大管道运输、线缆敷设和管线试压等方面大胆创新，研发出新型管道运输装置、放线装置以及管线快速试压装置，克服了管线吊装、手工敷设线缆等传统安装工艺的弊端，实现了管廊管道、电缆、电线的快速安装和连续不停顿施工。

(3) 目前，国内外针对综合管廊管理平台缺乏系统的研究，各类监控系统分别独立建设，应用较为

单一，数据分散存储，标准不统一。本研究首次提出和开发了以BIM模型为核心的应用管理系统，构建了管廊运维数据存储和应用标准，相较于传统监控体系，数据存储方式采用了大数据存储架构，存储能力不再受设备所限，成指数倍增长；本研究建立的统一数据分析和应用平台，解决了目前管廊运维过程中各监控系统各自为政、形成“数据孤岛”的问题，使得多维数据分析和联动控制成为可能。

五、第三方评价、应用推广情况

1. 第三方评价

2020年5月，本技术成果经评价整体达到国际先进水平，部分技术成果达到国际领先水平。

2. 成果情况

本项目形成国家标准2项、国家级工法1项、省部级工法2项、专著4部、发明专利4项、实用新型21项、软件著作权3项、论文21篇。

3. 应用推广情况

(1) 城市地下综合管廊现浇叠合预制装配体系在湖北省十堰市地下综合管廊项目成功推广应用，成型管廊曲线顺直、流畅，外观质量良好，各项指标均符合设计要求，整体节约工期60d，为项目创造效益628.8万元，并于2019年4月17日经湖北省建筑业协会专家鉴定，技术成果整体达到国际先进水平。

(2) 多管线安装快速施工技术在武汉CBD地下综合管廊、华晨宝马新工厂管廊等项目上成功推广应用，应用效果显著。该技术有效提升了管线安装效率，缩短了工期，获得了监理、业主的一致好评，并为项目节约成本累计285.8万元。其中，华晨宝马新工厂管廊项目获得了“中国安装工程优质奖”“北京市安装工程优质奖”。

(3) 城市综合管廊管理平台在雄安市民中心管廊、中新广州知识城管廊、六盘水PPP管廊、成都日月大道管廊等项目上成功推广应用。监控平台和管理模块的使用确保了管廊24h处于监控状态，有效保障内部管线安全，使运营效率提高了50%，综合运维成本降低了20%。工程实践证明，综合管廊智慧管控平台在保障管廊运维安全、提升运维效率、节约运维成本等方面效果显著，具有广阔的推广应用前景。

六、经济效益

本研究技术成果在雄安市民中心、武汉CBD地下综合管廊、华晨宝马新工厂管廊等项目成功应用，累计创造经济效益约1375.8万元。

七、社会效益

本项目与国家基础设施发展战略相一致，通过研究，形成了专著、标准、专利、创新技术等系列科技成果，已广泛应用到中建系统内的多个管廊工程中，取得了显著的社会和经济效益，并具有广阔的推广应用前景。与此同时，在国内召开了多次以综合管廊建设与运维关键技术为主题的学术交流会和技术培训会，在雄安、湖北等地建立了工程示范基地，有力促进了行业科技进步，在综合管廊建设领域起到了重要的引领和示范作用，已初步奠定了中国建筑在管廊方面的行业领先地位。

山岭重丘区公路改扩建关键技术研究与应用

完成单位： 中国建设基础设施有限公司、中建山东投资有限公司、中建筑港集团有限公司、长安大学

完 成 人： 孙 智、刘国华、樊祥喜、程存玉、程金生、曹保山、孟凌霄

一、立项背景

随着我国经济的迅速发展，现有双向四车道乃至双向六车道已不能适应交通量继续增长的需要，需要进行拓宽或改建，而既有桥梁、路基加宽时基础沉降控制及隧道原位改扩建风险控制则是公路改扩建工程的技术难点。

本项目联合科研、设计、施工等多家单位和百余名科研人员，通过科研攻关和工程实践，得出了新旧桥梁、路基基础承载特性的差异与变形规律，提出了新旧桥梁、路基差异沉降控制标准与分级方法，建立了新旧桥梁、路基基础差异沉降关键控制技术，揭示了隧道改扩建工程爆破振动在初期支护及中夹岩柱的振动传递规律和结构损伤机理，建立了基于安全风险评估的隧道原位改扩建安全管控与施工关键技术，实现了公路改扩建系列关键技术与工法。

二、详细科学技术内容

1. 公路改扩建旧桥加宽基础沉降控制技术研究与工程应用

（1）通过归纳旧桥加宽的工程病害类型，总结分析旧桥加宽改造中由于差异沉降所产生的共有病害及产生上述病害的成因。

（2）通过范阳河一号大桥、大邢中桥和小百溪水库大桥基础承载特性进行数值仿真计算和分析，得出桩基沉降控制标准及基础开挖受力分布规律。

（3）基于公路改扩建旧桥加宽桩基础差异沉降控制离心模型试验，发现新桩施工及成桩后均会对既有旧桩承载力产生一定影响，且新桩承载力显著小于旧桩，且通过提高新桩桩长和增大新桩桩径可有效提高桩基承载力，减小新旧桩基差异沉降。

（4）通过采用注浆、增加桩长、增大桩径、增加桩数等基础沉降控制技术的计算和研究，综合考虑施工工艺、经济等方面原因，增加桩长和增大桩径是减小桩基沉降的有效措施。

（5）建立了三维空间模型进行有限元分析，得出要使拼接部位的应力值满足要求，加宽桥桩顶的沉降变形需要控制在 5mm 以内；分析得出在不同布载方式下，新旧桥拼接处的应力情况均在允许的范围内，满足设计要求。

（6）通过加宽桥梁基础沉降监控技术研究，新桥主梁架设完成后不要急于新旧桥横向连接，使新桥桩基础有充分时间在结构恒载或堆载预压作用下完成沉降量，以减小新旧桥的工后差异沉降。

（7）根据依托工程现场实际测试数据成果，运用灰色系统模型进行了桥梁基础差异沉降控制效果评价，通过与现场实测值对比，预测值与实际值吻合度好。预测分析结果表明，采用增加桩长的新、旧桥差异沉降控制技术效果良好，可满足新旧桥拼接的技术要求。

2. 公路改扩建工程路基加宽关键技术研究

（1）归纳得到旧路加宽差异沉降引发的病害类型并分析了其成因。

（2）利用有限元数值模拟的方法，对拓宽路基差异沉降特性进行了系统的研究，得到公路加宽路基

不均匀沉降规律。

（3）由现场试验成果可知，在新路基施工过程中，旧路基路肩处的附加沉降在施工前期增长速率较小，随着新路基高度的变大，沉降速率先增大后变小。新路基路肩处沉降在监测开始后的60d内增长较快，而后趋于稳定，路面层施工时有小幅增长。

（4）通过数值及理论分析，研究了路面结构层不同差异沉降模式以及不同差异沉降下路面结构层的受力特性，综合考虑路面结构层材料强度和疲劳荷载时，采用加权平均算法，给定两个影响因素权重系数，得出容许最大变坡率为0.15%～0.19%，并提出了差异沉降容许范围的分级标准。根据错台破坏形式下根据底基层拉应力劈裂强度控制标准，得到新旧路基出现错台模式差异沉降量时，最大差异沉降量不大于6mm。

（5）加宽部分地基处理方法的选择应考虑加宽部分的地基状况、加宽道路的性质、施工条件、对周围环境的影响等因素，给出地基处理的方法、原理及适用条件。结合现场试验，采用土工格栅能减小差异沉降及路基侧向位移，采用老路削坡及开挖台阶能改善新旧路基衔接；同时，开挖台阶的宽度、厚度以及填料压实度均对差异沉降有较大影响。

（6）依托滨莱高速改扩建工程，针对其施工地点和工程特性，开展了路基强夯、路床4%水泥施工、浆喷桩地基处理施工、边坡防护施工、试验段石方路堤填筑施工等方面的设计研究工作，得到了适用于该条件下的路基施工方案。

3. 公路隧道原位改扩建工程施工风险控制及关键技术研究

（1）依据黑峪隧道改扩建工程，从总体风险评估入手、进行风险源普查、专项重大风险定量评估，建立有效的公路隧道改扩建施工风险指标体系和总体风险评估细则，运用公式评估专项风险，建立量化详细的塌方事故评估指标体系表，有效预防隧道塌方事故。

（2）结合现场试验，对新建段隧道初支喷射混凝土和中夹岩柱的振速衰减及损伤变化规律进行了研究，引入等效药量、等效距离，对新建段隧道初支喷射混凝土和中夹岩柱的振速、振动能量、累积损伤及损伤增量变化规律进行了研究，探讨了损伤增量、累积损伤与等效药量、等效距离、振速、振动能量相关关系。

（3）从掏槽形式、单位炸药消耗量、炮孔直径与装药直径、爆破深度、抵抗线、炮孔间距和数目，及其在掘进工作面的炮孔布置，考虑参数间的相互关系及其对爆破效果的影响，合理确定钻孔爆破参数。

（4）建立了以Winkler弹性地基梁假定的管棚受力分析模型，对隧道周期性掘进过程中单根注浆钢管的变形及受力特性进行了分析，解出了单根注浆钢管在隧道周期性掘进过程中的挠度、弯矩、剪力的计算方程。将隧道周期性掘进过程中管棚的力学模型应用于黑峪隧道工程，得到该工程注浆钢管的变形及内力公式。

三、发现、发明及创新点

1. 创新点一

（1）构建了“桥梁上部结构-基础-岩土体”相互作用的空间模型（图1），探明了加宽桥梁新旧基础变

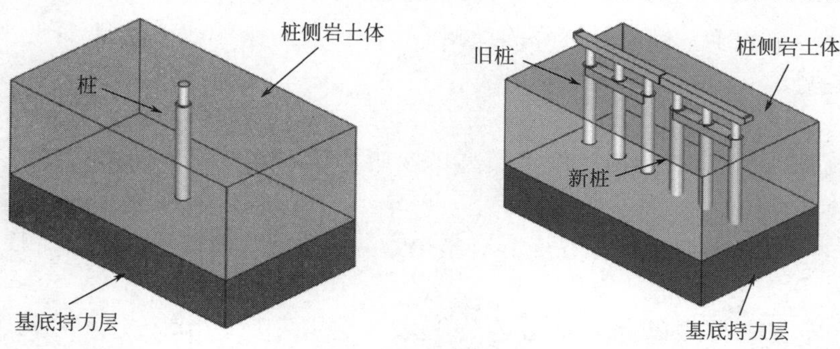

图1　计算模型示意图

形规律与承载特性的差异（图 2），揭示了新旧基础差异沉降与桥梁上部结构的附加应力相互作用规律。

图 2　离心模型试验

（2）基于新旧桥梁上部结构连接形式与材料强度综合评判，提出了桥梁新旧基础差异沉降不大于 5mm 的控制标准（图 3），并通过现场试验验证了其可靠性（图 4）。

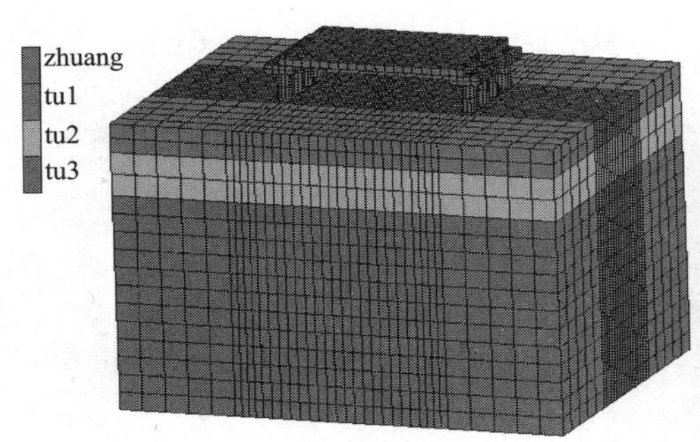

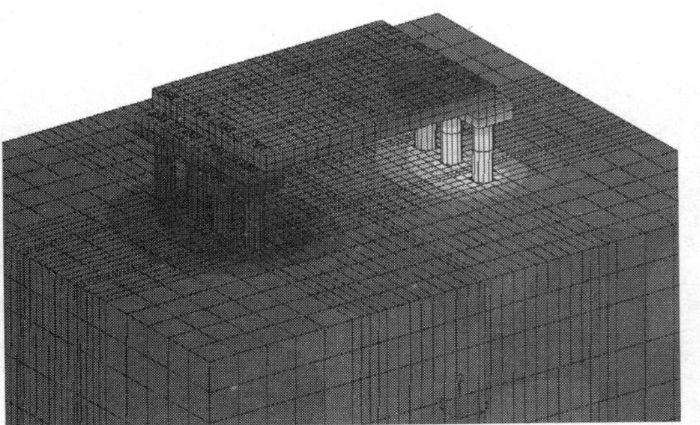

图 3　数值模拟试验图

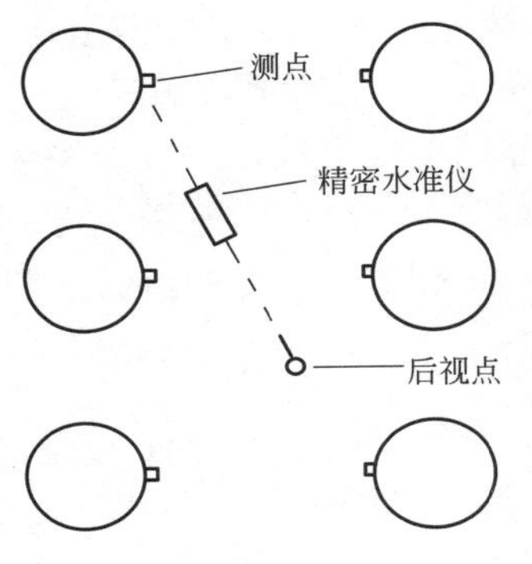

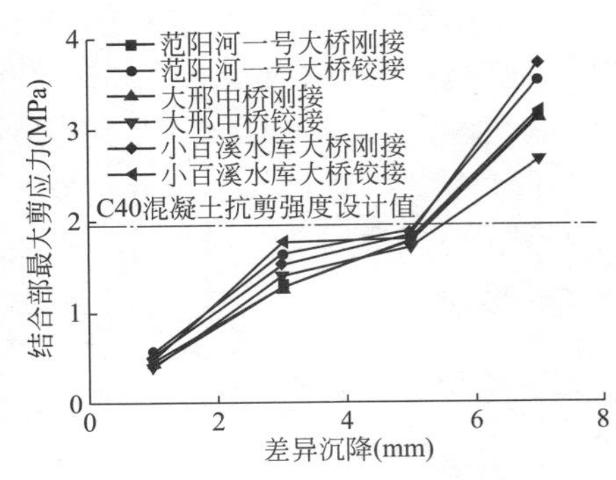

图 4　现场测试及结果图

（3）构建了公路加宽桥梁基础差异沉降的预测 GM（1，1）灰色理论模型（图 5），预测了加宽桥梁基础差异沉降发展趋势。

2. 创新点二

（1）构建了“新旧路基-地基”相互作用模型，探明了新旧路基差异沉降规律，提出了新旧路基差异沉降成套控制技术（图 6）。

（2）突破了现行规范关于加宽路基容许变坡率小于等于 0.5%的规定，建立了提出了新旧路基差异沉降控制标准：

1）新旧路基差异沉降导致的路基横坡容许变坡率为 0.10%～0.35%，并提出分级标准与处治措施；

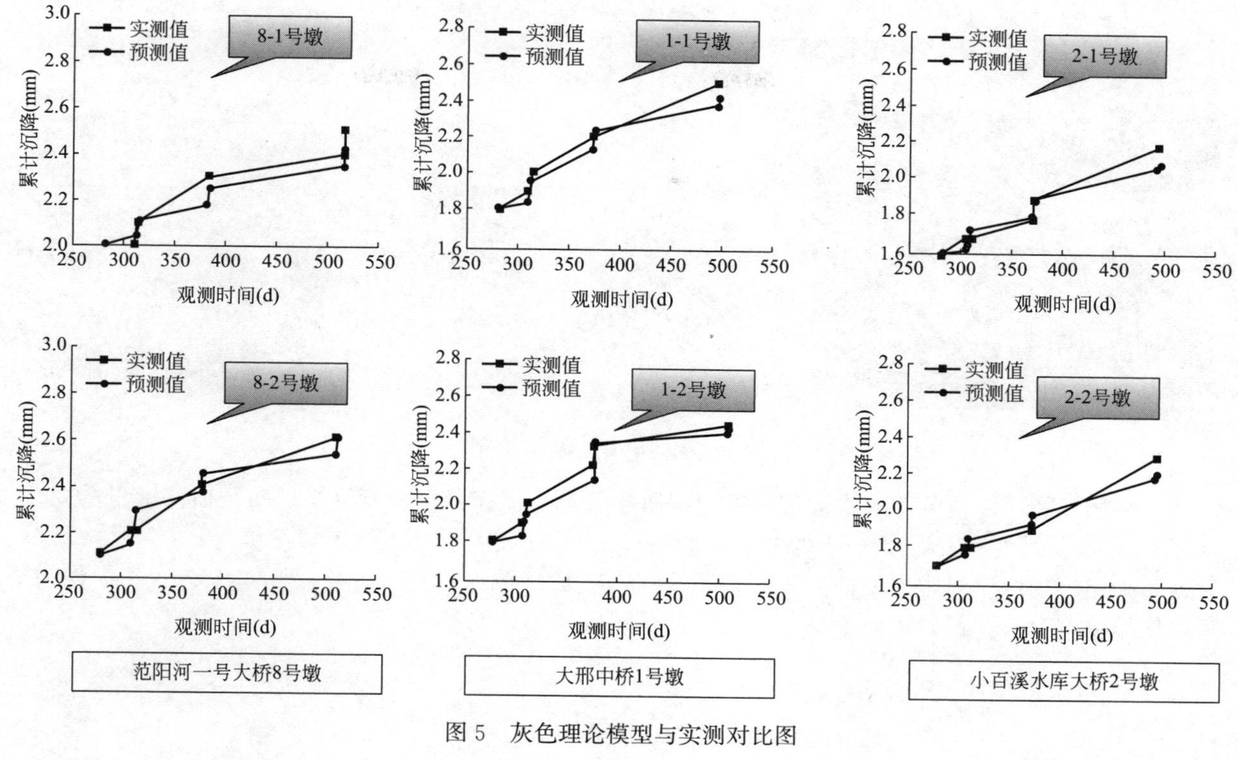

图 5　灰色理论模型与实测对比图

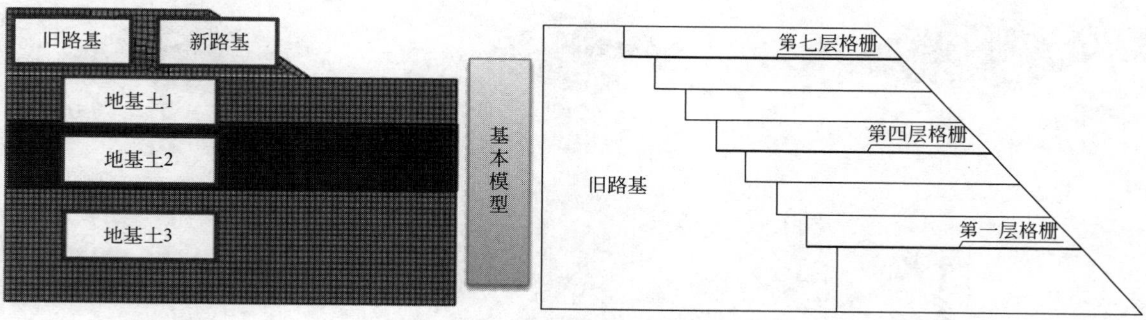

旧路基
新路基
地基土1
地基土2
地基土3
基本模型
第七层格栅
第四层格栅
第一层格栅

图 6　相互作用模型最优土工格栅铺设位置图

2）新旧路基结合部错台差异沉降量不大于 6mm。见图 7。

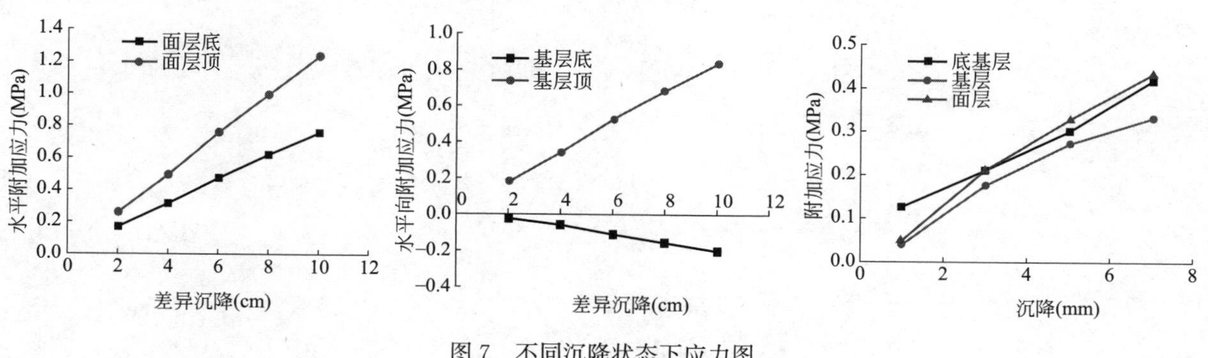

图 7　不同沉降状态下应力图

3. 创新点三

（1）建立了有效的公路隧道改扩建施工风险指标体系，完善了山区公路隧道改扩建施工总体风险评估细则，有效预防了隧道安全事故。

（2）基于现场实测及数值分析，得到了交叉隧道爆破振动范围及规律（图 8），提出了有效的控制措施及监控手段，确保了交叉隧道爆破过程的顺利开展。

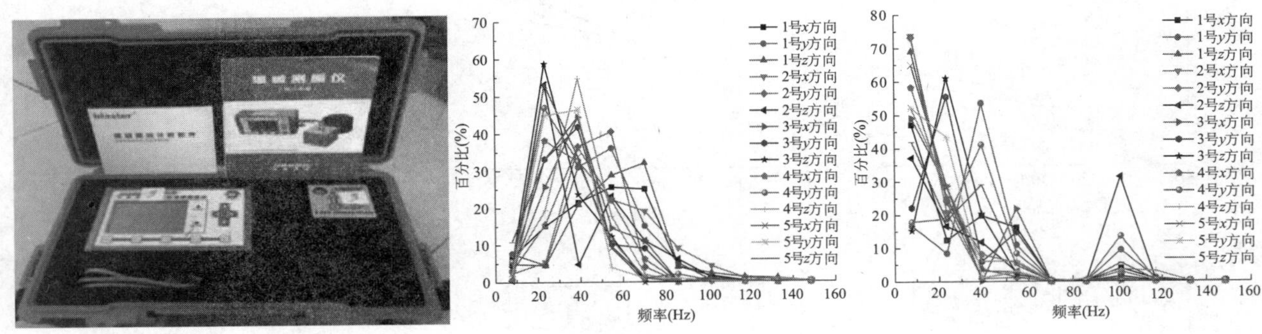

图 8　爆破监测设备与结果

（3）采用现场试验研究了多次爆破后喷射混凝土各测点振速、振动能量、损伤及损伤增量的变化规律（图 9），结合混凝土破碎损伤阈值对其进行评估，得到了初喷混凝土爆破损伤机理。

（4）采用现场试验对中夹岩柱的振速衰减及损伤变化规律进行了研究，得到了中夹岩柱损伤增量、累积损伤与爆破等效药量、等效距离、振速、振动能量的相关关系。见图 10。

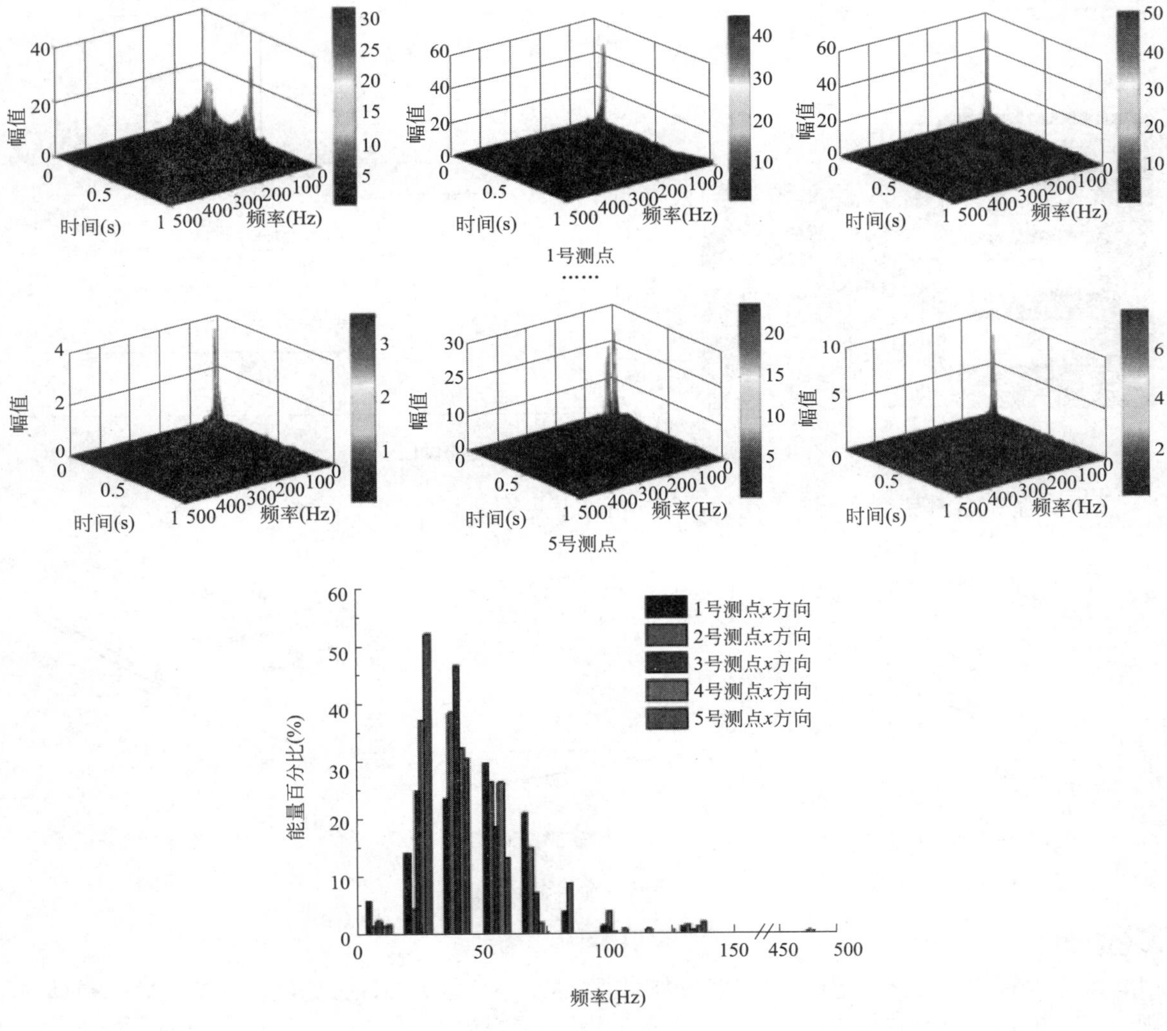

1号测点

……

5号测点

图 9　爆破后混凝土测点试验结果（一）

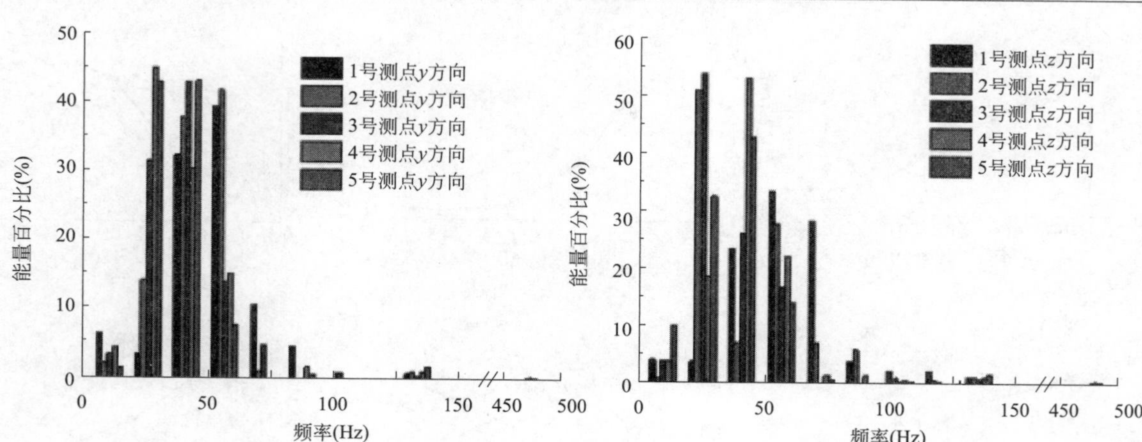

图 9　爆破后混凝土测点试验结果（二）

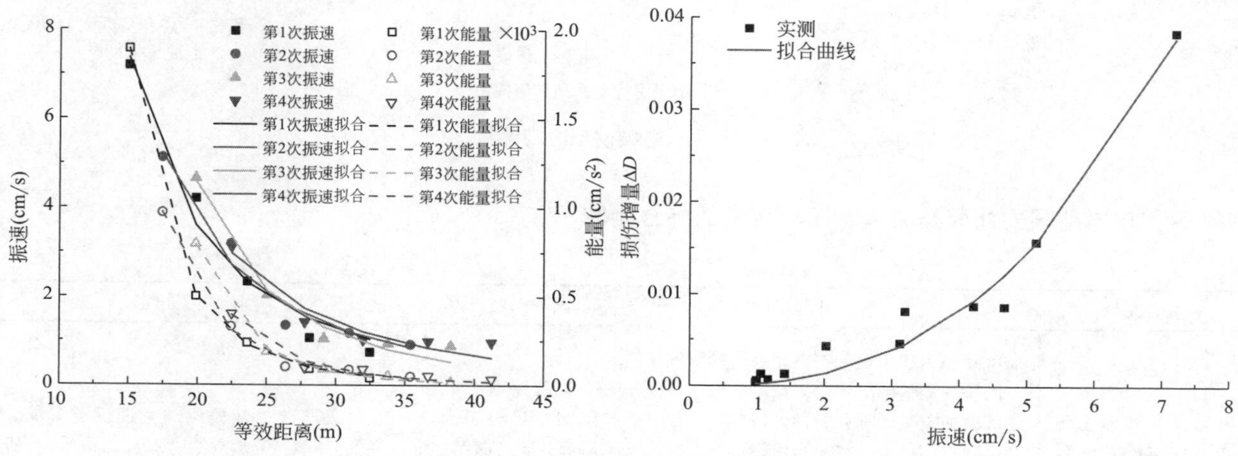

图 10　爆破对中夹岩柱的影响规律图

（5）考虑参数间的相互关系及其对爆破效果的影响，合理确定了钻孔爆破参数，建立了以 Winkler 弹性地基梁假定的管棚受力分析模型，优化了隧道支护控制参数。见图 11。

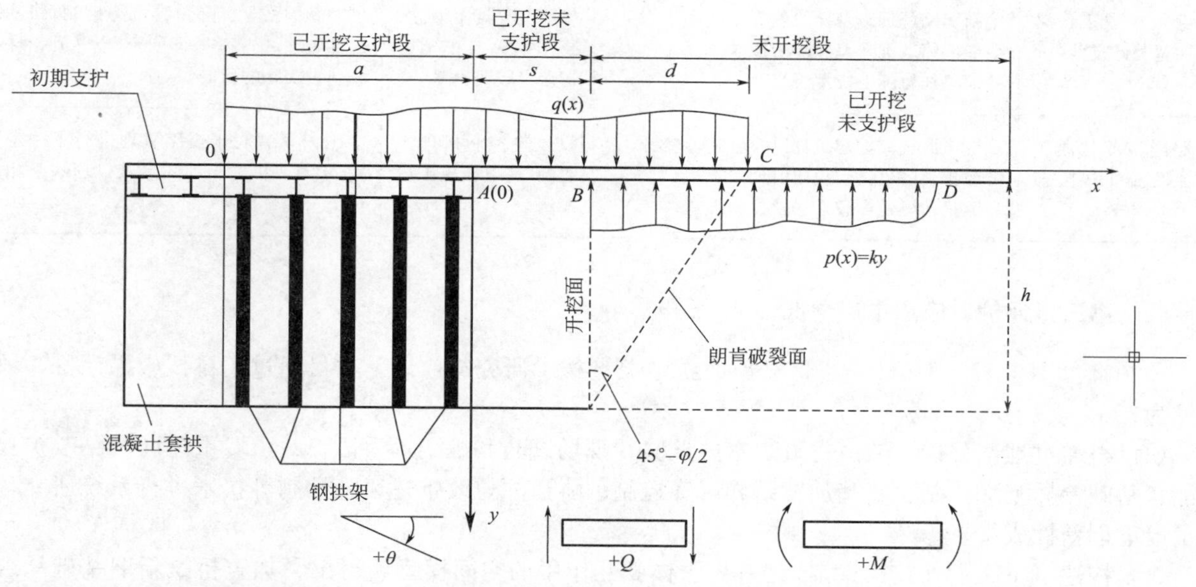

图 11　Winkler 弹性地基梁模型图与参数优化图（一）

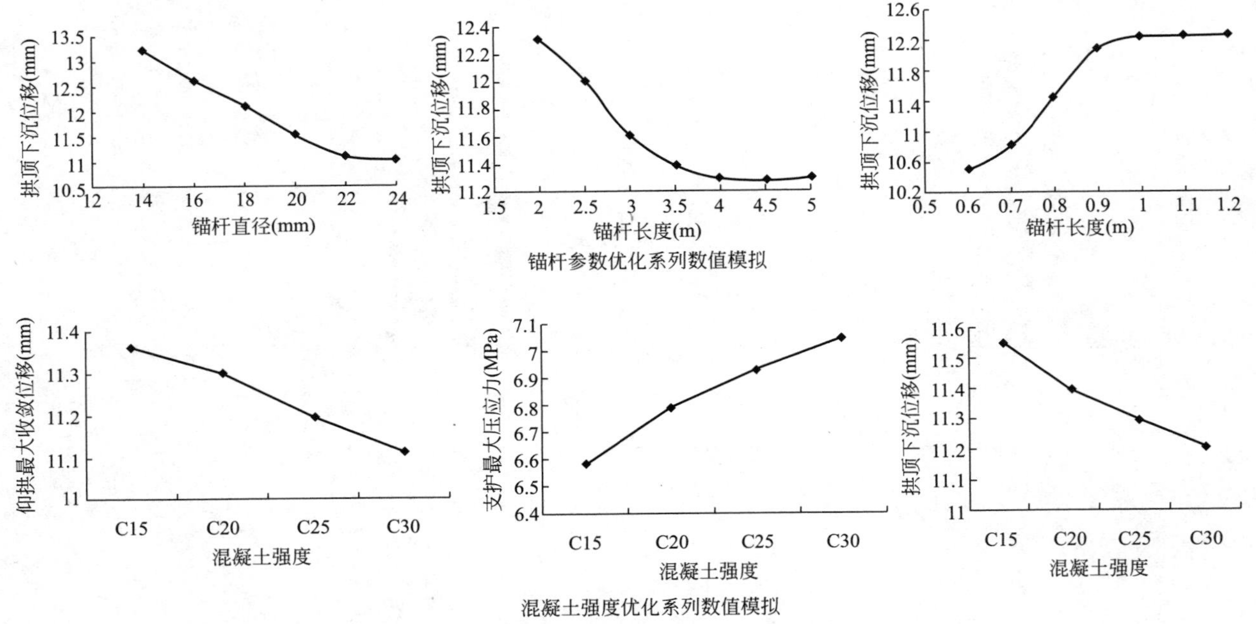

图 11　Winkler 弹性地基梁模型图与参数优化图（二）

四、与当前国内外同类研究、同类技术的综合比较

主要成果	本项目创新	国外同类技术	国内同类技术
公路改扩建旧桥加宽基础沉降控制关键技术	◇沉降差引起工程病害类型及机理研究 ◇旧桥加宽基础沉降监控技术研究 ◇旧桥加宽基础承载特性分析 ◇沉降控制技术研究 ◇旧桥加宽基础沉降对新旧桥梁上部结构拼接方式的影响 ◇桥梁基础沉降控制效果评价方法研究	◇对公路改扩建桥梁加宽进行了大量研究，但上部结构、基础、地基综合作用研究尚较薄弱	◇对公路改扩建桥梁加宽进行了大量研究，但每项研究成果均针对具体项目，其研究对象与滨莱高速公路工程特点差异明显
公路改扩建工程路基加宽关键技术	◇旧路加宽病害类型与成因分析 ◇新旧路基沉降差异的理论分析 ◇新旧路基沉降差异防治技术 ◇旧路加宽施工技术研究	◇有大量的研究成果，但其设计理念、技术措施与中国国情差异较明显	◇结合具体工程，取得了一定的研究成果，但对新旧路基沉降差异沉降控制、路基结合部处理，仍需进一步研究，以达到指导工程建设实际的目的
公路隧道原位改扩建工程施工风险控制及关键技术	◇隧道原位改扩建工程风险研究与控制 ◇改扩建隧道爆破规律研究 ◇改扩建隧道爆破损伤及控制研究	◇风险控制机理不明确，缺乏相应工程案例	◇国内学者对于爆破机理进行了一定研究，但对改扩建工程的爆破机理缺乏相应研究

五、第三方评价、应用推广情况

2020 年 7 月 6 日，《山岭重丘区公路改扩建关键技术研究与应用》项目通过了科技成果评价，评价意见为：

项目组通过理论分析、数值仿真、室内试验、现场试验和检测等手段，对山岭重丘区公路改扩建旧桥加宽基础差异沉降控制、路基加宽差异沉降控制、隧道原位改扩建风险控制等技术进行系统研究，取得了以下创新性成果。

（1）构建了桥梁上部结构-基础-地基岩土体相互作用的空间模型，得出了加宽桥梁新旧基础承载特性的差异与变形规律，揭示了新旧基础差异沉降与桥梁上部结构的附加应力相互作用关系，通过离心模型试验与现场试验验证，提出了桥梁新旧基础差异沉降控制标准，建立了新旧桥梁基础差异沉降关键控制技术。

（2）构建了新旧路基-地基相互作用分析模型，探明了相关因素对新旧路基差异沉降的影响规律，提出了新旧路基差异沉降控制标准与分级方法，修订了路基横坡变坡率允许值，形成了新旧路基差异沉降关键控制技术。

（3）揭示了隧道改扩建工程爆破振动在初期支护及中夹岩柱的振动传递规律和结构损伤机理，建立了基于安全风险评估的隧道原位改扩建安全管控与施工关键技术。

项目研究成果在滨莱、京沪和京台（山东段）高速公路改扩建等多项工程中成功应用，编写了相关技术标准，社会及经济效益显著，推广应用前景广阔。

综上所述，该项目研究成果总体达到国际领先水平。

六、经济效益

项目研究成果在滨莱高速改扩建、京台高速改扩建第四和第五标段、济青高速改扩建第六标段、黑峪隧道改扩建等多项工程中成功应用，采用项目整体研究成果，降低了工程风险，加快了工程进度，降低了施工管理成本，保证了施工安全。2016～2020 年各项目应用该技术累计节约成本 9869 万元。

七、社会效益

本研究对公路改扩建旧桥加宽工程和旧路加宽工程中新旧结构的组合技术和理论以及隧道原位改扩建风险控制关键技术进行了研究，提出了新旧结构差异沉降控制技术及隧道改扩建风险控制技术，对加宽后公路整体使用功能进行了有益尝试，也为延长加宽后公路的使用寿命提供了可靠的技术支持，有效减少公路加宽后运营期的养护成本。同时本研究成果可供今后类似的公路改扩建工程借鉴参考，具有可观的推广应用价值。

目前，山东省境内济青高速、京台高速山东段等多条公路改扩建工程正在进行，本课题研究成果可直接应用于山东省内外其他公路改扩建工程的设计与施工，也可为类似公路改扩建工程建设提供支撑及示范，具有广阔的应用前景。课题研究成果的推广应用，将产生显著的经济效益和社会效益。

大型公共码头结构加固改造和能级提升成套技术研究及应用

完成单位：中建港航局集团有限公司、上海国际港务（集团）股份有限公司
完 成 人：朱鹏宇、罗文斌、倪 寅、王小坤、朱明有、秦晓明、罗海峰

一、立项背景

近年来，由于码头吞吐量的不断增长及船舶大型化的发展趋势，为解决港口码头靠泊能力不足，大型化船舶泊位不足的问题，对超过港口原设计船型靠泊能力的船舶采取了在限定条件下减载靠离码头的措施。该方式虽然在一定程度上缓解了当前港口基础设施能力不足与港口生产需要的矛盾，但对码头设施、船舶和港口生产均带来了不同程度的安全隐患。因此，随着船舶大型化趋势不断发展，以及深水岸线稀缺，为实现岸线资源集约利用，亟需开展大型公共码头结构加固改造和能级提升成套技术研究及应用。

二、详细科学技术内容

本项目以上海港码头结构加固改造工程为依托，开展码头结构加固设计、施工、材料、监测、管理等方面的技术研究和探索，通过对大型公共码头结构加固改造和港口能级提升关键技术的研究，实现在不增加岸线资源的情况下对现有码头结构的改造升级，适应超大型船舶的靠泊，提升上海国际航运中心的服务能级。

本项目技术原理及方案如下：

1. 高桩码头空间结构分析和能级提升改造设计

采用国际通用的有限元分析程序 ANSYS 软件对大型高桩码头进行空间实体建模分析。为保证较高的分析精度，码头采用空间实体单元结构模型，并采用精度比较高的 SOLID45 空间六面体单元。整体模型单元数近 20 万个。见图 1。

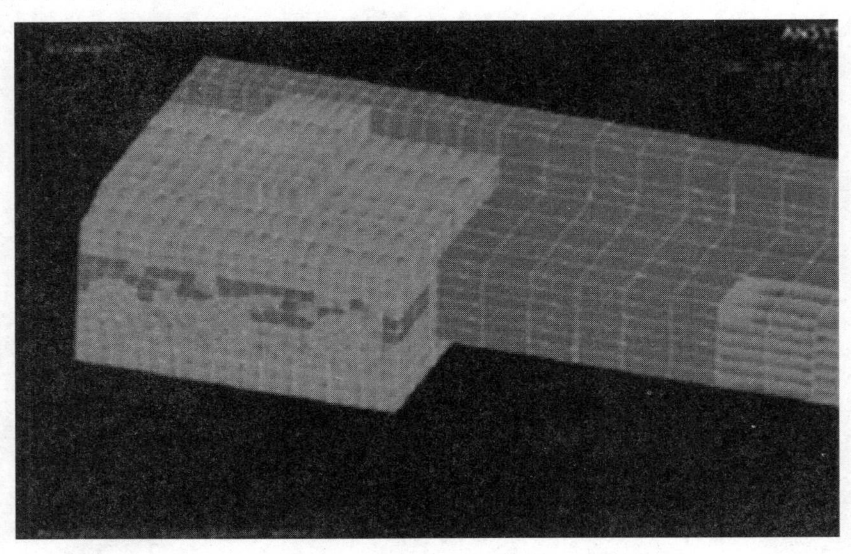

图 1 ANSYS 软件空间实体单元结构模型

码头结构改造方案设计方面研究出一种更为合理的数值分析方法，为上海港码头升级改造和修复加固工程提供理论指导；建立一套码头结构体系性能评估技术，提高原结构体系利用率，节省改造成本，提高经济效益。

2. 高桩码头原位监测技术研究及应用

码头结构在船舶靠泊过程中力的具体分布，监测数据和理论计算有一定的差异，典型结构部位受力状态需要通过监测来进一步确认是否与规范设计的结果相同，以及为码头升级改造过程中的安全性问题提供依据。高桩码头原位监测技术研究，通过对船舶停靠码头过程中，码头结构受到的实际船舶撞击力进行监测，为码头改造设计方案提供基础数据，同时验证设计方案的合理性，保证码头结构既安全、有效又经济、合理。

3. 高桩码头结构健康诊断技术研究

通过对高桩码头结构检测和安全耐久性评估技术研究，了解码头结构的外观破损状况、基桩完整性、氯离子含量、斜桩倾斜度、混凝土强度、混凝土碳化深度、钢筋腐蚀电位、混凝土保护层厚度、混凝土弹性模量、码头前沿水深及冲淤变化、码头下方泥面高程、码头附属设施以及码头的沉降位移等，为码头改造利用提供科学依据。在现场检测的基础上，对码头安全性进行评估，为分析码头结构改造升级可行性提供参考依据。

4. 码头加固新材料及一体化修护技术研究应用

创新研发改性修复砂浆，依据活性成分有效渗透原理，利用修复材料早强及正拉粘结强度提升结构抗腐蚀性能，有效解决特殊环境下修复结构耐久性能提升问题。通过工艺优化研究，合理融合碳纤维布加固方法和修复砂浆修复方法，形成一体化新型加固修复方式，具有良好的物理力学性能及双重加固修复作用，且不改变结构形状及外观，有效降低重复维修频率，提升特殊环境下修复结构的耐久性，效益显著。

5. 码头加固修复的施工技术研究

针对限定条件下、传统施工工艺的局限性，创新研发了液压打桩锤陆上沉斜桩施工、陆上打桩机施打水上斜钢管桩施工、利用码头面搭设悬挑平台进行钻孔灌注桩施工等关键技术，并总结形成施工技术及工法，解决了在特定区域内运营与施工的矛盾，通过实践证明相关施工技术能够全面提升施工工效，满足安全可靠、操作简便的要求，在同类施工领域具有先进性。

6. 码头不间断运营条件下的施工组织与运营管理研究

进行码头结构修复加固施工期间不间断运营的组织协调研究，协调处理码头结构加固改造生产和施工的矛盾，既要确保码头生产正常进行，又要保障码头改造施工，最大限度地减少工程施工对码头作业的影响，保证码头船舶靠泊、集装箱装卸正常进行，保证上海港的年吞吐量。

三、发现、发明及创新点

1. 首次建立海港高桩码头原位监测分析系统，为科学而经济地提升码头靠泊能力和评价码头结构加固效果提供重要的数据支撑

本项目选取高桩码头典型结构段，对桩基、横梁、纵梁等主要构件，在构件的不同部位安装高敏应变仪，利用高精度数据采集装置、数据处理软件和设备来获取码头构件在超大型船舶靠泊、码头面堆载及岸桥作业等运行工况下的实际应变值。制定了全面、针对性的监测方案，首次建立了集传感器系统、信息采集处理系统、信息通信传输系统、数据分析监控系统四个子系统为一体的码头原位监测分析系统。见图 2、图 3。

2. 创新高桩码头结构设计理论，首次提出了空间分析、现场实测与平面计算三位一体的设计方法

结合码头现场实测，研究并提出一种合理的空间结构数值分析方法，为码头升级改造和修复加固工程提供理论依据。通过空间分析、现场实测与平面计算进行对比分析获得相关计算参数，确定码头结构加固最优设计方案，节省改造成本。通过对理论计算值与实测数值的对比研究，验证码头结构受力的情况和码头改造方案的成效。见图 4～图 7。

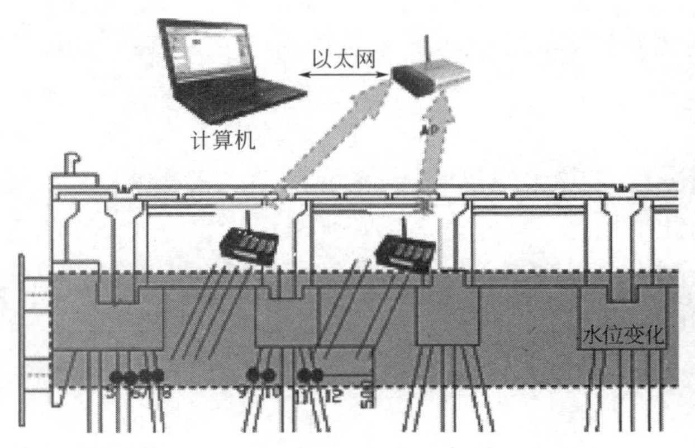

图 2　码头原位监测系统示意图

图 3　码头原位监测现场

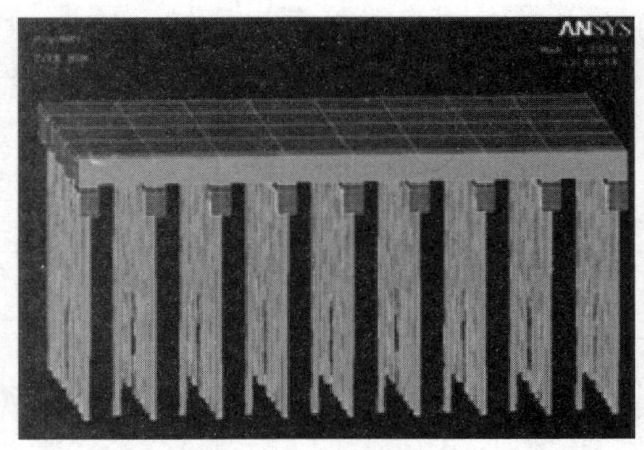

图 4　码头结构整体模型

图 5　码头结构模型局部大样图

图 6　船舶靠泊工况码头结构应力图

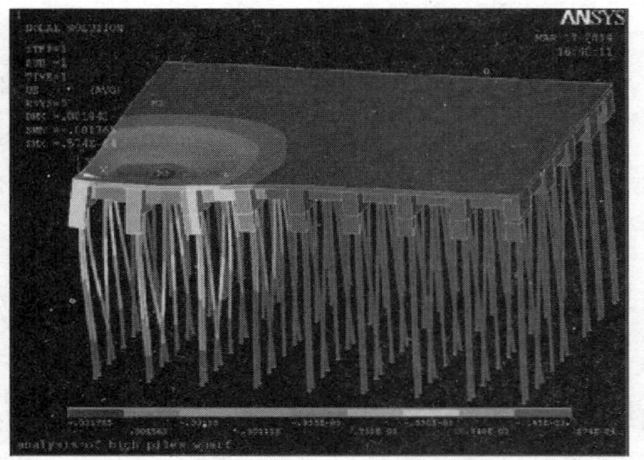

图 7　码头面堆载工况码头结构应力图

3. 首次系统性提出了基于全寿命周期的码头结构加固修复理论及方法

通过实验研究混凝土强度等级对氯离子扩散、碳化速度等因素对混凝土耐久性的影响，建立多因素影响下的耐久性理论模型；结合现场检测结果，分析建立海洋环境下码头结构全寿命健康诊断理论与方法。针对码头加固改造设计、耐久性设计、码头运营期的使用要求，提出基于全寿命周期的码头结构加固修复理论及方法。

4. 研发了适用于沿海复杂环境下高桩码头水位变动区的专用结构修复材料，创新研发了液压打桩设备在港口工程中施工大直径连续长斜桩的施工工艺，并首次应用于海港码头加固修复施工中

创新研发了适应沿海高湿环境下的高桩码头水位变动区的改性修复砂浆。首次成功研发无机胶植筋应用于码头升级改造工程。无机植筋胶拉拔试验显示，实测拉拔力比有机植筋胶提升了 25%，湿热老化条件下锚固力损失由 16%降低到 1%，施工效率提高 5 倍以上。创新研发了液压打桩锤在码头上施工大直径连续长斜桩的施工工艺。见图 8～图 10。

图 8　系船柱改造中的无机胶植筋施工图

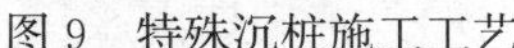

图 9　特殊沉桩施工工艺

图 10　码头打桩施工与生产协调进行

5. 首创大型集装箱码头改造工艺动态控制系统，创新港口生产运营与施工进度管理方法，实现码头加固期间不间断运营

创新提出改造工程施工与码头生产运营的协调机制，首次建立码头改造施工进度动态控制系统，通过构建码头船舶靠泊计划及装卸作业模拟图，实现码头生产作业计划的动态管控和无缝隙的流水施工，有效提升施工效率，缓解施工与装卸作业的矛盾，确保项目施工期间码头不间断运营。

四、与当前国内外同类研究、同类技术的综合比较

本次港口码头加固改造工作的实施，利用现有资源，在检测、设计、施工、管理等领域深入研究，开阔行业视野，为水运建设领域的可持续发展做出了新贡献，为我国的水运基础设施建设打开了新局面。

1. 高桩码头原位监测技术研究及应用

国内有关码头结构监测研究方面，已有光纤光栅监测系统、光纤光栅传感技术和 LabVIEW 等监测系统的研究，本项目有关高桩码头原位监测系统在功能等方面与之有类似之处，但不完全相同。本项目更为系统，监测范围包括：桩基、横梁、纵梁和护舷等主要构件，监测码头实际作业各种工况，具体包

括船舶靠泊、码头面堆箱及岸桥作业工况。

2. 高桩码头结构设计和监测技术研究

国内外关于利用 ANSYS 软件对高桩码头进行空间有限元建模的研究较多，并在很多港口中已得到了应用。本项目探讨高桩梁板码头结构设计中的空间有限元分析方法，重点是进行改造前后码头面堆载和船舶撞击（无竖向荷载）条件下的构件应力、应变、整体位移等的对比研究。在高桩码头原位监测方面，本项目包含对由传感器系统、信息采集与处理系统、信息通信与传输系统和信息分析与监控系统四个子系统组成的高桩码头原位监测系统的研究。

3. 码头加固修复材料技术研究

目前，码头结构已较多应用碳纤维加固技术，但均未涉及采用碳纤维加固外加修复砂浆防护为一体，并且采用钢丝绳网片复合喷射砂浆的加固方法。

4. 码头结构修复加固施工技术研究

在码头工程中，有采用液压锤打桩、钻孔灌注桩、施工技术及工艺；本项目率先采用液压锤打桩技术、陆上打桩机在码头搭设平台上进行钻孔灌注桩施工工艺。

5. 码头结构加固改造施工期间不间断运营的实施方案研究

国内外已有进行港口码头施工过程中的进度控制研究，本项目在集装箱码头改造施工过程中采用动态进度控制系统。集装箱装卸作业协同控制系统和集装箱码头生产调度管理系统，在神华天津煤炭码头、天津港、武汉港中进行了应用，而本项目研究聚焦于码头改造施工与集装箱装卸作业的协调机制。

五、第三方评价、应用推广情况

1. 第三方评价

本项目取得多项科技成果，形成发明专利 3 项，实用新型专利 6 项，水运工程工法 1 项，发表论文 3 篇，出版专著 1 篇等。

项目成果 2020 年 5 月委托教育部科技查新工作站 G12 进行科技查新。查新结论：在国内外公开发表的中英文文献中，除了本查新课题委托方自身研究成果外未见与本查新课题技术方案相同的其他报道。

中国港口协会在上海市组织召开了《大型公共码头结构加固改造和能级提升成套技术研究及应用》课题成果鉴定会，专家鉴定委员会认为该课题研究成果“大型公共码头结构加固改造和能级提升成套技术”总体达到国际先进水平，为同类码头结构加固改造工程提供了重要经验和技术支持，具有广泛的应用前景和示范作用。

2. 推广应用情况

本项目研究成果在上海港洋山深水港区、外高桥港区、罗泾港区的码头结构加固改造工程中得到推广应用，包括洋山深水港区一期和二期、外高桥港区一～六期、罗泾港区二期等共计 9 项工程、49 个大小泊位，占上海港生产性泊位总数的 96%，其中集装箱泊位 19 个、汽车滚装泊位 2 个、矿石泊位 10 个、钢杂泊位 13 个、煤炭泊位 5 个。

六、经济效益（表 1）

近三年直接经济效益（单位：万元人民币） **表 1**

项目投资额	28000	
年份	新增销售额	新增利润
2017 年	10947	3340.1
2018 年	12629.51	3803.653
2019 年	13681.1	4333.93
累计	37257.61	11477.683

应用本技术研究的其中三家码头单位（上海海通国际汽车码头有限公司、上海沪东集装箱码头有限公司、上海浦东国际集装箱码头有限公司）近三年新增销售额 23035.61 万元，新增利润 6910.683 万元，其他应用单位新增销售额 14222 万元，新增利润额 4567 万元。

七、社会效益

1. 保障港口靠泊安全

通过科学的检测评估、论证，准确反映原码头结构技术状态和所存在的瑕疵，借助结构改造在消除安全隐患的同时，使码头具备靠泊更高等级船型的能力，对保证码头及附属设施安全运行、提高靠泊安全水平等方面具有重要作用。

2. 节约深水岸线资源

上海港通过码头改造，按新增通过能力折算等效岸线，节约深水岸线达 1920m。通过本项目研究成果的应用，对现有深水岸线码头进行能力挖潜，有效集约利用岸线资源。

3. 为现有港口转型升级和可持续发展提供范例

船舶大型化趋势发展迅猛，现有码头靠泊等级与船舶大型化趋势之间的矛盾日益凸显。本技术在上海港的成功应用，对我国同类型码头加固改造工程具有借鉴和示范作用。

海洋环境下大型互通钢箱梁吊装及顶推施工技术

完成单位：中国建筑第六工程局有限公司、中建六局桥梁有限公司
完 成 人：焦 莹、黄克起、曹海清、高 璞、曾银勇、赵 磊、李林挺

一、立项背景

1. 研究意义

跨海大桥是建设在海洋水体表面以上的桥梁工程，主要用于贯通海湾、海峡、大陆与海岛之间的交通运输。随桥梁施工技术的快速发展，杭州湾、港珠澳等跨海大桥先后完成建设，跨海大桥在交通运输，带动经济发展的作用也日益凸显。我国海岸线长，沿海岛屿星罗分布，跨海大桥海上互通建设技术已日趋完善，建设需求日益高涨。钢箱梁由于其强度高和易于加工运输的特性，已成为跨海大桥互通桥梁建设的最佳选择。不同于内陆的跨河桥梁，跨海大桥在建设过程中，其面临更加复杂和多变的环境与施工问题。目前，海上互通钢箱梁施工技术鲜有资料可借鉴，因此开展大型海上互通钢箱梁施工技术研究研究与应用即可填补中国建筑海上桥梁施工的技术空白，也可为后续类似海上桥梁建造市场的开拓提供技术参考。

2. 研究目的

复杂海洋环境海上大型互通钢箱梁吊装及顶推施工技术研究依托于宁波舟山港主通道项目舟岱大桥长白互通钢箱梁施工，项目属于土木工程桥梁施工领域。项目研究结合实际工程施工，针对舟岱大桥长白互通钢箱梁吊装及顶推中出现的问题展开一系列研究与总结，通过施工方法的应用探索总结和施工工具的设计创新，为工程节省成本，节约工期，同时形成一套完善、适用范围广、可靠性高的海上大型互通钢箱梁吊装及顶推施工技术。

3. 研究内容概述

舟岱大桥长白互通有六条匝道，匝道数量多，曲率大，分布密集，A 匝道下穿主线，船舶施工空间有限，施工组织困难。上部钢箱梁结构复杂，尺寸类型多，多为弧形梁段，形心与重心不统一，吊装不易保持平衡。海上施工受风浪影响大，安全风险高。针对施工技术难点，对舟岱大桥长白互通海上多规格弧形梁段吊装和海上钢箱梁顶推技术进行了详细研究。

二、详细科学技术内容

1. 多规格、异形钢箱梁吊装（安装）技术研究

（1）可调节装配式吊具设计

长白互通海上钢箱梁结构复杂，几何尺寸多样，异性梁段形心与重心不统一，单纯使用钢丝绳吊装需要反复更换不同长度钢丝绳，同时不易保证吊装平衡。针对以上问题，项目设计了一种可调节装配式吊具。

专用吊具长 23m，宽 8.4m，由 2 根横梁、2 根纵梁、24 台液压油缸调节装置、8 个 50t 钢丝绳卷扬机组成；330t 专用吊具自身质量为 90t。

钢箱梁吊具包括两道纵梁，纵梁上开设有多个定位螺栓孔，纵梁两端各有一道分配梁，分配梁在纵梁上的具体位置由螺栓固定和调整。分配梁两端各安装有两台卷扬机吊点，分配梁上同样开设多个螺栓孔，卷扬机在分配梁上的具体位置可以由螺栓固定和调整。纵梁上设置两道横梁，横

梁两端各使用一根连杆连接，连杆上方设置一个液压油缸，油缸两端使用销轴连接纵梁中心与一横梁端部。使用液压油缸调整横梁在纵梁上的具体位置。横梁上设置一水平连接结构，连接结构使用法兰分段连接。水平连接结构两端各使用一根连杆连接，连杆上方同样设置一个液压油缸，油缸两端使用销轴连接横梁中心与水平连接结构。使用液压油缸调整水平连接结构在横梁上的具体位置。

通过横梁和纵梁上的液压油缸可以实现吊具在平面位置上的双向调整，从而保证曲线梁段吊装的平衡。卷扬机钢丝绳可以调整吊装高度与吊装角度大小。当梁段尺寸、重量规格变化超出一定范围时，可以通过螺栓孔调整卷扬机的位置，同时吊具顶部的水平连接机构可以重新组装进而与梁段相互匹配。梁段尺寸大，吨位重时可以将卷扬机分配梁调整到纵梁最外侧，同时使用 8 个卷扬机吊装。梁段尺寸小，吨位轻时可以将卷扬机分配梁向内侧调整，使用 4 个卷扬机吊装，同时水平连接结构可拆除中间段组装。

综上所述，长白互通钢箱梁吊具对异形及尺寸规格样式多的钢箱梁吊装具有很好的适用性。

(2) 钢箱梁安装对接技术研究

1) 钢箱梁吊装前，在钢箱梁顶面焊接两块 10mm 厚 300mm×100mm 临时卡板，保证钢箱梁吊装就位时顶面对齐。

2) 钢箱梁起吊基本对齐后，用两台 5t 手拉葫芦左、右侧分别钩住起吊钢箱梁顶板处的 M24 螺栓对接孔，通过拉动手拉葫芦，将钢箱梁的间隙缩短至 3～5cm。见图 1。

图 1　小型手拉葫芦缩短箱梁间距

3) 迅速穿入顶板的 4 根 40Cr 对拉螺杆 (40mm×1480mm)，用扳手施拧，将钢箱梁的间隙控制在 1～2cm。

4) 根据监控指令及现场测量数据，安装班组精确调整两个梁段之间的间隙，开始进行接口精匹配。

5) 钢箱梁节段精确匹配连接，按照顶板、底板的顺序连接匹配件。精确匹配过程中，检查接口错边、焊接间隙及顶板纵肋拼接板螺栓孔通过率。

6) 先对齐顶板，拧紧顶板处的 4 根 40Cr 对拉螺杆 (40mm×1480mm)；在连接板处打入两根直径 23.5mm 的冲钉定位，空孔安装 M24 高强度螺栓，完成高强度螺栓初拧。对齐底板，中腹板处少量错边可用千斤顶进行调整，拧紧底板处的两根 40Cr 对拉螺杆。梁段线形和中心线调整到位后，将冲钉换为高强度螺栓，完成 16 根 M24 高强度螺栓终拧。

7) 待钢箱梁顶面所有马板焊接完成后，钢箱梁重力转为螺栓及马板受剪承受后，方可松钩拆除吊具及吊索，从钢箱梁准确对接至马板焊接完成及浮吊摘钩。见图 2、图 3。

图 2　完成螺栓终拧与马板焊接

图 3　防风临时加固

2. 海域钢箱梁顶推施工技术

（1）海域互通钢箱梁顶推实施研究

1）施工流程（表 1）

A 匝道 A7-A10 钢箱梁步履式顶推施工流程图　　**表 1**

施工顺序	施工内容
第一阶段	准备工作： 1. 顶推临时支墩施工。 2. 安装墩旁竖直爬梯，安装墩顶临时平台。 3. 安装步履式顶推设备。 1797　主线箱梁底面距离下穿钢箱梁顶面高差6.0m 3×3100=9300连续钢箱梁(第三联) 3100　3100　3100　3100 1550　1550 步履顶D6　步履顶D5　步履顶D4　步履顶D3　步履顶D2　步履顶D1 4.000　4.000　4.000　4.000　4.000 450 A A-07　A-08　A-09　A-10　L-1　A-11

续表

施工顺序	施工内容
第二阶段	钢箱梁、导梁安装： 1. 500t 浮吊安装 A07-A09 前两节钢箱梁(36.72m、31.00m)。 2. 安装 17m 前导梁。
第三阶段	钢箱梁顶推 28m、安装 A9-A10 钢箱梁(24.72m)： 1. 钢箱梁顶推过孔，顶推距离 28m。 2. 500t 浮吊安装 A9-A10 钢箱梁(24.72m)。
第四阶段	钢箱梁顶推 32.5m，完成钢箱梁顶推作业：

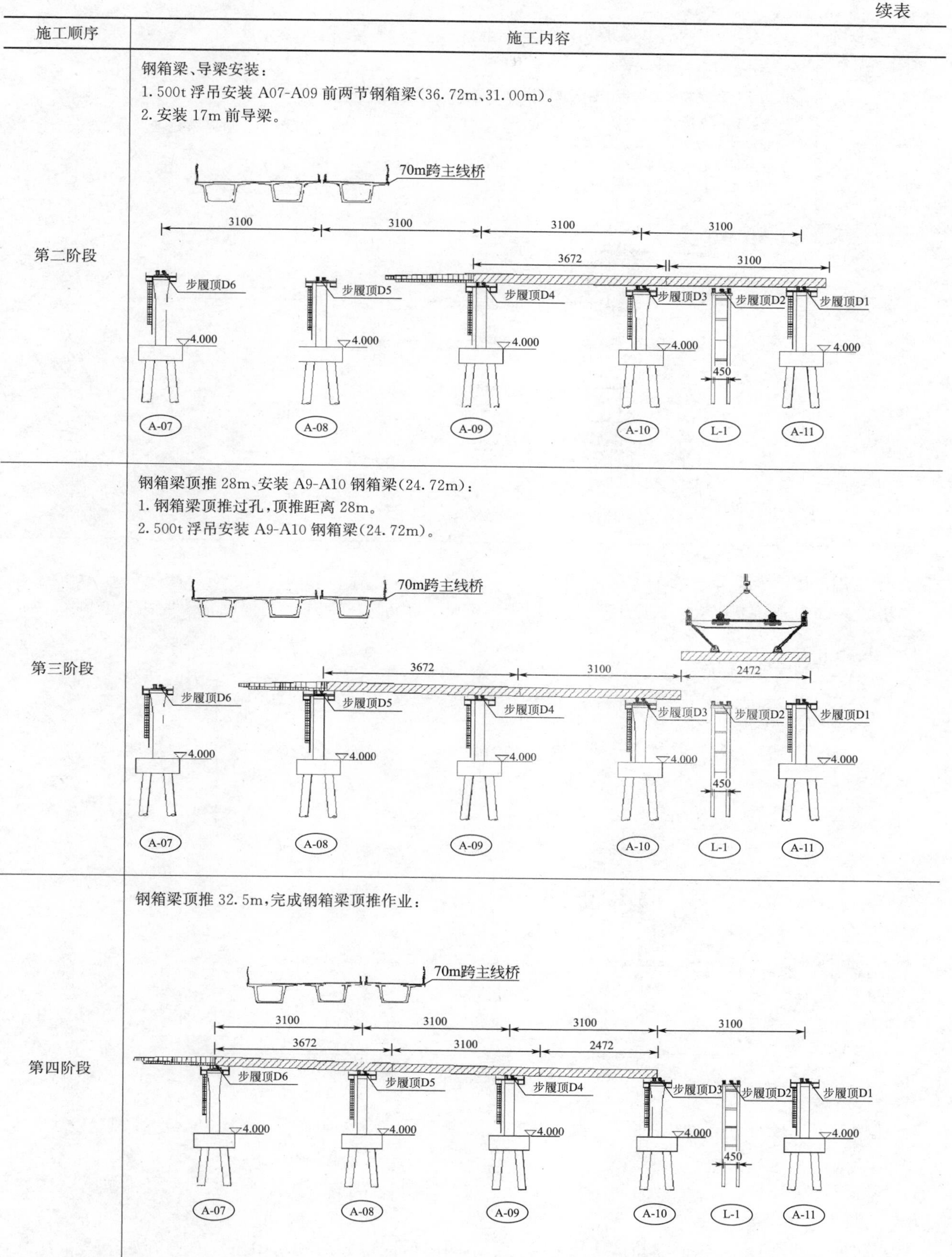

续表

<table>
<tr><th>施工顺序</th><th>施工内容</th></tr>
<tr><td>第五阶段</td><td>钢箱梁落梁、体系转换、拆除钢导梁：
1. 采用千斤顶将箱梁调整至监控要求的高程。
2. 支座就位及灌浆。
3. 拆除钢导梁与安装步履式顶推设备。
4. 拆除墩顶平台与爬梯。
5. 砌筑配重混凝土块。
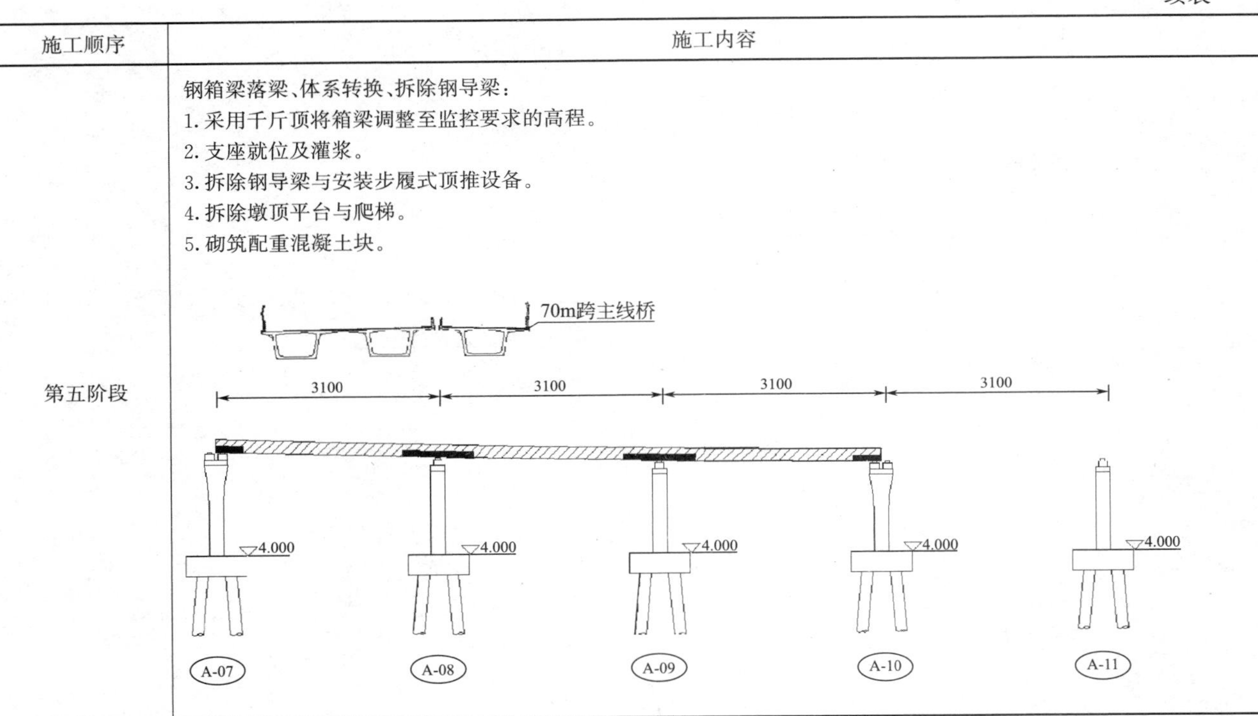
</td></tr>
</table>

2）TZJ250 三维千斤顶顶推工作原理

步骤一（顶升）：开启支撑顶升油缸，使得支撑顶升油缸同步上升，直到钢箱梁脱离落梁调节支座。见图 4。

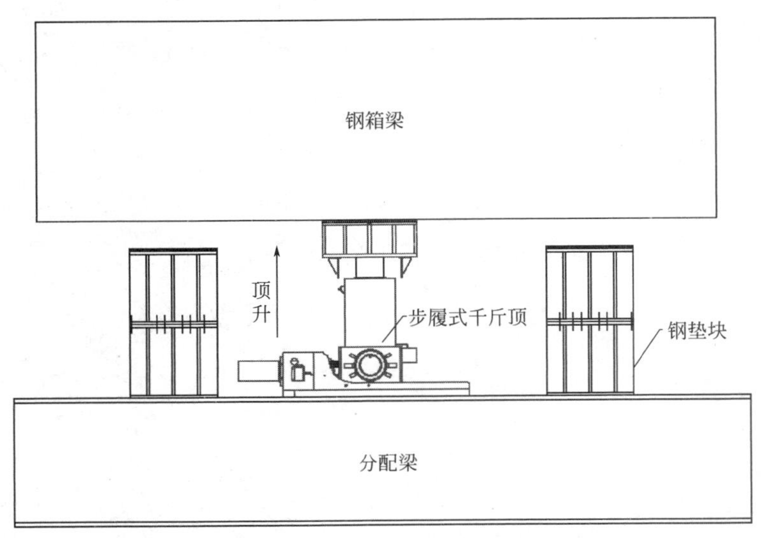

图 4　顶升作业

步骤二（平推）：开启顶推油缸，使钢箱梁与上部滑移结构整体前移，直至平推油缸完成一个行程。见图 5。

步骤三（下降）：开启顶升油缸，使得钢箱梁与上部滑移结构整体下降，直到顶升油缸完全脱离钢箱梁。见图 6。

步骤四（回缩）：开启顶推油缸，使上部滑移结构向后回位，回到初始位置，并开始下一个往复行程。见图 7。

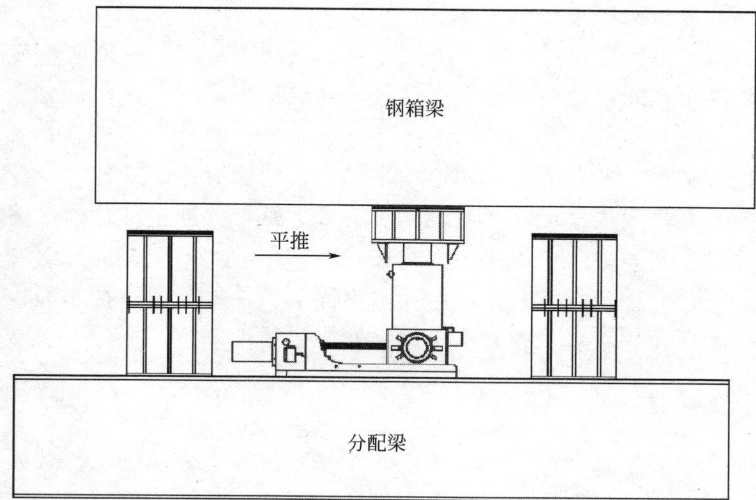

图5 平推作业

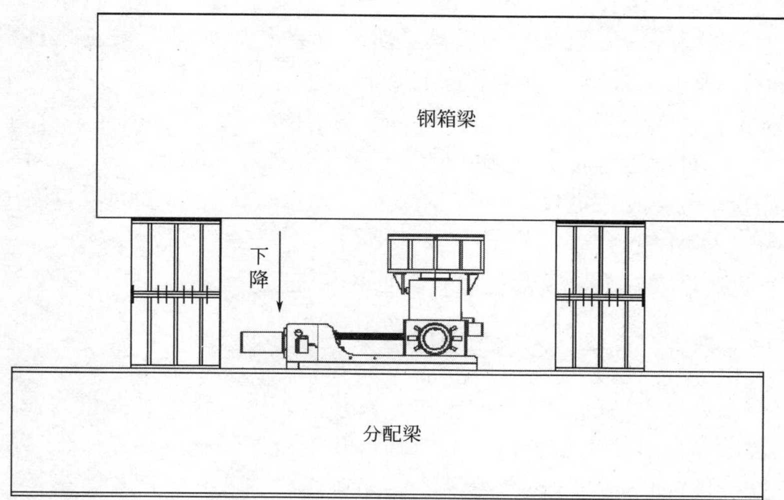

图6 下降作业

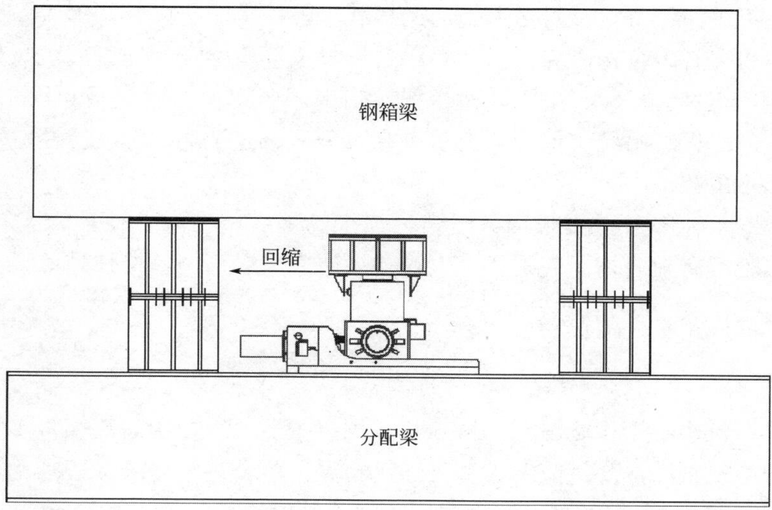

图7 回缩作业

（2）海域钢箱梁顶推墩顶操作平台设计

长白互通海上施工安全风险高，吊装作业不便，施工空间有限，墩身截面尺寸规格多。为保证顶推作业安全性，增加施工作业空间，针对长白互通墩身尺寸规格多的特点，项目设计了一种装配式可调节的安装通道平台。

该平台包含四块走道平台，平台下方有两道角钢纵梁，两侧有方钢立柱，立柱与挂腿连接。走道平台之间通过主梁上的多个螺栓固定连接，通过调整走道板上螺栓的连接位置，可使平台适用于不同截面尺寸的墩身。平台与挂腿之间通过法兰连接，同时墩身不用预埋爬锥，在提高墩身外观质量的同时可减少后期修复工作。平台可在后场预制组装，使用浮吊整体下放，平台通过挂腿整体搭设在墩顶上。平台设计能够适用于不同截面尺寸的墩身，安装、拆卸方便，周转性能好。

三、发现、发明及创新点

通过本课题的研究，掌握了复杂海洋环境下钢箱梁吊装施工、安装施工、焊接施工、顶推施工等一系列施工工艺流程，施工工艺水平达到国际顶尖水平；并形成了海上钢箱梁顶推施工新工艺，可以指导类似工程施工，此次课题研究所形成的复杂海洋环境海上大型互通钢箱梁吊装及顶推施工技术具有以下创新点：

1）设计了吊点可双向调整的钢箱梁专用吊具，对多规格及异形梁段吊装具有很好的适用性，可快速调整钢箱梁吊装平衡，施工工效高，节约了施工成本。

2）设计了可调节装配式作业平台，安装拆卸方便，适用性广，周转率高，节约了成本。

3）在工程领域内率先对钢箱梁腹板焊接使用自动焊焊接技术，提高了施工质量，加快了施工速度。

4）对海上互通钢箱梁吊装及顶推技术进行了深入研究总结，开创了钢箱梁海上顶推的先河，弥补了海上钢箱梁顶推施工技术领域的空白。

5）深入研究了海上钢箱梁施工抗风浪技术，保证了施工安全。

四、当前国内外同类研究、同类技术的综合比价

目前，海上互通桥梁建设完成的有杭州湾大桥、胶州湾大桥、泉州湾大桥，在建的有杭甬高速滨海互通和宁波舟山港主通道项目舟岱大桥长白互通，国外暂未查询到相关建设案例。

目前，跨海大桥施工技术趋向于装配化发展，钢箱梁因其强度高、已加工运输、适合工厂化生产的优良特性，成为跨海大桥装配化施工的宠儿。钢箱梁架设主要有桥面吊机悬臂拼装，履带吊、汽车吊配合钢丝绳或特殊吊具进行吊装，浮吊配合钢丝绳或特殊吊具进行吊装等几种施工工艺。吊具大多不能对吊点进行调整，或只能单向调整，针对海上钢箱梁吊装施工技术的研究有待深入。

中交第二航务工程局有限公司研究了岱山官山跨海大桥钢箱梁安装施工方法与控制，岱山官山跨海大桥钢箱梁使用缆载吊机进行吊装。中铁大桥桥隧诊治有限公司研究了厦漳跨海大桥钢箱梁安装技术，该桥钢箱梁使用桥面吊机进行吊装。保利长大工程有限公司研究了港珠澳大桥变宽段超重钢箱梁安装施工，采用两台大型浮吊吊装。

已有顶推结构桥梁，大部分以市政钢桥居多，顶推场地广阔。海上顶推施工技术研究鲜有资料可循。中交二航局第四工程有限公司研究了海上大跨径大曲率高墩槽型桥梁顶推方案优化设计。

五、第三方评价、应用推广情况

1. 第三方评价

天津市科学技术评价中心于 2020 年 7 月 15 日组织有关专家对中国建筑第六工程局有限公司和中建桥梁有限公司完成的“复杂海洋环境海上大型互通钢箱梁吊装及顶推施工关键技术”项目进行了评价。

主要创新点如下：

1）针对多规格、异形钢箱梁吊装（安装）难题，研究了海域钢箱梁安装防风技术和涌浪控制技术，

研制了可调节装配式吊具，实现了钢箱梁安装精确定位；

2）研发了海域钢箱梁步履式顶推施工技术，形成了适合海域环境钢箱梁顶推成套施工工艺；

3）研制了装配式墩顶工作平台，无须墩身预埋钢筋，降低了成本。

4）研究成果已在舟岱大桥 DSSG02 标段长白互通建设中成功应用，保证了施工质量，综合效益显著。

综上所述，该项研究成果总体技术达到国际先进水平。

2. 应用推广情况

本技术在宁波舟山港主通道公路工程 DSSG02 标段项目施工中得到成功应用，工艺成熟、技术创新，有效提高施工质量，加快了施工进度，降低了施工成本，保证了施工安全，取得了良好的经济效益和社会效益，对海域钢箱梁施工具有普遍指导借鉴意义。

六、经济效益

相比较常规搭设施工平台，采用可拆卸式墩顶施工平台，提高了墩顶施工平台原材料利用率，使得墩顶施工平台的原材料达到了100％的周转率。同时整体安装增加施工效率，减少了人工费用和材料费用的投入。本项目需要安装 65 个墩顶施工平台。传统墩顶施工平台相比于可拆卸施工平台成本高在锚筋、拆卸损失的材料、人工费用。

锚筋：0.1t×65×5000＝32500 元

拆卸损失材料：0.2×65×5000＝65000 元

人工费用：8×65×300＝156000 元

经济效益小计：32500＋65000＋156000＝253500 元

使用吊具进行钢箱梁安装，相比于传统吊装节约了浮吊使用成本和人工成本。本项目长白互通共有65 片钢箱梁，每片梁节约人工按 10 工时计。

浮吊使用：6300×65＝409500 元

人工费用：300×10×65＝195000 元

经济效益小计：409500＋195000＝604500 元

采用顶推施工相较于设计提出的滑道架设，节约了搭设支架的材料及机械费用，增加了 12 台三维千斤顶的使用和钢垫块的费用。经济效益分析表见表 2。

经济效益分析表 **表 2**

	滑移施工	顶推施工
材料费用	钢管：1680t×4300＝7224000 元 工字钢：91t×5000＝455000 元	钢板：10t×4000＝40000 元 工字钢：90t×5000＝450000 元
机械费用	千斤顶：10000×2＝20000 元 打桩船：1000×48＝48000 元 运输船：12000×12＝144000 元	千斤顶：13000×12×3＝468000 元
人工费用	300×10×10＝30000 元	300×20×30＝180000 元
总计	7921000 元	1138000 元
经济效益小计	6783000 元	

经济效益总计：253500＋654500＋6783000＝7691000 元＝769.1 万元

七、社会效益

(1) 形成了一套工艺成熟、技术方案完善的海域钢箱梁施工技术及经验，提供给同类型深海域桥梁借鉴与使用，开创了钢箱梁海上顶推的先河，促进了行业的进步，弥补了相关技术领域空白。

（2）加快了舟岱大桥建设施工进度，促进了舟山本岛和长白岛的基础建设和经济发展。

（3）可调节装配式吊具和操作平台的设计提升了企业自主创新能力。

（4）为桥梁施工领域培养出一批优秀的施工技术人才。

（5）通过施工过程中的规范化管理，加快了施工人员向产业化转变的进程。

（6）技术研究过程中获得众多奖项，通过外界技术观摩，提升了舟岱大桥项目和企业本身国内外的影响力。

城区试点管廊高质量建造关键技术

完成单位：中建五局第三建设有限公司
完 成 人：何昌杰、黄俊文、廖　飞、吕基平、李朝辉、陈光明、王　君

一、立项背景

2015 年 7 月，国务院常务会议专题研究部署推进城市地下综合管廊建设工作。2015 年 8 月，国务院办公厅印发了《关于推进城市地下综合管廊建设的指导意见》（国办发〔2015〕61 号）。为确保城市地下综合管廊建设稳妥有序推进，从 2015 年开始，财政部和住房城乡建设部开展了中央财政支持城市地下综合管廊建设的试点城市工作提出了综合管廊建设的工作目标和任务。根据竞争性评审，长沙入选国家首批次地下综合管廊试点城市。建设过程中，特别是城区管廊建设存在如下问题：

（1）管廊结构成型早期因温度应力、约束差异及不均匀沉降而产生裂缝，对管廊的防水、耐久性及承载能力等造成重大质量安全隐患。采用顺序施工工艺则存在支模体系拆除困难、受力关系复杂等难题，变形不易控制，工期及质量难以保障。

（2）预制装配管廊由于接口构造缝较多，防水的可靠性及耐久性问题制约装配化技术的推广。

（3）综合管廊工程普遍存在管廊两侧回填空间受限问题，大型机械无法作业，压实质量难以保证。且回填料极易受到地下或地表水等因素的影响，导致材料的强度、黏聚力等参数不确定性较强。

（4）老城区综合管廊基坑支护工程主要采用排桩支护。考虑避让既有错综复杂的地埋管网，相邻两桩设计间距偏大。导致桩间土失稳现象严重，变形难以控制。

（5）地下综合管廊跨城区主干道区段，面临的主要问题是倒边施工困难。由于交通疏解与周边环境的复杂性，倒边围护结构如采用桩、墙、锚等单一形式，将难以同时解决好工程安全、施工效率及造价等问题。

二、详细科学技术内容

1. 试点管廊立体间隔跳仓施工技术

（1）提出了“立体间隔跳仓”概念

利用空间跳仓替代顺序施工，改善地基受力状态，释放结构早期温度应力，提供足够的技术间歇期和操作面等。

（2）发明了一种地下管廊仓体的立体跳仓关键技术

将管廊整体按照“分仓设计、立体间隔”的原则施工。首先顺序完成间隔的廊体标准节，保留相邻标准节作为临时操作面，按优化后的变形缝节点进行加强处理，再按照分区分段原则完成剩余廊体。见图 1、图 2。

（3）实施效果

1）立体间隔跳仓法能有效避免相邻两标准节之间的不均匀沉降，并提供足够的技术间歇期。

2）顺序施工会导致附加应力不对称叠加。一方面将出现不均匀沉降，另一方面也会对周边的土体起到类似固结效应的作用，施工过程中需重点关注应力集中导致静应力破坏问题。

3）后施工的标准节会改变前者的端部边界效应，地基横向刚度差异或者上部不均匀荷载工况也可

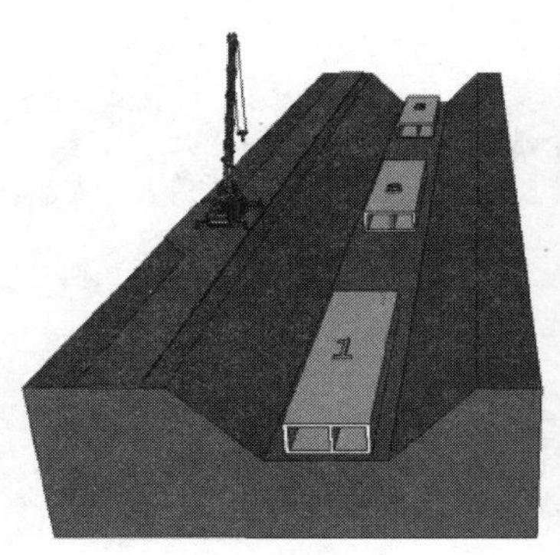

图1　立体跳仓关键技术

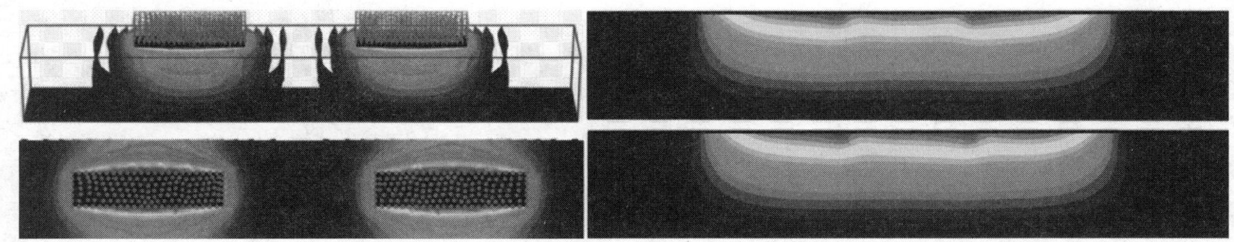

图2　立体间隔跳仓（对称分布）与顺序施工地基位移（锯齿状分布）云图

导致约束较小部位出现局部扭切破坏的可能，因此，要求管廊变形缝不仅能满足形变特征，而且还必须具备传力功能。

2. 富水区预制管廊变形缝多道防水主动设防技术

（1）总结预制管廊装配变形缝防水控制关键因素

强调防水材料与防水构造的多重防水有效结合，刚柔并重。创新改进管廊装配节点构造，使其达到主动修复条件，具备防水的可控制性。

（2）发明了富水区预制管廊变形缝多道防水主动设防技术

将装配接口设计为企口接缝构造，增加防水路径。在接口位置喷涂高弹橡胶防水涂料。背水面通过设置可拆卸式膨胀止水条，达到主动更换修复条件。对于分构件拆分预制管廊，结合管廊内力情况设计出最佳组合断面形式及接口施工缝防水做法，便于实施并且提高了防水整体效果。见图3～图5。

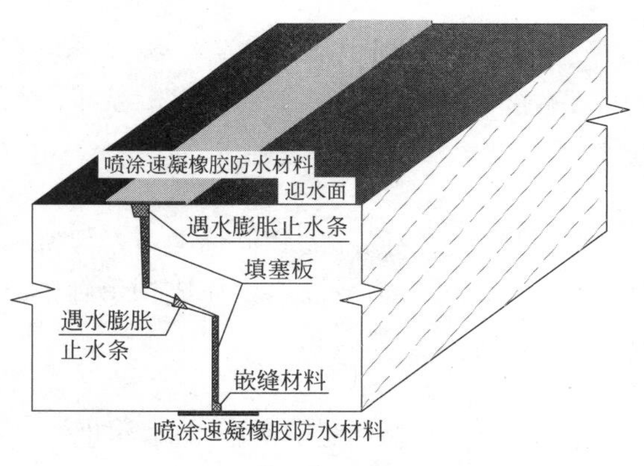

图3　多道防水设防技术

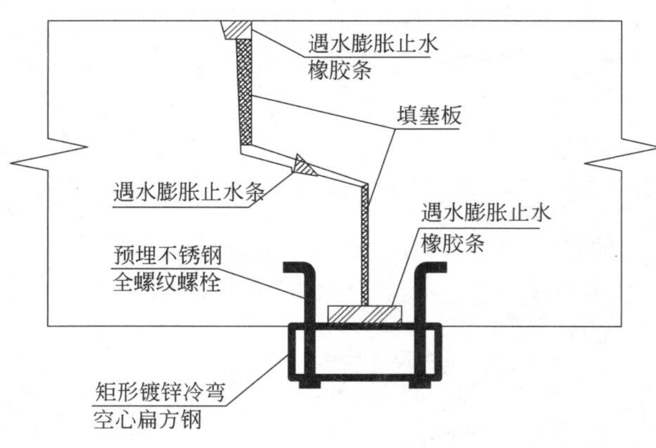

图4　可拆卸式设防技术

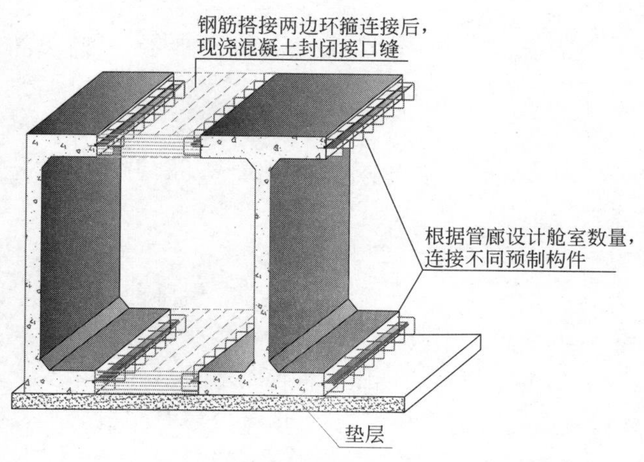

图 5　拆分构件预制式组合装配及防水节点

（3）实施效果

对预制管廊易渗漏的接缝部位进行防水材料改进及增设可拆卸防水装置，使被动式防水进入主动修复防御阶段。开发了基本构件自由组合成不同管廊断面形式的设计及施工方法，解决了预制综合管廊接口防水质量不易控制、现场安装工序复杂及成本较高等问题。

3. 基于强度折减法的管廊双翼搭板控台背压实技术

（1）首次提出了"强度折减法模拟回填料压实度变化"的理念

有限空间台背回填压实度问题在短时间内很难察觉，且极难通过现场试验进行分析。强度折减法模拟回填料压实度变化的理念突破了传统的边坡稳定分析应用范畴。以回填料的强度、黏聚力为主控因素，模拟折减过程中道路结构的力学响应，为质量事前控制提供研究思路。见图 6。

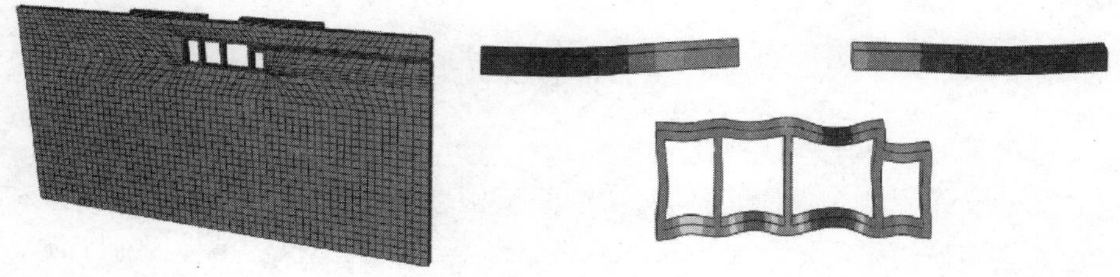

图 6　强度折减法分析压实度变化对道路的影响

（2）发明了管廊双翼搭板台背压实关键技术

管廊双翼搭板设计为支承于管廊与土基上的钢筋混凝土板，考虑土基与管廊结构存在较大的刚度差，将搭板靠管廊侧设置为固定支座。搭板厚度必须考虑应力分布情况，通过设置构造钢筋解决局部应力集中问题。搭板变形缝位置与管廊标准节保持一致，确保结构间的协同变形能力。见图 7。

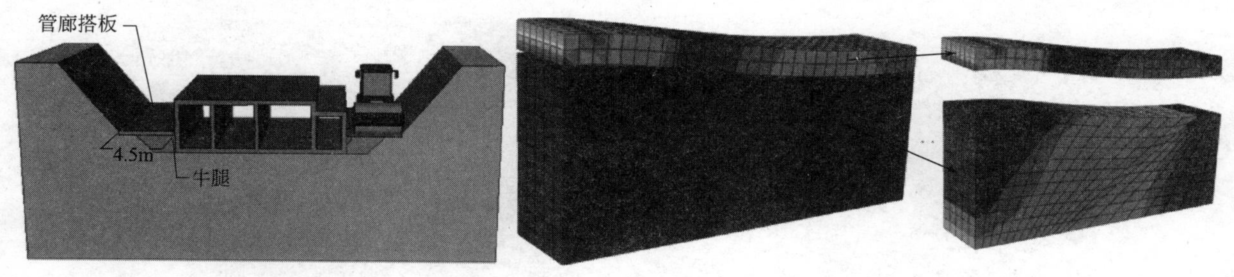

图 7　管廊双翼搭板台背压实技术

（3）提出了双翼搭板的设计计算方法

建立了“管廊双翼搭板”地层-板相互作用力学模型，结合理论分析、数值模拟揭示了板-土结构相互作用机理，提出了“管廊双翼搭板”设计计算方法。

（4）实施效果

1）三七灰土强度折减系数 $FV=1.5$ 为临界点，道路沉降及应力响应随折减系数增大而增大，施工过程中应保证三七灰土强度不小于控制值。

2）在回填土自重荷载作用工况下，管廊搭板将分担较大的土压力荷载，固支端荷载分配系数较大，存在局部应力集中现象。在未强度折减前，未出现脱空现象，沉降曲线明显呈抛物线状态，且沉降值随板宽度方向逐步递增，这种耦合形变特征引起的力学行为类似于局部脱空地基板的受力特点。表明即使采用双翼搭板并不会完全消除上部土体产生的土压力，但可达到减压作用。

3）不同的强度折减系数对搭板应力值大小和板-土相对位移有明显影响，会出现局部脱空现象，但对中性点的影响较小。按板下脱空 40%～50%进行设计偏安全。

4. 基于土拱空间演变机理的桩间土钢-构造柱控滑移面技术

（1）发现了土拱空间演变机理

运用数值模拟方法对土拱效应机理进行了研究，揭示了黏聚力、内摩擦角、附加荷载变化过程中的土拱力学响应及变化特点。对拱轴线和拱厚的演变规律进一步分析，形成了土拱空间演变机理。见图 8。

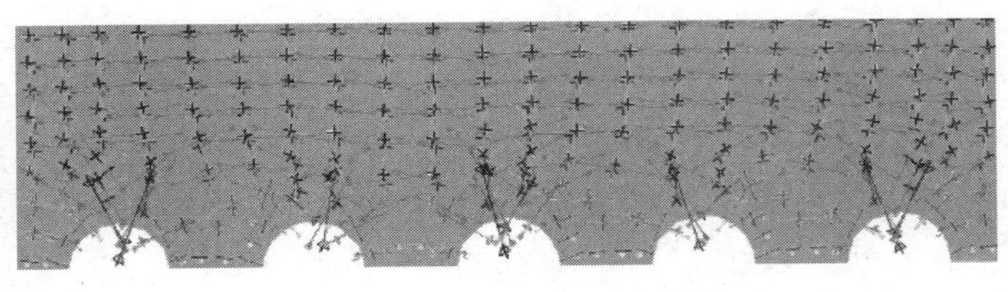

图 8　土拱空间演变机理研究

（2）原创性地提出了“桩间土构造柱”概念

拱前自由区一般不能作为独立土柱而自立。“桩间土构造柱”概念是在拱前自由区和小土拱区设置加强芯柱，以改善独立土柱的稳定性和受力状态，且不影响桩间大土拱的整体受荷工况，恰当控制“成拱-稳定-失效-再成拱”的演变规律，切断桩间土滑移面，提高围护结构的整体稳定性。

（3）发明了基于土拱空间演变机理的桩间土钢-构造柱控制滑移面技术

沿冠梁在拱前自由区顶部预埋套管，由于拱前自由区与支护结构存在咬合力，在桩间增设高压旋喷桩可达到加强咬合结构的作用。旋喷桩能够提高土体的黏聚力及内摩擦角，使得应力峰值部位前移，达到缩小拱前自由区域的目的。因此，在土层软硬交界面位置设置 1m 的实桩可起到支座作用，冠梁则作为另一端支座，其余部分为空桩，注浆完成后立即安放构造钢筋。见图 9。

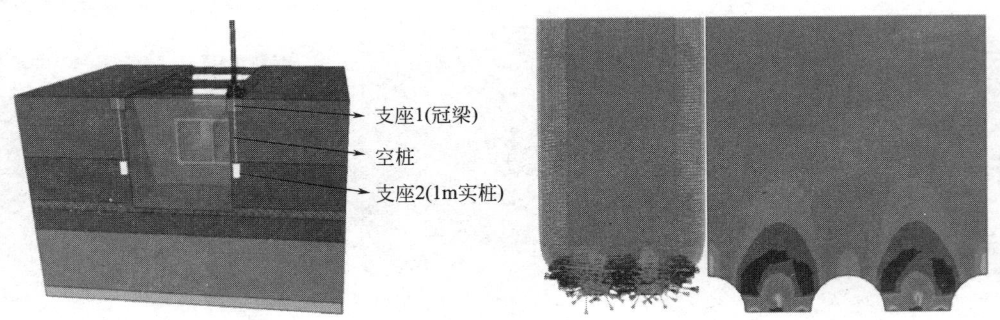

图 9　桩间土钢-构造柱控制滑移面技术示意图及分析

(4) 实施效果

1) 土拱效应是一种空间效应。土拱效应沿高度方向呈下强上弱的趋势增长，水平土拱分区可以分为拱后稳定区、大土拱区、小土拱区及拱前自由区。

2) 矢跨比和拱厚均随黏聚力或内摩擦角的增大而变小，随荷载的递增而增大。

3) 随着参数的变化，土拱存在“成拱-稳定-失效-再成拱”的演变过程。一阶段土拱支撑依赖于桩-土作用，二阶段的土拱主要靠连拱效应稳定。

4) 桩间构造柱加固措施不仅对拱前自由区的稳定性有利，且能够分担土拱的荷载、限制应力绕流现象、加强桩后土体的锲紧效应和减小拱前自由区的拱后推力。

5) 桩间构造柱并不会消除土拱效应，但会影响成拱形态。

5. 可调节预应力基坑支护单元的支护技术

(1) 首次提出了“可重复利用、动态调节土压力平衡”概念

根据施工工况采用合适的围护结构，结合设置可周转使用的坑底隆起变形约束装置和传力部件共同受力、协同变形，引起土压力的重新分布，调整极限平衡状态，确保基坑侧壁土体处于弹性稳定阶段。见图 10。

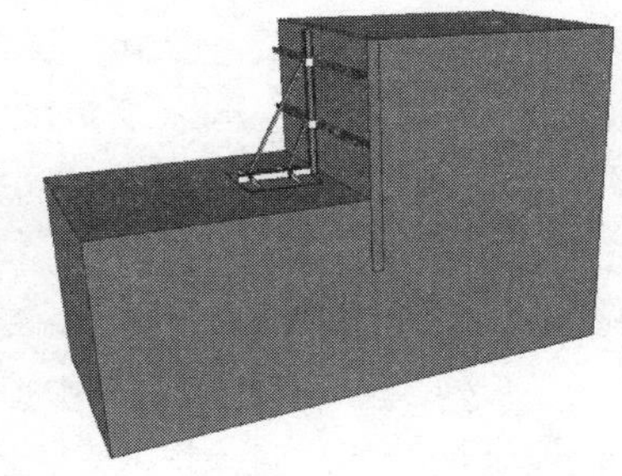

图 10 概念模型

(2) 提出了基底-支护相互作用的“组合围护结构”施工设计方法

倒边围护结构施工时，应充分考虑周边环境、地层特性。以发挥基底支撑能力和桩、板或墙的支护协同配合为原则。以提高施工效率、降低施工成本、减少资源浪费为目的。利用数值计算、监控量测等手段，对不同的组合围护结构的进行了受力变形分析，揭示组合围护结构的变形作用机理，形成基底-支护相互作用的“组合围护结构”施工设计方法。见图 11。

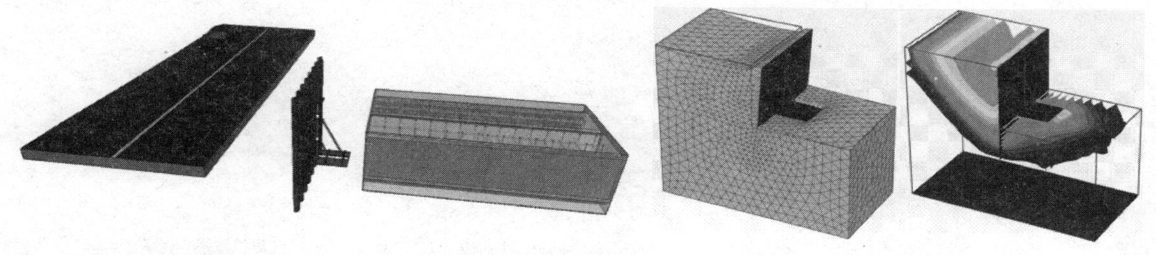

图 11 “组合围护结构”施工设计方法

(3) 研发了可调节预应力基坑支护单元的支护技术

主要由常规的基坑支护结构（灌注桩、钢板桩等）加竖向可调节的预应力单元，其中预应力单元由增压板、预应力钢斜撑、横梁及竖向导梁组成。

(4) 实施效果

1) 围护结构在横向相当于悬臂梁，采用可调节预应力单元可优化传统围护结构的受力特性。应根据理论分析、场地条件及周边环境等因素，综合判断可调节预应力单元的布置方式及插入节点是关键。

2) 预应力支护单元的使用将直接消除切桩滑弧的存在，为基坑稳定的可靠性提供足够的强度储备。

3) 采用强度折减分析基坑失稳形态为过桩底滑弧，在失稳临界状态之前，坑底出现较大的隆起现象。增压板一方面将隆起的荷载传递至板桩墙，保证支护结构体系具有足够的备用荷载传递路径；另一方面，起到了控制桩侧隆起现象，加大隆起区域，如此，基坑失稳则需要破坏更大范围内的土体才可能实现。即预应力单元能够明显加大基坑的安全系数，提供较高的支护结构冗余度。

三、发现、发明及创新点

(1) 发明了一种试点管廊立体间隔跳仓关键技术

提出了“立体间隔跳仓”概念，发明了管廊立体间隔跳仓关键技术。建立了“立体跳仓”的力学模

型，提出了相应的施工过程数值与物理模拟仿真分析方法。揭示了“立体跳仓”施工过程力学效应，给出了变形缝节点的优化设计方法，解决了温度应力、约束差异及不均匀沉降对管廊结构开裂的影响。

（2）提出了富水区预制管廊变形缝多道防水主动设防技术

统计分析得出综合管廊预制装配防水关键点为纵向节间变形缝、横截面组装接口缝（施工缝），发明了管廊变形缝多道防水主动设防技术。解决了管廊变形缝渗漏问题。

（3）提出了管廊双翼搭板台背压实技术

首次提出基于强度折减法模拟管廊两侧回填料压实度变化的理念，发明了双翼搭板控制台背压实技术。建立了相互作用力学模型，提出了双翼搭板的设计计算方法，揭示了“管廊双翼搭板”作用机理，解决了有限空间台背回填压实度质量控制问题。

（4）基于土拱空间演变机理，研发了桩间土钢-构造柱控制滑移面技术

研究发现桩间土拱存在空间演变过程，原创性地提出了“桩间土构造柱”概念，发明了桩间土钢-构造柱控制滑移面技术。建立了相应数值分析模型，揭示了土拱的空间演变规律和构造柱的作用机理，为桩间土拱效应的理论研究及稳定措施提供技术支撑。

（5）研发了一种可调节预应力基坑支护单元的支护技术

提出了兼“可重复利用、动态调节土压力平衡”的概念。系统提出了基底-支护相互作用的“组合围护结构”施工设计方法。研发了可调节预应力基坑支护单元。建立了动态分析数值模型，揭示了组合围护结构的作用机理，缩短了重大路口倒边施工工期，降低了综合成本。

四、与当前国内外同类研究、同类技术的综合比较

（1）地下管廊仓体的立体跳仓关键技术

综合查询国内外未见相关文献报道。且该技术与国内外现行现浇管廊建造方法相比，可兼顾解决安全、高效、经济、优质问题。

（2）富水区预制管廊变形缝多道防水主动设防施工方法

国内外尚未见与该技术特点相同的文献报道。

（3）管廊双翼搭板台背压实技术

国内外针对管廊两侧受限空间回填压实度问题暂未见相关报道。本项目针对有限空间回填压实度质量控制问题，提出了双翼搭板台背压实关键技术，与国内外现行的有限空间压实度质量控制方法相比，具有综合成本低，功能满足特定需求等优势。

（4）桩间土钢-构造柱控制滑移面技术

国内外关于土拱效应的研究已取得较全面的成果，但仍存在以下不足：未考虑土拱的演变情况；桩间小土拱和大土拱拱形均为合理拱轴线不合理；假定土拱拱厚等于方桩抗弯一侧的宽度或圆桩内接正方形的边长缺乏理论依据。本项目提出的桩间土钢-构造柱控制滑移面技术，与国内外现行桩间土稳定技术相比，具有主动控制的优势，解决了地下管网错综复杂情况下的排桩支护结构适应性问题。

（5）可调节预应力基坑支护单元的支护技术

国内外暂未见相关文献报道。

五、第三方评价、应用推广情况

1. 鉴定结论

2020 年 5 月 12 日，该成果经评价总体达到国际先进水平，其中基于土拱空间演变机理的桩间土钢-构造柱控制滑移面技术达到国际领先水平。

2. 科技查新报告

2020 年 2 月 28 日，湖南省科技信息研究所对本项目成果进行了国际国内查新，结论如下：上述国内外检索文献中，除了中建五局第三建设有限公司的专利、文献外，尚未见与该查新项目综合技术特点

相同的“城区试点管廊高质量建造关键技术”的文献报道。

3. 工程创优

作为全国首批十大管廊试点城市之一，中建五局在长沙市综合管廊的规划设计、建筑施工、后期运营等方面开展多项创新工作，有效推动了我国地下综合管廊建设运营技术的提升，将五局的管廊运营品牌推上新高度。

国家级奖项：《全国建筑施工创新技术交流暨城市双修项目》（2017）、《财政部 PPP 示范项目》（2017）、《2018-2019 年度国家优质投资项目》（2019）。省部级奖项：《湖南省第九批工程质量常见问题专项治理省级示范观摩工地》（2018）。

4. 媒体报道与社会关注

湖南卫视、湖南都市、人民网、中国新闻网、长沙晚报、三湘都市报等权威媒体对本项目进行了数次报道，其中，三湘都市报 2018 年 7 月 30 日头版头条报道了长沙湘府西路地下综合管廊贯通的消息。

5. 推广应用情况

本项目研究成果已在湖南、贵州、陕西等 12 个省份多个地区进行了广泛应用，并推广应用到了地下空间开发、城市道路工程、公路工程、深基坑支护工程、线性结构工程、房建工程、城市地下管线保护等领域，杜绝了基坑坍塌等安全事故，提高了工程建筑施工安全水平与工程施工质量，带来了巨大的工程经济效益。

六、经济效益

通过对城区试点管廊高质量建造关键技术的创新性研究，该技术更加稳定推向市场，截至 2019 年 12 月，已实现新增销售额 249227 万元，新增利润 11781 万元。

七、社会效益

城区试点管廊高质量建造关键技术中提出的廊体立体间隔跳仓法就是一种新兴的施工技术，该技术的推广及运用可以简化施工流程，具有降低成本及提升效率的作用。本研究成果可为建设地下综合管廊工程决策、实施、使用阶段提供参考，保障水、电、信息、热力、燃气、雨污水等城市工程生命管线的有序运行和人民群众生产生活的正常开展。同时，研究成果在地下空间结构中均具备使用条件和推广价值，具有显著的社会效益和经济效益。

预拌厂水泥基滤渣活化改性与循环再利用关键技术

完成单位：中建商品混凝土有限公司、中建西部建设股份有限公司

完 成 人：王　军、赵日煦、杨　文、高　飞、黄汉洋、吴　雄、代　飞

一、立项背景

预拌混凝土废弃物（废渣）是混凝土预拌厂运营、维护过程中产生的固体废弃物，目前我国针对废渣的处理方式主要是分离回收后再利用，剩余滤渣却仅以弃置填埋或生产低品质再生建材为主，资源化利用率不足 10%。据统计，2019 年我国预拌混凝土总产量为 25.5 亿立方米，平均每生产 $1m^3$ 混凝土将产生 0.04t 滤渣，初步估算全国每年新增滤渣超 1.02 亿吨。滤渣的处理不仅需要耗费巨额的人力、物力和财力，还会带来严重的环境污染与资源浪费。因此，在满足预拌混凝土行业自身的发展需求和紧跟国家可持续发展的重大战略的双重压力下，开发一种环境友好、低成本、高附加值的滤渣回收再利用方法，实现滤渣的高效处置与资源化利用显得尤为重要。

将滤渣进行活化改性后作为水泥基材料掺合料是实现滤渣高附加值利用的可靠途径。滤渣的固相组成包括分离后的细骨料、胶凝材料水化产物和残余胶凝材料颗粒，经检测知未脱水的滤渣密度约为 $1.1g/cm^3$，含水率介于 120%～150%，干滤渣密度为 2.1～$2.2g/cm^3$，pH 值介于 11.5～13.0。已有研究表明，将滤渣作为掺合料制备水泥基材料具有理论可行性，但在实际应用过程中仍存在以下问题：

（1）沉淀池的碱性水环境使滤渣活性明显降低，对制备的水泥基材料后期力学性能与耐久性产生较为严重的影响；

（2）滤渣在机械力活化处理时的分散性差，现有助磨剂均无法解决这一现象，且滤渣粉磨时耗能高、效率低；

（3）滤渣石粉含量较高，需水比大，与外加剂相容性差，导致水泥基材料工作性能波动较大，极易出现离析、泌水、坍落度损失过快等现象，且机械活化时间越长，这一现象越明显。

若要实现滤渣的高效处置与资源化利用，需要解决上述技术难题。

二、详细科学技术内容

1. 基于滤渣的三元体系活化改性理论与方法

（1）滤渣基本特性与机械活化效能研究

从化学组成上看，滤渣的主要成分为 Al_2O_3、SiO_2、CaO 和 Fe_2O_3，理论上可作为矿物掺合料；从矿物组成上看，其主要成分为 $CaCO_3$、SiO_2 和 $CaAl_2SiO_8$，由热重分析可知部分滤渣已发生碳化反应，导致滤渣活性较低；从微观结构上看，干滤渣中存在较多未完全水化的粉煤灰颗粒，使得滤渣具有潜在的水化活性，其疏松多孔的结构具有较强的吸水性，导致材料需水比较大。

对滤渣烘干后进行机械活化处理，试验可知最佳粉磨时间为 30min，活性提升不足 20%。随着活化滤渣掺量的提高，材料工作性能与力学性能下降明显。当掺量为 30%时初始流动度下降 25%，力学性能下降 47%。见表 1 和图 1～图 3。

滤渣的化学组成 表 1

组成	CaO	SiO_2	Al_2O_3	Fe_2O_3	SO_3	MgO	Loss
1	29.48	34.50	11.60	3.37	2.10	2.62	13.45
2	35.54	32.47	8.34	6.75	3.12	1.22	10.03
3	35.78	31.24	7.95	6.44	2.92	1.07	12.15
4	36.92	32.84	8.21	6.72	2.71	1.88	8.58
5	35.27	33.63	8.66	6.89	2.99	1.69	8.60
6	32.38	35.20	9.18	6.78	2.84	1.38	9.93
7	33.70	34.51	9.12	5.96	2.82	1.08	10.38
8	37.53	33.20	8.98	6.28	2.43	1.43	7.96
9	32.81	33.68	9.05	6.74	3.67	1.46	10.38
10	37.38	32.45	8.54	6.66	2.65	1.31	8.95
11	36.79	32.24	8.30	6.63	3.41	1.25	9.28
最小值	29.48	31.24	7.95	3.37	2.10	1.07	7.96
最大值	37.53	35.20	11.60	6.89	3.67	2.62	13.45
平均值	34.87	33.27	8.90	6.29	2.88	1.49	9.97
标准差	2.52	1.17	0.98	1.01	0.43	0.45	1.63

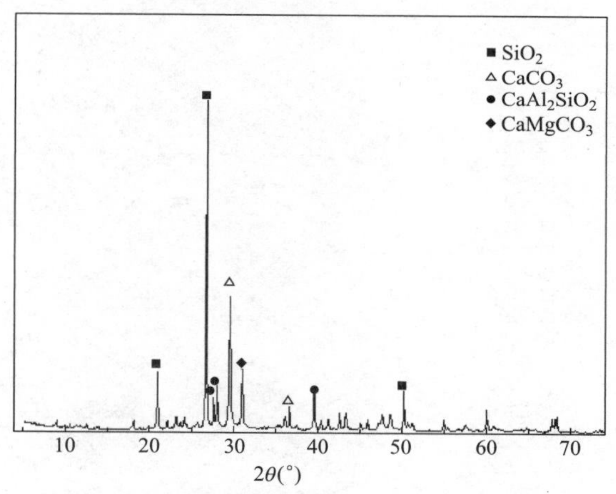

图 1 滤渣 XRD 分析

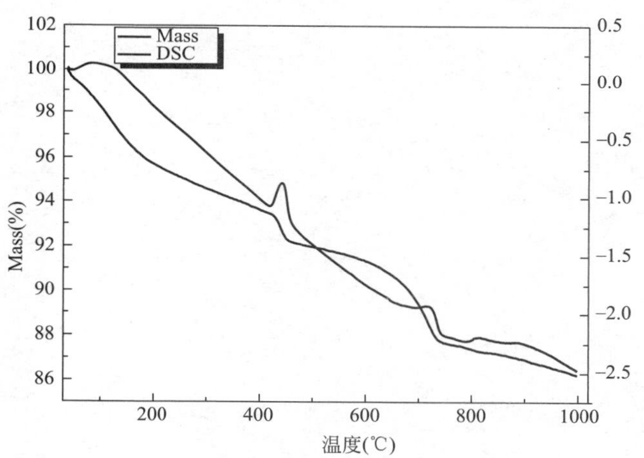

图 2 滤渣热重分析

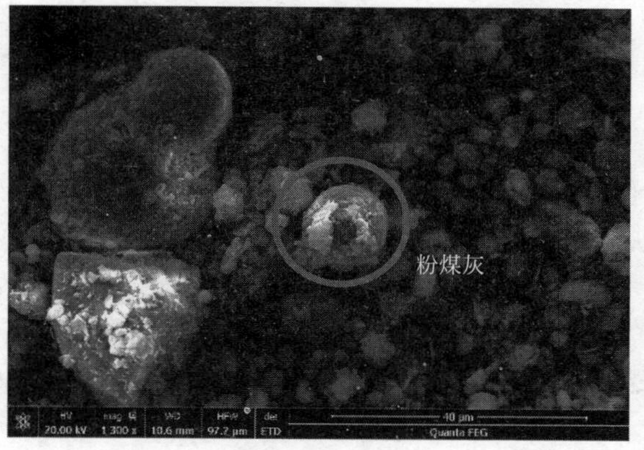

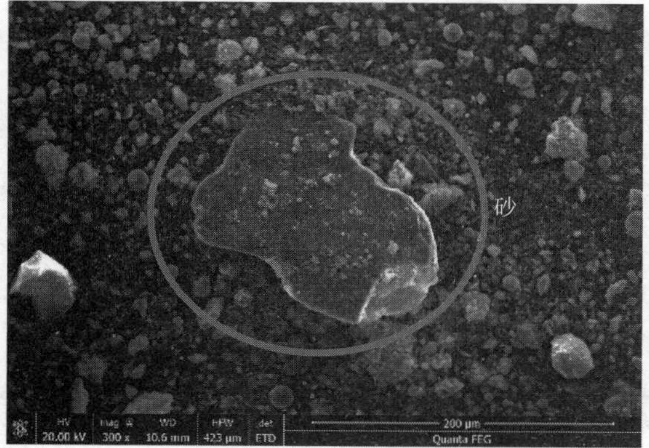

图 3 滤渣微观形貌

(2) 滤渣活化改性设计思路与理论的提出

从技术要求、经济性和新发展理论三个方面，提出“可用性-环保经济性-高附加值”的多层次设计目标，探讨制备滤渣活化掺合料的理论与选择组成，基于“次中心质效应”和“协同-互补-叠加”效应基本理论，提出采用多种固废与滤渣协同活化的方式，以固废粒子的活性-惰性成分比例、粉磨特性与活化效能、粉磨后微细颗粒分布区间等性能指标为依据，对固废的活性矿相互补、粉磨特性与活化效能协同提升、微细颗粒分布区间超叠加进行针对性设计，提出了基于滤渣的三元体系活化改性理论。见图 4～图 6。

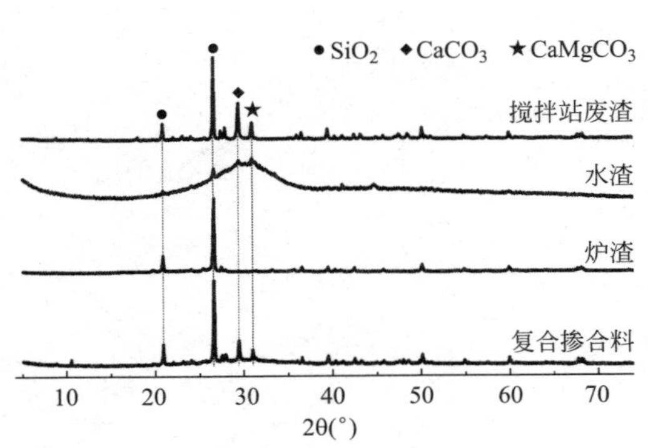

图 4 复合掺合料矿相互补的绿色组成设计

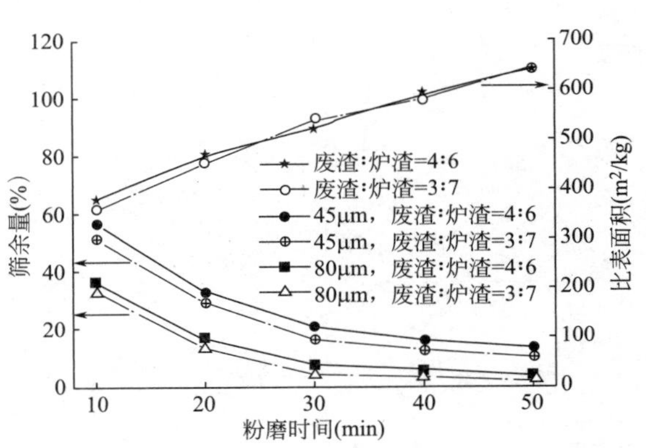

图 5 二元固废活性改性体系

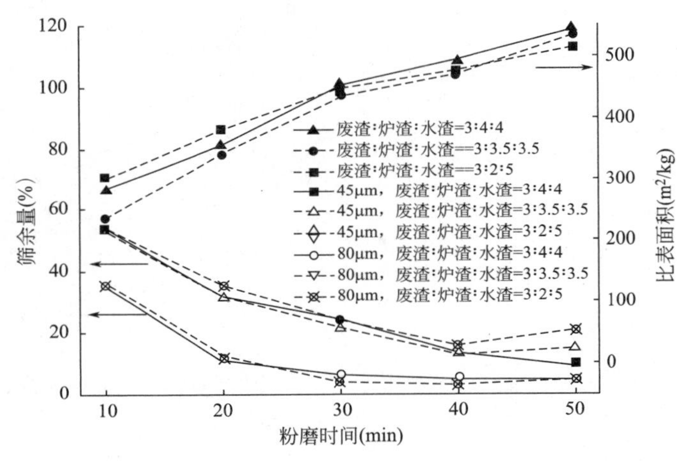

图 6 三元固废活性改性体系

(3) 多元工业固废机械活化协同效应研究

研究了滤渣、炉渣、水渣混合粉磨对水泥基材料性能的影响规律，探明了固废粒子的活性协同、粉磨协同和工作性协同效应与机理。

活性协同机理：水渣的活性高于炉渣与滤渣，得益于高水化活性对复合掺合料的贡献；炉渣水化产生的铝相产物，会促进水渣的水化产物转化为Ⅲ型水化硅酸钙凝胶，使得材料结构更为稳定。

粉磨协同机理：按粉磨的易碎性排序为滤渣＞炉渣＞水渣，混合粉磨时，质地较硬的水渣对物料间具有挤压作用，可以有效延缓或消除滤渣粉磨过程中的包球、粘球现象，大幅提高滤渣的活化改性效果和粉磨效率；炉渣特有的层状结构具有助磨效果，能显著降低粉磨能耗，改善滤渣的粉磨效果；高易碎性的滤渣在水渣与炉渣的协同作用下粉磨产物颗粒尺寸更小，在水泥石中对微小孔隙的填充更为充分，机械活化改性效果得到明显提升，微集料效应更加明显。

工作性协同机理：水渣的吸水性较滤渣与炉渣小，可减少由于掺合料吸水对水泥基材料工作性能的影响，同时能降低滤渣与炉渣的水化反应放热，对坍落度损失的控制起到关键作用。

2. 大掺量复合掺合料高性能混凝土优化设计方法与制备关键技术

（1）高活性滤渣活化复合掺合料制备关键技术

基于所提出的三元体系活化改性理论，研究多元体系固废组成及机械活化改性工艺对复合掺合料性能影响规律，提出高活性滤渣活化复合掺合料制备关键技术。制备出高水化活性、优颗粒级配、性能稳定、生产耗能低的高活性滤渣活化复合掺合料：a 型复合掺合料的最优配比为炉渣：废渣＝7：3，最佳粉磨时间 40min，产物 45μm 筛余量 12.5%，比表面积 594m^2/kg，28d 活性指数为 78%；b 型复合掺合料的最优配比为废渣：炉渣：水渣＝3：3：4，最佳粉磨时间 40min，产物 45μm 筛余量 15.6%，比表面积 476m^2/kg，28d 活性指数为 92%。

（2）高活性滤渣活化复合掺合料在水泥基材料中作用机理研究

系统研究了滤渣活化复合掺合料对水泥基材料水化动力学、微观结构的影响规律与作用机理，探明复合掺合料水泥基材料水化硬化及微结构演变进程。研究发现：复合掺合料减少了水泥基材料的总放热量，降低了水化加速期的放热速率，延长试样放热峰的出现时间。复合掺合料能较好地填充在水化产物之间，减少硬化体中的有害孔和多害孔，促使向少害孔甚至无害孔过渡，优化孔结构，减少了大孔对强度带来的负面影响；复合掺合料降低了水化产物中 C-S-H 凝胶的总体 Ca/Si，生成聚合度较低但结构更致密的 C-S-H 凝胶，替代硬化体中的纤维状 C-S-H 凝胶，更好地填充孔隙，使浆体结构更为致密。见图 7～图 15。

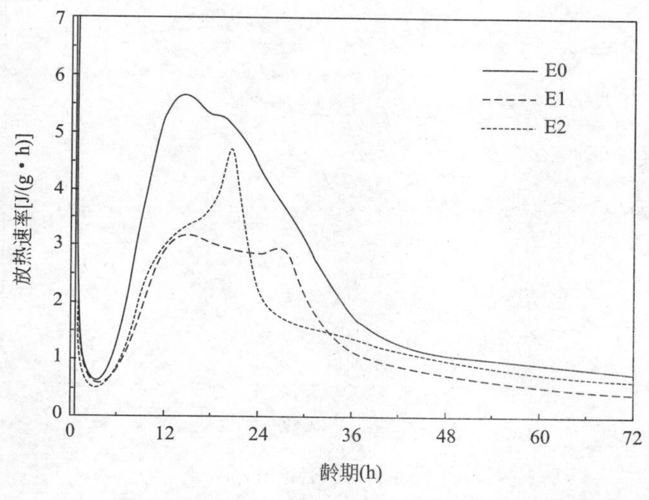

图 7　掺合料对水化放热速率的影响

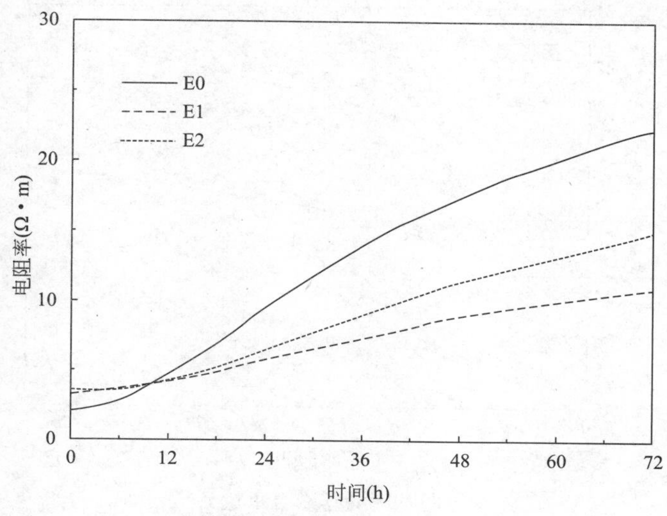

图 8　掺合料对电阻率的影响

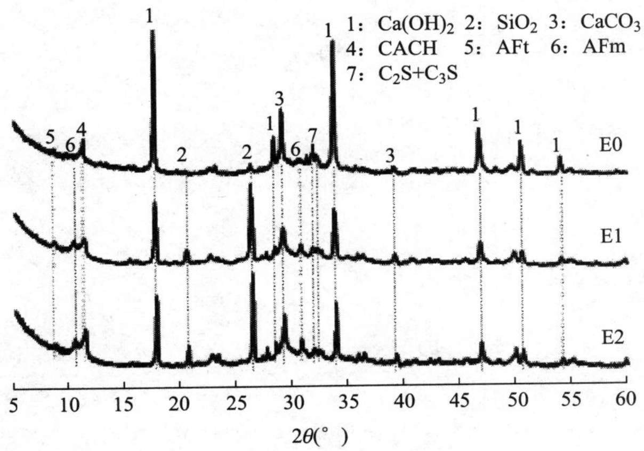

图 9 硬化浆体的 XRD 谱图

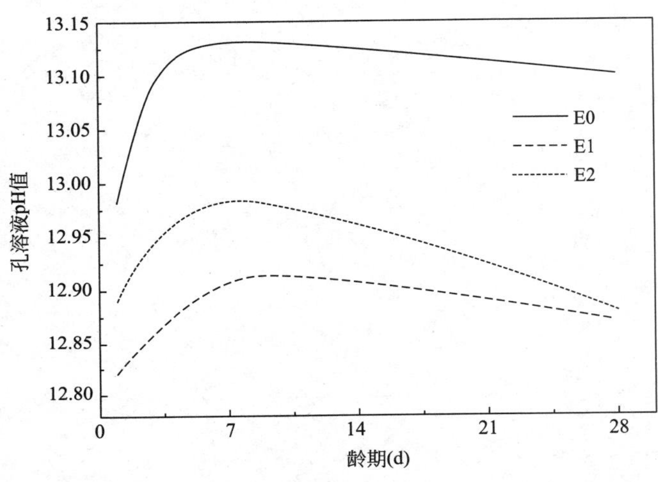

图 10 孔溶液 pH 值

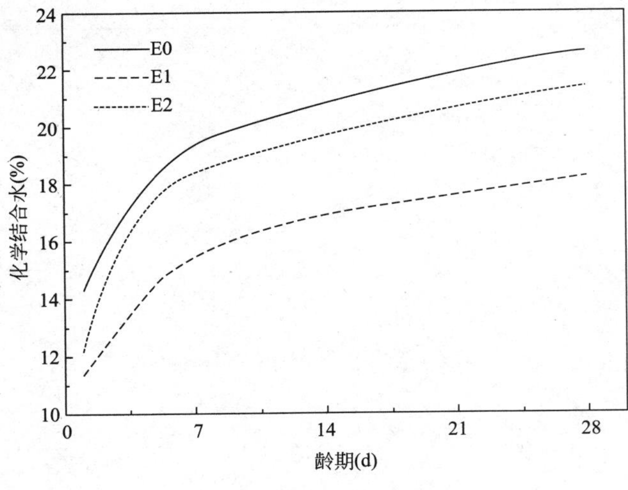

图 11 化学结合水量

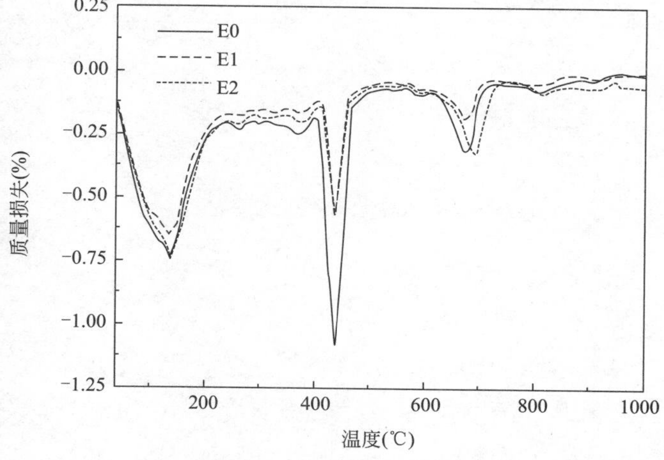

图 12 硬化体热重分析

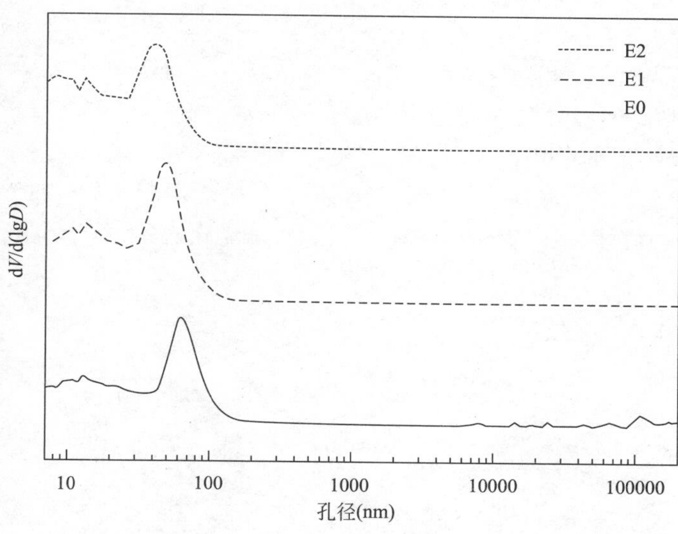

图 13 孔微分曲线

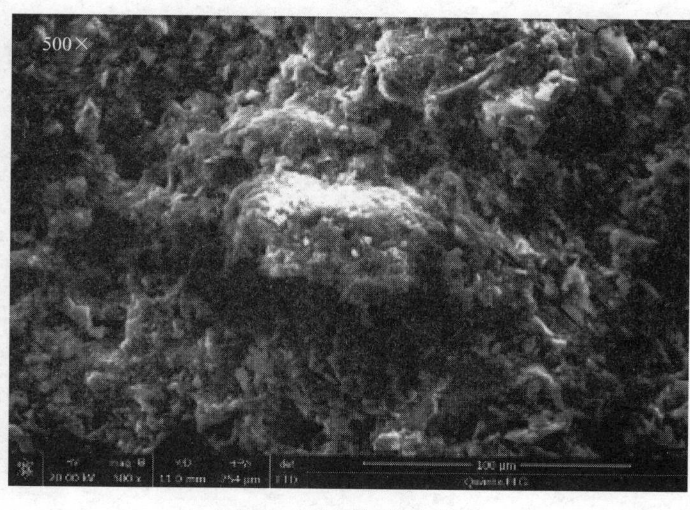

图 14 硬化体微观形貌

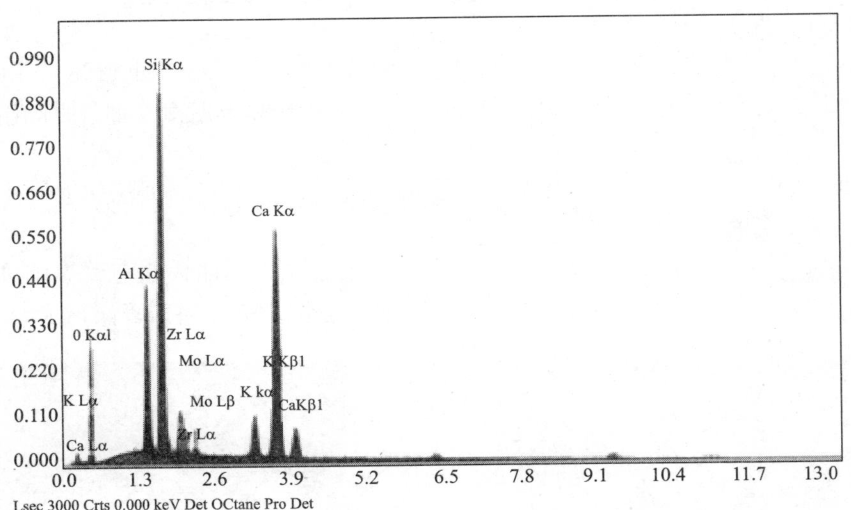

图 15　C-S-H 凝胶 EDS 分析

（3）大掺量复合掺合料高性能混凝土优化设计方法与制备关键技术

研究了水泥-胶凝体系与聚羧酸减水剂相容性的影响规律，研究了新型保坍、抗泥、多重改善等功能组分对胶凝体系的流变性能的影响，采用分子接枝与复配技术对减水剂进行功能团修饰，配制成复合胶凝体系专用的多功能高效减水剂，形成针对大掺量复合掺合料混凝土的外加剂配制技术，分析不同掺量的掺合料对混凝土物理力学性能的影响，制备出工作性能优异的 C20～C70 高性能混凝土。见图 16～图 18。

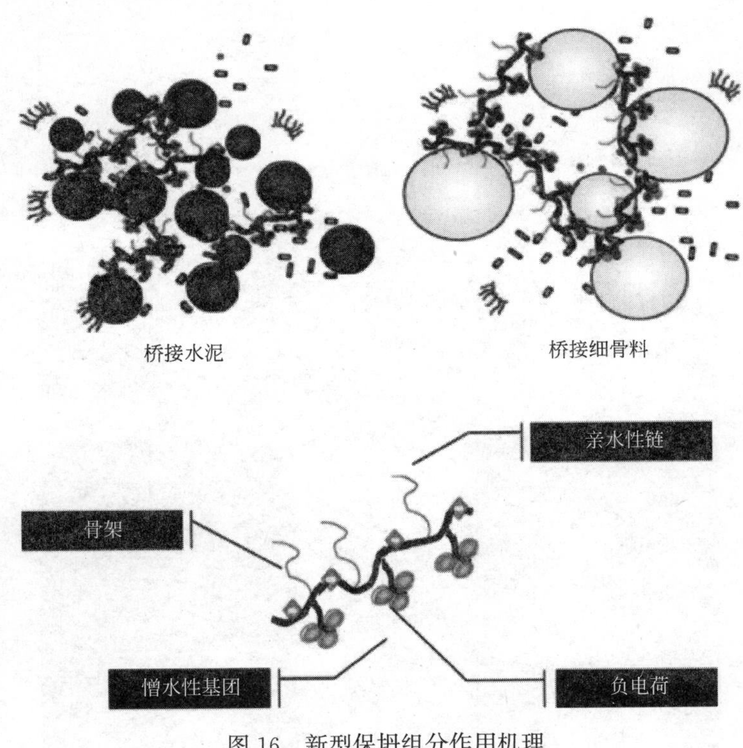

图 16　新型保坍组分作用机理

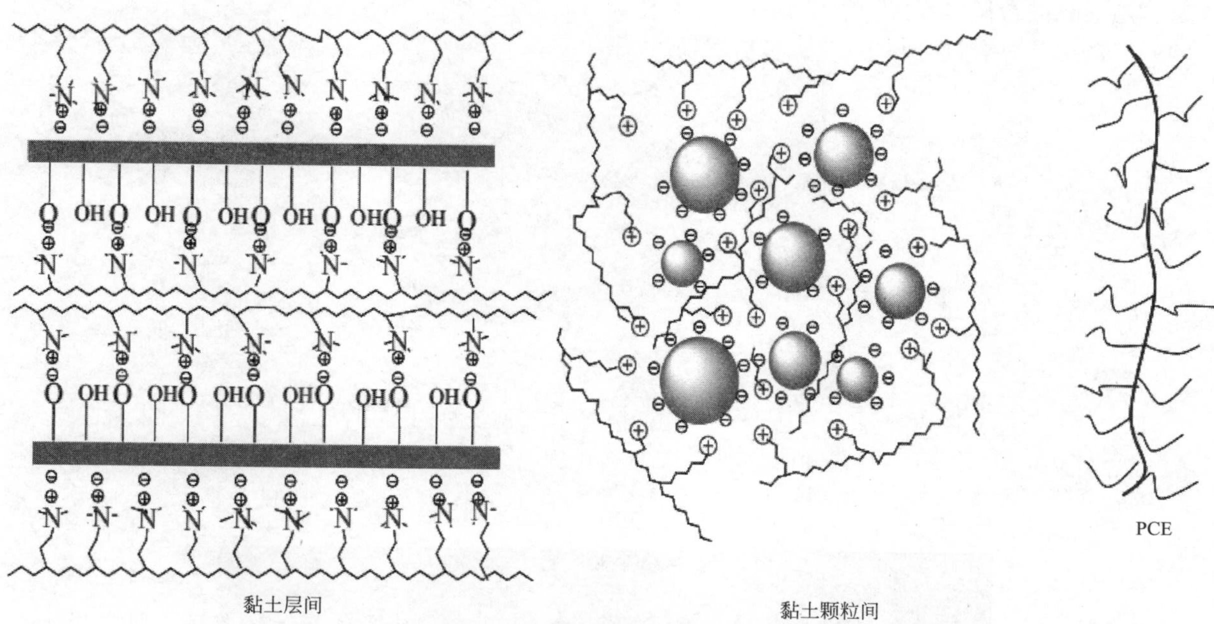

图 17　抗泥组分作用机理

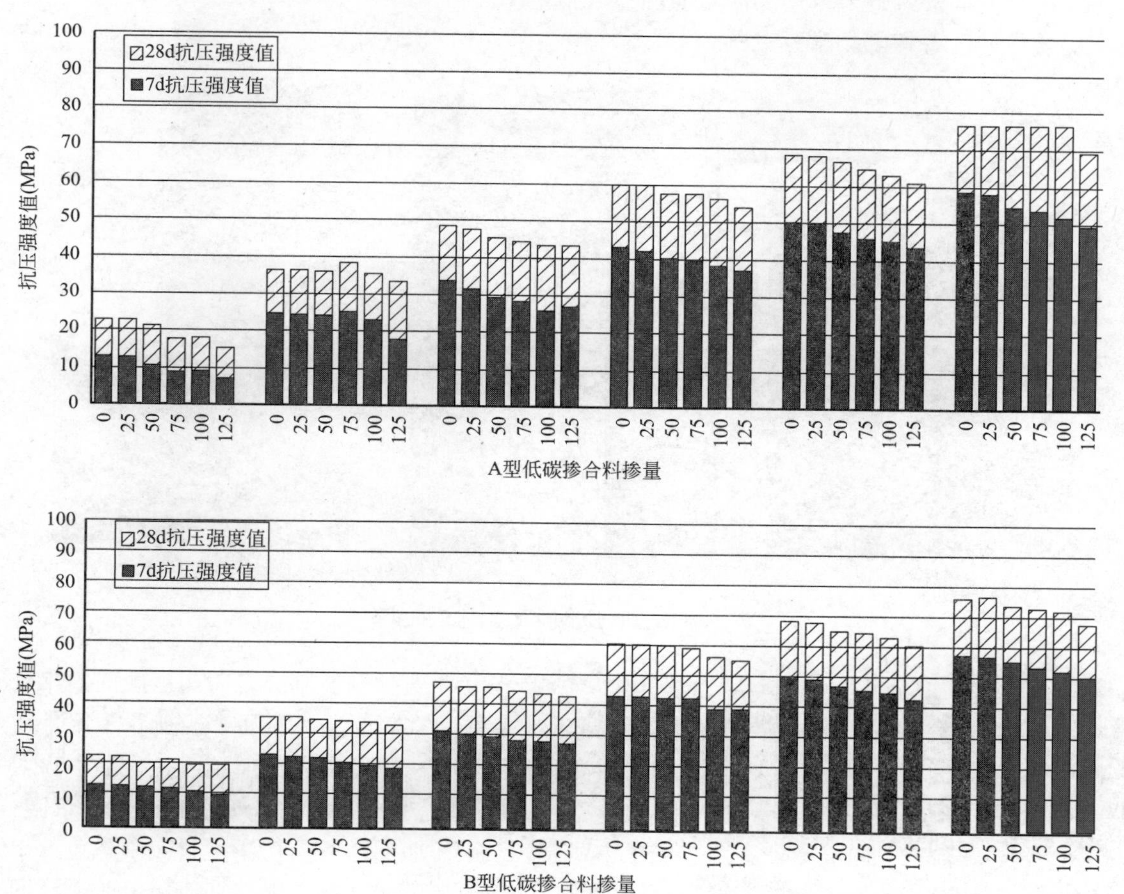

图 18　不同龄期下复合掺合料混凝土抗压强度

3. 滤渣活化复合掺合料大规模工业化生产工艺设计

(1) 滤渣活化复合掺合料生产工艺优化设计(图 19)

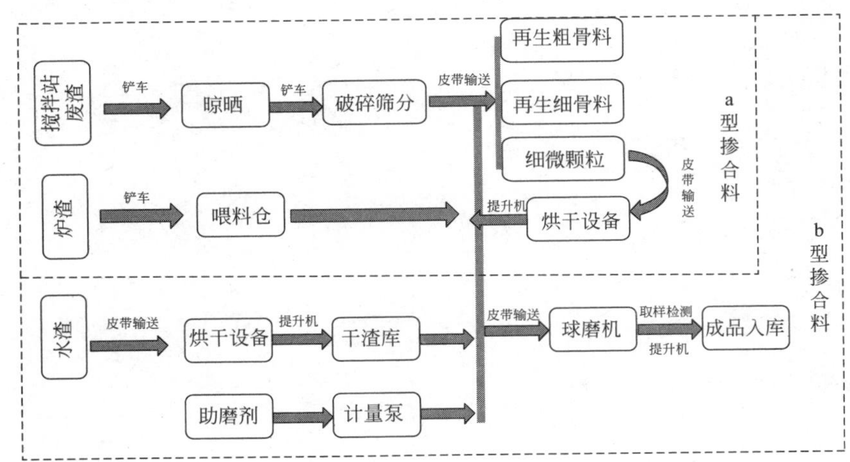

图 19 a、b 型掺合料的生产工艺流程图

分别针对 a 型、b 型掺合料设计了滤渣活化复合掺合料工业化生产工艺,包含预处理、烘干、粉磨、入库等主要工序;研究了生产工艺对复合掺合料性能的影响规律,提出了原材料优选、级配组成、生产加工、成品控制等各环节的产品质量监控参数,基于所提出的三元体系活化改性理论,掌握了复合掺合料产品质量的动态控制技术。见图 20。

图 20 掺合料的工业化生产工艺流程

(2) 国内首条滤渣活化复合掺合料工业化生产线

建设了国内首条 50t/h 产能的滤渣活化复合掺合料工业化生产线,实现了滤渣的大规模消纳,累计生产滤渣活化复合掺合料 40 余万吨;将生产的复合掺合料在武汉地区部分预拌厂进行试点推广,累计生产滤渣活化复合掺合料混凝土 400 余万立方米,应用于超高层建筑、大型公共设施、市政桥梁工程等重点工程,应用效果良好。

(3) 滤渣活化复合掺合料技术规范文件

形成了企业标准 2 项:《预拌厂混凝土用工业废渣复合掺合料》QB 001—2018、《预拌厂混凝土用工业废渣复合掺合料应用技术规程》QB 002—2018,企业工法 1 项:《预拌混凝土废弃物复合掺合料混凝土生产施工工法》ZXJGF 003—2019。

三、发现、发明及创新点

1. 基于滤渣的三元体系活化改性设计理论与方法

提出了基于滤渣的三元体系活化改性设计理论，探明了滤渣的化学组成、矿物组成、微观形貌等基本特性及其对水泥基材料性能的作用规律，揭示了滤渣、炉渣与水渣在机械力活化处理中的活性协同、粉磨协同和工作性协同效应机理，实现了预拌厂滤渣绿色循环再利用。

2. 大掺量复合掺合料高性能混凝土优化设计方法与制备关键技术

开发了滤渣活化复合掺合料制备技术。复合掺合料包括预拌厂滤渣、电厂炉渣、钢厂水渣，整合了新型保坍、抗泥、多重改善三大功能组分，研发出复合掺合料的专用外加剂，设计并制备出工作性能优异、耐久性良好的C20～C70高性能混凝土。

3. 滤渣活化复合掺合料大规模工业化生产工艺设计

掌握了预拌混凝土滤渣预处理、烘干和粉磨的复合掺合料生产工艺与质量控制方法，建成了国内首条预处理、烘干和粉磨的复合掺合料的50t/h的工艺线，实现了预拌混凝土废弃物复合掺合料大规模工业化生产，并制定了相关的企业标准与工法。

四、与当前国内外同类研究、同类技术的综合比较

本项目系统研究了预拌混凝土滤渣的化学组成、矿物组成、微观形貌等基本特性及其对水泥基材料性能的作用规律，提出了基于滤渣的三元体系活化改性设计理论，首次利用滤渣制备出了高活性复合掺合料，实现了预拌混凝土滤渣的绿色循环再利用；成果适用面广，对滤渣性能限制要求较小，可以实现滤渣的去存减增。

本项目揭示了滤渣活化复合掺合料对水泥基材料水化动力学、微观结构及C-S-H凝胶的影响规律与作用机理，发明了具新型保坍、抗泥、多重改善等功能的专用复合聚羧酸减水剂，制备出工作性能优异、耐久性良好的C20～C70高性能混凝土，产品成果可应用于绝大多数建筑工程，产品附加值高、应用范围广、推广前景广阔。

本项目建成了国内首条产能为50t/h的滤渣活化复合掺合料工业化生产线，产品依托司属预拌厂进行推广应用，可以实现滤渣的规模化高效处置与资源化利用，在试点预拌厂的应用过程中，滤渣综合利用率超过97%；项目提出了产品质量控制的动态调控技术，并编制了相应的企业标准和工法，为成果的进一步推广提供了技术保障。

五、第三方评价、应用推广情况

1. 第三方评价

（1）权威机构检测

本项目所形成的滤渣活化复合掺合料、复合掺合料专用外加剂、掺复合掺合料高性能预拌混凝土，经权威机构检测，所有产品均符合现有技术规范的相关要求。

（2）学术同行评价

本项目经成果鉴定，专家组一致认为：该技术成果整体达到国际先进水平。

（3）用户评价

本项目在华科光电项目、光谷大道改造项目、中建大公馆项目等工程中实现了应用，施工单位对成果应用情况的评价为“施工效果良好，性能符合现行规范相关要求”。

2. 应用推广情况

项目成果在中建商品混凝土有限公司粉磨站实施滤渣活化复合掺合料工业化生产，累计生产滤渣活化复合掺合料40.02万吨；所生产的复合掺合料在司属江岸厂、青山厂、武昌厂、东西湖厂进行推广试点，累计生产复合掺合料混凝土408万立方米；所制备的混凝土在华科光电项目（图21）、光谷大道改

造项目（图 22）、中建大公馆项目等工程中进行了应用，实现了项目成果在超高层建筑、大型公共设施、市政桥梁工程等大型工程中的推广，工程应用效果良好；项目实施期间累计新增销售额 14.85 亿元，产生直接经济效益 3725 万元，年均新增直接经济效益 930 万元；项目成果可在中建集团内进行进一步的推广应用，初步调查符合本成果推广条件的预拌厂占比约为 63%，以项目近年的实施效果初步估算，预计可新增直接经济效益将超过 6.53 亿元/年，项目成果的推广应用前景广阔。

图 21　华科光电项目

图 22　光谷大道改造项目

六、经济效益

采用本项目产品和矿渣、粉煤灰作为矿物掺合料配制的 C30 混凝土可节省胶凝材料费用 6～8 元/m^3，同时节省废渣清运、处理及环保税收等费用 1～2 元/m^3。经综合统计分析，每方混凝土平均利润为 8.6～10.4 元。

七、社会效益

项目利用预拌厂滤渣、电厂炉渣、钢厂水渣作为原材料，采用机械力活化的方式对其进行活化改性，制备出滤渣活化复合掺合料，并将其用于预拌混凝土的生产，实现了滤渣的高效处置与资源化利用。项目的推广应用将促进滤渣堆放量的去存、减增，解决滤渣大量堆放造成的环境污染与资源浪费，对推动预拌行业绿色可持续发展、推进绿色复合建材产业升级具有重要意义，社会效益显著。

山地城区绿色智慧建造关键技术

完成单位：中国建筑第四工程局有限公司、贵州中建建筑科研设计院有限公司、中建四局第三建设有限公司、重庆大学

完 成 人：令狐延、王林枫、张延欣、李东旭、徐立斌、谭文勇、帅海乐

一、立项背景

随着城市化进程的加快，土地资源紧张、热岛效应显著、风貌特色缺失、大气污染严重等城市环境问题层出不穷，如何构建良好的城市人居环境一直是各界研究的主题。在倡导节能、环保、可持续发展，以绿色生态为主题的今天，如何对城市因地制宜地进行规划建设，充分利用自然条件，尊重自然，维护城市生态系统成为城市建设中的关键点。山地城区建造过程中存在建设用地少、地质灾害多、建筑材料缺乏、施工技术落后等诸多问题：

1. 建设用地方面

我国是一个多山的国家，山地面积占全国总面积的 2/3 以上，在多山的地理环境现实与 18 亿亩耕地红线的双重压力下，利用山地建设城区项目会不断增多，建设用地的合理规划显得尤为重要。

2. 地质灾害方面

贵州省喀斯特地区环境地质灾害类型多，分布广，突发性强；不但有明显的季节性，而且同步叠加、连续、交替出现；其受灾范围、影响程度、暴发频率及危害性正在逐年增大。

3. 建筑材料方面

贵州省建筑资源匮乏，作为大宗原材料的山砂性能不如其他地区的河砂，通过优化配比的技术手段将山砂混凝土性能提升，成为提高建设工程质量和效益的有效手段。建筑模板、废弃砌块、废弃钢筋等建筑垃圾量大，利用率低，其因地制宜的再利用技术亟须解决。

4. 施工技术方面

信息化技术在土木工程中的应用是大势所趋。最近 10 年，信息化系统成为许多房屋建筑、基础设施项目管理的必要解决方案。为有效提高工程数字化能力、降低运营成本，现场施工对智能化设备和智能化管理手段提出了新的要求。

生态文明建设已经纳入中国国家发展总体布局，建筑业的高速崛起对自然资源和生态环境提出了严峻挑战。本项目从规划关键技术、设计关键技术、绿色建造技术和智慧建造技术四个方面对山地城区建筑群的建造技术进行了研究，对于保护与合理开发山地资源，实现山地人居环境的可持续发展，具有极强的理论与实践意义。

二、详细科学技术内容

本研究以贵州山区典型的建筑群项目为背景，通过多要素协同的山地绿色生态人居环境规划技术实现了山地城区典型建筑的生态规划；通过地质灾害防治与高边坡稳定控制方法形成了山地城区因地制宜的设计技术；通过就地取材和材料回收的技术方法实现了山地城区建筑群的绿色建造；通过智能建造和智慧管理技术实现了山地城区建筑群的智慧建造。本技术以全国最大的棚户区改造项目-贵阳花果园棚户区改造和国家绿色生态城区“未来方舟”项目为载体，在贵州山区因地制宜地承建超大面积建筑群，形成涵盖规划、设计、施工的整套绿色智慧建造技术，具备良好的经济效益、社会效益和推广价值。

1. 山地城区超大面积建筑群规划关键技术

（1）与地貌环境协同的山地城区建设用地选择技术

从绿色生态视角出发，通过定性、定量或定性与定量分析相结合的方法，建构用地分析评价的指标体系。在广泛收集对建设用地适宜性有影响的资料和图件下，对现状进行诊断，总结其自然文化条件、生态环境条件及用地现状条件，并提取影响城市用地建设适宜性的相关要素。然后提取以坡度、高程、植被、农田等因子，确定其评价因子权重，在 Arcgis 技术平台进行生态敏感性评价。在基于生态敏感性分析的基础上，提取地形地貌因子、交通因子、建设因子、用地阻隔因子并确定评价因子权重，利用 GIS 进行空间分析，采用多因素加权叠加的方法进行综合分析评价，最终得出评价结果并按实际需求划分适宜性等级。最终基于整体性、安全性、经济性的原则整合用地适应性分析，给出相应的规划建议。

（2）基于 CFD 的与风环境协同的规划技术

从空间形态设计和 CFD 模拟技术两方面建构与风环境协同的山地街区形态设计方法框架。以贵阳市中天·未来方舟为实例，在了解当地风环境资料的基础上，通过模型搭建在 phoenics 中对规划区域的原始风环境进行模拟，并运用风速分区法对模拟结果进行分析与评价。以此为依据，提出从城区格局与城区级通风廊道、街区尺度划分与片区级通风廊道、街区内部织里与街坊内部通风廊道三个层面进行风环境与形态设计的协同设计。将得到的初步方案模型再次进行风环境模拟并优化，最终形成既有利通风又独具特色的山地城市空间。

（3）与经济效益协同的山地特色城市风貌塑造方法

以贵阳市大型棚户区改造项目中天·未来方舟为实例，以协同经济效益的山地城市特色风貌塑造框架为指导，引导项目的规划建设工作。在山地城市特色风貌塑造的过程中，实现效益与特色的协同。主要策略为：

1）强化自然山水格局，采用簇群组合布局；

2）打造特色景观轴线，构建绿色生态廊道；

3）加强标志门户建设，丰富城市竖向轮廓；

4）进行场地分台处理，凸显山地建筑特色；

5）重视第五立面设计，优化城市景观界面。

（4）人车协同的山地城区绿色交通规划设计

中天·未来方舟是贵阳市“二环四路城市带”战略的启动区。基地距离市中心较近，绕城高速（城市三环）也提供了很好的交通可达性。但基地原地形较为复杂，高差大，对道路的开拓增加了难度。主要策略为：

1）完善城区功能配置，减少跨城区出行；

2）构建以公共交通及慢行为主导的绿色交通体系；

3）资源集约的道路系统；

4）营建绿色街道环境；

5）广泛使用绿色技术；

6）鼓励使用绿色交通工具。

2. 山地城区超大面积建筑群设计关键技术

（1）依山而建高落差倾斜结构设计技术

采用理论分析、有限元分析、试验分析和现场实测分析，对高落差依山倾斜结构的施工过程的受力与变形进行了研究。首次采用倾斜自顶升爬模系统及倾斜钢筋桁架板结构作为大斜率钢筋混凝土剪力墙模板支撑体系，满足依山而建、高空跨山的倾斜建筑要求，保证山体高边坡稳定性。

（2）山坡大直径微变形减震桩设计技术

通过微变形减震桩综合技术，解决了山顶大直径微变形减震桩材料选择、减震隔离层安装及加固等问题，以达到在地震、台风等情况下，通过 XPS 挤塑板自身的微变形，吸收部分由主体结构传递到靠近边坡部位孔桩的水平荷载，保证山体边坡稳定的目的。

(3) 强岩溶地区高层建筑桩基缺陷处理技术

对岩溶地区桩基施工中常见的缺陷、问题进行分析，提出一种强岩溶地区建筑桩基处理措施-端承型刚性复合桩复合地基处理技术。对端承型刚性桩复合地基的褥垫层进行了详细研究，包括褥垫层力学作用机理、褥垫层破坏模式、褥垫层厚度的确定等。同时，进行了现场载荷试验、施工过程中的桩土应力比、高层建筑沉降观测试验和施工工艺研究。

3. 山地城区超大面积建筑群绿色建造技术

(1) 高强高性能山砂混凝土的配制与超高泵送关键技术

采用“全级配”的方法优化砂石比例，利用复合超细粉降粘、增强、提高耐久性，采用“低水泥用量、高胶凝材料用量”的配合比设计思路，配合使用缓释聚羧酸高效减水剂，克服了山砂粒形多棱角、级配差的缺点，解决了高强山砂混凝土黏度大、坍损快、易堵泵的技术难点，成功研制C100高性能山砂混凝土并实现331m超高泵送，打破了国内外全机制砂混凝土配制强度和泵送高度的纪录。

(2) 建筑垃圾集中处理再利用关键技术

在国家绿色生态城区“未来方舟”建设过程中，应用混凝土收光一次成型技术和加气块的减量化技术实现建筑垃圾减量化；发展和应用了废弃混凝土块、标准砖块、(空心) 加气混凝土砌块及钢筋废料等建筑固体废弃物的再生利用技术，有效节约现场用材，达到建筑工程节能环保的目的。

(3) 新型塑料模板配合比优化设计技术

研发新型塑料模板，对建筑工程中耗材、耗时、耗能的木、钢模板进行代替，以降低施工成本和提高施工效率，达到“以塑代木、以塑代钢”的目的。通过原材料优选、塑料模板配合比研究，实现了新型塑料模板的产业化。

4. 山地城区超大面积建筑群智慧建造技术

(1) 倾斜摄影与山地测量关键技术

采用无人机技术，快速处理线路踏勘、选线、临时设施选址、爆破作业前的炮损取证等工作；处理统计工程进度节点工作。应用无人机倾斜摄影测量技术进行多角度、全方位摄影；实景还原正式地形，大大提高精度；快速采集图像数据，实现自动三维建模；创新的应用测量机器人的3D成像技术，通过影像生成、影像获取和影像处理，在计算机和控制器的操纵下实现自动跟踪和精确照准目标，得到物体的形态及其随时间的变化。

(2) 绿色施工监测关键技术

采用基于传感器技术、无线数据传输技术及数据采集量化技术的绿色施工综合管理系统软件，实现了各项资源消耗的实时监测。对施工项目耗电量、用水量、粉尘污染、噪声污染、材料管理、塔式起重机耗电量等参数统计和管理，研发了绿色施工监测管理平台系统，打造科学合理监测系统。

(3) 山地城区超大面积建筑群施工智慧管理技术

运用BIM平台技术，发挥集中采购优势，避免材料浪费和紧缺，提高物资采购效率，有助于提高山地城区超大面积建筑群施工智慧管理技术；运用超大城区的施工组织管理技术，建设与山区环境共生的山地城区超大面积建筑群，实现建筑群施工智慧管理技术。

三、发现、发明及创新点

1. 山地城区土石方平衡技术

通过统筹规划，综合利用山地城区建筑资源，通过开挖、填筑、转运、开采、弃渣等土石方的综合处理，实现土方不外运，石方不外购，实现内部平衡。采用北斗高精度定位+无人机倾斜摄影测量技术，在保证进度的前提下，确定土石方调运参数，为道路布置方案选择和施工进度计划提供依据，选择合理的料场组合、料场开采顺序、运输路线、装运机械配置等。通过开挖、填筑、转运、开采、弃渣等土石方的综合处理，达到提高开挖料利用率、平衡土石方开挖强度和运输强度、快速经济施工的目的。

2. 依山而建高落差倾斜结构体系

首次采用倾斜自顶升爬模系统，满足依山而建、高空跨山的倾斜建筑要求，可避免结构直接坐落在边坡上，保证山体高边坡稳定性。形成了一套可推广、可应用的绿色节地设计技术体系，可充分利用原始地形、地貌，有效节省山地城区的建设用地。

3. 山地城区地质灾害防治创新技术

针对山地城区特殊地质环境，采用山坡大直径微变形减震桩、端承型刚性复合桩的创新设计和无人机与测量机器人的自动化手段，保障地基安全与山体边坡稳定，解决山地城区地质灾害防治的关键问题。

四、与当前国内外同类研究、同类技术的综合比较

1. 山地城区超大面积建筑群规划关键技术

纵观改革开放 40 年来我国学者在山地城市绿色生态建设上的研究，其成果颇丰，涉及山地城市生态思想、生态理论、生态技术等多方面。近年来有朝学科交叉融合方向发展的良好趋势，但在跨学科融合的深度和广度方面还显得不足。欧美、澳大利亚等发达国家相关的研究起步较早，研究的深度和广度较之国内更强，但同样存在多学科、多要素协同方面的研究有待进一步推进的现象。本项目通过“四协同三步骤”的技术方案来落实多要素协同的山地绿色生态人居环境的规划技术与方法，在跨学科、多要素协同规划设计方法和技术上取得了突破，具有创新性和前瞻性。

2. 山地城区超大面积建筑群设计关键技术

本项目首次设计了依山而建，倾角高空跨山倾斜建筑，研发应用了倾斜自顶升爬模系统、三面斜向同步爬模技术，创造性地设计了利用自身已施工的结构和高空型钢平台支撑满堂高支模架体，首次通过软隔离层解决山地大直径微变形减震桩施工技术难题。高效用地依山而建高落差倾斜建筑设计与施工关键技术经过鉴定达到国际领先水平。

3. 山地城区超大面积建筑群绿色建造技术

本项目克服了山砂粒形多棱角、级配差的缺点，解决了高强山砂混凝土黏度大、坍损快、易堵泵的技术难点，成功研制 C100 高性能山砂混凝土并实现 331m 超高泵送，打破了国内外全机制砂混凝土配制强度和泵送高度的纪录。发展和应用了废弃混凝土块、标准砖块、(空心) 加气混凝土砌块及钢筋废料等材料的再生利用技术，经鉴定，建筑固体废弃物综合利用技术的研究和运用达到国内领先水平。

4. 山地城区超大面积建筑群智慧建造技术

采用中建四局独创的集采购模式，以“标准化、信息化、专业化”的特点，提供总部直供、服务项目的集中采购全过程服务，提高物资采购效率，避免材料浪费和紧缺。应用了无人机安全巡航、质量控制、进度统计、测量机器人、施工智慧管理等技术，保障了对山地城区生态建筑群的智慧建造要求。

五、第三方评价、应用推广情况

(1)“山地城区绿色智慧建造关键技术”项目于 2020 年进行科技成果评价，经鉴定，整体达到国际先进水平。

(2)《高效用地依山而建高落差倾斜建筑设计与施工关键技术》经鉴定，达到国际领先水平。

(3)《建筑固体废弃物综合利用技术的研究和运用》经鉴定，达到国内领先水平。

六、经济效益

(1) 山地城区超大面积建筑群规划关键技术，通过“四协同三步骤”的技术方案来落实多要素协同的山地绿色生态人居环境的规划技术与方法，通过总体规划节约成本，实现人与自然和谐相处。

(2) 山地城区超大面积建筑群设计关键技术，有效利用山地城区建设用地，通过合理设计解决施工难题，形成经济效益超过 5000 万元。

(3) 山地城区超大面积建筑群绿色建造技术，通过山砂混凝土技术优化、建筑垃圾回收利用与建筑塑料模板应用，形成经济效益超过6000万元。

(4) 山地城区超大面积建筑群智慧建造技术，通过无人机、绿色施工监控、BIM技术和集中采购模式，解决了山地城区超大建筑群内材料的采购、运输、环保、施工安全等诸多问题，形成经济效益超过1亿元。

七、社会效益

“山地城区绿色智慧建造关键技术”获得了授权发明专利9项、实用新型专利11项、软件著作权3项；发表论文25篇（其中SCI/EI论文9篇）；完成省部级工法11部；主编与参编标准6项。研究成果将深化对我国山地城区绿色发展的科学认识，为山地城区的建设提供理论与技术支持。可直接服务于国家与地方自然资源部门、住房和城乡建设部门，提升各级相关部门城市空间环境的治理能力和效益。

研究成果在全国最大的棚户区改造项目——贵阳花果园棚户区改造项目和国家绿色生态城区“未来方舟”项目上得到了全面应用，为山地城区建筑的规划、设计与施工提供重要参考。据最新统计，花果园已入住人口达43万，入驻的企业、商户达到2万余家，成为贵阳对外宣传的新名片。中天·未来方舟是住建部首批8个绿色生态示范城区之一，项目采用生态设计，有效保护了山区耕地，在山地城区建成了综合型宜居新城，全社会给予了高度认可。项目直接惠及两处示范点70余万人口，间接惠及我国山地城区尤其是西南山地城区的建设过程。项目极大提升山地城区社会经济发展的效能，指导山地城区空间结构布局和空间环境设计。满足人民对美好生活的需要，增强了人民的幸福感和获得感。

北方沿海地区海绵城市水环境综合治理技术

完成单位：中国建筑第八工程局有限公司、六环景观（辽宁）股份有限公司、中建八局第二建设有限公司

完 成 人：任广欣、周光毅、姚勤波、潘东旭、金长俊、魏建勋、张　策

一、立项背景

1. 工程概况

庄河海绵城市建设PPP项目位于大连庄河海绵城市建设试点区，工程建设范围为21.8km^{2}及小寺河流域扩展区，涵盖了海绵型道路、海绵型公园工程，以及中心城区小寺河流域的水环境综合治理工程，共计29个建设子项。PPP项目建设投资约13.8亿元，于2017年7月30日开工，2019年12月31日竣工，工程全景图详见图1。

图1　项目全景图

2. 工程特点及难点

庄河海绵城市为我国第二批海绵建设试点之一，围绕水环境治理和环境修复进行海绵城市建设，其复杂濒海临河的位置，具有特殊的地质、水文、气候特征，其工程建设具有如下特点与难点：

1）海绵系统方案建设环境复杂，数值模拟分析难度大；

2）沿海低平地块，内涝、防潮标准低，土壤盐渍化严重；

3）氯盐类融雪剂毒害作用大，城市弃雪放量大、利用难度大；

4）河道内源污染物严重，本底环境复杂，治理难度大；

5）水系污染源种类多、污染负荷大，位置分散，污染治理和修复难度大。

二、详细科学技术内容

1. 总体思路、技术方案

本成果以庄河海绵城市建设工程为载体，采用理论分析、数值模拟和试验等手段，围绕载体工程中

的水环境治理及生态修复的建设特点和难点开展深入研究，在应用过程中探索和确定最佳建设方案和最优施工技术。

2. 关键技术

（1）洪涝潮三重灾害下的海绵城市系统构建技术

沿海低平地区受洪涝潮三重灾害影响严重，海绵城市建需要满足水质建设目标，同时需要满足水生态、水安全的建设目标，主要存在以下特点和难点：海绵试点建设面积达 21.8km^2，面源污染分布范围广，水体水质差。现有防潮、排涝、城市排水标准低。

1）采用了“五位一体”的综合系统构建方法

创新采用了“低影响开发系统、大排水系统、小排水系统、防潮调度系统、水质保障系统”的五位一体系统构建思路，如图 2 所示。通过本系统方案的构建与实施，试点区的管渠排水标准达 3 年一遇，内涝标准达 20 年一遇，防潮标准达 50 年一遇，年径流总量控制率达 75%，城市水系水质全部消除黑臭，局部水体达地表Ⅳ类水。

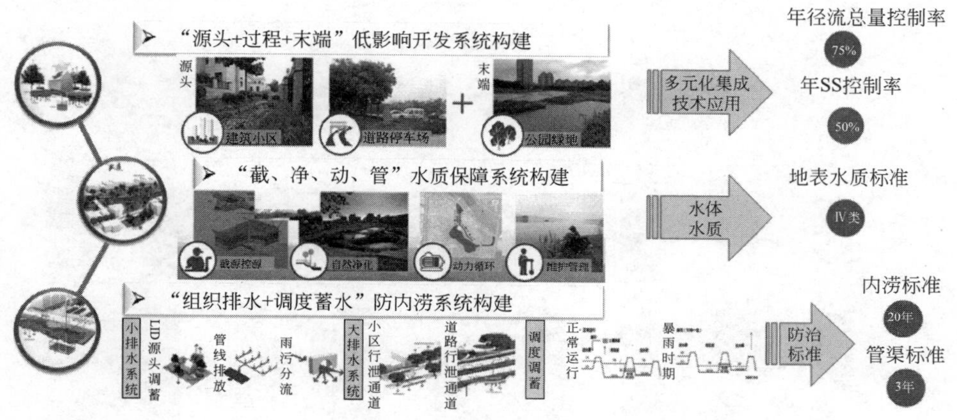

图 2　五位一体综合系统图

2）创新采用了水安全和水环境的综合数值模拟与优化技术

利用 MIKE URBAN 进行短历时管渠排水模拟，采用 MIKE FLOOD 进行长历时（24h）内涝模拟，采用 SCAD 模型对 LID 设施的年径流总量控制率进行分析，分别解决了管网负荷过大问题、规划片区的内涝问题和片区海绵设施总体控制目标。通过数值模拟分析与优化，合理调整建设内容，各项产出目标满足建设要求。见图 3～图 5。

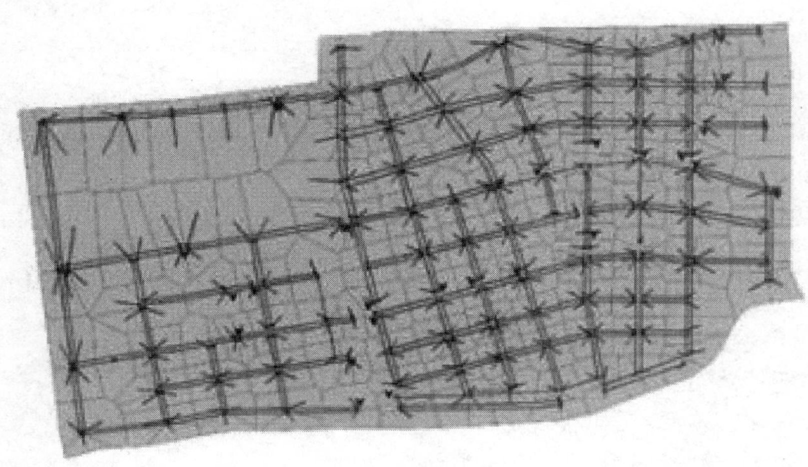

图 3　管道排水能力图

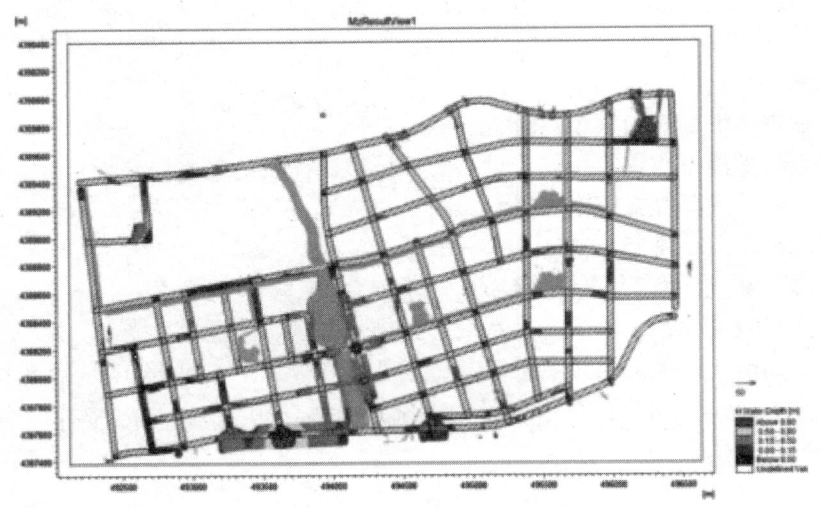

图 4　内涝数值模拟分析图

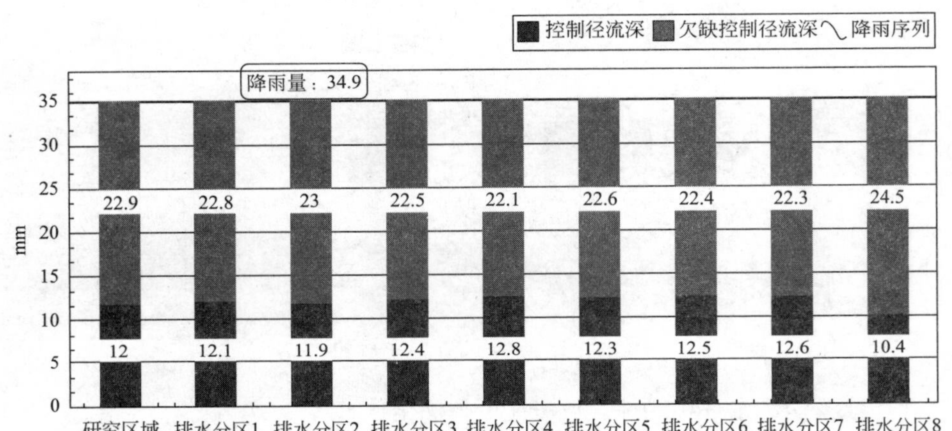

图 5　LID 年径流总量控制率分析图

（2）“无管网化排水＋延时调蓄排水”内涝防治技术

新建海绵汇水分区，现有地块标高低于潮汐作用水位，片区防潮、防涝标准极低，水环境和水生态差。

1）首次提出了无雨水管网化排水系统

沿海低平海绵片区，地块内海绵设施的微排水系统，道路两侧 2m 宽下沉式绿地的小排水系统，片区 10m 宽草沟、10m 宽干渠及道路行泄的大排水系统（图 6），代替了传统的雨水管网排水系统。其中，下沉式绿地和道路行泄通道（图 7）与排水干渠相连，排水干渠与就近与中心调蓄水体（6.84 万立方米）相连，综合形成无雨水管网的树状排水系统（图 8）。

2）创新研发了多级延时调蓄排水系统

减少片区排水系统受潮汐影响，末端设置自动调节防潮闸，满足 50 年一遇防潮标准。排水干渠和排水草沟内部设置多级过滤溢流堰（图 9），形成阶梯式调蓄、净化水体单元，增加了渠道内水体的停留时间，延缓了延缓雨洪峰值。片区在不排水环境下，利用低洼空地空间，经调蓄水体淹没分析，末端水体水位提升 1.4m，片区调蓄容积增加 9.58 万立方米（图 10）。

（3）创新研发了城市降雪与融雪剂弃流控制技术

城市降雪多进行机械除雪或使用融雪剂，机械除雪工作量大，除雪时间长且耗费资源量大；冬季融雪剂的使用，给海绵设施带来严重的破坏，需对降雪和融雪剂进行严格控制。

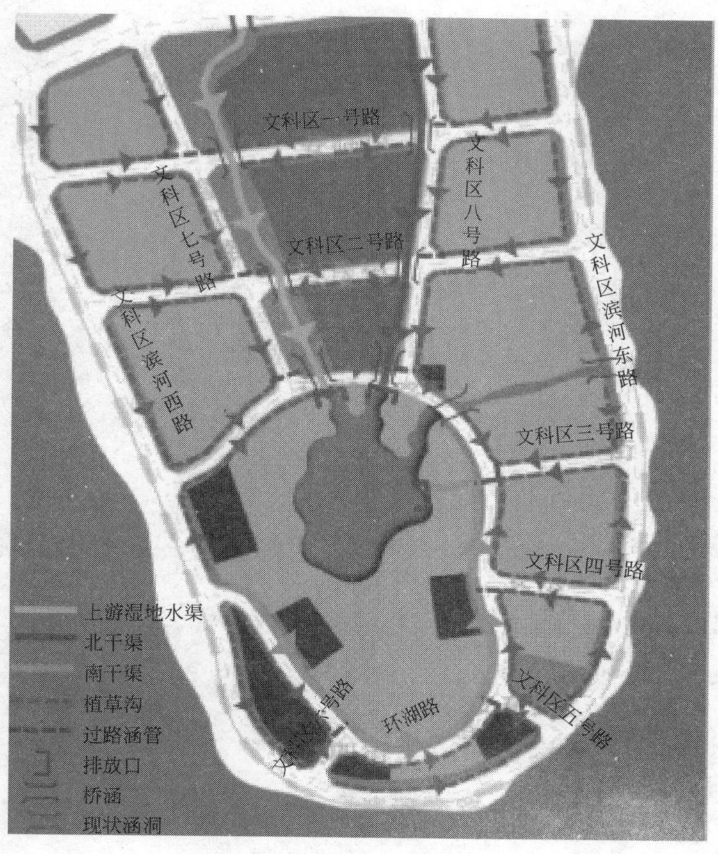

图 6　无管网排水系统图

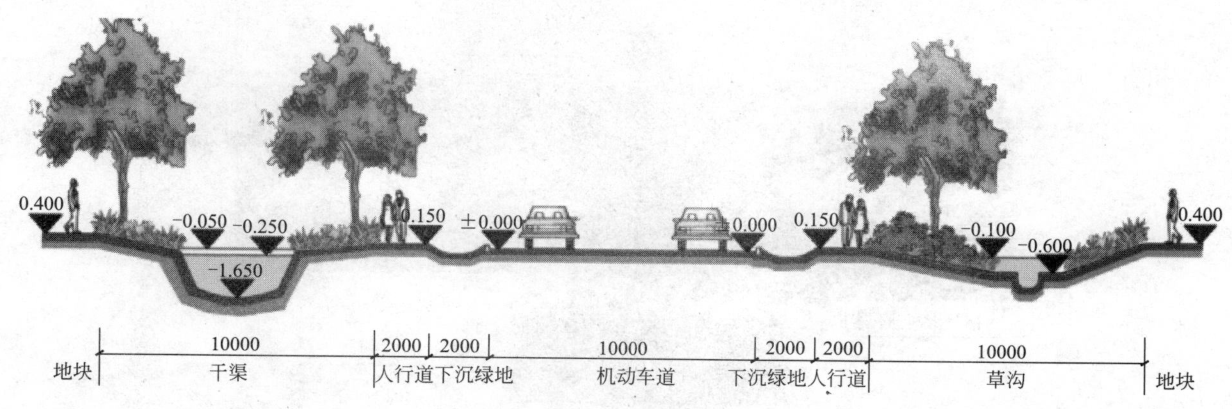

图 7　排水系统道路断面图

1）创新提出了城市降雪容积控制技术

首次提出了降雪容积控制技术，采用海绵道路两侧的下沉式空间进行就近堆雪处理（图 11、图 12）。该技术实现了城市降雪原位堆放，有效缓解了海绵设施水生植物低温冻害及干旱影响。

2）创新提出了融雪剂源头弃流控制技术

北方寒冷地区，夏季雨量大、产流快，冬季温度低、雪水融化慢、产流小，创新应用了“排水路缘石”，实现了北方融雪剂及超量雨水的源头有效组织控制（图 13）。

创新提出了海绵城市建设的雨水循环系统及雨水口的封堵装置，控制封堵装置关闭和开启，实现了径流雨水污染的控制和含融雪剂雪水的弃流（图 14）。

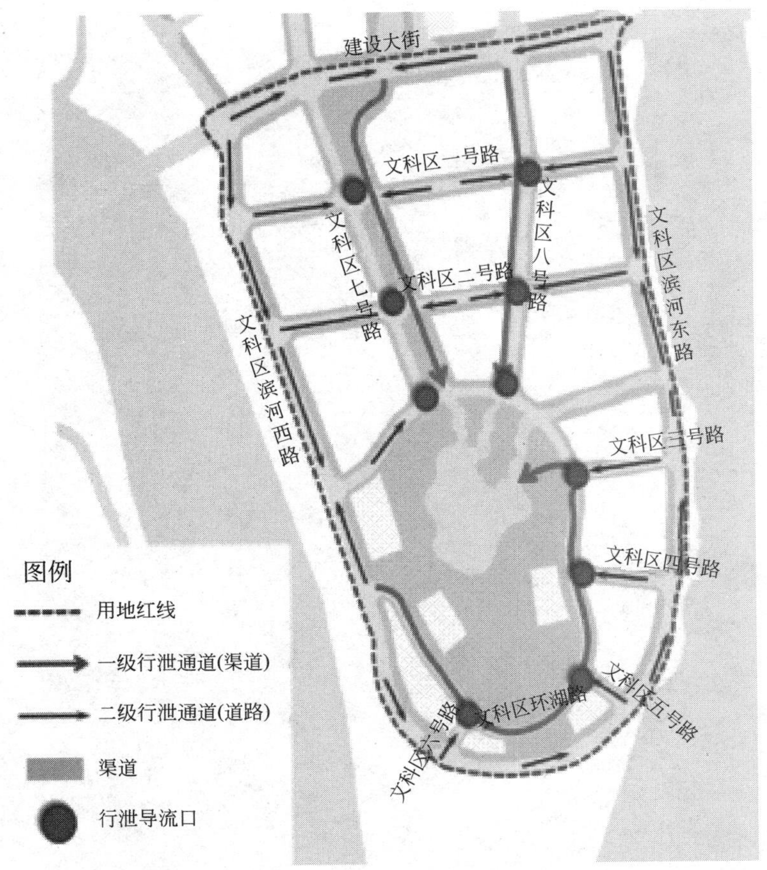

图 8　多级行泄通道图

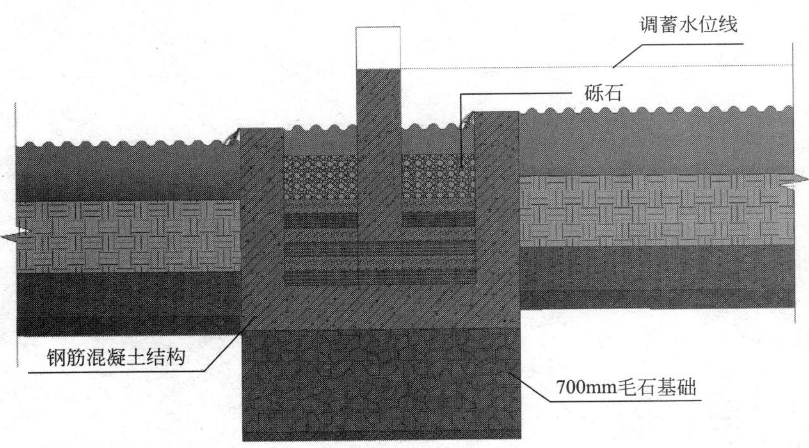

图 9　过滤溢流堰

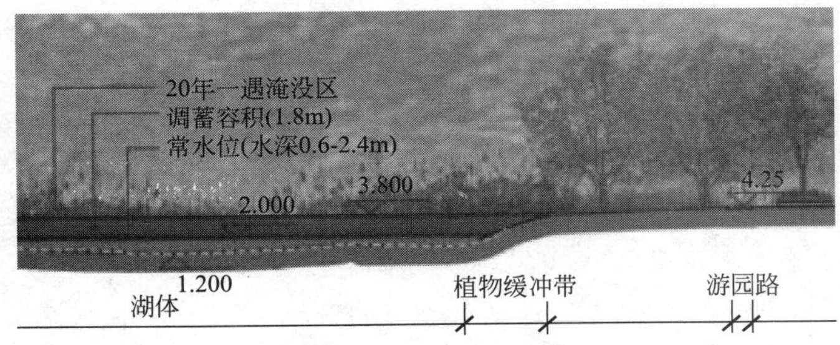

图 10　水系末端调蓄淹没分析图

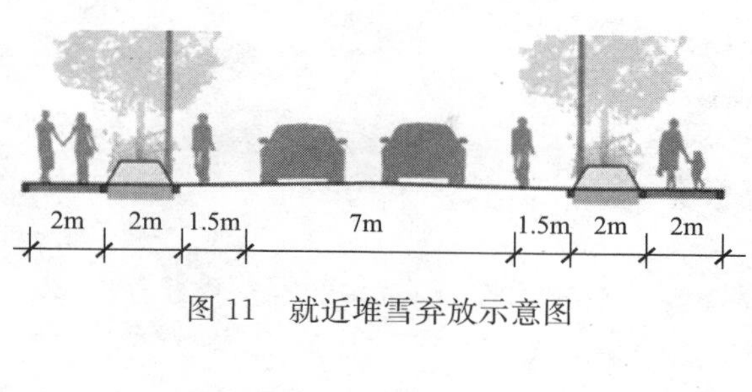

图 11 就近堆雪弃放示意图

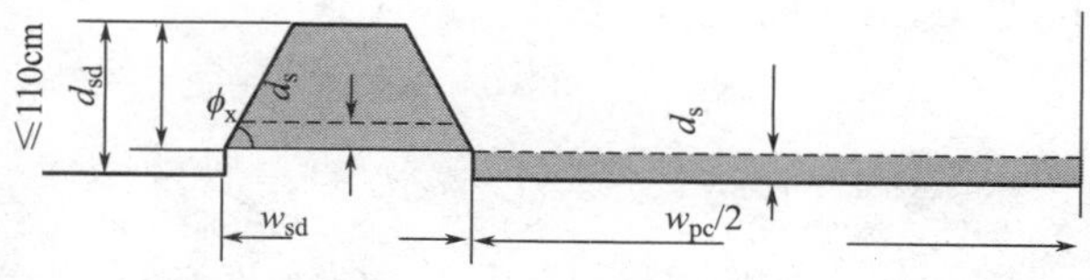

图 12 堆雪计算示意图

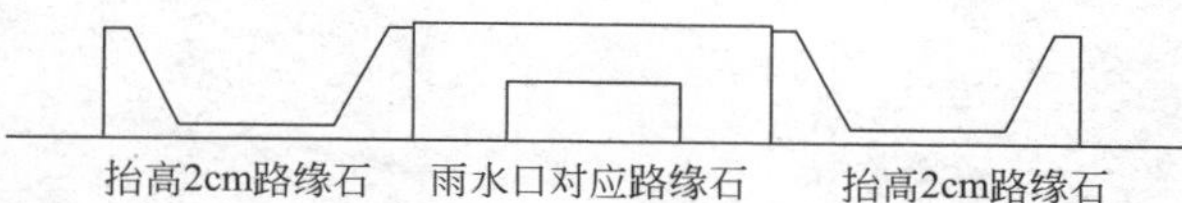

图 13 雨、雪水排水路缘石

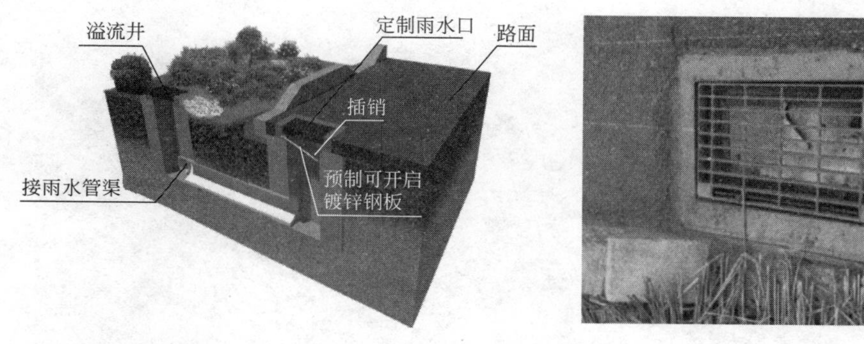

图 14 雨水口的封堵装置

3）创新应用了融雪剂的末端生态控制技术

为加强弃流的面源融雪剂控制，提出了“多级生态塘”末端生态控制技术，通过定期清理前置塘底泥，耐盐碱植物生态处理，实现了融雪剂及其他污染物的有效去除（图 15）。

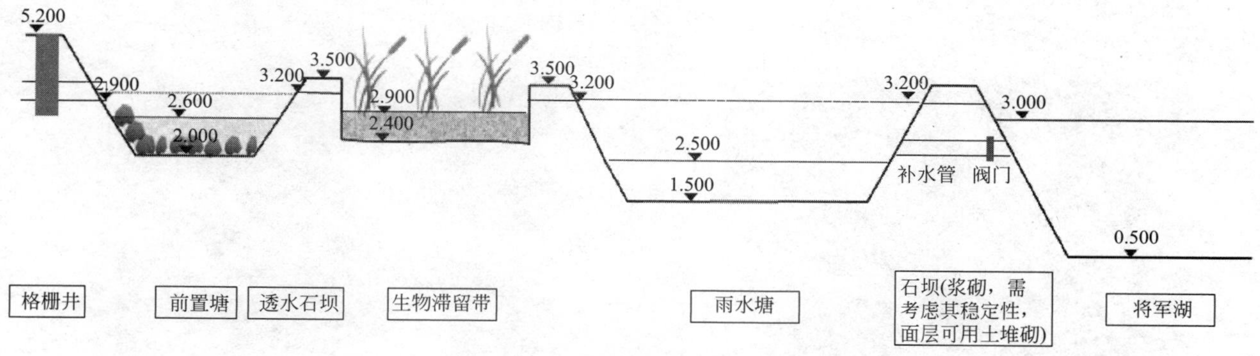

图 15 多级调蓄雨水塘剖面图

（4）复杂内源污染综合生态修复技术

感潮河段内源治理区域，其不同位置底泥的物理、化学、生物性质差异性较大，对河道水质影响大。北方传统清淤方法多采用机械清淤，其清淤方量大，易水生态环境造成破坏，交通运输和弃土易对环境造成二次污染。

1）创新应用了“水利冲挖选择性清淤＋长距离管道接力泵送”技术

提出了防渗挡潮坝技术，解决了220m宽、3m高感潮河段的潮汐顶托问题，实现河道排干性清淤，详见图16。

创新采用了水利冲挖选择性清淤技术，控制高压水枪出水压力，解决了内源污染物分离与去除问题，详见图17。

创新应用了长距离管道接力加压泵送技术，解决了低泥浆量（15%～30%）、高陡坡（>10%）和长距离（12.4km）无污染管道接力泵送问题，详见图16～图19。

图16　防渗挡潮坝

图17　水利冲挖

图18　输泥管道

图19　接力加压泵

2）创新提出了泥水同治的底泥原位生物降解技术

河道下游区域，创新采用了底泥原位生物降解技术，实现了难降解有机物的去除，底泥体积原位消减30%～40%。药剂物化凝聚作用，实现了磷酸盐钝化和重金属螯合固化。同时，底泥表层ORP值提升，透水性与透气性增加，本底优势微生物得到激活，实现了底泥原位生物修复（图20～图22）。

图20　治理前底泥

图21　治理前水体

图 22　治理后底泥与水体

3）创新采用了危废底泥的原位固化处理技术

创新采用了河道底泥原位固化处理技术，采用最佳固化材料和配合比（图 23），底泥中的重金属、复杂污染物得到了有效封固，实现了高盐、高含水率底泥的筑岛资源利用（图 24）。

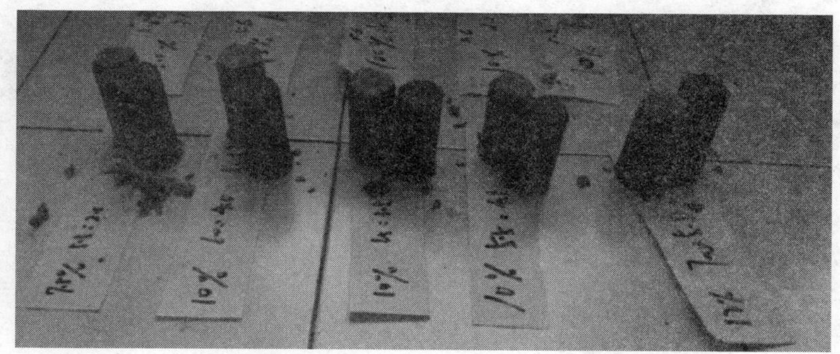

图 23　最佳固化材料和配比研究

图 24　淤泥固化处理后实物

（5）水体面源污染综合控制与修复技术

城市水系岸带硬化严重，水土涵养空间缺失，水域生态系统的结构与功能退化。水系水环境容量低，水体自净能力差。湿地结构受低温、水体浸泡和腐蚀影响严重。

1）创新研发了自然河流岸带综合生态修复技术

城市灰色设施的排水渠道，创新性地采用了海绵城市多形态生态驳岸结构生态修复技术，构建水土涵养空间，将硬化渠道改造成阶梯式干、湿环境的自然驳岸，恢复了自然水系的生态功能，提高了渠道生态多样性，详见图 25。

2）人工河道表流湿地的原位水处理技术

创新研发了人工耐冻胀的湿地结构，解决了饱水、严寒低温环境下的湿地结构冻胀破坏问题，提高

图 25　生态驳岸现场实物图

了湿地的使用年限，详见图 26～图 28。

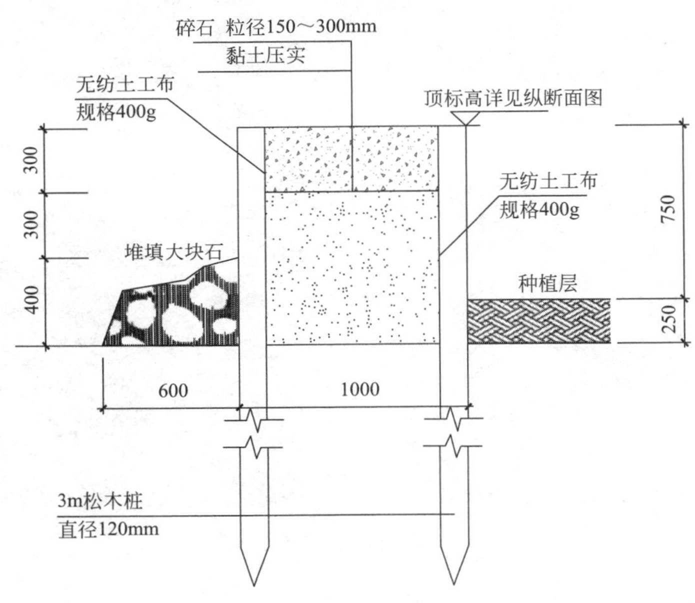

图 26　湿地结构做法图

创新研发了人工河道原位表流湿地水处理技术，通过湿地内部的水生植物生态处理、滤料体接触氧化、微环境接触氧化、物理吸附等综合水处理技术，解决了农村复杂面源污染物问题。

3）创新研发了人工潜流湿地的异位水处理技术

创新研发了耐低温的人工表流湿地结构，采用了多粒径自然填料正粒径填充方式，解决了春末、秋初低温环境下的运行效果差、时间短等问题，详见图 29～图 31。

创新应用了微环境水动力循环系统，综合采用了湿地循环系统和一体化提升泵站组合系统，解决了封闭人工湖体的换水周期长、水动力差、水质易恶化等问题。

图 27　湿地结构实物图

图 28　表流湿地近景图

图 29　湿地航拍图

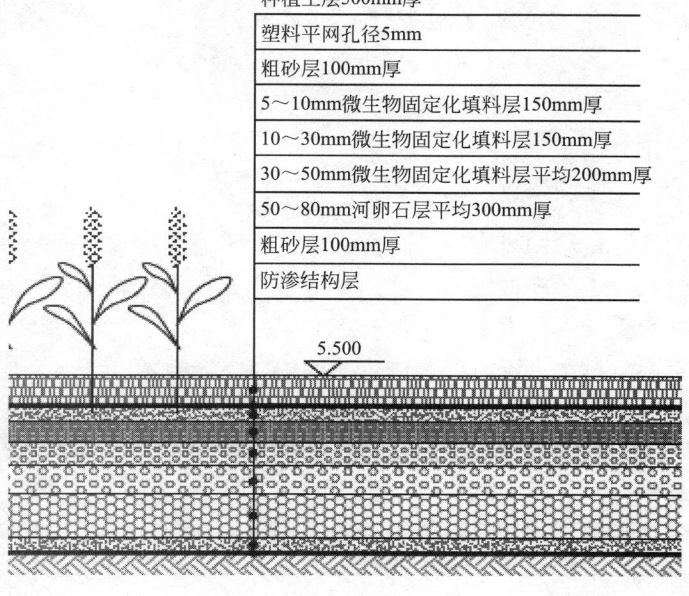

图 30　湿地结构剖面图

图 31 循环系统平面图

4）首次提出了受限空间环境下的海绵改造技术

发明了一种狭长式绿化带海绵改造技术，在保留原有乔木和减少破坏的基础上，人工增强水利糙度措施（图 32），实现了径流雨水消能、土壤防冲刷、土壤与水体的物质交换，满足生物滞留设施的蓄水深度和雨水控制容积，解决了 1.0～1.5m 宽度的绿化隔离带海绵改造问题。

图 32 狭长式绿化带的海绵改造实物图

三、发现、发明及创新点

1. 系统研发了洪涝潮三重灾害下的海绵城市系统构建技术

采用“五位一体”的综合系统构建方法，解决了濒海低平地区的内涝、防潮和水体黑臭等问题；创新应用了雨水管网、内涝和水质的模拟技术，辅助进行系统方案构建和优化，分析强降雨时的管网和道路的排水能力、海绵设施和受纳水体水质，确保海绵系统方案的建设产出目标。

2. 首次提出了“无管网化排水＋延时调蓄排水”的内涝防治技术

采用多形态的大断面自然生态排水方法，发明了无管网化排水系统，实现了不同降雨径流容积弹性控制，有效地解决了强降雨的内涝问题、道路面源污染问题。发明了过滤溢流堰，与大容积调蓄水体形成延时调蓄系统，有效地提高了片区防潮、排涝标准。

3. 创新研发了城市降雪与融雪剂的弃流控制技术

采用源头降雪容积控制技术，解决了城市降雪弃放空间与资源化问题。采用源头融雪剂弃流技术及末端生态处理技术，解决了含融雪剂雪水的污染控制问题。

4. 研发了复杂内源污染综合生态修复技术

创新采用了河道底泥原位固化处理技术和河道底泥的综合生态修复技术，实现了内源污染物的有效去除、高盐高板结底泥和黑臭水体的“泥水同治”。

5. 创新研发了水体面源污染综合控制与修复技术

首次提出了受限空间海绵改造技术，研发了自然河流岸带综合生态修复技术，创新采用了人工湿地增强水处理技术，解决了城市水体复杂面源污染治理与修复问题。

四、与当前国内外同类研究、同类技术的综合比较

1. 洪涝潮三重灾害下的海绵城市系统构建技术

打破了传统海绵系统方案的单一模拟计算校核，系统方案可行性强、科学合理。未见多项海绵改造数值模拟和洪涝潮环境下海绵城市系统方案构建等综合研究的技术特征。

2.“无管网化排水+延时调蓄排水”的内涝防治技术

发明了一种无管网化、快速的市政大排水系统，实现了强降雨环境下雨水短时排干，增加了地块雨水调蓄容积和排水能力，未见本技术特征的相关研究与报道

3. 城市降雪与融雪剂弃流控制技术

创新采用了源头和末端控制融雪剂控制技术，未见海绵设施对融雪剂及利用海绵设施的堆积降雪的容积控制，技术特征的等相关描述与报道。

4. 复杂内源污染的综合生态修复技术

国内外文献未见感潮河段环境下，采用水利冲挖选择清淤、淤泥原位固结、微生物原位消减技术的内源综合治理技术特征的相关报道。

5. 水体面源污染综合控制与修复技术

未见北方严寒地区防冻胀湿地结构和水处理技术，以及生态驳岸的综合修复技术特征，未见相关报道。

五、第三方评价、应用推广情况

1. 成果评价

2020 年 5 月 20 日，经辽宁省住房和城乡建设厅组织鉴定，与会的海绵城市及环境治理相关领域委员一致认为，该成果总体达国际先进水平。

2. 成果推广情况

本成果在庄河海绵城市建设项目、长春伊通河水环境综合整治项目、南汇新城星空之境海绵公园 DBO 项目得到成功应用，具有广泛的推广应用前景。

六、经济效益

通过关键技术的创新与应用，保证了工程的优质、高效、安全等目标的实现，共节约工期 20～30d，保证了各子项工程的工期履约，产生经济效益 5175.84 万余元。

七、社会效益

本技术成果在庄河海绵城市成功应用，原劣Ⅴ类水体已消除黑臭，局部达Ⅳ类水，顺利通过了国家海绵城市终期考核验收，吸引了全省 14 个地级、16 个县级，近百人的海绵工程观摩学习，本成果的研究与应用，有效提高了城市水环境质量，为对国内类似工程建设具有重要的借鉴意义。

海绵城市建设综合技术研究与应用

完成单位：中国建筑第二工程局有限公司、中建二局第三建筑工程有限公司、中建二局第一建筑工程有限公司、中建二局土木工程集团有限公司

完 成 人：倪金华、石立国、文　韬、程智龙、陈　浩、王红权、丁学正

一、立项背景

玉溪市海绵城市试点区老城片区海绵工程项目是国家第二批海绵城市建设试点，建设受到各方关注，虽然目前我国正在推进海绵城市建设，但相关施工技术与建设经验尚不成熟：

1）透水混凝土普遍存在铺装单位成本高、表面掉粒、空鼓等问题；透水材料易堵塞、强度低、使用寿命短；

2）人工湿地处理污水水质能力较弱，不能处理水质较差的污水；人工湿地水运行周期短，水污染处理效果随时间减弱速率较快，后期无法达到污水处理要求，而且维护、运营成本较高。

针对目前我国海绵城市建设施工技术尚且不够成熟，相关技术还需要进一步完善和提高这一问题，本研究重点以玉溪市海绵城市建设为依托工程，深入开展海绵城市建设施工关键技术，以形成一整套海绵城市建设的设计-施工-运维技术，为公司、局乃至国内外今后类似工程的设计和施工提供参考，本课题的研究具有较好的社会效益和经济效益。

二、详细科学技术内容

1. 海绵城市规划设计研究与应用

通过建立原地貌数据网格、内涝模型、LID、水环境分析模型对玉溪老城片区积水内涝点、排水走向等进行分析，以问题导向和目标导向相结合的原则，采取源头消纳、过程控制、末端治理、综合利用的策略，采用优先“滞、净、蓄”合理安排“渗、排”优化“用”增加“润”分类实施。以公园与绿地海绵化改造、建筑与小区海绵化改造、道路与广场海绵化改造、管网与调蓄设施建设、东风水库治理为手段，各片区年径流总量、雨污分流溢流控制率、内涝点消除等指标均达到设计要求。

2. 海绵城市关键材料设备研究开发与应用

（1）透水混凝土性能优化开发研究及应用

针对透水混凝土强度和透水性等性能的要求，根据透水混凝土的配合比设计原则，结合玉溪当地碎石、水泥、水等原材料特性，重新调整配合比，通过优化水灰比、掺入不同的粗骨料、添加特殊的胶凝剂、对材料改性等措施，使透水混凝土各项性能达到规范要求。

（2）海绵城市中增强型介质土的研究与应用

通过对玉溪原土、河砂、椰糠等介质材料透水性能、污染物消减率等分析试验，提供了两种可供选择的新型介质土配比，一种为功能介质土，确保满足海绵城市建设的雨水净化率；另一种为增强型介质土，在原功能介质土中加入一定比例的钢渣，加强 TN、NH_3-N 的吸收能力。相比于国内目前使用的介质土，对特殊水源拥有更强的净化能力和更长的寿命。

3. 人工湿地综合生态系统技术研究与应用

（1）在国际范围内，首次采用预处理设备、改性填料、负载微生物填料、水生植物的水污染综合处理技术，通过机械预处理设备和沉淀塘、垂直潜流湿地、沉淀塘、水平潜流人工湿地五级功能池内混合

配备的改性填料、负载微生物填料、水生植物共六级净化处理，降解 COD 和 BOD，削减 TN 和 TP。显著提高湿地的水处理效率和出水品质。

（2）在本项目研究过程中，对人工湿地防渗结构进行优化，创新地采用针刺覆膜法钠基膨润土防水毯并优化其施工工艺，提高防水毯的安装合格率，节省大量人工成本，缩短施工工期。

4. 河道水污染治理技术及水质监测的研究与应用

对进入东风水库的河道进行水污染源头治理，通过分析九溪河河水污染负荷种类、总量、占比，判断九溪河的主要污染源，在污染源进入九溪河河道之前，采取相应的截污、净化措施。在农村生活污水治理、河道护岸、水质检测方采用创新工艺，形成农村生活污水治理技术研究及应用、河道格宾护垫护岸施工技术、河道水质检测技术的研究及应用三项技术。

5. 既有城区海绵化综合改造技术研究与应用

通过对既有城区建筑与小区、道路与广场、公园与绿地、管网与调蓄改造技术的研究，明确了老城区海绵改造各个施工段的海绵化改造流程、施工内容及要求，对每种类型海绵化改造的原理进行了探究，提出了通用性海绵化改造流程，提供了雨污分流改造、LID 设施等的借鉴做法，具有较强的参考价值和推广价值。

6. 海绵城市运维技术研究与应用

（1）海绵设施监测与管控平台维护

通过智能水质监测平台，实时监测海绵化改造后的水质变化，对出现问题的及时进行处理；加强系统的预防性检修，延长使用寿命。

（2）透水砖堵塞规律及堵塞恢复方法比较研究

用人工合成的水模拟透水砖堵塞过程，研究透水砖在使用过程中的堵塞规律。创新性比较探究 4 种不同的清洗方式对透水砖堵塞恢复效果及对透水砖养护的影响，提出了使用高压水冲喷射柠檬酸钠对透水砖进行养护，可以有效延长透水砖的使用年限。

三、主要创新点

1. 海绵城市规划设计研究与应用

通过建立地貌数据网格、内涝模型、LID、水环境分析模型对玉溪老城片区积水内涝点、排水走向等进行分析，采用优先“滞、净、蓄”合理安排“渗、排”分类。以公园与绿地海绵化改造、建筑与小区海绵化、道路与广场海绵化改造、管网与调蓄设施建设、东风水库治理为手段，落实构建水生态、水安全、水环境、水资源工程体系。

2. 海绵城市关键材料设备研究开发与应用

（1）彩色透水混凝土性能优化开发研究及应用

结合玉溪当地原材料特性，确定合适的原料配合比，通过优化水灰比、掺入不同的粗骨料、添加特殊的胶凝剂、对材料改性等措施，使透水混凝土各项性能达到规范要求。

（2）新型透水混凝土开发研究及应用

针对透水混凝土强度和透水性等性能的要求，根据透水混凝土的配合比设计原则，结合玉溪当地碎石、水泥、水等原材料特性，重新调整配合比，通过优化水灰比、掺入不同的粗骨料、添加特殊的胶凝剂、对材料改性等措施，使透水混凝土各项性能达到规范要求。

（3）海绵城市中增强型介质土的研究与应用

通过对玉溪原土、河砂、椰糠等介质材料透水性能、污染物消减率等分析试验，提供了两种可供选择的新型介质土配比，一种为功能介质土，确保满足海绵城市建设的雨水净化率；另一种为增强型介质土，在原功能介质土中加入一定比例的钢渣，加强 TN、NH_3-N 的吸收能力，相比于国内目前使用的介质土，对特殊水源拥有更强的净化能力。该研究透水性能增强，保证了使用年限，确保土质在全生命使用周期内不会出现板结，避免重新翻新更换。

3. 人工湿地综合生态系统技术研究与应用

(1) 在国际范围内，首次采用预处理设备、改性填料、负载微生物填料、水生植物的水污染综合处理技术，通过机械预处理设备和沉淀塘、垂直潜流湿地、沉淀塘、水平潜流人工湿地五级功能池内混合配备的改性填料、负载微生物填料、水生植物共六级净化处理，降解 COD 和 BOD，削减 TN 和 TP。

(2) 在本项目研究过程中，对人工湿地防渗结构进行优化，创新的采用针刺覆膜法钠基膨润土防水毯并优化其施工工艺，提高防水毯的安装合格率，节省大量人工成本，缩短施工工期。

(3) 对国际范围内负载微生物填料制备技术进行了全面的对比与研究，本技术先在加工厂区内加工成半成品，转移至单元湿地功能池内进行二次加工，并且消除水污染能力强。

4. 河道水污染治理技术及水质监测的研究与应用

针对河道进行水污染治理，通过分析九溪河河水污染负荷种类、总量、占比，判断九溪河的主要污染源，对污染源进入九溪河河道的途径采取相应的措施截污、净化后排入河道。

5. 既有城区海绵化综合改造技术研究与应用

通过对既有城区建筑与小区、道路与广场、公园与绿地、管网与调蓄改造技术的研究，明确了老城区海绵改造各个施工段的海绵化改造流程、施工内容及要求，对每种类型海绵化改造的原理进行了探究。

6. 海绵城市运维技术研究与应用

(1) 海绵设施监测与管控平台维护

通过智能水质监测平台，实时监测海绵化改造后的水质数据变化，从而更好地掌握海绵化改造效果，对出现的问题及时进行处理；加强系统的预防性检修，通过预防性检修可以减少仪器设备发生故障的频次，延长使用寿命。

(2) 透水砖堵塞规律及堵塞恢复方法比较研究

用人工合成的水模拟透水砖堵塞过程，研究透水砖在使用过程中的堵塞规律。创新性比较探究 4 种不同的清洗方式对透水砖堵塞恢复效果及对透水砖养护的影响，提出了使用高压水冲喷射柠檬酸钠对透水砖进行养护，可以有效延长透水砖的使用年限。

四、与当前国内外同类研究、同类技术的综合比较

1. 新型透水混凝土开发研究及应用

创新性采用矿粉代替白水泥，在保证透水混凝土强度和透水率的提前下，首次提出使用 30%的矿粉代替白水泥制作透水混凝土，节约了水泥用量，在国内同类技术中属先进水平。

2. 透水砖堵塞规律及堵塞恢复方法比较研究

创新性比较探究了 4 种不同的清洗方式对透水砖堵塞恢复效果及对透水砖养护的影响，提出使用柠檬酸钠代替传统的高压水等清洗透水砖，提高对透水砖维护需求以及维护方式的认识，发挥透水砖在实际工程运用中的功效，以延长透水砖的使用年限。

3. 介质土在海绵城市中的施工技术

通过对玉溪原土、河沙、椰糠等介质材料透水性能、污染物削减率等分析试验，提供了两种可供选择的新型介质土配比，一种为功能介质土，确保满足海绵城市建设的雨水净化率；另一种为增强型介质土，在原功能介质土中加入一定比例的钢渣，加强 TN、NH_3-N 的吸收能力，对特殊水源具有更强的净化能力，填补了国内相关领域的空缺。

4. 一种利用预处理设备、改性填料、负载微生物填料、水生植物的水污染综合处理技术

国内外未见报道。

5. 一种永久吸附于基质表面处理水中 SS、氨氮的负载微生物填料制备技术

国内外未见报道。

五、第三方评价、应用推广情况

本研究以海绵城市为依托，玉溪海绵城市建设包含公园绿地海绵改造、小区学校海绵改造、管网改造、道路海绵改造、人工湿地建设、河道治理等。针对玉溪老城片区水环境差、内涝严重、上游河道污染等问题，项目通过大量试验研究、实践归纳，深入开展海绵城市建设施工关键技术研究，形成规划设计-施工-运维的海绵建设综合技术。其中“海绵城市建设综合技术研究与应用”经鉴定达到国际先进水平，“人工湿地水污染处理综合技术研究”经鉴定达国际先进水平，“透水介质在海绵城市建设中的研究与应用”经鉴定达国内领先水平。

本项目获得专利22项（其中发明1项），发表海绵核心期刊专刊1部（26篇），完成工法2部，参编北京市地方规范1项。于2018年11月举办了全国海绵城市交流会，2019年通过国家三部委海绵城市验收。海绵城市建设，提高水资源利用率，降低供水排水成本；降低水安全隐患，降低排水管网修缮成本，减少城市热岛效益，改善人居环境，有很好的环保效益。

六、经济效益及社会效益

海绵城市建设综合技术研究与应用在玉溪市海绵城市项目应用过程取得圆满结果，助力项目完美履约，保证了整个海绵改造过程的施工及运营效果，且节约了资源、降低了成本、缩短了工期，取得了显著的社会和经济效益。

通过海绵城市有关技术研发与应用，通过节约材料和原材料、机械投入、管理成本等，共创效372.13万元。

湿地的建设，净化了玉溪市饮用水源地东风水库上游进库水质，保证了玉溪市人民饮用水安全，具有重要战略意义。

海绵城市的建设，提高水资源利用率，降低供水排水成本；降低水安全隐患，降低排水管网修缮成本。玉溪海绵城市的建设，明显增加了玉溪“蓝”“绿”空间，减少城市热岛效益，改善人居环境；同时修复城市水生态环境，为更多生物、植物提供栖息地，提高城市生物多样性水平。

承办“2018年全国地下综合管廊与海绵城市建设技术交流会”，在云南地区起到了社会引领作用。

公共机构全生命期绿色节能关键技术研究与应用

完成单位： 中国中建设计集团直营总部、中国建筑科学研究院有限公司、中国建筑第八工程局有限公司、中国建筑第二工程局有限公司

完 成 人： 薛　峰、柳　松、朱晓姣、李文杰、张晓勇、宋　波、李　婷

一、立项背景

公共机构是指全部或者部分使用财政性资金的国家机关、事业单位和团体组织，如各级政府机关、事业单位、医院、学校、文化体育科技类场馆等。全国有公共机构175万多家，公共机构建筑面积达几十亿平方米，是发展绿色建筑的重要主体。

《公共机构节能“十二五”规划》《公共机构节约能源资源“十三五”规划》中，均提到要重点提升公共机构节能水平，特别提到“严格新建建筑节能评估审查，提高新建建筑能效水平”“推进既有建筑绿色化改造；组织实施既有办公建筑绿色化改造示范项目，中央国家机关本级进行大中修的办公建筑均要达到绿色建筑标准”。公共机构在新建建筑和既有建筑改造中，全面提高节能设计标准要求、采取既有建筑绿色改造以及建筑的精细化节能运营管理措施成为必然要求。

为此，针对公共机构亟需的以提升全过程节能效果、明确节能指标、落实能源计量消费管理等措施来全面挖掘节能潜力的目标，国管局组织开展了“国家科技支撑计划节能减排科技专项”——《公共机构绿色节能关键技术研究与示范》（2013BAJ15B00）项目。

当前，缺少避免公共机构过度拆改的科学决策工具，缺乏建设全过程一体化协同技术，缺乏国管系统能源管理信息化平台等。本研究项目通过开发协同设计与优化比选技术、节能关键部位建造技术、节能信息管理平台与数据库，起到辅助科学化的决策，指导我国公共机构节能管理工作。

二、详细科学技术内容

1. 总体思路

通过对全国范围内，不同气候区、新建和既有两种类型公共机构的综合调研，政府办公建筑、学校以及医院是公共机构中的用能大户，这三类建筑作为典型公共机构存在共性的节能潜力，如设计局限与方案优化差、暖通能耗高、采光效能低、建筑围护结构性能不高、运维阶段能源分配不合理等。以上情况反映到不同工作阶段，对应以下具体问题：

（1）整体上，对“全过程”理念认识不足，针对公共机构特点的绿色节能技术集成度不高、缺少适宜性关键技术支撑；

（2）设计阶段存在专业间协同不足、碎片化管理，方案优化与能效评价缺乏量化标准；

（3）建造阶段存在重要围护构造节点性能不高，施工绿色化水平不高、建筑能效运行与调试不足等；

（4）运维管理阶段，缺乏统一的数据标准和可靠的大数据采集、分析技术，导致难以通过能源合理分配降低建筑运维阶段的能耗水平。

针对以上问题，以建筑全生命周期理论为基础，通过构建绿色建筑协同设计方法、围护结构性能提升关键技术的研发、绿色建造关键技术的研发与集成、既有建筑绿色改造技术的集成与方案优化工具研发、绿色改造能效评价方法以及公共机构能源管理现代信息技术的研发与应用等关键技术的研发与集成

应用，全面提升公共机构从设计、建造、调试到运维全过程的节能效果。

并通过构建公共机构全过程、全要素绿色节能核心技术体系、相关工程实践以及节能效果的跟踪与评估，实现了技术成果的推广与应用，为理论和技术的进一步完善与发展奠定了基础。

2. 关键技术

（1）公共机构新建建筑绿色建设关键技术

1）建立全过程、全专业、全要素绿色协同设计方法，开发协同设计（PIM）平台

以建筑节能、高效运行、舒适适用、成本优化和增强碳减排强度为目的，对建设全过程的工作步骤和相关标准规范、导则指南中的1600余项工作步骤和措施要点进行梳理，提炼出了179步流程步骤，从260个功能空间中归纳出32个节能性能重点功能空间，用12项流程和4类目标值、7项过程模拟，编制了全过程绿色协同设计流程，开发了利用sketchup插件将规划布局模拟前置的工具。

开发了适用于公共机构绿色建设全过程的节能性能量化模拟、优化比选的协同设计平台（PIM平台），将设计要求、技术措施、产品性能、成本数据等进行集成适配和优选，实现了协同设计平台（PIM）与建造管理平台（EBC）及运行平台（SOP）的数据链接和共享交互，将施工过程深化设计、用材性能和成本优化比选的数据前馈。见图1～图4。

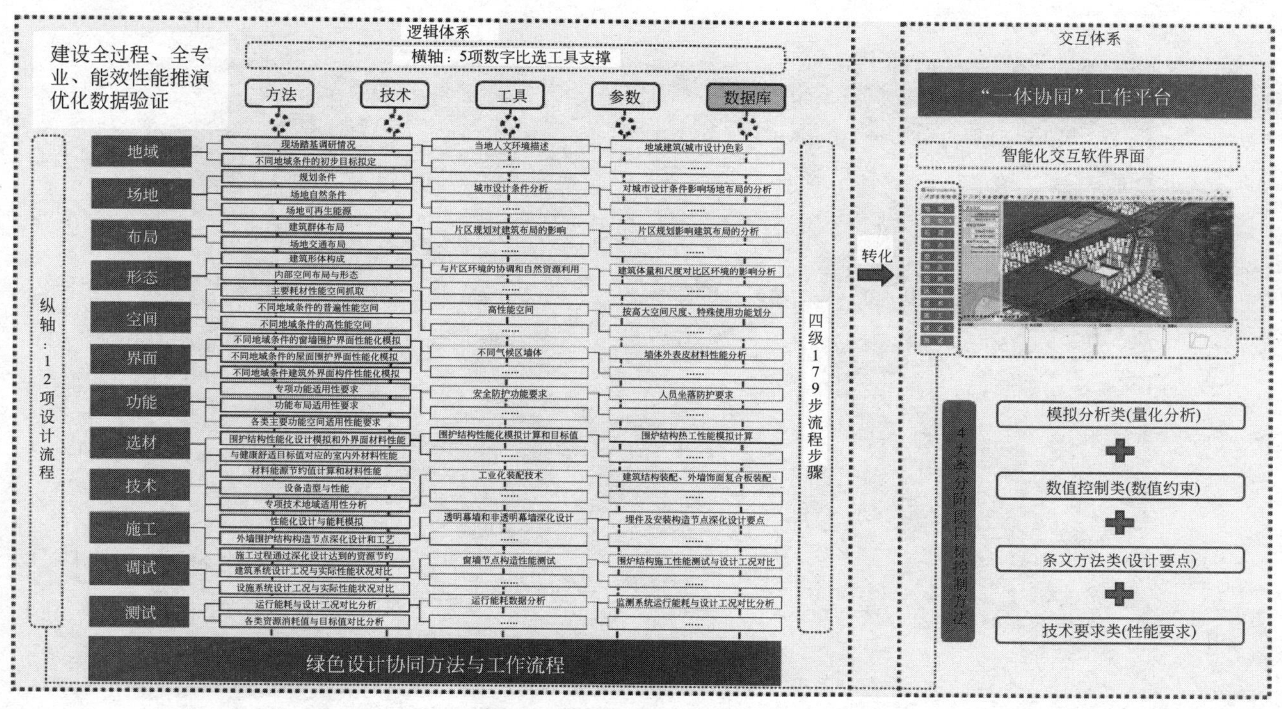

图1　绿色协同设计方法与流程

2）建立适用于不同气候区条件下典型公共机构绿色建筑围护结构高性能构造关键技术集成体系

建立各类围护结构设计节点、技术要求和材料适用匹配方案，开发主要构造节点的标准构件模块，节点构件一次成型的施工工法和装备，建立节点设计要求、构配件与材料之间的性能适配关系，大幅度提升建造效率和节能性能。见图5～图7。

3）建立绿色运行与调适技术体系

建立建筑运行能效优化提升关键技术和项目交付与调适优化关键技术体系，实现建筑系统的节能和优化运行。完成国家标准《公共机构办公区节能运行管理规范》。

4）项目示范

完成技术示范项目2项。工业和信息化部综合办公业务楼项目围绕空调系统节能设计优化、照明系统节能设计优化、建立用能设备智能管理平台、高性能围护结构设计与建造技术等方面开展研究与示范

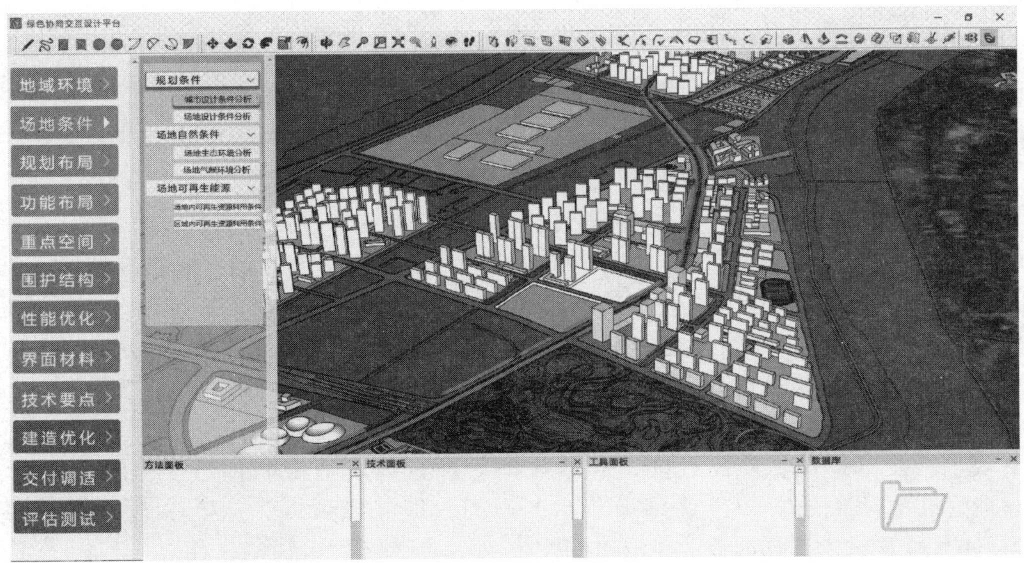

图 2　协同设计平台（PIM）操作页面

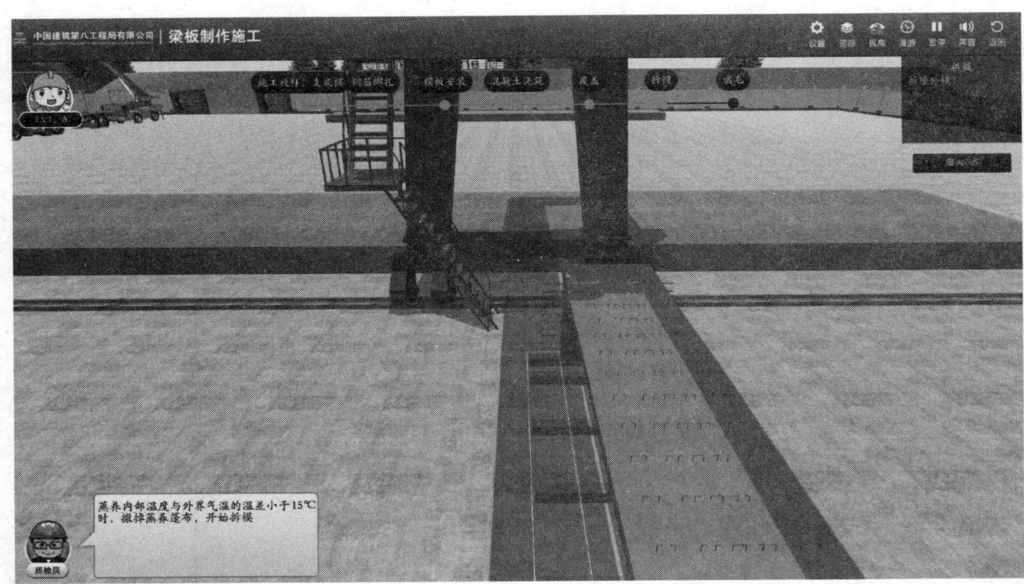

图 3　建造管理平台（EBC）操作页面

图 4　运行平台（SOP）操作页面

图 5　防水隔气膜

图 6　窗框与真空绝热板接缝

工作，应用了 15 项新技术，获得我国绿色建筑设计、运行双三星标识、全国优秀工程勘察设计行业奖和工程质量“鲁班奖”，实现综合经济效益 526.49 万元，示范项目绿色建造关键技术与应用达到国际先进水平，项目实现建筑节能率 61.8%的目标。

图 7　隔热垫片

天津滨海新区南部新城社区文化中心项目应用了“新型外界面材料”“高性能围护结构”“照明优化与节能控制”“能耗监测控制系统”等 10 项关键技术，获得我国绿色建筑设计、运行双三星标识、全国绿色建筑创新奖和 APEC ESCI 最佳实践奖银奖，建筑节能率 66%，建筑耗能为 36kWh/（m^2·a）。

（2）公共机构既有建筑绿色改造关键技术

1）建立既有建筑绿色改造关键技术体系

面向公共机构既有建筑绿色改造需求，针对典型公共机构不同气候区用能问题及特点，建立既有建筑绿色改造技术适宜性分析方法，提出涵盖 5 个气候区的绿色节能改造成套技术方案；首次建立了改造方案多目标优化比选方法；创新性的提出 Alter 绿色改造技术应用效果量化评价方法；形成了从单项技术选用、成套综合方案制定、方案优化比选、到改造效果后评价的全过程公共机构建筑绿色改造技术应用的技术支撑体系，推动公共机构绿色节能改造由单项转变为集成，避免改造不足或改造过度现象的产生，实现改造项目综合节能 25%、节水 15%以上的目标。

2）开发公共机构建筑绿色改造成套技术方案多目标优化比选工具

基于改造方案多目标优化比选方法，以节能效果、经济成本、碳减排强度为目标，开发典型公共机构建筑绿色改造成套技术方案优化工具，开发公共机构建筑绿色改造效果综合评价数据库系统，并获得软件著作权《公共机构建筑绿色改造优化系统 V1.0》1 项。为决策者科学决策提供手段和依据，解决既有公共机构节能改造中过度拆改问题。见图 8。

3）项目示范

完成技术示范项目 2 项。山东省林业厅绿色节能改造技术应用示范，项目改造后实现节约标煤

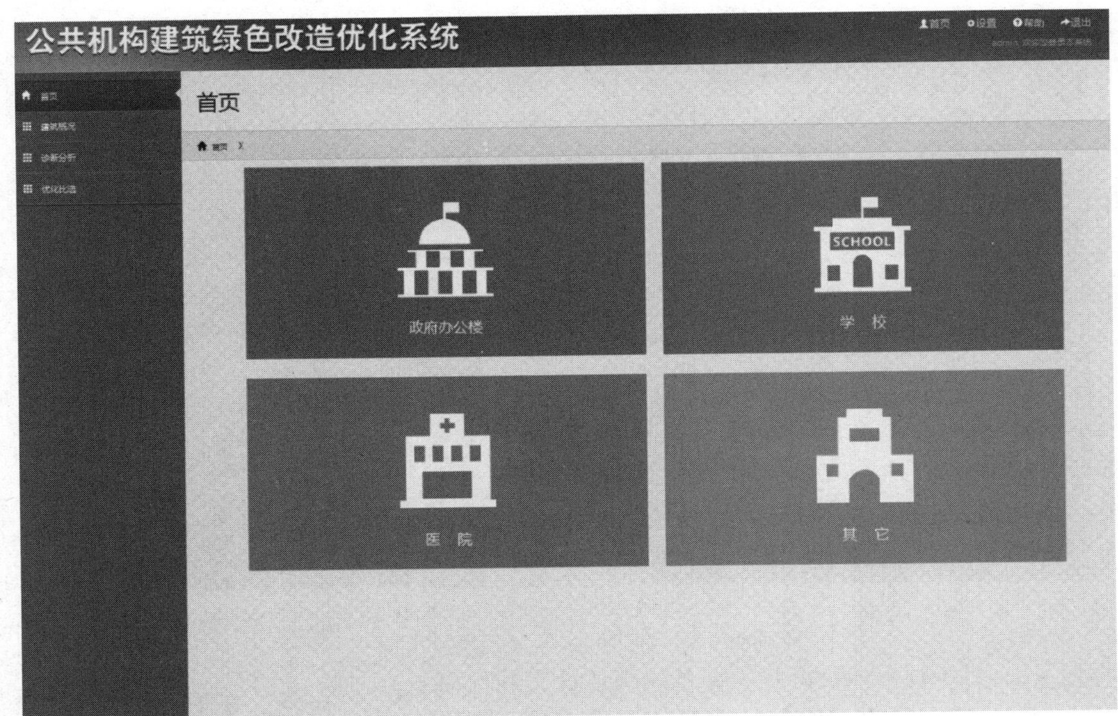

图 8　公共机构绿色建筑改造优化系统软件界面

31.46t，节水 378t，节能率 41.7%，节水率 18.9%，减少碳排放 9.36tCO_2，实现了节能降碳与投资最优组合，获得一星级绿色建筑设计标识；北京林业大学建筑绿色节能改造示范，项目改造后实现年节能 1109.8tce，节水 7.5 万吨，节约资金 413.49 万元。示范项目节能减排效果显著，能够指导公共机构建筑绿色节能改造工作，对全国的能源资源节约工作具有较强的示范引领作用。

（3）公共机构能源管理现代信息关键技术

1）公共机构能源管理现代信息关键技术研发

解决了影响能源管理大系统的信息通信、网络传输、数据安全、数据校验、数据库接口等关键信息通信技术难题，实现了能源管理数据可采集、可传输、可分析、可利用，为公共机构能源管理系统全面推广和大数据分析提供了技术支撑；主导编制完成国际标准 ISO/IEC/IEEE 1888 系列，填补国际空白。

2）公共机构节能管理信息平台与能源管理系统开发

首次集成云计算、大数据、分布式数据库、智能索引等关键技术，开发覆盖全国公共机构的节能管理信息平台和公共机构能源管理系统，满足大并发条件下的数据采集和处理需求，通过混合部署提高节能管理工作效率、降低资源使用成本，全面支撑公共机构管理部门的能源信息化管理工作。见图 9。

3）项目示范

节能管理信息化平台先后在广东、广西、甘肃、贵州、山东五省、市、县各层面的全部公共机构进行了应用，实现了线、面组合应用示范；2016 年开始，国家发展改革委、教育部、科技部、工业和信息化部、国家民委、民政部、人力资源社会保障部等 40 家国家部委应用该信息化平台技术完成公共机构能源管理。

三、发现、发明及创新点

（1）建立了针对不同气候区、新建与既有典型公共机构绿色建筑全生命期协同设计与优化提升关键技术集成体系，实现了方法创新。

设计阶段，开发绿色协同设计新流程和协同平台；建造阶段，开发高性能围护结构构造节点适用匹配方案和标准构件模块；交付运行阶段，开发了调适与能效优化提升等关键技术。

图 9 公共机构节能管理信息平台软件界面

（2）开发了适用于公共机构新建和既有改造的全过程优化比选工具，建立不同设计阶段过程模拟比选方法，开发集节能、成本、碳减排等多目标的比选方法与优化工具，为决策者科学决策提供手段和依据，避免改造过程中过度拆改等问题，实现了工具创新。

（3）开发了覆盖全国的公共机构节能管理信息平台与能源管理系统，解决能源管理系统的信息通信、网络传输、数据安全、数据校验、数据库接口等关键信息通信技术难题，实现了能源管理数据可采集、可传输、可分析、可利用，为我国公共机构能源管理系统全面推广和大数据分析提供了技术支撑。主导编制全球首个能源互联网国际标准"泛在绿色技术"ISO/IEC/IEEE 1888，实现了标准和系统创新。

四、与当前国内外同类研究、同类技术的综合比较

项目整体、部分关键技术通过科技成果评价、科技成果鉴定、技术查新及项目应用、验收等方式与国内外同类研究、同类技术进行综合比较，具体见表 1。

综合比较 **表 1**

序号	关键技术名称	比较方式	比较结果
1	公共机构绿色节能关键技术(项目整体)	科技成果评价	整体达到国际先进水平
2	工业和信息化部综合办公业务楼工程关键施工技术研究与应用	科技成果鉴定	整体达到国际先进水平
3	被动式超低能耗建筑构造施工技术	科技查新	未见有相同报道
4	绿色建筑多主体全专业协同技术	科技查新	未见有相同报道
5	公式机构既有建筑绿色改造关键技术	项目应用	国内领先
6	公共机构的节能管理信息平台	项目应用	国内领先
7	公共机构能源管理系统	项目应用	国内领先
8	"泛在绿色技术"ISO1888 系列	课题验收报告	填补国际空白

综上所述，项目创新性强、应用范围广，兼顾了公共机构新建绿色建筑和既有建筑绿色改造的不同需求，为全面推动公共机构绿色建筑发展进程提供了技术支撑，整体达到国际先进水平。

五、第三方评价、应用推广情况

项目整体进行了科技成果评价，并形成《科技成果评价报告—公共机构绿色节能关键技术研究》

（中科评字［2020］第4160号），报告结论中对项目的评价为“项目创新性强、应用范围广，兼顾了公共机构新建绿色建筑和既有建筑绿色改造的不同需求，为全面推动公共机构绿色建筑发展进程提供了技术支撑，整体达到国际先进水平”

本项目成果具有广泛的适用性和极高的推广应用价值，先后在北京大兴国际机场南航基地、雄安市民服务中心、内蒙古民族大学、杭州国际博览中心、天津中医药大学第二附属医院迁址新建一期项目等近400万平方米的国家级、省部级公共机构新建项目推广应用，新建项目建筑节能率均达到65%以上；完成公共机构绿色改造项目15项，共计178.7万平方米；开发的公共机构的节能管理信息平台和公共机构能源管理系统在全国范围内推广应用。

相关成果通过国管局在全国公共机构节能管理工作中得以推广和应用，分别于“十二五”期间指导2060家、“十三五”期间指导3000家、共计5050家节约型公共机构示范单位创建，取得了显著的节能效果并起到了良好的示范作用。

六、社会及经济效益

1. 社会效益

为加强公共机构能源资源的节约管理、推进公共机构绿色建筑应用奠定了坚实技术基础，有力推动了我国节约型公共机构的示范建设，促进公共机构能源资源利用效率的显著提升，带动全社会“两型社会”建设。

2. 经济效益

（1）2016年

1）工业和信息化部综合业务办公楼项目年非传统水源利用率43%，年节约能耗390万度，年节约自来水1.9万吨，综合建筑能耗节约61.08%，综合经济效益：节约成本160.7万元；

2）山东省林业厅办公楼：公共机构绿色改造成套技术应用示范绿色节能改造投资成本127.88万元，增量成本12.6万元，可实现节约标煤31.46t，节能率41.7%，节水378t，节水率18.9%，减少碳排放9.36tCO_2，年节约效益13.294万元；

3）北京林业大学项目改造后实现年节能1109.8tce，节水7.5万吨，节约资金413.49万元。

以上合计，2016年项目节支总额约为587.48万元。

（2）2015～2019年

“十二五”“十三五”期间，指导公共机构完成5050家节约型公共机构示范单位创建，单位建筑面积能耗下降了17.97%，人均水耗下降了17.84%，约实现节能7.3万吨标煤，实现节水3600万立方米，节省公共机构能源费用支出2.53亿元。

（3）2020～2025年

全国公共机构约175.52万家，能源消费总量1.83亿吨标准煤，用水总量125.31亿立方米，建筑面积约90亿平方米。若项目成果于“十四五”期间（2021～2025年）在全部公共机构推广应用，可实现节能约3290万吨标煤，节水22亿立方米，节约能源费用支出439亿元。

模块化箱式集成房屋标准化、定型化及信息化关键技术研究与应用

完成单位：中建集成建筑有限公司、中建科技集团有限公司

完 成 人：张庆昱、张健飞、房　浩、李张苗、张平平、陈宝光、钮　程

一、立项背景

1. 相关科学技术情况

目前，目前模块化箱式集成房屋是国内外发展热点，随着需求量的提升及应用规模的不断扩大，一些目前发展遇到的瓶颈问题也逐渐暴露出来。

在社会认可度方面，产品社会认可度较低，推广受限，通常被理解为低端临建，应用范围受到局限，高端化、定型化、标准化的产品思维尚未形成。

在技术层面上，模块化箱式集成房屋在不同适用环境下的性能研究较少，主要结构构件和关键节点在不同荷载条件下的受力性能等都需要大量的试验研究，急需软件模拟方式及简化结构计算方法等支持相关设计。

在生产建造方面，标准化单元技术参数不统一，导致设计、生产、施工无法形成完整的流水线，难以社会工业化、成本较高、推广难度大。同时，模块化集成房屋整箱运输效率低，运输成本受不同路况条件影响大，限制了其推广。

在设计信息化方面，目前国内外信息化软件都较为缺乏，设计通常需要多软件交互，设计效率低，标准化程度低，BIM 技术难以充分发挥，BIM 标准化产品库及构件库亟待完善。

2. 存在问题

（1）模块产品定型化、标准化程度低，缺乏模数约束，难以形成生产流水线，工业化生产效率低，品质难以保证。功能模块产品开发受限。

（2）部品构件标准化程度低，缺乏通用设计和技术参数方案，无统一检验验收标准，质量难以保证，通用性较差。后期建造及维护成本较高。

（3）在标准化设计方面，针对临时设施模块产品的 BIM 相关设计软件仍属行业空白。

二、详细科学技术内容

1. 技术研究内容及方案

（1）构建标准化设计关键技术

通过仿真模拟软件及试验测试研究，将模块产品标准受力构件进行优化，形成标准化受力构件。再将模块化箱式集成房屋整体建立有限元模型，进行整体受力性能分析，并最终将主受力构件标准化、定型化。见图 1～图 3。

（2）模块单元力学性能研究

根据模块化箱式集成房屋常规的布局及建造形式，按最不利的受力单元作为分析对象的原则，取最不利的单个箱体进行力学性能分析，采用水平加载器模拟水平荷载（主要为风荷载和地震荷载），配重块和水平加载器的作用按照《建筑结构荷载规范》GB 50009—2012 及箱式房屋实际荷载来计算。见图 4。

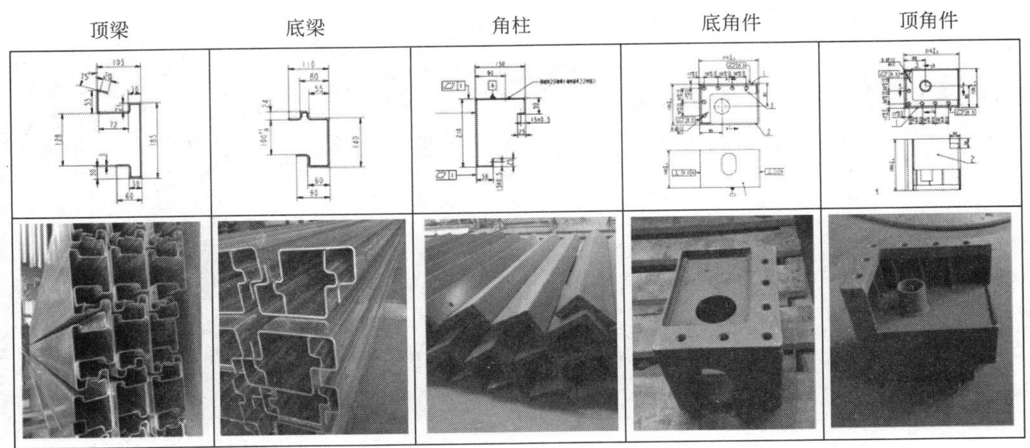

图 1　模块标准受力构件

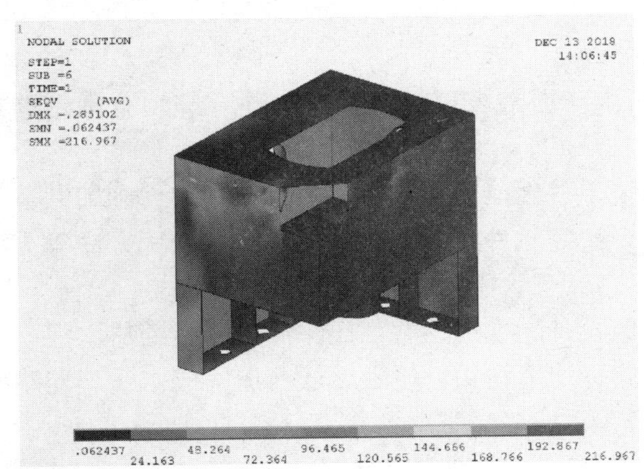

图 2　模块角件受力分析

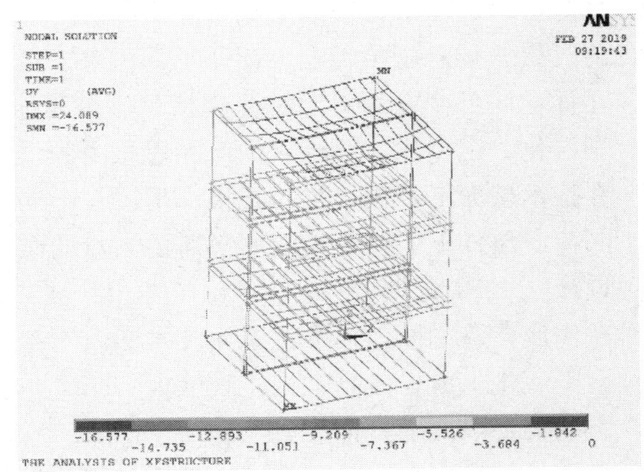

图 3　双排三层整体受力分析

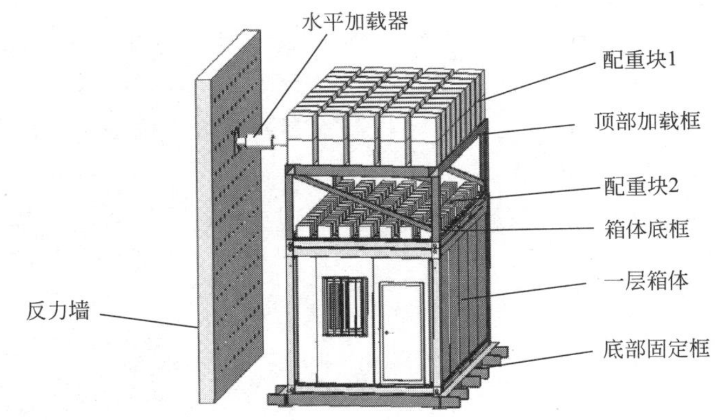

图 4　三层模块整体受力试验方案

根据试验结果分析如下：

1）竖向荷载作用下，试件整体竖向变形较小，各测点应变均属于弹性范围，试件未见损坏。

2）往复水平荷载作用下，试件最大正向承载力（推力）为 42.4kN＞风荷载 37.2kN，最大负向承载力（拉力）为－39.8kN＞风荷载 37.2kN。整个加载过程中，大部分测点应变数据均属于弹性范围，局部出现塑性。见图 5。

3）往复水平荷载作用下，一层箱体顶框和二层箱体底框间竖向相对位移较小，除局部墙板及附属结构出现局部破坏及脱落外，试件主体结构部分未见明显破坏，试件上安装的门、窗均可以正常打开，

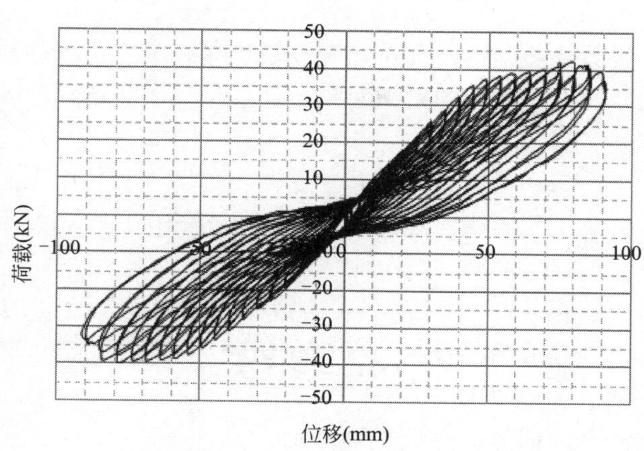

图 5　三层模块整体受力滞回曲线

试件整体完好。

4）墙板抗弯承载力实测值为 1.3kN/m^2>0.5kN/m^2（《建筑用金属面绝热夹芯板》GB/T 23932），满足要求。

（3）保温性能研究

针对模块化箱式集成房屋中存在较多的构件和配件，而且房屋在实际使用中需要组合使用，组合的情况比单个单元复杂，将模块化箱式集成房屋按照构造等级分解成：材料和配件、系统或构件、集成房屋三个级别。

1）节能：评价影响建筑能耗的关键因素；

2）健康与舒适度：基于湿热耦合理论，评价使用者相关的舒适水平、感受，还有可能对使用者健康存在影响的因素；

3）耐久性：基于湿热理论，评价建筑材料、建筑构件在实际使用中的耐久性能。见图 6～图 8。

图 6　系统—顶板模型图

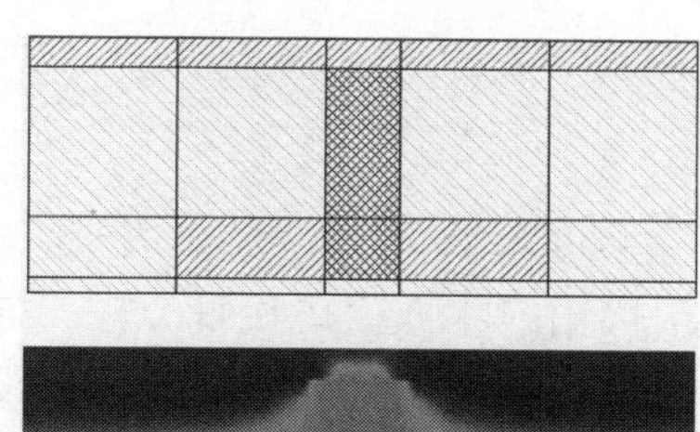

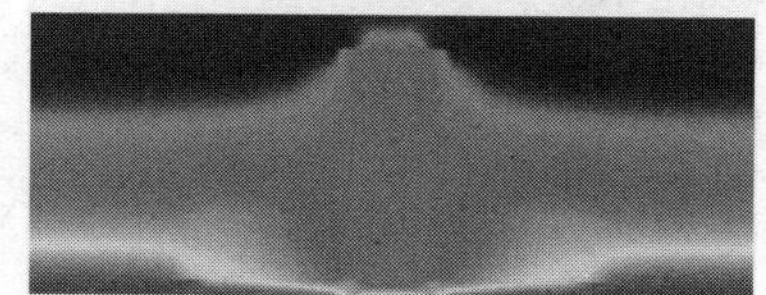

图 7　单元拼缝热传递模拟计算

图 8　整箱能耗测试

（4）防火性能研究

与国家建筑防火产品质量监督检验中心合作，对模块化箱式集成房屋的材料、构件和主体进行了相关的防火试测。选取箱体的一面框架墙作为测试对象，通过相关的测试来验证其整体防火性能。

（5）隔声降噪性能研究

如图所示，在西侧第 2 个房间和第 3 个房间布置仪器，分别作为接受室和声源室，检测组合箱式房样品区西侧第 1 个房间西侧外墙空气声隔声和第 3 个房间（声源室）与第 2 个房间（接受室）之间的空气声隔声。

由于模块化箱式集成房屋是由一个个自成体系的箱体组成，箱体之间的拼缝通过相应的胶条来处理，因此隔声等级需单独考虑，划分为 5 级。依据《建筑隔声评价标准》GB/T 50121—2005 对建筑构件隔声性能进行评价，测试满足标准要求。

2. 模块化箱式集成房屋产品的信息化设计关键技术

基于 BIM 软件技术平台，建立标准族库，开发快递建模、输出清单专用设计、建造软件，实现了模块化箱式集成房屋产品的信息化设计。见图 9。

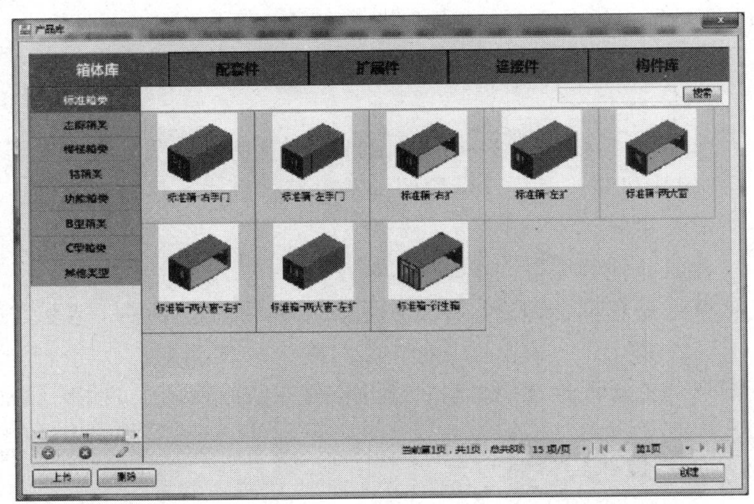

图 9　产品库界面

传统的模块化箱式集成房屋设计方法，常需要多种软件交互，无标准族库可参考，流程烦琐，效率较低。本项目中自主研发设计的“快速建模”功能模块将 Revit 软件作为底层架构平台，通过计算机对临时设施的全生命周期进行三维数字虚拟展现，其中的设计产品库品类丰富，分类明确，应用方便，使得临时设施在模型创建方面更加迅速便捷，进而达到缩短工程进度、提高工程质量、减少工程安全事故、节约工程成本的目的。

本技术研究主要遵循原则为：实现数字化、信息化、可视化；推广环境实用度高；功能应用贯穿临时设施建造全过程。

3. 适用于多领域的功能模块关键技术

（1）应急防疫工程系列产品

在疫情期间，在紧迫的防疫需求下实现了迅速建造并投入使用，其产品特性与应急防疫需求相匹配，在实际应用中收到了良好的用户反馈。见图 10。

（2）大型建设者营地系列产品

近年来，随着城市化建设的发展推进，工程项目的数量与规模不断加大，工人生活区的管理问题得到社会的关注度越来越高。为了切实做到以人为本，提高建筑工人的生活幸福指数，彻底摆脱人们眼中工人生活区“脏、乱、差”的印象，研究建设者之家运营管理模式，充分展现“扩展幸福空间”的行业优势。见图 11。

图 10　西安市公共卫生服务中心项目

图 11　深圳“科寓”建设者之家项目

（3）军民融合产品

模块化集成房屋的结构主体、装饰装修、水电管线以及配套附属构件的设计均满足重复拆卸、组装的要求。部件之间的连接不仅安全、可靠，而且满足拆装便携和再次组装后性能不降低的要求，对构成各类营房的基本单元进行模块化设计，优化内部设施布局，集成风、水、电、通信等管线电路及接口，融合围护、防火、隔声、隔热与装饰功能，实现模块设计的标准化、模数化、通用化。见图 12。

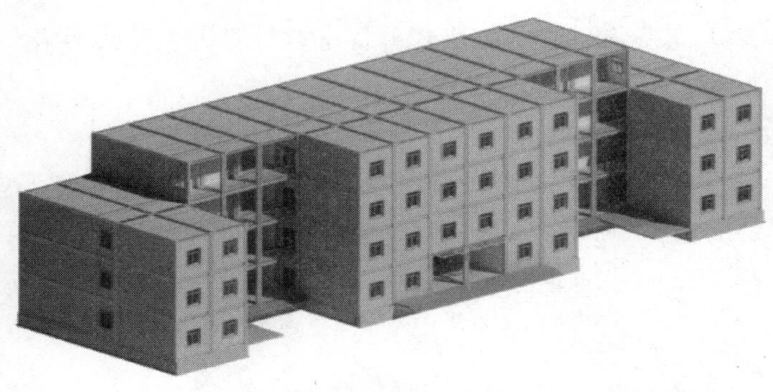

图 12　营房模块

三、发现、发明及创新点

1. 实现了模块化箱式集成房屋的产品化

形成了应急防疫、军民融合等定型化产品体系，产品体系完备、适应性强、用户反馈积极，应用前景广阔。通过大量保温、隔热、防火隔声系列试验，对产品性能进行优化，同时对箱式房产品的打包运输方式进行优化，并制定相关的运输规范，以提高其对不同路况的适应能力，进一步提高其应对各种突发状况的能力。见图 13。

图 13　标准负压病房模块

2. 自主研发设计了多种特色功能箱模块产品

对模块产品进行了标准化、定型化、模数化规范，使得不同建设目的产品均可通过标准模块及功能模块组合而成，既规范设计流程又简化了生产制造方式，提高了产品质量。见图 14。

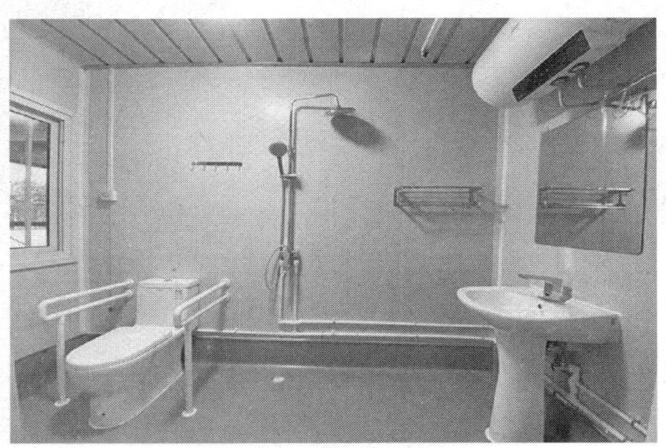

图 14　卫浴功能模块

3. 实现了部品部件标准化设计及生产

建立了通用设计即技术参数方案。标准化构件可替换、可通用、可流水线生产，大大节约了维护成本，延长了建筑使用寿命。见图 15。

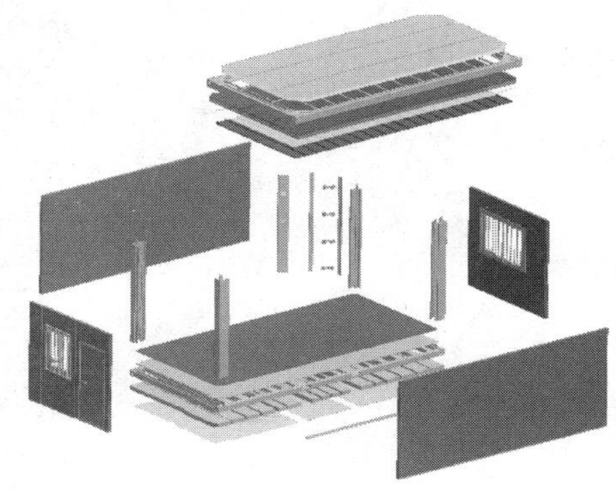

图 15　模块部品部件组成

4. 开发了针对专门针对模块化箱式集成房屋的设计软件

即基于 BIM 的模块化箱式集成房屋仿真模拟快速建模软件，创建了丰富的临时设施产品构件族库、建立了临时设施“四级八位”编码体系、实现了临时设施自动精准识别建模功能、实现了临时设施扩展件、连接件智能布置、实现了临时设施构件自动编号及着色。整体从设计层面简化了设计流程，实现了建筑设计的标准化、数字化、信息化、可视化。见图 16。

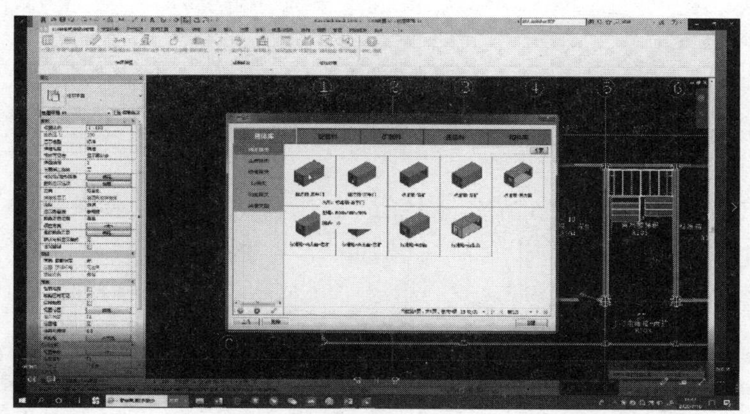

图 16　自主开发软件界面

四、与当前国内外同类研究、同类技术的综合比较

经过几十年的发展，模块化箱型房屋在欧美及日本得到了良好的发展，涵盖各行各业，形成了较大的产业规模。并且，随着认可度的提高和应用范围的推广，模块化箱式集成房屋的标准化、定型化、产业化成了发展的必然趋势。海外各种特色功能模块的开发较为成熟，已基本实现了模块产品的产业化发展。目前，已经在公用建筑中的学校、幼儿园、医院、展览馆等中得到了广泛应用。见图 17。

图 17　荷兰学生公寓

国内方面，改革开放以来，国内建筑行业体量逐渐增大，箱型房屋的需求巨大，但由于缺乏相关的行业标准，难以形成产业化发展，缺少标准化生产流水线，部品部件通用性差，运输安装维护成本高，仍旧处于发展的起步阶段。

在模块化箱式集成房屋设计软件方面，由于临时设施模块产品的特殊性，目前国内也尚未出现有针对临时设施模块产品开发的 BIM 相关软件。

五、第三方评价、应用推广情况

1. 第三方评价

本项研究共获得 3 项第三方评价。

2019 年 6 月 4 日，住房和城乡建设部科技与产业化发展中心组织专家在北京主持召开了由中建集成房屋有限公司完成的“模块化箱式集成房屋”科技成果评估会。评估委员听取了完成单位的技术研究工作汇报，审查了相关技术文件，查看了产品样板房后，评估委员会认为该成果达到国际先进水平，具有很好的推广应用价值。

2019 年 7 月 5 日，“施工现场临时设施箱式集成房屋仿真建造模拟技术”经评价达到国际先进水平。

2019 年 7 月 5 日，“模块化箱式集成房屋关键节点受力分析关键技术”通过了由中科合创（北京）科技成果评价中心组织的评价会，达到国内领先水平。

2. 应用推广情况

模块化箱式集成房屋在多个实际项目中得到了有效应用，并收获了积极的反馈评价。

（1）中建亚投行项目部

中建亚投行项目部用房项目，于 2017 年 4 月 16 日开始施工，2017 年 4 月 29 日竣工验收，总建筑面积 $2600m^2$（含露台 $300m^2$），其中办公区域面积 $1300m^2$，生活区建筑面积 $1000m^2$，采用了中建集成建筑有限公司研制的模块化箱式集成房屋。收到用户评价如下：该产品具有安全舒适、保温节能、干净美观等特点，极大地改善了施工现场的办公和生活条件，使用效果良好。见图 18。

图 18　中建亚投行项目部

（2）西安市公共卫生中心项目

该项目占地 500 亩，位于高陵区东南，项目按照平战结合、长远规划的理念，首期建设的应急隔离病房，将提供床位 475 张。见图 19。

图 19　西安公共卫生中心

(3) 深圳会展中心业主临时指挥部

该项目采用多种形式落地窗加全大墙灰颜色墙板的设计思路，为两个回形楼座，一半采用 3m 高箱体搭建 2 层，另一半采用 3.5m 高箱体搭建 2 层，整体效果大气、庄重，与普通临建呈现的效果截然不同。见图 20。

图 20　深圳会展中心业主临时指挥部

(4) 泰山花海天颐湖项目

泰山花海天颐湖项目位于山东省泰安市泰山花海旅游景区内，建筑面积：450m^2，使用模块：25 个，分别用作售卖亭、休闲广场、餐厅、纪念品商店等。见图 21。

图 21　泰山花海天颐湖项目

六、经济效益

2018 年度有多个项目采用了模块化集成房屋，不仅带动了相关产业发展，更对经济效益产生了显著影响。见表 1。

表 1

近三年直接经济效益 26224.21 万元				
项目投资额	8000 万元		回收期(年)	15
年份	新增销售额(万元)	新增利润(万元)	新增税收(万元)	
2017	8051.34	529.90	339.69	2017
2018	9396.40	387.60	406.04	2018
2019	8776.46	318.84	738.82	2019

七、社会效益

模块化箱式集成房屋产品符合国家节能环保、减排减放相关政策，是一款新型的建筑产品。构件标准化程度高、安装速度快、舒适性好、结构安全、使用环境健康，体现了绿色施工的要求，为设计、制作、施工及推广应用提供了重要的技术支持，对施工现场临时设施向前发展起到了很好的推动作用。

通过研究，实现部品部件批量化、规模化、标准化、工业化生产，建造成本大幅降低，其经济效益非常显著，模块化箱式集成房屋产品通过可多次周转利用，经济效益更为突显。

通过对模块化箱式集成房屋的研究，使其形成统一的模数序列，形成模块化、定型化产品系列，提高应急处理的能力，大大减少国家财产损失的同时，有力保障人民群众生命安全，社会效益显著。

进一步建立了军民融合的新型产业链，同时服务于军民两地，预期民用市场需求巨大，同时将带动科技研发、设备制造、部品部件生产、物流仓储等全产业链的发展，带动社会经济转型增长。

基于大数据技术的盾构隧道智慧施工辅助系统研究

完成单位：中建交通建设集团有限公司、上海逸风自动化科技有限公司
完 成 人：尹清锋、孙伟国、张洪涛、王春河、韩维畴、朱英伟、王　浩

一、立项背景

随着大数据时代的来临，工业互联网随之产生。它通过智能机器间的连接最终将人机连接，并结合软件和大数据分析，达到重构全球工业、激发生产力，让工业行业变得更清洁、更高效、更经济的目的。工业互联网是数字技术、物理技术、大数据与大机器的融合。通过部署电子传感器和云分析，将传统工业机器转变为互联资产，开创功能与效率的全新局面。由大数据分析得出的洞察信息可以实现预测性维护：提前处理潜在故障，避免意外停机，降低风险、降低成本等。

目前大数据在服务行业等民用领域已发展多年，已经具备一套比较完整的研究思路。但是，大数据在工程施工领域刚刚兴起，对于轨道交通行业中盾构施工领域，大数据分析更是史无前例。因此，如何通过大数据分析手段，解决盾构施工领域存在的问题是目前需要研究与探索的方向。

二、详细科学技术内容

1. 大数据分析工具开发

盾构施工过程所获得的数据已经符合或满足大数据分析的基本要求，但只有通过深入分析才能获取很多智能的、有价值的信息，这些数据的属性随着施工的进展可能呈现出更大的复杂性，如何进行数据分析及解决，才能决定施工数据及信息是否有价值。结合盾构施工的特点，利用可视化分析、数据挖掘算法、预测性分析、语义引擎、数据质量和数据管理等分析思路，开发一套完善的大数据分析工具，分析盾构施工的参数特征及数据规律。

2. 基于大数据工具的盾构施工参数相关性分析

（1）盾构机掘进参数与周边环境及地层变形相关性分析

盾构掘进施工引起的盾构隧道周边环境安全是一个较为复杂的问题。一方面因为盾构施工的非线性、时效性、多变量等特点；另一方面在于各因素间的相互干扰，都导致了它的不确定性，也无法通过理论分析确定。但是，盾构掘进施工参数控制的好坏是决定盾构施工安全性的一个重要方面。如果盾构掘进施工参数控制不好，轻则导致地表沉降、既有轨道线减速、道路行车舒适度降低、建（构）筑物倾斜或裂缝，重则导致地表坍塌、既有线或道路暂停，建（构）筑物倾覆，甚至在建隧道毁坏，此类现象屡见不鲜，社会和环境影响较大，经济损失严重。因此，将盾构掘进周边环境变形及地层控制在允许范围内，具有良好的社会效益、环境效益和经济效益。

研究利用大数据技术分析盾构机数据采集系统存储的大量盾构掘进施工参数与盾构隧道周边环境变形及地层的相关性规律，以期预测盾构隧道周边环境变形及地层，找寻影响盾构隧道周边环境安全的原因，为处理方案制定提供依据。

（2）盾构掘进参数与盾构隧道工程质量相关性分析

盾构隧道施工中，盾构机掘进姿态控制的好坏，是决定盾构隧道工程质量的主要因素。如果掘进姿态控制不好，轻则造成管片错台、破损、渗漏水，重则导致调线、调坡、调设备安装位置等，甚至导致运营车辆减速、拆除成型隧道并重新修建，因盾构掘进轴线偏差、管片渗漏水等而引起的隧道工程质量

事故时有发生，社会影响恶劣，经济损失严重。因此，将盾构机掘进轴线与隧道设计轴线间的偏差及管片错台和破损控制在允许范围内，具有良好的社会效益和经济效益。

研究利用大数据技术分析盾构机数据采集系统存储的大量盾构掘进施工参数与盾构隧道工程质量的相关性规律，以期预测盾构姿态、成型隧道轴线偏差、管片错台和破损情况，找寻影响盾构隧道工程质量的原因，为处理方案制定提供依据。

3. 基于大数据技术的盾构远程管理系统的升级开发

（1）将大数据分析工具嵌入盾构远程管理系统。

（2）将大数据分析所得的相关性规律和控制标准输入盾构远程管理系统。

（3）通过大数据分析工具对盾构施工参数及相关输入信息进行即时分析，显示系统预测结果及报警信息，供管理者决策参考。实现盾构远程管理系统管理功能升级，具体功能如下：

1）盾构隧道周边环境及地层变形的分析、预警及即时处理；

2）盾构姿态、成型隧道轴线偏差、管片错台或破损等质量分析、预警及即时处理；

3）盾构类设备故障分析、预警及即时处理。

三、发现、发明及创新点

1. 创新点一：大数据分析工具开发

盾构原始数据存储关键的三个概念项目、存储空间、点表。每一个项目按照自身的点表将数据存储到对应的存储空间，这里项目和存储空间是一一对应的关系。存在的问题：不同项目采用点表的版本不同，这样统计分析就只能局限在单一项目内部。但是一些项目采用机型相同，需要跨项目进行统计分析。针对存在的问题，就是要解决点表版本的冲突，采用标准点表的方式，人工设置多个标准点表，将空间点表与标准点表进行对应，这样在统计分析的时候采用标准点表就可以跨项目进行了。

数据库设计：

1）Item：点，数据点的相关信息；

2）ItemGroupVersion：点表版本；

3）Server：服务器：包括源服务器、目标服务器的地址、数据库名称等信息；

4）ETask：导出任务；

5）PointTemplet：点表对应模板，为了减少点表对应过程中的操作；

6）STaskExtend（是之后统计用到的）。

大数据分析工具研究，分析工具包括：①数据导出工具；②数据抽取工具；③数据统计工具。

通过对大数据分析工具的开发，可以对盾构机推进过程中的施工参数进行分析，同时给出施工参数建议值，给予盾构机施工参数设置一定的指导意见，降低盾构施工难度和风险。

2. 创新点二：基于大数据技术的盾构施工参数相关性分析

基于大数据技术的盾构施工参数相关性分析分为以下三点：

（1）盾构机掘进参数与周边环境及底层变形相关性分析

本次研究目标是对盾构施工过程中地面沉降监测点的沉降量进行控制。即在盾构掘进过程中，实时监测施工波及范围内沉降监测点的累积沉降量，并保证各个沉降监测点在被施工波及范围内沉降量不超标。研究内容包括地面沉降监测点沉降量预测及控制以及沉降监测点的沉降量与盾构施工参数关联关系研究，并从业务建模、数据建模和分析建模三方面开展本研究，总体研究流程如图 1 所示。

（2）盾构掘进参数与盾构隧道工程质量相关性分析

通过对宁波市软土地区小松盾构机在不同地质、不同埋深、不同风险情况下的施工参数的收集和研究，经过大数据工具分析，得到基于不同地质下的掘进参数建议值，经过现场验证测试，现场实测数据基本处于建议值范围内，准确率为 90%。

经过后续地质数据和掘进数据的不断补充学习，最终形成软土地区盾构施工诊断规则库和专业化的

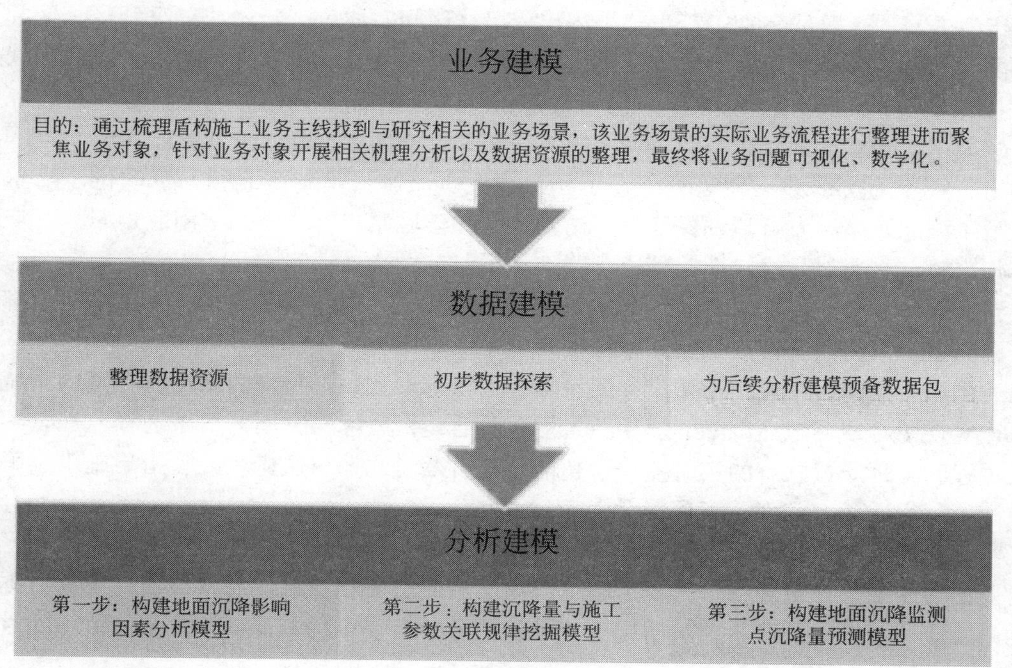

图1 总体研究流程图

专家系统，可以指导宁波地区后续的盾构施工项目。以解决盾构机刀具损耗过大、控制参数靠人为经验判断的方式、在盾构机遭遇地层变化或复杂地无法及时做出控制参数的有效调整、地质环境复杂施工风险控制难等问题，加快施工进度，提高施工安全性，对盾构施工做出重大贡献。

（3）盾构掘进参数与盾构机故障相关性分析

基于盾构施工大数据开展的盾构设备故障诊断研究内容涉及较广，本课题的研究因受故障的数据量仍然不够大，所采用的知识发现方法没有经过较全面的验证，以及算法的效率都可进行下一步深入的研究。

3. 创新点三：基于大数据技术的盾构远程管理系统的升级与开发

本次系统升级在中建交通盾构远程监控平台的基础上进行了大数据分析功能的升级，内容包含：

（1）预测沉降量

（2）掘进参数建议值功能

通过升级后的系统，可以为用户形成施工参数建议值，指导盾构法施工的后续盾构项目，降低盾构施工难度，降低施工风险。

四、与当前国内外同类研究、同类技术的综合比较

本研究结合盾构工程施工经验与教训，开发大数据分析工具，利用大数据技术分析盾构掘进参数与周边环境变形、盾构隧道工程质量、盾构机故障间的相关性，升级现有盾构远程管理系统，形成一套盾构隧道智慧施工辅助系统，提升中国建筑盾构隧道施工信息化水平，提高施工的安全性，节约施工成本，增强企业市场竞争力，具有广泛的推广应用价值。

五、第三方评价、应用推广情况

1. 第三方评价

2020年5月16日，该成果经评价整体达到国内领先水平。

2. 推广应用情况

（1）哈尔滨市轨道交通2号线一期工程土建工程出入段线区间右线

哈尔滨市轨道交通 2 号线一期工程土建工程出入段线区间右线位于哈尔滨市呼兰区，区间呈南北走向，由哈尔滨北站站出入段线明挖始发端头出发，沿小耿家村及其北侧农田到达出入段线区间盾构接收端头。

（2）哈尔滨市轨道交通 2 号线一期工程土建工程江北大学城站～哈尔滨北站站区间

哈尔滨市轨道交通 2 号线一期工程土建工程江北大学城站～哈尔滨北站站区间位于哈尔滨市呼兰区，区间由哈尔滨北站站出发，沿利民西三道街到江北大学城站，整个区间呈南北走向。

（3）郑州市轨道交通 3 号线一期工程通泰路站～黄河东大街站区间

郑州市轨道交通 3 号线一期工程通泰路站～黄河东路站区间由通泰路站始发，主要沿商都路中东敷设，途经聚源路、七里河路等市政道路，整个区间呈东西走向。

在区间盾构施工期间，中建交通建设集团有限公司将基于大数据技术的盾构智慧辅助系统成功应用于工程施工，实现了对现场地面沉降、盾构施工参数和盾构机故障三方面的实施远程监控，实现了对在建项目施工过程和工程质量状态的实时监控、超前管控、及时纠偏、规避风险、指导施工、解决故障等的目的，保证了工程质量，实现了工程安全生产。

实践证明，该技术的应用可以随时随地对在线项目进行实时监控、管控，有效降低了施工风险，大大降低了可能出现的工程质量问题，减少了施工对社会造成的不利影响，积累了将基于大数据技术的盾构智慧辅助系统应用于施工的经验，对盾构施工具有积极的指导作用和良好的借鉴价值。随着国内基础设施建设的增加，推广应用前景广阔。

六、经济效益

通过本成果的应用，一方面减少了因管理、控制不当引起事故所产生的管理费、劳务人员费、盾构机租赁费、盾构配套设备及周转材料租赁费等费用；一方面节省了公司及外部专家赴现场了解并解决问题的差旅费，保守估计，每个盾构区间（含左右线）可减少费用 60 万元。

该成果已在郑州、哈尔滨共计 5 个区间（含左右线、单线按半个区间计算），共计创造经济效益 150 万元。

七、社会效益

从国家层面来看，随着国内基础设施建设的浪潮澎湃，利用盾构施工技术修建地下空间的工程将越来越多，大数据技术的引进及研究必将提升国内现有盾构施工技术的水平。基于中国建筑的深厚底蕴，不久的将来，国家基础设施领域盾构施工方面将会新增一支高品质履约升力军和科技创新团队，必将在加快国家基础设施的建设方面发挥重要作用。

从集团乃至总公司层面来看，大数据技术的引进及研究提升了所掌握的盾构施工技术水平，提升了集团乃至中建系统的技术实力，增强了企业市场竞争力。

该成果已授权发明专利 1 项；已完成论文 3 篇；完成计算机软件著作权登记 1 项；搭建协同平台 1 个。取得了显著的社会效益和经济效益，具有广泛的推广应用前景。

基于3D可视化的智慧堆场管理系统关键技术研究及应用

完成单位：中建港航局集团有限公司、上海深水港国际物流有限公司、上海海达通信有限公司
完 成 人：胡晓东、吴　超、杨晓斌、夏　天、周旭旻、孙海龙、倪　寅

一、立项背景

随着高新技术的迅猛发展、物联网、大数据、智能装备等信息技术愈发成熟，为我国各大港口向智能化方向转型提供了重要的技术支撑。交通运输部发布的《交通运输信息化“十三五”发展规划》明确指出积极推进集装箱等铁水、公铁、公水、江海等多式联运的信息互联互通。推广使用货运“电子运单”，推动“一单制”多式联动试点示范。引导推动智慧港口、智慧物流园区建设，实现货运枢纽内多种运输方式顺畅衔接和协调运行。智慧港口已成为我国未来智能交通系统的主要发展方向。

然而，国内智慧港口建设目前仍存在一些问题亟待解决：

(1) 目前，国内港口各相关单位及部门分别隶属于不同部门管辖，各单位间信息系统相对独立和分散，港口船舶、生产、库场、设备、人事、财务、货源等业务管理系统大多未实现集成化和信息共享，系统数据分散导致“信息孤岛”的存在，区域物流枢纽数据交换不畅，计算机信息管理系统未能充分发挥智能管控作用，对外信息服务能力薄弱，导致在系统应用实施投入大量资金和人力，却收不到相应的成效。

(2) 当前存在一种误解，误认为实现企业OA系统、EDI中心等信息化平台的建设就是实现了智慧港口，以致阻碍了港口智慧化的进一步发展。

因此，基于3D可视化的智慧堆场管理系统关键技术研究迫在眉睫。

二、详细科学技术内容

本项目研究依托上海深水港物流堆场改造工程，运用3D建模技术，通过应用软件的开发整合现有的各个功能系统，进一步整合海关、码头、运输公司等各方信息资源，采用先进的信息技术手段、高效的物联网技术，对于信息化程度偏低，监控覆盖率不足的特定区域进行改造实现远程监管，对堆场可视化、安全监管、查验升级等方面进行系统研究，形成基于3D可视化的智慧堆场管理系统关键技术，主要技术内容简介如下：

1. 首次构建智慧化集装箱堆场生产服务一体化管理平台

为统一管理公司信息系统，我们结合经Maya处理过的BIM模型利用Unity3D开发交互仿真功能构建了智慧堆场一体化管理平台。深水港智慧化集装箱堆场生产服务一体化管理平台集成了以下系统：集装箱生产信息管理系统、场地视频监控系统、移动机械监控系统、无线AP覆盖系统、门禁管理系统、机械管理系统以及GPS定位系统等。管理者可以以使用软件的方式对各个独立的生产管理系统进行整合管理。

本项目利用智能化信息技术将整个堆场建模直观的体现在软件界面中，通过数据交互将集装箱生产信息、场栈承载信息、作业车辆实时位置、出入口进出人员、车辆信息、现场实时监控图像、环境实时监控等综合信息操作过程使各类信息在监管平台中统一呈现，提高公司的综合管理能力。

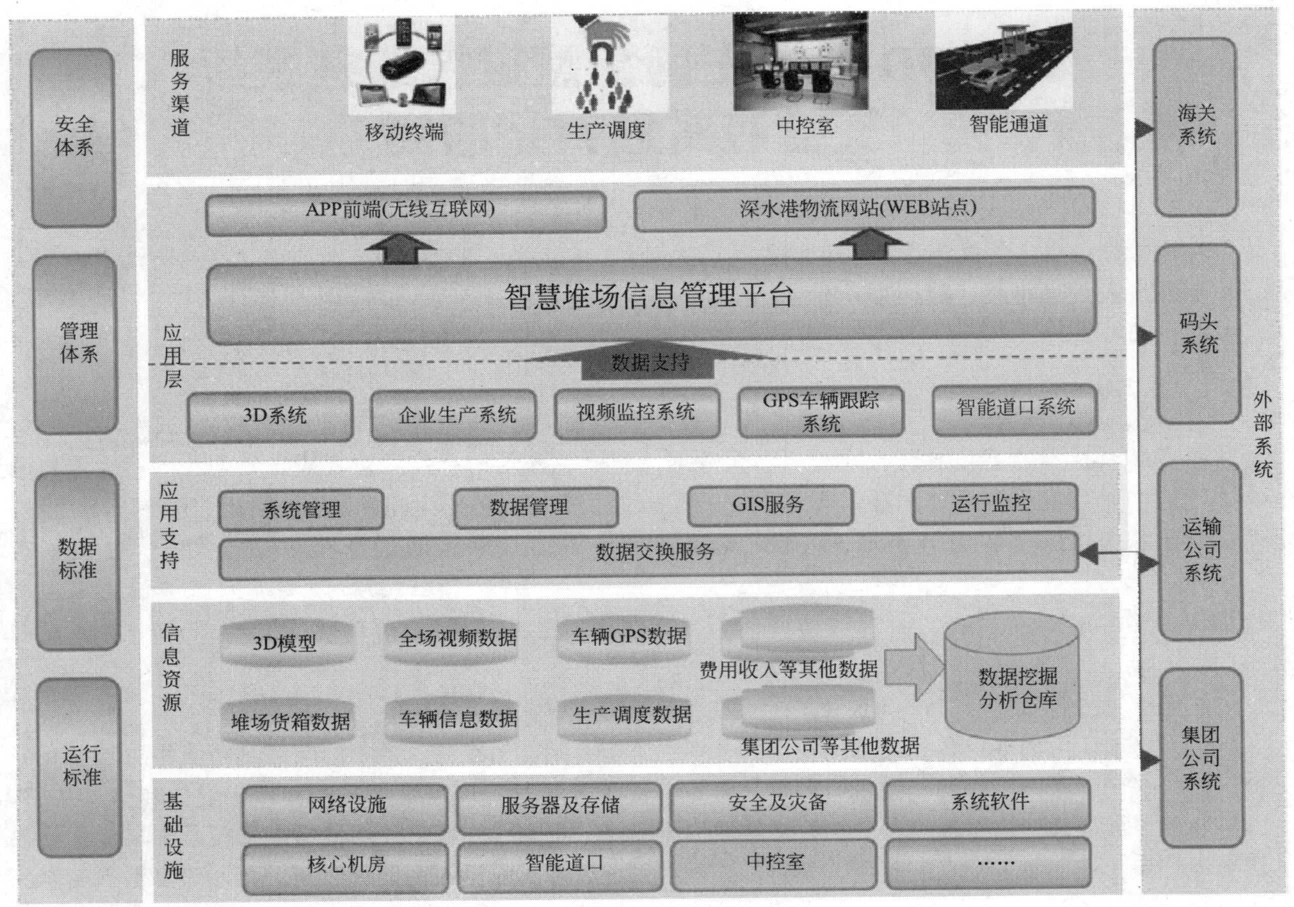

图 1　智慧堆场系统图

2. 创新实现了 BIM、Maya3D、Unity3D 技术协同仿真

通过 BIM 对本项目范围进行快速建模，使用 Maya 软件对场景中的模型进行美化贴图，在模型建成后导入 Unity 软件，利用 Unity3D 开发交互仿真功能，使智慧化集装箱堆场生产服务一体化平台与洋山港客户服务系统、堆场生产系统和后勤管理系统进行信息交互，实现智慧堆场一体化平台的协同仿真。

3. 首次实现堆场设备的厘米级精准定位定向

我们综合了基站到作业现场的距离情况，结合了 GPS 差分定位技术，实现了移动机械厘米级的精度定位。在智慧堆场平台上实现了堆场设备 1∶1 的 3D 模拟展示，对堆场现场实现真实还原，对堆场现场施工的可移动机械实现厘米级的精准定位和定向追踪。

4. 实现堆场移动机械实时可追溯性

依赖于 RTK 差分 GPS 定位和陀螺仪的测角，可以精确获取重型机械设备在堆场区的运动轨迹以及机械设备的运动方向，通过将设备的 WGS-84 坐标转换成上海城市坐标，就可以在深水港测绘平面地图上很好地展现重型机械设备的运行轨迹和运动方向。

根据车辆行驶轨迹，系统自动生成车辆关联视频包，在展示过程中，摄像机能够跟随追踪车辆、机械进行画面快速切换。同时，可将整个追踪录像按照形式轨迹的路径进行逐段关联导出，对导出监控视频进行合并拼接。实现路径追踪与视频还原的无缝对接。

5. 建立了国家第一家视频查验平台，创新海关视频化查验

针对海关面临形形色色的查验货物，旨在提高海关对目标的识别效率和降低工作复杂度，集中查验平台又提供了无线网络的安装条件，使用受海关监管的网络作为无线网络的信息源，对整个平台进行覆

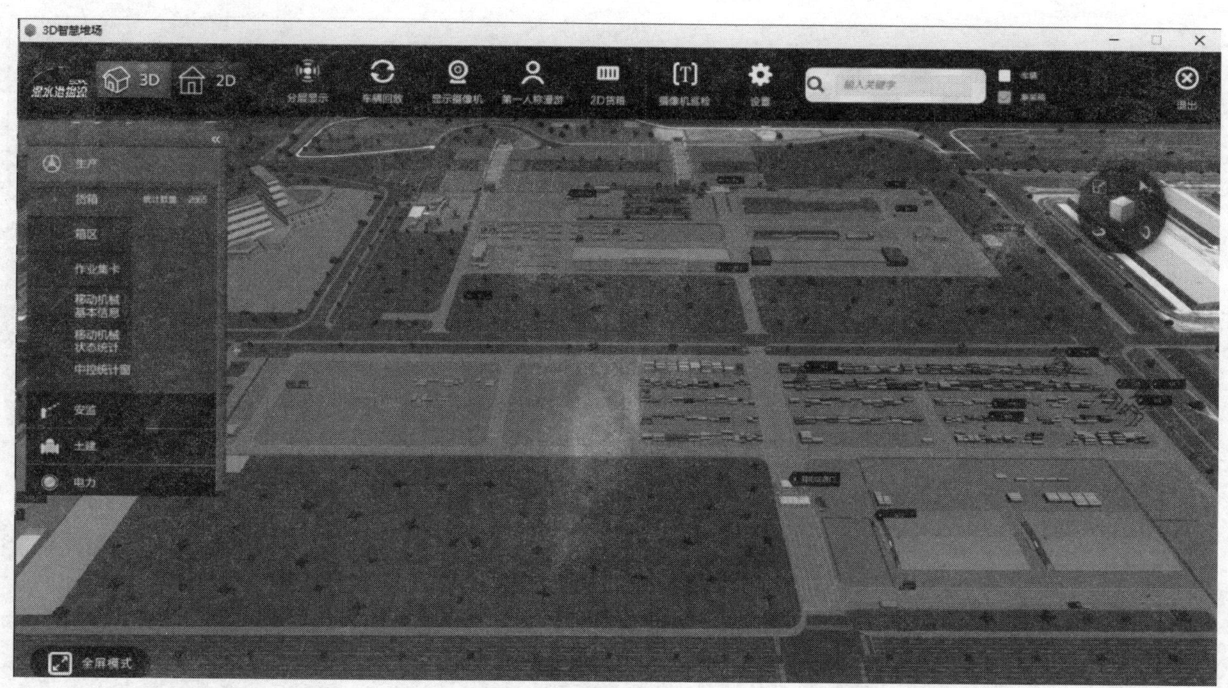

图 2　堆箱货业务系统-集装箱管理页面

图 3　车辆回放轨迹

盖，提供手持机扫描货物做出对比核实，提升了关员的人力效率。见图 2、图 3。

针对缺乏技术型监管手段，设计全覆盖高清监控系统，各箱位均有专用摄像机布控，一方面提供了远程查看货物的条件；另一方面给予了监管手段，录像则提供了回溯追责的依据，解决了传统模式下依靠派驻武警作为第三方监管的低效、高耗问题。

本次研究中采用宽动态解决了逆光和向光都会对监控摄像机成像造成极大的干扰问题，大幅提升宽动态场景的图像质量，为远程视频化查验的实现提供有力支持。见图 4、图 5。

图 4 宽动态解决方案效果对比图（高亮-曝光过度）

图 5 集中式双侧查验平台现场图

深水港物流 4 号标准化查验平台的建设，创新海关的查验模式，建立了国家第一家视频查验平台。海关总署以此平台为模板，制定了集装箱查验平台建设规范，形成了相关查验标准，为其他港区的查验平台标准化建设提供了样板。

三、发现、发明及创新点

（1）通过 BIM、Maya、Unity 等软件协同建模，实现 3D 可视化的高效实时协同仿真，建立智慧化堆场管控一体化平台，实现了平台与客户服务系统、堆场生产系统和后勤管理系统信息的实时交互。

（2）利用 GPS 差分定位技术、坐标转换算法、计算机 3D 图像拟合技术，将 GPS 信息融入 3D 堆场系统，实现设备在 3D 堆场内实时厘米级精准定位。通过联动监控分布算法实现堆场移动机械运动轨迹实时可追溯，实现路径追踪与视频还原的无缝对接。

（3）在国内首次建立了视频查验平台，创新海关视频化查验。采用宽动态解决日照对成像造成的干扰问题，提升宽动态场景的图像质量，实现电子监管的一箱探底。

四、与当前国内外同类研究、同类技术的综合比较

1. 与国内的同类技术比较分析

（1）在模型仿真程度及硬件适应性上更优

中国北方及南方港口曾以离散事情仿真系统为理论基础建立数据模型，使用Flxesmi中的数据分析软件建立数据模型，开发了三维的集装箱码头装卸货流程。本项目采用BIM、Maya3D和Unity3D协同仿真技术。两者建模技术不同，且本项目建模技术方案具有3D建模优化效果。

（2）集装箱智慧堆场三维信息实时交互，全流程办理时间更短

本项目与国内其他集装箱堆场相比，实现了集装箱堆场信息的实时场景显示，养用管修一体化，各类生产监管信息交互及展示。在海关全流程办理时间上要优于其他同类型产品，从海关查验至查验结束平均完成时间可缩减至2h，在作业效率上有极大的提高。

（3）定位效果更好

国内集装箱码头分布式监控系统，用于监控集装箱码头物流程序和机器健康状况。本项目采用监控联动分布算法和差分GPS定位技术可实现厘米级的精确定位以及车辆设施运行路线回溯。

2. 与国外的同类技术比较分析

（1）建模技术方案不同

在美国港口集装箱堆场有通过“Matlab”“Simulink”等软件，结合MADM进行集装箱堆场自动化终端仿真的建模技术方案，也有3D优化建立场景。但建模技术方案和本项目有差别，且国外建模成果仅具有场景实时展示功能，不具有各类具体信息交互技术。

（2）定位技术不同

国外集装箱堆场涉及使用一种利用全球定位系统（GPS），地理信息系统（GIS）和虚拟现实（VR）技术的集成的集装箱码头分布式可视化监控系统。在定位技术上，本项目采用的GPS差分定位在选用的坐标及坐标转换技术上与其存在不同。

五、第三方评价、应用推广情况

1. 第三方评价

项目成果2020年5月委托教育部科技查新工作站G12进行科技查新。查新结论如下：在国内外已有公开文献中，未见有与本查新课题“3D可视化智慧堆场系统研发及应用”研究内容和技术方案相同的公开文献报道。

2019年6月，上海市交通委员会在上海市组织召开了《基于3D可视化的智慧堆场管理系统关键技术研究及应用》项目成果鉴定会。专家鉴定委员会一致认为该项目研究成果形成了港口堆场智慧管理的成套技术与标准，并在洋山港示范应用，成果总体达到国际先进水平，为同类港区的智慧管理及技术应用提供了重要经验和技术支持，具有广泛的应用前景和示范作用。

2. 应用推广情况

本项目的建设创新了海关的查验模式，标准化流程提高了堆场土地资源的利用率，解决了以往天气对海关查验的制约，实现了全天候海关视频化查验，提升了堆场查验效率。海关总署以此为模板制定了集装箱查验平台建设规范（详见海关总署第232号令附件2017第52号公告）为其他港区的查验平台标准化建设提供了样板。

深水港物流以智能管理、高效运作、联合监管、数据互通的标准建立了智慧堆场平台，改变了传统堆场多系统相互独立互不兼容的状况，有效提升了现场作业管控的效率，现场安全事故及事故隐患下降50.62%，机械故障率下降了20%。同时结合网站建设、手机APP开发、自助受理机设立等相关举措，实现了在线业务受理及费用支付，使客户足不出户就能通过手机APP及在线平台24h办理业务，帮助广大企业有效缩短业务办理时间降低人力等综合成本，获得了良好的社会反响。目前，客户利用网页或

手机 APP 实现相关业务的受理比例已达 95%以上。

因此，该成果推广应用价值巨大，前景广阔。

六、经济效益

近三年直接经济效益　　单位：万元

项目投资额	6000		回收期(年)	8.5年
年份	新增销售额	新增利润	新增税收	
2016年	112	51.3	21.82	
2017年	316.2	145.7	29.58	
2018年	405.3	215.4	34.8	
累计	833.5	412.4	86.2	

经核算，应用本技术研究的其中四家码头单位，近三年新增销售额 833.5 万元，新增利润 412.4 万元。年节支总额：原收费人员 14 人现减少至 7 人，按每人年收 15 万元计算，每年节约人力成本 105 万元。机械维护费用由每年 650 万元降低到了现在的 500 万元，年运维成本降低了 150 万元，机械设备年耗油量由 700 万元降低到 600 万元，年耗油量节省约 100 万元。

回收期：公司投资总额共计 6000 万元。公司年新增产值约 300 万元，且每年稳定有约 5%的增长趋势，年节支总额为 355 万元。故回收期约为 8.5 年。

七、社会效益

（1）响应国家建设国际航运中心的政策战略。洋山港智慧堆场项目在运营模式和技术应用上实现了里程碑式的跨越升级与重大变革，为上海港进一步巩固港口集装箱货物吞吐能力世界第一地位和加速跻身世界航运中心提供了动力。

（2）促进上海自贸区的发展。智慧堆场平台集成数字化操作系统推进了堆场一体化运作，使上海口岸的出口时间缩短至 23h，进口时间缩短至 48h，减幅比达 1/3。本项目的建设提升了上海自贸区发挥其商品集散中心的地位，扩大出转口贸易的优势。

（3）改善临港新城交通环境。上港集团通过智慧堆场项目提升了洋山港周边的集疏运能力，有效缓解了上海市内到洋山港的高速公路及周边道路的交通压力。

（4）为其他堆场生产服务智慧化建设提供现实经验。本项目的建设经验，对堆场业务企业提升办公效率和各业务流程响应机制，提高物流堆场的自动化程度和服务保障能力，整合操作平台实现人力资源分配优化和提升堆场管理的效率具有借鉴意义。

系列可周转混凝土结构附着件研究与应用

完成单位：中建三局集团有限公司
完 成 人：张　琨、王　辉、王开强、陈　凯、伍勇军、王建春、李继承

一、立项背景

土木工程是我国一项基础建设工程，关乎国家发展及社会稳定，随着城市化进程的推进，各类工程建设项目迅速发展，对施工设备设施需求越来越大，包括大型起重机械、施工模架及悬挑操作架等。传统的设备、设施附着方式普遍采用埋件＋焊接形式，这种做法导致了大量的埋件浪费，并在焊接过程中造成环境污染，且存在较大的质量、安全隐患。

据不完全统计，一栋 300m 左右的超高层建筑，施工时涉及动臂塔式起重机、平臂塔式起重机、施工模架、施工电梯、临时胎架、悬挑操作架、落地式脚手架、卸料平台等 10 余种重大设备设施，这些设备设施因附着需要投入的一次性埋件可达 200t 以上，施工成本 300 万元以上，因附着施工直接影响工期 20d 以上，由此产生的焊接废气烟尘量 30kg 以上，无形中是对资源的一种巨大消耗。见图 1。

埋件一次性投入大

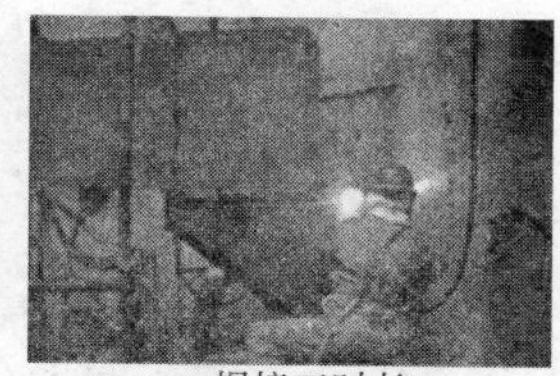

焊接工时长

高空作业、质量安全隐患

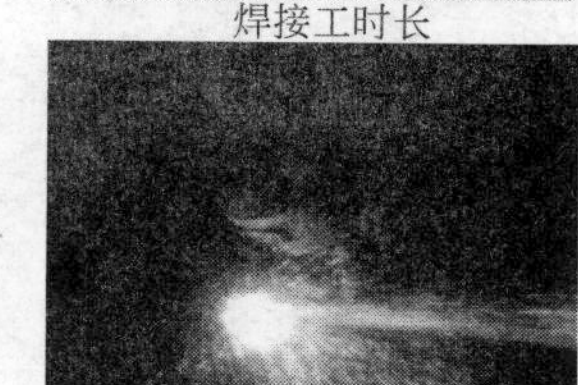

环境污染

图 1　传统超高层设备附着方式

针对上述问题，有必要设计出系列标准化、可周转使用、绿色环保的混凝土结构附着件。

二、详细科学技术内容

1. 系列可周转附着件整体设计与试验研究

（1）基本原理

外部荷载（主要为竖向力、弯矩）传递至外部连接件，外部连接件通过连接螺栓将竖向力传递至螺杆/螺栓，螺杆/螺栓通过杆壁与混凝土挤压将竖向力传递至墙体。外部连接件通过上部螺杆/螺栓受拉、下部面板与混凝土结构表面挤压，将弯矩及水平力传递给螺杆/螺栓及墙体，螺杆/螺栓通过周围混凝土抗剪将拉力传递给墙体。最终，所有荷载均传递至混凝土结构。如图 2、图 3 所示。

（2）系列可周转附着件的组成

系列可周转附着件根据承载位置需求分布在混凝土结构上，主要包括可取出预埋件和外部连接件两大部分。图 4 为可周转附着件系列产品。

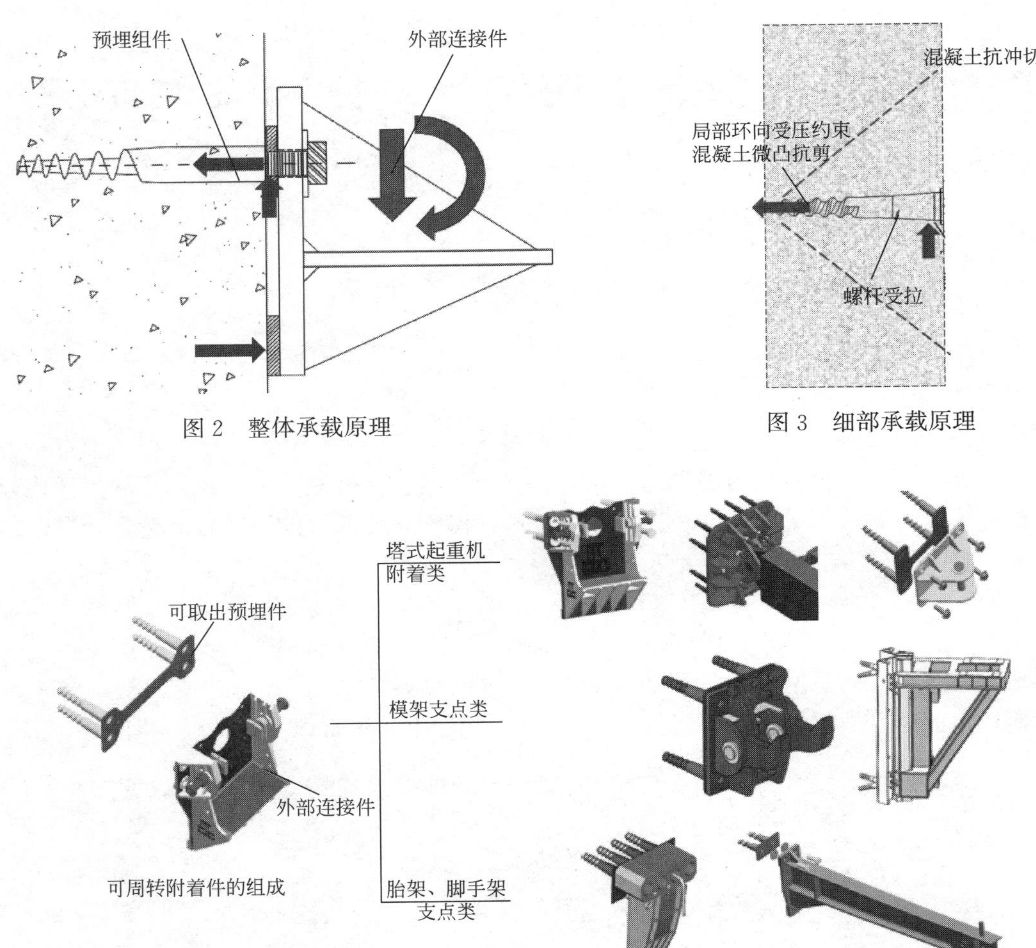

图 2　整体承载原理

图 3　细部承载原理

图 4　可周转附着件系列产品

可取出预埋件预埋在混凝土结构内部，一般由定位部件和可取出自旋式螺杆或可取出分片式螺栓（以下简称螺杆/螺栓）组合而成，其中螺杆或螺栓可单独作为预埋件使用。见图 5。

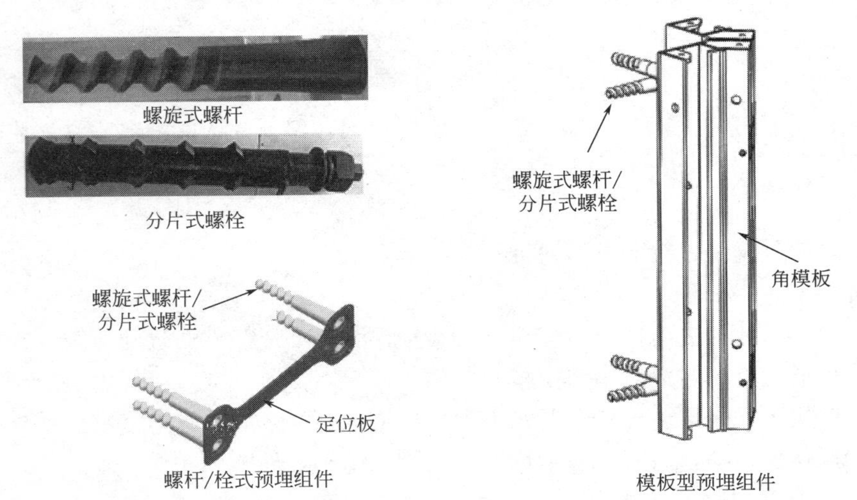

图 5　可取出预埋组件的几种常用形式

外部连接件根据设备、设施的传力途径和方式，可设计成各种承力构造。外部连接件与可取出预埋件通过挂爪咬合或螺栓连接，固定在混凝土结构外侧，直接支承设备、设施的作用荷载（如集成平台支承立柱、塔式起重机支撑梁、悬挑工字钢等）。主要分为塔式起重机、模架、胎架、脚手架等支点类型。见图 6。

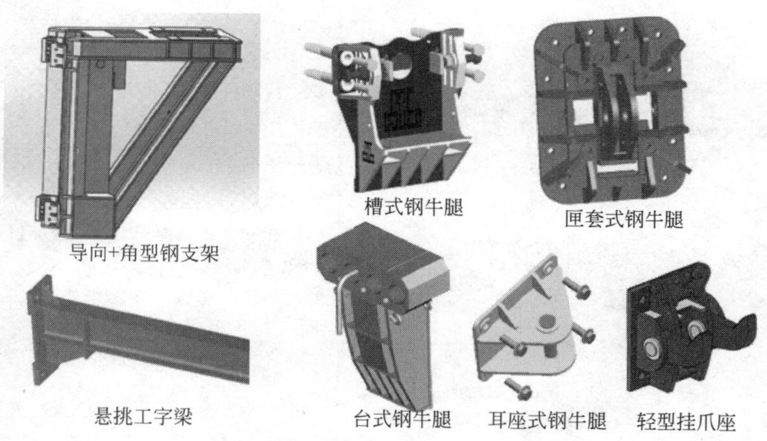

图 6　外部连接件的几种常用形式

（3）系列可周转附着件设计

设备、设施的种类型号不同，对使用承载的需求各异，因此对附着件承载能力、使用范围开展研究，发明出不同承载能力、使用范围的系列附着件产品，就如高强度螺栓按强度等级、直径大小、螺杆长短等分为多种规格，适用于不同设备、设施及使用环境。可取出预埋件设计如表 1 所示。

可取出预埋件设计　　**表 1**

螺杆群	设计方法
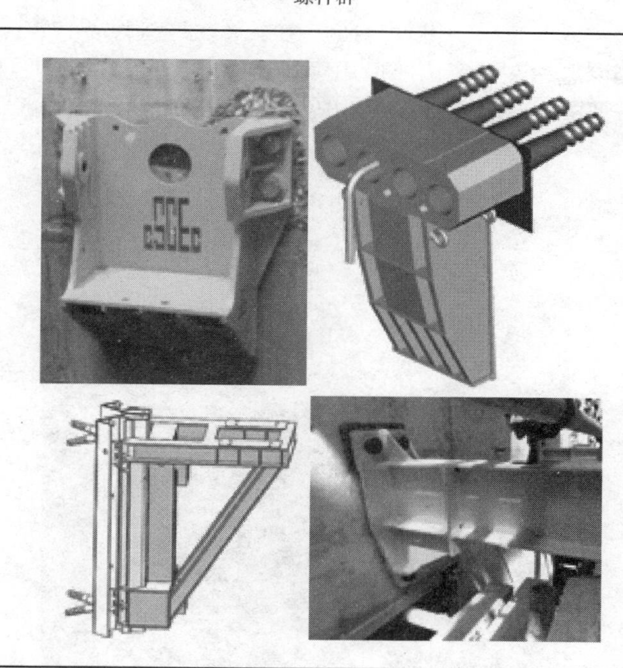	按照螺杆承载极限设计 $\sigma=\frac{F}{aAn_1},\tau=\frac{V}{aAn_1}$ $\sqrt{\sigma^2+3\tau^2}\leqslant\sigma_s$ 按照混凝土承载极限设计： $n_2=\frac{F}{aF_s}$ $n=\max\{n_1,n_2\}$ n—螺杆个数； F—由弯矩导致的拉力； V—竖向荷载设计值； a—不均匀受力折减系数； A—螺杆有效面积； σ_s—螺杆材料屈服强度； F_s—单个螺杆抗拔混凝土承载极限，根据试验取值

外部连接件一般通过有限元方法进行设计，见表 2。

螺杆的演变　　　　表2

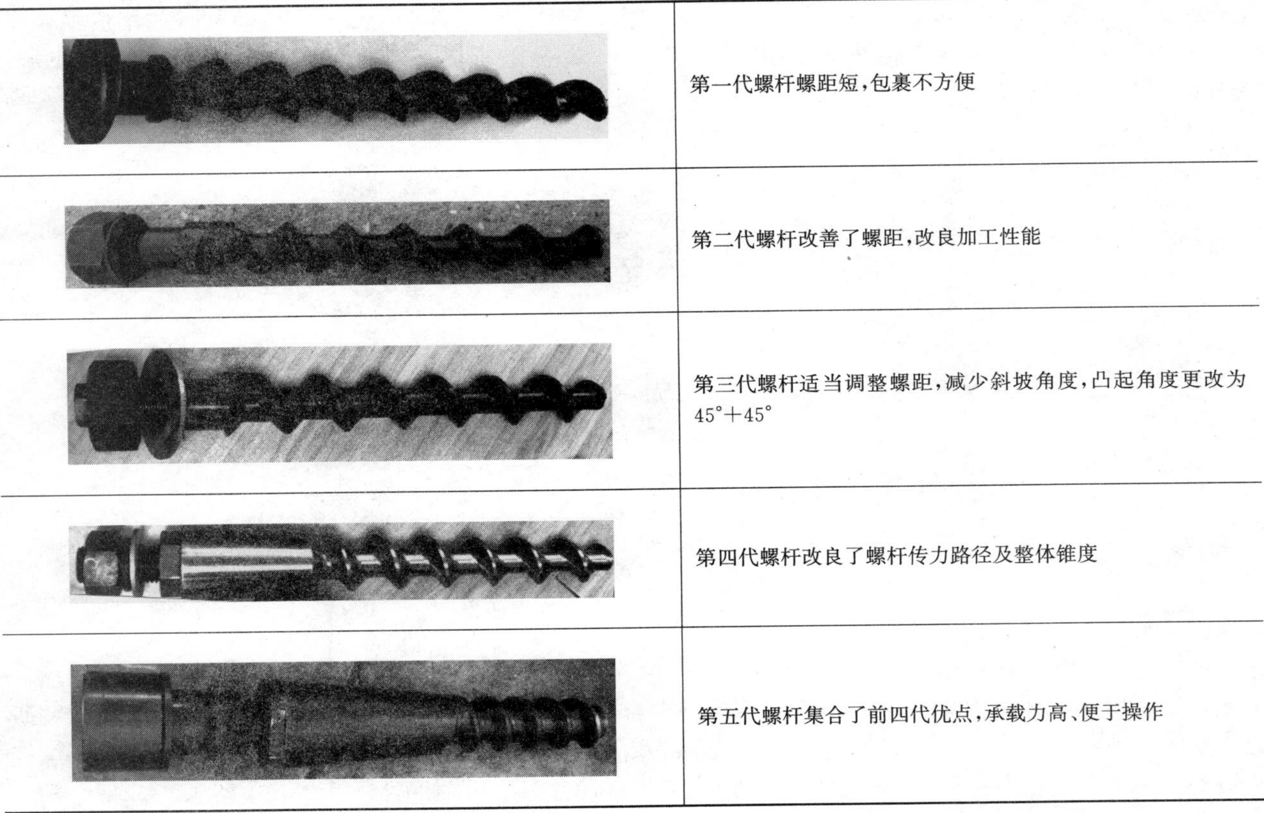

	第一代螺杆螺距短，包裹不方便
	第二代螺杆改善了螺距，改良加工性能
	第三代螺杆适当调整螺距，减少斜坡角度，凸起角度更改为45°+45°
	第四代螺杆改良了螺杆传力路径及整体锥度
	第五代螺杆集合了前四代优点，承载力高、便于操作

第五代自旋式螺杆承载力高（单根 M80 螺杆抗拔达 180t），具有良好的抗拔、抗剪、抗扭转性能，且安装方便、拆除快捷，具有良好的操作性。

建筑施工过程中运用的主要设备、设施有模架、塔式起重机、电梯、防护网架等，这些设备、设施依附在建筑结构上，需要消耗大量的埋件及牛腿。本课题旨在研究出能适用于各类设备、设施的系列可周转混凝土结构附着件，因此对附着件适用设备进行研究，设计出成套系列附着件产品。

1）附着件运用于内爬塔式起重机（图 7、图 8）

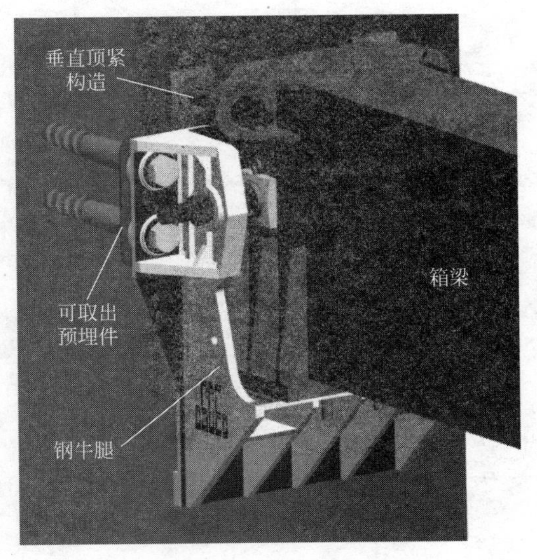

图 7　内爬塔式起重机附着件示意图

图 8　内爬塔式起重机附着件实景图

2）附着件运用于外挂塔式起重机（图 9、图 10）

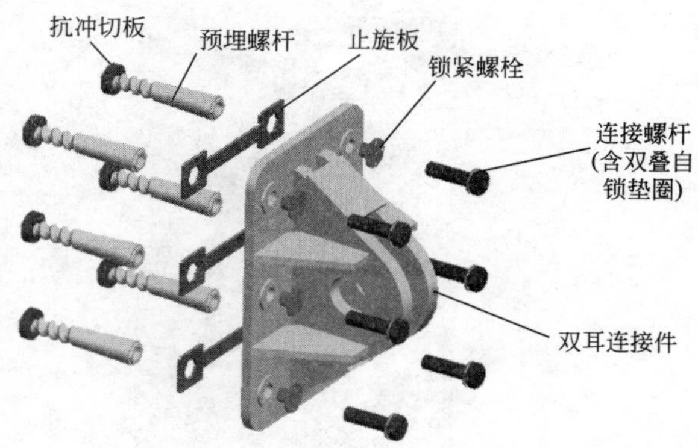

图 9　外挂塔式起重机主梁、斜撑附着件示意图

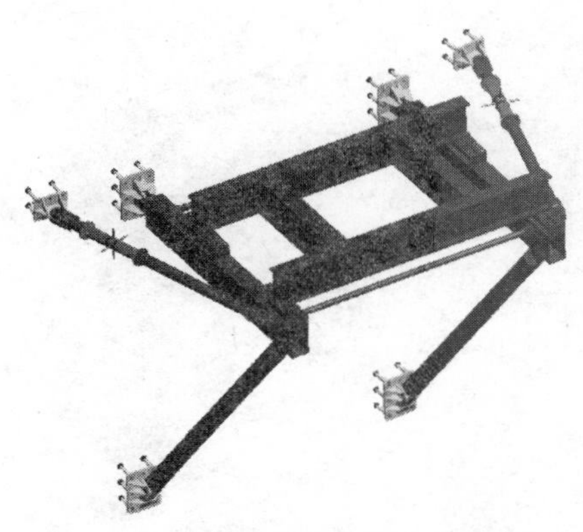

图 10　外挂塔式起重机附着件示意图

3）附着件运用于悬挑工字钢（图 11、图 12）

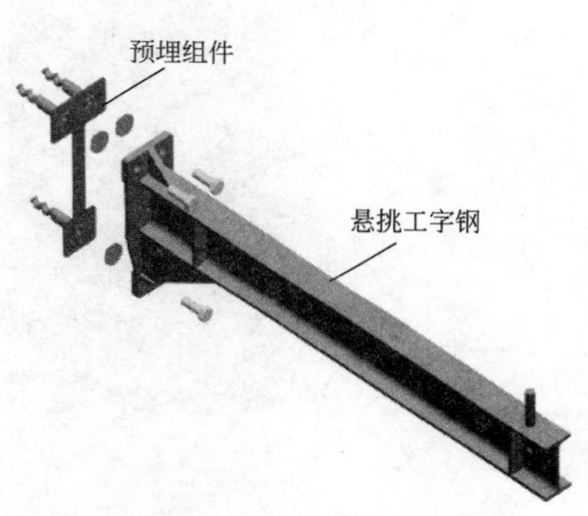

图 11　悬挑工字梁附着件示意图

图 12　悬挑工字梁附着实景图

4）附着件运用于大型胎架（图 13、图 14）

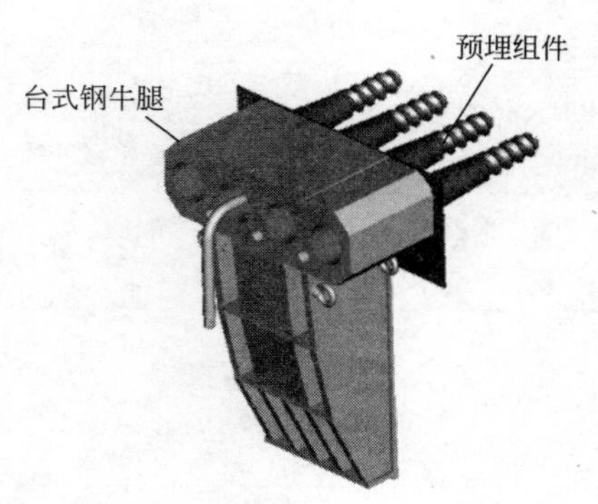

图 13　胎架附着件示意图

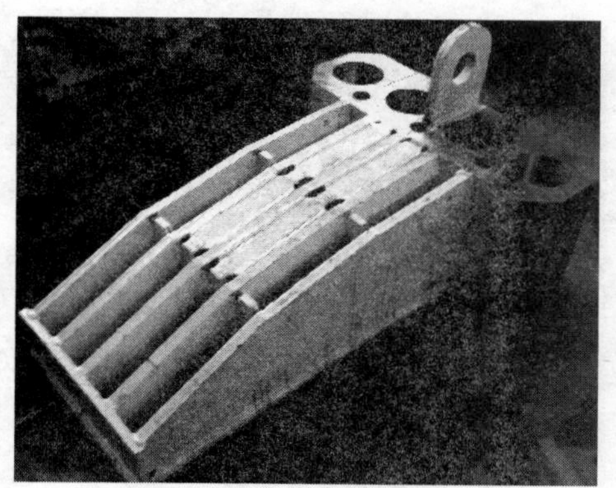

图 14　台式钢牛腿实物图

5）附着件运用于轻型施工平台（图 15、图 16）

6）附着件运用于桥塔施工平台（图 17、图 18）

附着件各组件特性见表 3，可根据需求任意搭配，以适应不同设备设施、不同使用位置的附着要求。

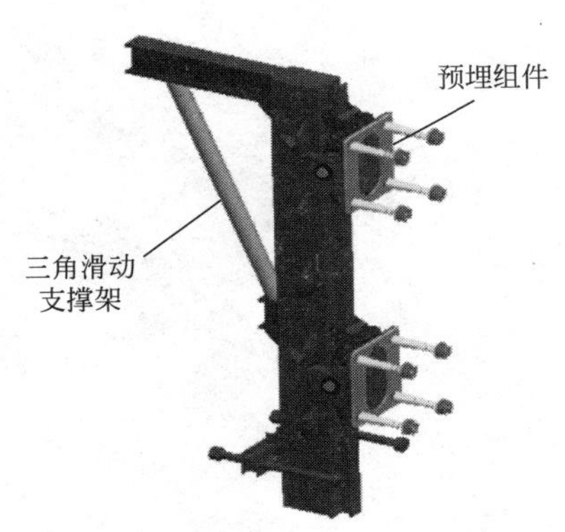

图 15　轻型施工平台附着示意图

图 16　轻型施工平台附着实景图

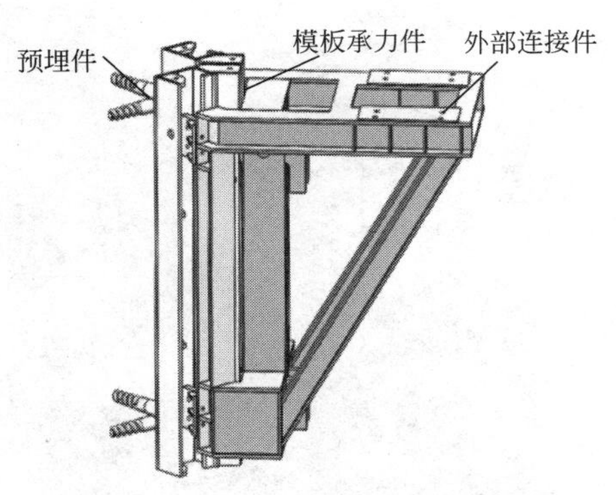

图 17　桥塔施工平台附着件示意图

图 18　桥塔施工平台附着实景图

可取出预埋件特点及适用位置　　**表 3**

组成	分类	特点	适用位置、范围
螺杆/螺栓	自旋式螺杆	抗拔、抗剪强；整体安装，不露出混凝土表面，取出时需一定的作业空间及器具；螺杆直径跨度范围大	承载要求高，需螺杆抗剪的受力位置；不便于模板开洞的位置；尽量为作业空间较为开阔的位置
	分片式螺栓	抗拔强；一般需露出混凝土表面；取出时对作业空间及器具要求低；一般直径大于 30mm	抗拉承载要求高，抗剪要求较低的位置；作业空间狭小的位置
定位部件	承力件	承载力高，刚度大，跨越一个楼层，利于墙体承载，作为模板使用	承载要求高，墙体结构连续的位置
	定位板	有一定的抗剪能力，一般作为螺杆/螺栓群的定位部件使用。板的外表面与混凝土表面齐平，较为轻便	螺杆/螺栓群难以定位的位置，作业空间狭小的位置

2. 系列可周转附着件装配式组件研究

(1) 可取出埋件研究

传统预埋件多采用锚板锚筋焊接形式，预埋于混凝土结构中，使用后无法取出周转，从而增加了施工成本；而且其较多的焊接工序、难以控制的焊接质量，对施工造成安全隐患。为了克服以上弊端，研究出可取出的预埋件。该预埋件既能满足施工工具的墙体附着受力要求，又具有可取出性，从而可周转使用，并且不对其附着的墙体造成结构或后期施工影响。

1）预埋件的受力机理

预埋螺杆或螺栓预埋在混凝土内部部分带有大螺纹或微凸，这些大螺纹与混凝土咬合作用，能够承受外部载荷作用的水平载荷 F_h，螺杆或螺栓的下半圆表面与混凝土作用承受竖向荷载 F_v，如图 19 所示。

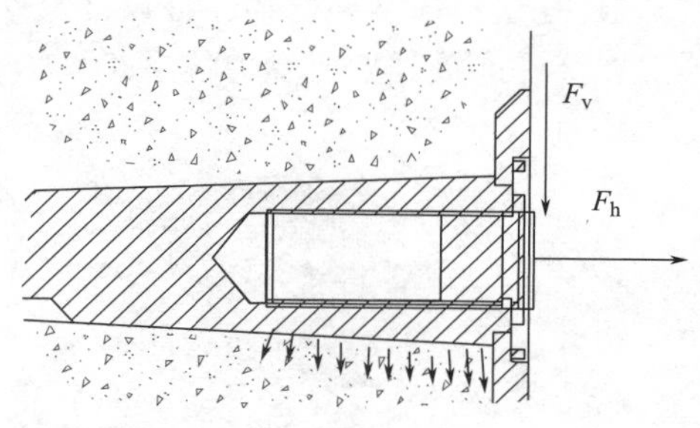

图 19　预埋件受力机理

2）预埋件的装配与取出

预埋件由预埋螺杆或预埋螺栓与定位板组合而成，定位板开设有内六角空洞，预埋螺杆端部设计有外六角凸台，与内六角配合，使用锁紧螺母（图 20）旋入预埋螺杆内螺纹，将其固定在定位板上，形成预埋件。见图 21、图 22。

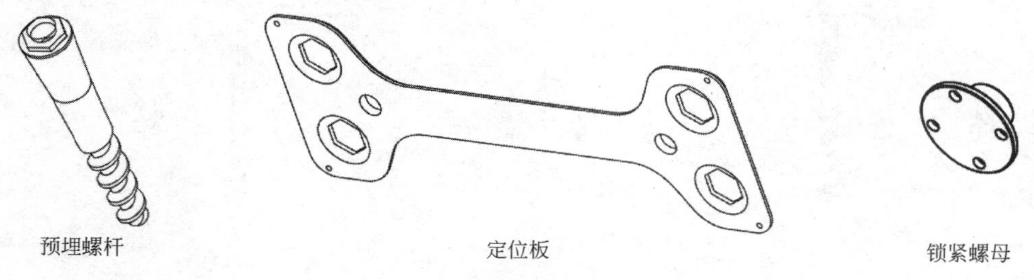

图 20　预埋螺杆的周转

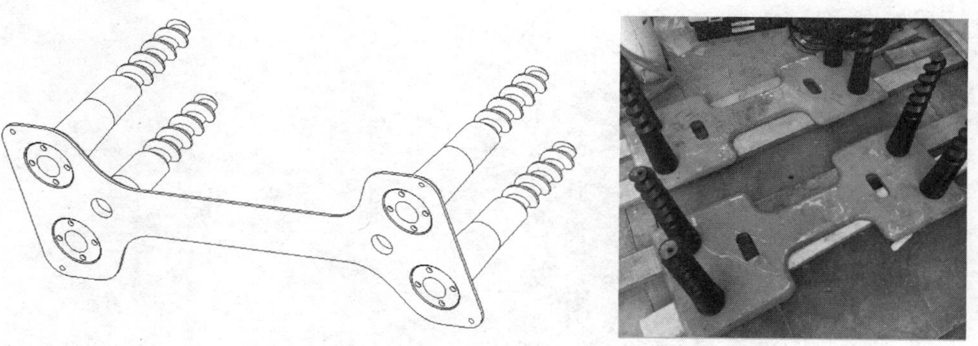

图 21　预埋螺杆与定位板组合

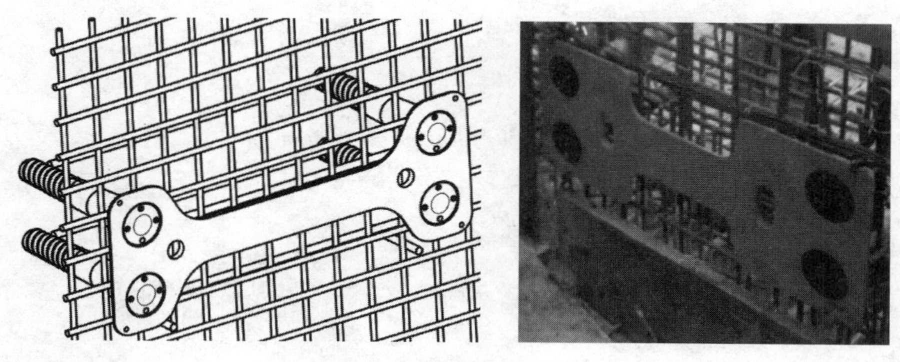

图 22　预埋件就位

（2）装配式外部连接件研究

外部连接件往往依据重物的支撑形式而不同，需要对外部连接构件如牛腿的结构进行研究。施工设备对附着件反力的需求也不一样，需要依据施工设备单个支点的受力大小，设计不同形式满足承载力要求的外部连接件。

1）三角支承型外部连接件设计及受力机理：具有模板功能的预埋螺杆组件通过挂爪与三角支承型外部连接件连接，形成受力体系。见图 23。

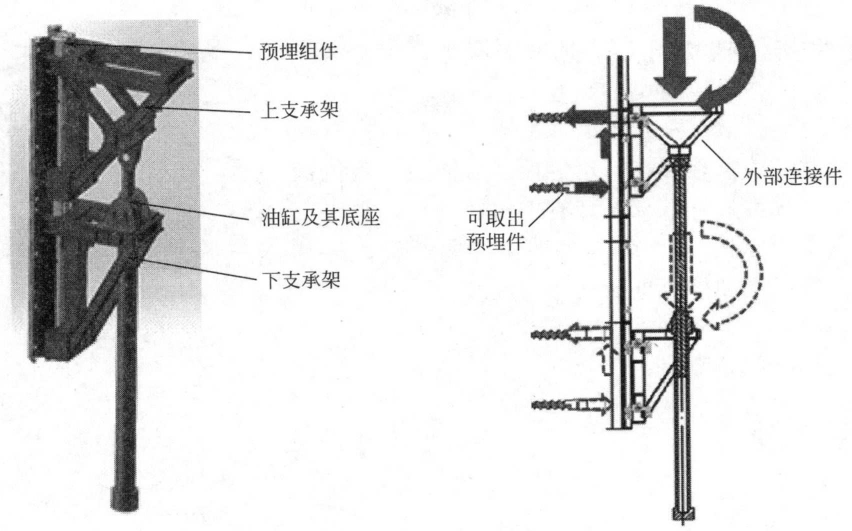

图 23　三角支承附着受力机理

2）槽式钢牛腿设计及受力机理：槽式钢牛腿外部连接件通过左右两侧螺栓与预埋组件连接形成受力体系。见图 24。

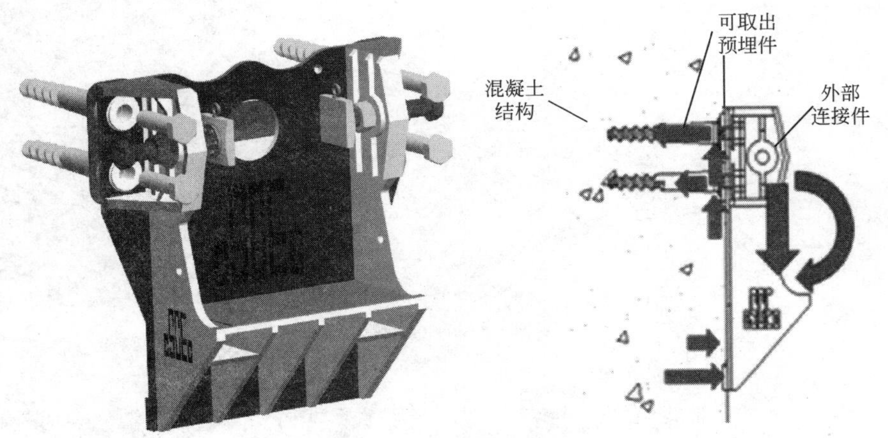

图 24　槽式钢牛腿受力机理

3）挑梁式外部连接件设计及受力机理：悬挑工字梁通过螺栓与预埋组件连接形成受力体系。见图 25。

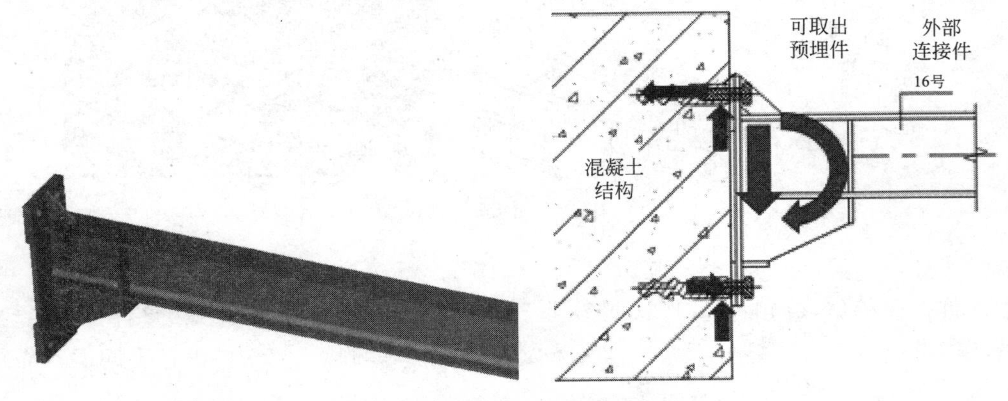

图 25　悬挑工字梁受力机理

3. 系列可周转附着件施工误差的适应性研究

（1）系列可周转附着件施工误差分析

结构施工中，混凝土墙体竖向和水平向可能存在误差，如图 26 所示。另外，混凝土模板反复使用之后可能存在缺陷，导致混凝土表面凹凸不平；混凝土浆液也会流露在混凝土表面。误差来源分析见表 4。

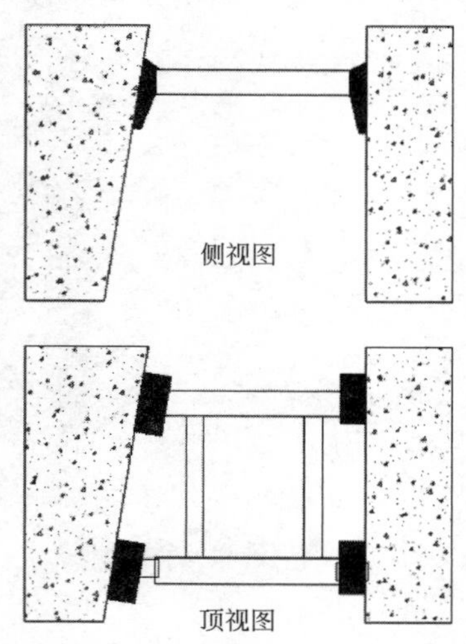

图 26 结构施工墙体偏差

误差来源分析 **表 4**

序号	偏差	误差来源	误差范围(mm)
1	Y 转动	定位板	0～30
2	Z 转动	定位板	0～30
3	X 转动	定位板	0～30
4	X 平动	定位板	200～300
5	Y 平动	定位板	0～50
6	Z 平动	定位板	0～50
7	混凝土墙体 Z 转动	墙体浇筑	0～100
8	混凝土墙体 Y 转动	墙体浇筑	0～100

（2）系列可周转附着件施工误差适应性构造及措施

系列可周转附着件施工误差适应性构造及措施有：凸台适应预埋件跑偏的情况。见图 27。

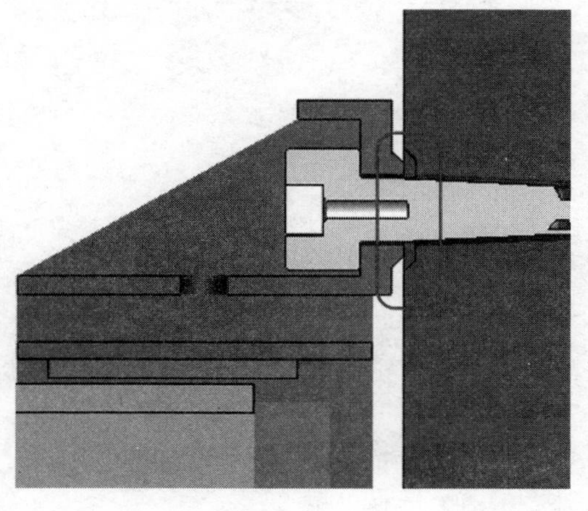

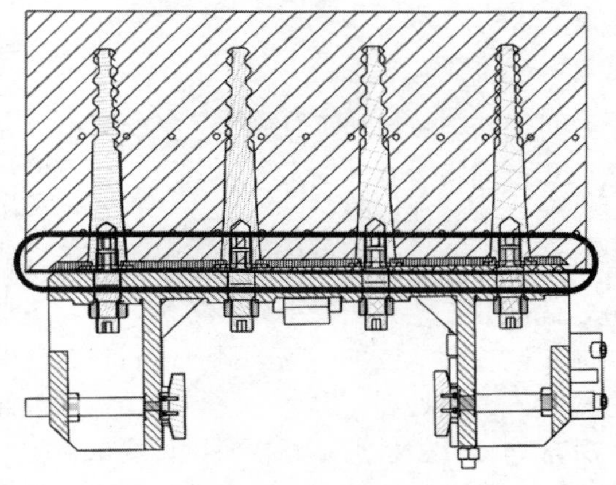

图 27 利用微凸适应预埋误差

外部构件与混凝土表面之间设计整体凹槽。见图 28。

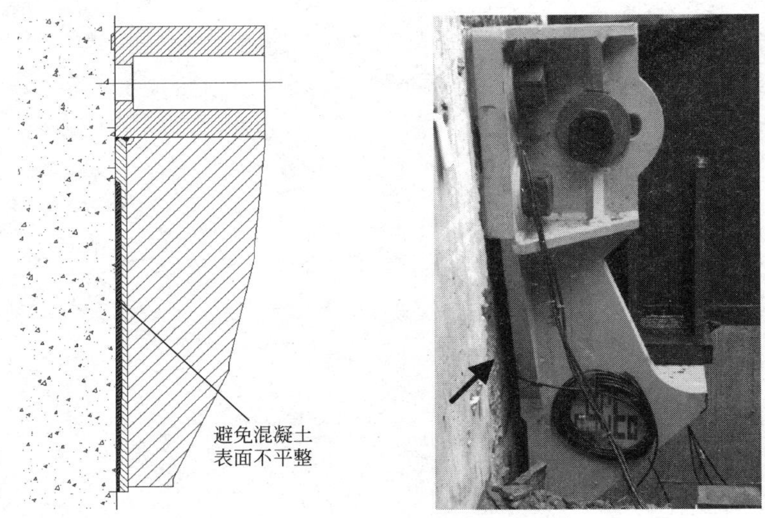

图 28　外部连接构件微凹设计

采用顶紧构造适应误差。见图 29。

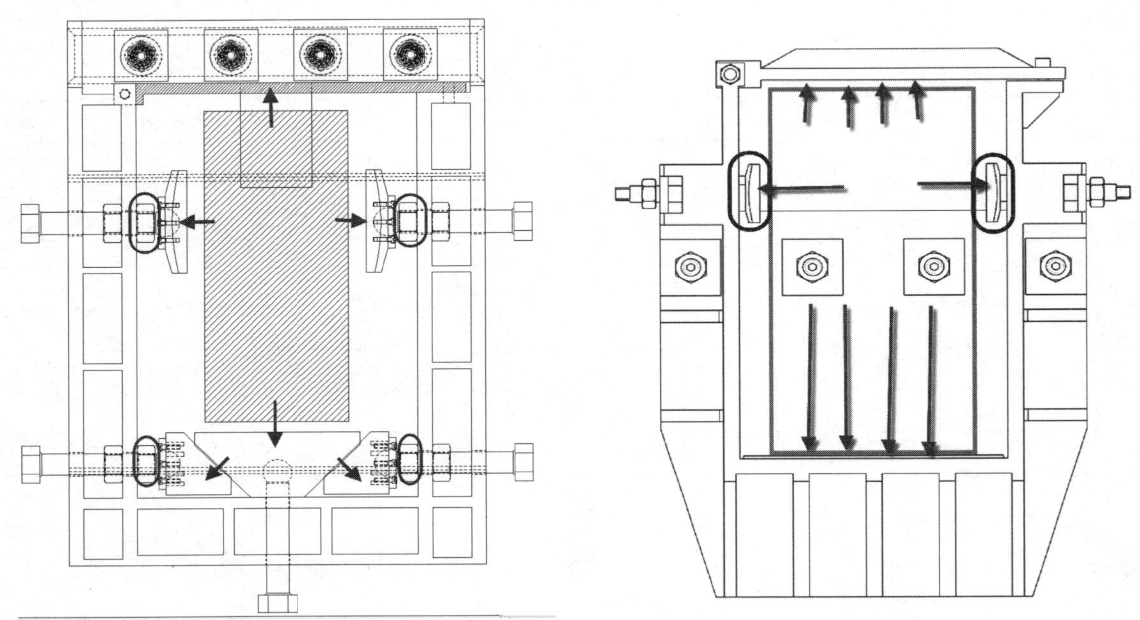

图 29　顶紧构造纠偏示意图

4. 可周转附着件加工及施工工艺研究

（1）可周转附着件加工

可周转附着件加工主要分为两个部分，钢牛腿部分（包括竖向、水平牛腿、定位板及顶块等）和预埋螺杆部分（包括预埋螺杆、顶紧螺杆等）。钢牛腿部分采用板材焊接而成，预埋螺杆部分采用机加工而成，此部分工艺路线仅指焊接工艺，为：图纸会审→编制制造工艺及焊接工艺→原材料进场检验→原材料矫正（校直、校平）→下料→下料检验→下料零件装配→焊接→焊接变形矫正→检查（尺寸检查、焊缝检验）→热处理（退火）→焊接结构件表面处理→底漆。

外部连接件的机加工即按照设计要求将配合面进行加工，包括外部连接件与定位板的接触面、外部连接件与混凝土墙体的接触面、连接螺栓的螺栓孔、水平顶紧构造的连接孔等。

（2）可周转附着件安装

1）预埋件及牛腿安装施工流程

预埋件组装与包裹→定位放线→钢筋绑扎→预埋件安装→模板施工→混凝土浇筑→拆模、养护→预埋质量检测→牛腿安装→钢梁安装→紧固顶紧构造。

2）预埋件及牛腿拆除施工流程

塔式起重机爬升→松开顶紧构造→钢梁拆除倒运→牛腿拆除→埋板及螺杆拆除→墙体修补。见图 30。

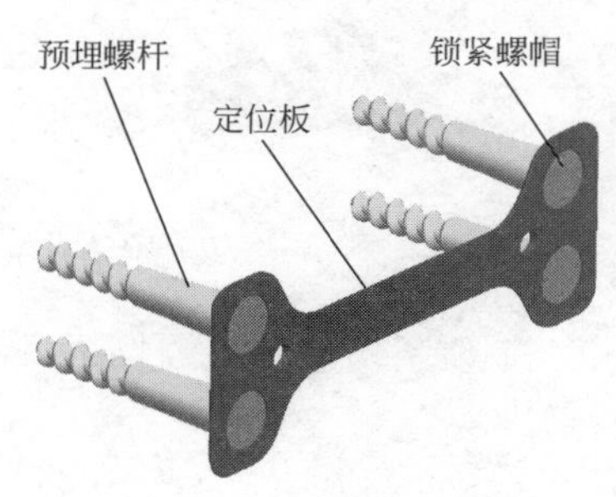

图 30　可取出预埋件组装和包裹

根据测量放线的位置，将可取出预埋件安装到位，调整后用短钢筋将预埋件固定。见图 31。

图 31　可取出预埋件安装与固定

外部连接件安装前应先拆除锁紧螺帽，并检查螺杆螺纹内是否有杂物，如有应将其清除。并检查墙体垂直度，确保外部连接件下部和墙体能紧密贴合；然后，吊装外部连接件，拧紧连接螺栓。见图 32、图 33。

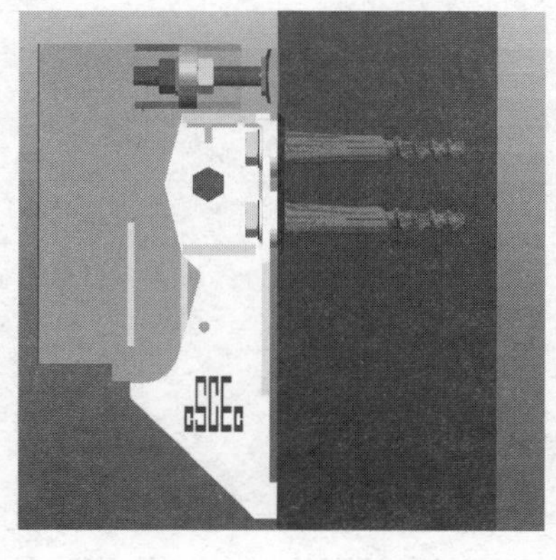

图 32　外部连接件与墙体关系立面图

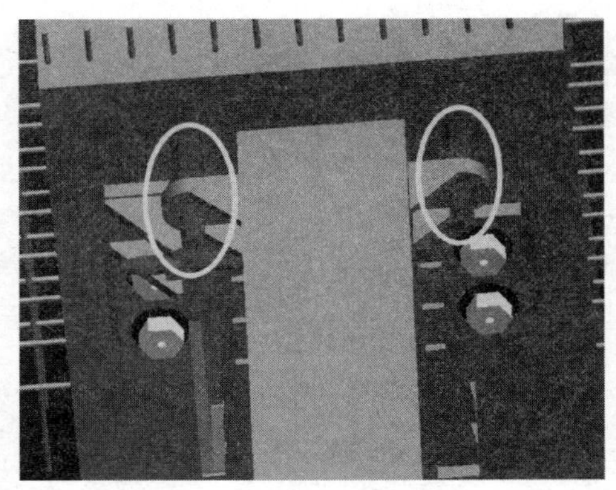

图 33　箱梁安装

（3）可周转附着件拆除及周转使用

拆除工艺流程为：塔式起重机爬升→松开水平、垂直顶紧构造→拆除水平顶紧构造→箱梁倒运→用钢丝绳拴住牛腿→拆除连接螺栓→拆除定位板→旋出预埋螺杆。

（4）可周转附着件的维护与保养

组建安全管理小组，编制安全生产责任制。

附着件安装完成后正常使用的过程中应定期检查，主要检查其位移情况、水平和垂直顶紧构造是否有松动、连接螺栓是否有旋转角度等，并形成检查记录表。

施工过程中应注意保护连接螺栓、水平和垂直顶紧螺栓不被污染，以方便拆卸。

各螺栓在安装、拆卸、倒运和保管的过程中，均应轻拿轻放，防止损伤螺纹。

堆放时应分类堆放，室内存放且不宜堆放过高，防止生锈和沾染脏物。

各螺栓均不得用作临时连接螺栓，以防止损伤螺纹引起扭矩系数的变化。

三、发现、发明及创新点

（1）发明了承载力覆盖范围大，可应用于各类设备、设施的系列可周转混凝土结构附着件，可应用于不同的工况及场景。

（2）发明了附着件装配式结构，工厂制造，全部组件均可周转使用。附着件质量好，安全可靠，周转使用降低施工成本约 58%。

（3）提出了附着件绿色、高效的施工方法，施工速度快、无污染、无垃圾。现场装配，无焊接及氧割作业，施工效率提高了 5 倍以上。

（4）发明了附着件可调构造，满足了混凝土施工误差环境下的使用要求。可适应平动、转动所有 6 个方向的施工误差，最大平动适应范围达 20cm。

四、与当前国内外同类研究、同类技术的综合比较

比较项	传统预埋件及钢牛腿	可周转附着件
成本	预埋件使用 1 次，钢牛腿使用 1～2 次	周转使用不少于 20 次，成本降低 40%以上
工期	钢牛腿焊接时间长，大量占用设备正常使用时间，影响现场施工效率	钢牛腿与预埋件螺栓连接、外部设备与钢牛腿装配式连接，安装效率提高 50%以上，进而增加设备使用时间，提高施工效率
质量安全	现场人工焊接受工人水平影响大，焊接应力高，不利于结构安全	所有部件工厂批量制造，现场装配无焊接、氧割作业，施工质量易控
绿色施工	安装需焊接、拆除需氧割，光污染和大气污染严重	整个施工过程零污染、零排放

五、第三方评价、应用推广情况

成果与2017年12月27日，经湖北技术交易所评定整体国际先进，局部国际领先。

系列化可周转附着件已成功应用于武汉中心、武汉绿地、重庆来福士广场、宜昌伍家岗大桥、深圳红土创新广场等40余项工程，节约用钢量超2000t；产生直接经济效益超1500万元；由于安装效率的提升进一步缩短了施工工期，产生间接经济效益超2000万元；减少烟尘排放量超500kg。

六、经济效益

装配式可周转混凝土结构附着件以“经济、高效、节能”等技术特点显著优于传统附着件，两者保守对比，可周转附着件在材料费用投入节省40%以上，安装效率提高50%以上，劳动力投入节省30%以上。

七、社会效益

可周转附着件可广泛应用于需要附着在混凝土结构的塔式起重机、施工电梯、模架及临时支架等设备、设施上。产品系列化拓展研究后，将市场推广至桥梁、道路、地铁、水利等领域，潜力巨大。